贵州兴义坡岗生物多样性研究

栗海军　张明明　胡灿实　编著

科学出版社
北　京

内 容 简 介

本书主要介绍位于中国桂西黔南石灰岩生物多样性保护优先区的贵州兴义坡岗喀斯特植被州级自然保护区生物多样性状况及其周边生物生态系统特征。本书包括保护区生物多样性概况、自然环境背景、植物多样性、动物多样性、景观分析、生态旅游与社会文化经济6个方面的内容，涉及地质地貌、水文、土壤、气候、种子植物、蕨类植物、苔藓植物、大型真菌、地衣植物、藻类植物、兽类、鸟类、两栖爬行类、鱼类、昆虫、软体动物、甲壳动物、环节动物、植被生态系统、生态旅游资源、社会经济等20多个学科门类。

本书可为各相关政府管理部门、保护区的管理人员、科研人员等提供科学的参考依据和数据资料。

图书在版编目（CIP）数据

贵州兴义坡岗生物多样性研究 / 粟海军, 张明明, 胡灿实编著. -- 北京 : 科学出版社, 2024. 7. -- ISBN 978-7-03-079034-7

Ⅰ. S759.992.734；Q16

中国国家版本馆 CIP 数据核字第 2024AV6840 号

责任编辑：吴卓晶　李　莎 / 责任校对：王万红
责任印制：吕春珉 / 封面设计：东方人华平面设计部

科学出版社出版
北京东黄城根北街16号
邮政编码：100717
http://www.sciencep.com

北京中科印刷有限公司印刷
科学出版社发行　各地新华书店经销
*

2024年7月第 一 版　开本：880×1230 1/16
2024年7月第一次印刷　印张：25 1/2
字数：861 000

定价：259.00 元

（如有印装质量问题，我社负责调换）
销售部电话 010-62136230　编辑部电话 010-62143239（BN12）

本书编委会

贵州兴义坡岗大型综合科学考察团队人员名单

组织领导小组

组　长：缪　杰（贵州省林业局副局长）

成　员：孙吉慧（时任贵州省林业局保护处处长）

冉景丞（时任贵州省野生动物和森林植物管理站研究员/站长）

黄秀忠（时任贵州省黔西南布依族苗族自治州林业局副局长）

马艳贵（时任贵州省黔西南布依族苗族自治州义龙新区管理委员会副主任）

余　醇（时任贵州省黔西南布依族苗族自治州林业局野生动植物管理站站长）

张卫民（贵州省黔西南布依族苗族自治州林业局野生动植物管理站高级工程师）

尹国龙（时任贵州省黔西南布依族苗族自治州义龙新区农林水务和移民局局长）

贺寿琦（时任贵州省黔西南布依族苗族自治州兴义县林业局副局长）

吴迎福（时任贵州省黔西南布依族苗族自治州义龙新区农林水务和移民局副局长）

蒋顺阳（时任贵州省黔西南布依族苗族自治州义龙新区郑屯镇党委副书记）

张金屯（时任贵州省黔西南布依族苗族自治州义龙新区郑屯镇林业站站长）

陈贵明（时任贵州省黔西南布依族苗族自治州兴义市则戎乡林业站站长）

考察学科组

自然环境背景组：

陈　芳　高华端　谷晓平　黄朝海　毛天旭　王　芬　王剑章　武明懿　徐永服　赵龙山

植物组：

安明态　曹　威　陈贵明　陈云飞　邓朝义　付少彬　苟光前　何选泽　胡国雄　贾泽峰
刘飞月　孟庆峰　彭贵友　时功源　谈洪英　田　丰　王　灯　王　瑶　王晓宇　吴晓晗
熊源新　杨成华　叶红环　于　存　余　醇　张华海　张龙杰　赵　欣　周　庆　邹大雄

动物组：

安　苗　包治文　毕　兴　蔡延芳　陈会明　傅　兴　胡灿实　黄　胜　蒋玄空　李宝贵
李光容　李仕泽　李筑眉　钱朝霞　史天远　粟海军　孙喜娇　王娇娇　王开功　王　云
魏　刚　文　明　吴　贵　武大伟　徐　宁　徐芳玲　杨清清　杨雄威　杨朝辉　张海波
张明明　张卫民　郑心怡　周碧君

生态与景观组：

陈明梅　黄贤峰　李长进　刘　志　瞿　爽　苏宇阳　王　勇　王世雄　谢双喜　杨　瑞　喻理飞

社会经济与生态旅游组：

龙启德　冉景丞　韦小丽　余丽萍　王晓娟

影像素材组：

陈东升　黄驿伦　江亚猛　张卫民

前　言

人与自然是生命共同体，人类必须尊重自然、顺应自然、保护自然。在新时代，人们迫切呼唤清新的空气和蓝天、青山、绿水，因此，把“建设美丽中国”作为现代化目标之一，把坚持“人与自然和谐共生”纳入新时代坚持和发展中国特色社会主义的基本方略，提出“人与自然是生命共同体”的新理念，这也是我党实现中华民族永续发展的神圣使命。

贵州省是我国生物多样性较为丰富的地区之一，其拥有复杂的地形地貌和优越的水热条件，为本地区生物的演化和发展提供了有利因素，并且贵州省自三叠系以来就结束了海浸的历史，而第四纪冰期对一些沟谷地带影响较小，使高等陆生种子植物有了相对稳定的发育环境，保存了大量古老的孑遗植物和特有的动植物种类。贵州省已知的生物物种有 24 547 种，生物多样性丰富度仅次于云南省、四川省和广西壮族自治区，居全国第四位，是我国重要的生物多样性热点地区，这也是贵州省成为“国家生态文明试验区”的重要基础。贵州省委、省人民政府高度重视生态文明建设，坚持“绿水青山就是金山银山”，始终把生态文明建设摆在社会发展的重要位置，在贵州省后发赶超道路上始终强调生态文明与可持续发展的重要性，严守发展和生态两条底线，厚植生态优势，推动绿色发展。

然而，随着社会经济的不断发展，人类活动的不断加剧，生物资源和自然生态系统受到破坏，生物多样性严重受损。珍稀濒危物种种群数量锐减、天然森林和湖泊面积减少、喀斯特生态系统的多样性趋于简单化、水土流失及生态功能失衡等问题日益凸显。同时，过度利用野生动植物资源，导致野生动植物资源逐渐减少，直接威胁着贵州省经济社会的全面、协调和可持续发展。因此，贵州省生物多样性的研究、保护与持续利用引起了广泛关注，成为国际社会和国内学者普遍关注的热点问题。

为保护自然资源和生物多样性，贵州省长期以来在生物多样性保护和自然保护区建设方面开展了大量富有成效的工作，取得了丰硕的成果。贵州省人民政府于 2015 年发布了《贵州省生物多样性保护战略与行动计划（2016—2026）》和《贵州省自然保护区建设与发展总体规划（2016—2026 年）》，对贵州省生物多样性的概况和受威胁现状、保护成效、问题与挑战、保护战略、优先区域、优先行动、优先项目和计划实施保障措施进行了深入分析和长远规划，强调要“建立生物多样性保护综合管理体系，加强就地保护和迁地保护”、“建立和完善全省自然保护区网络以及信息管理体系”和“加强自然保护区能力建设”，明确指出要开展贵州省自然保护区区划和规划研究、实施，建立布局合理、类型齐全、面积适宜的自然保护区网络体系，完善自然保护区类型结构，优化空间布局，建设一批高质量的自然保护区。

贵州兴义坡岗喀斯特植被州级自然保护区位于贵州省黔西南布依族苗族自治州（以下简称黔西南州）兴义市东部，毗邻万峰湖、横跨清水河，是该区域主要河流、湖泊的直接水源涵养区。保护区批复总面积为 5 030hm^2，以喀斯特地貌分布为主，森林覆盖率 87.9%，景观类型多样、生态功能良好，对水源涵养、保障区域生态安全具有极其重要的作用。保护区全区域处于国家 2015 年 12 月 30 日公布（环境保护部公告 2015 年第 94 号——《关于发布〈中国多样性保护优先区域范围〉的公告》）的“中国 35 个生物多样性保护优先区域”之第 21 个优先区——桂西黔南石灰岩生物多样性保护优先区域的西北隅，是贵州省南北盘江重要的生物廊道与交接过渡地带，是不可替代的生物多样性区位节点。

贵州兴义坡岗始建于 1997 年（《中共黔西南州委　黔西南州人民政府关于建立龙头大山、仙鹤坪、坡岗、清水河四个自然保护区的决定》州发〔1997〕11 号）。2002 年 11 月，贵州省林业厅组织有关大专院校、科研单位的专家和科技人员组成了覆盖 20 多个学科的科学考察团队，对该保护区进行了首次综合科学考察，基本摸清了保护区资源现状。但该次科考距今已时隔十余年，随着社会经济发展，保护区内景观及生物多样性发生了一定的变化。2017 年 9 月，受黔西南州林业局委托，贵州大学生物多样性与自然保护研究中心组织由贵州大学、贵州科学院、遵义师范学院、茅台学院等单位的近百名专家和科技人员组成的科学考察团队，围绕坡岗自然保护区的地质地貌、水文、土壤、气候、种子植物、蕨类植物、苔藓植物、大型真菌、地衣植物、藻类植物、兽类、鸟类、两栖爬行类、鱼类、昆虫、软体动物、甲壳动物、环节动物、植被生态系统、生态旅游资源、社会经济等自然和社会资源，构成 20 多个考察专题，再次对贵州兴义坡岗喀斯特植被州级自然保护区开展综合性大型科学考察，加强对保护区生态系统和生物多样性的了解。科学考察结果表明，贵州兴义坡岗喀斯特植被州级自然保护区生物多样性较为丰富，野生动植物资源丰富，有各类生物 3 140 种。其中，野生植物共计 2 409 种，国家重点珍稀、濒危保护物种共 108 种；野生动物共计 731 种，国家重点珍稀、濒危保护物种共 30 种。本次考察发现区内新记录属 46 属，其中包括国家一级重点保护野生植物 1 种，即贵州苏铁（*Cycas guizhouensis* K. M. Lan et R. F. Zou）；国家二级重点保护野生植物 5 种，国家二级重点保护野生动物 16 种。

本次科学考察得到了贵州省林业局、贵州省生态环境厅、黔西南州人民政府、黔西南州发展和改革委、黔西南州自然资源局、黔西南州生态环境局、黔西南州交通运输局、黔西南州文化体育广电旅游局、黔西南州水务局、黔西南州林业局、兴义市人民政府、义龙新区人民政府、义龙新区农林水务和移民局及各乡（镇）政府等各级单位的大力支持和帮助。在本书编写过程中，张华海研究员、熊源新教授、李筑眉研究员等多位专家提出了宝贵建议，在此表示最诚挚的感谢。

由于时间仓促，加之编者水平有限，编写过程中难免存在疏漏和不足之处，望广大读者批评指正。

编　者

2019 年 4 月 18 日

目　录

第 1 章　贵州兴义坡岗自然保护区生物多样性概况*

贵州兴义坡岗喀斯特植被州级自然保护区（以下简称保护区）批复总面积为 5 030hm^2。为进一步探索和挖掘保护区的生物多样性资源和为保护区晋升提供基础资料，以促进区域生物多样性保护，本次科学考察以保护区批复范围为中心，依据地形地貌同质性和植被连续性，向四周扩展考察，因此本书所涉保护区均涵盖此考察范围。

1.1　贵州兴义坡岗自然保护区环境概述

1.1.1　地质基础

贵州兴义坡岗在大地构造单元上属扬子准地台—黔北台隆—六盘水断陷—普安旋扭构造变形区。在局部地质构造上，保护区及其周边区域位于顶效向斜核部。顶效向斜轴向为北西向，自核部向两翼依次出露中三叠统法郎组（T_2f）、个旧组（T_2g），下三叠统永宁镇组（T_1yn）、飞仙关组（T_1f）地层。北东翼岩层倾向南西，倾角 20°～40°。保护区大部分位于向斜轴部偏西翼，岩层倾向北东，倾角 10°～18°。保护区及周边断层发育，整体为近于平行的张扭性正断层，在该区域内共发育有断层 19 条，其中平行正断层达 13 条，区域内发育有 4 条走向北东 40°～45° 的张扭性断层：一条发育在北西方向保护区边缘，方向为郑屯至楼纳，长约 8km，沿断裂带形成平直的典型溶蚀槽谷；一条发育在保护区中部，经过坡岗、凉水井，长约 18km，沿断裂带北东段形成平直的溶蚀槽谷，其南西段则形成串珠状的喀斯特峰丛洼地；保护区南部纳赖、小河边同样分布有一正断层；保护区南东方向的任家坪子、长湾、沙厂发育有正断层，与保护区外东部的马落湾、海子断层如出一辙，同样形成规模较大的溶蚀槽谷。从整体上看，保护区的褶皱和断裂为区域地貌的形成及地表水的补给、径流和排泄提供必要条件。

1.1.2　地貌概况

贵州兴义坡岗位于云贵高原东南边缘向广西丘陵山地过渡的斜坡地带，属于典型的低纬度高海拔山区。保护区内地表水系不发育，主要山脉水系呈北东—南西走向。保护区及周边总体高程变化为 650～1 588m，保护区范围内地势高程为 760～1 553m，整体海拔为 1 300～1 400m 的区域面积比例最大。

1）构造地貌

保护区地貌轮廓整体受地质构造的影响，其北部及西部边缘受向斜构造的控制，形成较为典型的构造盆地或台地，在后期溶蚀作用下，进一步形成溶蚀盆、台地，如鲁屯、郑屯、顶效等地。在构造运动过程中，向斜核部、翼部地层受到挤压拉伸，形成了较为密集的走向张扭性断层。张扭性断层透水性强，易受侵蚀、溶蚀。长期的侵蚀溶蚀作用断裂—溶蚀槽谷，既具有构造地貌的特征（断层谷），也具有喀斯特地貌的特征（溶蚀槽谷）。

2）喀斯特地貌

保护区内三叠系碳酸盐岩广布，由于地质构造及本区较好的水热条件，喀斯特地貌极为发育且类型丰富多样，形成喀斯特峰丛、喀斯特峰丛槽谷、喀斯特峰丛河谷、喀斯特盆地等多种地貌特征，使其成为喀斯特地区的典型代表和贵州省典型的喀斯特自然保护区。在断裂构造、地层产状的控制下，保护区内喀斯特地貌发育极具规律，也很典型。从微观到宏观、从地面到地下，各类喀斯特地貌均有分布，主要包括溶

---

* 本章作者：粟海军、张明明、胡灿实、张海波、李光容。

沟、溶槽、石芽、洼地、漏斗、落水洞、竖井、溶洞、地下暗河、峰丛、峰林、孤峰等。根据现场考察及成因分析，保护区内成片分布、面积较大的喀斯特地貌类型包括喀斯特峰丛地貌、溶蚀槽谷、溶蚀盆（台）地三大类；地貌组合类型分区则包括喀斯特峰丛地貌区、喀斯特峰丛槽谷区、喀斯特峰丛河谷区及喀斯特盆地区。

3）河谷地貌

保护区地表水系主要有清水河及其支流楼纳河、坡岗河。清水河自北向南流，经过保护区的西南部，属于过境河流，其河谷地貌具有典型的喀斯特特征。新构造运动间歇性抬升对区内河流发育造成一定影响，整体上区内河流多为切割较深的河曲，河流岸坡陡峭，河身蜿蜒曲折，为典型的喀斯特峡谷深切河流。

整体上，保护区地质地貌条件属喀斯特地区的典型代表。在区域地质上，保护区具有黔西南地区的总体特点；构造运动与外力侵蚀溶蚀结合，塑造了丰富多彩的喀斯特地形，为保护区生物多样性及生态系统的复杂性形成提供了必要的基础。然而，由于保护区内人类活动较为频繁，由此造成的生态退化甚至石漠化过程仍在进行。

1.1.3　水文地质

保护区的水文地质构造主要受顶效向斜、断层及地层产状的控制。保护区内降水量丰富，地处贵州省两大多雨中心之一。水热条件良好，日照充足，雨热同季。保护区内发育的 4 条张性断层为地下暗河的形成及地下水的排泄提供了基础，保护区内的地表水及地下水整体均沿北东南西向向清水河排泄。近于向斜核部的地层产状较缓，多在 10° 左右，岩层间部分透水性弱的黏土岩夹层形成了局部的地下隔水层，使保护区北部边缘的地下水向顶效方向径流、排泄。这种独特的水文地质构造使原本透水性较强的碳酸盐岩区也较易形成各种地下水的露头，如上层滞水、上升泉、下降泉、间歇泉等。保护区内基本属于碳酸盐岩裂隙溶洞水强富水层，若进一步细分，可分为喀斯特裂隙水含水岩组和喀斯特管道水含水岩组。

1）喀斯特裂隙水含水岩组

喀斯特裂隙水含水岩组主要分布于保护区北部赵家渡—大冲一线北西部。地层岩性为中三叠个旧组白云岩夹泥质白云岩，下部为杂色泥质白云岩夹页岩。白云岩及泥质白云岩的可溶性较低，因而岩石的喀斯特化程度总体较差。地貌类型以峰丛槽谷为主。地下喀斯特形态以溶蚀裂隙为主，而溶洞、管道等空间较大的溶蚀形态少见。岩组下部的泥质白云岩及页岩主要为非可溶岩，岩石的透水性差。地下水主要赋存于该含水岩组上部的白云喀斯特蚀裂隙中，岩石含水较均一，而下部的泥质白云岩及页岩则为相对的隔水层。地表出露泉水较多。根据区域水文地质普查资料，该含水岩组地下水枯季径流模数为 3.4～5.9L/（s·km^2），一般泉水流量为 3～10L/s。

2）喀斯特管道水含水岩组

喀斯特管道水含水岩组大面积分布于保护区的中南部，是保护区最主要的喀斯特含水岩组。地层岩性为中三叠的厚层块状白云岩、白云质灰岩及石灰岩。岩石的可溶性高，喀斯特强烈发育，地貌类型为峰丛河谷、峰丛洼地及峰林洼地，其间溶蚀洼地、漏斗、落水洞等负向形态发育密度大。地下喀斯特形态以溶洞、管道为主，溶蚀裂隙也比较发育，岩石透水性强烈。地下水主要赋存于溶蚀空间较大的地下管道体系中，岩石含水的非均一性强。根据区域水文地质普查资料，其枯季地下径流模数为 5.6～7.0L/（s·km^2），该含水岩组地下水丰富。

整体而言，保护区降水充沛，热量条件好。地表水系不甚发育，具有典型的喀斯特水文特征，正所谓"地下水滚滚流，地表水贵如油"。保护区的地下水以喀斯特水为主，补给区整体岩层出露区均为补给区，而层间裂隙、断层、地下暗河是主要的径流区，清水河则为排泄区。郑屯、楼纳、赵家渡大桥一线为西北区地下暗河排泄线路，坡岗、凉水井向西南方向一线为保护区中部地下暗河的主要流向，绒妹、任家坪子、小河边一线为保护区东部片区的地下暗河径流方向，花冲向南至天生桥一线为保护区东部外地下暗河径流方向。

1.1.4　土壤条件

保护区的地质构造位于北西向顶效向斜核部西翼，属黔西南涡轮构造的组成部分。保护区的地质环境为中三叠纪浅海台地斜坡相的沉积环境，出露地层岩性复杂，自北向南依次如下：在北部赵家渡至大冲一线的西北部，出露中三叠统杨柳井组（T_2yl）白云岩夹薄层泥质白云岩；在坡岗中南部，出露中三叠统垄头组（T_2l）厚层块状白云岩夹层纹状灰岩；在坡岗西南角万峰湖岸，出露中三叠统边阳组（T_2b）粉砂岩及页岩。

保护区分布的地带性土壤有红壤、黄壤 2 个土类；非地带性土壤有石灰土 1 个土类，黑色石灰土、黄色石灰土、红色石灰土 3 个亚类。其中，石灰土是保护区分布量广、面积大的土壤类型，黄壤、红壤的分布面积较少。黄壤、红壤的分布与生物、气候条件相适应，红壤分布在保护区西南角海拔 900 m 以下砂岩、页岩分布的地段，黄壤分布在保护区西南角海拔 900 m 以上砂岩、页岩出露的区域。石灰土是保护区的主要土壤类型，广泛分布于白云岩、石灰岩等碳酸盐岩出露的喀斯特区域。

1.1.5　气候条件

保护区地处南亚热带，气候温暖湿润，影响保护区的主要天气系统有季风、南亚高压、西太平洋副热带高压、西风带槽脊、滇黔静止锋、地方性热低压等。

1）温度

保护区年平均气温为 15.3℃，1 月平均气温为 6.9℃，极端最低气温为−3.4℃左右；7 月平均气温为 23.1℃，极端最高气温也仅为 31.4℃，且≥10℃积温为 4 858.4～6 100.8℃。保护区内的温度条件较好，温度呈现南高北低的分布特征。北部地区年平均气温为 13.9～14.9℃，南部地区年平均气温为 16.2～18.8℃。最低气温出现在海拔较高的北部地区，最低达 5.6℃；而南部地区温度相对较高，为 8.4～10.6℃。最热月平均温度出现在海拔较低的南部地区，为 23.7～25.8℃。极端最高温度出现在 4～5 月，5 月极端最高温度可达 37.5℃。

2）日照时数

保护区内年平均日照时数为 1 401.3h，其中 7 月的平均日照时数最高，达 167.8h；1 月的平均日照时数最少，为 89.6h。春季平均日照时数为 150.2h，夏季平均日照时数为 156.1h，秋季平均日照时数为 128.6h，冬季平均日照时数为 100.2h。贵州兴义坡岗自然保护区内日照时数由北向南逐渐递增，但差异不大。保护区的光照条件充足，是贵州省日照条件较为充足的地区之一。

3）降水

保护区年平均降水量为 1 472.1mm，降水量的年际波动较大。冬季降水量相对较低，降水多集中在夏季，夏季的降水量在很大程度上决定了全年的降水量，其中 6～8 月的降水较多，7 月的降水量高达 301.2mm，12 月的降水量最小，为 22.4mm。

4）负氧离子观测

保护区及周边负氧离子资源丰富，随着天气变化和测量时间的不同，负氧离子数量有很大差异，其负氧离子基本都达到 7 级以上，最高负氧离子为万峰湖镇的峡谷，达到 6 760 个/cm^3 以上，该区域负氧离子浓度对于人体健康非常有利。

1.2　贵州兴义坡岗自然保护区生物多样性

保护区具有特殊的喀斯特地形，复杂的气候条件、丰富的水资源，使区内生物多样性较丰富，本次保护区综合科学考察共记录各类生物 3 140 种，其中，野生植物共计 2 409 种，国家重点珍稀、濒危保护植物 108 种（表 1-1）；野生动物共计 731 种，国家重点珍稀、濒危保护动物 30 种（表 1-2）。本次记录区内新记录属 46 属，多种区内新记录种。

表 1-1　贵州兴义坡岗自然保护区内野生植物种数和保护植物统计表

野生植物	分类地位			保护级别			
	科	属	种	一级	二级	CITES 附录 I	CITES 附录 II
大型真菌	50	96	142				
藻类植物	59	134	588				
地衣植物	22	41	42				
苔藓植物	47	116	314				
蕨类植物	17	45	107				
裸子植物	5	5	7	1			
被子植物	147	613	1 209		5	6	96
合计	347	1 050	2 409	1	5	6	96

注：CITES，即《濒危野生动植物种国际贸易公约》（Convention on International Trade in Endangered Species of Wild Fauna and Flora）。

表 1-2　贵州兴义坡岗自然保护区内野生动物种数统计表

分类地位				保护级别			
纲	目	科	种	一级	二级	CITES 附录 I	CITES 附录 II
软体动物		9	12				
甲壳动物		3	6				
环节动物	1	1	1				
昆虫	12	64	382				
兽纲	9	16	40	1	2		2
鸟纲	14	45	151		14		12
两栖纲	1	6	23				
爬行纲	2	10	43				
鱼纲	6	17	73				
合计	45	171	731	1	16		14

1.2.1　植物多样性

1）大型真菌

保护区共有大型真菌 142 种（包括变种），隶属 50 科 96 属。其中，担子菌 132 种，隶属 45 科 90 属；子囊菌 10 种，隶属 5 科 6 属。可供食用的大型真菌 49 种，药用菌 44 种，毒菌 20 种。在保护区的大型真菌中，多孔菌科、口蘑科、红菇科、牛肝菌科、鬼伞科、灵芝科、炭角菌科、鹅膏科、蜡伞科的种类及数量占优势，计 85 种，占该地区大型真菌已知种数的 59.86%。尤其是多孔菌科和口蘑科，合计 41 种，占该地区大型真菌已知种数的 28.87%。

2）藻类植物

保护区藻类植物的种类组成包括 588 种下分类群（包括 525 种、58 变种和 5 变型），隶属 8 门 13 纲 30 目 59 科 134 属。其中，绿藻门植物最为丰富，包括 11 目 195 种，占已知种数的 33.17%；其次是硅藻门，包括 7 目 161 种，占已知种数的 27.38%；蓝藻门 4 目 96 种，占已知种数的 16.33%；裸藻门 1 目 56 种，占已知种数的 9.52%。另外，金藻门、黄藻门、隐藻门和甲藻门共包括 7 目 17 种，共占已知种数的 2.89%。

3）地衣植物

保护区地衣种类较为丰富，共计 42 种，隶属 22 科 41 属，包括不完全地衣、壳状地衣、鳞片状地衣、枝状地衣及叶状地衣等类型，主要采集地在土层、岩石表面、树皮、苔藓等。保护区内物种多样性较丰富，本次考察填补了保护区内地衣资源调查的空白，为进一步保护和开发利用奠定基础。

4）苔藓植物

保护区的苔藓植物共计 314 种，隶属 47 科 116 属。其中，藓类植物门 30 科 93 属 241 种，苔类植物门 16 科 22 属 72 种，角苔植物门 1 科 1 属 1 种。苔藓植物新记录属 45 个，新记录种 168 种，发现 1 个贵州新记录属——钟帽藓属 *Venturiella*。

保护区苔藓植物的地理分布类型中，占比最高的为中国—日本成分，占该地区苔藓植物总数的 18.02%。其次为北温带成分，共 48 种，占该地区苔藓植物总数的 15.28%。旧世界热带、温带亚洲、热带亚洲至热带非洲、热带亚洲至热带美洲间断等地理成分所占比例均低于 2%，以上可以说明该地区苔藓植物的种类起源的原始性。

5）蕨类植物

保护区的蕨类植物多样性较丰富，共有 107 种（含种下等级），隶属 17 科 45 属，占贵州蕨类植物（931 种）的 11.49%，占中国蕨类植物（2 600 种）的 4.11%。

保护区蕨类植物处于中国—日本分布区，表明了保护区内蕨类植物区系与日本的关系较为密切。保护区内东亚分布种占主要部分，共有 61 种，占总种数的 57.01%；热带成分种 41 种；中国特有种 15 种。保护区具有地域特殊性，蕨类植物整体属温带性质，既为东亚植物区系，也与热带、亚热带有较高的亲缘关系。

6）种子植物

保护区内的种子植物资源十分丰富，分布 1 216 种（含亚种、变种和变型，下同），隶属 152 科 618 属，增加新记录 16 科 166 属 349 种。其中，种子植物包括裸子植物 5 科 5 属 7 种，被子植物 147 科 613 属 1 209 种。在被子植物中，双子叶植物 127 科 470 属 915 种，单子叶植物有 22 科 143 属 294 种。沙针属 *Osyris* 为省级新记录属；沙针 *Osyris lanceolata* 为省级新记录种。

保护区内种子植物区系成分复杂。科的热带分布占 50.66%，属的热带分布占 61.61%，种的热带分布占 55.89%。科、属、种的区系特征均表明，热带分布种占显著优势，说明保护区种子植物区系具热带性质。

保护区分布有国家一级重点保护野生植物 1 种，即贵州苏铁；国家二级重点保护野生植物 5 种，主要是香果树 *Emmenopterys henryi*、大叶榉树 *Zelkova schneideriana*、任豆 *Zenia insignis*、红椿 *Toona ciliata*、喜树 *Camptotheca acuminata*。保护区分布有中国特有种 554 种，其中有 31 种为贵州特有种。列入 CITES 附录Ⅰ的有兜兰属 6 种，列入 CETES 附录Ⅱ的有兰科植物（除兜兰属）96 种。列入《中国珍稀濒危植物名录》的有香果树、青檀 *Pteroceltis tatarinowii*、岩生红豆 *Ormosia saxatilis*、珍珠荚蒾 *Viburnum foetidum* var. *ceanothoides* 4 种。列入 CETES 附录Ⅰ的有兜兰属 6 种，附录Ⅱ的有兰科植物（除兜兰属）96 种。列入贵州省省级保护的树种有岩生红豆、青檀、百日青 *Podocarpus neriifolius* 3 种。

1.2.2　动物多样性

1. 无脊椎动物

1）昆虫

保护区共记录昆虫 382 种，隶属 12 目 64 科。鞘翅目昆虫种类最多，共 129 种，占 37.77%，隶属 10 科；鳞翅目其次，共 85 种，占 22.25%，隶属 18 科；同翅目昆虫第三，共 72 种，占 18.85%，隶属 16 科；半翅目昆虫第四，共 45 种，占 11.78%，隶属 4 科；蜚蠊目及脉翅目第五，仅 4 种，隶属 1 科；缨翅目和竹节虫目最少，仅 1 种。

保护区记录的昆虫在东洋区分布比例最大，占 65.71%，共 251 种；其次是东洋与古北区共同分布成分占 29.32%，共 113 种；全世界分布种第三，占 1.57%，共 6 种；分布最少的分别为东洋和澳洲共同区，东洋、古北和新北共同区，东洋、古北、澳洲和新北共同区，东洋、古北、新北和新热带共同区，各 1 种。若将东洋区及跨东洋区各种均合计在内，则达 100%；若将古北区及跨古北区各种均合计在内，则达 34.29%。这说明保护区内昆虫种类占绝对优势，并夹杂有大量古北区系种。含澳洲区的跨区分布占 3.40%，含非洲区的跨区分布占 2.62%，含新北区的跨区分布占 2.88%，含新热带区的跨区分布占 1.83%。因此，保护区内昆虫区系的特点如下：昆虫区系为典型东洋区系，含古北区的跨区区系型种是跨区区系的主体，二区跨区区系型占比 29.58%，其可能由古北区属种和东洋区属种的北扩南张形成，与澳洲区的联系强于非洲区和新北区，与后两区的联系强于新热带区。

2）软体动物、甲壳动物、环节动物

保护区共记录软体动物 12 种，隶属 9 科 10 属。其中，7 种淡水软体动物，5 种陆生软体动物；2 种外来入侵物种，即岛苹果螺 *Pomacea maculata*（瓶螺科）和褐云玛瑙螺 *Lissachatina fulica*（玛瑙螺科）。该区有淡水甲壳动物 6 种，隶属 3 科 4 属。保护区内环节动物仅发现 1 种——蜥纹扁环蚓 *Planapheretima lacertian*。

2. 脊椎动物

1）兽类

保护区共记录兽类物种 40 种，隶属 9 目 16 科。其中，啮齿目和食肉目物种数较多，分别占总物种数的 42.50%和 20.00%，从物种科级水平上分析，鼠科动物 10 种、鼬科动物 5 种、松鼠科动物 4 种，分别占保护区兽类总物种数的 25.00%、12.50%和 10.00%；鼠科、鼬科、松鼠科在科级水平上占绝对的优势。

在动物区系方面，保护区属于东洋区，西部山地高原亚区与西南山地亚区的交界处。保护区内兽类分布呈现出两区的物种特点。从物种分布型来看，东洋种 25 种，占保护区总物种数的 62.5%；广布种 9 种，占保护区总物种数的 22.5%；古北种 6 种，占保护区总物种数的 15%。

保护区内记录有国家一级重点保护野生动物（兽类）2 种，即黑叶猴 *Trachypithecus francoisi* 和中华穿山甲 *Manis pentadactyla*。中国脊椎动物红色名录极危（critically endangered，CR）物种有 1 种，中华穿山甲；濒危（endangered，EN）物种有 1 种，为黑叶猴；近危（near threatened，NT）物种有 7 种，分别为三叶蹄蝠 *Aselliscus wheeleri*、贵州菊头蝠 *Rhinolophus rex*、黄腹鼬 *Musyela kathiah*、鼬獾 *Melogale moschata*、猪獾 *Arctonyx collaris*、狗獾 *Meles meles* 和花面狸 *Paguma larvata*；易危（vulnerable，VU）物种 5 种，分别为云南菊头蝠 *Rhinolophus yunanensis*、小灵猫 *Viverricula indica*、豹猫 *Felis bengalensis*、小麂 *Muntiacus reevesi*、毛冠鹿 *Elaphodus cephalophus*。列入 CITES 附录Ⅱ的有 3 种，分别为猕猴 *Macaca mulatta*、黑叶猴和中华穿山甲。需要说明的是，黑叶猴和中华穿山甲在本次考察中未发现踪迹，可能已本地灭绝。

2）鸟类

保护区共记录鸟类 151 种，隶属 14 目 45 科。其中，雀形目鸟类 106 种，占总种数的 70.20%，其中又以鹟科种数最多，有 18 种，占雀形目鸟类的 16.98%；非雀形目鸟类 45 种，占总种数的 29.80%，其中又以鹃形目鸟类种数最多，共 7 种，占非雀形目鸟类的 15.56%。

保护区内鸟类的分布型以东洋型为主，共有 64 种，占总种数的 42.38%；其次是古北型，有 20 种，占比 13.25%；南中国型 18 种，占比 11.92%。其他 8 类分布型共 49 种鸟类，占比 32.45%。151 种鸟类的区系分划中，属于东洋界的有 75 种，占总物种数的 49.67%；属于广布种的有 64 种，占比 42.38%；古北界的鸟类有 12 种，占比 7.95%。

其中，国家二级重点保护野生动物 14 种：白腹锦鸡 *Chrysolophus amherstiae*、白鹇 *Lophura nycthemera*、褐翅鸦鹃 *Centropus sinensis*、小鸦鹃 *Centropus bengalensis*、黑鸢 *Milvus migrans*、普通鵟 *Buteo buteo*、凤头鹰 *Accipiter trivirgatus*、苍鹰 *Accipiter gentilis*、雀鹰 *Accipiter nisus*、鹊鹞 *Circus melanoleucos*、灰林鸮 *Strix aluco*、褐林鸮 *Strix leptogrammica*、红隼 *Falco tinnunculus*、白腿小隼 *Microhierax melanoleucos*。列入 CITES 附录Ⅱ的鸟类有黑鸢、普通鵟、凤头鹰、苍鹰、雀鹰、鹊鹞、灰林鸮、褐林鸮、红隼、白腿小隼、画眉 *Garrulax canorus* 共 11 种。此外，中国特有种 4 种：白腹锦鸡和宝兴歌鸫 *Turdus mupinensis*、乌鸫 *Turdus merula*。列入《国家保护的有重要生态、科学、社会价值的陆生野生动物名录》有棕胸竹鸡 *Bambusicola fytchii*、雉鸡 *Phasianus colchicus*、池鹭 *Ardeola bacchus* 等 91 种鸟类，占总物种数的 60.26%。

3）两栖、爬行类

保护区共记录两栖动物 23 种，隶属 1 目 6 科 15 属，其中，蛙科物种最多，共 4 属 7 种；其次依次是叉舌蛙科（4 属 5 种）、姬蛙科（3 属 5 种）、蟾蜍科（2 属 3 种）、树蛙科（1 属 2 种）、雨蛙科（1 属 1 种）。爬行动物 43 种，隶属 2 目 10 科 36 属。

区内以中华蟾蜍华西亚种 *Bufo gargarizans andrewsi*、滇蛙 *Dianrana pleuraden*、昭觉林蛙 *Rana chaochiaoensis* 等 7 种西南区种占明显优势，其次是华西雨蛙景东亚种 *Hyla gongshanensis jingdongensis*、斑腿泛树蛙 *Polypedates megacephalus*、饰纹姬蛙 *Microhyla ornata* 和多疣狭口蛙 *Kaloula verrucosa* 4 种东洋区华中华南及西南亚区共有种，中华蟾蜍指名亚种 *Bufo gargarizans gargarizans*、泽陆蛙 *Fejervarya multistriata* 和棘腹蛙 *Quasipaa boulengeri* 3种古北区及东洋区广布种，黑眶蟾蜍 *Duttaphrynus melanostictus*、花姬蛙 *Microhyla pulchra*、绿臭蛙 *Odorrana margaretae* 3种华中亚区种，棘胸蛙 *Quasipaa spinosa*、无声囊泛树蛙 *Polypedates mutus* 2种东洋区华中华南亚区共有种，大绿臭蛙 *Odorrana graminea*、虎纹蛙 *Hoplobatrachus chinensis* 2种华中华南亚区种，沼蛙 *Boulengerana guentheri* 1种东洋区华中西南亚区种，小弧斑姬蛙 *Microhyla heymonsi* 1种华南亚区种。爬行动物中以西南亚区种和华中华南亚区种（均为16种）占明显优势，其次是华南亚区种（5种）、华中亚区种（4种）、古北区及东洋区广布种（3种）。

棘胸蛙、棘腹蛙和双团棘胸蛙 *Gynandropaa yunnanensis* 被列入IUCN易危种；爬行动物中，极危物种有平胸龟 *Platysternon megacephalum*1种，濒危物种的有山瑞鳖 *Palea steindachneri*、中华鳖 *Pelodiscus sinensis*、王锦蛇 *Elaphe carinata*、黑眉锦蛇 *Elaphe taeniura* 和尖吻蝮 *Deinagkistrodon acutus* 5种，易危物种的有玉斑蛇 *Euprepiophis mandarinus* 1种。

4）鱼类多样性

保护区共记录鱼类73种（亚种），隶属6目17科54属。其中，纯淡水鱼类72种（亚种），降河洄游鱼类1种（日本鳗鲡 *Anguilla japonica*）。73种鱼类（亚种）中，人工养殖等方式引入增加的鱼类有11种（亚种），原著鱼类62种。

保护区鱼类分布处于北地界，其中全北区有41种（亚种），东洋区有29种，非洲区有3种。除去从国外引进的6种（亚种），剩余67种（亚种）按我国淡水鱼区划涵盖北方亚区1个亚种、华西亚区5种、宁蒙亚区11种、华东亚区21种（亚种）和华南亚区29种（亚种）。若再除去国内人工移入的5种（亚种），62种（亚种）原著鱼类分布区划涵盖华西亚区5种、宁蒙亚区11种、华东亚区17种（亚种）和华南亚区29种（亚种）。总体来看，保护区鱼类分布区划以东洋区华南亚区成分占绝对优势，其次是全北区的华东亚区和宁蒙亚区，华西亚区成分较少。

1.2.3　植被生态系统多样性

保护区地形地貌独特，是典型的喀斯特地貌区域，也是我国同纬度地区地形地貌、动植物物种保存较为完整的地区之一。保护区森林植被主要为喀斯特常绿阔叶林、落叶阔叶林，以及石山藤灌丛、石山灌木林植被。多数地区形成山体戴帽的格局，森林覆盖率为70%～80%。

保护区现存植被主体为亚热带次生性常绿落叶阔叶混交林，其次还有局部地段上保存完好的纯林，如风水林、风景林及人工林等。保护区内除了有森林植被，还有大量典型的灌丛及少量草地植被。保护区植被属于中亚热带常绿阔叶混交次生林，是一种非地带性植被，处于演替中期。区内群落类型丰富，但由于人为干扰，保护区森林植被具有破碎化和水平镶嵌性的特点，总体可划分为16个群落类型，包括润楠林（Form. *Machilus* spp.）、南酸枣林（Fom. *Choerospondias axillaris*）、滇青冈林（Form. *Cyclobalanopsis glaucoides*）、鹅耳枥林（Form. *Carpinus turczaninowii*）、圆果化香林（Form. *Platycarya longipes*）、清香木+圆果化香林（Form. *Pistacia weinmanniifolia+Platycarya longipes*）、柏木林（Form. *Cupressus funebris*）、栀子皮林（Form. *Itoa orientalis*）、黄杞林（Fom. *Engelhardia roxburghiana*）、贵州泡花树林（Form. *Meliosma henryi*）、水丝梨林（Form. *Sycopsis sinensis*）、省藤林（Form. *Calamus salicifolius*）、小叶蚊母树林（Form. *Distylium buxifolium*）、清香木灌丛、灌丛–草坡及类芦草地群落。保护区森林植被可划分为4个植被型，即针阔混交林、落叶阔叶混交林、针叶林、灌木林。不同树种组的生物学特征不同，反映出的生态功能也不同。保护区整体属于典型的喀斯特次生森林，具有喀斯特区域小生境的异质性，使区内群落类型多样，物种组成较为丰富，部分群落结构保存较为完好，为退化喀斯特森林生态系统的恢复与重建提供良好的模式样本。

1.3　贵州兴义坡岗自然保护区生态旅游资源

保护区生物资源丰富，分布有大量珍稀动植物资源和观赏植物，如合欢、贵州苏铁等十余种国家重点保护野生植物。保护区内地形复杂多变，地貌破碎，峰丛、峰林、峡谷均有分布，尤以喀斯特峰丛峰林分布面积广、规模大为特色，地文景观奇特丰富。

由于保护区地处高原面，气温日变化和年变化都比较大，空气负氧离子含量高，生态环境幽雅，素有冬暖夏凉、阳光和煦、空气清新滋润、气候舒适宜人的气候特征。保护区旅游资源分布广，按照景观资源集中程度进行划分，该区大致可分为两个组团，即东部的清水河组团、中部的坡岗组团。

（1）清水河组团均以山、水和奇特的喀斯特峡谷和峰丛景观为主要景观资源。该组团以清水河为景观连线，以清水河、大洞坡、赵家渡为景域，地处清水河峡谷，地势相对较为陡峭，切割较深，区域内植被丰茂，有河流、钙华、古驿道。组成该组团的生物景观有喀斯特森林植被、农田农土植被，水体景观有清水河；人文景观有赵家渡、古驿道；地文景观有大洞坡、峡谷、钙华、绝壁断崖。该组团以水文景观、地文景观、生物景观互为衬托，可观可游，景观变化大，气候凉爽，可进入性较好。

（2）坡岗组团以布依族民俗风情、喀斯特峰丛、峰林、喀斯特森林植被为特色。该组团以保护区为景域，地处高原台面，地势起伏不大，广布喀斯特峰丛、峰林，布依山寨在喀斯特洼地星罗棋布。组成该组团的生物景观有喀斯特森林植被、农田农土植被、鸟类、猕猴等，人文景观有坡岗布依寨。该组团有坡北大道纵贯，交通便利，可进入性较好。

随着公众旅游需求的多样化，较长距离体验穿越自然森林区域已成为未来森林生态旅游的发展方向，可加快推进森林步道线路和节点建设，完善基础配套设施和经营管理模式。这样既能加快生态文明建设，又能促进保护区社区发展，实现绿色惠民富民之路，践行绿水青山就是金山银山的理念。

1.4　贵州兴义坡岗自然保护区社会经济状况及人口分布

本次调查区域涉及郑屯镇、则戎乡、丰都街道办事处 3 个乡镇，共 5 个行政村，79 个村民组，截至 2019 年末，共 3 382 户 14 613 人，其中男性 8 265 人，女性 6 348 人，男女比例 1.3∶1。户均人口 4.32 人，都为农业户口。保护区内民族以汉族、布依族、苗族为主，其中汉族 10 307 人，占总人口的 70.53%；布依族 2 732 人，占总人口的 18.70%；苗族 1 115 人，占总人口的 7.63%；黎族 446 人，占总人口的 3.05%。

保护区跨兴义市及义龙新区两个行政区。其中，所涉及的兴义市行政区域已不再有常住人口，经济总量几乎为零；而其涉及的义龙新区 2016 年第一产业产值 20.17 亿元，第二产业产值 30.78 元，第三产业产值 58.88 亿元，产业结构比较单一。保护区涉及村寨产值共计 1 080 万元，其中第一产业 290 万元，第二产业基本为 0，第三产业 790 万元。保护区的产业状况比较单一，经济基础比较薄弱，仅长冲村和赵家渡村有少量的旅游和餐饮服务。经济来源主要依靠传统农业与外出务工。传统种植业包括稻谷、玉米、小麦、蔬菜等的种植。养殖以猪、牛、羊、禽为主，但规模养殖户较少。保护区内各村的年均粮食产量为 7.5 万～80 万 kg，社区家庭人均口粮 36～251kg，年人均纯收入 3 335～8 350 元。在销售方面，除有一定的规模户与少数家庭养殖大量外销外，其他多数以家庭为单位自产自销。同时，保护区内未见有特殊养殖业，养殖业结构有待改善。另外，外出打工人员较多，留村家庭收入以打工收入为主。

1.5　贵州兴义坡岗自然保护区生物文化多样性的演化与耦合

保护区独特的喀斯特自然环境及多民族聚居形成的传统文化景观蕴含了丰富的文化多样性，兴义地区共记录有市级以上非物质文化遗产 82 项，其中保护区原住民在长期生产生活实践过程中，形成了布依族的“报笨”习俗、戈榜傩戏、刺绣、摩经、木雕技艺、酿酒制糕技艺与舞龙舞狮等 19 项非物质文化遗产，形成了独具特色的民族民俗文化。这些文化内容与当地自然环境有着深刻的内在联系。生物多样性与文化多样性的关系反映在二者的地理空间重合上，传统村落、祭祀点等宗教场所这些文化多样性保护价值较高的地方，也常常是村寨周围植被群落结构最为复杂、野生动物出现频率最高、生态环境保护最好的地方。

人类在对喀斯特地区的生态环境条件适应过程中形成了不同的文化，不同的文化反过来对当地的生物资源也产生影响。在保护区内，一方面原住民在复杂环境中长期生存，在对自然资源的传统利用过程中产生了独特的生产生活经验、传统习惯、制度与生态传统知识等文化遗产；另一方面，恶劣的喀斯特自然环境下原住民的审美、经验、崇拜和禁忌等传统文化又反作用于生物多样性，保护区生物多样性与文化多样性形成了一个地理重合、协同进化的维持系统。在客观的生态文化环境条件下，生物与文化多样性的相互耦合关系受到当地原住民生产生活行为方式的影响，而社会文化环境根据影响范围和影响的主体结构主要分为国家政策制度类和乡规民约与传统知识等乡土文化类两种驱动因素，第一种属于普遍的国家规范制度类的耦合驱动因素，由当地保护区与地方行政机构相关部门与社区自治组织为主导，保护生物多样性及其栖息地生境，特点是保护成效明显，但过高的管理成本局限了耦合介入层次和范围；第二种则属于村规民约与传统知识等乡土文化类的间接耦合因素，依靠当地社会文化系统所衍生的村规民约、语言文化、生计经验、宗教信仰及生态传统知识等乡土文化类因子间接耦合驱动作用。两种驱动因素互相补充形成一个有机整体。

保护区经历了管护主体和保护利用态度的转变，保存了典型的喀斯特自然生态系统，当地世居的少数民族群体在长期生存与适应过程中创造了极具特色的传统民族文化。保护区丰富的生物多样性与文化多样性形成一个地理重合、协同进化且相互作用的维持系统。生物文化多样性耦合体系主要存在国家政策制度类和乡规民约与传统知识等乡土文化类两种驱动因素。应加强西南喀斯特地区的生物文化多样性的保护，推动该地区生物多样性与文化多样性的协同发展；除了政策与制度类驱动因子的直接作用外，还需要注重村规民约与传统知识等乡土文化类因素的驱动作用，以避免保护区自然与文化保护体系的割离。

1.6　贵州兴义坡岗自然保护区规划与功能区划

1. 保护区规划

保护区全区处于中国生物多样性保护优先区范围，生物多样性丰富，但森林植被退化程度较高，处于植被恢复演替的关键期；保护区所属喀斯特生态系统本身的高度脆弱性、严酷性和异质性，处于生态环境敏感地带，一旦破坏则难以恢复；同时，保护区面临人口密度大、高度依赖自然资源、保护和发展矛盾冲突严重等问题，且保护区缺乏完善的保护管理机构和基础设施，因此开展科学合理的规划具有非常重要的意义。

保护区总体规划的目标如下：保护管理好保护区中亚热带常绿阔叶混交次生林生态系统，保持现有原生性较好的植被，促进次生林正向演替，充分发挥森林生态系统涵养水源和保持水土的作用，保护生物多样性（生态系统多样性、物种多样性和基因多样性），有效地保护白腹锦鸡、贵州苏铁等珍稀濒危物种种群及自然生境，为区内野生动植物提供良好的栖息场所，充分发挥保护区森林生态系统作为桂西黔南石灰岩生物多样性保护优先区域和北盘江流域生命环境支持系统的生态功能，为区域经济持续健康发展，人民生产生活环境稳定，社会各项事业全面进步提供生态支持和保障。

通过实施保护与恢复，开展科研监测、宣传教育、基础设施及配套、社区可持续发展工程，建立起较为完备的自然保护与管理体系，并不断地完善和提升，把保护区建设成为集保护管理、科学研究、宣传教育于一体的科学基地，实现保护区事业与当地社区可持续发展，最终把保护区建成贵州省重要的喀斯特森林生态系统类型自然保护区。

2. 功能规划

在实际规划中，综合使用地理信息系统（geographic information system，GIS）软件和该区域卫星图像数据（2017 年），结合 1∶10 000 地形图，在广泛调研和充分分析的基础上，结合保护区的地形地貌、森林植被分布情况、保护对象分布状况及自然、社会经济条件等，采用以自然区划为主、自然区划与人工区划相结合的综合区划法，依据功能区划原则，对保护区的功能区进行重新划分。

保护区总面积为 5 030hm^2，其中，核心区面积为 1 691hm^2，占保护区总面积的 33.62%；缓冲区面积为 1 363hm^2，占保护区总面积的 27.10%；实验区面积为 1 976hm^2，占保护区总面积的 39.28%（表 1-3）。

表 1-3　贵州兴义坡岗自然保护区各功能分区及其面积

区域			面积/hm^2	占比/%
保护区（5 030hm^2）	核心区（1 691hm^2）	清水河核心区	910	33.62
		绒窝核心区	105	
		水井湾核心区	239	
		陈家凼子核心区	138	
		绒南核心区	90	
		窝斗山核心区	209	
	缓冲区（1 363hm^2）	清水河缓冲区	108	27.10
		绒窝缓冲区	291	
		水井湾缓冲区	438	
		陈家凼子缓冲区	168	
		绒南缓冲区	112	
		窝斗山缓冲区	246	
	试验区（1 976hm^2）			39.28

注：保护区总面积为 5 030hm^2，合 75 510 亩（1 亩≈667m^2）。

保护区包括核心区和缓冲区，是非地带性的喀斯特常绿落叶阔叶混交林生态系统的重要分布地段，也是野生珍稀濒危物种种群的主要繁殖和栖息地，应重点保护珍稀濒危野生动植物种群及其自然生境。保护区的核心区严禁任何人为活动，实行绝对保护；除进行适当的定位监测与科学研究外，不允许安排其他任何建设项目，不允许安排森林采伐、采矿等生产经营活动；若因科普教育和科学研究等特殊情况必须进入该区域的，须经上级主管部门和保护区管理局等有关单位批准后，方可入内从事科学研究工作。保护区的缓冲区，只允许安排科学研究、实验观察、监测项目和必要的野外巡护与保护设施，不允许安排森林采伐、采矿等生产经营活动。目前，保护区的核心区尚有部分村落及常住人口，应结合生态移民等措施逐步将核心区的住户移出。

1.7　贵州兴义生物多样性评价与管理建议

1.7.1　贵州兴义生物多样性评价

（1）保护区具有典型的喀斯特地貌，现存植被主体为亚热带次生性常绿落叶阔叶混交林，处于南亚热带，气候温暖湿润，区内植被丰富，组成种类繁多，植被主要是中亚热带常绿阔叶混交次生林（一种非地带性植被）。在区域上，保护区有着黔西南地区的整体特点，历史上地质的构造运动与外力侵蚀塑造了丰富多彩的喀斯特地形，为保护区生物多样性及生态系统的复杂性提供了必要的基础。然而，人为活动的干扰、城镇化扩张等造成保护区喀斯特森林生态系统规模化的生态环境破坏、水土流失与石漠化过程正在不断加剧。虽然多数地区植被退化明显，次生性突出，但是生物多样性种质资源仍存在，生物多样性丰富度明显高于周边地区。因此，保护区生态系统的生物基础仍有很大的恢复潜力。

（2）保护区作为兴义市重要的生态屏障，与万峰林景区、万峰湖湿地公园毗邻，在周边生物多样性迁移、扩散与交流中具有重要地位。区内生物多样性十分丰富，是重要的生物资源库和基因库，拥有多种保护区特有种或相邻区域特有种，区内及周边发现贵州新记录属 1 个，即沙针属 *Osyris*，发现动物新种 1 种——间歇米虾（暂定名，待发表）。保护区与云南在地理区系上相隔较近，植物之间存在物种的传播和亲缘关系，蕨类植物新增贵州卷柏 *Selaginella bodineieri*、狭叶卷柏 *S. mairei* 等 8 种。

（3）作为南北盘江重要的生物廊道与交接过渡地带，保护区丰富的野生动植物群落对研究典型的喀斯特生态系统各个阶段的生态功能性有着相当高的科研价值。保护区不仅植物种类丰富，而且资源植物也相当丰富，有食用植物、药用植物、淀粉植物、纤维植物、油料植物、芳香植物、鞣料植物、染料植物、树脂与树胶植物、材用植物和观赏植物，这些资源植物可开发价值高。另外，保护区还有丰富的自然景观资源和人文景观资源，生态旅游开发潜力大，因此在经济发展和生态系统、种质资源、种群生态恢复方面具有很高的研究价值。

1.7.2 管理评价与建议

1. 管理体系与管理水平

保护区目前的管理体系是“地方政府—林业局—乡镇政府—乡镇林业站—村委会—护林员”模式，由于缺乏明确的责任主体，保护区管理站与义龙新区农林水力和移民局共同对属地内保护区范围进行管理，在协调统一性上难以保证，因此管理体系亟待厘清和健全；同时，由于代管性质和兼管性质严重，事权责任不明晰，管理效率较低。义龙新区范围内保护区域主要管理人员大部分为义龙新区农林水务和移民局及其下属的郑屯镇、龙广镇林业站人员兼任；兴义市范围内保护区域主要管理人员为坡岗自然保护区管理站。从保护区的高效管理角度分析，应建立统一独立的保护区管理机构及相关管理队伍。

长期以来，保护区主管部门开展天然林资源保护工程、野生动植物保护拯救工程等措施，实行封山育林、打击非法砍伐、盗猎野生动植物的行为，使保护区近 10 年来的开荒取地、乱砍滥伐、偷猎盗猎等现象得到有效控制，自然生态资源和环境得到持续改善，野生珍稀濒危生物资源种群不断扩大。但是，当地民族社区的分布和自然资源丰富的地方高度重叠，保护区所在区域涉及多项国家及省重大工程建设项目，使其保护和管理工作与当地社会经济发展出现较多冲突和矛盾。管理部门仍需要进一步健全保护区管理职能，提升管理能力，创新管理模式，与当地社区居民共建共管，加强科学研究和生态监测，要加强保护区生态系统和生物多样性管理和生态修复，保护重点濒危野生动植物及其栖息地，改善南盘江上游地区生态环境，为区域生物多样性保护和生态文明建设发挥积极作用。

2. 社区共管与生态旅游

保护区社区经济发展，是解决保护区与社区矛盾与冲突之关键所在，社区发展的措施包括：开展生态旅游，合理分配旅游收入，促进社区居民增收；合理开发利用保护区种质资源，发展特色生物产业，调整农业产业结构，以新兴产业带动整个社区的经济增长；发挥社区的农特产品优势，依托特色种植业与旅游业带来的市场潜力，指导社区制定农特产品生产标准，发展旅游服务，确保村民收入增长。由于保护区社区社会经济状况落后，保护区对区内及周边社区没有行政管理职能，未划定保护区边界及制定管理措施，并未改变社区对野生资源的依赖性。早期保护区的社区共管工作仍局限于政策宣传。近年来，保护区管理机构从宣传教育到社区扶持等方面制定了一整套协调社区关系的措施并基本落实到位，设置了共管委员会和相应的管理机构，当地居民保护意识有所提高，保护区的建立对当地社区的经济发展有促进作用，但是对区域经济的发展影响不大，科学发展生态旅游是实现保护与发展协调发展的重要保障。

3. 建议

保护区内以典型的喀斯特地貌为主，区内岩石裸露率较高，生境质量较差，植被类型多以次生林为主。为实现保护区内生态环境和生物多样性的有效保护，结合本次综合科学考察结果，提出如下建议。

（1）建立健全保护管理机构，明确保护责任。为了对保护区进行有效管理，促进区内人与自然的可持续发展，亟须建立健全保护区的管理机构和完善管理体系，明确保护责任主体和职责任务，确保各个部门共同协作，有效开展工作，以提高保护区管理水平。

（2）完善保护法律法规，加强保护管理。为确保保护区生物多样性资源得到有效保护，当地居民生产生活得到有效保障，促进自然与社会的可持续发展，应结合保护区实际情况制定规范化的自然保护区管理规定，以协调保护区内在建设、发展、利用等方面存在的问题。

（3）增加资金投入，给予政策保障。应加大对保护区的日常管理和科学研究的投资力度，为保护区的管理机构建设、管理队伍能力提升、科学研究能力提升等提供资金保障；对周边居民提供野生动物肇事补偿措施，确保该保护区管护工作的顺利开展。

（4）加强科学研究与生物多样性监测。保护区具有典型的喀斯特生态系统特点，并在生物多样性方面具有独特的特点，以及较高的科学研究价值。加强科学研究、生物多样性的调查和监测，有利于深入了解本地资源、掌握生物多样性资源的变化特点，以及生物多样性对环境变化的响应机制，可以为保护区更好地开展保护和管理工作、保护区与社区的协调发展等提供科学支撑。

（5）加强宣传教育，提高公众参与意识。应积极开展多种形式的生物多样性保护宣传教育活动，引导公众积极参与生物多样性保护，加强生物多样性科普教育。建立和完善生物多样性保护公众监督、举报制度，完善公众参与机制。建立生物多样性保护伙伴关系，广泛调动省内外利益相关方参与生物多样性保护的积极性，充分发挥民间公益性组织的作用，建立全社会共同参与生物多样性保护的有效机制。

第 2 章　贵州兴义坡岗自然保护区自然环境背景

2.1　贵州兴义坡岗自然保护区地质地貌*

贵州兴义坡岗自然保护区地处云贵高原东南边缘向广西丘陵山地过渡的斜坡地带，位于兴义市城东 15km 处。地理位置为东经 104° 58′56″～105° 03′40″，北纬 24° 57′30″～25° 05′00″。东与安龙县万峰湖镇接壤，南与兴义市巴结镇毗邻，西抵顶效镇楼纳办事处，北与郑屯镇郑屯村相接。保护区属珠江流域南盘江水系的马别河流域，是典型的低纬度、高海拔山区。整个地形西高东低，北高南低，是贵州省典型的喀斯特植被自然保护区[1]。

2.1.1　地质条件

1. 地质构造

在大地构造单元上，保护区属扬子准地台—黔北台隆—六盘水断陷—普安旋扭构造变形区。在局部地质构造上，保护区及其周边区域位于顶效向斜核部。顶效向斜轴向走向为北西，自核部向两翼依次出露中三叠统法郎组（T_2f）、个旧组（T_2g），下三叠统永宁镇组（T_1yn）、飞仙关组（T_1f）地层。北东翼岩层倾向南西，倾角为 20° ～40° 。保护区的大部分位于向斜轴部偏西翼，岩层倾向北东，倾角为 10° ～18° （图 2-1 和图 2-2）。

图 2-1　保护区个旧组（T_2g）地层产状景观

图 2-2　缓倾角的白云岩地层

保护区内两组节理裂隙十分发育，主要为北东向及北西向，在区域上将倾斜平缓的碳酸盐岩层切割成大大小小的块体。为后期复杂多样的喀斯特地貌发育奠定了地质基础。同时，保护区及周边断层发育，整体为近于平行的张扭性正断层，在本区域内共发育断层 19 条，平行正断层达 13 条。在保护区范围内，发育 4 条走向北东 40° ～45° 的张扭性断层。北西方向保护区边缘有一条，方向为郑屯至楼纳，长约 8km，沿断裂带形成平直的典型溶蚀槽谷；一条发育在保护区中部，经过坡岗、凉水井，长约 18km，沿断裂带北东段形成平直的溶蚀槽谷（图 2-3），其南西段则形成串珠状的喀斯特峰丛洼地（图 2-4）；保护区南部纳赖、小河边同样分布有一正断层；保护区南东方向任家坪子、长湾、沙厂方向发育的正断层，与保护区外东部的马落湾、海子断层如出一辙，同样形成规模较大的溶蚀槽谷。整体上，保护区的褶皱和断裂为区域地貌的形成及地表水、地下水的补给、径流和排泄提供了必要的条件。

* 本节作者：高华端、徐永服、黄朝海。

图 2-3　扭性正断层通过形成的溶蚀槽谷

图 2-4　串珠状喀斯特峰丛洼地

2. 地层岩性

保护区及其周边出露地层为古生代及中生代地层，主要地层有石炭系、二叠系、三叠系[2]。

1）三叠系

个旧组（T_2g）：底部为灰、深灰色灰岩夹泥灰质条带灰岩，中部黄紫色页岩、灰质粉砂岩夹泥质白云岩，灰岩泥灰岩夹瘤状灰岩，上部灰色块状白云岩夹角砾状鲕状白云岩。厚度为 784～2 191m。

永宁镇组（T_1yn）：底部灰岩夹泥质蠕虫状灰岩，上部黄绿、紫色细砂岩，夹粉砂岩、页岩或泥质灰岩。厚度为 129～194m。

飞仙关组（T_1f）：底部灰绿色长石细砂岩，上部紫红色含长石粉、细砂岩夹泥质灰岩。厚度为 360～650m。

2）二叠系

长兴组（P_2c）：灰、深灰色含燧石生物碎屑灰岩夹粉砂质页岩。厚度为 2.6～5m。

龙潭组（P_2l）：底部灰黄、灰、深灰色灰岩，白云质灰岩，泥灰岩，砂岩，砾岩；上部杂色粉砂岩、细砂岩、黏土岩夹白云质灰岩、菱铁岩夹煤层，含黄铁矿结核。厚度为 271～476m。

茅口组（P_1m）：灰、灰黑色厚层、块状生物碎屑灰岩、细晶灰岩及少量白云岩。厚度为 318～544m。

栖霞组（P_1q）：灰深灰色厚层、块状生物碎屑灰岩，结晶灰岩夹少量虎斑状灰岩及白云岩。厚度为 122～203m。

梁山组（P_1l）：灰黑色中厚层生物碎屑灰岩、炭质泥灰岩、页岩及石英细砂岩。厚度为 29～70m。

3）石炭系

马平组（C_3m）：浅灰、灰色含白云质生物碎屑灰岩、细晶灰岩，少量白云岩，局部夹石英砂岩。厚度为 151m。

从保护区的分布范围看，整体主要出露个旧组（T_2g）地层。

根据各地层的岩性特征，合并同类岩性后形成岩组图，保护区及其周边主要分布三种岩组，即煤系地层、碳酸盐岩组及紫色砂页岩组。保护区范围内则为碳酸盐岩组，其中以白云岩比例较大（图 2-5～图 2-8）。

图 2-5　白云岩的产状及其刀砍状构造

图 2-6　白云岩节理裂隙溶蚀风化成土

图 2-7　白云岩风化成土过程

图 2-8　白云岩的差异风化形成的风化碎屑

2.1.2　地貌

1. 地势特征

在大地貌上，保护区位于云贵高原东南边缘向广西丘陵山地过渡的斜坡地带，属于典型的低纬度、高海拔山区。保护区内地表水系不发育，主要山脉水系走向呈北东—南西向走向[3]。保护区及周边地势总体高程范围为 649.8～1 587.8m，保护区范围内地势高程为 760～1 553m，整体上海拔在 1 300～1 400m 的面积比例最大。最高海拔 1 553m，最低海拔 760m（小河边）。

2. 地貌类型

1）构造地貌

保护区地貌轮廓整体受地质构造的影响，保护区北部及西部边缘受向斜构造的控制，形成较为典型的构造盆地或台地，在后期溶蚀作用下，进一步形成溶蚀盆地、溶蚀台地，如鲁屯、郑屯、顶效等地（图 2-9 和图 2-10）。

图 2-9　贵州兴义坡岗自然保护区北部的溶蚀盆地一

图 2-10　贵州兴义坡岗自然保护区西部的溶蚀台地一

在构造运动过程中，向斜核部、翼部地层受到挤压拉伸，形成了较为密集的走向张扭性断层。张扭性断层透水性强，易受侵蚀、溶蚀。长期的侵蚀溶蚀作用形成明显的断裂——溶蚀槽谷，具有构造地貌的特征（断层谷），也具有喀斯特地貌的特征（溶蚀槽谷）（图 2-11 和图 2-12）。

图 2-11　贵州兴义坡岗自然保护区北部的溶蚀盆地二

图 2-12　贵州兴义坡岗自然保护区西部的溶蚀台地二

2）喀斯特地貌

保护区内三叠系碳酸盐岩广布，由于地质构造及本区较好的水热条件，喀斯特地貌极为发育。在断裂构造、地层产状的控制下，保护区的喀斯特地貌发育极具规律，也很典型。从微观到宏观、从地面到地下，各类喀斯特地貌具有分布，主要包括溶沟、溶槽、石芽、洼地、漏斗、落水洞、竖井、溶洞、地下暗河、峰丛、峰林、孤峰等。根据现场考察及成因分析，保护区内成片分布、面积较大的喀斯特地貌类型包括喀斯特峰丛地貌、溶蚀槽谷、溶蚀盆（台）地三大类；地貌组合类型分区则有：喀斯特峰丛地貌区、喀斯特峰丛槽谷区、喀斯特峰丛河谷区及喀斯特盆地区。

（1）喀斯特峰丛地貌区，整体分布于保护区南部，老侵、绒布、绒窝村及石匠房以南，清水河两岸谷坡至河间地块部分。该区受各类小型断裂的切割，产状较平缓的碳酸盐岩体形成大小不一的豆腐块状，在大气降水的作用下，地表水沿各类裂隙入渗溶蚀，形成深浅不一的鞍部地形，这些鞍部相连的碳酸盐山峰，基座相连，波状起伏，形成典型的喀斯特峰丛地貌（图 2-13）。

（a）景观一　　（b）景观二

图 2-13　喀斯特峰丛地貌景观

在离河谷较近的区域，由于地表水、地下水的径流排泄循环快速，溶蚀作用更为强烈，峰丛间形成溶蚀洼地，构成峰丛洼地地貌组合，如果洼地发育强烈规模较大，峰丛分离形成峰林，便可构成峰林洼地组合（图 2-14 和图 2-15）。整体上，保护区内峰丛洼地组合较多，而峰林洼地组合较少。

图 2-14　喀斯特峰丛洼地

图 2-15　喀斯特峰林洼地

（2）岩溶峰丛槽谷区，分布在保护区北部，喀斯特峰丛地貌十分典型，受断层的影响，北东南西向溶蚀槽谷同样发育，形成峰丛和槽谷相间的地貌组合，规范大，喀斯特景观俊、奇、秀（图 2-16），是保护区的主体地貌类型组合。

（a）景观一　　（b）景观二

图 2-16　喀斯特峰丛槽谷地貌景观

（c）景观三

（d）景观四

图 2-16（续）

（3）喀斯特峰丛河谷区，其形成是由于马别河清水河段是保护区的侵蚀基准面，也是保护区地下水的主要排泄区，受清水河的影响，河谷两岸、谷坡地下水补给、径流及排泄条件良好，近河地段的喀斯特地貌发育强烈，峰丛、峰林、洼地相间排列，与河谷一起形成（图 2-17）。受河谷气候及各喀斯特地貌类型的影响，本区生境条件差异较大，谷坡附近生态条件较差。

（a）景观一

（b）景观二

（c）景观三

（d）景观四

图 2-17　喀斯特峰丛河谷地貌景观

（4）喀斯特盆地区，主要分布在保护区范围之外的北部及西部。此外，在保护区范围内，还广泛发育有洼地（图 2-18）、漏斗底部的落水洞（图 2-19）、溶穴（图 2-20）、溶洞（图 2-21）等局部地貌。

图 2-18　溶蚀洼地

图 2-19　漏斗底部的落水洞

图 2-20　溶穴

图 2-21　溶洞

3）河谷地貌

保护区内地表水系主要有清水河及其支流楼纳河、坡岗河。清水河自北而南流经保护区的西南部，属于过境河流，其河谷地貌具有典型的喀斯特特征（图 2-22）。

（a）景观一　　（b）景观二

图 2-22　坡岗自然保护区河谷地貌景观

新构造运动间歇性抬升对区内河流发育造成一定影响，整体上，区内河流多为切割较深的河曲，河流岸坡陡峭，河身蜿蜒曲折，体现了山区河流的“返老还童”现象。

总的看来，保护区地质地貌条件属喀斯特地区的典型代表。在区域地质上，具有黔西南地区的总体特点；构造运动与外力侵蚀溶蚀结合，塑造了丰富多彩的喀斯特地形，为保护区生物多样性及生态系统的复杂性形成提供了必要的基础。然而，保护区内的生态环境并不十分理想，人为活动造成的生态退化甚至石漠化过程仍在进行（图 2-23），因而建立更高级别的自然保护区，保护黔西南乃至贵州典型的喀斯特地貌生态系统，已刻不容缓[4-9]。

（a）景观一　　（b）景观二

图 2-23　耕作活动导致石漠化景观

参 考 文 献

[1] 张华海，龙启德，廖德平．兴义坡岗自然保护区综合科学考察集[M]．贵阳：贵州科技出版社，2006．

[2] 贵州省地质矿产局．贵州省区域地质志[M]．北京：地质出版社，1987．

[3] 韩至钧，金占省．贵州省水文地质志[M]．北京：地震出版社，1996．

[4] 喻理飞，李明晶，谢双喜，等．贵州佛顶山自然保护区科学考察集[M]．北京：中国林业出版社，2000．

[5] 贵州省黔东南苗族侗族自治州人民政府．雷公山自然保护区科学考察集[M]．贵阳：贵州人民出版社，1989．

[6] 朱军，付国祥，邓志宏，等．贵州盘县八大山自然保护区科学考察研究[M]．北京：中国林业出版社，2013．

[7] 邓伦秀，冉景丞，尚金文，等．贵州纳雍珙桐自然保护区科学考察研究[M]．北京：中国林业出版社，2013．

[8] 高华端，袁靓，张旭贤，等．佛顶山自然保护区地质地貌及水文条件研究[J]．山地农业生物学报，2015，34（1）：18-23．

[9] 喻理飞，等．贵州佛顶山生物多样性：中国生物多样性保护优先区武陵山-苗岭结点保护区研究[M]．贵阳：贵州科技出版社，2016．

2.2　贵州兴义坡岗自然保护区水文*

2.2.1　水文地质条件

1. 水文地质构造

保护区内水文地质构造主要受顶效向斜、断层及地层产状的控制。区内发育的 4 条张性断层为地下暗河的形成及地下水的排泄提供了基础，保护区范围内的地表水及地下水整体均沿北东南西向向清水河排泄。近于向斜核部的地层产状较缓，在 10° 左右，岩层间部分透水性弱的黏土岩夹层形成了局部的地下隔水层，使保护区北部边缘的地下水向顶效方向径流、排泄。这种独特的水文地质构造使原本透水性较强的碳酸盐岩区也容易形成各种地下水的露头，有上层滞水、上升泉、下降泉、间歇泉等（图 2-24 和图 2-25）[1-2]。

* 本节作者：高华端、徐永服、黄朝海。

图 2-24　平缓白云岩层上部形成的上层滞水

图 2-25　透水层与隔水层间形成的接触泉

2. 各时代地层水文地质性质

保护区及周边内出露地层包括三叠系个旧组（T_2g）、永宁镇组（T_1yn）、飞仙关组（T_1f），二叠系长兴组（P_2c）、龙潭组（P_2l）、茅口组（P_1m）、栖霞组（P_1q）、梁山组（P_1l）及石炭系马平组（C_3m）。各地层岩性构成及相变复杂，水理性质差异较大，根据岩性特征和地下水的赋存形式，保护区内含水岩组分为按其富水性能合并为碎屑岩与碳酸盐岩互层弱富水、碎屑岩风化带裂隙网状水强富水、碎屑岩夹碳酸盐岩裂隙溶洞水弱富水、碎屑岩较弱富水、碎屑岩与碳酸盐岩互层弱富水、碳酸盐岩夹碎屑岩较强富水、碳酸盐岩裂隙溶洞水强富水、碳酸盐岩裂隙溶洞水中富水 8 类含水介质。各类含水介质的地下水径流模数如表 2-1 所示。

表 2-1　各类含水介质的地下水径流模数

含水介质类型	地下径流模数/［L/（s·km²）］
碎屑岩与碳酸盐岩互层弱富水	<3.00
碎屑岩风化带裂隙网状水强富水	16.50
碎屑岩夹碳酸盐岩裂隙溶洞水弱富水	<3.00
碎屑岩较弱富水	0.26～0.76
碎屑岩与碳酸盐岩互层弱富水	<3.00
碳酸盐岩夹碎屑岩较强富水	6.40
碳酸盐岩裂隙溶洞水强富水	16.50
碳酸盐岩裂隙溶洞水中富水	3.00～6.00

保护区范围内基本属于碳酸盐岩裂隙溶洞水强富水层，进一步细分为喀斯特裂隙水含水岩组和喀斯特管道水含水岩组。

（1）喀斯特裂隙水含水岩组主要分布于保护区北部赵家渡—大冲一线北西部。地层岩性为中三叠个旧组白云岩夹泥质白云岩，下部为杂色泥质白云岩夹页岩。白云岩及泥质白云岩的可溶性较低，因而岩石的喀斯特化程度总体较差。地貌类型以峰丛槽谷为主。地下喀斯特形态以溶蚀裂隙为主，而溶洞、管道等空间较大的溶蚀形态少见。岩组下部的泥质白云岩及页岩主要为非可溶岩，岩石的透水性差。地下水主要赋存于该含水岩组上部的白云喀斯特蚀裂隙中，岩石含水较均一，而下部的泥质白云岩及页岩则为相对的隔水层。地表出露泉水较多。根据区域水文地质普查资料，该含水岩组枯季地下径流模数为 3.4～5.9L/（s·km^2），一般泉水流量 3～10L/s。

（2）喀斯特管道水含水岩组大面积分布于保护区的中南部，是保护区主要的喀斯特含水岩组。地层岩性为中三叠的厚层块状白云岩、白云质灰岩及石灰岩。岩石的可溶性高，喀斯特强烈发育，地貌类型为峰丛河谷、峰丛洼地及峰林洼地，其间溶蚀洼地、漏斗、落水洞等负向形态发育密度大。地下喀斯特形态以溶洞、管道为主，溶蚀裂隙也比较发育，岩石透水性强烈。地下水主要赋存于溶蚀空间较大的地下管道体系中，岩石含水的非均一性强。根据区域水文地质普查资料，其枯季地下径流模数为 5.6～7.0L/（s·km^2），该含水岩组地下水丰富。

整体上，保护区地下水以喀斯特潜水为主，补给区整体岩层出露区均为补给区，而层间裂隙、断层、地下暗河是主要的径流区，清水河则为排泄区。郑屯、楼纳、赵家渡大桥一线为西北区地下暗河排泄线路，坡岗、凉水井向西南方向一线为保护区中部地下暗河的主要流向，绒妹、任家坪子、小河边一线为保护区东部片区的地下暗河径流方向，花冲向南至天生桥一线为保护区东部外地下暗河径流方向。

2.2.2　水文与水资源

1. 地表水系结构及地表径流

保护区水系属于南盘江一级支流马岭河（清水河段）流域，区内地表水系不甚发育，主要有马岭河（清水河段）及其支流楼纳河、坡岗河[2]。马岭河自北而南流经保护区的西南部，是一条年平均流量 51.96m^3/s 的过境河流。在本次考察期间，清水河段在赵家渡大桥断面径流量为 15m^3/s（2017 年 10 月 28 日测）（图 2-26），其东岸自北而南发育楼纳河及坡岗河两条支流，其年平均流量均不足 2m^3/s。楼纳河长年有水，其上游坡降平缓，下游汇入马岭河峡谷时形成落差约 300m 的瀑布跌水。坡岗河在大坪地以上为地表明流，枯季时有断流；大坪地以下为地下伏流，洪水期在马岭河峡谷悬壁上可见地下河出口形成的高大瀑布。

图 2-26　清水河赵家渡大桥测流断面

2. 地下水物理化学性质

根据兴义市供水勘察及区域水文地质普查资料，坡岗喀斯特地区地下水的物理性质为无色、无味、无臭、清澈透明。白云岩区地下水化学类型以 HCO_3—Ca · Mg 型为主，石灰岩区以 HCO_3—Ca 型为主。地下水固形物含量 85～586mg/L，属低矿化水；总硬度 7.02～14 德国度，多属微硬水；pH 为 7.0～7.8，多属中性水。保护区内森林覆盖率高，村寨人口密度小。地下水遭受人类生产活动的污染小，因此水质一般比较良好，适宜于生活饮用。

总的看来，保护区降水充沛，热量条件好。地表水系不甚发育，具有典型的喀斯特水文特征，正如“地下水滚滚流，地表水贵如油”。因此，建立保护区，进一步恢复植被生态系统、保护生物多样性、涵养水源是确保区域可持续发展的重要途径[3-6]。

参 考 文 献

[1] 贵州省地质矿产局．贵州省区域地质志[M]．北京：地质出版社，1987.

[2] 韩至钧，金占省．贵州省水文地质志[M]．北京：地震出版社，1996.

[3] 贵州省黔东南苗族侗族自治州人民政府．雷公山自然保护区科学考察集[M]．贵阳：贵州人民出版社，1989.

[4] 周政贤，等．茂兰喀斯特森林科学考察集[M]．贵阳：贵州人民出版社，1987.

[5] 喻理飞，李明日，谢双喜，等．贵州佛顶山自然保护区科学考察集[M]．北京：中国林业出版社，2000.

[6]《金沙县综合农业区划》编写组．毕节地区卷 · 金沙县综合农业区划[M]．贵阳：贵州人民出版社，1990.

2.3　贵州兴义坡岗自然保护区土壤特征*

2.3.1　土壤形成的自然条件

1. 成土母质

成土母质是风化壳的表层，也是原生基岩经过风化、搬运、堆积等过程于地表形成的一层疏松、最年轻的地质矿物质层，它是形成土壤的物质基础，是土壤的前身。

保护区地质构造位于北西向顶效向斜核部西翼，属黔西南涡轮构造的组成部分。该区地质环境为中三叠纪浅海台地斜坡相的沉积环境，出露地层岩性复杂，自北向南依次为：在北部赵家渡至大冲一线的西北部，出露中三叠统杨柳井组（T_2yl）白云岩夹薄层泥质白云岩；在保护区中南部，出露中三叠统垄头组（T_2l）厚层块状白云岩夹层纹状灰岩；在保护区西南角万峰湖岸，出露中三叠统边阳组（T_2b）粉砂岩及页岩。保护区主要成土母质的化学组成如图 2-27 所示。

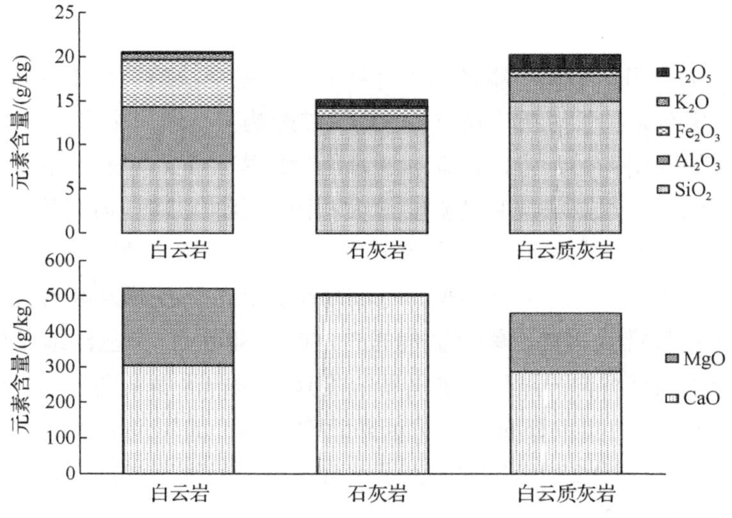

图 2-27　贵州兴义坡岗自然保护区主要成土母质的化学组成

2. 生物因素

土壤形成的生物因素包括植物、动物和土壤微生物。生物因素是促进土壤发生发展最活跃的因素。生物的生命活动将大量的太阳能引进成土过程，使分散在岩石圈、水圈和大气圈中的营养元素向土壤表层富集，形成土壤腐殖质层，使土壤具备肥力特性，推动土壤的形成和演化，可以从一定的意义上说，没有生物因素的作用，就没有土壤的形成过程。

保护区植被为一种非地带性的中亚热带次生常绿落叶阔叶混交林，处于演替中期阶段。根据 2006 年科学考察结果显示，该区群落类型较为丰富，主要有福建润楠林、滇青冈林、鹅耳枥林、圆果化香林、石栎（滇青冈）-化香林、滇青冈-鹅耳枥林、柏木林、水丝梨林、伊桐-盐麸木林、省藤林、蚊母树林、滇青冈（清香木）灌丛、灌丛-草坡 13 个群落类型。保护区内物种较丰富，保护区共有种子植物 974 种，隶属于 136 科 499 属。其中，裸子植物 5 科 5 属 5 种，被子植物 131 科 494 属 969 种；国家一级重点保护野生植物 1 种，二级重点保护野生植物 4 种；贵州省保护树种 4 种。CITES 附录 I 中包括巨瓣兜兰 *Paphiopedilum bellatulum*、同色兜兰 *P. concolor*、长瓣兜兰 *P. dianthum*、带叶兜兰 *P. hirsutissimum*、麻栗坡兜兰 *P. malipoense*、硬叶兜兰 *P. micranthum* 6 种，附录 II 中包括兰科植物 28 属 96 种。在石漠化日趋严重的今天，保护区集中

* 本节作者：毛天旭、赵龙山。

连片的喀斯特森林植被，是喀斯特地区植被保存较好的区域。由于受人为活动和历史原因的影响较大，保护区现存植被主要为次生乔木林及灌木林，在局部地段，如村寨旁的风水林、间歇泉风景林等保存较为完好，但种类组成单一，主要建群树种有滇青冈、水丝梨、圆果化香、鹅耳枥、清香木、福建润楠、贵州泡花树、贵州悬竹等。

3. 气候

气候对土壤形成的影响主要体现在两个方面：一是直接参与母质的风化，水热状况直接影响矿物质的分解、合成及物质积累和淋失；二是控制植物生长和微生物的活动，影响有机质的积累和分解，决定养分物质循环的速度。

保护区地处中亚热带湿润季风气候区域，海拔较高，相对高差较大，气候垂直分异现象较为明显。气温随着海拔的升高而降低，平均海拔每增高 100m，气温下降 0.55℃，年总积温减少 200℃。同时，由于山脉的阻挡，冷暖气团的交替，形成阴雨连绵天气频繁、降水丰富、日照少、相对湿度大的气候特点。保护区温和的气候、充沛的雨量、雨热同季和山地立体气候为保护区土壤的形成提供了独特的气候条件。

4. 地形

在成土过程中，地形是影响土壤和环境之间进行物质、能量交换的一个重要条件，它与母质、生物、气候等因素的作用不同，其不提供任何新的物质，主要通过影响其他成土因素对土壤形成起作用：一方面，地形对母质起着重新分配的作用；另一方面，地形通过影响地表径流而对水分进行再分配。一般而言，山地地势高，坡度大，切割强烈，水热状况和植被变化大，因此山地土壤一般有垂直分布的特点[1-2]。

保护区喀斯特地貌发育，受地层相变、新构造抬升及河流强烈切割的影响，其地貌类型复杂，主要有峰丛峡谷、峰丛洼地、峰林洼地及石林 4 个类型，分布情况大致如下：峰丛峡谷分布于保护区西部及西南部的马岭河两岸，谷缘喀斯特锥峰林立，峰顶面海拔 1 250～1 400m；峰丛洼地是保护区分布最广的喀斯特地貌类型，主要分布于楼纳至坡岗一线以南的马岭河东岸及保护区西南角的马岭河西岸，喀斯特锥峰顶面海拔 1 300～1 450m；峰林洼地集中分布于保护区东北部楼纳、坡岗及大坪地一带，喀斯特锥峰顶面海拔多为 1 350～1 450m，洼地海拔 1 220～1 280m；石林分布于马岭河下游红春一带的万峰湖西岸，喀斯特残丘性质的基座上石峰、石柱林立。

5. 成土时间

时间因素对土壤形成没有直接的影响，但时间因素可以体现土壤的不断发展。成土时间长，受气候作用持久，土壤剖面发育完整，与母质差别大；成土时间短，受气候作用短暂，土壤剖面发育较差，与母质的差别也小[3]。

保护区地处喀斯特较为发育的喀斯特地区，区域内地形破碎，峰丛林立，地表侵蚀和地下漏失现象严重。因此，在长期的土壤形成、发育作用、喀斯特作用及侵蚀过程叠加下演化为现代土壤。

6. 人类活动

人类活动在土壤形成过程中具有独特的作用，它对土壤的影响是有意识，定向的，受到社会制度和社会生产力的影响。人类活动对土壤具有双重性，合理利用土壤和土地资源，有利于土壤肥力的提升，反之则会破坏土壤，造成土地质量退化。总之，人类活动对土壤的影响不同于其他自然因素，只能在人类活动的时空范围内起作用，对土壤进行改造，改变土壤的发育程度和方向。

保护区历史时期内人类活动较少，主要表现为居民点和农业用地；近年来，随着移民搬迁、退耕还林等政策的实施，保护区内道路的修建为主要的人类活动。

2.3.2 土壤的主要形成过程

1. 富铝化过程

土壤富铝化过程又称脱硅过程或脱硅富铝化过程，是指土体中的二氧化硅（SiO_2）淋失，铁铝氧化物（Fe_2O_3、Al_2O_3）相对富集的过程。保护区处于中亚热带地区，水、热资源丰沛，岩石化学风化深刻、彻底，生物循环活跃，在成土过程中的原生矿物强烈分解，矿物质部分的硅、铁、铝发生分离，盐基物质和硅发生淋失，铁铝氧化物在土体中相对富集。

富铝化过程是该区地带性土壤的主要成土过程，如红壤、黄壤等土类的发生和存在，皆属于不同程度的富铝化过程。

2. 喀斯特成土作用

喀斯特成土作用主要包括差异溶蚀和选择交代作用两个阶段。差异溶蚀，即选择性溶蚀，是指可溶性碳酸盐岩在溶解的最初阶段，顺层理面、节理裂隙面往往形成许多肉眼可见或不可见的溶蚀孔洞和扩散层，这种溶蚀扩散层的存在是地下水差异溶蚀的产物。它受岩石的成分、结构、构造、颗粒大小、晶粒、晶面裂隙等影响，在白云岩中比石灰岩中发育，这也是红黏土广泛发育在白云岩地层中的原因之一。溶蚀扩散层的存在为地下水的交代作用提供了充分和广泛的空间。交代作用是指保留原岩的结构、构造而仅改变其化学成分的各种作用，可分为扩散交代和渗滤交代两种，前者是指组分的迁移通过停滞的粒间溶液以分子或离子扩散方式进行，后者是指通过溶液的流动进行。交代作用是一种等体积和分子或离子的置换作用。总之，喀斯特风化壳形成的交代作用是通过地下水溶液来进行的，有 Si、Al、Fe 等物质的携入和可溶性 Ca、Mg 等组分的带出，是在与外界有物质和能量交换的开放体系中进行的，地下水是物质溶出和携入的载体[1-3]。

除此之外，保护区还存在其他的土壤形成过程，如原始成土过程、有机质积聚过程、土壤腐殖化过程等，不再一一列举。

2.3.3 主要的土壤类型及分布

1. 土壤分类

由于土壤形成条件、形成过程的差异，根据野外调查，并参考近年来公开发表的与保护区相关的土壤数据资料，按照中国土壤分类系统和贵州省现行土壤分类标准，保护区分布的土壤可划分为 2 个土纲、3 个亚纲、3 个土类、5 个亚类，如表 2-2 所示。

表 2-2 贵州兴义坡岗自然保护区土壤分类

土纲	亚纲	土类	亚类
初育土	石质初育土	石灰土	黑色石灰土
			黄色石灰土
			红色石灰土
铁铝土	湿热铁铝土	红壤	红壤
	湿暖铁铝土	黄壤	黄壤

2. 土壤分布

保护区分布的地带性土壤有红壤、黄壤 2 个土类，2 个亚类；非地带性土壤有石灰土 1 个土类，黑色石灰土、黄色石灰土、红色石灰土 3 个亚类。其中，石灰土是保护区分布量广、面积积量大的土壤类型，黄壤、红壤的分布面积较少。

根据野外调查，保护区土壤的分布情况大致如下：红壤、黄壤的分布与生物、气候条件相适应，红壤分布在保护区西南角海拔 900m 以下砂岩、页岩分布的地段，黄壤分布在保护区西南角海拔 900m 以上砂岩、页岩出露的区域。石灰土是保护区的主要土壤类型，广泛分布于白云岩、石灰岩等碳酸盐岩出露的喀斯特区域。

2.3.4　典型土壤剖面描述

保护区存在的土壤主要有石灰土（黄色石灰土、红色石灰土、黑色石灰土）、黄壤等，其典型剖面具体如下。

1. 黄色石灰土

典型剖面Ⅰ
地点：赵家渡大桥西侧山坡（东经 104° 59′22″，北纬 25° 2′57″）。
海拔：883m。
植被：灌木林地，优势种为清香木、白蜡等。
母岩：残积母质。
坡位：坡脚。
坡向：东南向。
坡度：30°～35°。
A_0：0～3cm 枯枝落叶覆盖层。
A：3～22cm 淡棕色（7.5YR，5/6），壤土，团粒结构，疏松，根系适中，石砾 15%。
AB：22～45cm 暗棕色（7.5YR，3/4），砂壤，小块状结构，疏松，根系较少，碎石 30%。
D：45cm 以下为成土母岩。

2. 红色石灰土

典型剖面Ⅱ
地点：602 县道旁、靠近新店村附近（东经 104° 59′56″，北纬 25° 1′56″）。
海拔：1 202m。
植被：灌木林地，优势种为清香木、胡颓子、荚蒾等。
母岩：石灰岩。
坡位：中坡。
坡向：西南向。
坡度：40°。
A_0：0～2cm 枯枝落叶覆盖层。
A：2～42cm 淡棕色（7.5YR，5/6），黏土，小块状结构，紧实，湿润，适量根系。
AB：42～90cm 淡红棕色（5YR，5/8），黏土，小块状结构，紧实，润，少量根系。
D：90cm 以下为成土母岩（石灰岩）。

3. 黑色石灰土

典型剖面Ⅲ
地点：龙广镇入口沿 680 县道，近孔家坝处（东经 105° 9′58″，北纬 25° 3′32″）。
海拔：1 249m。
植被：灌木林地，优势种为乌冈栎、香叶树、楼梯草、蕨类等。
母岩：白云岩。
坡位：中坡。
坡向：西北。
坡度：25°。
A_0：0～3cm 枯枝落叶覆盖层。

A：3～42cm 黑棕色（7.5YR 2/2），壤土，团粒结构，疏松，湿润、润，少量根系。
AB：42～70cm 暗棕色（7.5YR 3/4），黏壤土，团粒结构，紧实，湿润，少量根系，石砾 10%。
D：70cm 以下为成土母岩。

4. 黄壤

典型剖面Ⅳ
地点：龙广镇入口沿 680 县道，孔家坝对面山坡（东经 105° 9′58″，北纬 25° 3′31″）。
海拔：1 257m。
植被：乔灌混交林地，优势种为侧柏、紫茎泽兰、地果、蕨类等。
母岩：石灰岩。
坡位：坡脚。
坡向：东南。
坡度：10°。
A_0：0～2cm 枯枝落叶覆盖层。
A：2～18cm 黑棕色（7.5YR 2/2），砂壤土，核状结构，疏松，润，大量根系。
AB：18～35cm 淡黄橙色（7.5YR 8/6），粉砂黏壤土，小块状结构，紧实，湿润，少量根系。
D：35cm 以下为成土母质。

2.3.5 主要土壤类型的理化特性

1. 土壤容重

土壤容重在某种程度上可以表征土壤的紧实度、孔隙状况、渗透性能等。从表 2-3 可以看出，保护区表层（0～20cm）土壤容重较低，为 0.74～1.26g/cm^3，表层土壤土体相对疏松，说明土壤具有良好的通透性，土壤孔隙度较大；随着深度的增加，土壤容重基本呈增加趋势。对于不同类型土壤，容重也表现出明显差异，其中红壤的土壤容重最低，而黄色石灰土的容重最高，主要原因可能是黄色石灰土发育母质为白云岩，含有较多的碎石。

表 2-3　贵州兴义坡岗自然保护区不同类型土壤容重

土层深度/cm	容重/（g/cm^3）			
	黑色石灰土（海拔 1 249m）	黄色石灰土（海拔 883m）	红色石灰土（海拔 1 202m）	黄壤（海拔 1 257m）
0～5	0.99	1.08	0.79	0.96
5～10	1.13	1.22	0.74	0.81
10～20	1.11	1.26	0.91	1.00
20～40	1.18	1.49	1.00	1.06
40～60	0.99		1.05	0.92

2. 土壤肥力特性

土壤 pH 受到土壤形成环境各种自然因素、形成过程的影响，反之，土壤 pH 也会影响植物的生长和分布，其是表征区域土壤类型重要的化学指标。保护区不同土壤类型的土壤 pH 及养分特征见表 2-4。从表中可以看出，保护区内土壤 pH 基本保持在一个相对稳定的范围，介于 4.72～7.13，偏中性。其中，黑色石灰土表层土壤的 pH 最高，介于 7.02～7.09，均值为 7.05；黄壤的 pH 最低，介于 4.72～5.40，均值为 4.99。保护区内土壤 pH 与该区域土壤成土母质、亚热带湿润季风气候有密切关系。

表 2-4　贵州兴义坡岗自然保护区不同土壤类型的土壤 pH 及养分特征

土壤类型	土层深度/cm	pH	有机质/%	全量/（g/kg）			速效/（mg/kg）	
				全氮	全磷	全钾	铵态氮	硝态氮
黑色石灰土	0～5	7.09	5.08	3.12	0.54	27.35	2.98	11.09
	5～10	7.04	4.60	3.15	0.41	19.27	1.14	10.67
	10～20	7.02	4.48	2.99	0.69	21.73	1.14	7.19
黄色石灰土	0～5	7.00	4.41	2.87	0.12	1.09	2.28	5.41
	5～10	6.99	5.73	3.53	0.19	5.76	2.29	11.08
	10～20	7.13	4.48	3.05	0.32	5.40	2.29	9.79
红色石灰土	0～5	6.76	0.38	0.34	0.19	13.77	1.37	18.72
	5～10	6.72	1.87	0.03	0.18	23.41	1.37	10.57
	10～20	6.80	2.45	0.39	0.19	17.42	0.00	4.53
黄壤	0～5	4.86	3.24	0.31	0.28	11.77	1.37	1.14
	5～10	4.72	2.09	0.39	0.34	39.69	1.14	0.59
	10～20	5.40	2.37	1.99	0.35	41.93	1.14	0.79

土壤有机质是土壤重要的组分之一，是土壤肥力的物质基础，也是土壤形成发育的主要标志，包括各种动植物的残体、微生物体及其分解和合成的各种有机物质，也包括人为施入土壤中的各种有机肥料（如绿肥、堆肥、沤肥等）。从表 2-4 可以看出，坡岗土壤有机质含量介于 0.38%～5.73%，20cm 土层深度平均有机质含量表现如下：黄色石灰土>黑色石灰土>黄壤>红色石灰土，其中黄色石灰土和黑色石灰土有机质含量较为接近，分别为 4.88%和 4.72%，红色石灰土有机质含量较低，其值为 1.56%，说明红色石灰土较为贫瘠，这与其结构较为黏重，缺乏团粒结构，土壤发育阶段尚不成熟一致。此外，保护区黄壤和黑色石灰土土壤表层（0～5cm）有机质含量明显高于下层土壤有机质含量，表现出显著的表聚性。这种表聚性在黄色石灰土和红色石灰土中表现得并不十分明显，特别是红色石灰土有机质含量随着土层深度的增加显著增加，说明土壤有机质由表层向下层土壤迁移。同时，地面覆被类型和盖度的差异也是影响土壤有机质含量的重要因素。

土壤氮、磷、钾被称为土壤三要素，是反映土壤肥力的重要指标，是土壤区别于成土母质和其他自然体的本质特征，也是土壤作为自然资源和农业生产资料的物质基础。从表 2-4 可以看出，对于不同的土壤类型，氮、磷、钾含量差异较大，分别介于 0.03～3.53g/kg、0.12～0.69g/kg 和 1.09～41.93g/kg。整体而言，与全国土壤的全氮、全磷、全钾含量［分别为 0.44～7.03g/kg（自然土壤）、0.40～2.50g/kg、15.00～25.00g/kg（耕作土壤）］相比，氮、磷含量偏低而钾含量偏高。保护区土壤中，黄色石灰土和黑色石灰土的全氮含量远高于黄壤和红色石灰土，表现为黄色石灰土>黑色石灰土>黄壤>红色石灰土，这与有机质含量表现一致；全磷含量表现为黑色石灰土>黄壤>红色石灰土>黄色石灰土，全钾含量表现为黄壤>黑色石灰土>红色石灰土>黄色石灰土。不同类型土壤中氮磷钾含量的差异如下：一方面，与成土母质的化学成分密切相关；另一方面，也与局部气候、地形及植被条件有关。保护区土壤铵态氮含量介于 0～2.98mg/kg，平均值为 1.54mg/kg；土壤硝态氮含量介于 0.59～18.72mg/kg，平均值为 7.63mg/kg。

2.3.6　保护区水土流失现状分析

调查表明，保护区内土地利用以林草地为主，其次为农地、村寨及河流等。其中，林草地占土地总面积的 88.51%，覆盖度大于 75.00%的林草地占林草地总面积的 64.50%，覆盖度 60%～75%的林草地占林草地总面积的 15.30%；农地占土地总面积的 8.11%。保护区内水土流失面积约 125.30km^2，占保护区土地总面积的 74.70%，主要为水力侵蚀，其中轻度土壤侵蚀面积占水土流失面积的 18.09%，中度土壤侵蚀面积占水土流失面积的 29.29%，强烈土壤侵蚀面积占水土流失面积的 41.17%（表 2-5）。与 2000 年相比，保护区水土流失面积减小约 10km^2，尤其是强烈、极强烈和剧烈土壤侵蚀面积均减小（图 2-28）。

表 2-5　贵州兴义坡岗自然保护区 2017 年不同土壤侵蚀面积及占水土流失面积比例

项目	土壤侵蚀强度					合计
	轻度	中度	强烈	极强烈	剧烈	
面积/km^2	22.67	36.70	51.59	5.32	9.02	125.30
占水土流失面积/%	18.09	29.29	41.17	4.25	7.20	100.00

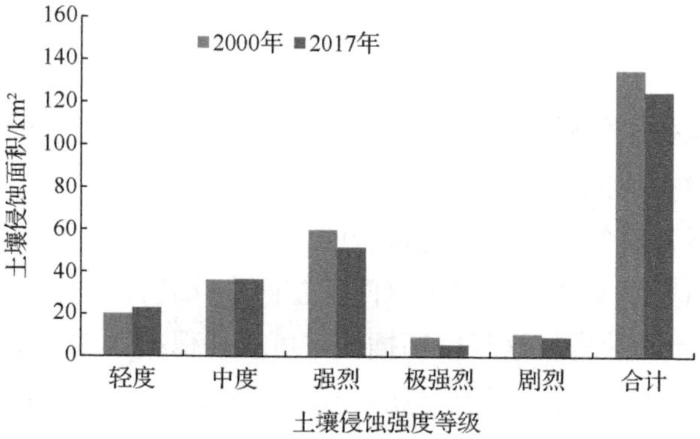

图 2-28　贵州兴义坡岗自然保护区 2000 年与 2017 年土壤侵蚀状况对比图

2.3.7　土壤资源的利用及保护对策

（1）加强生态环境保护宣传，提高人们的水土保持意识。土壤是人类赖以生存的基本资源，也是生态环境保护与可持续发展的重要基础，而人为活动对土壤资源的不合理干扰，是造成水土流失、土壤肥力下降，甚至土地石漠化的主要原因。喀斯特地区独特的自然环境，形成了土壤资源奇缺、易流失，且流失后极难再生的特点，生态环境恶化，首当其冲的是土壤资源的流失、退化。因此，在保护区建设中，要加强土地资源保护宣传力度，深入开展水土保持普法宣传，增强人们对水土保持工作重要性和紧迫性的认识，为推进生态文明建设营造良好的舆论氛围。

（2）加强管理水平，构建完善的水土流失监测体系。水土保持监测是贯彻落实水土保持法的重要内容之一，对于指导保护区建设及保护区内生产实践具有重要意义。因此，在保护区建设中，需要建立专业的水土保持管理队伍，并构建完善的水土保持监测体系，对保护区内水土流失状况及防治成效开展动态监测，并及时向行业主管部门和社会公众发布。

（3）制定科学合理的水土保持方案。在保护区建设过程中，结合国家和省市“山水林田湖”生态保护项目，制定科学合理的水土保持方案。在保护区范围内全面实施封山育林、退耕还林（草）政策，防治水土流失。在水土流失较严重的区域，也要最大限度地利用喀斯特地区特有的小环境，进行植被自我更新演替，提高地表植被覆盖度，不可盲目利用工程措施进行治理。严格限制保护区内进行开发建设，对于改善基础设施条件和保障国家重大项目确需开发建设的，严格遵守开发建设水土保持法律法规，依法编制水土保持方案，并监督实施。同时，结合当地地质地貌特征，进行景观综合治理，将保护区成为喀斯特地区生态保护示范区，助力多彩贵州、美丽中国建设[4]。

参 考 文 献

[1] 王世杰，季宏兵，欧阳自远，等. 碳酸盐岩风化成土作用的初步研究[J]. 中国科学（D 辑），1999，29（5）：441-449.

[2] 李景阳，王朝富，樊廷章. 试论碳酸盐岩风化壳与喀斯特成土作用[J]. 中国岩溶，1991，10（1）：29-38.

[3] 郑永春，王世杰. 贵州山区石灰土侵蚀及石漠化的地质原因分析[J]. 长江流域资源与环境，2002，11（5）：461-465.

[4] 喻理飞，等. 贵州佛顶山生物多样性：中国生物多样性保护优先区武陵山-苗岭结点保护区研究[M]. 贵阳：贵州科技出版社，2016.

2.4　贵州兴义坡岗自然保护区气候特征*

为考察保护区气候资源分布，可根据前期的研究成果、短期野外气候考察数据、利用历史资料和同步观测资料进行短期序列订正数据等，对保护区天气气候成因和气候分布特征进行分析。

2.4.1　资料来源与方法

因保护区内无气象站，保护区气候资源分析是基于周边的气象站资料、短期气象考察资料及气象精细化插值数据进行的。气象站数据均来自贵州省气象局。

（1）兴义站是距离保护区最近的、时间序列最长的气象站，其收集了兴义气象站 1961 年以来的年、月、日温度、降水、湿度和日照观测资料，用于时间和空间变化特征分析。

（2）通过贵州省 84 个气象站的资料进行空间插值，可获得保护区 30 年平均光、温、水数据，空间分辨率为 1km，并利用该数据进行空间分布特征分析。保护区周边有 6 个区域气象自动观测站，有 2010 年建站以来的年温度、降水实测资料。

（3）短期气候考察和负氧离子测定数据。

2.4.2　保护区天气成因分析

1. 地理位置及地形的影响

保护区位于青藏高原东南侧斜坡上，青藏高原大地形对其影响巨大。多年研究结果表明，青藏高原大地形对保护区的气候形成的动力条件、热力条件、水汽条件有重要影响，且大地形对副热带高压、东亚大槽、西风带系统、季风也有直接的重要影响。有研究结果表明，西风气流遇到地势较高的青藏高原后，在高原的两侧分为南北两支气流，北支呈反气旋式弯曲，反气旋式涡度增加，气旋式涡度减小，南支呈气旋式弯曲，气旋式涡度增加，反气旋式涡度减小。高原大地形的绕流作用，是冬春季滇黔准静止锋形成的主要原因[1]，而保护区正好位于昆明市、贵阳市之间，是滇黔准静止锋在贵阳市、昆明市摆动时的必经之地，因此对保护区内的气候有重要影响。

由于青藏高原大地形对水汽输送有阻挡作用，各月水汽均在高原南侧形成辐合中心，而保护区正处于青藏高原南侧的水汽辐合输送带中。保护区春、冬季的水汽主要来源于中纬度偏西风水汽输送，夏季的水汽主要来源于孟加拉湾和南海地区，秋季的水汽则主要来源于西太平洋地区及南海。由此可见，青藏高原地形对保护区的影响显著，特殊的地理位置和地形条件为保护区亚热带湿润季风气候形成的水汽输送创造了有利条件[1-3]。

2. 主要的气候系统影响

综合前人多年研究结果表明，保护区的主要气候系统包括季风、南亚高压、西太平洋副热带高压、西风带槽脊、滇黔准静止锋、西南热低压。西太平洋副热带高压的位置和强弱对保护区的冷暖和降水量多寡有重要影响，而西南热低压是保护区春季日照丰富、高温、西南低压大风的主要原因，西风带槽脊往往带来大范围降水天气，滇黔准静止锋往往带来连续的阴雨及低温天气。

1）季风

季风是指一年中某区域大范围的、盛行风向随着季节有规律地改变，并且方向相反或者接近相反的方向变换而形成的风。保护区由于地理位置和地形地貌的特殊性，其季风特征与东亚季风等存在一定差异，表现为多种季风并存[1]。根据对季风特征的分析，出现在保护区的季风可以分为小季风、西南季风、东南季风和冬季风 4 种类型。

---

* 本节作者：谷晓平、陈芳、王芬、武明懿、王剑章。

（1）小季风主要是贵州省以东冷高压后部出现的回流。由于气旋性涡度的平流输送和水汽通量增大现象只反映于 700hPa 高度以下，小季风属于干暖系统。小季风时期常使保护区天气晴朗、高温低湿，是一年内日照最多、相对湿度最小、偏南大风最多的时段，也是保护区太阳能辐射最强的时期。

（2）西南季风开始影响和盛行时期，贵州省气温恰好和小季风影响时相反，即东部地区比西部要高。西南季风的建立与亚洲上空的环流型密切相关。西南季风开始影响后，保护区降水明显增多。

（3）东南季风是我国夏季风发展到极盛阶段出现在贵州省上空的偏东南气流。东南季风影响贵州省时，保护区地区晴热少雨。

（4）冬季风是低层的大陆指向海洋的冷气流，冬季风的建立与亚洲环流型改变有关[2]。到冬季风盛行时期，保护区气温下降。

2）南亚高压

南亚高压是夏季出现在青藏高原及邻近地区上空的对流层上部的大型高压系统，又称青藏高压或亚洲季风高压。它是北半球夏季 100hPa 层上最强大、最稳定的控制性环流系统，对夏季中国大范围旱涝分布及亚洲天气都有重大影响。

南亚高压是一种行星尺度的环流系统，它不仅对南亚和东亚大范围地区的气候有重要影响，对保护区气候也有直接影响，是影响保护区盛夏伏旱、雨量多寡的重要媒介。南亚高压脊线位置与保护区夏旱开始期也有一定关系。100hPa 南亚高压脊线在 6 月会出现两次北跳，而降水量也相应两次激增；当脊线移到北纬 28° 附近时，约有半个月的稳定期，这正好对应保护区的多雨期。7 月初，当脊线又一次北跳到北纬 30° 以北时，保护区降水量急剧减少。

当保护区高空被南亚高压辐散场控制时，为强烈的暖高压，伴随着强烈的辐散运动，根据质量补偿原理，高层辐散必然伴随低层辐合，引起低层强烈的上升运动，有利于成云致雨，带来降水天气。

3）西太平洋副热带高压

南北半球的副热带地区存在副热带高压带，由于海陆的影响，其常断裂成若干个高压单体，这些单体统称为副热带高压。副热带高压是一个稳定而少动的暖性深厚系统，高压脊中一般较为干燥，在高压中心控制区为下沉气流，多晴朗少云的天气，又因气压梯度比较小，风力微弱，天气则更炎热。副热带高压的北侧与西风带副热带锋区相邻，多气旋和锋面活动，上升运动强，多阴雨天气。位于西太平洋的副热带高压，其强弱、位置、面积对保护区的晴雨及气温变化有重要影响。

在冬季，副热带高压较弱，对保护区的影响较小，保护区气温相对较低，易出现雨雪天气。夏季保护区的降水与副热带高压面积指数、强度指数呈正相关，与脊线位置、西伸脊点呈负相关；当副热带高压面积增大或强度增强时，对应保护区夏季降水量偏多；保护区降水量偏多时，副热带高压的位置偏西或接近平均年份；降水量偏少时，副热带高压位置偏东或接近平均年份，且无论偏多（少）年，均具有逐步北推东退的趋势。

4）西风带槽脊

对保护区有重要影响的西风带系统主要为南支槽和高原槽。南支槽是在东经 80°～100°、北纬 18°～30° 出现的西风带低压槽，又称副热带南支西风槽，是冬、春季影响保护区的主要天气系统。南支槽 10 月在孟加拉湾北部建立，冬季加强，春季活跃，6 月消失并转为孟加拉湾槽。南支槽对保护区的气候有重要影响，研究表明，南支槽前为西南气流控制，将孟加拉湾的水汽源源不断输送至保护区，槽前往往为上升运动区，正涡度及正涡度平流明显，往往带来降水、大风等天气，在有其他系统配合的情况下，甚至会带来暴雨、冰雹等灾害性天气。

高原槽基本为越过青藏高原影响其他地区的高空槽。高原槽在东移过程中，受到复杂下垫面的影响，往往由南北向的槽变为东北—西南向的槽，槽前西南气流伴有强烈的上升运动，槽低往往南伸，影响保护区气候。

总体而言，南支槽、高原槽对保护区的气候有重要影响，过境时会带来降水天气，有些甚至会造成暴雨、冰雹、大风、短时强降水等灾害性天气。近 10 年，高原槽过境造成了保护区 12%的暴雨，南支槽过境造成了 28%的暴雨天气。

5）滇黔准静止锋

滇黔准静止锋是我国低纬高原地区的重要天气系统，也是影响保护区的主要天气系统之一。

一般情况下，冷空气从北方南下时不能穿越高原大地形，而从孟加拉湾南上的西南暖湿气流也几乎被阻挡，两股势力盘旋在黔西、滇东北一带呈准静止状态，交界面称为滇黔准静止锋。滇黔准静止锋随着南（西南气流）、北（冷空气）两股势力的增强而北跳或南移，造成锋后地区受冷空气影响，阴雨绵绵，而锋前区域受西南气流影响，天气晴好。滇黔准静止锋对保护区造成的主要影响为低温、阴雨、暴雨等。滇黔准静止锋与保护区春季的暴雨关系密切。有研究表明，近 10 年保护区初夏暴雨有 35%是由滇黔准静止锋触发的，而暴雨落区往往集中在准静止锋南侧的 1 个纬距带内。

6）西南热低压

西南热低压作为区域性天气系统，是西南地区天气的主要影响系统之一，其影响主要体现在两个方面：一方面，在热低压天气系统控制时，一般为多云天气，常伴随着高温天气出现；另一方面，一旦有冷空气从北方南下影响该区域，热低压就会迅速填塞，给保护区带来充沛的降水。

2.4.3 保护区气候资源特征

1. 温度

结合保护区周边 4 个国家级观测站建站以来的历史气候资料，以及郑屯镇、顶效镇、则戎乡、龙广镇、万峰湖镇和德卧镇等几个乡镇的区域自动观测站观测资料，利用空间插值的方法得到保护区内各点的气候数值（表 2-6）。

表 2-6 贵州兴义坡岗自然保护区内的温度条件

地点	北纬	东经	海拔/m	年平均气温/℃	最冷月平均气温/℃	最热月平均气温/℃	极端最低气温/℃	极端最高气温/℃	≥10℃积温/℃
间歇泉	25°06′47.84″	105°05′35.45″	1 151.8	16.2	7.7	23.8	−2.5	32.7	5 610.7
坡岗村	25°05′00.70″	105°04′04.96″	1 394.6	14.9	6.5	22.6	−4.0	30.8	5 152.5
大箐村	25°03′42.68″	105°03′00.58″	1 524.8	14.1	5.7	22.0	−5.1	30.0	4 858.4
万峰湖镇	24°58′29.66″	105°03′04.80″	1 235.5	15.9	7.5	23.4	−2.6	31.9	5 512.9
姜家凼子	25°03′34.43″	105°09′57.59″	1 214.9	15.7	7.2	23.4	−3.1	32.0	5 452.9
杜家湾	25°04′28.92″	105°03′14.40″	1 425.9	14.7	6.4	22.4	−4.2	30.6	5 095.7
风岭	25°01′56.28″	105°04′50.52″	1 448.1	14.6	6.2	22.3	−4.3	30.4	5 049.1
苦竹林	25°05′58.20″	105°02′41.64″	1 474.9	14.4	6.1	22.2	−4.6	30.3	4 986.1
菜子湾	25°04′53.04″	105°01′50.16″	1 365.0	15.1	6.8	22.8	−3.7	31.0	5 234.1
弄马地	24°58′56.64″	104°58′39.36″	985.6	17.5	9.2	24.6	−0.4	33.6	6 100.8
英跃	25°03′49.68″	105°06′11.52″	1 328.8	15.3	6.9	22.9	−3.5	31.2	5 293.3
绒泥村	25°06′35.28″	105°04′16.32″	1 401.8	14.8	6.5	22.6	−4.1	30.8	5 133.8
民族村	25°06′21.60″	105°05′38.76″	1 266.8	15.6	7.2	23.2	−3.0	31.7	5 420.7
团结村	25°08′30.12″	105°05′57.12″	1 277.5	15.5	7.1	23.2	−3.2	31.7	5 387.0
双山村	25°07′55.56″	105°03′12.96″	1 268.5	15.6	7.3	23.2	−3.0	31.8	5 423.9
合心村	25°09′31.32″	105°01′44.04″	1 278.4	15.6	7.2	23.2	−3.1	31.8	5 404.0
木陇村	25°09′32.24″	104°58′57.52″	1 246.4	15.0	6.1	23.1	−4.6	31.5	5 159.4
健康村	25°03′24.12″	105°03′10.08″	1 267	15.7	7.3	23.2	−2.9	31.7	5 446.0
岩峰村	25°02′42.00″	105°04′49.80″	1 335	15.2	6.9	22.9	−3.5	31.2	5 292.0
长冲	25°03′44.28″	105°11′16.44″	1 299.5	15.4	7.0	23.0	−3.4	31.4	5 329.6

1）平均气温

（1）时间变化特征。利用兴义气象站建站以来的观测资料，进行温度时间变化特征分析。从历史气候资料统计可以看出，月平均气温 8 月最高（23.4℃），1 月最低（6.4℃）。从季节分布来看，平均气温夏季最高，秋季次之，冬季最低（图 2-29）。

保护区的累年平均气温为 16.3℃，年平均气温变化趋势不明显，1963 年最高，达 17.6℃；1976 年最低，为 15.3℃（图 2-30）。

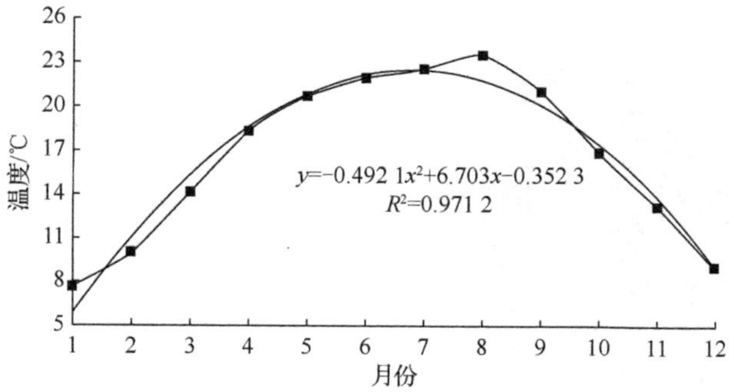

图 2-29　贵州兴义坡岗自然保护区月平均气温

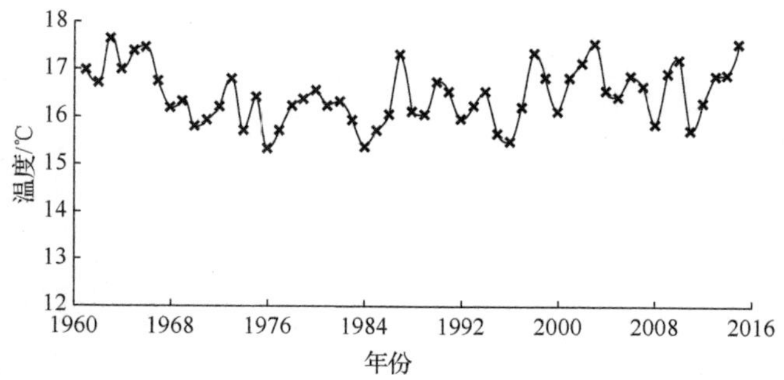

图 2-30　贵州兴义坡岗自然保护区年平均气温时间变化序列

（2）空间分布特征。保护区的年平均气温随着海拔的变化而变化，北部气温较低，年平均气温为 13.9～14.9℃；南部气温相对较高，年平均气温为 16.2～18.8℃（图 2-31）。

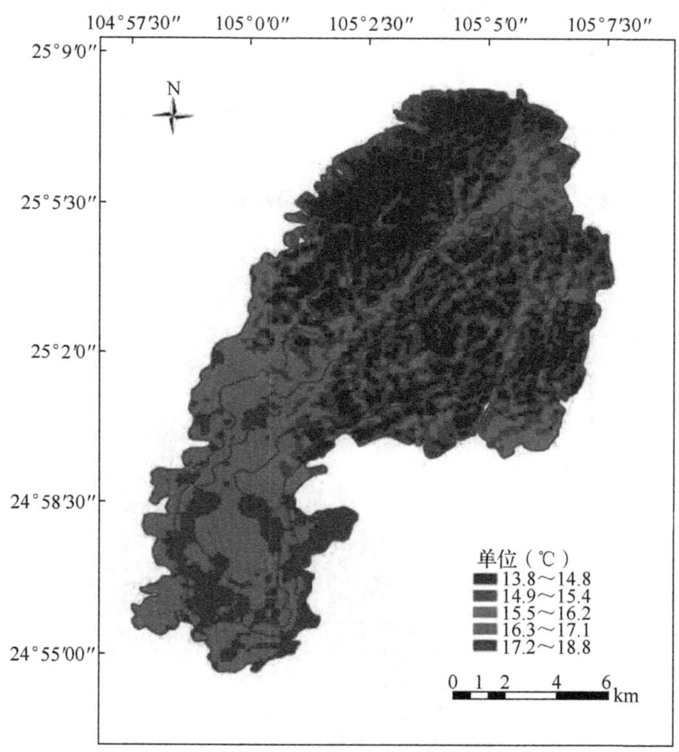

图 2-31　贵州兴义坡岗自然保护区年平均气温空间分布

最冷月（1 月）平均气温，低值区出现在海拔较高的保护区北部，最低达到 5.55℃，保护区南部温度相对较高，为 8.4～10.6℃（图 2-32）。最热月（7 月）平均气温高值区在南部海拔较低的地区，为 23.7～25.8℃（图 2-33）。保护区内≥10℃的有效积温为 4 798.2～6 290.9℃，南部温度较高，积温也相对较大，大多在 6 000℃以上（图 2-34）。

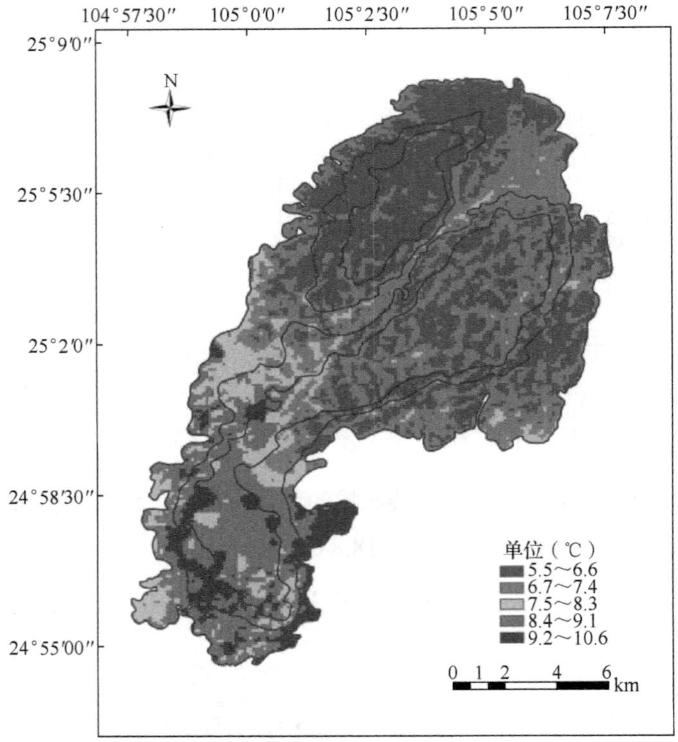

图 2-32 贵州兴义坡岗自然保护区最冷月平均气温空间分布

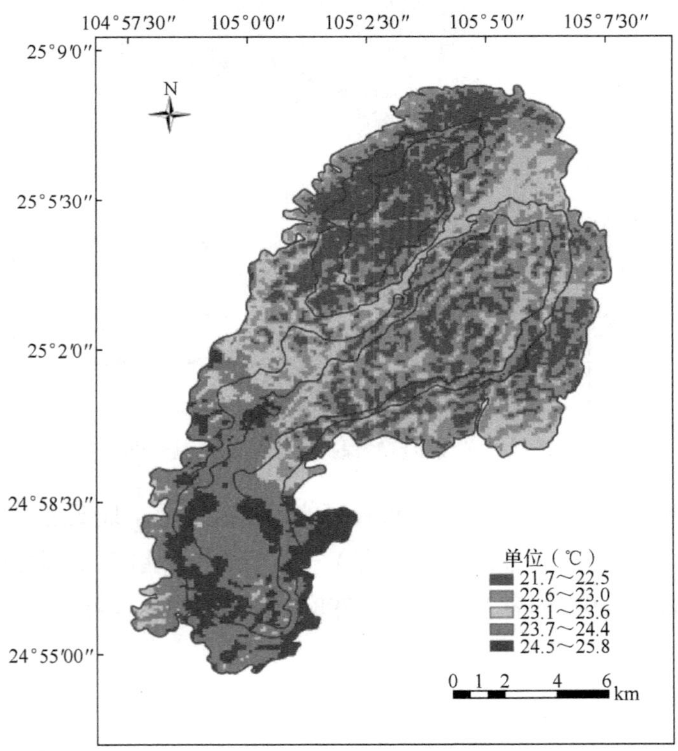

图 2-33 贵州兴义坡岗自然保护区最热月平均气温空间分布

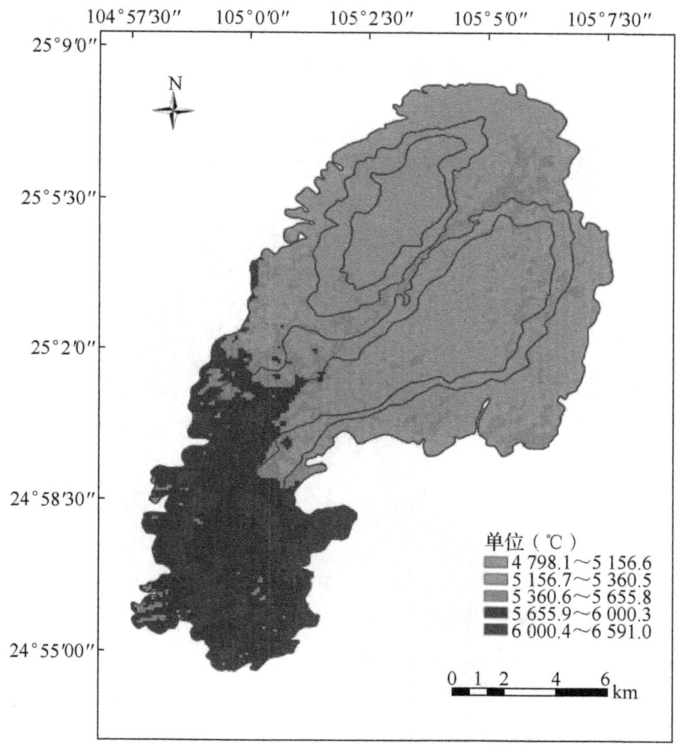

图 2-34　贵州兴义坡岗自然保护区≥10℃积温空间分布

2）月极端最高、最低气温

（1）时间变化特征。与平均气温分析相同，也采用兴义气象站建站以来的观测资料，进行月极端最高、最低气温时间变化特征分析。4～5 月极端最高气温相对较高，5 月极端最高气温甚至可达 37.5 ℃，11 月～次年 1 月的气温相对较低，12 月极端最高气温也可达 26.5℃，相差 10℃左右（图 2-35）。

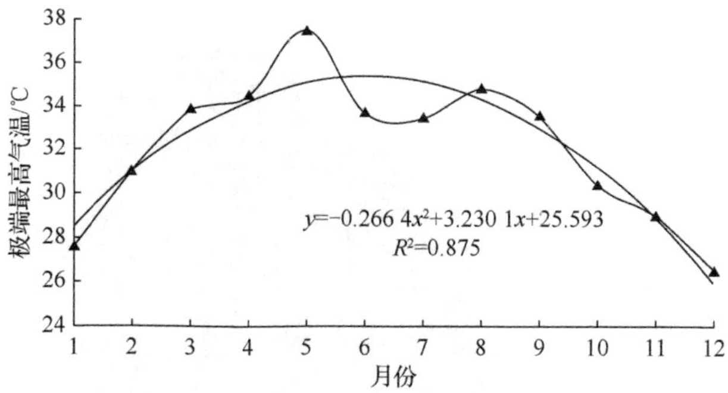

图 2-35　贵州兴义坡岗自然保护区月极端最高气温

4～11 月极端最低气温均在 0℃以上，8 月的极端最低气温为 13.7℃，12 月～次年 3 月在 0℃以下，12 月～次年 1 月的极端最低气温甚至可达−5℃左右（图 2-36）。

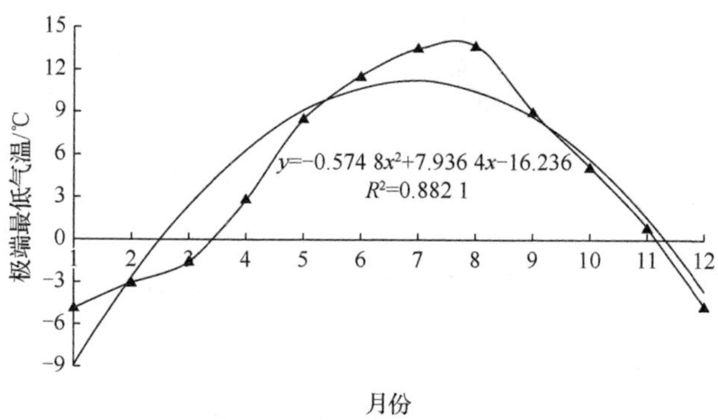

图 2-36　贵州兴义坡岗自然保护区月极端最低气温

（2）空间分布特征。从空间分布图可以看出，整个保护区极端最高气温为 29.6～35.2℃，极端最低气温为-5.3～1.5℃（图 2-37 和图 2-38），呈现南高北低分布规律。北部的健康村、苦竹林、岩峰村一带，极端最低气温可达-5.3～-3.1℃。

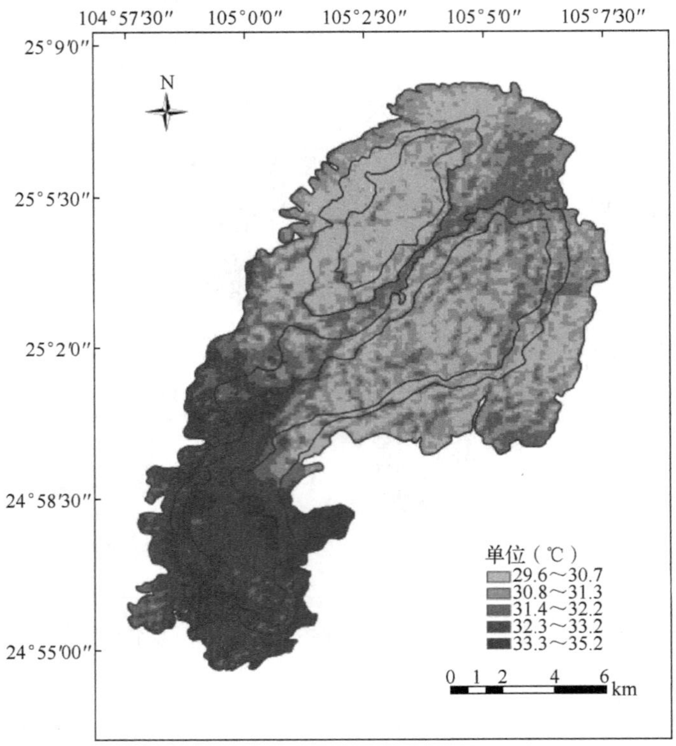

图 2-37　贵州兴义坡岗自然保护区极端最高气温空间分布

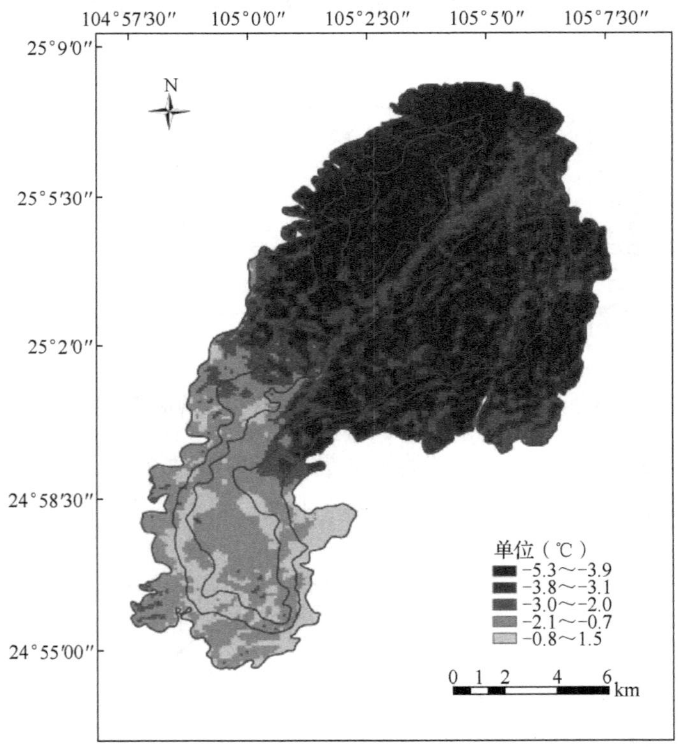

图 2-38　贵州兴义坡岗自然保护区极端最低气温空间分布

2. 日照时数

保护区的年日照时数为 1 401.4h 左右，木陇村的年日照时数最低，为 1 364.7h，弄马地的年日照时数相对较高，为 1 412.6h 左右。整体来说，保护区的日照条件充足，是贵州省日照条件较充足的地区之一。

1）时间变化特征

通过对 1980～2010 年的日照时数统计分析，可得到年平均日照时数为 1587.8h，其中 7 月的平均日照时数为 161.1～174.5h，占总平均日照时数的 10.1%～11.0%；1 月的平均日照时数最少，为 79.7～99.5h，占总平均日照时数的 5.02%～6.27%。四季中夏季平均日照时数最高，春季秋季日照时数分别呈上升和下降趋势，冬季平均日照时数最低。春季平均日照时数为 134.7～169.3h，占总平均日照时数 8.48%～10.67%；夏季平均日照时数为 137.7～174.5h，占总平均日照时数的 8.67%～10.99%；秋季的平均日照时数为 110.3～146.8h，占总平均日照时数的 6.95%～9.25%；冬季的平均日照时数为 99.5～100.9h，占总平均日照时数的 6.27%～6.35%（图 2-39）。

通过对 1980～2010 年的年日照时数统计分析，可知 1980～1985 年的年日照时数变化幅度不大，1985～2010 年的年日照时数变化幅度变大，1987 年最大日照时数达 1 877.8h/a，而 2008 年的日照时数达到历史最低，仅 1 225.0h。年日照时数以 4.42h/10a 的趋势减小（图 2-40）。

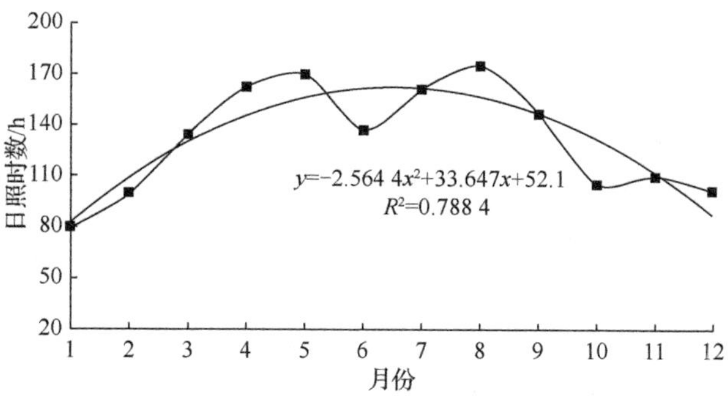

图 2-39　贵州兴义坡岗自然保护区月日照时数

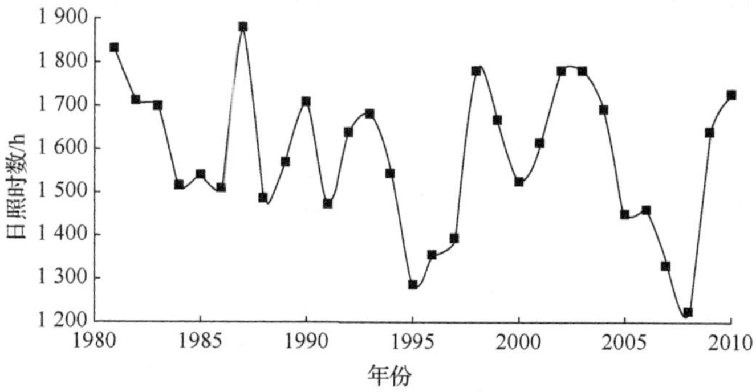

图 2-40　贵州兴义坡岗自然保护区年日照时数时间变化序列

2）空间分布特征

从保护区日照时数的空间分布来看，日照时数由北部海拔较高的地区向南部逐渐递增，其最北部的野鸡箐、间歇泉、绒绍一带的年日照时数最少，仅只有 1 399.7～1 404.8h，而其南部的露阴塘、坡洋一带的年日照时数相对较高，为 1 414.9～1 421.3h（图 2-41 和表 2-7）。

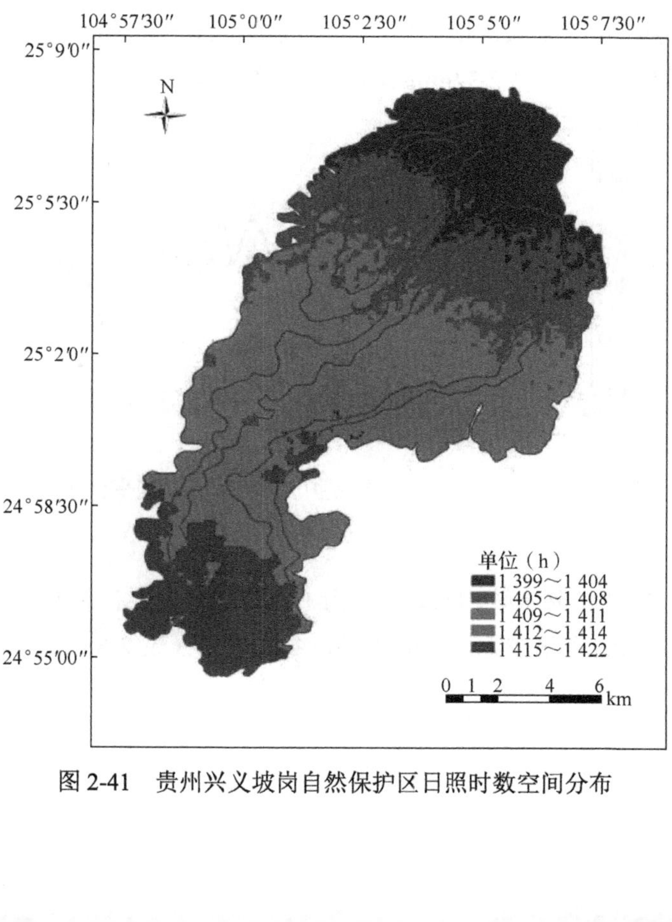

图 2-41　贵州兴义坡岗自然保护区日照时数空间分布

表 2-7　贵州兴义坡岗自然保护区内各地点的年日照时数

地点	间歇泉	坡岗村	大箐村	万峰湖镇	姜家凼子	杜家湾	风岭	苦竹林	菜子湾	弄马地
年日照时数/h	1 386.1	1 405.5	1 401.1	1 407.1	1 389.8	1 407.7	1 410.7	1 406.6	1 407.2	1 412.6
地点	英跃	绒泥村	民族村	团结村	双山村	合心村	木陇村	健康村	岩峰村	长冲
年日照时数/h	1 405.7	1 403.8	1 401.6	1 398.5	1 400.8	1 399.6	1 364.7	1 407.3	1 408.1	1 402.4

3. 降水

1）时间变化特征

通过对兴义气象站建站以来的月降水量统计分析可以看出，保护区 1～3 月、11～12 月降水量相对较低，降水多集中在夏季，夏季的降水量在很大程度上决定了全年的降水量，其中 6～8 月的降水较多，7 月的降水量高达 301.2mm，12 月的降水最少，为 22.4mm，月平均降水量达 120.9mm（图 2-42）。

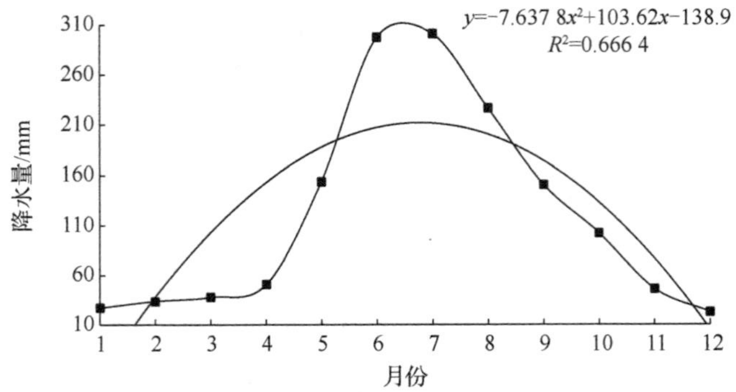

图 2-42　贵州兴义坡岗自然保护区月降水量

通过对兴义气象台站建站以来的年降水量统计分析，保护区近 56 年来的累计年平均降水量为 1 472.1mm 左右，最高值为 2014 年的 1 958.8mm，最小值是 1963 年的 993.8mm，降水的年际波动较大。1961～1978 年的年降水量变化相对较为平稳，1979～1986 年累积距平线为向上，这段时期为降水量增加期，1987～1989 年为降水量减少年，1990～1997 年为降水量增加期，经过 1998～2003 年的波动后，2004～2007 年为降水量减少年，随后波动增加，但总的趋势以 2.32mm/10a 减少（图 2-43）。

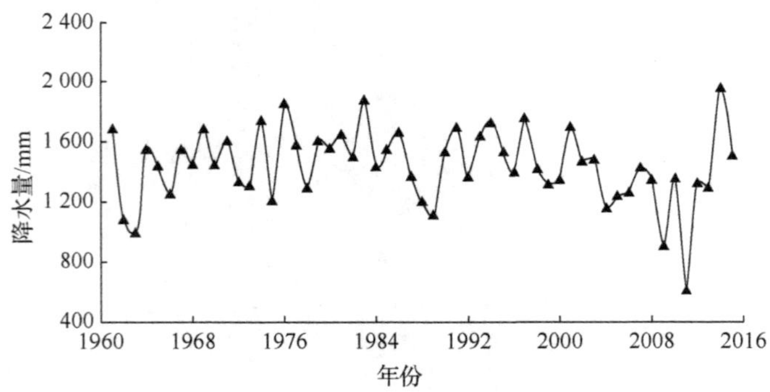

图 2-43　贵州兴义坡岗自然保护区年降水量时间变化序列

2）空间分布特征

在保护区内，间歇泉一带的年降水量相对较少，为 1 284.5mm 左右；木陇村附近的年降水量相对较大，为 1 306.5mm 左右。四季降水量变化较大，夏季较多，冬季较少（表 2-8）。

表 2-8　贵州兴义坡岗自然保护区内各地点的年降水量

地点	间歇泉	坡岗村	大箐村	万峰湖镇	姜家凼子	杜家湾	风岭	苦竹林	菜子湾	弄马地
年降水量/mm	1 284.5	1 293.8	1 286.5	1 296.4	1 293.9	1 294.0	1 297.9	1 291.8	1 293.1	1 300.1
地点	英跃	绒泥村	民族村	团结村	双山村	合心村	木陇村	健康村	岩峰村	长冲
年降水量/mm	1 296.0	1 291.6	1 292.5	1 289.8	1 289.6	1 287.0	1 306.5	1 295.6	1 297.0	1 297.9

从保护区的年降水量来看，其由北至南逐渐增多，但时空分布不均，年降水量最低的地区为保护区北部的苦竹林、民族村一带，为 1 289.6～1 293.0mm；年降水量最高的地区为保护区最南部的露阴塘、坡洋、坎脚一带，为 1 301.7～1 306.3mm（图 2-44）。

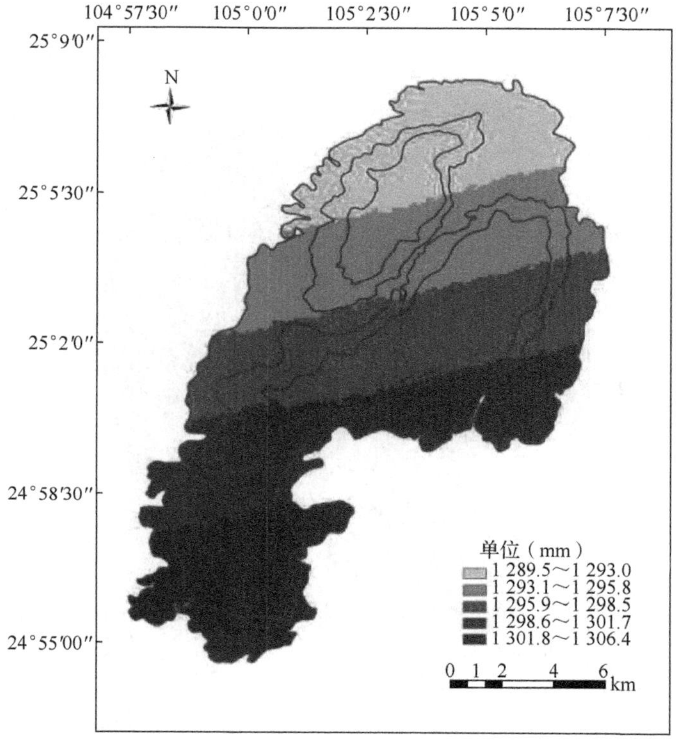

图 2-44　贵州兴义坡岗自然保护区年降水量空间分布

4. 相对湿度

1）时间变化特征

通过对保护区 1980～2010 年相对湿度数据统计分析，1～5 月的相对湿度呈凹状，相对湿度最低为 4 月（69.1%），相对湿度自 5 月逐渐升高，相对湿度最大，为 7 月（83.4%）。6～12 月的相对湿度变化不大（图 2-45）。

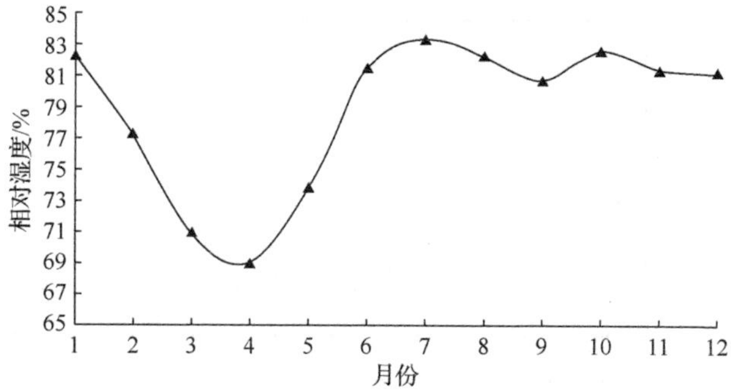

图 2-45　贵州兴义坡岗自然保护区月相对湿度

2）空间分布特征

保护区平均相对湿度为 80%，并且变化不大（表 2-9）。

表 2-9　贵州兴义坡岗自然保护区内各地点的相对湿度

地点	间歇泉	坡岗村	大箐村	万峰湖镇	姜家凼子	杜家湾	风岭	苦竹林	菜子湾	弄马地
相对湿度/%	79.1	80.0	80.5	79.3	79.5	80.1	80.2	80.3	79.8	78.3
地点	英跃	绒泥村	民族村	团结村	双山村	合心村	木陇村	健康村	岩峰村	长冲
相对湿度%	79.7	80.0	79.5	79.5	79.5	79.5	80.2	79.5	79.7	79.7

保护区相对湿度变化不大，为 77.4%～80.6%。其中保护区南部地区相对湿度较小；保护区北部地区相对湿度较大，为 79.7%左右（图 2-46）。

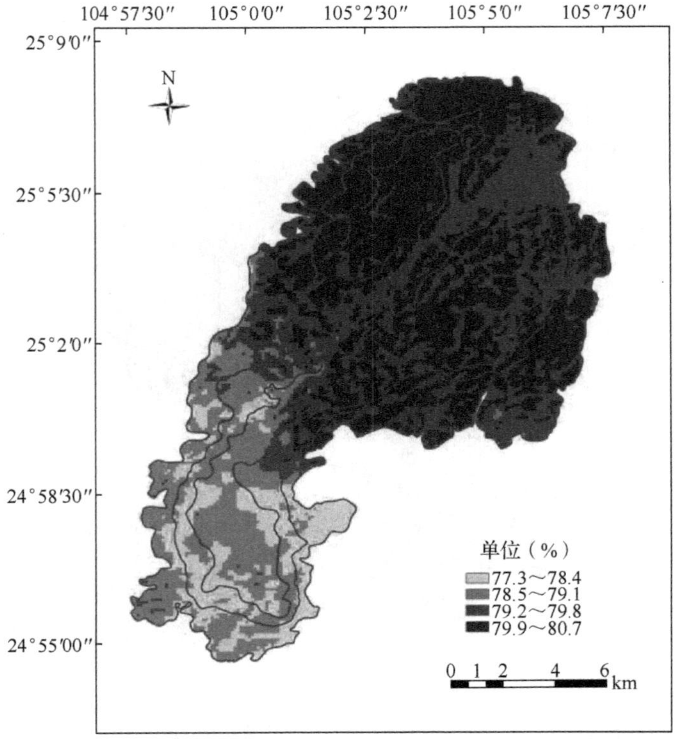

图 2-46　贵州兴义坡岗自然保护区相对湿度空间分布

5. 负氧离子观测

世界卫生组织规定的“空气清新”标准的空气中负氧离子数为 1 000～1 500 个/cm^3，中国空气负氧离子保健浓度分级评价标准共分为 7 级，其中，等级最高的一级空气负氧离子浓度≥2 100 个/cm^3（表 2-10）。

表 2-10　负离子浓度与空气质量对应标准

负氧离子浓度/（个/cm^3）	等级	与健康的关系
≤600	1	不利
600～900	2	正常
900～1 200	3	较有利
1 200～1 500	4	有利
1 500～1 800	5	相当有利
1 800～2 100	6	很有利
≥2 100	7	极有利

从表 2-10 可以看出，保护区的负氧离子资源丰富。随着天气变化和测量时间不同，负氧离子浓度都有很大差异，从调查期间观测的离散数据来看，保护区的负氧离子浓度为 4 420 个/cm^3（大箐村）～6 760 个/cm^3

（万峰湖镇），等级都在 7 级以上，保护区内的负氧离子浓度对人体健康非常有利（表 2-11）。

表 2-11　贵州兴义坡岗自然保护区内各地点的负氧离子浓度

地点	北纬	东经	海拔/m	负氧离子浓度/（个/m³）
间歇泉	25°06′47.84″	105°05′35.45″	1 151.8	5 030
坡岗村	25°05′00.70″	105°04′04.96″	1 394.6	4 350
大箐村	25°03′42.68″	105°03′00.58″	1 524.8	4 420
万峰湖镇	24°58′29.66″	105°03′04.80″	1 235.5	6 760
姜家凼子	25°03′34.43″	105°09′57.59″	1 214.9	5 050

2.4.4　主要气象灾害

保护区地处低纬度地带，因受季风进退和强弱变化影响，主要有暴雨洪涝、干旱、冰雹、雷电及倒春寒等灾害发生。因保护区内没有长期连续的气象观测资料，利用保护区邻近的兴义气象站 1980～2016 年气象观测资料进行统计分析。

1. 暴雨洪涝

按日降水量≥50mm 为暴雨划分标准，1987～2016 年保护区出现暴雨日数为 95～150d，平均每年 3.1～5.0d。年平均暴雨日数东西多中间少，在四季中，夏季出现的概率最大，占全年半数以上，春季次之，秋季第三。仅 2008 年就有 7 次暴雨天气过程，平均 5 年中有 2～3 年出现暴雨洪涝灾害。大暴雨或特大暴雨所产生的洪涝危害极大，易造成山洪、滑坡、泥石流，毁没田土、损坏庄稼房屋等，甚至危及人畜安全[4]。

2. 干旱

保护区易出现春旱，对林木生长危害较大。

3. 风雹

大风（风速≥17m/s），常与冰雹、雷阵雨相伴出现，仅在 2008 年就出现了 11 次的冰雹天气过程，对农作物、树木、房屋等危害极大。

4. 雷电

雷电是伴有闪电和雷鸣的一种放电现象。雷电一般产生于对流发展旺盛的积雨云中，因此常伴有强烈的阵风和暴雨，有时还伴有冰雹。2006～2009 年保护区年平均雷暴日为 100d，主要发生在 4～9 月，月平均雷暴日超过 14d，最长甚至达到了 21d。雷电会导致人畜伤亡，引发森林火灾。

5. 倒春寒

倒春寒指每年 3 月下旬至 4 月天气回暖后，保护区遇强冷空气入侵，日平均气温≤10℃，且持续≥3d 的时段（其中，第 4 天开始，允许有间隔一天的日平均气温≤10.5℃），常伴有阴雨天气。海拔越高，倒春寒出现次数越多且危害越重。倒春寒偏重年，保护区高海拔地区的喜温林木果树易遭寒害、冻害。

参考文献

[1] 朱乾根，林锦瑞，寿绍文，等．天气学原理和方法[M]．北京：气象出版社，2000.
[2] 谷晓平．贵州太阳能资源研究[M]．贵阳：贵州科技出版社，2014.
[3] 谷晓平．特色农业气象实验研究：以贵州省“两高”沿线为例[M]．北京：气象出版社，2015.
[4] 陈晓燕，罗松，杨玲．黔西南州冰雹时空分布及春夏冰雹环境条件分析[J]．暴雨灾害，2010，29（1）：49-53.

第 3 章　贵州兴义坡岗自然保护区植物多样性

3.1　贵州兴义坡岗自然保护区种子植物区系*

通过 2017 年 9 月以来对保护区的综合科学考察，结合 2003 年贵州兴义坡岗自然保护区科学考察成果，现已进一步查明保护区内有野生种子植物 152 科 618 属 1 216 种（含少数已逸为野生的种，包括亚种、变种、变型，不包括农作物种类，下同）。其中，裸子植物 5 科 6 属 7 种，被子植物 147 科 613 属 1 209 种。

为了全面弄清保护区内自然环境状况和资源特点，为保护区的合理规划与有效保护提供本底资料和科学依据，2017 年 7～12 月，作者参加了贵州大学牵头组织的对兴义坡岗再次多学科的大型综合科学考察。

本节旨在结合 2003 年贵州兴义坡岗自然保护区首次综合考察的资料，再对保护区种子植物种类资源开展进一步的野外调查、总结，深入分析保护区种子植物地理分布类型和区系成分，为保护区的科学规划和合理保护与利用提供科学依据。

3.1.1　保护区概况及主要森林植物分布

保护区内主要森林植被为非地带性的喀斯特常绿落叶阔叶混交林，以青冈栎属 *Cyclobalanopsis*、栎属 *Quercus*、鹅耳枥属 *Carpinus*、黄连木属 *Pistacia*、化香树属 *Platycarya*、栀子皮属 *Itoa*、山胡椒属 *Lindera*、南酸枣属 *Choerospondias*、榕属 *Ficus* 等树种占优势。森林垂直分布的主要组成树种由万峰湖水面以上至海拔 1 300m，由下至上依次为木棉 *Gossampinus ceiba*、车筒竹 *Bambusa sinospinosa*、木竹 *B. rutila*、黄葛树 *Ficus virens*、毛红椿 *Toona ciliata* var. *pubescens*、顶果木 *Acrocarpus fraxinifolius*、栀子皮 *Itoa orientalis*、青冈 *Quercus glauca*、柏木 *Cupressus funebris*、清香木 *Pistacia weinmanniifolia*、翅荚香槐 *Cladrastis platycarpa*、圆叶乌桕 *Sapium rotundifolium*、皱叶荚蒾 *Viburnum rhytidophyllum*、香粉叶 *Lindera pulcherrima*、构 *Broussonetia papyrifera*、火棘 *Pyracantha fortuneana*、青篱柴 *Tirpitzia sinensis*、杠香藤 *Mallotus repandus* var. *chrysocarpus*、密花莸 *Caryopteris paniculata* 等，局部酸性土壤上有细叶云南松 *Pinus yunnanensis* var. *tenuifolia*；海拔 1 300～1 400m 有滇青冈 *Cyclobalanopsis glaucoides*、化香树 *Platycarya strobilacea*、翅荚香槐、南酸枣 *Choerospondias axillaries*、滇鼠刺 *Itea yunnanensis*、麻栎 *Quercus acutissima*、柏木、红椋子 *Swida hemsleyi*、湖北海棠 *Malus hupehensis*、樟叶槭 *Acer cinnamomifolium*、香叶树 *Lindera communis*、野樱 *Cerasus* sp.、湖北紫荆 *Cercis glabra*、合欢 *Albizia julibrissin*、长叶柞木 *Xylosma longifolium*、光萼小蜡 *Ligustrum sinense* var. *myrianthum*、异叶鼠李 *Rhamnus heterophylla*、棕榈 *Trachycarpus fortunei*、慈竹 *Bambusa emeiensis*、水竹 *Phyllostachys heteroclada*、石斑木 *Raphiolepis indica*、清香木、青钱柳 *Cyclocarya paliurus*、水红木 *Viburnum cylindricum*、藤黄檀 *Dalbergia hancei*、海南崖豆藤 *Milletta pachycarpa* 等；海拔 1 400m 以上有细叶青冈栎 *Cyclobalanopsis myrsinaefolia*、滇青冈、乌冈栎 *Quercus phillyreoides*、黄连木、化香树、柞木 *Xylosma japonicum*、针齿铁仔 *Myrsine semiserrata* 等[1]。

3.1.2　研究方法

本次科考主要在保护区选择典型线路和地段进行系统的种子植物种类资源及水平分布、垂直分布专项调查，在种子植物资源专题调查成果的基础上，主要依据吴征镒先生的理论，对保护区野生种子植物的现代植物区系特征进行分析[2-14]。本节分类系统：裸子植物采用郑万钧 1978 年系统，被子植物采用哈钦松 1959 年系统。

---

* 本节作者：张华海、安明态、龙启德、刘四黑、李志。

3.1.3　结果与分析

1. 保护区种子植物种类组成的基本特征

1）种子植物科的组成特征及排序

（1）保护区中含 30 种以上的科有 7 科 203 属 412 种，包括世界有名的特大科。依次为兰科 Orchidaceae 29/103[①]、禾本科 Gramineae 54/79、菊科 Compositae 41/76、蔷薇科 Rosaceae 21/41、蝶形花科 Papilionaceae 21/41、大戟科 Euphorbiaceae 18/41、唇形科 Labiatae 19/31，约占保护区种子植物总科数的 4.61%，总属数的 32.84%，总种数的 33.88%。主要为木本植物科的蔷薇科、蝶形花科、大戟科。

（2）含 20～29 种的科有 6 科 59 属 149 种，约占保护区总科数的 3.95%，总属数的 9.55%，总种数的 12.25%。这 6 科依次为桑科 Moraceae 4/29、樟科 Lauraceae 8/26、荨麻科 Urticaceae 9 /25、百合科 Liliaceae 14/25、茜草科 Rubiaceae 14/23、苦苣苔科 Gesneriaceae 12/21。木本植物有桑科、樟科、茜草科 3 科，桑科是保护区河谷两岸重要的组成成分，特别是榕属 *Ficus* 种类；樟科是保护区常见树种，在保存较好的地段，润楠属 *Machilus*、山胡椒属 *Lindera* 等成为森林群落的主要成分之一。

（3）含 10～19 种的科有 19 科 115 属 260 种，约占保护区总科数的 12.50%，总属数的 18.61%，总种数的 21.38%。这 19 科依次为鼠李科 Rhamnaceae 8/19、芸香科 Rutaceae 1/77、苏木科 Caesalpiniaceae 8/16、壳斗科 Fagaceae 4/16、毛茛科 Ranunculaceae 4/16、马鞭草科 Verbenaceae 6/15、莎草科 Cyperaceae 5/15、五加科 Araliaceae 9/14、天南星科 Araceae 10/14、忍冬科 Caprifoliaceae 4/13、萝藦科 Asclepiadaceae 9/13、紫金牛科 Myrsinaceae 4/13、卫矛科 Celastraceae 3/12、木樨科 Oleaceae 5/12、葡萄科 Vitaceae 5/11、夹竹桃科 Apocynaceae 7/11、茄科 Solanaceae 5/11、旋花科 Convolvulaceae 5/11、爵床科 Acanthaceae 7/11。乔木或灌木有鼠李科、芸香科等 11 科，壳斗科虽然只有 4 属 16 种，在种类数量上只算是一个中小型科，但在保护区的森林组成上至关重要，成为保护区常绿落叶阔叶混交林的建群种。木质藤本有葡萄科、夹竹桃科等 3 科，草本有爵床科、莎草科等 5 科，萝藦科、旋花科多为草质藤本。

（4）含 6～9 种的科有 23 科 99 属 171 种，约占保护区总科数的 15.13%，总属数的 16.02%，总种数的 14.06%。这 23 科依次为榆科 Ulmaceae 3/9、清风藤科 Sabiaceae 2/9、漆树科 Anacardiaceae 6/9、桔梗科 Campanulaceae 5/9、玄参科 Scrophulariaceae 5/9、姜科 Zingiberaceae 5/9、大风子科 Flacourtiaceae 4/8、葫芦科 Cucurbitaceae 6/8、锦葵科 Malvaceae 5/8、槭树科 Aceraceae 1/8、菝葜科 Smilacaceae 2/8、胡椒科 Piperaceae 2/7、蓼科 Polygonaceae 3/7、防己科 Menispermaceae 5/7、薯蓣科 Dioscoreaceae 1/7、报春花科 Primulaceae 3/7、含羞草科 Mimosaceae 3/6、金缕梅科 Hamamelidaceae 3/6、胡桃科 Juglandaceae 5/6、桑寄生科 Loranthaceae 5/6、楝科 Meliaceae 4/6、苋科 Amaranthaceae 5/6、伞形科 Umbelliferae 6/6。属于乔木或灌木的科有榆科、漆树科、大风子科、槭树科、含羞草科、金缕梅科、胡桃科、楝科等。虽然是中小型科，其中的一些属种在保护区森林组成中占有较重要地位，如化香树属、黄连木属、栀子皮属、合欢属、香椿属、槭属、朴属等，特别是化香树属、黄连木属是保护区森林的重要组成成分之一。木质藤本或藤状灌木有防己科、菝葜科、胡椒科及清风藤科的清风藤属，草质藤本有葫芦科、薯蓣科等，寄生植物仅桑寄生科，余为草本。

（5）含 2～5 种的科有 63 科 116 属 193 种，约占保护区总科数的 41.45%，总属数的 18.77%，总种数的 15.87%。其中主要为乔木或灌木，共有 33 科，如山茶科 Theaceae 2/5 种、胡颓子科 Elaeagnaceae 1/5、棕榈科 Palmae 4/5、山茱萸科 Cornaceae 2/4、旌节花科 Stachyuraceae 1/4、远志科 Polygalaceae 1/4、榛科 Corylaceae 2/4、柿科 Ebenaceae 1/4、小檗科 Berberidaceae 3/4、黄杨科 Buxaceae 2/3、海桐花科 Pittosporaceae 1/3、杜鹃花科 Ericaceae 3/3、金丝桃科 Hypericaceae 1/3、冬青科 Aquifoliaceae 1/3、无患子科 Sapindaceae 2/3、紫葳科 Bignoniaceae 3/3、松科 Pinaceae 1/2、柏科 Cupressaceae 2/2、绣球花科 Hydrangeaceae 2/2、鼠刺科 Escalleniaceae 1/2、八角枫科 Alangiaceae 1/2、杨柳科 Salicaceae 2/2、椴树科 Tiliaceae 1/2、杜英科 Elaeocarpaceae 2/2、梧桐科 Sterculiaceae 2/2、亚麻科 Linaceae 2/2 、桃金娘科 Myrtaceae 2/2、野牡丹科 Melastomataceae 2/2、茶茱萸科 Icacinaceae 1/2、苦木科 Simaroubaceae 2/2、省沽油科 Staphyleaceae 2/2、醉

① “29/103” 表示 “29 属/103 种”，后文中余同。

鱼草科 Buddlejaceae 1/2、马钱科 Loganiaceae 1/2；木质藤本有番荔枝科 Annonaceae 3/3、木通科 Lardizabalaceae1/2；草本有 28 科，如蛇菰科 Balanophoraceae 1/5、十字花科 Cruciferae 4/5、石竹科 Caryophyllaceae 5/5、景天科 Crassulaceae 3/5、龙胆科 Gentianaceae 3/5、鸭跖草科 Commelinaceae 3/5、堇菜科 Violaceae 1/4、败酱科 Valerianaceae 2/4、紫草科 Boraginaceae 3/4、石蒜科 Amaryllidaceae 3/4、鸢尾科 Iridaceae 2/4、秋海棠科 Begoniaceae 1/3、马兜铃科 Aristolochiaceae 2/3、藜科 Chenopodiaceae 1/3、车前科 Plantaginaceae 1/3、凤仙花科 Balsaminaceae 1/3、三白草科 Saururaceae 3/3、紫堇科 Fumariaceae 1/2、马齿苋科 Portulacaceae 2/2、半边莲科 Lobeliaceae 1/2、延龄草科 Trilliaceae 1/2、仙茅科 Hypoxidaceae 2/2。由于保护区特殊的地貌和生境，一些在常态地貌上成为优势类群的科（如山茶科、杜鹃花科、冬青科、松科、绣球花科等）在这里却处于从属地位。松科和柏科虽然各仅有 2 种，但在保护区的局部地段成为优势种甚至成为建群种。浮萍科 Lemnaceae、泽泻科 Alismataceae 等则为湿地或水生植物。

（6）仅含 1 种的科有 34 科，约占保护区总科数的 22.37%。其中，乔木或灌木共有 19 科，如苏铁科 Cycadaceae、杉科 Taxodiaceae、罗汉松科 Podocarpaceae、马桑科 Coriariaceae、蜡梅科 Calycanthaceae、鞘柄木科 Toricelliaceae、蓝果树科 Nyssaceae、桦木科 Betulaceae、瑞香科 Thymelaeaceae、木棉科 Bombacaceae、水东哥科 Saurauiaceae、越橘科 Vacciniaceae、使君子科 Combretaceae、铁青树科 Olacaceae、檀香科 Santalaceae、山榄科 Achradaceae、七叶树科 Hippocastanaceae、厚壳树科 Ehretiaceae、南天竹科 Nandinaceae；木质藤本有 3 科，如五味子科 Schisandraceae、猕猴桃科 Actinidiaceae、杠柳科 Periplocaceae；草本有 12 科，如金粟兰科 Chloranthaceae、虎耳草科 Saxifragaceae、牻牛儿苗科 Geraniaceae、酢浆草科 Oxalidaceae、竹芋科 Marantaceae、百部科 Stemonaceae、蒟蒻薯科 Taccaceae、灯芯草科 Juncaceae 等，菟丝子科 Cuscutaceae 为寄生草本。这些科基本上是小科，如马桑科、鞘柄木科、木棉科、南天竹科、百部科等在我国只有 1～2 种，在贵州省常见 1 种。森林组成中除杉科、桦木科在人工林或次生林中占有一定地位外，其余处于从属地位，五味子科等是森林层间常见种类。

2）保护区属的组成特征及排序

（1）保护区含 10 种以上的属有 6 属计 85 种，占保护区总属数的 0.97%，总种数的 6.99%。榕树属（22 种）是区内最大的属，也是保护区沟谷森林的主要组成树种；其后依次为石斛属 *Dendrobium*（19 种）、兰属 *Cymbidium*（13 种）、铁线莲属 *Clematis*（11 种）、悬钩子属 *Rubus*（10 种）、羊耳蒜属 *Liparis*（10 种）。其中，石斛属、兰属、羊耳蒜属为兰科草本，不管是属数或种数均占 50%；藤本或藤状灌木有悬钩子属、铁线莲属，这类植物多出现在林缘或次生灌丛或层间。

（2）保护区含 9 种的属有 3 属计 27 种，占保护区总属数的 0.49%，总种数的 2.22%。栎属 *Quercus*、卫矛属 *Euonymus*、花椒属 *Zanthoxylum*，均为木本植物，其中栎属是保护区森林的主要建群种类，特别是在保存较好的山脊地段。

（3）保护区含 8 种的属有 5 属计 40 种，占保护区总属数的 0.81%，总种数的 3.29%。这 5 属为槭属 *Acer*、荚蒾属 *Viburnum*、苎麻属 *Boehmeria*、毛兰属 *Eria*、薹草属 *Carex*，前 3 属为木本，后 2 属为草本。槭属是保护区森林常见组成种类，荚蒾属则多分布在林缘或次生林中。

（4）保护区含 7 种的属有 6 属计 42 种，占保护区总属数的 0.97%，总种数的 3.45%。润楠属 *Machilus*、朴属 *Celtis*、鼠李属 *Rhamnus* 为乔木或灌木，是保护区的常见种类，在局部地段森林组成占有较重要地位；羊蹄甲属 *Bauhinia* 多为木质藤本，则出现于林缘；大戟属 *Euphorbia* 为草本，薯蓣属 *Dioscorea* 则是草质藤本。

（5）保护区含 6 种的属有 8 属计 48 种，占保护区总属数的 1.29%，总种数的 3.95%。乔木或灌木有樟属 *Cinnamomum*、山胡椒属 *Lindera*、野桐属 *Mallotus*、女贞属 *Ligustrum*、茄属 *Solanum*，是保护区森林常见树种，菝葜属 *Smilax* 为木质藤本；草本有石豆兰属 *Bulbophyllum*、兜兰属 *Paphiopedilum*，均为兰科植物。

（6）保护区含 5 种的属有 15 属计 75 种，占保护区总属数的 2.43%，总种数的 6.17%。这 15 属为石楠属 *Photinia*、蔷薇属 *Rosa*、黄檀属 *Dalbergia*、崖豆藤属 *Millettia*、青冈栎属 *Cyclobalanopsis*、胡颓子属 *Elaeagnus*、密花树属 *Rapanea*、清风藤属 *Sabia*、胡椒属 *Piper*、楼梯草属 *Elatostema*、蛇菰属 *Balanophora*、蓼属 *Persicaria*、珍珠菜属 *Lysimachia*、兔儿风属 *Ainsliaea*、石仙桃属 *Pholidota*。其中，乔木或灌木有青

冈栎属等 6 属，木质藤本有崖豆藤属等 3 属，草本有楼梯草属等 6 属。

（7）保护区含 4 种的属有 31 属计 124 种，占保护区总属数的 5.02%，总种数的 10.20%。其中，乔木或灌木有合欢属 *Albizia*、笐子梢属 *Campylotropis*、山蚂蝗属 *Desmodium*、桑属 *Morus*、旌节花属 *Stachyurus*、柞木属 *Xylosma*、远志属 *Polygala*、叶下珠属 *Phyllanthus*、茶属 *Camellia*、铁仔属 *Myrsine*、柿属 *Diospyros*、泡花树属 *Meliosma*、大青属 *Clerodendrum*、紫珠属 *Callicarpa*、牡竹属 *Dendrocalamus* 15 属；木质藤本有飞蛾藤属 *Porana*、鸡屎藤属 *Paederia* 2 属；草本或草质藤本有堇菜属 *Viola*、冷水花属 *Pilea*、茜草属 *Rubia*、蛛毛苣苔属 *Paraboea*、沙参属 *Adenophora*、马唐属 *Digitaria*、沿阶草属 *Ophiopogon*、狗尾草属 *Seteria*、紫菀属 *Aster*、蒿属 *Artemisia*、虾脊兰属 *Calanthe*、隔距兰属 *Cleisostoma*、香薷属 *Elsholtzia* 13 属。

（8）保护区含 3 种的属有 53 属计 159 种，占保护区总属数的 8.58%，总种数的 13.08%。其中，乔木或灌木有罗伞属 *Brassaiopsis*、鹅掌柴属 *Schefflera*、蚊母树属 *Distylium*、海桐花属 *Pittosporum*、栒子属 *Cotoneaster*、梾木属 *Cornus*、鹅耳枥属 *Carpinus*、珠子木属 *Phyllanthodendron*、乌桕属 *Sapium*、金丝桃属 *Hypericum*、冬青属 *Ilex*、香椿属 *Toona*、槐属 *Sophora*、黄花稔属 *Sida*、漆树属 *Toxicodendron*、斑鸠菊属 *Vernonia*、刚竹属 *Phyllostachys* 17 属；木质藤本或藤状灌木有忍冬属 *Lonicera*、云实属 *Caesalpinia*、蛇葡萄属 *Ampelopsis*、雀梅藤属 *Sageretia*、地锦属 *Parthenocissus*、络石属 *Tachelospermum*、银背藤属 *Argyreia*、素馨属 *Jasminum*、千金藤属 *Stephania*、豆腐柴属 *Premna* 10 属；草本或草质藤本有秋海棠属 *Begonia*、车前草属 *Plantago*、景天属 *Sedum*、败酱属 *Patrinia*、胜红蓟属 *Ageratum*、鬼针草属 *Bidens*、艾纳香属 *Blumea*、天名精属 *Carpesium*、拉拉藤属 *Galium*、藜属 *Chenopodium*、婆婆纳属 *Veronica*、爵床属 *Justicia*、马蓝属 *Strobilanthes*、半蒴苣苔属 *Hemiboea*、鼠尾草属 *Salvia*、鼠曲草属 *Gnaphalium*、苦苣菜属 *Sonchus*、狼尾草属 *Pennisetum*、天南星属 *Arisaema*、凤仙花属 *Impatiens*、天门冬属 *Asparagus*、蜘蛛抱蛋属 *Aspidistra*、开唇兰属 *Anoectochilus*、鸢尾属 *Iris*、假糙苏属 *Paraphlomis*、黄精属 *Polygonatum* 26 属。

（9）保护区含 2 种的属有 125 属计 250 种，占保护区总属数的 20.23%，总种数的 20.56%。其中，乔木或灌木有松属 *Pinus*、木姜子属 *Litsea*、新木姜子属 *Neolitsea*、梨属 *Pyrus*、木蓝属 *Indigofera*、胡枝子属 *Lespedeza*、鼠刺属 *Itea*、八角枫属 *Alangium*、五加属 *Acanthopanax*、水丝梨属 *Sycopsis*、黄杨属 *Buxus*、柯属 *Lithocarpus*、化香树属 *Platycarya*、构属 *Broussonetia*、水麻属 *Debregeasia*、刺篱木属 *Flacourtia*、山麻秆属 *Alchornea*、重阳木属 *Bischofia*、槲寄生属 *Viscum*、枳椇属 *Hovenia*、翼核果属 *Ventilago*、杜茎山属 *Maesa*、黄皮属 *Clausena*、九里香属 *Murraya*、栾属 *Koelreuteria*、黄连木属 *Pistacia*、醉鱼草属 *Buddleja*、蓬莱藤属 *Gardneria*、十大功劳属 *Mahonia*、泡桐属 *Paulownia*、悬竹属 *Ampelocalamus*、簕竹属 *Bambusa* 等 33 属，槲寄生属为寄生植物；木质藤本或藤状灌木有勾儿茶属 *Berchemia*、巴豆属 *Croton*、微花藤属 *Iodes*、南蛇藤属 *Celastrus*、葛属 *Pueraria*、乌敛莓属 *Cayratia*、葡萄属 *Vitis*、酸藤子属 *Embelia*、链珠藤属 *Alyxia*、山橙属 *Melodinus*、鲫鱼藤属 *Secamone*、木通属 *Akebia*、肖菝葜属 *Heterosmilax*、省藤属 *Calamus* 14 属；草本或草质藤本有雾水葛属 *Pouzolzia*、栝楼属 *Trichosanthes*、刺蒴麻属 *Triumfetta*、蛇根草属 *Ophiorrhiza*、莸属 *Caryopteris*、银莲花属 *Anemone*、唐松草属 *Thalictrum*、细辛属 *Asarum*、豆瓣绿属 *Peperomia*、紫堇属 *Corydalis*、碎米荠属 *Cardamine*、牛膝属 *Achyranthes*、龙胆属 *Gentiana*、獐牙菜属 *Swertia*、金钱豹属 *Campanumoea*、半边莲属 *Lobelia*、蓟属 *Cirsium*、野茼蒿属 *Crassocephalum*、泽兰属 *Eupatoium*、旋覆花属 *Inula*、小苦荬属 *Ixeridium*、六棱菊属 *Laggera*、豨莶属 *Siegesbeckia*、合耳菊属 *Synotis*、黄鹌菜属 *Youngia*、钟萼草属 *Lindenbergia*、粗筒苣苔属 *Briggsia*、唇柱苣苔属 *Chirita*、吊石苣苔属 *Lysionotus*、尖舌苣苔属 *Rhynchoglossum*、琉璃草属 *Cynoglossum*、鞘蕊花属 *Coleus*、香茶菜属 *Rabdosia*、黄芩属 *Scutellaria*、香科科属 *Teucrium*、鸭跖草属 *Commelina*、蓝耳草属 *Cyanotis*、山姜属 *Alpinia*、姜花属 *Hedychium*、万寿竹属 *Disporum*、重楼属 *Paris*、半夏属 *Pinellia*、石蒜属 *Lycoris*、白及属 *Bletilla*、贝母兰属 *Coelogyne*、厚唇兰属 *Epigeneium*、斑叶兰属 *Goodyera*、钗子股属 *Luisia*、鸢尾兰属 *Oberonia*、莎草属 *Cyperus*、飘拂草属 *Fimbristylis*、扁莎属 *Pycreus*、荩草属 *Arthraxon*、细柄草属 *Capillipedium*、画眉草属 *Eragrostis*、柳叶箬属 *Isachne*、莠竹属 *Microstegium*、求米草属 *Oplismenus* 等 77 属。其中，菊科植物 9 属，兰科和禾本科植物各有 6 属。

（10）保护区含 1 种的属有 366 属计 366 种，占保护区总属数的 59.22%，占总种数的 30.10%。其中，乔木或灌木的有 139 属，如苏铁属 *Cycas*、柏木属 *Cupressus*、野独活属 *Miliusa*、黄肉楠属 *Actinodaphne*、琼

楠属 *Beilschmiedia*、新樟属 *Neocinnamomum*、樱属 *Cerasus*、枇杷属 *Eriobotrya*、桂樱属 *Laurocerasus*、苹果属 *Malus*、扁核木属 *Prinsepia*、火棘属 *Pyracantha*、石斑木属 *Raphiolepis*、花楸属 *Sorbus*、绣线菊属 *Spiraea*、蜡梅属 *Chimonanthus*、顶果木属 *Acrocarpus*、紫荆属 *Cercis*、皂荚属 *Gleditsia*、仪花属 *Lysidice*、任豆属 *Zenia*、猴耳环属 *Pithecellobium*、香槐属 *Cladrastis*、假木豆属 *Dendrolobium*、千斤拔属 *Flemingia*、红豆树属 *Ormosia*、长柄山蚂蝗属 *Podocarpium*、青荚叶属 *Helwingia*、鞘柄木属 *Torricellia*、喜树属 *Camptotheca*、树参属 *Dendropanax*、刺楸属 *Kalopanax*、通脱木属 *Tetrapanax*、刺通草属 *Trevesia*、枫香树属 *Liquidambar*、杨属 *Populus*、柳属 *Salix*、桦木属 *Betula*、栗属 *Castanea*、榛属 *Corylus*、山核桃属 *Carya*、青钱柳属 *Cyclocarya*、黄杞属 *Engelhardtia*、枫杨属 *Pterocarya*、榆属 *Ulmus*、榉树属 *Zelkova*、柘属 *Cudrania*、山羊角树属 *Carrierea*、栀子皮属 *Itoa*、杜英属 *Elaeocarpus*、猴欢喜属 *Sloanea*、梧桐属 *Firmiara*、苹婆属 *Sterculia*、木棉属 *Bombax*、青篱柴属 *Tirpitzia*、土蜜树属 *Bridelia*、算盘子属 *Glochidion*、油桐属 *Vernicia*、柃木属 *Eurya*、树萝卜属 *Agapetes*、杜鹃属 *Rhododendron*、越橘属 *Vaccinium*、子楝树属 *Decaspermum*、蒲桃属 *Syzygium*、青皮木属 *Schoepfia*、铜钱树属 *Paliurus*、猫乳属 *Rhamnella*、铁榄属 *Sinosideroxylon*、小芸木属 *Micromelum*、臭椿属 *Ailanthus*、苦木属 *Picrasma*、浆果楝属 *Cipadessa*、楝属 *Melia*、无患子属 *Sapindus*、南酸枣属 *Choerospondias*、七叶树属 *Aesculus*、野鸦椿属 *Euscaphis*、山香圆属 *Turpinia*、梣属 *Fraxinus*、水团花属 *Adina*、香果树属 *Emmenopterys*、栀子属 *Gardenia*、南天竹属 *Nandina*、千张纸属 *Oroxylum*、菜豆树属 *Radermachera*、厚壳树属 *Ehretia*、鱼尾葵属 *Caryota*、棕竹属 *Rhapis*、棕榈属 *Trachycarpus*、青篱竹属 *Arundinaria*、箬竹属 *Indocalamus* 等。

木质藤本或藤状灌木有五味子属 *Schisandra*、紫玉盘属 *Uvaria*、老虎刺属 *Pterolobium*、鱼藤属 *Derris*、冠盖藤属 *Pileostegia*、常春藤属 *Hedera*、猕猴桃属 *Actinidia*、风车藤属 *Combretum*、崖爬藤属 *Tetrastigma*、飞龙掌血属 *Toddalia*、藤漆属 *Pegia*、香花藤属 *Aganosma*、鸡骨常山属 *Alstonia*、倒吊笔属 *Wrightia*、杠柳属 *Periploca*、白叶藤属 *Cryptolepis*、来江藤属 *Brandisia*、鹅绒藤属 *Cynanchum*、娃儿藤属 *Tylophora*、玉叶金花属 *Mussaenda*、木防己属 *Cocclus*、连蕊藤属 *Parabaena*、细圆藤属 *Pericampylus*、青牛胆属 *Tinospora* 等 27 属。

草本或草质藤本有龙芽草属 *Agrimonia*、委陵菜属 *Potentilla*、鸡眼草属 *Kummerowia*、蝎子草属 *Girardinia*、藤麻属 *Procris*、绞股蓝属 *Gynostemma*、赤瓟属 *Thladiantha*、地黄连属 *Munronia*、牛奶菜属 *Marsdenia*、耳草属 *Hedyotis*、马鞭草属 *Verbena*、尾囊草属 *Urophysa*、淫羊藿属 *Epimedium*、蕺菜属 *Houttuynia*、金粟兰属 *Chloranthus*、独行菜属 *Lepidium*、狗筋蔓属 *Cucubalus*、繁缕属 *Stellaria*、荞麦属 *Fagopyrum*、双蝴蝶属 *Tripterospermum*、落地生根属 *Bryophyllum*、石莲属 *Sinocrassula*、虎耳草属 *Saxifraga*、柴胡属 *Bupleurum*、积雪草属 *Centella*、变豆菜属 *Sanicula*、桔梗属 *Platycodon*、香青属 *Anaphalis*、菊属 *Dendranthema*、泥胡菜属 *Hemistepta*、马兰属 *Kalimeris*、秋分草属 *Rhynchospermum*、蒲公英属 *Taraxacum*、苍耳属 *Xanthium*、通泉草属 *Mazus*、白接骨属 *Asystasiella*、旋蒴苣苔属 *Boea*、珊瑚苣苔属 *Corallodiscus*、漏斗苣苔属 *Didissandra*、盾座苣苔属 *Epithema*、石山苣苔属 *Petrocodon*、老鹳草属 *Geranium*、酢浆草属 *Oxalis*、风轮菜属 *Clinopodium*、夏至草属 *Lagopsis*、冠唇花属 *Microtoena*、夏枯草属 *Prunella*、竹叶子属 *Streptolirion*、粉条儿菜属 *Aletris*、百合属 *Lilium*、铜锤玉带属 *Pratia*、海芋属 *Alocasia*、石柑属 *Pothos*、射干属 *Belamcanda*、脆兰属 *Acampe*、指甲兰属 *Aerides*、叉柱兰属 *Cheirostylis*、金石斛属 *Flickingeria*、舌喙兰属 *Hemipilia*、短瓣兰属 *Monomeria*、芋兰属 *Nervilia*、曲唇兰属 *Panisea*、鹤顶兰属 *Phaius*、蝶兰属 *Phalaenopsis*、绶草属 *Spiranthes*、万代兰属 *Vanda*、香荚兰属 *Vanilla*、羊胡子草属 *Eriophorum*、拂子茅属 *Calamagrostis*、拟金茅属 *Eulaliopsis*、羊茅属 *Festuca*、白茅属 *Imperata*、淡竹叶属 *Lophatherum*、金发草属 *Pogonatherum*、粽叶芦属 *Thysanolaena* 等 201 属。其中，兰科高达 13 属，禾本科 8 属。

2. 保护区种子植物的区系分析

1）科的区系分析

保护区有种子植物 152 科，按其区系地理分布划分为世界分布、热带分布、温带分布、东亚分布四大类型 10 个分布型 6 个变型（表 3-1）。缺乏旧世界温带分布、温带亚洲分布、地中海区西亚至中亚分布和中国特有 5 个分布型。其中，世界分布有 45 科，占保护区总科数的 29.60%；热带分布有 77 科，占保护区总科数的 50.66%；温带分布有 26 科，占保护区总科数的 17.11%；东亚分布有 4 科，占保护区总科数的 2.63%。热带成分占一半之余，如果除去世界分布科，热带成分高达 71.96%，足以佐证保护区种子植物的热带性质，但缺乏热带的典型代表，如龙脑香科等分布，说明保护区处于热带边缘，且纬度较高。

表 3-1　贵州兴义坡岗自然保护区种子植物科的地理分布类型统计

序号	分布类型	科数	占比/%
一 1	世界分布	45	29.60
二	热带分布		
1	泛热带分布	55	36.18
1-1	热带亚洲—热带非洲—热带美洲（南美洲）间断分布	1	0.66
2	热带亚洲和热带美洲间断分布	9	5.92
3	旧世界热带分布	3	1.97
4	热带亚洲和热带大洋洲分布	6	3.95
5	热带亚洲和热带非洲间断分布	1	0.66
6	热带亚洲分布	1	0.66
6-1	越南（或中南半岛）至中国华南或中国西南分布	1	0.66
三	温带分布		
1	温带分布	6	3.95
1-1	北温带和南温带分布	13	8.55
1-2	地中海、东亚、新西兰和墨西哥—智利间断分布	1	0.66
1-3	欧亚和南美洲间断分布	1	0.66
2	东亚与北美洲间断分布	5	3.29
四	东亚分布		
1	东亚分布	3	1.97
1-1	中国—喜马拉雅分布	1	0.66
合计		152	100

（1）世界分布型。广布于世界各大洲，没有特定分布中心，称之世界分布。保护区该分布型有 45 科，占保护区总科数的 29.60%。其中，木本植物或以木本植物为主的科包括蔷薇科、蝶形花科、榆科、桑科、金丝桃科、鼠李科 Rhamnaceae、瑞香科 Thymelaeaceae、木樨科 Oleaceae、茜草科 Rubiaceae、远志科 Polygalaceae 10 科；藤本仅有毛茛科 Ranunculaceae 的铁线莲属 *Clematis*；草本或以草本为主的有兰科、禾本科、菊科、堇菜科 Violaceae、紫堇科 Fumariaceae、十字花科 Cruciferae、石竹科 Caryophyllaceae、蓼科 Polygonaceae、藜科 Chenopodiaceae、苋科 Amaranthaceae、毛茛科、龙胆科 Gentianaceae、报春花科 Primulaceae、车前科 Plantaginaceae、景天科 Crassulaceae、虎耳草科 Saxifragaceae、伞形科、败酱科 Valerianaceae、桔梗科、半边莲科 Lobeliaceae、茄科、旋花科 Convolvulaceae、玄参科 Scrophulariaceae、酢浆草科 Oxalidaceae、菟丝子科 Cuscutaceae、紫草科 Boraginaceae、唇形科、莎草科等 34 科。

（2）热带分布型。有泛热带分布、热带亚洲和热带美洲间断分布、旧世界热带分布、热带亚洲和热带大洋洲间断分布、热带亚洲和热带非洲间断分布、热带亚洲分布 6 个分布型和热带亚洲—热带非洲—热带美洲（南美洲）间断分布、越南（或中南半岛）至中国华南或中国西南分布 2 个变型。

① 泛热带分布型广泛分布于两半球的热带地区。保护区有 55 科，占保护区总科数的 36.18%。其中，木本或以木本植物为主的有罗汉松科 Podocarpaceae、樟科 Lauraceae、苏木科 Caesalpiniaceae、含羞草科 Mimosaceae、金缕梅科 Hamamelidaceae、荨麻科 Urticaceae、大风子科 Flacourtiaceae、椴树科 Tiliaceae、梧桐科 Sterculiaceae、木棉科 Bombacaceae、锦葵科 Malvaceae、大戟科 Euphorbiaceae、山茶科 Theaceae、桃金娘科 Myrtaceae、使君子科 Combretaceae、野牡丹科 Melastomataceae、茶茱萸科 Icacinaceae、卫矛科 Celastraceae、铁青树科 Olacaceae、桑寄生科 Loranthaceae、檀香科 Santalaceae、紫金牛科 Myrsinaceae、柿科 Ebenaceae、山榄科 Achradaceae、芸香科 Rutaceae、苦木科 Simaroubaceae、楝科 Meliaceae、无患子科 Sapindaceae、漆树科 Anacardiaceae、醉鱼草科 Buddlejaceae、紫葳科 Bignoniaceae、厚壳树科 Ehretiaceae、棕榈科 Palmae。

木质藤本或藤状灌木的有番荔枝科 Annonaceae、葡萄科 Vitaceae、夹竹桃科 Apocynaceae、防己科 Menispermaceae、胡椒科 Piperaceae、菝葜科 Smilacaceae。

草本或草质藤本有秋海棠科 Begoniaceae、西番莲科 Passifloraceae、葫芦科 Cucurbitaceae、马兜铃科 Aristolochiaceae、金粟兰科 Chloranthaceae、商陆科 Phytolaccaceae、爵床科 Acanthaceae、凤仙花科 Balsaminaceae、薯蓣科 Dioscoreaceae、鸭跖草科 Commelinaceae、竹芋科 Marantaceae、百合科 Liliaceae、天南星科 Araceae、石蒜科 Amaryllidaceae、仙茅科 Hypoxidaceae。

其中，热带亚洲—热带非洲—热带美洲（南美洲）间断分布变型，保护区仅有鸢尾科 Iridaceae，占保护区总科数的 0.66%。

② 热带亚洲和热带美洲间断分布型在保护区有 9 科，占保护区总科数的 5.92%。五加科、仙人掌科 Cactaceae、杜英科 Elaeocarpaceae、水东哥科 Saurauiaceae、冬青科 Aquifoliaceae、省沽油科 Staphyleaceae、马鞭草科 Verbenaceae、木通科 Lardizabalaceae、苦苣苔科 Gesneriaceae。

③ 旧世界热带分布型在保护区有八角枫科 Alangiaceae、海桐花科 Pittosporaceae、杠柳科 Periplocaceae 3 科，占保护区总科数的 1.97%。

④ 热带亚洲和热带大洋洲间断分布型在保护区有 6 科，占保护区总科数的 3.95%，即苏铁科 Cycadaceae、蛇菰科 Balanophoraceae、马钱科 Loganiaceae、芭蕉科 Musaceae、姜科 Zingiberaceae、百部科 Stemonaceae。

⑤ 热带亚洲和热带非洲间断分布型在保护区仅有杜鹃花科 Ericaceae，占保护区总科数的 0.66%。

⑥ 热带亚洲分布型在保护区有清风藤科 Sabiaceae，占保护区总科数的 0.66%。其中，越南（或中南半岛）至中国华南或中国西南分布变型，仅有蒟蒻薯科 Taccaceae，占保护区总科数的 0.66%。

（3）温带分布型有温带分布和东亚与北美洲间断分布 2 个分布型，北温带和南温带分布、地中海、东亚、新西兰和墨西哥—智利间断分布、欧亚和南美洲间断分布 3 个变型。保护区有 26 科，占总科数的 17.11%。

① 温带分布型在保护区有松科 Pinaceae、忍冬科 Caprifoliaceae、亚麻科 Linaceae、越橘科 Vacciniaceae、七叶树科 Hippocastanaceae、延龄草科 Trilliaceae 6 科，占保护区总科数的 3.95%。松科在保护区仅有 1 属 1 种 1 变种，出现在保护区边缘的常态地貌上，是建群树种。

a. 北温带和南温带分布型在保护区有 13 科，占保护区总科数的 8.55%。胡颓子科 Elaeagnaceae、槭树科 Aceraceae、杉科 Taxodiaceae、柏科 Cupressaceae、绣球花科 Hydrangeaceae、山茱萸科 Cornaceae、黄杨科 Buxaceae、杨柳科 Salicaceae、桦木科 Betulaceae、壳斗科 Fagaceae、榛科 Corylaceae、胡桃科 Juglandaceae、牻牛儿苗科 Geraniaceae；其中壳斗科、胡桃科、榛科、槭树科是保护区森林的重要组成或建群树种，柏科、桦木科、山茱萸科为保护区次生林的重要组成树种。

b. 地中海、东亚、新西兰和墨西哥—智利间断分布型在保护区有马桑科 Coriariaceae，占保护区总科数的 0.66%；该科在保护区仅 1 属 1 种，在林缘或灌丛中常见。

c. 欧亚和南美洲间断分布型在保护区有小檗科 Berberidaceae 1 科，占保护区总科数的 0.66%。

② 东亚与北美洲间断分布型在保护区有 5 科，占保护区总科数的 3.29%，即五味子科、蜡梅科 Calycanthaceae、鼠刺科 Escalleniaceae、蓝果树科 Nyssaceae、三白草科 Saururaceae。其中鼠刺科、蜡梅科各有 1 属，是保护区的常见树种。

（4）东亚分布型有东亚分布 1 个分布型和中国—喜马拉雅 1 个分布变型。保护区有东亚分布型 4 科，占总科数的 2.63%。

东亚分布型在贵州兴义坡岗自然保护区有旌节花科 Stachyuraceae、猕猴桃科 Actinidiaceae 和南天竹科 Nandinaceae 3 科，占保护区总科数的 1.97%。其中南天竹科 1 属 1 种，为保护区常见树种。

中国—喜马拉雅变型在保护区仅鞘柄木科 Torricelliaceae，占保护区总科数的 0.66%，该科在保护区仅 1 属 1 种，在林缘湿润处或灌丛中常见。

2）保护区种子植物属的地理分布

保护区有野生种子植物 618 属，依据吴征镒先生的理论划分为 15 分布类型 16 分布变型（表 3-2），主要分为世界分布、热带分布、温带分布、中国特有分布四大分布型。在表 3-2 中，第一项为世界分布，第二至七项为热带分布，第八至十四项为温带分布，第十五项为中国特有分布。保护区热带分布有 353 属，占保护区除去世界分布的总属数 61.61%；温带分布有 204 属，占总属数的 35.60%；中国特有分布有 16 属，占总属数的 2.79%。热带成分占显著优势，这说明保护区种子植物区系是热带性质。

表 3-2　贵州兴义坡岗自然保护区种子植物属的地理分布类型统计

序号	分布类型	属数	占比/%
一 1	世界分布	45	7.28
二	泛热带分布及其变型		
2	泛热带分布	117	20.42
2-1	热带亚洲、大洋洲和南美洲（墨西哥）间断分布变型	3	0.52
2-2	热带亚洲、非洲和南美洲间断分布变型	6	1.05
三	热带亚洲和热带美洲间断分布	20	3.49
四	旧世界热带分布及其变型		
4	旧世界热带分布	44	7.68
4-1	热带亚洲、非洲和大洋洲间断分布变型	4	0.7
五	热带亚洲至热带大洋洲分布	31	5.41
六	热带亚洲至热带非洲分布及其变型		
6	热带亚洲至热带非洲分布型	39	6.81
6-2	热带亚洲至东非或马达加斯加间断分布变型	2	0.35
七	热带亚洲分布及其变型		
7	热带亚洲分布	67	11.69
7-1	爪哇（或苏门答腊）、喜马拉雅和华南、中国西南间断或星散分布变型	6	1.05
7-3	缅甸、泰国至中国西南分布变型	2	0.35
7-4	越南（或中南半岛）至华南（或中国西南）分布变型	10	1.75
八	北温带分布及其变型		
8	北温带分布	67	11.69
8-4	北温带和南温带（全温带）间断分布变型	17	2.97
8-6	地中海区、东亚、新西兰和墨西哥到智利间断变型	1	0.17
九	东亚和北美间断分布及其变型		
9	东亚和北美间断分布	25	4.36
9-1	东亚和墨西哥间断分布变型	1	0.17
十	旧世界温带分布及其变型		
10	旧世界温带分布	17	2.97
10-1	地中海区、西亚（或中亚）和东亚间断分布变型	6	1.05
10-3	欧亚和南非（有时也在澳大利亚）间断分布变型	2	0.35
十一	温带亚洲分布	4	0.7
十二	地中海区、西亚至中亚分布及其变型		
12	地中海区、西亚至中亚	2	0.35
12-2	地中海至中亚和墨西哥至美国南部间断分布变型	1	0.17
12-3	热带亚洲、大洋洲和南美洲间断	3	0.52
十三	中亚分布	0	0
十四	东亚分布及其变型		
14	东亚（东喜马拉雅—日本）	31	5.41
14-1	中国—喜马拉雅（SH）分布变型	16	2.79
14-2	中国—日本（SJ）分布变型	13	2.27
十五 15	中国特有分布	16	2.79
合计		618	100

（1）世界分布型。该型在保护区有 45 属，占总属数的 7.28%。其特点是草本植物优势显著，达 39 属，占本分布型的 86.67%；木本或以木本植物为主的有 6 属，占本分布型的 13.33%，多为灌木或藤状灌木，如悬钩子属 *Rubus*、槐属 *Sophora*、远志属 *Polygala*、金丝桃属 *Hypericum*、鼠李属 *Rhamnus* 等，铁线莲属

Clematis 是毛茛科种类数量较多的成员，在保护区有 11 种；悬钩子属是蔷薇科中一个大属，有 500 种以上，我国有 150 余种，在保护区有 10 种。草本植物中的堇菜属 *Viola*、拉拉藤属 *Galium*、珍珠菜属 *Lysimachia*、碎米荠属 *Cardamine*、蓼属 *Persicaria*、半边莲属 *Lobelia*、鬼针草属 *Bidens*、千里光属 *Senecio*、苍耳属 *Xanthium*、鼠尾草属 *Salvia*、车前属 *Plantage*、酢浆草属 *Oxalis*、茄属 *Solanum*、灯芯草属 *Juncus*、薹草属 *Carex*、莎草属 *Cyperus* 等，木本植物悬钩子属与人类活动及农业生产密切联系。

（2）泛热带分布型。该型在保护区有 126 属，占保护区除去世界分布的总属数（余同）的 21.99%。其中，草本植物达 68 属，占本分布型的 53.97%；木本有 58 属，占 46.03%。冬青属 *Ilex* 约 400 种，国产 118 种，分布长江以南各省区，保护区有 4 种，是林区常见树种之一；朴树属 *Celtis* 有 70 种，分布于热带，并延伸到北温带，我国有 20 种，保护区有 4 种，是该区森林中较常见乔木层树种之一；红豆属 *Ormosia* 约 120 种，分布于热带和亚热带地区，我国有 30 多种，主产华南，贵州有 7 种，保护区有 1 种；黄檀属 *Dalbergia* 约 120 种，产于热带和亚热带地区，国产 25 种，主产西南和东南，保护区有 5 种；苹婆属 *Sterculia* 约 300 种，产于东西两半球热带和亚热带地区，热带亚洲最多，我国 23 种，主产云南南部，贵州 4 种，主产西南部，保护区有 1 种，是石山地较常见树种之一；大戟科棒柄花属 *Cleidion*，有 25 种，产于热带地区，我国 2 种，分布广东、广西、云南及贵州，贵州均产于南部及西南部，保护区有 1 种，是石灰山地常见树种之一。还有树参属 *Dendropanax*、鹅掌柴属 *Schefflera*、朴树属 *Celtis*、榕树属 *Ficus*、柞木属 *Xylosma*、刺蒴麻属 *Triumfetta*、杜英属 *Elaeocarpus*、山麻秆属 *Alchornea*、算盘子属 *Glochidion*、雀舌木属 *Leptopus*、叶下珠属 *Phyllanthus*、乌桕属 *Sapium*、卫矛属 *Euonymus*、青皮木属 *Schoepfia*、密花树属 *Rapanea*、柿属 *Diospyros*、花椒属 *Zanthoxylum*、醉鱼草属 *Buddleja*、李榄属 *Linociera*、栀子属 *Gardenia*、厚壳树属 *Ehretia*、紫珠属 *Callicarpa*、大青属 *Clerodendrum*、牡荆属 *Vitex*，以及木质藤本，如崖豆藤属 *Millettia*、羊蹄甲属 *Bauhinia*、南蛇藤属 *Celastrus*、素馨属 *Jasminum*、头九节属 *Cephaelis*、木防己属 *Cocclus*、马兜铃属 *Aristolochia*、胡椒属 *Piper*、菝葜属 *Smilax* 等。

草本植物，如冷水花属 *Pilea*、秋海棠属 *Begonia*、大戟属 *Euphorbia*、耳草属 *Hedyotis*、金粟兰属 *Chloranthus*、马齿苋属 *Portulaca*、牛膝属 *Achyranthes*、落地生根属 *Bryophyllum*、积雪草属 *Centella*、天胡荽属 *Hydrocotyle*、下田菊属 *Adenostemma*、白酒草属 *Conyza*、地胆草属 *Elephantopus*、泽兰属 *Eupatoium*、豨莶属 *Siegesbeckia*、马蹄金属 *Dichondra*、爵床属 *Justicia*、凤仙花属 *Impatiens*、菟丝子属 *Cuscuta*、薯蓣属 *Dioscorea*、仙茅属 *Curculigo*、小金梅草属 *Hypoxis*、鸭跖草属 *Commelina*、石豆兰属 *Bulbophyllum*、虾脊兰属 *Calanthe*、香荚兰属 *Vanilla*、扁莎属 *Pycreus*、柳叶箬属 *Isachne*、鸭嘴草属 *Ischaemum*、求米草属 *Oplismenus*、雀稗属 *Paspalum*、狼尾草属 *Pennisetum*、裂稃草属 *Schizachyrium*、狗尾草属 *Seteria*、鼠尾粟属 *Sporobolus*、飘拂草属 *Fimbristylis*、芦竹属 *Arundo*、孔颖草属 *Bothriochloa*、臂形草属 *Brachiaria*、狗牙根属 *Cynodon*、穇属 *Eleusine*、球穗草属 *Hackelochloa*、黄茅属 *Heteropogon*、白茅属 *Imperata* 等，其中禾本科有 19 属。还有 2 个分布变型。

① 热带亚洲、大洋洲和南美洲（墨西哥）间断分布变型。保护区有罗汉松属 *Podocarpus*、西番莲属 *Passiflora*、铜锤玉带属 *Pratia* 3 属；仅罗汉松属为木本，余为草本。

② 热带亚洲、非洲和南美洲间断分布变型。保护区有桂樱属 *Laurocerasus*、雾水葛属 *Pouzolzia*、土人参属 *Talinum*、绣球防风属 *Leucas*、蔗茅属 *Erianthus*、簕竹属 *Bambusa* 6 属，其中，桂樱属、簕竹属为木本，簕竹属几种在保护区河谷及村寨周围常见。

（3）热带亚洲和热带美洲间断分布型是指间断分布于美洲和亚洲温暖带地区的热带属，在东半球可延伸到澳大利亚东北部或西南太平洋岛屿。保护区有 20 属，占保护区总属数的 3.49%，该分布型在区系中所占比例小。木本植物有木姜子属 *Litsea*、猴耳环属 *Pithecellobium*、猴欢喜属 *Sloanea*、柃木属 *Eurya*、水东哥属 *Saurauia*、白珠树属 *Gaulfhedria*、假卫矛属 *Microtropis*、雀梅藤属 *Sageretia*、苦木属 *Picrasma*、无患子属 *Sapindus*、泡花树属 *Meliosma*、山香圆属 *Turpinia*、萝芙木属 *Rauvolfia*、土连翘属 *Hymenodictyon*、青篱竹属 *Arundinaria* 15 属，占有明显优势；草本有虫豆属 *Atylosia*、仙人掌属 *Opuntia*、赛葵属 *Malvastrum*、胜红蓟属 *Ageratum*、银胶菊属 *Parthenium* 5 属，仙人掌属于明朝末年引进我国，在贵州省西南部石灰岩山地的低海拔沟谷逸为野生。

（4）旧世界热带分布型包括亚洲、大洋洲、非洲三大洲的热带地区的广布属。保护区有 48 属，占保护区总属数的 8.38%。其中乔木或灌木有 13 属，木质藤本有 14 属，草本植物 21 属。合欢属 *Albizza*，是喜光耐旱的植物，在保护区有 4 种，多生于向阳山坡上；八角枫属 *Alangium*，天然更新能力较强的物种，在保护区林缘或湿润处常见；野桐属 *Mallotus* 有 4 种 1 变种，多见于林缘、灌木丛中，其中粗糠柴 *Mallotus philippensis* 为常绿小乔木，是保护区较为常见的乔木层树种之一；楝属 *Melia* 为该类型少有的乔木，见于林缘或村寨周围；还有黄皮属 *Clausena*、吴茱萸属 *Tetradium*、海桐花属 *Pittosporum*、杜茎山属 *Maesa*、翼核果属 *Ventilago*、蒲桃属 *Syzygium* 等灌木及桑寄生科的桑寄生属 *Loranthus*、槲寄生属 *Viscum*。

木质藤本或藤状灌木有老虎刺属 *Pterolobium* 为单种属，是保护区阳性有刺灌丛的重要种类；省藤属 *Calamus*，是保护区保存较好沟谷森林中大型藤本；还有紫玉盘属 *Uvaria*、乌敛莓属 *Cayratia*、酸藤子属 *Embelia*、倒吊笔属 *Wrightia*、白叶藤属 *Cryptolepis*、鲫鱼藤属 *Secamone*、娃儿藤属 *Tylophora*、玉叶金花属 *Mussaenda*、千金藤属 *Stephania* 等 14 属。

草本植物有 21 属，其中兰科有芋兰属 *Nervilia*、鸢尾兰属 *Oberonia*、鹤顶兰属 *Phaius*，其中鹤顶兰属在保护区湿润处的林下常见；楼梯草属 *Elatostema* 是保护区林下草本层的重要组成种类；还有毛束草属 *Trichodesma*、山姜属 *Alpinia*、天门冬属 *Asparagus*、细柄草属 *Capillipedium*、拟金茅属 *Eulaliopsis*、帽儿瓜属 *Mukia*、马㼎儿属 *Zehneria* 等。有 1 分布变型，即热带亚洲、非洲和大洋洲间断分布变型。瓜馥木属 *Fissistigma*、青牛胆属 *Tinospora*、飞蛾藤属 *Porana*、漏斗苣苔属 *Didissandra* 4 属，在保护区各有 1 种，且不常见。

（5）热带亚洲至热带大洋洲分布型是指分布在热带亚洲和大洋洲的属，位于旧世界热带区域东部，其西端可达马达加斯加，但不见于非洲大陆。保护区有 31 属，占保护区总属数的 5.41%。其中乔木或灌木有 10 属，其中樟属 *Cinnamomum*，保护区有 6 种，为常绿乔木，是区内土壤条件较好地段森林的重要组成种类；香椿属 *Toona*，是保护区土层深厚地段和村寨周围的常见落叶乔木；苏铁属 *Cycas*，仅 1 种，为滇黔桂植物区系所特有，野生资源近濒危；还有柘属 *Cudrania*、猫乳属 *Rhamnella*、小芸木属 *Micromelum*、九里香属 *Murraya*、臭椿属 *Ailanthus*、鱼尾葵属 *Caryota* 等。

木质藤本有 6 属，其中崖爬藤属 *Tetrastigma* 是保护区陡峭石壁上常见种类；还有链珠藤属 *Alyxia*、山橙属 *Melodinus*、眼树莲属 *Dischidia*、球兰属 *Hoya*、银背藤属 *Argyreia*。

草本有 15 属，其中兰科植物有开唇兰属 *Anoectochilus*、毛兰属 *Eria*、隔距兰属 *Cleisostoma*、兰属 *Cymbidium*、蝴蝶兰属 *Phalaenopsis*、石仙桃属 *Pholidota* 6 属，毛兰属、兰属、石仙桃属是区内常见的草本植物；还有蛇菰属 *Balanophora*、通泉草属 *Mazus*、白接骨属 *Asystasiella*、旋蒴苣苔属 *Boea*、广防风属 *Epimeredi*、百部属 *Stemona*、淡竹叶属 *Lophatherum* 等。

该分布型中乔木有樟科樟属 *Cinnamomum* 及楝科香椿属 *Toona*，是兴义坡岗喀斯特地区常绿阔叶林和常绿落叶阔叶混交林的乔木层树种之一。香椿属多为村前屋后栽培植物。林下耐阴，潮湿环境为兰科植物丰富的属种（9 属 52 种）提供生存空间。

（6）热带亚洲至热带非洲分布型位于旧世界热带西部，即从热带非洲至印度—马来西亚，尤其是西部，部分属也可分布到斐济等南太平洋岛屿，但不见于澳大利亚。保护区有 41 属，占保护区总属数的 7.16%。其中木本植物有 8 属，除牡竹属 *Dendrocalamus* 为乔木型外，分布于海拔较低的山地或沟谷；余为灌木型，如水麻属 *Debregeasia*、水团花属 *Adina*，出现于阴湿沟谷或河流两岸；铁仔属 *Myrsine*、浆果楝属 *Cipadessa*，则常见于阳坡的山地灌丛中；还有刺篱木属 *Flacourtia*、土蜜树属 *Bridelia*、钝果寄生属 *Taxillus*。

木质藤本或藤状灌木有 4 属，其中微花藤属 *Iodes*，是保护区内林缘的常见种类；飞龙掌血属 *Toddalia*，则出现于岩石裸露地段；还有杠柳属 *Periploca*、豆腐柴属 *Premna*。

草本有 29 属，其中禾本科达 9 属。芒属 *Miscanthus*，是保护区内林缘或路旁的常见种类；蝎子草属 *Girardinia*，出现湿润林下或路旁；还有赤㼎属 *Thladiantha*、浆果苋属 *Deeringia*、野茼蒿属 *Crassocephalum*、鱼眼草属 *Dichrocephala*、六棱菊属 *Laggera*、钟萼草属 *Lindenbergia*、孩儿草属 *Rungia*、盾座苣苔属 *Epithema*、香茶菜属 *Rabdosia*、蓝耳草属 *Cyanotis*、脆兰属 *Acampe*、叉柱兰属 *Cheirostylis*、荩草属 *Arthraxon*、香茅属 *Cymbopogon*、莠竹属 *Microstegium*、筒轴茅属 *Rottboellia*、菅属 *Themeda*、尾稃草属 *Urochloa* 等。有 1 分布变型，即热带亚洲至东非或马达加斯加间断分布变型。分布变型有姜花属 *Hedychium*、马蓝属 *Strobilanthes*，均为草本。本分布型特点：木本植物少于草本植物，前者 12 属，后者 29 属。乔木树种少于灌木和藤本植物，草本植物禾本科植物较多，在本分布型中是较多种群。

（7）热带亚洲（印度—马来西亚）分布型是指自我国南岭以南向西经过广西西南部，云南高原南缘和西藏东南的热带部分，向东直到台湾沿海低平地区，南到海南岛和南海岛礁；其境外包括热带喜马拉雅、中南半岛、缅甸、泰国、印度尼西亚、马来半岛，东达新几内亚、西太平洋和西南太平洋岛弧，但不到澳大利亚北部的热带部分。保护区有 85 属，占总属数的 14.83%。热带亚洲保存着许多第三纪古热带植物区系的后裔或残遗，如野独活属 *Miliusa*、润楠属 *Machilus*、山胡椒属 *Lindera*、新木姜子属 *Neolitsea*、青冈栎属 *Cyolobalanopsis*、黄杞属 *Engelnardtia*、山茶属 *Camellia*、木蝴蝶属 *Oroxylum* 等。它们起源于古热带，但在亚热带至温带有自己的代表种，是保护区森林中的重要组成成分。乔木或灌木类型有 30 属，如顶果木属 *Acrocarpus* 2 种，我国仅 1 种，产广西、云南南部，贵州见于黔西南，是保护区少见高大乔木；青冈栎属 *Cyclobalanopsis*，保护区有 5 种，是构成区内常绿落叶阔叶林的重要组成成分；山胡椒属 *Lindera*，保护区有 6 种，均为常绿种，是区内常见种类；润楠属 *Machilus*，保护区有 7 种，与青冈栎属等构成区内常绿落叶阔叶林的重要常绿成分；棕竹属 *Rhapis*，保护区 1 种，是区内沟谷林下灌木层的常见种；还有黄肉楠属 *Actinodaphne*、蚊母树属 *Distylium*、构属 *Broussonetia*、千张纸属 *Oroxylum*、菜豆树属 *Radermachera*、野扇花属 *Sarcococca*、箬竹属 *Indocalamus* 等。

木质藤本有 8 属，如清风藤属 *Sabia*，保护区有 5 种，保护区内分布较广泛，特别是林缘常见；葛属 *Pueraria* 在保护区有 2 种，见于较湿润沟谷或林缘；还有鸡屎藤属 *Paederia*、连蕊藤属 *Parabaena*、细圆藤属 *Pericampylus* 等。

草本植物有 29 属，其中兰科植物有 10 属、天南星科 6 属、苦苣苔科 4 属。石斛属 *Dendrobium* 在保护区有 19 种，是保护区内种类资源丰富的第二大属，且多数为热带成分；兜兰属 *Paphiopedilum*，全世界有 79 种，主产我国西南部至东南亚，我国 27 种，主产西南和华南省区，贵州 8 种，主产黔西南、黔南，黔东和黔中各产 1 种，保护区有 6 种，约占我国该属总种数的 22.22%，占贵州该属总种数的 75.00%；还有指甲兰属 *Aerides*、贝母兰属 *Coelogyne*、厚唇兰属 *Epigeneium*、金石斛属 *Flickingeria*、斑叶兰属 *Goodyera*、钗子股属 *Luisia*、短瓣兰属 *Monomeria*、万代兰属 *Vanda* 及唇柱苣苔属 *Chirita*、蛛毛苣苔属 *Paraboea*、石蝴蝶属 *Petrocosmea*、尖舌苣苔属 *Rhynchoglossum*、姜黄属 *Curcuma*、海芋属 *Alocasia*、雷公连属 *Amydrium*、石柑属 *Pothos*、崖角藤属 *Rhaphidophora* 等。这说明保护区是喀斯特地区，其森林植物具有生活型的多样性。本分布型有 3 变型。

① 爪哇（或苏门答腊）、喜马拉雅至华南、中国西南间断或星散分布变型。保护区有 6 属。其中，重阳木属 *Bischofia*，2 种，大乔木，从印度经马来西亚至我国南部到中部，保护区均有分布；栀子皮属 *Itoa*，2 种，产自马来西亚，我国 1 种，分布于云南、四川、广西，越南北部也有，贵州见于黔西南、黔南和乌江流域河谷，是保护区土壤较深厚地段的重要组成树种；草本植物有冠唇花属 *Microtoena*、假糙苏属 *Paraphlomis*、金钱豹属 *Campanumoea*、锦香草属 *Phyllagathis* 4 属。

② 缅甸、泰国至中国西南分布变型。保护区有 2 属。其中，来江藤属 *Brandisia*，灌木，约 13 种，产自我国和缅甸，我国 8 种，主要分布于西南省区，保护区 1 种，常见于林缘；还有 1 草本属，粗筒苣苔属 *Briggsia*。

③ 越南（或中南半岛，包括老挝至柬埔寨）至华南（或中国西南）分布变型。保护区有 10 属，其中木本有 7 属，如新樟属 *Neocinnamomum*，我国 5 种，从海南、广东、广西、云南、四川到西藏，贵州 2 种，产黔西南册亨、望谟、兴义，保护区 1 种；仪花属 *Lysidice*，2 种均产我国广东、广西、云南，贵州 1 种，见于黔西南；还有山羊角树属 *Carrierea*、青篱柴属 *Tirpitzia*、苞叶木属 *Chaydaia*、铁榄属 *Sinosideroxylon*、大节竹属 *Indosasa*。草本植物有山一笼鸡属 *Paragutzlaffia*、半蒴苣苔属 *Hemiboea*、裂果薯属 *Schizocapsa*。

（8）北温带分布指广布于欧洲、亚洲和北美温带的属。保护区有 85 属，占全区总属数的 14.83%，是坡岗种子植物区系的重要组成，也是该林区常绿落叶阔叶混交林或常绿栎类林的主要组成部分。其中含 5 种以上的属有壳斗科栎属 *Quercus*（9 种）、荚蒾属 *Viburnum*（8 种）、槭属 *Acer*（8 种）、胡颓子属 *Elaeagnus*（5 种）、蔷薇属 *Rosa*（5 种）等属。少于 4 种的分布属，其种数虽少，但种群的密度和有效面积也大，常形成单优群落，如松属 *Pinus* 的云南松 *Pinus yunnanensis* 林、杨属 *Populus* 的响叶杨 *Populus adenopoda* 林、桦木属 *Betula* 的光皮桦 *Betulal uminifera* 林等，在保护区，这些林分都是次生性的。

北温带分布类型主要为乔木或灌木的属有 31 属，如栎属是保护区乔木类型最大的属，保护区有 9 种，成为区内常绿落叶阔叶林的主要建群树种；其次是槭属约 200 种，产自我国和日本，我国 150 余种，广布于南北各省区，保护区有 8 种，是区内常绿落叶阔叶林的组成成分；鹅耳枥属 *Carpinus*，虽然区内只有 3 种，却是保护区常绿落叶阔叶林的主要落叶树种，在一些土壤十分稀少、地势陡峭、岩石裸露地段常成为建群树种；还有柏木属 *Cupressus*、樱属 *Cerasus*、花楸属 *Sorbus*、紫荆属 *Ceris*、梾木属 *Cornus*、榆属 *Ulmus*、苹果属 *Malus*、栒子属 *Cotoneaster*、山楂属 *Crataegus*、李属 *Prunus* 等。灌木种类有蔷薇属 *Rosa*、绣线菊属 *Spiraea*、荚蒾属 *Viburnum*、柳属 *Salix* 等，它们是构成区内林下灌木层重要种类，更是大面积次生灌丛的主要成分。

木质藤本有忍冬属 *Lonicera* 和葡萄属 *Vitis* 2 属，是保护区常见的层间植物，多出现在林缘或灌丛中。

草本植物有 34 属，占本类型的 40%。菊科（8 属）、禾本科（6 属）较多。龙芽草属 *Agrimonia*、委陵菜属 *Potentilla*、夏枯草属 *Prunella*、香青属 *Anaphalis*、蓟属 *Cirsium*、风轮菜属 *Clinopodium*、蒿属 *Artemisia*、蒲公英属 *Taraxacum*、琉璃草属 *Cynoglossum* 等是构成保护区灌草丛的重要成分，特别是在一些森林植被完全退化的阳性草地上成为建群种；细辛属 *Asarum*、紫堇属 *Corydalis*、虎耳草属 *Saxifraga*、紫菀属 *Aster*、天南星属 *Arisaema*、黄精属 *Polygonatum*、鸢尾属 *Iris*、苦苣菜属 *Sonchus* 等是区内林下常见草本；还有荠属 *Capsella*、何首乌属 *Fallopia*、风毛菊属 *Saussurea*、狗舌草属 *Tephroseris*、葱属 *Allium*、百合属 *Lilium*、拂子茅属 *Calamagrostis*、野青茅属 *Deyeuxia*、画眉草属 *Eragrostis*、羊茅属 *Festuca* 等。本分布型有 2 分布变型。

① 北温带和南温带（全温带）间断分布变型。保护区有 17 属。木本有接骨木属 *Sambucus*、石海椒属 *Reinwardtia*、越橘属 *Vaccinium* 等 4 属，其中越橘属约有 300 种，主产北温带，我国 47 种，分布于南北省区，保护区仅 1 种，是常绿落叶阔叶林下的常见常绿灌木；石海椒属 2 种，从印度北部分布到我国西南至华南地区，保护区 1 种，常见于石山灌丛中。草本有 13 属，景天属 *Sedum*，世界约有 600 种，我国 140 种以上，保护区有 3 种，常见于干燥瘠薄、裸露的石缝裂隙中；荨麻属 *Urtica*，世界约 50 种，我国 15 种，分布于东北至西南省区，区内 1 种，常见于林缘或路旁；还有婆婆纳属 *Veronica*、羊胡子草属 *Eriophorum*、獐牙菜属 *Swertia*、柴胡属 *Bupleurum*、缬草属 *Valeriana*、唐松草属 *Thalictrum*、茜草属 *Rubia* 等。

② 地中海区、东亚、新西兰和墨西哥到智利间断变型。保护区仅有马桑科马桑属 *Coriaria*，世界约 5 种，间断分布于地中海西部沿岸、喜马拉雅，温带至热带亚洲东部至菲律宾、伊里安及新西兰和南太平洋诸岛，美洲的墨西哥到南美洲智利，起着维系南北古陆的桥梁纽带作用。我国 3 种，在江南—岭北和云贵高原至喜马拉雅及我国台湾，保护区 1 种，常见于次生灌丛或林缘。

（9）东亚与北美间断分布型是指间断分布于东亚与北美温带及亚热带的属，其中有些属虽然在亚洲和北美分布到热带，个别甚至出现于非洲南部、澳大利亚或中亚，但其现代分布中心仍在东亚和北美洲。保护区有 26 属，占保护区总属数的 4.54%。乔木或灌木有 16 属，其中香槐属 *Cladrastis* 世界已知 12 种，间断分布于北美和东亚，我国 5 种，分布于西南至东部省区，保护区 1 种，是常绿落叶阔叶林组成树种之一；枫香树属 *Liquidambar*，共 5 种，我国产 2 种 1 变种，保护区 1 种，是区内次生林中或林缘或村寨周围常见树种；石楠属 *Photinia*，世界约 60 种，间断分布于北美、东亚至东南亚，我国约 40 种，分布于西南至中部省区，保护区 5 种，是区内常绿落叶阔叶林常见种类；还有漆树属 *Toxicodendron*、皂荚属 *Gleditsia*、山核桃属 *Carya* 等；灌木种类有鼠刺属 *Itea*，世界 15 种，1 种产北美，14 种产东亚，我国 12 种，分布于西南至台湾，保护区 2 种，是区内常绿落叶阔叶林或石山灌丛的常见种类；还有山蚂蝗属 *Desmodium*、胡枝子属 *Lespedeza*、十大功劳属 *Mahonia* 等。

木质藤本有 5 属，是常见层间种类，多出现于林缘或陡峭的石壁上，如地锦属 *Parthenocissus*，世界约 15 种，我国有 10 种，分布于西南至东部省区，保护区 3 种，常附生于陡峭的石壁上；还有络石属 *Trachelospermum*、五味子属 *Schisandra*、蛇葡萄属 *Ampelopsis* 等。

草本有 4 属，其中万寿竹属 *Disporum*，世界共 20 种，我国 8 种，分布从东北至西南省区，保护区 2 种，见于林下阴湿处；三白草属 *Saururus*，世界共 3 种，我国 1 种，在黄河流域以南省区有分布，见于区内湿润处；还有粉条儿菜属 *Aletris* 等。

本分布型有 1 变型，即东亚和墨西哥（至中南美）间断分布变型。仅六道木属 *Abelia*，世界约 30 种，多数产东亚，少数间断分布于墨西哥，我国有 9 种，主产西南至中部省区，保护区 1 种，见于林缘或石山灌丛中。

（10）旧世界温带分布型是指广布欧洲、亚洲中高纬度的温带和寒温带，个别可延伸到北美及亚洲至非洲热带山地或澳大利亚。保护区有25属，占总属数的4.36%，其中木本6属，草本19属。

属于本分布正型的有17属，木本有梨属 *Pyrus* 和瑞香属 *Daphne* 2属，梨属约25种，我国有14种，分布于南北省区，保护区2种，偶见于林缘或路旁；瑞香属约70种，主产欧亚至亚热带，少数种类延伸至北非甚至大洋洲，我国有35种，多数产西南和西北省区，保护区1种，偶见于林下。

草本有15属，如夏至草属 *Lagopsis*，共4种，我国3种，南北省区有分布，保护区1种，常见于林缘或空地上；淫羊藿属 *Epimedium*，世界约56种，我国47种，南北省区有分布，保护区1种，见于石灰岩山地林下或林缘；还有重楼属 *Paris*、香薷属 *Elsholtzia*、益母草属 *Leonurus*、天名精属 *Carpesium*、菊属 *Dendranthema*、橐吾属 *Ligularia*、沙参属 *Adenophora*、狗筋蔓属 *Cucubalus* 等。

本类型有2分布变型。

① 地中海区、西亚（或中亚）和东亚间断分布变型。保护区有6属，其中木本有4属，如火棘属 *Pyracantha*，世界约10种，我国7种，分布于西南至西北省区，保护区1种，是区内次生灌丛的主要构成树种，也常见于林缘；榉属 *Zelkova*，世界约10种，分布于高加索至亚洲东部，我国3种，产西北、西南至台湾，落叶大乔木，性耐干旱瘠薄，保护区1种；女贞属 *Ligustrum*，世界50余种，产欧洲和亚洲，我国约40种，主产南部和西南省区，保护区有6种，是区内多种森林类型中的常见灌木种类；还有铜钱树属 *Paliurus*。草本有窃衣属 *Torilis*、牛至属 *Origanum*。

② 欧亚和南非（有时也在澳大利亚）间断分布变型。保护区有苜蓿属 *Medicago* 和莴苣属 *Lactuca* 2属，均为草本。

（11）温带亚洲分布型局限于亚洲温带地区，一般包括俄罗斯至东西伯利亚和东北亚，南部至喜马拉雅山区，中国西南、华北至东北，朝鲜和日本北部。保护区有温带亚洲分布4属，占总属数的0.70%，联系甚微。木本仅笎子梢属 *Campylotropis*，世界60余种，我国有50余种，多数产西南省区，保护区4种，常见于次生灌丛或林缘；马兰属 *Kalimeris*，世界约30种，我国8种，广布于南北省区，保护区1种，常见于次生灌丛、林缘或林中空地；还有附地菜属 *Trigonotis*、大油芒属 *Spodiopogon*。

（12）地中海区、西亚至中亚分布型在现代地中海周围，经过西亚或西南亚至俄罗斯南部的中亚各国和我国的新疆、青藏高原及蒙古高原一带。保护区有旱茅属 *Eremopogon*、老鹳草属 *Geranium* 和黄连木属 *Pistacia*。本类型有2分布变型。

① 地中海至中亚和墨西哥至美国南部间断分布变型。保护区有黄连木属 *Pistacia*，2种，均为乔木，是保护区重要建群树，古地中海第三纪成分。

② 地中海至温带至热带亚洲、大洋洲和/或北美南部至南美洲间断分布。保护区有沙针属 *Osyris*、常春藤属 *Hedera*、木樨榄属 *Olea* 3属。沙针属为檀香科，有5～7种，有1种分布于西藏、云南，贵州是新记录；常春藤属有8～11种，其中2种从喜马拉雅到达华中至华东，贵州1种；木樨榄属约30种，我国有11种，贵州黔西南1种。

（13）中亚分布型为中亚特有，保护区没有分布。

（14）东亚分布型是指从喜马拉雅一直分布到日本的属，即东亚的东北部，包括俄罗斯的远东和日本、韩国和朝鲜，北以我国内蒙古的阴山和狼山为界，向西南达陕北至甘东北的森林草原区，西以甘东南、青海的大通海流域，达横断山区北段，西以横断山区与青藏高原为界，更南至西藏东南、缅甸中部和北部及我国滇西北的三大峡谷区，南界包括泰国东北部、老挝、越南北部，以我国南岭以北，南以滇东南至闽南一线，再向东到台湾的东海岸，向东北到琉球和小笠原群岛。保护区有60属，占总属数的10.47%。

保护区东亚分布有31属，其中，乔木或灌木型有枇杷属 *Eriobotrya*，世界约30种，我国秦岭以南产13种，保护区1种，保护区内石灰岩山地林中常见分布；棕榈属 *Trachycarpus* 世界共8种，我国东南至西南省区产5种，保护区1种，是区内石灰岩山地林中十分常见种类；刚竹属 *Phyllostachys* 世界约50种，以我国为其分布中心，产40种以上，从东部、中南至西南省区均有分布，保护区3种，其中水竹 *Ph.heteroclada* 在区内常形成小面积竹林；还有绣线梅属 *Neillia*、石斑木属 *Raphiolepis*、青荚叶属 *Helwingia*、五加属 *Acanthopanax*、旌节花属 *Stachyurus*、油桐属 *Vernicia*、莸属 *Caryopteris* 等。

木质藤本有2属，其中猕猴桃属 *Actinidia*，世界54种，我国有52种和众多变种，从东北到海南均有分布，是重要的水果和森林中常见大型藤本植物，保护区有1种；还有蓬莱藤属 *Gardneria*。

草本有蕺菜属 *Houttuynia*，仅1种，从亚洲东部延伸至东南部，我国长江流域及其以南省区有分布，保护区的林缘、路旁常见；蜘蛛抱蛋属 *Aspidistra*，世界约11种，我国8种，主产长江以南省区，保护区有3种，常见于林下湿润处；沿阶草属 *Ophiopogon*，世界50余种，我国有33种，主产西南省区，保护区有4种，是区内林下或林缘湿润处常见种类；吉祥草属 *Reineckia*，世界仅1种，分布于我国的西南至东南部，日本也有，保护区林下或林缘湿润处常见；石蒜属 *Lycoris*，世界共6种，我国4种，产西南至东南省区，保护区2种，是林缘及林下湿润处常见花卉；还有花点草属 *Nanocnide*、败酱属 *Patrinia*、兔儿风属 *Ainsliaea*、泥胡菜属 *Hemistepta*、秋分草属 *Rhynchospermum*、黄鹌菜属 *Youngia*、紫苏属 *Perilla*、山麦冬属 *Liriope*、白及属 *Bletilla*、舌喙兰属 *Hemipilia*、金发草属 *Pogonatherum* 等。

本分布型有2分布变型：

① 中国—喜马拉雅（SH）分布变型。保护区有16属，乔木或灌木型有4属，其中南酸枣属 *Choerospondias* 世界仅1种1变种，产印度至我国南部省区，是保护区沟谷森林的重要组成树种之一，成为乔木第一亚层常见种；鞘柄木属 *Torricellia*，世界共3种，分布从印度北部一直到我国的西南省区，保护区1种，常见于林缘湿润处；还有扁核木属 *Prinsepia*、梧桐属 *Firmiara* 等。

木质藤本有2属，其中冠盖藤属 *Pileostegia*，世界共3种，产印度至我国西南、东南至台湾省区，保护区1种，常见于区内湿润处岩石上；还有藤漆属 *Pegia*。

草本有10属，其中石莲属 *Sinocrassula*，世界共9种，分布从巴基斯坦到我国的西北、中部至西南省区，保护区1种，常见于区内阳光直射的裸露石缝中，极耐干旱，生命力强；吊石苣苔属 *Lysionotus*，世界约20种，分布于印度至东南亚，我国13种，产西南至东部省区，保护区2种，常附生于林下湿润处的岩石上；射干属 *Belamcanda*，世界共2种，我国产1种，南北省区有分布，保护区的林缘、林下、路旁湿润处常见；还有合耳菊属 *Synotis*、珊瑚苣苔属 *Corallodiscus*、竹叶子属 *Streptolirion*、曲唇兰属 *Panisea*、双蝴蝶属 *Tripterospermum* 等。

② 中国—日本（SJ）分布变型。保护区有13属。其中木本有9属，刺楸属 *Kalopanax*，为单型属，从我国的云南西北部一直分布到韩国、日本，贵州各地都有，保护区常见；化香树属 *Platycarya*，世界2种，其中1种分布于我国西南、华南、华东之后间断出现于朝鲜、日本，另一种则为我国南岭山地所特有，这2种是保护区石灰岩山地森林的重要组成种类，局部地段还成为建群种；野鸦椿属 *Euscaphis*，为单型属，我国除西北省区外均有分布，向东分布到朝鲜、日本，保护区常见；南天竹属 *Nandina*，为南天竹科 Nandinaceae，该科1属1种，从河南、陕西分布到西南、华南，间断分布至日本，为保护区石灰岩山地林下灌木层或灌丛重要组成种类；泡桐属 *Paulownia*，共7种，我国全产，保护区3种，是林缘、路旁常见乔木树种；还有枳椇属 *Hovenia*、枫杨属 *Pterocarya*、白马骨属 *Serissa*、木通属 *Akebia* 等。

草本有4属，鸡眼草属 *Kummerowia*，2种，从俄罗斯的西伯利亚进入我国东北，进而延伸到朝鲜、日本，另一支则从河北南下到达华南、西南，一直达越南北部；还有半夏属 *Pinellia*、桔梗属 *Platycodon*、显子草属 *Phaenosperma* 等。

（15）中国特有分布型。范围一般在我国国界以内，但少数超出国界，到达邻国边界，这是自然植物区与不同国家行政区不吻合的结果，是不可避免的。保护区有16属，占总属数的2.79%，均为少型或单型属。木本有10属，其中杉木属 *Cunninghamia*，2种，一种从我国秦岭以南一直分布至越南北部，另一种则是台湾特有，保护区1种，是林缘或人工林重要建群树种；蜡梅属 *Chimonanthus*，约4种，分布于陕西南部、河南以南省区，贵州2种1变种，是石灰岩山地重要组成树种，贵州蜡梅 *Chimonanthus campanulatus* var. *guizhouensis* 则是保护区特有种，产清水河、小湾、箐口、纳赖、拱桥等地；任豆属，单型属，产我国广东、广西及贵州西南、南部和东部地区，多见于石灰岩山地，同时出现在梵净山酸性的山地黄壤常绿阔叶林中，保护区则见于一些沟谷；青钱柳属 *Cyclocarya*，单型属，产我国甘肃南部、陕西南部及华东、华南到西南省区，贵州分布于梵净山、石阡、江口、思南、德江、绥阳、桐梓、瓮安、惠水、荔波、息烽、乌当、开阳、花溪、雷公山、榕江、黎平、从江、册亨、安龙、兴仁、贞丰、普安、盘州等地海拔850～1 800m山地阔叶林中，保护区见于郑屯镇大箐村、岩峰村长湾等地海拔1 240～1 420m石灰岩山地林中；悬竹属

Ampelocalamus，4 种，1 种为海南特有，余 3 种为贵州特有，其中荔波 1 种，赤水 1 种，兴义和罗甸 1 种；还有喜树属 *Camptotheca*、通脱木属 *Tetrapanax*、枳属 *Poncirus*、香果树属 *Emmenopterys*、鸡仔木属 *Sinoadina* 等。

草本有 6 属，其中尾囊草属 *Urophysa* 之尾囊草 *U. henryi*，分布于四川东部、湖北西部、湖南北部及贵州东部的松桃乌罗和兴义清水河、楼纳、马岭河等地海拔 900m 的林缘湿润岩石上；裸蒴属 *Gymnotheca* 的裸蒴 *G. chinensis*，分布于湖北、湖南、广东、广西、四川、云南及贵州的石阡佛顶山、沿河、德江、印江、望谟、罗甸等地，保护区见于马岭河等地海拔 900m 的林缘湿润处；同钟花属 *Homocodon* 的同钟花 *H. brevipes*，分布于云南、四川及贵州的西南部山地林下、灌丛或草地，在保护区见于安龙万峰湖镇老木凼海拔 1 250m，在盘州大山和八大山海拔 2 100～2 264m；石山苣苔属 *Petrocodon* 的石山苣苔 *P. dealbatus*，分布于湖北、广东、广西及贵州的独山、黄平、镇远、石阡佛顶山、荔波等地海拔 500～700m 山地林下阴湿处岩石上，在保护区产万峰湖下箐村上岜垬山顶海拔 1 450m；还有地涌金莲属 *Musella* 的地涌金莲 *M. lasiocarpa*，分布于云南及贵州的关岭、贞丰、望谟、盘州、黎平和坡岗保护区的箐口等地；鹭鸶兰属 *Diuranthera* 的鹭鸶草 *D. major*，分布于四川、云南及贵州册亨、安龙、望谟、贵定等地海拔 1 200m 林下或草丛中，保护区见于箐口等地。

3）保护区种子植物区系种的地理分布

一个自然区或行政区域的植物区系，是该地区的各种分类单元的植物种类的总和。研究植物的分布区类型，可以确定该区域植物区系的性质和起源。保护区有野生种子植物 1 216 种，划分 14 个分布区类型（表 3-3）。其中，1～13 分布类型有 662 种，占保护区总种数的 54.44%；中国特有种有 554 种，占保护区总种数的 45.56%。

表 3-3　贵州兴义坡岗自然保护区野生种子植物区系种的地理分布

序号	分布类型	种数	占比/%
1	世界分布	18	1.48
2	泛热带分布	46	3.78
3	热带亚洲和热带美洲间断分布	12	0.99
4	旧世界热带分布	17	1.40
5	热带亚洲至热带大洋洲分布	16	1.32
6	热带亚洲至热带非洲分布	20	1.64
7	热带亚洲分布	259	21.30
8	北温带分布	64	5.26
9	东亚和北美洲间断分布	4	0.33
10	旧世界温带分布	14	1.15
11	温带亚洲分布	2	0.16
12	地中海区、西亚至中亚分布	1	0.08
13	东亚分布	189	15.55
14	中国特有分布	554	45.56
合计		1 216	100

（1）世界分布型几乎遍布全世界各大洲而没有特殊分布中心。保护区有 18 种，占总种数的 1.48%。它们有马齿苋 *Portulaca oleracea*、马鞭草 *Verbena officinalis*、金鱼藻 *Ceratophyllum demersum*、苦荬菜 *Sonchus arvensis*、酢浆草 *Oxalis corniculata*、浮萍 *Lemna minor*、狗尾草 *Setaria viridis*、牛筋草 *Eleusine indica*、升马唐 *Digitaria ciliaris*、马唐 *Digitaria sanguinalis* 等，多生于路边、沟旁和林缘湿润处。这些种在我国南北省区均有，在贵州省也是广泛分布。狗尾草及紫萍 *Spirodela polyrhiza* 等杂草与农业生产活动有关。该分布型的特点是种类较少，且全部为草本植物。

（2）泛热带分布型是热带植物，广泛分布在环球的热带，最典型的分布图往往呈现三斜带式，有亚洲、大洋洲中心，非洲中心和中南美洲三大中心。保护区有 46 种，占总种数的 3.78%。其中木本植物有密蒙花 *Buddleja officinalis*、黄荆 *Vitex negundo*、木防己 *Cocclus orbiculatus*、假烟叶树 *Solanum verbascifolium* 4 种，木防己分布于亚洲东南部和南部以及夏威夷群岛，我国长江流域中下游及其以南各省区有分布，贵州产石阡佛顶山、德江、正安、花溪杉坪、南明森林公园、兴义、兴仁、安龙、望谟等地海拔 600～1 600m 山坡灌丛或林缘；假烟叶树，分布于热带亚洲、热带大洋洲及热带南美洲，我国福建、台湾、广东、广西、云南、四川及贵州罗甸、望谟、兴义等高温区和瓮安、水城、盘州等低河谷高温区。草本植物 42 种，如豆瓣绿 *Peperomia tetraphylla*，从热带非洲向东分布至热带亚洲，向南达热带大洋洲，并到达热带美洲，我国甘肃、四川、云南、西藏、台湾、福建、广东、广西有分布，贵州产清镇、罗甸、施秉、三穗等地湿润石缝或树干上，保护区见于清水河沟谷两岸；马蹄金 *Dichondra micrantha*，广布于全世界热带、亚热带地区，我国长江流域以南至台湾各省区有分布，贵州产盘州保基和普古娘娘山、清镇、息烽、修文、乌当、花溪、独山、遵义、德江、铜仁等地海拔 800～2 250m 山坡、草地、田间、路旁，保护区见于民族村间歇泉、郑屯绒窝村王家凼组倒锅凼和岩峰村四绒等地海拔 1 130～1 250m；两歧飘拂草 *Fimbristylis dichotoma*，从印度到中南半岛至大洋洲、非洲，我国东北及河北、华东、广东、广西、四川、云南等省区有分布，贵州产德江、凤冈、赤水、习水、纳雍、册亨、安龙等地海拔 500～2 100m 山坡、草地灌丛中、向阳处潮湿地，保护区见于郑屯小学后山海拔 1 300m；砖子苗 *Mariscus umbellatus*，从喜马拉雅山区、印度、马来西亚、印度尼西亚、缅甸、越南、菲律宾、朝鲜、日本至澳大利亚、非洲、马尔加什、美国，我国陕西、湖北、江苏、浙江、安徽、江西、福建、台湾、广东、海南岛、广西、云南、四川有分布，贵州产威宁、赫章、纳雍、兴义、安龙、册亨、罗甸、盘州、普安、平坝、贵阳、德江、松桃、梵净山、石阡佛顶山、凯里、独山、荔波、天柱等地海拔 600～2 170m 向阳处、路旁或灌丛中，保护区见于张家湾和郑屯大箐村及沟里头海拔 1 270m。该分布型的特点是草本占显著优势，木本虽有 4 种，均为灌木或木质藤本。

（3）热带亚洲和热带美洲间断分布型指间断分布于美洲和亚洲暖温带地区，在东半球可延伸到澳大利亚东北部或西南太平洋岛屿。保护区有 12 种，占总种数的 0.99%，其联系甚微。其中赛葵 *Malvastrum coromandelianum*，原产美洲，我国台湾、福建、广东、广西、云南逸为野生，保护区见于王家凼和郑屯绒窝村王家凼及则戎乡拱桥村吴家凼子，海拔 930～1 130m；仙人掌 *Opuntia stricta*，原产墨西哥东海岸、美国南部和东南部、西印度群岛、百慕大群岛和南美洲北部，我国于明朝末引进，在贵州黔西南及罗甸等地逸为野生，保护区见于小湾、拱桥、箐口、洋坪、坡岗等地；藿香蓟 *Ageratum conyzoides*，原产中南美洲，非洲全境及印度、印度尼西亚、老挝、柬埔寨、越南也有分布，我国福建、广东、广西、四川、云南等地归化野生分布，贵州德江、兴义、贞丰、安龙、望谟、贵阳、惠水、罗甸、荔波、雷公山、从江等地海拔 300～1 500m 山谷密林、灌丛、山坡草地、田间栽培或归化野生，保护区见于坡岗小湾；叶下珠 *Phyllanthus urinaria*，从亚洲的印度、斯里兰卡、马来西亚、日本到南美洲，我国除东北、西北外均有分布，贵州全省海拔 1 100m 以下旷野、草地、河滩、路旁均可见，保护区见于郑屯绒窝村王家凼组倒锅凼海拔 1 130m；白花鬼针草 *Bidens pilosa* var. *radiata*，广布于亚洲和美洲的热带和亚热带，我国华东、华中、华南、西南各省区有分布，贵州分布于盘州、毕节、湄潭、贵阳、瓮安、普安、兴义、安龙、兴仁、册亨、望谟、罗甸、雷公山等地，海拔 250～1 900m 山坡草地、田间、路旁、荒地，保护区广泛分布。本分布型的特点是多为草本植物，且多数是逸生种，原生种较少；木本有叶下珠和水茄 *Solanum torvum* 2 种，为小灌木。

（4）旧世界热带分布型的分布范围包括亚洲、大洋洲、非洲三大洲。保护区有 17 种，占总属数的 1.40%。木本植物有 3 种，余为草本。八角枫 *Alangium chinense*，是唯一小乔木，分布于东南亚及非洲东部，我国从甘肃、陕西、河南至台湾有分布，贵州省各地海拔 280～2 000m 山地林中均产，保护区见于坡岗和郑屯海拔 1 250m；飞蛾藤 *Porana racemosa*，分布尼泊尔、印度、越南、泰国、印度尼西亚，我国云南、四川、湖南、湖北、广西、广东、浙江、江苏、陕西、甘肃有分布，贵州产于安龙、普安、盘州保基、望谟、贵阳、长顺、平坝、德江、石阡佛顶山、江口等地海拔 670～1 800m 山地灌丛或林缘，保护区见于坡岗海子和拱桥海拔 1 200m；一点红 *Emilia sonchifolia*，分布于热带亚洲、非洲，我国华中、东南、华南和四川、云南有分布，贵州产于绥阳、兴义、安龙、册亨、惠水等地海拔 900～1 250m 的山坡疏林、密林湿润处或路旁，保护区见于马岭河；硬秆子草 *Capillipedium assimile*，分布于印度、缅甸及大洋洲，我国华东、华中、西南等省区有分布，贵州产盘州大山、德江、清镇、贵阳、罗甸、兴义、册亨等地海拔 700～2 100m 的山坡草地，保护区见于坡岗枫柯贝、王家凼、郑屯大箐村沟里头和则戎万峰湖边等地海拔 707～1 270m；狸尾豆 *Uraria lagopodioides*，产印度、越南、缅甸、马来西亚及澳大利亚，我国南部各省区有分布，贵州分布于罗甸、贞丰、安龙、兴义等地海拔 300～1 250m 山坡、山谷、路旁、草地，保护区见于拱桥村和郑屯湾子海拔 1 250m；帽儿瓜 *Mukia maderaspatana*，产于热带非洲、亚洲和大洋洲，我国云南、广西、广东、台湾有分布，贵州产于思南张家寨、兴仁、望谟、册亨、兴义等地海拔 500～1 000m 的山坡灌丛中或疏林下，保护区见于马岭河等地。该分布型的特点是多为草本植物，小乔木有 1 种，木质藤本 2 种。

（5）热带亚洲至热带大洋洲分布的分布范围位于旧世界热带区域的东翼，其西端可达马达加斯加，但不见于非洲大陆。保护区有 16 种，占总种数的 1.32%。其中木本植物 7 种，草本 9 种。其中，对叶榕 *Ficus hispida*，分布于印度、越南、马来西亚至澳大利亚，我国海南、广东、广西、云南有分布，贵州产册亨、望谟、罗甸等地低海拔山地或沟谷，保护区见于清水河两岸海拔 840m；黄葛树 *F. virens*，分布于斯里兰卡、印度、不丹、缅甸、泰国、越南、马来西亚、印度尼西亚、菲律宾、巴布亚新几内亚至所罗门群岛和澳大利亚北部，我国四川、云南、江西、浙江、福建、台湾、海南、广东、广西有分布，贵州产兴义、安龙、罗甸、关岭、沿河、德江、盘州等地海拔 500～900m 的石灰岩山地，保护区见于坡岗民族和小湾等地；桐叶千金藤 *Stephania japonia* var. *discolor*，分布于亚洲南部和东南部及澳大利亚东部，云南、广西、四川有分布，贵州产德江、贵阳、安顺、兴义、罗甸等地海拔 600～1 800m 山坡林中或路旁，保护区见于坡岗拱桥；木棉 *Bombox ceiba*，从斯里兰卡渡海到印度，经中南半岛到马来西亚、印度尼西亚至菲律宾，间断分布到澳大利亚，向北从中南半岛进入我国广西、贵州、云南，南达广东、福建南部及台湾，最北到四川，贵州产西南各县及南北盘江流域和红水河低海拔沟谷，保护区见于则戎万峰湖边和长冲村坡洋和红椿码头海拔 760～890m；粗糠柴 *Mallotus philippensis*，从南亚至东南亚南下大洋洲热带地区，我国台湾、福建、江西、江苏、安徽、浙江、海南、广东、广西、湖南、湖北、四川、云南有分布，贵州除西部外全省海拔 500～1 300m 的山地疏林、路旁、石灰岩灌丛中有分布，保护区常见；草本植物有金发草 *Pogonatherum paniceum*，产印度、马来群岛南下到大洋洲，我国西南和广东有分布，贵州产盘州保基后背山、赤水、贵阳、关岭、罗甸、望谟、册亨等地海拔 1 700m 以下的山坡草地、河边，保护区坡岗、小湾等有广布；姜花 *Hedychium coronarium*，从印度、越南、马来西亚至澳大利亚，我国台湾、广东、广西、湖南、四川、云南有分布，贵州产石阡佛顶山周围村寨林缘、兴义，保护区见于坡岗、苦竹林等地；箭叶秋葵 *Abelmoschus sagittifolius*，从印度、越南、老挝、柬埔寨、泰国、缅甸、马来西亚间断分布到澳大利亚，我国海南、广东、广西、云南有分布，贵州产兴义、罗甸、册亨等地海拔 400～1 000m 的山麓、路边树丛中。

（6）热带亚洲和热带非洲分布型的分布范围位于旧世界热带的西翼，即从热带非洲至印度—马来西亚，尤其是其西部，部分种类可分布到斐济等南太平洋岛屿，但不见于澳大利亚。保护区有 20 种，占总种数的 1.64%。其中木本植物 9 种，草本植物 11 种。大果刺篱木 *Flacourtia ramontchii*，从菲律宾、爪哇、斯里兰卡、越南、印度向西达非洲，我国云南、广西有分布，贵州产德江、黎平、罗甸羊里等地海拔 600m 的山谷疏林中，保护区见于坡岗楼纳；飞龙掌血 *Toddalia asiatica*，从非洲东部达亚洲南部，我国陕西、湖北、湖南、浙江、福建、台湾、广东、广西、云南、四川有分布，贵州全省各地海拔 380～1 500m 石灰岩山地灌丛中均产，保护区见于小湾和郑屯海拔 1 250m；铁仔 *Myrsine africana*，分布从亚速尔群岛经非洲、阿拉伯半岛至印度，我国甘肃、陕西、台湾、湖北、湖南、广西、西藏、四川、云南有分布，贵州全省各地海拔 600～2 500m 石灰岩山地林缘、疏林或灌丛中均产，保护区常见。草本植物有野茼蒿 *Crassocephalum crepidioides*，从非洲间断分布于我国江西、湖南、广东、海南岛、广西、云南，贵州产绥阳、湄潭、凤冈、梵净山、石阡佛顶山、印江、江口、德江、松桃、普安、兴仁、安龙、册亨、安顺、修文、贵阳、瓮安、惠水、望谟、罗甸、荔波、雷公山、镇远、榕江、黎平等地海拔 300～1 800m 路旁、水边、田间灌丛中，保护区见于民族村间歇泉、盯眯、郑屯大箐村海拔 1 270m；六棱菊 *Laggera alata*，分布于非洲东部、印度、斯里兰卡、中南半岛、印度尼西亚、菲律宾，我国东部、东南部至西南部，北至安徽、湖北有分布，贵州产盘州淤泥八大山海拔 2 285m，望谟、罗甸等地海拔 280～2 285m 山坡草地、灌丛或溪边，保护区见于双山村、魏家凼子、清水河边等地海拔 700m；夜香牛 *Vernonia cinerea*，分布从非洲经印度洋到印度、中南半岛到印度尼西亚，日本也有，我国福建、台湾、浙江、江西、湖南、湖北、广东、广西，北到四川，西至云南有分布，贵州产赤水、松桃、罗甸、榕江、兴义，保护区见于小湾；矛叶荩草 *Arthraxon lanceolatus*，从东南亚、印度至非洲，我国华北、华东、华中及西南等省区有分布，贵州产全省各地海拔 2 000m 以下的山坡草地、路旁、林缘阴湿地，保护区见于坡岗、小湾、拱桥等地。

（7）热带亚洲分布型是指分布于印度—马来西亚，包括印度半岛、斯里兰卡、中南半岛、马来半岛、印度尼西亚、加里曼丹、菲律宾、新几内亚，东到萨摩群岛、西到马尔代夫群岛。保护区有259种，占总种数的21.30%。其中，木本植物119种，草本139种。有5个分布变型。

① 热带亚洲（印度—马来西亚）分布变型。该分布变型的分布范围已前述，保护区有146种，占本分布区总种数的12.01%。其中木本植物56种，草本植物90种。其中滇南桂 *Cinnamomum austro yunnanense*，在印度、尼泊尔、缅甸、马来西亚有分布，我国云南南部也有，贵州产江口、丹寨、兴义等地海拔1 140m山坡林中分布于民族村，保护区见于小湾和楼纳等地；云南樟 *Cinnamomum glandulifera*，从印度、尼泊尔、缅甸、马来西亚至我国云南、四川、西藏东南部有分布，贵州产思南、德江、黎平、锦屏、天柱、从江、三都、平塘、册亨、印江、花溪、乌当、开阳、白云、关岭、盘州等地海拔600～2 500m山谷林中，保护区见于楼纳、绒窝、箐口等地；顶果木 *Acrocarpus fraxinifolius*，从印度、马来西亚至我国的广西、云南有分布，贵州产六枝中寨河、望谟、兴义等地海拔650～830m山地阔叶林中，保护区见于则戎红椿码头海拔760m；大叶千斤拔 *Flemingia macrophylla*，从印度、马来西亚至我国的广东、广西、云南、四川、江西、福建有分布，贵州产思南、兴义、安龙、罗甸、盘州保基陆家寨和大坝地等地海拔800～1 776m山坡灌丛或旷野草地中，保护区见于顶效海拔1 250m；大果榕 *Ficus auriculata*，从印度、越南、马来西亚至我国广西、云南、广东、海南有分布，贵州产开阳南贡河、兴义、安龙、册亨、望谟、罗甸、关岭、赤水、盘州保基陆家寨海拔900m等地沟谷，保护区见于小湾、拱桥等地；还有大叶水榕 *F. glaberrima*、榕树 *F. microcarpa* 等；大叶刺篱木 *Flacourtia rukam*，从印度、越南、泰国、马来西亚至我国的广西、云南、台湾、广东、海南有分布，保护区见于坡岗等地；余甘子 *Phyllanthus emblica*，从印度、中印半岛、马来西亚至我国的广东、广西、福建、台湾、四川、云南有分布，贵州产赤水、水城、盘州（保基罗棚新寨海拔1 122m）、镇宁、关岭、兴义、安龙、册亨、望谟、罗甸等地海拔300～1 200m的山地疏林或溪边阳处灌丛中，保护区见于清水河；刺天茄 *Solanum violaceum*，从印度、中南半岛、菲律宾、马来西亚至我国的四川、云南、广西、广东、台湾有分布，贵州产铜仁、习水、水城、盘州保基、兴义、罗甸等地海拔500～1 693m，保护区见于清水河边海拔700m。草本植物如马㼎儿 *Zehneria japonica*，从印度、越南、马来西亚至我国的河南南部及长江以南各省区有分布，贵州产德江、贵阳、册亨、兴义等地溪边、路旁灌丛中，保护区见于则戎万峰湖边海拔707m；流苏贝母兰 *Coelogyne fimbriata*，从印度东北部至中南半岛，我国广东、海南、广西、云南、西藏、江西有分布，贵州产荔波、安龙、兴义等地海拔720～1 100m林中、林缘树干上，保护区见于小湾海拔750～1 100m；宽叶厚唇兰 *Epigeneium amplum*，从尼泊尔、不丹、印度、缅甸、泰国、越南至我国西藏、云南、广西西南，贵州产保护区小湾、拱桥等地；兜唇石斛 *Dendrobium aphyllum*，在印度、尼泊尔、不丹、缅甸、越南至马来西亚至我国的广西、云南有分布，贵州产正安、清镇、安龙、兴义等地海拔1 000～1 250m山坡林中树干或岩石上，保护区见于坡岗、小湾、拱桥等地；还有浆果薹草 *Carex baccans*、海芋 *Alocasia macrorrhiza*、爬树龙 *Rhaphidophora decursiva*、西南文殊兰 *Crinum latifolium*、疏花穿心莲 *Andrographis laxiflora*、石南藤 *Piper wallichii*、土牛膝 *Achyranthes aspera* 等。

② 爪哇（或苏门答腊）、西喜马拉雅至华南、中国西南间断或星散分布变型。保护区有该变型仅3种，占本分布区类型种数的0.25%，均为兰科的草本植物。香花虾脊兰 *Calanthe odora*，从喜马拉雅东部至中南半岛，我国的广西、云南有分布，贵州产铜仁、天柱、三都、台江、都匀、独山、平塘、罗甸、望谟、册亨、安龙、兴义等地海拔920～1 200m山坡林下，保护区见于坡岗海拔1 000m；莎叶兰 *Cymbidium cyperifolium*，从喜马拉雅东部、中南半岛至菲律宾，我国海南、广东、广西、云南有分布，贵州产石阡佛顶山、德江、乌当、独山、平塘、黔西、金沙、毕节、盘州、册亨、安龙、兴义等地海拔800～1 700m山坡林下多石处，保护区见于小湾、绒窝海拔800～1 100m；还有硬叶兰 *Cymbidium mannii*。

③ 热带印度至华南（特别是滇西南）分布变型。保护区有33种，占总种数的2.71%。其中木本及木质藤本植物19种，草本植物14种。木本植物有黄杞 *Engelhardtia roxburghiana*，从印度、缅甸、泰国、越南至我国的云南、广西、广西、四川、江西、福建、台湾、湖南、广东有分布，贵州产梵净山、石阡、思南、德江、桐梓、仁怀、赤水、开阳南江、花溪高坡、修文、清镇、息烽天台山、雷公山、黎平、天柱、丹寨、三都、独山、荔波、望谟等地海拔440～1 350m山地林中，保护区见于下坡岗海拔1 320～1 350m；古钩藤 *Cryptolepis buchananii*，从印度、斯里兰卡、缅甸、越南至我国的云南、广东、广西有分布，贵州产梵净山护国寺、兴义、兴仁、安龙、册亨、望谟、罗甸等地海拔400～1 650m山坡灌丛、山谷、溪边，

保护区见于马岭河、拱桥等地海拔 900m；红冬蛇菰 *Balanophora harlandii*，从印度、泰国至我国的广西、云南、广东、湖南、四川、江西、台湾有分布，贵州产梵净山、沿河、石阡、施秉、雷公山、三都、平塘、绥阳、黔西、水城、盘州、兴义、贞丰等地海拔 800～2 080m 阴湿阔叶林、灌丛中，保护区见于苦竹林、枫柯贝、郑屯大箐村海拔 1 270m 等地；七角叶芋兰 *Nervilia mackinnonii*，从印度间断分布至我国的云南，贵州产独山、荔波等地海拔 700～900m 山坡林下，保护区见于坡岗小湾海拔 1 000～1 300m 林下枯叶层中等。

④ 缅甸、泰国至华西南分布变型。保护区有 16 种，占总种数的 1.32%。其中木本及木质藤本植物 6 种，草本植物 10 种。木本植物，如清香木 *Pistacia weinmanniifolia*，从缅甸至我国的云南、广西、四川、西藏有分布，贵州产镇宁、关岭、贞丰、安龙、兴义、兴仁、望谟、册亨、罗甸、荔波、平塘、水城、毕节、盘州保基、赤水等地海拔 300～1 500m，保护区坡岗、小湾、绒窝、拱桥常见，是区内石灰岩山地常绿落叶阔叶林的重要组成种类；椤木石楠 *Photinia davidsoniae*，从越南、缅甸、泰国至我国的广西、云南、四川、陕西、安徽、湖北、湖南、江苏、江西、浙江、福建、广东有分布，贵州产石阡佛顶山、松桃、思南海拔 440～1 000m、德江、道真、桐梓、瓮安、息烽、乌当、开阳、金阳、花溪、小河、云岩、白云、南明、修文、清镇、三都、荔波、独山、册亨、普定等地海拔 700～1 500m 石灰岩山地阔叶林中，保护区见于民族村间歇泉周围。草本植物有巨瓣兜兰 *Paphiopedilum bellatulum*，从缅甸和泰国至我国的广西、云南有分布，贵州产保护区的小湾、绒窝、洋坪等地海拔 700～1 200m 的石灰岩山地灌丛或林下岩石缝隙中；梳唇石斛 *Dendrobium strongylanthum*，从缅甸、泰国至我国的云南、海南有分布，贵州产兴仁和保护区海拔 1 200m 山坡林中。

⑤ 越南（或中南半岛）至华南（或西南）分布变型。该分布变型指越南（或中南半岛，包括老挝至柬埔寨）至华南或西南。保护区有 60 种，占总种数的 4.93%。其中木本及木质藤本植物 38 种，草本植物 22 种。木本植物有南岭黄檀 *Dalbergia balansae*，从越南至我国的广东、广西、四川、湖南、浙江、福建有分布，贵州产松桃、德江、黎平、三都、都匀、罗甸、望谟等地海拔 350～800m 山坡林中或灌丛中、路旁林缘，保护区见于坡岗绒窝；苞叶木 *Chaydaia rubrinervis*，从越南至我国云南、广西、广东有分布，贵州产丹寨、册亨、兴义等地山地灌丛中，保护区见于则戎露阴塘、郑屯大箐等地海拔 860～1 350m；树参 *Dendropanax dentigerus*，从越南、老挝、柬埔寨至我国的云南东南部、广东、广西、安徽南部、江西、浙江东南部、福建、台湾、湖北西部、湖南、四川东部有分布，贵州产梵净山、石阡佛顶山、思南、德江、雷公山、榕江、从江、都匀、独山、荔波、安龙、绥阳、道真、习水、桐梓、乌当羊昌、息烽西山、盘州等地海拔 1 050～1 900m 山谷密林中，保护区见于坡岗、绒窝等地海拔 1 250m；革叶铁榄 *Sinosideroxylon wightianum*，从越南北部至我国的广西、云南、广东有分布，贵州产荔波、望谟、册亨等地海拔 500～800m 山地，保护区见于万峰湖下箐及清水河边海拔 700～1 450m；山様叶泡花树 *Meliosma thorelii*，从越南、老挝北部至我国云南东南部至西南部、广西、广东、福建有分布，贵州产息烽、开阳、石阡、思南、德江、榕江、三都、荔波、安龙、盘州等地海拔 800～2 000m 山脚疏林中，保护区见于坡岗；香花崖豆藤 *Millettia dielsiana*，从越南、老挝至我国的云南、广西、广东、浙江、福建、湖北、湖南、四川、安徽、甘肃、陕西有分布，贵州产全省各地海拔 600～2 100m 山坡疏林、路旁、溪边灌丛中，保护区见于小湾等地。草本植物有芳香石豆兰 *Bulbophyllum ambrosia*，从越南至我国的云南、广西、广东、香港、海南、福建有分布，贵州产兴义坡岗小湾海拔 800～1 300m；硬叶兜兰 *Paphiopedilum micranthum*，从越南至我国的广西和云南有分布，贵州产江口、石阡、德江、瓮安、荔波、罗甸、册亨、望谟、安龙、兴义、盘州普古等地海拔 550～1 200m 石灰岩山地灌丛或林下岩石缝隙中，保护区见于拱桥、箐口等地海拔 700～1 200m；裂果薯 *Schizocapsa plantaginea*，从越南、老挝至我国的云南、四川纳溪、湖南、广西、广东、江西有分布，贵州产兴义、册亨、关岭、安顺、赤水、铜仁、荔波、平塘、都匀、独山、黄平、镇远、锦屏、剑河等地林下、溪边湿润处，保护区见于清水河边海拔 700m 等。

（8）北温带分布型的分布区包括欧洲、亚洲和北部非洲除热带地区以外，部分种可延伸到热带山地，甚至远达南半球温带地区。保护区有 64 种，占全区总种数的 5.26%。其中木本有 7 种，均为小灌木，草本植物 57 种。其中蒙桑 *Morus mongolica*，从蒙古国、朝鲜至我国的黑龙江、吉林、辽宁及西北、华北、西南和湖北、湖南、江西有分布，贵州产梵净山、松桃、石阡佛顶山、平塘、罗甸、望谟、安龙、赤水、息烽、金阳、花溪高坡等地海拔 300～1 300m 山地，保护区见于坡岗、拱桥等地；叶底珠 *Securinega suffruticosa*，从俄罗斯、蒙古、朝鲜、日本至我国除西北省区外均有分布，贵州产乌当、清镇、松桃、思南、道真、关岭、荔波、盘州等大多数县市海拔800～2 400m的山地灌木林中或路旁，保护区见于万峰湖下箐和白岩海拔1 250～1 450m；槲寄生 *Viscum coloratum*，从俄罗斯远东、朝鲜、日本至我国除新疆、西藏、云南、广东外的省区均有分布，贵州产则戎红椿码头海拔760m；紫花地丁 *Viola philippica*，从俄罗斯远东、朝鲜、日本至我国除新疆外各省区有分布，贵州产石阡佛顶山、思南、德江、毕节、织金、兴义、贵阳、凯里、雷山、盘州等地海拔250～1 900m山坡草地、灌丛或路边，保护区的田湾、拱桥等地海拔925m；茜草 *Rubia cordifolia*，从俄罗斯远东、日本、朝鲜至我国东北、华北、西北、西南省区有分布，贵州省各地山地灌丛、草地或林缘海拔 660～2 100m 均有，保护区见于绒窝等地；盾叶唐松草 *Thalictrum ichangense*、短柄草 *Brachypodium sylvaticum*、拂子茅 *Calamagrostis epigeios*、野青茅 *Deyeuxia arundinacea*、知风草 *Eragrostis ferruginea*、裂稃草 *Schizachyrium brevifolium*、车前 *Plantaego asiatica*、大车前 *P. major*、蒲公英 *Taraxacum mongolicum* 等。以上各种分布区事实证明，北温带植物区系起源于热带山地亚热带起源。

（9）东亚和北美洲间断分布型间断分布于东亚和北美洲温带及亚热带地区。保护区有4种，占全区总种数的0.33%，联系甚微。鸭跖草科的鸭跖草 *Commelina communis*，从我国西南部向南至中南半岛，另一路从我国甘肃向东，间断分布到朝鲜、日本、俄罗斯远东，部分间断分布到北美，我国的云南、四川、甘肃以东的南北省区有分布，贵州产赫章韭菜坪、赤水、习水官渡、绥阳宽阔水、黄平、梵净山、石阡佛顶山、松桃甘龙、思南、德江、沿河大坪、平坝、花溪、开阳、息烽、瓮安雍阳、长顺、盘州、兴义巴岭、贞丰、安龙、雷山、黎平、独山、荔波等地海拔300～2 400m山坡草地、路旁、湿地，保护区见于郑屯湾子海拔 1 300m 沟谷。本分布型的特点是均为草本，除鸭跖草外均是原产北美，在我国逸为野生如垂序商陆 *Phytolacca americana*、土荆芥 *Chenopodium ambrosioides* 等。

（10）旧世界温带分布型是指广泛分布于欧洲、亚洲中高纬度的温带和寒温带的种类。保护区有14种，占全区总种数的1.15%，联系甚微。天蓝苜蓿 *Medicago lupulina*，从俄罗斯及其他一些欧洲国家、蒙古、日本、朝鲜至我国的东北、华北、西北、华中及云南、四川省区有分布，贵州产息烽、纳雍、湄潭、印江、思南、德江、安顺等地海拔500～1 400m山坡、溪边、路旁，保护区见于郑屯；狗筋蔓 *Cucubalus baccifer*，从欧亚温带地区至我国东北、西北及四川、云南有分布，贵州产全省各地海拔400～2 000m，保护区见于张家湾、郑屯大箐村和清水河边海拔700～1 270m等地；鹅肠菜 *Myosoton aquaticum*，分布于北半球温带和亚热带及北非，我国南北各省区有分布，贵州产兴义、德江等地海拔500～1 300m，保护区见于民族村间歇泉、岩枫村、毛卤子村石猪槽等地海拔1 230m；窃衣 *Torilis scabra*，在朝鲜、日本、印度、土耳其、俄罗斯及其他一些欧洲国家、非洲北部有分布，我国陕西、甘肃、安徽、江苏、浙江、江西、福建、湖北、湖南、广东、广西、四川有分布，贵州产盘州、大方、赤水、石阡佛顶山、江口、印江、德江、望谟、罗甸、平塘等地海拔290～2 180m山坡、田间、溪边、林下湿润处，保护区见于孔达坡、郑屯绒窝村鲜家湾、岩峰村长湾等地海拔1 100～1 240m；野菊 *Dendranthema indicum*，在印度、日本、朝鲜、俄罗斯，我国东北、华北、华中、华南及西南各省区有分布，贵州产盘州、修文、花溪、梵净山、石阡佛顶山、印江、铜仁、德江、安龙、瓮安、贵定、惠水等地海拔350～2 150m山坡路旁疏林或灌丛中、溪边或石灰岩山地常见，保护区见于楼纳；益母草 *Leonurus artemisia*，分布于俄罗斯、朝鲜、日本、热带亚洲及美洲，我国各省区有分布，贵州产全省海拔2 500m以下的各种生境，保护区见于坡岗；还有牛至 *Origanum vulgare*、夏至草 *Lagopsis supina* 等。

（11）温带亚洲分布主要局限于亚洲温带地区，范围从俄罗斯至东西伯利亚和东北亚，南部至喜马拉雅山区，中国西南、华北至东北，朝鲜和日本北部。保护区有2种，占全区总种数的0.16%，联系极微。大油芒 *Spodiopogon sibiricus*，分布亚洲北部及温带地区，我国东北、华北、西北、华东省区有分布，贵州产兴义、册亨等地山坡草地、路旁，保护区见于魏家卤子；还有马兰 *Kalimeris indica*。

（12）地中海区、西亚至中亚分布的分布区为现代地中海周围，经西南或西南亚至中亚和我国新疆、青藏高原及蒙古高原。保护区有1种，约占全区总种数的0.08%。联系很微弱。南欧大戟 *Euphorbia peplus*，原产地中海沿岸（南欧至北非），归化于亚洲、美洲、澳大利亚，在我国的台湾、香港、广东、福建、广西、云南逸为野生，贵州仅见兴义坡岗保护区民族村间歇泉。

（13）东亚分布型的分布区范围为：东经83°以东的喜马拉雅、印度东北部边界地区、缅甸北部山区、北部湾北部山区，中国大部分地区和台湾省，朝鲜半岛、琉球群岛、九州岛、四国岛、本州岛、北海道、小笠原群岛、硫磺岛、千岛群岛、南部群岛、萨哈林岛（库页岛）南部和中部北纬 51°31′以南，滨海边区、黑龙江流域、外贝加尔东南部及蒙古东北部。贵州兴义坡岗自然保护区有东亚分布 189 种，占全区总种数的 15.55%。其中，乔木或灌木 81 种，草本 108 种。除正型外还有 2 个分布变型。

东亚分布种 56 种，其中，乔木或灌木 19 种，草本 37 种。其中枇杷 *Eriobotrya japonica*，分布于日本、越南、缅甸、泰国、印度尼西亚、印度，我国甘肃、陕西、河南和长江流域及其省区有分布，贵州产全省各地海拔 500～1 800m 山坡、沟谷、路旁、村寨阔叶林中，保护区见于小湾、拱桥、海子、箐口、洋坪、楼纳、民族等；合欢 *Albizia julibrissin*，分布于印度、伊朗、日本，我国辽宁、河北、陕西、河南及华东、华南、西南省区有分布，贵州产全省各地海拔 900～1 905m 山坡、溪边、山谷林中，保护区见于绒窝；构 *Broussonetia papyrifera*，分布于印度、越南、日本，我国黄河流域以南省区有分布，贵州产全省各地，保护区的小湾、绒窝、民族、楼纳、拱桥常见；鸡桑 *Morus australis*，斯里兰卡、印度、不丹、尼泊尔、朝鲜、日本均有，我国多数省区有分布，贵州产全省各地，保护区见于清水河；还有乌桕 *Sapium sebiferum*、苦木 *Picrasma quassioides*、无患子 *Sapindus mukorossi*、南酸枣 *Choerospondias axillaris*、盐麸木 *Rhus chinensis*、木腊树 *Toxicodendron sylvestre*、漆树 *T. vernicifluum*、紫竹 *Phyllostachys nigra* 等。草本有蛇含委陵菜 *Potentilla kleiniana*，分布于日本、朝鲜、马来西亚、印度尼西亚、印度，我国辽宁、陕西、河南、山东、安徽、江苏、四川、湖北、湖南、江西、浙江、西藏、云南、广西、广东、福建有分布，贵州产全省各地等地海拔 400～2 000m 山坡草地、路旁、田间溪边，保护区民族村间歇泉、万峰湖冲水洞海拔 1 250m；小扁豆 *Polygala tatarinowii*，印度、缅甸、菲律宾、朝鲜、日本有分布，我国西南、华中、华北、西北、东北等省区有分布，贵州产盘州、兴义、德江、荔波等地海拔 600～1 800m 山坡草地或林下或石灰岩阴湿处，保护区见于王家凼海拔 1 130m；花叶开唇兰 *Anoectochilus roxburghii*，分布喜马拉雅地区、中南半岛至日本，我国华南至西南诸省区有分布，贵州产阳永温（海拔 720m）、梵净山、安龙、望谟、安龙等地海拔 750～1 200m 山坡阔叶林下阴湿处，保护区见于洋坪、小湾等地海拔 800～1 200m；油芒 *Eccoilopus cotulifer*，分布印度北部至日本，我国华东、华南、西南等省区有分布，贵州产盘州、毕节、贵阳、关岭、石阡、册亨等地山坡、山谷草地，保护区见于绒软；还有钮子瓜 *Zehneria maysorensis*、扁穗莎草 *Cyperus compressus*、元宝草 *Hypericum sampsonii*、丛枝蓼 *Persicaria posumbu*、鼠曲草 *Gnaphalium affine*、红凤菜 *Gynura bicolor* 等。

① 中国—喜马拉雅变型的分布区从喜马拉雅，最西达西喜马拉雅甚至阿富汗，东可达我国华北、东北、华东和台湾，但绝不到达日本和朝鲜半岛。保护区有 47 种，其中，乔木或灌木 11 种、木质藤本 5 种、草本 31 种。木本，如南方枳椇 *Hovenia acerba*，在印度、不丹、尼泊尔有分布，我国河南、甘肃、陕西、江苏、浙江、福建、湖北、湖南、广东、广西、云南、四川有分布，贵州产乌当、花溪、开阳、修文、松桃、石阡佛顶山、思南、德江、凤冈、仁怀、赤水、凯里、雷山、盘州等地海拔 570～1 230m 的林缘或疏林中，保护区见于坡岗；光叶槭 *Acer laevigatum*，分布于印度北部、尼泊尔、缅甸，我国陕西南部、湖北西部、云南、四川有分布，贵州产开阳、白云、松桃、印江、思南、德江、绥阳、赤水、兴仁、安龙、雷公山、黎平、从江、荔波等地海拔 880～1 500m 常绿阔叶林中，保护区见于岩峰村长湾海拔 1 240m；爬藤榕 *Ficus sarmentosa* var. *impressa*，分布印度，我国甘肃南部、陕西及华东、华中、华南、西南省区有分布，贵州产全省海拔 900～1 880m 石灰岩山地，保护区见于小湾、民族等地；硬齿猕猴桃 *Actinidia callosa*，分布于不丹、印度，我国长江流域以南省区有分布，贵州产松桃、印江、江口、石阡佛顶山、思南、德江、绥阳、息烽、乌当、开阳、安龙、独山、雷山、凯里、盘州等地海拔 400～2 200m，保护区见于毛凼子村石猪槽海拔 1 230m；藤漆 *Pegia nitida*，分布于印度、尼泊尔，我国云南、广西有分布，贵州产兴义、册亨等地海拔 500～1 160m 沟谷林中，保护区见于清水河、郑屯鲜家湾、则戎大洋坪等地海拔 880～1 160m；还有飞蛾槭 *Acer oblongum* 等。草本如黄花油点草 *Tricyrtis pilosa*，分布于尼泊尔、不丹和印度东北部，我国甘肃、陕西、河北、河南、云南、四川、湖北、湖南有分布，贵州产石阡佛顶山、长顺、正安、兴义等地山坡林下或草丛中，保护区见于坡岗海拔 1 300m；石莲 *Sinocrassula indica*，分布印度、尼泊尔，我国云南、四川、西藏有分布，贵州产花溪高坡、清镇、惠水、织金、水城、盘州普古、安顺等地海拔 1 000～1 900m 石灰岩山地或灌木丛下石缝中，保护区见于坡岗、小湾、拱桥等地；还有葡茎毛兰 *Eria clausa*、西

南拉拉藤 *Galium elegans*、短瓣花 *Brachystemma calycinum* 等。

② 中国—日本变型的分布区偏于亚洲东部，但北不到西伯利亚，东北达俄罗斯远东，南不过南岭和越南、老挝、泰国边境，西南可达三江峡谷，不到我国西藏和喜马拉雅，东包括日本含琉球群岛、朝鲜半岛和我国台湾。保护区有 86 种，包括乔木或灌木 38 种，木质藤本 7 种，草本 41 种。如缫丝花 *Rosa roxburghii*，分布于日本，我国甘肃、陕西、安徽、湖北、湖南、江西、浙江、福建、西藏、四川、云南有分布，贵州产全省各地海拔 500～2 100m 石灰岩山地山坡、路旁灌丛中或林缘，保护区的楼纳、小湾、拱桥常见；翅荚香槐 *Cladrastis platycarpa*，分布于日本，我国安徽、江苏、湖南、浙江、广东、广西、云南有分布，贵州在全省各地海拔 500～1 900m 石灰岩山地山坡、林缘或村寨周围，保护区见于小湾、楼纳、拱桥、绒窝、箐口等地；河北木蓝 *Indigofera bungeana*，分布于日本，我国山西、陕西及华南、华东、西南省区有分布，全省各地山坡、路旁、溪边、草地、林缘或灌丛中，保护区见于小湾、坡岗等地；灯台树 *Cornus controversa*，分布于朝鲜、日本，我国辽宁及华北、华东、东南、西南省区有分布，贵州产全省各地海拔 620～2 200m 山地，保护区常见；刺楸 *Kalopanax septemlobus*，分布于日本、朝鲜、俄罗斯西伯利亚，我国东北、华北、江南各省区及西藏有分布，贵州在全省各地海拔 350～2 050m 山谷林中或林缘、田间，保护区弯子、万峰湖等地海拔 1 250m 常见；化香树 *Platycarya strobilacea*，分布于朝鲜、日本，我国西南、华南、华东省区有分布，贵州在全省各地喀斯特山地，保护区海拔 1 320～1 500m 常见；野鸦椿 *Euscaphis japonica*，分布朝鲜、日本，我国除西北省区外均分布，贵州在全省各地海拔 340～2 450m 山地分布，保护区常见；南天竹 *Nandina domestica*，分布日本，我国河南、陕西、山东、安徽、江苏、江西、浙江、福建、湖南、湖北、广东、广西、云南、四川有分布，贵州在全省各地海拔 1 300m 以下的石灰岩山地灌丛或石缝中，保护区常见；棕榈 *Trachycarpus fortunei*，分布于日本，我国长江以南省区有分布，贵州在全省各地海拔 400～1 500m 山地、沟谷林中或村寨周围，保护区内广布；还有柘 *Cudrania tricuspidata*、梧桐 *Firmiana simplex* 等。木质藤本有野葛 *Pueraria lobata*，分布于俄罗斯、朝鲜、日本，我国东北及河北、甘肃、陕西、河南、山东、四川、湖北、安徽、江苏、湖南、江西、浙江、云南、广西、广东有分布，贵州产石阡佛顶山、印江、江口、思南、德江、息烽、金阳、云岩、南明、兴义、安龙、望谟、罗甸、荔波、盘州等地海拔 600～1 750m 山坡、山谷、路旁灌丛中，保护区见于清水河；三叶木通 *Akebia trifoliata*，分布于日本，我国河北、甘肃、陕西、山东、河南和长江流域以南有分布，贵州产全省各地海拔 500～2 100m 山地林中，保护区万峰湖下箐、毛凼子村石猪槽等地海拔 1 230～1 450m 常见；还有大叶铁线莲 *Clematis heracleifolia* 等。

草本如花点草 *Nanocnide japonica*，分布于朝鲜、日本，我国陕西、甘肃、山西、江苏、浙江、台湾、四川有分布，贵州产思南、德江、梵净山海拔 600～1 500m 等地山坡阴湿处，保护区见于郑屯民族村大寨间歇泉海拔 1 230m；东亚唐松草 *Thalictrum minus* var. *hypoleucum*，分布于朝鲜、日本，我国内蒙古、辽宁、吉林、山东、山西、陕西、河南、安徽、江苏、湖北、广东有分布，贵州产遵义、湄潭、思南、德江、沿河、松桃、清镇、贵阳、兴义、盘州等地海拔 800～2 300m 山坡或林缘灌丛中，保护区见于清水河；春兰 *Cymbidium goeringii*，分布于日本和朝鲜半岛南部，我国秦岭以南至云南各省区有分布，贵州产全省各地海拔 500～2 200m 山坡林下或林缘，保护区见于绒窝、小湾等地；短莲山麦冬 *Liriope muscari*，分布于日本，我国河南、山东、安徽、浙江、福建、江西、江苏、湖北、湖南、广西、广东、四川有分布，贵州产遵义、贵阳、施秉、石阡佛顶山、雷公山、平塘等地山坡或山谷林下阴湿处，保护区见于坡岗等地；薯蓣 *Dioscorea polystachya*，分布于朝鲜、日本，我国大部分省区有分布，贵州产盘州淤泥八大山、兴义、兴仁、安龙、罗甸、贵阳、金沙、德江、思南、印江梵净山、石阡等地海拔 630～2 300m 山坡、林缘、石缝或灌丛中，保护区见于绒窝等地；还有地锦草 *Euphorbia humifusa*、叉唇钗子股 *Luisia teres*、小白及 *Bletilla formosana*、桔梗 *Platycodon grandiflorus*、香青 *Anaphalis sinica*、白头婆 *Eupatorium japonicum*、日本马蓝 *Strobilanthes japonica*、风轮菜 *Clinopodium chinense* 等。

（14）中国特有种分布型的分布局限于我国国内的植物物种，称为中国特有种，少数种类超出国界，到达邻国边缘是不可避免。保护区的中国特有种有 554 种，占全区总种数的 45.56%。本节将其分为贵州特有种、中国特有种，具体分述如下。

① 贵州特有种是指植物种分布仅限贵州省内的物种。保护区有贵州特有种 31 种，其中兴义秋海棠 *Begonia xingyiensis*、兴义香草 *Lysimachia millietii*、兴义粉麻竹 *Dendrocalamus pulverulentus* var. *xingyiensis*

3 种为兴义所特有（表 3-4）。需要说明的是随着调查研究的深入，《中国植物志》和各地方植物志出版，2003 年蓝开敏等在对该保护区的研究中提到的贵州苏铁、岩生鹅耳枥 *Carpinus rupestris*、平塘榕 *Ficus tuphapensis*、尖萼车前 *Plantago cavaleriei*、秀丽兔儿风 *Ainsliaea elegans*、黔狗舌草 *Tephroseris pseudosonchus*、硬毛附地菜 *Trigonotis laxa* var. *hirsuta*、南贡隔距兰 *Cleisostoma nangongense* 8 种不再是贵州的特有种。贵州苏铁在与兴义、安龙等交界的广西、云南有分布，显然应为滇黔桂成分；岩生鹅耳枥分布到四川、云南、广西等地；平塘榕分布到云南、广西，越南北部也有；尖萼车前分布到四川、云南；秀丽兔儿风，分布到四川、云南；黔狗舌草在山西、陕西、湖北、湖南均有分布；硬毛附地菜在江西、湖南也有。因此，这 8 种植物不再是贵州特有种。

表 3-4　贵州兴义坡岗自然保护区自然分布的贵州特有种统计

植物名称	地理分布	习性与环境
瘤果紫玉盘 *Uvaria kweichowensis*	兴义 Typus 翁布和靖南、册亨	攀缘状灌木，海拔 700～1 000m 山谷密林中
安顺润楠 *Machilus cavaleriei*	兴义坡岗、安顺 Typus、清镇、德江、安龙、望谟、荔波、独山、盘州及黔南	常绿乔木，海拔 1 900～1 940m 等地石灰岩山地阔叶林中
光叶润楠 *Machilus glabrophylla*	兴义坡岗和小湾及巴结 Typus、花溪杨中	常绿乔木，海拔 700～1 250m 山坡林中
贵州蜡梅 *Chimonanthus campanulatus* var. *guizhouensis*	兴义坡岗（清水河、拱桥、纳棘、小湾、箐口）	落叶灌木，海拔 870～1 000m 河旁、路边
独山石楠 *Photinia tushanensis*	兴义坡岗、独山 Typus、荔波、三都	海拔 840m
岩生红豆 *Ormosia saxatilis*	兴义坡岗、云岩、罗甸、望谟、修文、息烽、清镇、龙里、黎平、盘州	常绿乔木，海拔 800～1 700m 林中
银叶青冈 *Cyclobalanopsis angyrotiricha*	兴义清水河、都匀 Typus、毕节、纳雍、白云、花溪、思南、德江、毕节、纳雍	常绿乔木，海拔 800～1 500m 林中
长叶粉背青冈 *Cyclobalanopsis pseudoglauca*	兴义坡岗和小湾、荔波、盘州普古	常绿乔木，海拔 1 750m
贵州山核桃 *Carya kweichowensis*	兴义海子、安龙、望谟、册亨、	落叶乔木，海拔 900～1 300m 山坡林中
裂叶桑 *Morus trilobata*	兴义清水河、雷公山 Typus	落叶灌木，海拔 800m 山坡林中
菱叶西番莲 *Passiflora rhombiformis*	兴义坡岗和绒窝、望谟打易 Typus	草本，海拔 1 340m 山坡密林中
兴义秋海棠 *Begonia xingyiensis*	兴义市则戎乡芭蕉塘	多年生草本，海拔 1 100m 湿润林下
棱果海桐 *Pittosporum trigonocarpum*	兴义楼纳和绒窝、安顺观音山 Typus	常绿灌木，海拔 1 000～1 500m 林下或石缝中
冬青叶瘤果茶 *Camellia ilicifolia*	兴义郑屯和小湾、赤水	常绿灌木或小乔木，海拔 900～1 250m 林中
狭叶瘤果茶 *Camellia neriifolia*	兴义洋坪、赤水	常绿小乔木，海拔 1 000～1 300m 林中
顶坛花椒 *Zanthoxylum armatum* var. *dingtanensis*	兴义拱桥村道角，贞丰、关岭	常绿灌木，海拔 1 200m 林缘
石生鼠李 *Phamnus calcicolus*	兴义郑屯和小湾、荔波 Typus、花溪小河、思南	常绿灌木，海拔 700～1 250m 石灰岩山地林下
灰叶槭 *Acer poliophyllum*	兴义坡岗、兴仁 Typus、德江	常绿小乔木，海拔 1 000～1 250m 林中
荔坡球兰 *Hoya lipoensis*	兴义坡岗、荔波板寨 Typus	常绿藤木，海拔 600～1 250m 石灰岩山地林缘
枝花李榄 *Linociera ramiflora* var. *grandiflora*	兴义拱桥村、兴仁 Typus	常绿小乔木，海拔 1 250m 石灰岩山地林缘
赤毛头九节 *Cephaelis simica*	兴义绒窝、水城、兴仁、册亨	常绿藤本，海拔 800～1 200m 林下或灌木林中
合萼半蒴苣苔 *Hemiboea gamosepala*	兴义马岭河、贞丰 Typus、册亨、望谟	多年生草本，海拔 500～1 000m 山谷林下阴湿处
贵州石蝴蝶 *Petrocosmea cavalteriei*	兴义马岭河谷、罗甸、平坝 Typus、清镇、赫章	多年生草本，海拔 900～1 000m 山地林下石缝中
绒毛秀丽兔儿风 *Ainsliaea elegans* var. *tomentosa*	兴义顶效、罗甸 Typus	多年生草本，海拔 1 150～1 300m
白花鬼针草 *Bidens pilosa* var. *radiata*	兴义坡岗、安龙、兴仁、册亨、望谟、罗甸、盘州、毕节、湄潭、贵阳、瓮安、普安、雷公山	一年生草本，海拔 250～1 900m 山坡、草地、田间、路旁、荒地
厚裂凤仙花 *Impatiens crassiloba*	兴义坡岗和楼纳、平坝 Typus、贵阳、梵净山、石阡、毕节、天柱、荔波	多年生草本，海拔 620～1 600m 田间、溪边、潮湿林下
兴义香草 *Lysimachia millietii*	特产兴义楼纳	多年生草本，海拔 1 200m 林下
厚叶沿阶草 *Ophiopogon corifolius*	兴义 Typus、望谟、兴仁等地	多年生草本，海拔 700～450m 林下阴湿处
兴仁金线兰 *Anoectochilus xingrenensis*	兴义坡岗小湾、兴仁	多年生地生兰草本，海拔 1 200～1 250m 林下
小蓬竹 *Ampelocalamus luodianensis*	产兴义马岭河峡谷	常绿小乔木，海拔 900～1 000m

② 中国特有种分布在保护区有 523 种，划分 15 个变型（表 3-5），现分述如下。

表 3-5　贵州兴义坡岗自然保护区中国特有种分布区统计

序号	分布区变型	种数	占比/%
1	南北广布和亚广布变型	33	6.31
2	华东—华中—华南—西南—坡岗分布变型	99	18.93
3	华中—华南—西南—坡岗分布变型	80	15.30
4	华东—华南—西南—坡岗分布变型	9	1.72
5	华东—华中—西南—坡岗分布变型	10	1.91
6	华中—华东—华南—坡岗分布变型	11	2.10
7	西南—华南—坡岗分布变型	62	11.86
8	华中—西南—坡岗分布变型	50	9.56
9	华中—华南—坡岗分布变型	12	2.29
10	华东—华南—坡岗分布变型	3	0.57
11	华东—西南—坡岗分布变型	3	0.57
12	西南—坡岗分布变型	38	7.27
13	华中—坡岗分布变型	7	1.34
14	华南—坡岗分布变型	9	1.72
15	滇黔桂—坡岗分布变型	97	18.55
合计		523	100

a．南北广布或亚广布变型是指广布于我国南北各省区或南北部分省区的种。保护区的该分布变型有 33 种，其中木本植物 17 种，如板栗 *Castanea mollissima*，我国辽宁、河北、黄河流域至长江流域以南各省区均有分布，贵州分布于海拔 440～2 000m，保护区常见；栓皮栎 *Quercus variabilis*，辽宁以南至华南省区均有分布，贵州全省各地龙以西部地区较多；雀儿舌头 *Leptopus chinensis*，全国除新疆、黑龙江、广东、福建、海南外都有分布；枫杨 *Pterocarya stenoptera*，从辽宁、河北、山东、河南、陕西及长江流域各省区，南至广东、广西、台湾有分布，贵州全省大多数地县海拔 1 200m 以下低湿河流两岸常见；青檀 *Pteroceltis tatarinowii*，分布最北到东北辽宁，经华北的山西、河北、山东、河南到湖北、湖南、广东、广西，西北至陕西、甘肃南部或青海，西南到四川、云南、贵州，东部到福建、浙江、广西、江苏、安徽等省，贵州全省石灰岩山地均产。亚广布种如皂荚 *Gleditsia sinensis*，从黄河流域以南的河北、山西、陕西、甘肃至四川、云南、广西、广东、福建有分布，贵州全省各地海拔 650～1 370m 石灰岩山地林缘或村前屋后常见；青榨槭 *Acer davidii*，在华北、华东、中南、西南省区均有分布，贵州全省各地常见等。草本植物有 16 种，如线叶蓟 *Cirsium lineare*，分布湖南、湖北、安徽、江西、福建、广东，最北至河北、河南，西北达陕西，西南到四川、云南、贵州；泽漆 *Euphorbia helioscopia*，除新疆、西藏外各省区均有分布，贵州全省各地山谷、路旁、田间、湿地均产；天南星 *Arisaema heterophyllum*，除西北、西藏外大部省区有分布，贵州全省各地海拔 2 700m 以下林下、灌丛或阴湿草地。还有刺儿菜 *Cirsium arvense* var. *integrifolium*、艾 *Artemisia argyi* 等。

b．华东—华中—华南—西南—坡岗分布变型是指分布于长江流域以南广大地区或星散分布广大地区的种。保护区有 99 种，其中木本植物 69 种，如青冈栎 *Quercus glauca*，长江流域以南省区有分布，贵州各地海拔 480～1 880m 石灰岩山地森林的重要组成种类之一；黑壳楠 *Lindera megaphylla*，在甘肃南部、陕西南部、安徽、湖北、湖南、福建、台湾、四川、云南、广东、广西有分布，贵州全省各地海拔 450～1 900m 山谷常绿阔叶林中常见；青钱柳 *Cyclocarya paliurus*，甘肃南部、陕西南部、安徽、江苏、浙江、福建、湖北、广东、广西、云南、四川等省区有分布，贵州各地海拔 720～1 800m 山地阔叶林中；大叶榉树 *Zelkova schneideriana*，甘肃、陕西、河南、湖北、安徽、浙江、福建、广东、广西、四川、西藏有分布，贵州各地海拔 643～1 500m 石灰岩山地常见；还有花椒簕 *Zanthoxylum scandens*、糯米条 *Abelia chinensis*、矩叶卫矛 *Euonymus oblongifolius* 等。藤本植物有小叶爬崖香 *Piper sintenense*，产东南至西南，东起台湾，西至西藏有分布；山蒟 *Piper hancei*，江西、浙江、福建、广东、广西、湖南、云南有分布，贵州中部至南部贞丰、望谟、罗甸等地山谷溪边阴湿处树上或岩石上常见；尖叶清风藤 *Sabia swinhoei*，在江西、江苏、浙江、福建、台湾、湖北、湖南、广东、广西、四川有分布，贵州梵净山、江口、印江、石阡、思南、德江、瓮安、凯里、雷公山、锦屏、三都、惠水、罗甸、贵定、息烽、花溪、云岩、清镇、遵义、赤水、盘州等地海拔480～1 900m 山坡疏林中有分布。草本植物有 30 种，如吉祥草 *Reineckia carnea*，在陕西、河南、云南、四川、湖北、湖南、江西、安徽、江苏、浙江、广西、广东有分布，贵州各地海拔 900～2 100m 阴湿林下或溪边有分布；多花兰 *Cymbidium floribundum*，在浙江、江西、湖南、湖北、福建、台湾、广东、广西、四川、云南有分布，贵州产德江、梵净山、石阡佛顶山、雷公山、黎平、榕江、从江、三都、独山、荔波、平塘、罗甸、惠水、贵阳、安顺、紫云、关岭、望谟、贞丰、安龙、兴仁、盘州等地海拔 500～1 500m 山坡林下、灌丛下岩石上或岩壁上；野百合 *Lilium brownii*，在甘肃、陕西、河南、云南、四川、湖北、湖南、江西、安徽、浙江、福建、广西、广东有分布，贵州各地海拔 800～1 780m 石灰岩山地林缘或灌丛、草地中有分布；还有华重楼 *Paris polyphylla* var. *chinensis* 等。

c. 华中—华南—西南—坡岗分布变型在保护区有 80 种。其中木本植物 58 种，如川桂 *Cinnamomum wilsonii*，在陕西、湖南、湖北、江西、四川、广东、广西有分布，贵州产梵净山、印江、思南、德江、道真、桐梓、石阡、松桃、三都、长安、黎平、雷公山、望谟、息烽、乌当、白云、清镇、盘州等地海拔 300～2 400m 林中；任豆，在湖南、云南、广东、广西有分布，贵州产荔波、三都、罗甸、望谟、册亨、安龙、兴义、梵净山、松桃、沿河、务川等地海拔 520～900m 溪谷密林或石灰岩山地疏林灌丛中；圆叶乌桕 *Sapium rotundifolium*，在湖南、广东、广西、云南有分布，贵州产独山、平塘、兴义、兴仁、安龙、望谟、贞丰、关岭、镇宁、盘州等地石灰岩山地疏林或灌丛中；红果罗浮槭 *Acer fabri* var. *rubrocarpum*，在江西、湖北、湖南、广东、广西、四川有分布，贵州产松桃、石阡、思南、德江、施秉、瓮安、花溪、开阳、修文、麻江、平塘、荔波、盘州等地海拔 500～1 900m 山谷或溪边林中。草本植物如裸蒴 *Gymnotheca chinensis*，湖北、湖南、广东、广西、四川、云南有分布，贵州产石阡佛顶山、沿河、德江、印江、望谟、罗甸等地；竹叶柴胡 *Bupleurum marginatum*，在我国西南、中部和南部省区有分布，贵州产德江、正安、兴义、兴仁、安龙、贵阳等地山坡草地或林下；黄花白及 *Bletilla ochracea*，在陕西南部、甘肃南部、河南、湖北、湖南、广西、四川、云南有分布，贵州产盘州及省内东部地区海拔 900～2 000m 山坡林下、草地、溪边、路旁湿润处；雷公连 *Amydrium sinense*，在湖北、湖南、云南、广西、广东有分布，贵州产德江、息烽、兴义、兴仁、关岭、安顺、罗甸、独山、荔波、镇远、剑河、榕江等地海拔 500～1 100m 常绿阔叶林林下岩石或树干上等。

d. 华东—华南—西南—坡岗分布变型在保护区有 9 种，联系甚微。其中木本植物 4 种，如亮叶崖豆藤 *Milletia nitida*，在福建西部、广东北部、广西、四川、云南有分布，贵州产松桃、石阡佛顶山、江口、思南、德江、花溪、修文、开阳、瓮安、独山、丹寨、榕江、从江、黎平、安龙、桐梓、道真、盘州等地海拔 300～2 050m 山坡疏林或灌丛中；白背黄花棯 *Sida rhombifolia*，在湖北、福建、台湾、广东、广西、四川、云南有分布，贵州产石阡佛顶山、安顺、盘州、安龙、罗甸等地山坡草地或路旁，保护区见于坡岗海拔 700～1 030m；还有地桃花 *Urena lobata* 等。草本植物有 5 种，如落地生根 *Bryophyllum pinnatum*，在福建、台湾、广东、云南、广西有分布，贵州产罗甸、望谟、兴义等地海拔 400～1 000m 草地、荒坡；砂仁 *Amomum villosum*，在福建、广东、广西、云南有分布，贵州产兴义坡岗鲜家湾和郑屯和则戎渔子村吊井湾组贺家湾海拔 1 030～1 310m 等。

e. 华中—华东—西南—坡岗分布变型在保护区有 10 种，其中木本植物 5 种，如红毛悬钩子 *Rubus wallichianus*，在湖北、湖南、台湾、广西、四川、云南有分布，贵州产各地海拔 450～1 900m 山坡、山谷、路旁灌丛或林缘；山麻秆 *Alchornea davidii*，在安徽、江苏、浙江、湖北、湖南、四川、云南有分布，贵州产大部分地县海拔 540～1 121m 山地疏林或溪边灌丛中；野漆树 *Toxicodendron succedaneum*，江西、浙江、福建、台湾、湖南、湖北、云南、四川有分布，贵州产开阳、修文、石阡佛顶山、松桃、思南、德江、施秉、绥阳宽阔水、赤水、习水、盘州等地海拔 500～2 100m。草本植物有 5 种，如沿阶草 *Ophiopogon bodinieri*，在陕西、甘肃、河南、湖北、台湾、西藏、四川、云南有分布，贵州产威宁、赫章、盘州、普安、兴仁、安龙、毕节、织金、金沙、安顺、镇宁、清镇、贵阳、修文、惠水、遵义、习水、铜仁、梵净山、石阡佛顶山、雷公山、黎平、荔波、独山等地海拔 800～2 300m 林下湿润处；剑叶虾脊兰 *Calanthe davidii*，在陕西、甘肃、台湾、湖北、湖南、四川、云南、西藏有分布，贵州产威宁、遵义、金沙、务川、湄潭、道真、德江、梵净山、石阡佛顶山、黎平、黄平、都匀、龙里、平坝、安顺、贵阳、清镇、望谟、安龙、兴义、盘州等地海拔 900～2 250m 山坡林下等。

f. 华中—华东—华南—坡岗分布变型在保护区有 11 种，其中木本植物 6 种，如藤黄檀 *Dalbergia hancei*，在安徽、江西、浙江、福建、广东、广西有分布，贵州产全省各地海拔 500～1 900m 山坡、溪旁灌丛中或林缘；猴欢喜 *Sloanea sinensis*，在安徽、浙江、福建、湖南、广东、广西有分布，贵州产梵净山、石阡佛顶山、思南、德江、雷公山、黎平、荔波、惠水、开阳、修文猫跳河、安顺、瓮安等地低山、低中山常绿或混交林中、林缘、沟谷、溪边；灰背清风藤 *Sabia discolor*，在江西、浙江、福建、广东、广西有分布，贵州产思南、开阳、花溪、修文、凯里、雷公山、黎平、荔波、都匀、黄平、盘州等地海拔 600～2 000m 山坡疏林中。草本植物 5 种，如多花黄精 *Polygonatum cyrtonema*，在河南、四川、湖北、湖南、江西、安徽、江苏、浙江、福建、广西、广东有分布，贵州产盘州、安龙、息烽、乌当、花溪、开阳、白云、南明、德江、石阡佛顶山、雷公山、榕江月亮山等地海拔 1 300～1 500m 山坡林下或石缝中；细叶石仙桃 *Pholidota cantonensis*，在浙江、江西、福建、台湾、湖南、广东、广西有分布，贵州产荔波、龙里、清镇、贵阳、平坝、安龙、兴义等地海拔 880～2 100m 石灰岩山坡林下阴湿岩石上等。

g. 西南—华南—坡岗分布变型在保护区有 62 种，其中木本植物 38 种，如云南松 *Pinus yunnanensis*，在云南、西藏、四川、广西有分布，贵州产威宁、赫章、纳雍、盘州、安龙等地海拔 2 500m 以下酸性土壤山地；中华野独活 *Miliusa sinensis*，在云南、广东、广西有分布，贵州产修文、关岭、贞丰、兴义、兴仁、罗甸、望谟、册亨、荔波、赤水等地海拔 500～1 000m 山地密林或山谷灌丛中；云南山楂 *Crataegus scabrifolia*，在广西、云南、四川有分布，贵州产清镇、安龙、安顺、大方、盘州等地海拔 1 200～1 800m 山坡松林中、路旁灌丛中；短萼仪花 *Lysidice brevicalyx*，在云南、广东、广西有分布，贵州产平坝、贞丰、安龙、册亨、望谟、荔波等地海拔 520～900m 溪谷、山脚疏林中；罗伞 *Brassaiopsis glomerulata*，在四川、云南、广东、广西有分布，贵州产赤水、兴义、安龙、册亨、荔波、盘州等地海拔 650～1 600m 山谷密林中；云南波罗栎 *Quercus yunnanensis*，在广东、广西、四川、云南有分布，贵州产关岭、兴仁、望谟等地海拔 700～1 300m 阔叶林中；岩生鹅耳枥 *Carpinus rupestris*，在四川、云南、广西有分布，贵州产石阡佛顶山、思南、德江、水城、盘州、兴义、荔波、乌当、开阳等地海拔 1 000～2 100m 喀斯特山地阔叶林中；还有杖藤 *Calamus rhabdocladus* 等。草本植物 24 种，其中兰科多达 9 种，如银带虾脊兰 *Calanthe argenteo striata*，在广东、广西、云南有分布，贵州产平塘、荔波、罗甸、望谟、安龙、兴义等地海拔 750～1 200m 石灰岩山坡林下阴湿处；叉唇虾脊兰 *C. hancockii*，在四川、广西北部有分布，贵州产兴义坡岗洋坪海拔 1 200m；菱唇毛兰 *Eria rhomboidalis*，在海南、广西、云南有分布，贵州产兴仁清水河海拔 1 100m 山坡林中；保亭羊耳蒜 *Liparis bautingensis*，在海南、云南东南有分布，贵州产兴义小湾、洋坪、坡岗等地；华西蝴蝶兰 *Phalaenopsis wilsonii*，在广西、四川、云南、西藏有分布，贵州产兴义、盘州等地海拔 600～1 200m 山坡林中树干上；琴唇万代兰 *Vanda concolor*，在广东、广西、云南有分布，贵州产罗甸、安龙、兴义等地海拔 600～1 200m 山坡林中树干或岩石上；仙笔鹤顶兰 *Phaius columnaris*，在广东、云南有分布，贵州产望谟、荔波等地海拔 800m 石灰岩山坡林下；还有扁竹兰 *Iris confusa*、圆瓣姜花 *Hedychium forrestii*、象头花 *Arisaema franchetianum* 等。

h. 华中—西南—坡岗分布变型在保护区有 50 种，其中木本植物 36 种，如红叶木姜子 *Litsea rubescens* 在陕西、湖北、湖南、西藏、云南、四川有分布，贵州产梵净山、松桃、石阡佛顶山、思南、德江、雷公山、榕江、丹寨、锦屏、三都、都匀、平塘、罗甸、册亨、望谟、安龙、兴义、紫云、修文、息烽、金阳、花溪、云岩、小河、白云、南明、开阳、绥阳、赤水、织金、赫章、盘州等地海拔 1 100～2 180m 林中。宜昌润楠 *Machilus ichangensis*，在甘肃、陕西南部、四川、湖北有分布，贵州产梵净山、石阡佛顶山、德江、思南、雷公山、黎平、从江、三都、荔波、道真、赤水、乌当、白云、花溪、开阳、清镇、毕节、盘州等地海拔 500～2 274m 的常绿阔叶林中；湖北紫荆 *Cercis glabra*，在陕西、湖北、四川、云南有分布，贵州产乌当、金阳、开阳、清镇、修文、息烽、道真、德江、思南、印江、石阡佛顶山、镇宁、安龙、册亨、镇远、盘州等地海拔 800～2 100m 石灰岩山地疏林或灌丛；宽叶旌节花 *Stachyurus chinensis* subsp. *latus*，在陕西、河南、安徽、湖北、四川有分布，贵州产梵净山、石阡、思南、赤水等地山地林下或林缘；岩栎

Quercus acrodonta，陕西、河南、四川、湖北有分布，贵州产思南、德江、松桃、花溪、盘州海拔 400～2 030m 等地阔叶林中；匙叶栎 *Q. dolicholepis*，在陕西、河南、云南、四川、湖北有分布，贵州产德江、松桃、花溪等地凯坝 1 000～1 340m 阔叶林中；毛竹叶花椒 *Zanthoxylum planispinum* var. *ferrugineum*，在陕西、四川有分布，贵州除西部外海拔 380～2 180m 广泛分布；蓝果蛇葡萄 *Ampelopsis bodinieri*，在甘肃、陕西、河南、湖北、湖南、西藏、云南、四川有分布，贵州产梵净山、石阡、思南、雷山、贵阳、清镇、都匀、兴义、安龙、纳雍、湄潭、凤冈、桐梓等地海拔 900～1 100m；羽叶蛇葡萄 *Ampelopsis chaffanjonii*，在安徽、江西、湖北、湖南、云南东北部、四川有分布，贵州产梵净山、松桃、思南、德江、石阡、黄平、瓮安、雷公山、榕江、黎平、从江、贵定、都匀、惠水、罗甸、安龙、兴义、贵阳、花溪、白云、清镇、绥阳宽阔水、赤水、道真、盘州等地海拔 600～1 900m。草本植物 14 种，如独牛 *Begonia henryi*，在湖北西部、四川南部、云南中部和西部有分布，贵州产兴义坡岗、清镇等地海拔 890m 石灰岩山地林下；聚叶沙参 *Adenophora wilsonii*，在陕西、四川、湖北西部有分布，贵州产仁怀、罗甸、册亨、望谟、荔波等地山坡草地或灌丛；珊瑚苣苔 *Corallodis cuscordatulus*，在甘肃、陕西、河南、湖北、湖南、四川、云南有分布，贵州产威宁、盘州、习水、赤水、大方、兴义、平坝、安顺、贵阳、惠水、德江、沿河等地海拔 700～2 100m 山地林下阴湿处崖壁上；厚叶珠毛苣苔 *Paraboea crassifolia*，在湖北、四川、云南有分布，贵州产清镇、湄潭、兴义、罗甸等地海拔 800～1 200m 山地林下阴湿处石缝中；西南沿阶草 *Ophiopogon mairei*，在湖北、四川、云南有分布，贵州产盘州、德江、石阡、安龙等地海拔 1 200～2 080m 林下阴湿处；还有钝叶黄芩 *Scutellaria obtusifolia* 等。

i. 华中—华南—坡岗分布变型在保护区有 12 种，其中木本植物 11 种，如簇叶新木姜子 *Neolitsea confertifolia*，在陕西东南部、河南西南部、四川、湖北、湖南南部、广东、广西东北部有分布，贵州产梵净山、思南、德江、白云瓦窑、三都拉榄、荔波、贵阳等地海拔 400～1 100m 山谷、河谷阔叶林中；大叶黄杨 *Buxus megistophylla*，在江西、湖南、广东、广西有分布，贵州产思南、德江、镇宁、罗甸、关岭、惠水、长顺、荔波等地海拔 400～1 200m 山坡、山谷或溪边；圆果化香 *Platycarya longipes*，在广东、广西、湖南有分布，贵州全省海拔 850～1 900m 的喀斯特山地均产；还有小花杜鹃 *Rhododendron minutiflorum*、河滩冬青 *Ilex metabaptista* 等。草本仅石山苣苔 *Petrocodon dealbatus*，在湖北、广西、广东有分布，贵州产独山、黄平、镇远、石阡佛顶山、荔波、兴义等地海拔 500～700m 山地林下阴湿处岩石上。

j. 华东—华南—坡岗分布变型在保护区有 3 种，联系甚微。均为木本或亚灌木，如棱果海桐 *Pittosporum trigonocarpum*，浙江、湖南、广西有分布，贵州产雷公山、黎平、三都、荔波、独山、平塘、罗甸、安龙、盘州、乌当、惠水、赤水、遵义、湄潭、绥阳、习水等地海拔 500～2 100m 山地低山丘陵灌木丛中；中华卫矛 *Euonymus chinensis*，在福建、浙江、广东、广西有分布，贵州产兴义、荔波等地海拔 600～1 200m 山谷密林中；还有毛刺蒴麻 *Triumfetta cana*，在福建、广东、广西有分布，贵州产兴义、罗甸等地海拔 300m 路旁或林中。

k. 华东—西南—坡岗分布变型在保护区有 3 种，联系甚微，如羽萼悬钩子 *Rubus pinnatisepalus*，在台湾、四川、云南有分布，贵州产兴义、从江、威宁等地山坡阴处灌丛中；水棉花 *Anemone hupehensis* f. *alba*，在台湾、云南、四川有分布，贵州产黔西、册亨、兴义等地；还有唇形科 Labiatae 毛萼鞘蕊花 *Coleus esquirolii*，间断分布于云南东南部、台湾，贵州产兴义、荔波等地海拔 1 100～1 800m 石灰岩山地、山谷、草地多石处斜坡处。

l. 西南—坡岗分布变型是指分布四川、云南、重庆、西藏、广西北部和贵州的种。保护区有 38 种，其中木本 24 种，如四川新木姜子 *Neolitsea sutchuanensis*，在四川、云南有分布，贵州产梵净山、雷公山、安龙等地；厚叶栒子 *Cotoneaster coriaceus*，在云南、四川有分布，贵州产德江、安龙、乌当等地海拔 1 130～1 300m 山坡、山谷灌丛中；滇黔黄檀 *Dalbergia yunnanensis*，在四川、云南有分布，贵州产兴义箐口、南明等地海拔 900～2 000m 山坡林下、灌丛中或路旁林缘；西南高山栎 *Quercus aquifolioides*，四川、云南有分布，贵州产威宁、赫章、盘州、兴义等地海拔 1 000～1 850m 石灰岩山地林中；光叶高山栎 *Q. rehderiana*，在四川、云南有分布，贵州产威宁、盘州、毕节、兴义等地海拔 1 300～2 300m 石灰岩山地阔叶林中；滇青冈 *Cyclobalanopsis glaucoides*，在云南、四川有分布，贵州产思南、德江、威宁、纳雍、兴义、兴仁、息烽、乌当、白云、花溪、盘州等地海拔 900～2 100m 山地林中；刺叶珊瑚冬青 *Ilex corallina* var. *aberrans*，在四川、云南有分布，贵州产石阡佛顶山、思南、德江、息烽、乌当、花溪、云岩、开阳、白云、南明、修文等地海拔 500～1 300m 石灰岩山地；还有贵州花椒 *Zanthoxylum esquirolii*、多毛小蜡 *Ligustrum sinense* var. *coryanum*、阔叶清风藤 *Sabia yunnanensis* subsp. *latifolia* 等。草本有 14 种，如尖萼车前 *Plantago cavaleriei*，在四川、云南有分布，贵州产威宁、普安、盘州、绥阳、江口、德江、贵阳、贵定、独山、雷山、榕江等地海拔 1 000～2 300m 山谷、路旁、田间、草地；同钟花 *Homocodon brevipes*，在云南、四川有分布，贵州产盘州及西南部海拔 1 300～2 250m 山地林下、灌丛或草地；纤序兔儿风 *Ainsliaea cavalerei*，在四川有分布，贵州产瓮安、惠水、荔波、雷山、三都、黎平等地海拔 480～900m 峭壁、林中岩石上或路旁潮湿处；兰科产送春 *Cymbidium cyperifolium* var. *szechuanicum*，在四川、云南有分布，贵州产德江、遵义、金沙、织金等地海拔 1 000～1 300m 山坡林缘，还有春剑 *C. tortisepalum* var. *longibracteatum* 等。

m. 华中—坡岗分布变型该变型是指分布至华中（湖南、湖北）的种，一些种延伸至四川、陕西。保护区有 7 种，联系甚微。木本植物 3 种，如岩生红豆 *Ormosia saxatilis*，在湖南有分布，贵州产云岩黔灵山、花溪、开阳、清镇、修文、龙里、荔波、望谟、盘州等地海拔 800～1 700m 石灰岩山地阔叶林中。三裂飞蛾槭 *Acer oblongum* var. *trilobum*，在江西东部有分布，贵州产兴义市顶效镇楼纳上寨村海拔 1 280～1 340m 石灰岩山地林中。草本 4 种，如硬毛附地菜 *Trigonotis laxa* var. *hirsuta*，江西、湖南有分布，贵州产兴义、印江、凯里、雷山等地海拔 560～1 600m 密林下或湿润林下；纤细假糙苏 *Paraphlomis gracilis*，在陕西、四川有分布，贵州产石阡佛顶山、松桃、铜仁等地海拔 810～900m 山谷溪边、林下阴湿处；还有丝叶薹草 *Carex capilliformis* 等。

n. 华南—坡岗分布变型分布于海南、广东、广西南部。保护区有 9 种，联系甚微。其中木本植物 6 种，如椭圆叶越橘 *Vaccinium pseudorobustum*，在广东、广西有分布，贵州产云岩、荔波、兴义等地海拔 850～1 250m 山顶林下；华夏子楝树 *Decaspermum esquirolii*，在广东、广西有分布，贵州产开阳、兴义、安龙、罗甸、荔波等地；尖山橙 *Melodinus fusiformis*，在广东、广西有分布，贵州产石阡佛顶山、德江、清镇、赤水、遵义、安顺、贵定、荔波等地海拔 750～1 300m 石山灌丛中；粉麻竹 *Dendrocalamus pulverulentus*，在香港、广东有分布，贵州产兴义马岭河等。草本植物 3 种，如华南半蒴苣苔 *Hemiboea follicularis*，在广西、广东有分布，贵州产习水、纳雍、盘州、兴义、安龙、册亨等地海拔 560～1 800m 山谷林下阴湿处岩石上；还有小花蜘蛛抱蛋 *Aspidis traminutiflora* 等。

o. 滇黔桂分布变型，保护区有 97 种，其中木本植物 53 种，如贵州苏铁，相邻的云南、广西交界处有分布，贵州产兴义坡岗保护区、仓更镇、三江口镇、洛万乡、泥凼镇、则戎乡、南盘江镇，安龙万峰湖镇、德卧镇、栖凤街道坡脚等地海拔 400～1 300m 山地；细叶云南松 *Pinus yunnanensis* var. *tenuifolia*，在云南、广西北部有分布，贵州产西南部各县及罗甸、平塘等地海拔 400～1 200m 酸性土壤山地。杜氏合欢 *Albizia duclouxii*，在云南有分布，贵州产兴义、望谟洛郎海拔 520m 河边林中；多体蕊黄檀 *Dalbergia polyadelpha*，在云南、广西有分布，贵州产兴义坡岗；尾叶罗伞 *Brassaiopsis productum*，在云南、广西有分布，贵州产六枝、水城、兴义、册亨等地海拔 1 100～1 500m 山谷林中；龙胜柿 *Diospyros longshengensis*，在广西有分布，贵州产荔波、兴义等地；广西密花树 *Rapanea kwangsiensis*，在云南、广西有分布，贵州产安龙、册亨、望谟等地海拔 560～700m 山地疏林或灌丛中、石灰岩山地林中；短序杜茎山 *Maesa parvifolia* var. *brevipaniculata*，在云南、广西有分布，贵州产从江、罗甸等地海拔 700m 山地阔叶林下阴湿处；石山花椒 *Zanthoxylum calciola*，在云南、广西有分布，贵州产荔波、册亨、安龙、兴义、盘州等地海拔 700～1 700m 石灰岩山地林中；兴仁女贞 *Ligustrum xingrenense*，在云南东部有分布，贵州产兴仁、安龙、兴义等地海拔 400～1 600m 山地林中；还有贵州链珠藤 *Alyxia kweichowensis* 等。草本植物 44 种，其中兰科植物 15 种，如盘江石斛 *Dendrobium guangxiense*，在广西、云南有分布，贵州产晴隆、水城、盘州、镇宁、兴义等地海拔 800～2 000m 石灰岩山坡林中树干或岩石上，保护区见于小湾、绒窝、拱桥等地海拔 1 350m；厚叶毛兰 *Eria crassifolia*，在广西、云南有分布，贵州产兴义海拔 1 080m 山坡林中；长瓣兜兰 *Paphiopedilum dianthum*，在广西和云南有分布，贵州产盘州、望谟、安龙、兴义等地海拔 600～1 200m 石灰岩山地灌丛或林下岩石缝隙中、树干上；短距舌喙兰 *Hemipilia limprichtii*，在云南有分布，贵州产清镇、关岭、晴隆、兴仁、兴义等地海拔 1 000～1 400m 山坡灌丛中或溪边湿地；丘北冬蕙兰 *Cymbidium qiubeiense*，在云南有分布，贵州产惠水、毕节、六枝、盘州、水城、黔西、紫云、望谟、安龙、兴义等地海拔 800～1 300m 石灰岩山坡林下；还有地涌金莲 *Musella lasiocarpa*、安龙香科科 *Teucrium anlungense*、七叶薯蓣 *Dioscorea esquirolii* 等。

参 考 文 献

[1] 张华海，龙启德，廖德平．兴义坡岗自然保护区综合科学考察集[M]．贵阳：贵州科技出版社，2006.
[2] 贵州省林业厅．贵州野生珍贵植物资源[M]．北京：中国林业出版社，2000.
[3] 罗扬，刘浪．贵州望谟苏铁自然保护区科学考察集[M]．贵阳：贵州科技出版社，2010.
[4] 朱军，付国祥，邓志忠，等．贵州盘县八大山自然保护区科学考察研究[M]．北京：中国林业出版社，2013.
[5] 李永康，等．贵州植物志：1～9 卷[M]．贵阳：贵州人民出版社；成都：四川民族出版社，1982～1989.
[6] 陈谦海．贵州植物志：第 10 卷[M]．贵阳：贵州科技出版社，2004.
[7] 王荷生．植物区系地理[M]．北京：科学出版社，1992.
[8] 路安民．种子植物科属地理[M]．北京：科学出版社，1999.
[9] 吴征镒，孙航，周浙昆，等．中国种子植物区系地理[M]．北京：科学出版社，2011.
[10] 应俊生，张玉龙．中国种子植物特有属[M]．北京：科学出版社，1994.
[11] 李玉媛．云南国家重点保护野生植物[M]．昆明：云南科技出版社，2005.
[12] 中国科学院中国植物志编辑委员会．中国植物志：1～80 卷[M]．北京：科学出版社，1959～2004.
[13] 傅立国，陈潭清，等．中国高等植物：1～13 卷[M]．青岛：青岛出版社，2002～2012.
[14] 吴征镒．中国种子植物属的分布区类型[J]．云南植物研究，1991（S4）：1-139.

3.2 贵州兴义坡岗自然保护区珍稀濒危植物*

珍稀濒危植物是生物多样性重要的组成部分[1]，保护好珍稀濒危植物多样性资源，不仅对社会经济的持续发展具有重要意义，同时对环境保护和社会进步也将产生深远的影响[2]。根据《中国生物多样性红色名录 · 高等植物卷》对 34 450 种高等植物的评估结果显示：全国绝灭等级（EX）27 种、野外绝灭等级（EW）10 种、地区绝灭等级（RE）15 种、极危等级（CR）583 种，濒危等级（EN）1 297 种，易危等级（VU）1 887 种、近危等级（NT）2 723 种、无危等级（LC）24 296 种、数据缺乏等级（DD）3 612 种[3]。本节参照该评估标准，对保护区内的珍稀濒危种子植物进行研究，拟为其管理与保护提供一定参考。

本节研究保护区内自然分布的珍稀濒危种子植物包括列入《国家重点保护野生植物名录（第一批）》（国务院 1999 年 8 月 4 日批准）[4]的植物、列入《中国生物多样性红色名录 · 高等植物卷》（2013 年 9 月）的受威胁（极危、濒危、易危）[3,5]植物和贵州特有植物[6-7]。

3.2.1 研究方法

通过 2016～2017 年对保护区的综合科学考察，结合 2015 年第二次全国重点保护野生植物调查在该地区记录资料和采集的标本，以及查阅各学者对保护区珍稀濒危植物的研究、相关报道、文献和专著[8-10]，对保护区珍稀濒危种子植物开展研究。科学考察采用样线法、样带法，现地调查记录珍稀濒危植物的分布、生境、海拔、生长状况等信息，并采集标本、拍摄数码照片，以便后期鉴定物种和对调查对象进行核查。通过调查研究，掌握区内珍稀濒危种子植物分布状况、生存现状及变化，拟为区内珍稀濒危种子植物保护提供参考。

3.2.2 结果与分析

1. 植物组成

1）国家重点保护植物组成

贵州兴义坡岗自然保护区分布的 1 216 种种子植物（表 3-6）中，列入《国家重点保护野生植物名录（第一批）》（国务院 1999 年 8 月 4 日批准）一级保护植物 1 种，即贵州苏铁，二级保护植物有香果树（*Emmenopterys henryi*）、喜树（*Camptotheca acuminata*）、毛红椿（*Toona ciliata* var. *pubescens*）、红椿（*Toona ciliata*）和翅荚木（任豆，*Zenia insignis*）共 5 种。保护区内分布的国家一级重点保护野生植物分别占贵州和全国一

* 本节作者：安明态、王加国、李志。

级保护植物总数的5.56%、1.33%；二级保护植物分别占贵州和全国二级保护植物总数的8.33%、2.26%。

区内国家重点保护植物物种数占区内种子植物总数（1 216种）的0.49%；占贵州种子植物总数（7 762种[11]）的0.08%。

表3-6　国家重点保护植物种类比较表

保护级别	保护区种数	贵州		全国	
		种数	占比/%	种数	占比/%
国家一级	1	18[12]	5.56	75	1.33
国家二级	5	60[12]	8.33	221	2.66
合计	6	78	7.69	296	26.35

2）特有植物组成

从表3-9可以看出，保护区内贵州特有种子植物共5种，即岩生红豆 *Ormosia saxatilis*、贵州苏铁、光叶润楠 *Machilus glabrophylla*、贵州蜡梅 *Chimonanthus campanulatus* var. *guizhouensis* 和兴义香草 *Lysimachia millietii*，占贵州特有种子植物总数的1.74%；中国特有种45种（表3-7），占贵州省内自然分布的中国特有植物总数的1.65%，占中国特有种子植物总数（15 618种）的0.03%。

表3-7　贵州兴义坡岗自然保护区特有植物种类比较表

地区	种子植物特有物种总数	
	贵州省级特有种数	中国特有种数
保护区	5	45
贵州	288	2 724[13]
保护区/贵州	1.74%	1.65%

3）濒危植物组成

根据《中国生物多样性红色名录·高等植物卷》[3,5]，保护区受威胁（极危、濒危、易危）种子植物共61种，占区内种子植物总数的5.16%。其中，极危（CR）等级9种，即贵州苏铁、岩生红豆、贵州山核桃 *Carya kweichowensis*、七叶薯蓣 *Dioscorea esquirolii*、光亮薯蓣 *Dioscorea nitens*、长帽隔距兰 *Cleisostoma longioperculatum*、三脊金石斛 *Flickingeria tricarinata*、长苞羊耳蒜 *Liparis inaperta*、麻栗坡兜兰 *Paphiopedilum malipoense*，分别占全区种子物种总数和受威胁植物总数的0.74%、14.75%；濒危（EN）等级19种，即贵州青冈 *Cyclobalanopsis argyrotricha*、珍珠荚蒾 *Viburnum foetidum* var. *ceanothoides*、褐苞薯蓣 *Dioscorea persimilis*、毛胶薯蓣 *Dioscorea subcalva*、多花指甲兰 *Aeride srosea*、等萼卷瓣兰 *Bulbophyllum violaceolabellum*、虎头兰 *Cymbidium hookerianum*、丘北冬蕙兰 *Cymbidium qiubeiense*、春剑 *Cymbidium tortisepalum* var. *longibracteatum*、线叶石斛 *Dendrobium aurantiacum*、玫瑰石斛 *Dendrobium crepidatum*、齿瓣石斛 *Dendrobium devonianum*、罗河石斛 *Dendrobium lohohense*、勐海石斛 *Dendrobium sinominutiflorum*、紫瓣石斛 *Dendrobium parishii*、莲座叶斑叶兰 *Goodyera brachystegia*、七角叶芋兰 *Nervilia mackinnonii*、巨瓣兜兰 *Paphiopedilum bellatulum*、仙笔鹤顶兰 *Phaius columnaris*，分别占全区种子植物总数和受威胁植物总数的1.56%、31.15%；易危（VU）等级33种，即任豆、百日青 *Podocarpus neriifolius*、多脉润楠 *Machilus multinervia*、尾囊草 *Urophysa henryi*、一文钱 *Stephania delavayi*、顶果木 *Acrocarpus fraxinifolius*、多体蕊黄檀 *Dalbergia polyadelpha*、越南槐 *Sophora tonkinensis*、云南旌节花 *Stachyurus yunnanensis*、红椿 *Toona ciliata*、灰叶槭 *Acer poliophyllum*、南川冠唇花 *Microtoena prainiana*、华重楼、南贡隔距兰 *Cleisostoma nangongense*、莎叶兰 *Cymbidium cyperifolium*、多花兰 *Cymbidium floribundum*、春兰 *Cymbidium goeringii*、果香兰 *Cymbidium suavissimum*、钩状石斛 *Dendrobium aduncum*、兜唇石斛 *Dendrobium aphyllum*、叠鞘石斛 *Dendrobium aurantiacum* var. *denneanum*、束花石斛 *Dendrobium chrysanthum*、厚叶毛兰 *Eria crassifolia*、长苞毛兰 *Eria obvia*、光萼斑叶兰 *Goodyera henryi*、平卧羊耳蒜 *Liparis chapaensis*、紫花羊耳蒜 *Liparis nigra*、同色兜兰 *Paphiopedilum concolor*、长瓣兜兰 *Paphiopedilum dianthum*、带叶兜兰 *Paphiopedilum hirsutissimum*、华西蝴蝶兰 *Phalaenopsis wilsonii*、长足石仙桃 *Pholidota longipes*，分别占全区种子植物总数和受威胁植物总数的2.71%、54.10%。

从受威胁的物种看出，77.05%为草本植物，而草本又主要以兰科植物为主，受威胁的兰科植物占受威胁种子植物总数的 62.30%。

按《中国物种红色名录》的濒危等级划分标准[14]，列入《国家重点保护野生植物名录（第一批）》中的 1 种一级保护植物为易危（VU）；5 种二级保护植物，其中 3 种为易危（VU），2 种为近危（NT）。按《中国红色名录 • 高等植物卷》的濒危等级，贵州苏铁为极危（CR），易危（VU）2 种，无危（LC）、近危（NT）和未参与评估各 1 种。总体而言，保护区内的国家重点保护物种受威胁程度不严重，但也应加强管理和保护。

从表 3-6 看出，区内的 45 种中国特有植物大部分为草本，其中，兰科植物 20 种，占 44.44%。根据《中国生物多样性红色名录 • 高等植物卷》濒危等级计算，极危（CR）等级占 17.07%、濒危（EN）等级占 19.51%、近危（NT）等级占 9.76%、无危（LC）等级占 39.02%、易危（VU）等级占 9.76%、数据缺乏（DD）占 4.88%，说明了保护区内大部分中国特有植物处于无威胁状态，所处生境有助于自身生存（表 3-8～表 3-10）。

表 3-8　贵州兴义坡岗自然保护区种子植物濒危等级统计表

《中国生物多样红色名录 • 高等植物卷》濒危等级	物种数	占区内种子植物总数的比例/%
极危（CR）	9	0.74
濒危（EN）	19	1.56
易危（VU）	33	2.71
近危（NT）	37	3.04
数据缺乏（DD）	7	0.58
无危（LC）	656	53.95
未参与评估	455	37.42
总计	1 216	100

表 3-9　贵州兴义坡岗自然保护区国家重点保护植物濒危等级统计表

物种中文名	物种拉丁名	保护级别	《中国物种红色名录》濒危等级	《中国生物多样性红色名录 • 高等植物卷》濒危等级
贵州苏铁	*Cycas guizhouensis*	一	易危（VU）	极危（CR）
喜树	*Camptotheca acuminata*	二	近危（LC）	无危（LC）
香果树	*Emmenopterys henryi*	二	近危（NT）	近危（NT）
红椿	*Toona ciliata*	二	易危（VU）	易危（VU）
毛红椿	*Toona ciliate* var. *pubescens*	二	易危（VU）	未参与评估
任豆	*Zenia insignis*	二	易危（VU）	易危（VU）

表 3-10　贵州兴义坡岗自然保护区中国特有植物濒危等级统计表

物种中文名	物种拉丁名	《中国生物多样性红色名录 • 高等植物卷》濒危等级
贵州苏铁	*Cycas guizhouensis*	极危（CR）
岩生红豆	*Ormosia saxatilis*	极危（CR）
贵州青冈	*Cyclobalanopsis argyrotricha*	濒危（EN）
任豆	*Zenia insignis*	易危（VU）
地涌金莲	*Musella lasiocarpa*	数据缺乏（DD）
长柄山姜	*Alpinia kwangsiensis*	数据缺乏（DD）
阳荷	*Zingiber striolatum*	无危（LC）
狭瓣肺筋草	*Aletris stenoloba*	无危（LC）
密齿天门冬	*Asparagus meioclados*	无危（LC）
九龙盘	*Aspidistra lurida*	无危（LC）
长蕊万寿竹	*Disporum longistylum*	无危（LC）
野百合	*Lilium brownii*	无危（LC）

续表

物种中文名	物种拉丁名	《中国生物多样性红色名录·高等植物卷》濒危等级
西南沿阶草	*Ophiopogon mairei*	无危（LC）
多花黄精	*Polygonatum cyrtonema*	近危（NT）
柔毛菝葜	*Smilax chingii*	无危（LC）
折枝菝葜	*Smilax lanceifolia var. elongata*	无危（LC）
无刺菝葜	*Smilax mairei*	无危（LC）
黑叶菝葜	*Smilax nigrescens*	无危（LC）
花南星	*Arisaema lobatum*	无危（LC）
七叶薯蓣	*Dioscorea esquirolii*	极危（CR）
光亮薯蓣	*Dioscorea nitens*	极危（CR）
毛胶薯蓣	*Dioscorea subcalva*	濒危（EN）
兴仁金线兰	*Anoectochilus xingrenensis*	近危（NT）
广东石豆兰	*Bulbophyllum kwangtungense*	无危（LC）
叉唇虾脊兰	*Calanthe hancockii*	无危（LC）
长帽隔距兰	*Cleisostoma longioperculatum*	极危（CR）
南贡隔距兰	*Cleisostoma nangongense*	易危（VU）
丘北冬蕙兰	*Cymbidium qiubeiense*	濒危（EN）
春剑	*Cymbidium tortisepalum* var. *longibracteatum*	濒危（EN）
罗河石斛	*Dendrobium lohohense*	濒危（EN）
勐海石斛	*Dendrobium sinominutiflorum*	濒危（EN）
厚叶毛兰	*Eria crassifolia*	易危（VU）
长苞毛兰	*Eria obvia*	易危（VU）
菱唇毛兰	*Eria rhomboidalis*	近危（NT）
三脊金石斛	*Flickingeria tricarinata*	极危（CR）
莲座叶斑叶兰	*Goodyera brachystegia*	濒危（EN）
短距舌喙兰	*Hemipilia limprichtii*	近危（NT）
长苞羊耳蒜	*Liparis inaperta*	极危（CR）
平卧曲唇兰	*Panisea cavaleriei*	无危（LC）
仙笔鹤顶兰	*Phaius columnaris*	濒危（EN）
细叶石仙桃	*Pholidota cantonensis*	无危（LC）
长足石仙桃	*Pholidota longipes*	易危（VU）
斑苦竹	*Pleioblastus maculatus*	无危（LC）
慈竹	*Bambusa emeiensis*	无危（LC）
水竹	*Phyllostachys heteroclada*	无危（LC）

（1）珍稀濒危植物资源价值。

保护区内分布的 66 种珍稀濒危植物，在科学研究、园林绿化、药用等多个领域都具有重要的保护利用价值。其中，任豆、香果树、红椿等珍稀濒危植物，对于研究我国植物区系地理、起源及系统发育均具有极为重要的科学价值；百日青、贵州苏铁、喜树、果香兰、多花兰、春兰、带叶兜兰等珍稀濒危植物是良好的庭院绿化及优良的观赏植物；华重楼、石斛、毛胶薯蓣等为优良的药用植物。

保护区内兰科植物种类相当丰富（85 种），是珍稀濒危植物的重要部分，是保护区的一大亮点，从目前这部分兰科植物的野外分布及生长趋势看，其种群自然稳定增长趋势明显，若加强保护，保护区将成为该物种的重要栖息繁衍场所。

（2）保护区珍稀濒危植物致濒原因分析。

从垂直分布上来看，在海拔 800m 以下，保护区珍稀濒危植物随海拔降低而减少，究其首要原因是人为活动干扰强度过高，这不仅破坏珍稀濒危植物适生环境，最重要的是人类活动目的性地破坏（采集）具有高利用价值的珍稀濒危植物。在海拔较高的地方，由于峰丛地形的影响，高海拔处的环境比低海拔处干燥，低海拔处的湿润环境更利于珍稀濒危植物的定居、生存与扩散。

从水平区域分布来看，保护区珍稀濒危植物呈现明显的区域性，而其所在的大环境——种子植物分布在水平分布上差异并不明显。依此推断，保护区的珍稀濒危植物致濒的主要因素是人类活动的干扰。

（3）珍稀濒危植物保护建议。

首先，鉴于保护区珍稀濒危植物资源的现状及其特殊性，对保护区内分布的珍稀濒危植物应采取严格的就地保护措施，建立动态监测体系和资源档案，根据不同物种的生物及生态学特性、濒危程度和濒危原因，制订科学合理的保护和拯救计划。

其次，加强人才培训，加大宣传和科学研究力度，采取有效的人工繁育措施，实施迁地保护，扩大种群数量；积极探索资源利用价值，实施技术推广。

最后，加大基础设施建设力度，建立健全管理体制，探索社区可持续发展道路，确保保护区生态安全和森林资源的可持续健康发展。

2. 分布分析

1）垂直分布格局

垂直分布主要是物种对垂直梯度上水热条件变化的响应。保护区山体起伏较为明显，洼地地段较为平缓，峰丛地段较为陡峭，植物的分布也受这种变化的影响，表现出相应的分布规律，垂直差异较为明显。总体上，保护区珍稀濒危植物物种数随着海拔增加呈现单峰型变化，峰值均出现在海拔 800～1 200m。海拔 800m 以下，珍稀濒危物种数随海拔降低而减少；海拔 1 200m 以上，珍稀濒危物种数随海拔增加减少。从保护区所有植物种类海拔来看，峡谷之区域物种种类丰富[6]。由于区内地貌主要以喀斯特峰丛洼地为主，区内木本植物和草本植物丰富度随着海拔升高均呈先增加后降低的趋势，木本植物丰富度变化较草本植物平缓，但差异性不显著。

从各物种在垂直方向上的分布上来看，垂直分布也表现出多样化差异。其中，有 13 个物种在保护区的相对海拔高差达 500m 以上，33 个物种相对高差 300～499m，17 个物种相对高差 100～299m，相对高差 100m 以下的仅 3 种（图 3-1）。这些珍稀濒危物种中，以仙笔鹤顶兰和丘北冬蕙兰分布的海拔梯度最大，垂直高差 650m。总体而言，保护区的相对高差较大，环境复杂多变，是形成物种多样性的主要因素。

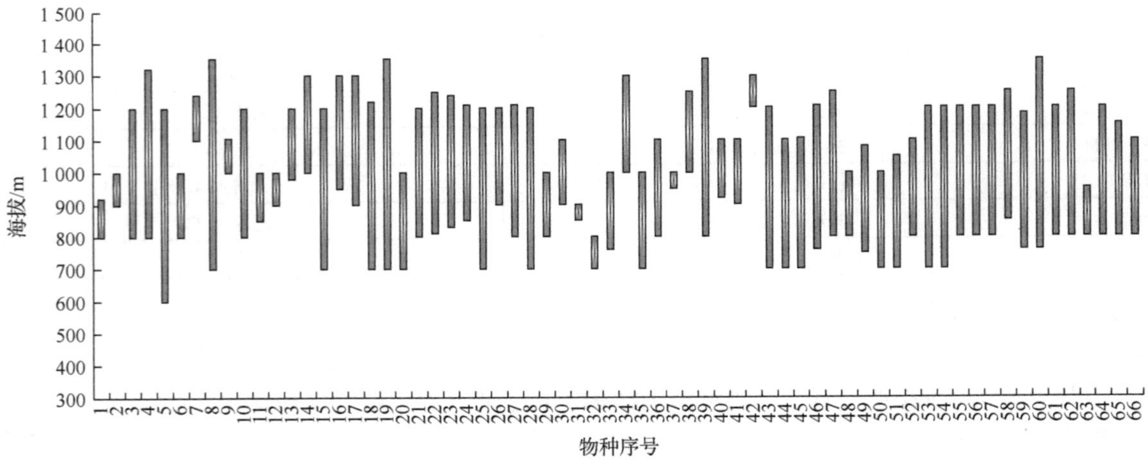

1—CR 贵州青冈；2—CR 珍珠荚蒾；3—CR 褐苞薯蓣；4—CR 毛胶薯蓣；5—CR 多花指甲兰；6—CR 等萼卷瓣兰；7—CR 虎头兰；8—CR 丘北冬蕙兰；9—CR 春剑；10—EN 线叶石斛；11—EN 玫瑰石斛；12—EN 齿瓣石斛；13—EN 罗河石斛；14—EN 勐海石斛；15—EN 紫瓣石斛；16—EN 莲座叶斑叶兰；17—EN 七角叶芋兰；18—EN 巨瓣兜兰；19—EN 仙笔鹤顶兰；20—EN 一级贵州苏铁；21—EN 省特岩生红豆；22—EN 贵州山核桃；23—EN 七叶薯蓣；24—EN 光亮薯蓣；25—EN 长帽隔距兰；26—EN 三脊金石斛；27—EN 长苞羊耳蒜；28—EN 麻栗坡兜兰；29—VU 百日青；30—VU 多脉润楠；31—VU 尾囊草；32—VU 一文钱；33—VU 顶果木；34—VU 多体蕊黄檀；35—VU 越南槐；36—VU 云南旌节花；37—VU 灰叶槭；38—VU 南川冠唇花；39—VU 华重楼；40—VU 南贡隔距兰；41—VU 莎叶兰；42—VU 多花兰；43—VU 春兰；44—VU 果香兰；45—VU 钩状石斛；46—VU 兜唇石斛；47—VU 叠鞘石斛；48—VU 束花石斛；49—VU 厚叶毛兰；50—VU 长苞毛兰；51—VU 光萼斑叶兰；52—VU 平卧羊耳蒜；53—VU 紫花羊耳蒜；54—VU 同色兜兰；55—VU 长瓣兜兰；56—VU 带叶兜兰；57—VU 华西蝴蝶兰；58—VU 长足石仙桃；59—37 VU 二级红椿；60—二级毛红椿；61—二级香果树；62—二级喜树；63—二级任豆；64—省特光叶润楠；65—省特贵州蜡梅；66—省特兴义香草。

图 3-1　坡岗自然保护区珍稀濒危植物海拔分布图

2）水平区域分布

保护区珍稀濒危植物的水平分布也具有较大差异。通过对珍稀濒危植物分布的地点进行小区域划分研究得出，小湾和洋坪分布的珍稀濒危植物种类和数量最多，种类分别为 29 种、19 种，占整个保护区（66 种）的 43.94%、28.79%。小湾和洋坪也是保护区植被保存相对较好、类型最多的地段；其次是拱桥、坡岗和绒窝。珍稀濒危植物种类以硐山、楼纳、则戎等地最少，皆仅发现 1 种，这些地区相对人类活动相对较多，植被次生性较为突出，环境的变化也相对较小。调查研究表明，保护区珍稀濒危植物的空间分布格局主要受垂直变化的影响，其次受植被保存程度（人类干扰程度）的影响。总体而言，小湾、坡岗、洋坪一带珍稀濒危植物种类基本上占整个保护区的 85%以上，应作为保护区今后保护管理的重点区域。

3）地理成分分析

从保护区内现有珍稀濒危植物种的地理分布（表 3-11）看出，66 种珍稀濒危种子植物中，共有 12 个分布区类型，其中，中国特有分布种数最多，为 21 种，占珍稀濒危种子植物总种数的 31.82%；其次为热带亚洲至热带大洋洲分布，有 20 种，占珍稀濒危种子植物总种数的 30.30%；热带东南亚至印度—马来分布，有 10 种，占总种数的 15.87%；最少的为东亚（热带、亚热带）及热带南美间断分布、热带亚洲和热带大洋洲间断分布、东亚和北美洲间断分布、旧世界温带分布和东亚分布，均为 1 种。说明热带亚洲至热带大洋洲分布和我国特有种在该区珍稀濒危植物中占绝对优势，共占总种数的 62.12%。

表 3-11　贵州兴义坡岗自然保护区珍稀濒危植物地理分布类型

序号	分布区类型	种数	占总种数率/%
1	世界分布	3	4.54
2	泛热带分布	2	3.03
3	东亚（热带、亚热带）及热带南美间断分布	1	1.52
4	旧世界热带分布	2	3.03
5	热带亚洲和热带大洋洲间断分布	1	1.52
6	热带亚洲至热带大洋洲分布	20	30.30
7	热带东南亚至印度—马来西亚，太平洋诸岛（热带亚洲）分布	10	15.15
8	北温带分布	3	4.54
9	东亚和北美洲间断分布	1	1.52
10	旧世界温带分布	1	1.52
11	东亚分布	1	1.52
12	中国特有分布	21	31.81
合计		66	100

参 考 文 献

[1] 吴小巧，黄宝龙，丁雨龙. 中国珍稀濒危植物保护研究现状与进展[J]. 南京林业大学学报（自然科学版），2004，28（2）：72-76.
[2] 邢福武. 中国的珍稀植物[M]. 长沙：湖南教育出版社，2005.
[3] 覃海宁，杨永，董仕勇，等. 中国高等植物受威胁物种名录[J]. 生物多样性，2017，25（7）：696-744.
[4] 国家林业局，农业部. 国家重点保护野生植物名录（第一批）[EB/OL]. (1999-09-09)[2000-06-12]. http://www.gov.cn/gongbao/content/2000/content_60072.
[5] 环境保护部，中国科学院.《中国生物多样性红色名录：高等植物卷》评估报告[R]. 2013.
[6] 安明态，邓朝义，胡国雄，等. 贵州坡岗自然保护区种子植物多样性调查报告[R]. 2019.
[7] 邹天才. 贵州特有及稀有种子植物[M]. 贵阳：贵州科技出版社，2001.
[8] 李从瑞，陈志萍，李茂，等. 兴义坡岗自然保护区木本观赏植物资源研究[J]. 种子，2012，31（11）：62-65.
[9] 李从瑞，邓伦秀. 兴义坡岗自然保护区草本观赏植物资源研究[J]. 种子，2011，30（11）：70-71，100.
[10] 张华海，龙启德，廖德平. 兴义坡岗自然保护区综合科学考察集[M]. 贵阳：贵州科技出版社，2006.
[11] 罗杨，邓伦秀. 贵州维管束植物编目[M]. 北京：中国林业出版社，2015.
[12] 黎平. 贵州国家保护植物手册[M]. 贵阳：贵州科技出版社，2016.
[13] 黄继红，马克平，陈彬. 中国特有种子植物的多样性及其地理分布[M]. 北京：高等教育出版社，2014.
[14] 汪松，解焱. 中国物种红色名录：第一卷：红色名录[M]. 北京：高等教育出版社，2004.

3.3　贵州兴义坡岗自然保护区蕨类植物初步研究*

3.3.1　研究方法

通过野外调查，共采集到蕨类植物标本130余号，将所采集标本带回实验室进行标本制作（所有标本均保存于贵州大学标本室），然后参考相关书籍资料[1-3]进行鉴定。参照1978年秦仁昌系统[4-6]整理出蕨类植物名录，并参照吴世福等[7]的“中国蕨类植物属的分布区类型及区系特征”中的分类方法，对保护区内的蕨类植物进行地理区系分析，并进行相关统计。

3.3.2　结果与分析

1. 种类组成

保护区共有蕨类植物17科45属107种（含种下等级），占贵州蕨类植物总种数（931种）[8]的11.49%，占中国蕨类植物34科143属2600种[9]中的50%、31.47%和4.12%，保护区蕨类植物多样性较为丰富。

2. 优势性分析

根据各科所含的种数，将17个科分为三大类（表3-12）。其中，单种科（1种）数量最多，占总科数的41.18%；中等科（2～10种）5个，占总科数的29.41%；大科（10种以上）5个，占总科数的29.41%。单种科数量占总科数比例较大，体现了保护区蕨类植物位于植物分布区的过渡地段的地理特性。这三大类中大科含有种数最多，共有80种，构成了保护区主要蕨类植物组成部分（表3-12）。

表3-12　贵州兴义坡岗自然保护区蕨类植物科内种的组成

科的等级	科数	占总科数百分比/%	种数	占总种数百分比/%
单种科（1种）	7	41.18	7	6.54
中等科（2～10种）	5	29.41	20	18.69
大科（10种以上）	5	29.41	80	74.77
合计	17	100	107	100

保护区蕨类植物45个属也分为三大类，见表3-13。从属的组成来看，保护区蕨类植物只有一个种分布的属共有24个，占区内蕨类植物总属数的53.33%，中等属（2～10种）占区内蕨类植物总属数的44.45%，从该数据上体现出该地区蕨类植物在科属分化较为完善的同时，种的分化程度相对较低，表现出保护区蕨类植物具有地理过渡性。

表3-13　贵州兴义坡岗自然保护区蕨类植物属内种的组成

属的等级	属数	占总属数百分比/%	种数	占总种数百分比/%
单种数（1种）	24	53.33	24	22.43
中等属（2～10种）	20	44.45	71	66.36
大属（10种以上）	1	2.22	12	11.21
合计	45	100	107	100

3. 区系成分及特点

1）属的特点

在以往的植物区系研究中，属一直是比较稳定的分类单位，其特征也是相对古老和稳定的[10]。由表3-13可以看出，保护区蕨类植物属的区系类型主要以热带成分（29属）为主，占该地区总属数的64.44%，表

* 本节作者：叶红环、苟光前、王瑶、陈云飞、何选泽、王灯。

明保护区的蕨类植物具有热带亲缘关系；同时世界分布的有 5 属，温带分布的有 10 属，说明保护区内蕨类植物在地理分布上有着广泛的联系。

2）种的特点

从表 3-14 中可以看出，种的分布类型以温带成分最多，占总种数的 57.01%，表明该地区的蕨类植物具有温带性质；在温带成分中东亚分布最多，表明该地区蕨类植物属于东亚植物区系；其中，SJ 分布亚型共有 17 种，占东亚成分的 27.87%，而 SH 分布亚型只有 10 种，占东亚成分的 16.39%，说明该区内蕨类植物在东亚区系中与日本的关系更为密切。中国特有分布类型有 15 种，占到总种数的 14.01%。

表 3-14 贵州兴义坡岗自然保护区蕨类植物区系属、种的分布区类型

分布类型	属数	占总属数百分比/%	种数	占总种数百分比/%
1. 世界分布	6	13.33	5	4.67
2. 泛热带	11	24.43	4	3.74
2-2. 热带亚洲、非洲、南美洲间	2	4.45	1	0.93
3. 热带亚洲、热带美洲间断分布	1	2.22	1	0.93
4. 旧世界热带	5	11.11	1	0.93
4-1. 热带亚洲、非洲、大洋洲间断	1	2.22	—	—
5. 热带亚洲至热带大洋洲	1	2.22	8	7.48
5-1. 中国（西南）亚热带和新西兰间断分布	—	—	2	1.87
6. 热带亚洲至热带非洲	3	6.67	9	8.42
6-1. 华南、西南到印度和热带非洲间断分布	—	—	3	2.80
6-2. 热带亚洲和东非或马达加斯加间断分布	1	2.22	—	—
7. 热带亚洲（印度-喜马拉雅）	3	6.67	5	4.67
7-1. 爪哇（或苏门答腊）喜马拉雅间断或星散分布到我国华南、西南	—	—	2	1.87
7-4. 越南（或中南半岛）至华南（或西南）分布	1	2.22	5	4.67
8. 北温带	2	4.45	2	1.87
11. 温带亚洲分布	1	2.22	—	—
14. 东亚（东喜马拉雅-日本）	3	6.67	17	15.89
14-1. 中国-喜马拉雅分布（SH）	—	—	10	9.35
14-2. 中国-日本（SJ）	2	4.45	17	15.89
15. 中国特有分布	2	4.45	15	14.02
总计	45	100	107	100

4. 比较分析

1）与先前考察相比增加的种

相比较于 2002 年保护区的蕨类植物采集，今年采集的种类增加了 22 种，分别是毛边卷柏 *Selaginella chaetoloma*、贵州卷柏 *S. kouytcheensis*、狭叶卷柏 *S. mairei*、芒萁 *Dicranopteris dichotoma*、乌蕨 *Odontosoria chinensis*、半月形铁线蕨 *Adiantum philippense*、野雉尾金粉蕨 *Onychium japonicum*、鸡爪凤尾蕨 *Pteris gallinopes*、斜羽凤尾蕨 *P. oshimensis*、边缘鳞盖蕨 *Microlepia marginata*、中华鳞盖蕨 *M. sinostrigosa*、蕨 *Pteridium aquilinum*(L.) Kuhn var. *latiusculum*、虎尾铁角蕨 *Asplenium incisum*、贵阳铁角蕨 *A. interjectum*、华中铁角蕨 *A. sarelii*、云贵轴果蕨 *Rhachidosorus truncatus*、普通针毛蕨 *Macrothelypteris torresiana*、金星蕨 *Parathelypteris glanduligera*、二型鳞毛蕨 *Dryopteris cochleata*、掌状三叉蕨 *Tectaria morsei*、大瓦韦 *Lepisorus macrosphaerus*、扇蕨 *Neocheiropteris palmatopedata*。其中，毛边卷柏、鸡爪凤尾蕨、中华鳞盖蕨、贵阳铁角蕨、云贵轴果蕨、金星蕨、二型鳞毛蕨、扇蕨这些种类在地理类型上主要分布于云南，在保护区出现是因为保护区与云南在地理上较近，植物之间存在物种的传播和扩散，所以保护区新增加了这些种类。新增分布在林下阴湿生境的蕨类主要有贵州卷柏、狭叶卷柏、乌蕨、半月形铁线蕨、野雉尾金粉蕨、虎尾铁角蕨、大瓦韦、扇蕨、普通针毛蕨、斜羽凤尾蕨、边缘鳞盖蕨、蕨这 12 种。可以看出，一方面，可能是因为保护区的范围扩大；另一方面，与保护区加强保护有关。新增的芒萁主要分布在云南松林下，掌状三叉蕨则主要生长在石灰岩上阴处。总之，新增这些种类：一方面，体现了保护区靠近云南表现出的地理特性；另一方面，体现了保护区的管理加强后，生境得到保护，植物多样性得到了提高。

2）与其他地区蕨类植物区系的比较

在进行蕨类植物区系成分分析时，对各级分类单位的区系成分进行分析和统计是基本的，它能够在一定程度上说明该地区的蕨类植物地理分布的丰富性程度，但是对多个地区的蕨类植物区系成分进行比较则能更加充分地说明一些问题。

本节将保护区与省内外的 7 个地区（保护区或山体）蕨类植物的区系成分进行比较。贵州省内的 3 个地区，分别是梵净山自然保护区[11]、红水河沟谷残存季雨林地区[12]、黔北丹霞地貌地区[13]，省外的 4 个地区，分别是重庆北碚缙云山[14]、福建武夷山自然保护区[15]、江西三清山[16]、浙江古田山自然保护区[17]。梵净山位于贵州省偏东北部，具有典型的板岩地貌，但又不同于贵州省大部分的喀斯特地貌，属于常态山；红水河沟谷残存季雨林主要分布在贵州省南部罗甸、望谟和册亨 3 个县，是沿红水河流域的一些河谷低地；黔北丹霞地貌地区具有丹霞地貌的特殊地貌特征；缙云山位于中国西南部，地处亚热带地区；武夷山位于中国东南部，地处中亚热带季风区，具有保存完整的中亚热带森林生态系统；三清山地处江西境内，位于江西省东北部，具有典型的红壤、黄红壤、山地黄壤和黄棕壤土壤类型；古田山地处浙、赣、皖三省交界处，属中亚热带湿润季风气候。这 7 个地区的自然概况与保护区的自然概况的比较如表 3-15 所示。

表 3-15　贵州兴义坡岗自然保护区与其他地区概况比较

地区	地理位置	海拔/m	气候特征	主要植被类型
保护区	东经 1104°59′～105°05′，北纬 25°32′～25°49′	759～1 588	中亚热带季风性湿润气候	常绿阔叶林
贵州梵净山	东经 108°45′～108°48′，北纬 27°49′～28°1′	500～2 570	中亚热带季风气候	亚热带常绿阔叶林
贵州红水河	东经 106°23′～107°03′，北纬 25°04′～25°45′	300～800	南亚热带季风湿润气候	常绿阔叶林
贵州黔北丹霞地貌	东经 105°57′～106°7′，北纬 28°20′～28°20′	240～1 730	中亚热带山地季风气候	中亚热带常绿阔叶林
四川缙云山	东经 106°20′～106°24′，北纬 29°48′～29°51′	180～951	亚热带季风湿润气候	常绿阔叶林
福建武夷山	东经 117°27′～117°51′，北纬 27°33′～27°54′	300～1 900	中亚热带季风气候	中亚热带常绿阔叶林
江西三清山	东经 117°59′～118°30′，北纬 28°54′～28°58′	200～1 816	中亚热带季风气候	常绿阔叶林
浙江古田山	东经 118°03′～118°11′，北纬 29°10′～29°17′	200～1 258	中亚热带湿润季风气候	中亚热带常绿阔叶林

左家哺[18]提出了应用数值分析对植物区系基本成分进行统计的方法，本节采用综合系数法对保护区和其他 7 个地区的蕨类植物区系成分的丰富程度进行比较和分析（表 3-16）。

表 3-16　贵州兴义坡岗自然保护区与其他地区蕨类植物的比较

地区	科数	属数	种数	区系综合系数
保护区	17	45	107	−1.429 0
贵州梵净山	44	106	329	1.172 2
贵州红水河	30	67	178	−0.439 1
贵州黔北丹霞地貌	41	96	303	0.835 1
四川缙云山	38	74	153	−0.234 2
福建武夷山	40	92	306	0.768 3
江西三清山	34	71	179	−0.267 4
浙江古田山	34	65	166	−0.405 8

注：为了使比较具有可比性，此处该保护区蕨类植物科属统计和其他 7 个地区一致，均采用 1978 年秦仁昌的分类系统。

结果表明，8 个地区的区系综合系数梵净山>黔北丹霞地貌>武夷山>缙云山>三清山>古田山>贵州红水河>保护区，保护区在这 8 个地区中排名最后。梵净山是贵州省植物最丰富的地区，福建武夷山森林植被也以丰富著称，黔北丹霞地貌主要包括赤水和习水两个地区，该区水热资源丰富，植被保存完好，蕨类植物在此地发展良好。本节的调查研究仅限于保护区，从区系综合系数可以看出保护区内蕨类植物资源不如其他地区丰富。

3.3.3 小结

保护区蕨类植物共计 17 科 45 属 107 种，占贵州蕨类植物[9]总科数的 31.48%，占总属数的 29.41%，占总种数的 11.49%。保护区属的分布类型主要以泛热带为主，这也说明了保护区蕨类植物具有热带性质，温带性属共 10 属，占总属数的 22.22%，表明保护区属的分布类型与温带区系有一定联系。从种的分布来看，种的分布区类型属东亚区系所占比例最高 57.01%，说明保护区蕨类植物属于东亚区系，东亚成分中最多的是中国—日本分布亚型，有 17 种，占东亚成分的 27.87%，根据 1991 年吴征镒提出的云南金沙江河谷为中国—日本分布和中国—喜马拉雅分布的分界线[19]，保护区蕨类植物处于中国—日本分布区，表明了该区内蕨类植物区系与日本的关系较为密切。保护区的中国特有分布有 15 种，占总种数的 14.01%，说明保护区蕨类植物具有一定的地理环境特殊性，其处在热带亚洲和东亚两大分布区的植物过渡地段上，同时山区地貌的多样性，沟谷较多，导致具有多样化的小生境，南来北往的许多种类在这里能找到自己生长的小生境。蕨类植物生态类型主要以土生为主。此外保护区内许多蕨类具有一定的经济价值，如具有食用价值的毛轴蕨 *Pteridium revolutum* 为人们普遍所食用；海金沙 *Lygodium japonicum*、贯众 *Cyrtomium fortunei*、节节草 *Equisetum ramosissimum* 等均为传统的中药材，具有较高的医药价值；江南星蕨 *Lepisorus fortunei*、巢蕨 *Asplenium nidus*、肾蕨 *Nephrolepis auriculata* 等具有观赏价值，叶型美观，可作为盆栽美化环境。

参 考 文 献

[1] 中国科学院昆明植物研究所．云南植物志．第 20 卷，蕨类植物[M]．北京：科学出版社，2006.

[2] 中国科学院昆明植物研究所．云南植物志．第 21 卷，蕨类植物[M]．北京：科学出版社，2005.

[3] 王培善，王筱英．贵州蕨类植物志[M]．贵阳：贵州科技出版社，2001.

[4] 秦仁昌．中国蕨类植物科属的系统排列和历史来源[J]．植物分类学报，1978，16（3）：1-19.

[5] CHRISTENHUSZ M J M, ZHANG X C, SCHNEIDER H. A linear sequence of extant families and genera of lycophytes and ferns[J]. Phytotaxa, 2011, 19: 7-54.

[6] CHRISTENHUSZ M J M, REVEAL J L, FARJON A. A new classification and linear sequence of extant gymnosperms[J]. Phytotaxa, 2011, 19(1): 7-54.

[7] 吴世福，张伟江，周伟，等．中国蕨类植物属的分布区类型及区系特征[J]．考察与研究，1993，13：63-77.

[8] 刘红梅，王丽，张宪春，等．石松类和蕨类植物研究进展：兼论国产类群的科级分类系统[J]．植物分类学报，2008，46（6）：808-829.

[9] 李茂，陈景艳，罗扬，等．贵州蕨类植物的整理研究[J]．贵州林业科技，2009，37（1）：32-38.

[10] 徐永福，喻勋林，陈炳辉．广东郁南同乐大山自然保护区种子植物区系研究[J]．热带亚热带植物学报，2009，17（6）：590-595.

[11] 王晖．贵州梵净山自然保护区蕨类植物区系及垂直分布格局的研究[D]．贵阳：贵州大学，2007.

[12] 高焕晔．贵州红水河沟谷残存季雨林蕨类植物多样性研究[D]．贵阳：贵州大学，2005.

[13] 薛高亮，王韶敏，苟光前，等．黔北丹霞地貌蕨类植物初步研究[J]．山地农业生物学报，2011，30（2）：110-114.

[14] 崔亚琼，杜红，邓洪平，等．缙云山蕨类植物区系特征研究[J]．西南大学学报（自然科学版），2009，31（8）：103-108.

[15] 何建源，林建丽，刘初钿，等．武夷山自然保护区蕨类植物物种多样性与区系的研究[J]．福建林业科技，2004，31（4）：40-43，57.

[16] 臧敏，邱筱兰．赣东北三清山的蕨类植物区系[J]．南昌大学学报（理科版），1997，21（2）：137-142.

[17] 丁炳扬，曾汉元，方腾，等．浙江省古田山自然保护区蕨类植物区系的研究[J]．浙江大学学报（农业与生命科学版），2001，27（4）：370-374.

[18] 左家哺．植物区系的数值分析[J]．云南植物研究，1990，12（2）：179-185.

[19] 吴征镒．中国种子植物属的分布区类型[J]．云南植物研究，1991（S4）：1-139.

3.4 贵州兴义坡岗自然保护区苔藓植物*

3.4.1 研究方法

1. 标本采集

2017 年 10 月 13～22 日对保护区进行为期 9d 的苔藓植物标本采集。标本采集主要采取普遍调查的方式，具体方法如下：首先，对石生、土生、树附生或腐木生的苔藓植物标本，用小刀将其完整地刮下来，置于事先叠好的信封大小的纸袋中，对于叶附生的苔藓植物标本，连同附生有苔藓植物的叶片一同取下；水生种类，则需要先把水吸干，再放置在纸袋中。其次，在纸袋上记录采集地点、采集时间、海拔、生境条件、采集人等信息，并对所采标本进行编号。对于其中一些生长良好、具特殊结构（如孢蒴、生殖托等）及某些特殊的种类进行拍照。对于比较少见、可能在分布上有重要意义或者有可能是新分类群新分布类群的标本，在拍摄照片的同时，还需要详细记录其采集地的经纬度及其他生长因素。再次，回到驻地后及时将纸袋摊开、晾干，然后带回实验室鉴定。最后，按照以上方法，共获得苔藓植物标本 781 份。所有标本均存放于贵州大学植物标本室。

2. 标本整理和鉴定

将标本带回到实验室，把标本逐一展开并晾干，尤其对一些水生、湿生环境的种类，同时将它们进行初步的分科分属鉴定，并把一个标本袋内具多个种类的苔藓植物分开装袋并编号。标本鉴定的仪器主要有显微镜、解剖镜、镊子、解剖针、刀片、培养皿、玻片等。鉴定方法为：从纸袋中取出少量的标本，置于培养皿中用清水浸泡，待植株舒展开后，在解剖镜下观察其外形、颜色、植株茎的分枝形式等特征，而后取叶、茎、孢蒴等部分，制成临时装片置于显微镜下观察，藓类主要观察叶形和叶细胞的形状、叶边是否有齿、是否有角细胞分化、叶细胞是否有疣等特征；茎叶体苔主要观察茎上是否有腹叶、是否有腹瓣、叶边是否有齿、是否有三角体及油体的形状等特征；叶状体苔主要观察气孔类型、生殖托、腹鳞片特征等，必要时用刀片做叶的横切和茎的横切。对于植株比较小、比较易碎的种类可以先用解剖镜进行解剖，再制作成临时玻片。根据观察到的形态特征，查阅各种苔藓植物分类的工具书、参考书、相关文献等资料，进行种的鉴定并做好鉴定记录。

3.4.2 结果与分析

1. 保护区苔藓植物物种组成

1）苔藓植物物种组成

查阅相关资料[1-17]，对采集自保护区的 781 余份苔藓植物标本进行鉴定和统计，得到苔藓植物 43 科 101 属 253 种（包括种以下分类单位，下同），其中藓类植物 28 科 81 属 191 种，苔类植物 14 科 19 属 61 种，角苔类植物 1 科 1 属 1 种。2006 年出版的《兴义坡岗自然保护区综合科学考察集》中记录了苔藓植物 36 科 71 属 146 种，其中藓类植物 24 科 57 属 121 种，苔类植物 11 科 13 属 24 种，角苔类植物 1 科 1 属 1 种；对比两次采集鉴定的结果，并参照《中国生物物种名录》（第一卷 · 植物 · 苔藓植物）排列，结果表明保护区的苔藓植物共计 47 科 116 属 314 种。其中，藓类植物门 30 科 93 属 241 种，苔类植物门 16 科 22 属 72 种，角苔植物门 1 科 1 属 1 种。我国现记录苔藓植物 150 科 591 属 3021 种[17]。统计得出，保护区苔藓植物占全国苔藓植物总科数的 31.33%，总属数的 19.63%，总种数的 10.39%。

2）苔藓植物科的组成

对保护区苔藓植物隶属 47 个科的标本进行分析，如表 3-17 所示。从表 3-16 中可知，充分体现了该地区苔藓植物科级分类阶元组成上的丰富性。

---

* 本节作者：谈洪英、熊源新、曹威。

表 3-17　贵州兴义坡岗自然保护区苔藓植物科的组成

种数	科数（百分比）	属数（百分比）	种数（百分比）
1	14（29.79%）	14（12.07%）	14（4.46%）
2～3	11（23.40%）	16（13.79%）	26（8.28%）
4～7	7（14.89%）	17（14.66%）	40（12.74%）
8～12	9（19.15%）	27（23.28%）	89（28.34%）
≥18	6（12.77%）	42（36.20%）	145（46.18%）
总计	47	116	314

从表 3-18 中可看出，保护区含 1～3 种的寡种科有 25 科，占总科数的 53.19%，所含种数占该地区总种数的比例较小，为 12.74%。苔藓植物种类较丰富的科（≥18）有 6 个，包括 43 属 145 种，多为常见且种类记录较多的藓类大科，苔类仅有细鳞苔科 Lejeuneaceae，占总属数的 3.45%，占总种数的 5.73%。

表 3-18　贵州兴义坡岗自然保护区苔藓植物优势科的属种组成

序号	科名	所含属数	占总属数百分比/%	所含种数	占总种数百分比/%
1	绢藓科 Entodontaceae	1	0.86	10	3.19
2	羽藓科 Thuidiaceae	3	2.59	11	3.50
3	灰藓科 Hypnaceae	5	4.31	11	3.50
4	光萼苔科 Porellaceae	1	0.86	11	3.50
5	平藓科 Neckeraceae	6	5.17	12	3.82
6	凤尾藓科 Fissidentaceae	1	0.86	18	5.73
7	细鳞苔科 Lejeuneaceae	4	3.45	18	5.73
8	蔓藓科 Meteoriaceae	11	9.48	20	6.37
9	青藓科 Brachytheciaceae	8	6.90	23	7.33
10	真藓科 Bryaceae	4	3.45	25	7.96
11	丛藓科 Pottiaceae	14	12.07	41	13.06
	总计	58	50.00	200	63.69

统计分析中以种的丰富性为标准，根据保护区苔藓植物的组成情况，结合总种数和科内种数，将科内种数大于 9 种的科定为优势科，则该保护区共有 11 个优势科（表 3-17），占总科数的 23.40%。

根据表 3-17，保护区苔藓植物优势科中丛藓科 Pottiaceae 所含种类最多，超过了 40 种（41 种），蔓藓科 Meteoriaceae、青藓科 Brachytheciaceae 和真藓科 Bryaceae 种类数量次之，11 个优势科包含苔藓植物 58 属 200 种，分别占总属数的 50.00%和总种数的 63.69%，构成了保护区苔藓植物的优势主体。

3）苔藓植物属的组成

保护区共有苔藓植物 116 属，如表 3-19 所示，将各属按照所含种数进行统计。

表 3-19　贵州兴义坡岗自然保护区苔藓植物属的组成

种数	属数	占总属数百分比/%	所含种数	占总种数百分比/%
1	57	49.14	57	18.15
2～3	36	31.03	88	28.03
4～6	13	11.21	63	20.06
7～9	5	4.31	38	12.10
≥10	5	4.31	68	21.66
总计	116		314	

由表 3-19 可知，保护区内苔藓植物少于 4 种的寡种属有 93 个，占总属数的 80.17%，但其种数所占比例为 46.18%。单种属 57 个，占总属数的 49.14%。单种属占总属数比例最大。说明保护区苔藓植物组成上的复杂性与丰富性，同时大量的单种属在分类上表现为独立性及演化上的原始性。

根据保护区苔藓植物属的种类组成及总种数与属内种数情况，将种数≥8 的属定为优势属，则保护区苔藓植物的优势属有 7 个（表 3-20），其所含种数为 85 种，占保护区苔藓植物总种数的 27.07%。由此可见，在属的水平上，保护区苔藓植物特征为：既有多种属的集中性，又有寡种属和单种属的多样性。

表 3-20　贵州兴义坡岗自然保护区苔藓植物优势属概况

序号	属名	所含种数	占总种数百分比/%
1	对齿藓属 *Didymodon*	8	2.55
2	耳叶苔属 *Frullania*	9	2.87
3	绢藓属 *Entodon*	10	3.18
4	光萼苔属 *Porella*	11	3.50
5	细鳞苔属 *Lejeunea*	12	3.82
6	真藓属 *Bryum*	17	5.42
7	凤尾藓属 *Fissidens*	18	5.73
总计		85	27.07

2. 区系成分分析

中国苔藓区系中以云贵苔藓植物种类最为丰富[15]，参照吴征镒对中国种子植物属的分布类型的研究中界定的范围，及贾渝、何思的《中国生物物种名录》等[16-17]书籍，结合保护区苔藓植物区系地理成分的特点分析，将保护区苔藓植物地理分布类型划分为 15 种类型，如表 3-21 所示。

表 3-21　贵州兴义坡岗自然保护区苔藓植物区系成分统计

序号	区系地理成分类型	种数	占总种数的百分比/%
1	世界广布成分*	31	
2	温带亚洲成分	3	1.06
3	北温带成分	48	16.96
4	东亚及北美间断成分	13	4.59
5	热带亚洲和热带美洲间断	4	1.41
6	热带亚洲至热带大洋洲间断	7	2.47
7	旧世界热带	1	0.35
8	泛热带成分	13	4.59
9	东亚广布	34	12.01
10	中国—日本	51	18.02
11	中国—喜马拉雅	26	9.19
12	热带亚洲至热带非洲	5	1.77
13	中国特有	36	12.72
14	热带亚洲成分	36	12.72
15	旧世界温带	6	2.12

* 表示其占总种数的百分比不包括世界分布种。

保护区苔藓植物的地理分布类型中最高为中国—日本成分，占保护区苔藓植物总数的 18.02%。其次为北温带成分，共 48 种，占保护区苔藓植物总数的 16.96%。旧世界热带、温带亚洲、热带亚洲至热带非洲、热带亚洲至热带美洲间断等地理成分所占比例均低于 2%，说明保护区苔藓植物的种类起源的原始性。

3. 新记录属、种

根据此次调查研究得出保护区苔藓植物新记录属 45 个，如异鳞苔属 *Tuzibeanthus*、钟帽藓属 *Venturiella*、疣鳞苔属 *Cololejeunea*、扁萼苔属 *Radula*、纽藓属 *Tortella*、银藓属 *Anomobryum* 等；新记录种 168 种，如葫芦藓 *Funaria hygrometrica*、钟帽藓 *Venturiella sinensis*、芒果树生藓 *Erpodium mangiferae*、仰叶藓（芮氏鲜）*Reimersia inconspicua*、尖叶扁萼苔 *Radula kojana* 等，可见 10 年前的苔藓植物调查不甚充分。

保护区 45 个新记录属中的钟帽藓属 *Venturiella* 也是贵州新记录属，该属隶属于树生藓科 Erpodiaceae，全世界仅 1 种——钟帽藓 *Venturiella sinensis*，一般生于树干或树枝上，植物体小，长 1～2.6cm，深绿色至暗绿色，疏松或密集贴生于树上，交织成小片，茎匍匐不规则分枝，叶密集着生。蒴柄短，不足 1mm，孢蒴卵形，灰白色至黄棕色，直立或隐没于苞叶中。分布在四川、湖北、湖南、安徽、上海、陕西等地，贵州首次记录该属植物，世界分布则有朝鲜、日本及北美地区的一些国家。

3.4.3　小结

保护区苔藓植物物种丰富，经初步调查，该地区苔藓植物共 47 科 116 属 314 种，藓类 30 科 93 属 241 种，苔类 16 科 22 属 72 种，角苔植物门 1 科 1 属 1 种。发现贵州新纪录属——钟帽藓属 *Venturiella*。保护区苔藓植物以东亚成分（东亚广布、中国—日本、中国—喜马拉雅）为主，共 111 种，占总种数的 35.35%，其次是热带成分（热带亚洲、泛热带、旧世界热带、热带亚洲至热带大洋洲、热带亚洲和热带美洲间断、热带亚洲至热带非洲），共 66 种，占总种数的 21.02%；温带成分（北温带成分、旧世界温带成分、温带亚洲成分），共 57 种，占总种数的 18.15%。保护区苔藓植物具有明显的东亚色彩，中国和日本在苔藓植物的起源上有着密切的关系；热带成分所占比例比温带高，说明该保护区苔藓区系具有从温带向热带过渡的性质。

参 考 文 献

[1] 熊源新．贵州苔藓植物志：第一卷[M]．贵阳：贵州科技出版社，2014．
[2] 熊源新．贵州苔藓植物志：第二卷[M]．贵阳：贵州科技出版社，2014．
[3] 熊源新．贵州苔藓植物图志[M]．贵阳：贵州科技出版社，2011．
[4] 中国科学院中国孢子植物志编辑委员会．中国苔藓志：第 9 卷[M]．北京：科学出版社，2003．
[5] 中国科学院中国孢子植物志编辑委员会．中国苔藓志：第 10 卷[M]．北京：科学出版社，2008．
[6] HE S, CAO C. Moss Flora of China English Vol. 1[M]. Beijing, New York: Science Press; St. Louis: Missouri Botanical Garden Press(St. Louis), 1999.
[7] HE S, LI X J. Moss Flora of China English: Version Vol. 2[M]. Beijing, New York: Science Press; St. Louis: Missouri Botanical Garden Press(St. Louis), 2001.
[8] HE S, GAO C. Moss Flora of China English: Version Vol. 3[M]. Beijing, New York: Science Press; St. Louis: Missouri Botanical Garden Press(St. Louis), 2003.
[9] HE S, LI X J. Moss Flora of China English: Version Vol. 4[M]. Beijing, New York: Science Press; St. Louis: Missouri Botanical Garden Press(St. Louis), 2007.
[10] HE S, WU P C. Moss Flora of China English: Version Vol. 5[M]. Beijing, New York: Science Press; St. Louis: Missouri Botanical Garden Press(St. Louis), 2011.
[11] HE S, WU P C. Moss Flora of China English: Version Vol. 6[M]. Beijing, New York: Science Press; St. Louis: Missouri Botanical Garden Press(St. Louis), 2002.
[12] HE S, HURL, WANG Y F. Moss Flora of China English: Version Vol. 7[M]. Beijing, New York: Science Press; St. Louis: Missouri Botanical Garden Press(St. Louis), 2008.
[13] HE S, WU P C. Moss Flora of China English: Version Vol. 8[M]. Beijing, New York: Science Press; St. Louis: Missouri Botanical Garden Press(St. Louis), 2005.
[14] 王荷生．植物区系地理[M]．北京：科学出版社，1992．
[15] 刘良淑，熊源新，钟世敏，等．印江洋溪自然保护区苔藓植物区系研究[J]．山地农业生物学报，2015，34（2）：27-33．
[16] 吴征镒．中国种子植物属的分布区类型[J]．云南植物研究，1991（S4）：1-139．
[17] 贾渝，何思．中国生物物种名录：第一卷[M]．北京：科学出版社，2013．

3.5　贵州兴义坡岗自然保护区大型真菌*

3.5.1　研究方法

1．材料来源

大型真菌照片及标本由团队成员于 2017 年 5 月～2018 年 3 月先后赴保护区开展大型真菌资源调查过程中获得。

* 本节作者：于存。

2. 调查方法

本次调查同时采取踏查、样线（带）法和样方调查相结合的方法进行大型真菌调查。其中，踏查法主要在保护区内根据不同海拔、不同植被类型进行沿路调查。在踏查基础上，根据保护区不同的地理区域、不同植被类型、海拔设置样线和样方。其中，样方面积为20m×20m，样线的平均长度为500～1 000m，宽度5m。整个保护区设置30个样方，50条样线。调查过程中，按一定层次进行观察、寻找，如草层、落叶层、枯枝、树木等。发现大型真菌后，进行大型真菌生境及大型真菌子实体的拍照，详细记录大型真菌的形态、采集地点、时间、数量、植被类型、经纬度、坡度、坡向及海拔等相关生态数据及采集地点、采集人、采集日期等相关内容；根据大型真菌的类型特点采取不同的收集方式，如木生真菌需要用枝剪或手锯将子实体连同基质一起采集，对于肉质、胶质、蜡质等类型的样本，采集后首先进行标号，然后用报纸制作为漏斗形纸袋分别包装，稀有珍贵物种或已损坏物种放入硬纸盒内。将获得的大型真菌标本进行室内鉴定，广泛查阅大型真菌相关的彩色图谱及分类学专著，采用宏观特征和显微结构观察等方法，依据每份标本的形态特征、生理特性及生活习性等对采集标本进行综合分析鉴定。需要微观形态观察时，使用5%KOH溶液为浮载剂在显微镜下观察，记录孢子大小、表面特征、担子大小、菌褶菌髓特征、囊状体、菌盖表皮菌丝特征等[1-8]。

根据《菌物字典》第10版，对保护区内的大型真菌的组成进行科、属、种的树木统计后，再进行优势科属的分析。查阅相关图书和文献资料与其他地区大型真菌多样性进行比对。根据大型真菌的生态习性及经济价值分别进行归纳统计，在此基础上对保护区内野生大型真菌资源进行分析和评价。

3.5.2 结果与分析

1. 保护区大型真菌的种类组成

根据保护区考察所采集记录的标本资料，已知保护区大型真菌中包括担子菌142种（包括变种），隶属92属、50科（附录5）；子囊菌10种，隶属6属、5科。保护区的大型真菌中以多孔菌科Polyporaceae、口蘑科Tricholomataceae、红菇科Russulaceae、牛肝菌科Boletaceae、鬼伞科Psathyrellaceae、灵芝科Ganodermataceae、炭角菌科Xylariaceae、鹅膏科Amanitaceae、蜡伞科Hygrophoraceae和侧耳科Pleurotaceae的种类及数量占优势，计89种，约占该保护区大型真菌已知数的62.68%。尤其是多孔菌科和口蘑科，合计41种，占保护区大型真菌已知数的28.87%。远高于其他的科。其中大型真菌数量超过5种的科有7科，这几科一共77种，占总种数的54.23%，其他43科一共含有65种，占总种数的45.77%，详见表3-22。该林区大型真菌主要类群为蜡钉菌属*Helotium*、栓菌属*Trametes*、灵芝属*Ganoderma*、粘盖牛肝菌属*Suillus*、红菇属*Russula*、小皮伞属*Marasmius*、金钱菌属*Collybia*、鬼伞属*Coprinus*和炭角菌属*Xylaria*等。与其他几个保护区大型真菌种类相比，保护区大型真菌种类仅次广西大瑶山的144种（表3-23）。本次调查保护区大型真菌数量较最近一次保护区科学考察调查大型真菌共81种，分属于75属34科，有较大的提升，分析与近些年保护区植被恢复良好，为大型真菌的生存创造了更好的生存条件有关。

表3-22　贵州兴义坡岗自然保护区大型真菌科、属、种的统计

科	属	种	种所占百分比/%	科	属	种	种所占百分比/%
麦角菌科　Clavicipitaceae	1	1	0.7	侧耳科　Pleurotaceae	4	4	2.82
锤舌菌科 Leotiaceae	1	1	0.7	小脆柄菇科 Psathyrellaceae	1	1	0.7
炭角菌科　Xylariaceae	2	5	3.52	裂褶菌科　Schizophyllaceae	1	1	0.7
火丝菌科 Pyronemataceae	1	1	0.7	蜡伞科　Hygrophoraceae	1	4	2.82
蜡钉菌科　Helotiaceae	1	2	1.41	口蘑科　Tricholomataceae	11	20	14.08
银耳科　Tremellaceae	1	1	0.7	蘑菇科 Agaricaceae	1	1	0.7
木耳科　Aueiculariaceae	1	1	0.7	鹅膏科　Amanitaceae	1	4	2.82
花耳科　Dacrymycetaceae	1	1	0.7	鬼伞科　Psathyrellaceae	5	7	4.93

续表

科	属	种	种所占百分比/%	科	属	种	种所占百分比/%
鸡油菌科 Cantharellaceae	1	1	0.7	粪锈伞科 Bolbitiaceae	1	1	0.7
锁瑚菌科 Clavulinaceae	1	1	0.7	球盖菇科 Strophariaceae	1	1	0.7
韧革菌科 Stereaceae	1	2	1.41	丝膜菌科 Cortinariaceae	1	3	2.11
刺革菌科 Hymenochaetaceae	1	1	0.7	锈耳科 Crepidotaceae	1	2	1.41
显毛菌科 Phanerochaetaceae	1	1	0.7	赤褶菌科 Rhodophyllaceae	1	1	0.7
杯珊瑚菌科 Clavicoronaceae	1	2	1.41	牛肝菌科 Boletaceae	8	9	6.34
枝瑚菌科 Ramariaceae	1	1	0.7	乳牛肝菌科 Suillaceae	1	1	0.7
珙瑚菌科 Clavulinaceae	1	1	0.7	松塔牛肝菌科 Strobilomycetaceae	1	1	0.7
珊瑚菌科 Clavariaceae	2	3	2.11	红菇科 Russulaceae	2	9	6.34
齿耳菌科 Steccherinaceae	1	1	0.7	马勃科 Lycoperdaceae	1	1	0.7
小齿菌科 Clinacodontaceae	1	1	0.7	地星科 Geastraceae	1	2	1.41
齿菌科 Hydnaceae	1	1	0.7	硬皮地星科 Astraceae	1	1	0.7
灵芝科 Ganodermataceae	1	6	4.23	硬皮马勃科 Sclerodermataceae	1	2	1.41
多孔菌科 Polyporaceae	14	21	14.79	鬼笔科 Phallaceae	1	1	0.7
革菌科 Thelephoraceae	1	1	0.7	灰包科 Lycoperdaceae	1	2	1.41
皱孔菌科 Meruliaceae	2	2	1.41	鸟巢菌科 Nidulariaceae	2	2	1.41
针孔菌科 Mucronoporaceae	1	1	0.7	黑粉菌科 Ustilaginaceae	1	1	0.7

表3-23 贵州兴义坡岗自然保护区与部分地区大型真菌科、属、种的比较

地区名称	总面积/hm^2	科	属	种	排位
广西大瑶山自然保护区	24 907	30	82	144	9
广西十万大山自然保护区	58 277	31	72	135	11
广西木论自然保护区	15 800	30	46	68	4
广西九万大山自然保护区	26 042	41	90	188	5
广西雅长自然保护区	22 062	39	87	185	6
广西岑王老山自然保护区	18 994	42	105	218	3
贵州坡岗自然保护区	5 030	50	96	142	10
贵州茂兰自然保护区	21 185	34	77	163	8
贵州雷公山自然保护区	47 600	37	87	203	2
湖南莽山自然保护区	19 833	28	64	84	13
贵州梵净山自然保护区	41 990	45	123	375	1
贵州大沙河自然保护区	26 990	47	95	208	4
福建梅花山自然保护区	22 168	29	73	117	12

已鉴定的大型真菌绝大部分为肉质和半肉质种类，仅有40余种为革质和木质种类，如一色齿毛菌 *Cerrena unicolor*、云芝 *Coriolus versicolor*、丝光铍孔菌 *Coltricia cinnamomea*、木蹄层孔菌 *Fomes fomentarius*、药用拟层孔菌 *Fomitopsis officinalis*、树舌灵芝 *Ganoderma applanatum*、薄边蜂窝孔菌 *Hexagonia tenuis*、桦褶孔菌 *Lenzites betulina*、鲑贝耙齿菌 *Irpex consors*、褐扇小孔菌 *Microporus vernicipes*、盏芝小孔菌 *Microporus xanthopus*、扇形小孔菌 *Microporus flabelliformis*、黄柄小孔菌 *Microporus xanthopus*、红孔菌 *Pycnoporus cinnabarinus*、漏斗多孔菌 *Polyporus arcularius*、灵芝 *Ganoderma lucidum*、无柄紫灵芝 *Ganoderma mastoporum*、紫芝 *Ganoderma sinense*、南方树舌 *Ganoderma australe*、大白栓菌 *Trametes lactinea*、绒毛栓菌 *Trametes pubescens*、雅致栓孔菌 *Trametes elegans*、冷杉附毛菌 *Trichaptum abietinum*、果生炭角菌 *Xylaria carpophila*、黑柄炭角菌 *Xylaria nigripes*、炭角菌一种 *Xylaria* sp.、多形炭角菌 *Xylaria polymorpha*、烟色烟管菌 *Bjerkandera fumosa*、炭球菌 *Daldinia concentrica* 等。

2. 保护区大型真菌垂直分布

大型真菌的种类组成，除与水分、温度、土壤、枯枝落叶等密切相关外，它们在不同的植被类型中，有着不同的种类组成和优势种群。同时，海拔的垂直变化，直接影响着大型真菌种类的分布。从本次考察所得到的资料分析，保护区大型真菌可按 3 个垂直带划分，即低山林带中的大型真菌、中山林带中的大型真菌、高山林带中的大型真菌，如表 3-24 所示。

表 3-24 贵州兴义坡岗自然保护区大型真菌垂直分布

垂直带分类	大型真菌组成
山顶林带	*Phellinus gilvus*、*Polystictus versicolor*、*Stereum fasciatum*、*Clavulinopsis miniata*、*Irpex consors*、*Coltricia cinnamomea*、*Panus rudis*、*Schizophyllum commune*
中山林带	*Daldinia concentrica*、*Cordyceps nutans*、*Auricularia auricula*、*Auricularia polytricha*、*Gueypinax spathularia*、*Stereum fasciatum*、*Clavulinopsis miniata*、*Hydnum repandum*、*Cerrena unicolor*、*Polyporus arcularius*、*Polyporus alveolaris*、*Microporus xanthopus*、*Pycnoporus sanguineus*、*Trametes pubescens*、*Trametes versicolor*、*Irpex consors*、*Trichaptum byssogenum*、*Coltricia cinnamomea*、*Phellinus gilvus*、*Lactarius piperatus*、*Russula fotens*、*Scleroderma polyrhizum*、*Collybia acervata*、*Laccaria laccata*、*Oudemansiella longipes*
低山林带	*Helotuiun serotinum*、*Auricularia auricula*、*Auricularia polytricha*、*Gueypinax spathularia*、*Stereum fasciatum*、*Clavulinopsis miniata*、*Hydnum repandum*、*Ganoderrna applanatum*、*Ganoderma hainanense*、*Bjerkandera fumosa*、*Cerrena unicolor*、*Polyporus arcularius*、*Polyporus alveolaris*、*Microporus xanthopus*、*Pycnoporus sanguineus*、*Trametes pubescens*、*Trametes versicolor*、*Irpex consors*、*Phellinus gilvus*、*Suillus* sp.、*Amanitopsis farinosa*、*Amanita spisscea*.

1）低山林带中的大型真菌

保护区低山林带常见植物有云贵鹅耳枥、滇青冈、朴树、爬藤榕、斜叶榕、贵州十大功劳、黄樟、川桂、老虎刺、石海椒、石山花椒、齿叶黄皮、豆叶九里香、香椿、毛果巴豆、油桐、粗糠柴、石岩枫、圆叶乌桕、野扇花、盐麸木、南酸枣、黄连木、青香木、大果冬青、灰叶槭、岩生鼠李、多叶勾儿茶、尖瓣瑞香、八角枫等。森林茂密，郁闭度较大，枯枝落叶层很厚，土层深，肥力高，气候温暖湿润，为各种不同生态类型的大型真菌提供了生长环境。本带海拔小于 1 000m。本带的大型真菌种类较多，计 55 种，占已定种树的 38.73%。常见的大型真菌种类有下垂虫草、橘色蜡丁菌 *Helotuiun serotinum*、木耳 *Auricularia auricula*、毛木耳 *Auricularia polytricha*、桂花耳 *Guepinia spathularia*、轮纹韧革菌 *Stereum fasciatum*、银朱拟锁瑚菌 *Clavulinopsis miniata*、美味齿菌 *Hydnum repandum*、树舌灵芝 *Ganoderma applanatum*、海南灵芝 *Ganoderma hainanense*、烟色烟管菌 *Bjerkandera fumosa*、一色齿毛菌 *Cerrena unicolor*、漏斗多孔菌 *Polyporus arcularius*、大孔多孔菌 *Polyporus alveolaris*、盏芝小孔菌 *Microporus xanthopus*、血红孔菌 *Pycnoporus sanguineus*、绒毛栓菌 *Trametes pubescens*、云芝 *Trametes versicolor*、鲑贝耙齿菌 *Irpex consors*、浅黄木层孔菌 *Phellinus gilvus*、年盖牛肝菌 *Suillus* sp.、小托柄鹅膏菌 *Amanitopsis farinosa*、角鳞灰鹅膏菌 *Amanita spisscea*、墨汁鬼伞 *Coprinopsis atramentaria*、小灰包 *Lycoperdon pusillum* 等。除此之外，还有一些个体较小的大型真菌和粪生种类。在海拔 1 000m 以下的溪沟两旁，遍布倒木，湿度大，阳光照射少，多为盘菌类、炭角菌类、木耳类和多孔菌类，种类组成不复杂，但其产量大。大部分肉质种类标本采集于这种生境中。

2）中山林带中的大型真菌

坡岗中山林带水热条件略差于低山林带，常见植物有圆果化香、云贵鹅耳栎、滇青冈、朴树、爬藤榕、斜叶榕、榕树、鹰嘴萼冷水花、贵州十大功劳、黄樟、川桂、润楠、香叶树、云南鼠刺、水丝梨、火棘、翅荚香槐、合欢等。本带海拔为 1 000～1 299m。本带大型真菌的种类组成及分布均发生了变化。大型真菌种类定种 60 种，占已知种类 42.25%。常见的大型真菌种类有轮层炭球菌 *Daldinia concentrica*、下垂虫草 *Cordyceps nutans*、木耳 *Auricularia auricula*、毛木耳 *Auricularia polytricha*、桂花耳 *Gueypinax spathularia*、轮纹韧革菌 *Stereum fasciatum*、银朱拟锁瑚菌 *Clavulino psisminiata*、美味齿菌 *Hydnum repandum*、一色齿毛菌 *Cerrena unicolor*、漏斗多孔菌 *Polyporus arcularius*、大孔多孔菌 *Polyporus alveolaris*、盏芝小孔菌 *Microporus xanthopus*、血红孔菌 *Pycnoporus sanguineus*、绒毛栓菌 *Trametes pubescens*、云芝 *Trametes versicolor*、鲑贝耙齿菌 *Irpex consors*、毛囊附毛菌 *Trichaptum byssogenum*、丝光铍孔菌 *Coltricia cinnamomea*、

淡黄木层孔菌 *Phellinus gilvus*、硫色干酪菌 *Tyromyces sulphureus*、白乳菇 *Lactarius piperatus*、臭黄菇 *Russula fotens*、多根硬皮马勃 *Scleroderma polyrhizum*、裂褶菌 *Schizophyllum commune*、革耳 *Panus rudis*、软靴耳 *Crepidotus mollis*、堆金钱菌 *Collybia acervata*、红蜡蘑 *Laccaria laccata*、长根小奥德蘑 *Oudemansiella radicata*、网纹灰包 *Lycoperdon perlatum*、小灰包 *Lycoperdon pusillum* 等。本带的大型真菌树上种类常见，地上种类明显减少，偶尔也采集到红菇科、牛肝菌科和毒伞科中的种类。

3）山顶林带中的大型真菌

坡岗山顶林带与中山和地上林带相比，年平均气温低，常年风大，水分少，土层薄，肥力不高，植物种类少。常见的植物种类华夏子楝树、铁仔、光叶铁仔、齿叶铁仔、密花树、岩柿、狭叶链珠藤、华紫枫、黄荆、齿叶吊石苣苔、旋蒴苣苔、马蓝、球核荚蒾等。本带海拔为高于 1 300m。本带采集到的大型真菌标本少，定种 27 种，占已知种类的 19.01%。常见的种类有淡黄木层孔菌 *Phellinus gilvus*、小灰包 *Lycoperdon pusillum*、云芝 *Trametes versicolor*、轮纹韧革菌 *Stereum fasciatum*、银朱拟琐瑚菌 *Clavulinopsis miniata*、鲑贝耙齿菌 *Irpex consors*、丝光钹孔菌 *Coltricia cinnamomea*、革耳 *Panus rudis*、裂褶菌 *Schizophyllum commune* 等。该林带的大型真菌种类不仅种类少、个体很小，而且种群密度极低，这种现象与山体的海拔、土壤、温度、水分、光照，以及植物种类等方面的垂直变化有关。

3. 保护区大型真菌重要种类简述

1）木耳 *Auricularia auricula* (L.) Underw.

子实体，单生，耳状，或群生，花瓣状，胶质，半透明，中凹，（1.5～6）cm×（1～8）cm，上表面有极短的短毛，毛长 36～135μm，直径 4～5.5μm，毛不成密丛状，有时上表面几乎光滑，偶微有脉络状的皱纹，棕褐色、黑褐色，干时黑色，干后体积强烈收缩，子实层面变为近灰黑色至黑色。子实层厚约 145μm，担子（45～55）μm×（3～5.5）μm，孢子腊肠形或肾形，（9～13）μm×（4.5～6）μm。

食用菌。木耳是我国著名的食用菌和药用菌，为棉、麻、毛纺织工人的保健食品。

人工栽培情况：可以用段木栽培，也可以用木屑、棉籽壳等进行袋栽。

生态习性：春至冬生于麻栎、栓皮栎、榆树、枫扬、杨树、枫香、小果榕、小叶榕、酸果藤、顶果木、刺桐、槐等多种阔叶树的木头上。

分布：我国河北、山西、内蒙古、辽宁、吉林、黑龙江、江苏、浙江、安徽、福建、江西、河南、湖北、湖南、广东、广西、四川、贵州、云南、西藏、陕西、青海、甘肃、台湾等省（区），以及日本、俄罗斯、欧洲、北美洲。

2）灵芝 *Ganoderma lucidum* (Curtis) P. Karst.

子实体一年生，有柄，木栓质。菌盖肾形、半圆形或近圆形，直径 5～15cm（25cm），厚 2.5cm，表面褐黄色或红褐色，向边缘渐变淡，有同心环沟和环带，有皱褶，有漆样光泽，边缘锐或钝，往往向内卷。菌肉淡白色或木材色，近菌管处浅肉桂褐色，厚 1cm 左右。菌管淡白色、淡褐色至褐色，长 1cm 左右。管口初白色后褐色，有时为污黄色或淡褐色。菌柄圆柱形，侧生长可达 6～15（20cm），粗 2～3.5cm，紫褐色，有漆光。孢子卵形，顶端平截，双壁，外壁无色，内壁有小刺，淡褐色，（8～11）μm×（5～6.9）μm。

药用或观赏菌。

工人栽培情况：已有多年人工栽培历史。有用木屑栽培的，也有用椴木栽培的。

生态习性：生于阔叶林内伐桩上，有时生于针叶树干基部。能引起立木干基腐朽。

分布：我国河北、山西、黑龙江、江苏、浙江、安徽、福建、江西、山东、湖南、广东、贵州、四川、广西、云南、台湾等省（区），以及日本、欧洲、北美洲。

3）紫芝 *Ganoderma sinense* J. D. Zhao, L. W. Hsu et X. Q. Zhang.

菌盖木栓质，皮壳黑色，光亮，有同心环纹，具明显或不明显的辐射皱纹，盖缘薄或钝，常近似截形，成熟前边缘色浅，成熟后与菌盖中间相同。（2～8）cm×（2.5～25）cm，厚 0.4～1.5cm。菌肉褐色，0.1～0.6cm。管孔污白色，每毫米内有 4～5 个，长 0.3～1cm。菌柄侧生或偏生，色、质与菌盖相同，长 6～15cm，粗 0.5～1.5cm。孢子卵形或顶端平截，（9.5～12.5）μm×（6.5～8）μm。

药用菌。对提高机体免疫力、耐缺氧能力、抗疲劳、镇静有显著效果。临床上能治疗神经衰弱、气喘、冠心病等症。有效成分主要为多糖。

人工栽培情况：用锯木屑、棉籽壳或椴木等培养可获得子实体[6]。菌丝初分离培养时，纯白色，后期转变成浅黄色，在锯木屑上培养的菌丝体有苦味。

生态习性：多生于枯死树桩的基部或周围，树干的枯死处偶尔也有发生。

分布：我国河北、上海、浙江、福建、江西、山东、湖南、广东、贵州、台湾等省（区），以及亚洲、欧洲。

4）鸡㙡菌 *Termitomyces albuminosus* (Berk.) R. Heim.

菌盖呈尖顶斗笠状，盖径 5～25cm，中央淡褐色、浓茶色至灰色，渐近盖缘，颜色渐淡，呈淡灰白色。成熟时，盖缘呈放射状开裂。盖表菌丝淡褐色，菌丝粗 5～7μm。菌柄圆柱形或纺锤形，内实，纤维质，外部淡灰色或淡褐色，内部白色，假根细长，与蚁巢相缔结，在蚁巢表面形成一吸盘状的基垫。菌褶密，近离生至弯生，白色。侧生囊状体圆柱形，顶端尖或圆钝，（20～55）μm×（15～20）μm。担孢子椭圆形，一端稍渐尖，透明，光滑，（7～9）μm×（6～5）μm。

食用菌。上品。肉韧如鸡丝，味美而鲜。

分布：我国江苏、浙江、福建、江西、湖北、湖南、广东、广西、海南、四川、贵州、云南、西藏、台湾等省（区），以及亚洲如印度、巴基斯坦等国家。

5）绒柄松塔牛肝菌 *Strobilomyces floccopus* (Vahl) P. Karst.

菌盖宽 3～12cm，初半球形，后平展，灰褐色、淡黑褐色或紫褐色，被粗糙毡毛状、直立、反卷或松塔状鳞片。菌肉厚 1～1.5cm，白色或带白色，受伤时变淡红色，后渐变黑色。菌管直生或稍下延，长 1～1.5cm，初期由菌幕覆盖，菌幕脱落后其残片留于菌盖边缘，菌管污白色或灰色，后渐变褐色或淡黑色，管口多形，宽 1.5～2.5mm，初期白色后渐变成黑色或受伤时变黑色。菌柄长 4～10cm，粗 0.6～1.8cm，与菌盖同色，上下略等粗或于基部稍膨大，顶端具网纹，下部覆有鳞片和绒毛。孢子淡褐色至暗褐色，近球形，有网纹，（8～11）μm×（7.5～10）μm。

食用菌。

生态习性：夏、秋季生于阔叶林或混交林中地上，单生或散生。

分布：我国江苏、浙江、安徽、福建、山东、河南、湖南、广东、广西、四川、贵州、云南、西藏等省（区），以及亚洲、欧洲、北美洲等。

6）头状马勃 *Calvatia craniiformis* (Schwein.) Fr.

担子果宽 3.5～6cm，高达 7cm，倒卵状、陀螺形至长梨形，上半部时常有深皱褶，具一发育完好的不育基部，以根状菌索固着在地上，表面以一定薄的、纸质、平滑、无光至具微细糠麸状的外层覆盖，此外层呈茶褐色至酱褐色，成熟时糠鳞脱落露出内被。内包被薄而脆，成熟时呈黄褐色，上半部破裂成小片脱落后露出孢体。孢体蜜黄色。孢丝淡绿黄色，具少数横隔和分枝，粗 2～4μm；壁稍增厚且具大圆坑。孢子球圆形，3～4μm。

食用菌。幼嫩时可食用。

生态习性：单个或分散生于草地上或疏林内地上。

分布：我国河北、山西、吉林、江苏、安徽、福建、江西、湖南、广东、贵州、四川、云南、陕西、甘肃等省区，以及亚洲、欧洲、北美洲。

4. 保护区大型真菌资源评价

1）腐生菌

保护区森林、灌丛及草本植物的代谢产物以及遍布的枯枝落叶形成的腐殖质，为大型真菌生长提供了有利条件，本区常见的腐生真菌有一色齿毛菌 *Cerrena unicolor*、红孔菌 *Pycnoporus cinnabarinus*、相邻小孔菌 *Miroporu affinis*、簇生黄韧伞 *Naematoloma fasciculare* 等 50 余种。它们分解植物残体，把森林中的枯枝落叶或枯立木及树桩通过分解变为简单物质而归还大自然，是有益的腐生菌。其中有一些种类对森林有危害，常见的有桦褶孔菌 *Lenzites betulina*、树舌灵芝、绒毛栓菌 *Trametes pubescens*、烟色烟管菌 *Bjerkandera fumosa* 等。

2）食用菌

保护区 142 种大型真菌中，可食用的种类有 49 种，常见的有栎金钱菌 *Collgbia dryophila*、长根奥德蘑、金针菇、网纹灰包、木耳 *Auricularia auricala*、格拉乳菇 *Lactarius gcrardii*、臭红菇 *Russula fotens*、美味侧耳 *Pleurotus sapidus*、香菇 *Lentinula edodes*、裂褶菌 *Schizophyllum commune*、白斗香菇 *Lentinus squarrosulus* 等。

3）药用菌

保护区药用菌计 44 种，常见的有香菇、美味侧耳、金针菇、桦褶孔、银耳、木耳、树舌灵芝。近年来，在临床实践中，紫芝、灵芝（除传统的治疗神经衰弱外）对慢性肝炎、肾盂肾炎、高血脂胆固醇、高血压、冠心病、白细胞减少、鼻炎、慢性支气管炎、胃痛、十二指肠溃疡等有不同程序疗效；生长在倒木上的鲑贝耙齿菌 *Irpex consors* 的发酵液及菌丝体中提取的革盖菌素类均具强烈的抑制革兰阳性菌的能力，对艾氏腹水癌及小白鼠白血病 L-1220 显抗癌作用；到处可见的裂褶菌 *Schizophyllum commune* 所含的裂褶菌多糖对小白鼠肉瘤 180、小白鼠艾氏癌、大白鼠吉田肉瘤、小白鼠肉瘤的抑制率为 89%～100%；红菇属 *Russula* 中有至少 6 种对小白鼠肉瘤 180 及艾氏癌的抑制率均在 60%～80%，它们是臭红菇、蓝黄红菇、黄斑红菇等。

4）毒菌

保护区的毒菌计 20 种，常见的有钟形花褶伞 *Panaeolus campanulatus*、臭黄菇 *Russula fotens*、绒白乳菇 *Lactarius vellereus*、苦粉孢牛肝菌 *Tylopilus felleus*，橙黄蜡伞 *Hygrophorus conicus*、豹斑鹅膏菌 *Amanita pantherina*、块鳞灰毒鹅膏菌 *Amanita spissa*、小托柄鹅膏菌 *Amanita farinosa*、簇生黄韧伞 *Naematoloma fasciculare* 等。

3.5.3　小结

（1）保护区大型真菌种类极为丰富，计 142 种，分属 92 属 50 科。其中担子菌 132 种，45 科 86 属；子囊菌 10 种，5 科 6 属。

（2）保护区的大型真菌可分为 3 个垂直带，以中山带中的大型真菌最多，低山带次之，山顶带最少。可见海拔的垂直变化，直接影响着大型真菌的生长。

（3）保护区森林植被类型的不同，反映出大型真菌的种类组成不同。

（4）保护区的大型真菌资源丰富，其中食用菌 49 种，药用菌 44 种，木腐菌 38 种，毒菌 20 种。

参考文献

[1] 吴兴亮，戴玉成. 中国灵芝图鉴[M]. 北京：科学出版社，2005.
[2] 邓叔群. 中国的真菌[M]. 北京：科学出版社，1963.
[3] 吴兴亮，戴玉成，李泰辉，等. 中国热带真菌[M]. 北京：科学出版社，2011.
[4] 顾新伟，何伯伟. 浙南山区大型真菌[M]. 杭州：浙江科学技术出版社，2012.
[5] 牟晓岚. 中国大型真菌[M]. 郑州：河南科学技术出版社，2000.
[6] 黄年来. 中国大型真菌原色图鉴[M]. 北京：中国农业出版社，1998.
[7] 魏景超. 真菌鉴定手册[M]. 上海：上海科学技术出版社，1982.
[8] 戴芳澜. 中国真菌总汇[M]. 北京：科学出版社，1979.

3.6　贵州兴义坡岗地衣多样性*

地衣（lichens）是一种菌藻共生复合体，其菌丝不断从周围空气、基质等环境中吸收水分及矿物质供给藻细胞进行光合作用，藻细胞合成的有机物提供给菌丝生长，虽然地衣生长缓慢，但在群落演替的初级

* 本节作者：孟庆峰、付少彬、贾泽峰、赵欣、邹大雄、张龙杰。

阶段具有非常重要的作用。地衣的生态环境和生长基物非常广泛，从赤道到极地，从平原到高山，在荒漠、在草原、在森林，到处都有地衣的分布。在生物的多样性中地衣是一类独特的生物，虽为菌、藻共生体，但在形态结构、生理生化、生态与遗传等方面均不同于一般的真菌与藻类植物。贵州因其复杂多样的生态环境，蕴藏着极为丰富的生物资源，生物多样性优势突出，这也为地衣资源综合开发利用提供了有利条件。但是关于贵州地衣调查研究并不多，1987 年报道的贵州地衣仅有 30 种[1]。2001 年报道的贵州地衣有 71 种（含 3 变种，1 亚种），隶属 10 科，17 属，省内新记录有 48 种[2]。这些调查与贵州省内地衣的实际数量相差甚远，不能真实反映贵州地衣多样性。2017 年唐蓉等对贵州桐梓黄莲柏箐自然保护区的地衣多样性进行初步考察，200 余份标本分属于 12 科 20 属 31 种。其中，贵州省新记录种 8 个[3]。本节研究首次对采自保护区的 400 余份标本进行形态学、解剖学、地衣化学等几种方法，分属于 22 科 41 属 42 种（附录 4），物种多样性较丰富，填补了保护区内地衣资源调查的空白，丰富了该自然保护区地衣种类资源，为其进一步开发利用奠定基础。

3.6.1　研究方法

1. 野外考察与标本采集

项目组深入保护区内部进行野外标本的生境拍照、标本采集及进行初步分类编号等。考察地点包括民族村间歇泉、楼纳上寨、苦竹林、大箐村、岩峰村、纳赖村、烂滩、播洛、荣强、韦家凼、清水河谷、万峰湖、马岭河峡谷、万峰林等，在各地点向周围扩展进行地衣物种多样性的考察，共采集到 408 份标本。

2. 形态学鉴定

通过对标本的地衣体类型、颜色、表皮、粉霜、假根、杯点、中央脐、脉纹等，子囊盘的形状、大小、着生位置、类型、盘面颜色、盘被碳化情况等特征进行描述鉴定。

3. 化学鉴定

1）显色反应

用毛细管蘸取以下溶液分别对地衣体的上下表面、髓层进行显色反应（表 3-25），通过颜色及变化规律初步确定化学物质的种类。

表 3-25　显色反应常用试剂[4]

名称	简称	配制方法
KOH 溶液	K 溶液	5%～10%水溶液
$Ca(ClO)_2$ 溶液	C 溶液	新鲜饱和溶液
对苯二胺乙醇溶液	PD 溶液	取对苯二胺颗粒溶于少量乙醇中，现配现用
碘-碘化钾溶液	I 溶液	0.5g 碘和 1g 碘化钾，溶于 20mL 水合氯醛及 25mL 水中

2）微量化学结晶法

取少量地衣体碎片，用丙酮等有机溶剂提取其成分，去掉地衣体碎片，滴入结晶试剂（表 3-26）使其再结晶，采用微量化学结晶法（microchemical crystal，MCT），根据结晶的形状来鉴定地衣酸种类。

表 3-26　常用结晶试剂[4]

名称	配制方法
KK	5%氢氧化钾：20%碳酸钾=1：1
GE	甘油：冰乙酸=1：3
GAW	甘油：乙醇：水=1：1：1
GAo-T	甘油：乙醇：邻-甲苯胺=2：2：1
GAAn	甘油：乙醇：苯胺=2：2：1

4. 解剖学鉴定

分别对地衣体、子囊盘、子囊壳、杯体、粉芽、裂芽、衣瘿等结构进行切片，用光学显微镜观察其内部结构、菌丝、共生藻、子囊、孢子数量、孢子形状、孢子结构、侧丝等特征，并加以描述记录，综合分析。

5. 分子生物学鉴定

提取地衣体或子囊盘的 DNA 作为模版，以真菌通用引物 ITS1（5′-TCCGTAGGTGAACCTGCGG-3′）和 ITS4（5′-TCCTCCGCTTATTGATATGC-3′）作为引物利用 PCR 技术扩增共生菌的 ITS 序列，测序后在 NCBI 网站进行 blast（basic local alignment search tool，基于局部比对算法的搜索工具）在线比对，结合形态学、解剖学特征，最终确定标本的种属类群。

3.6.2 科、属、种的组成

保护区地衣种类较为丰富，有不完全地衣、壳状地衣、鳞片状地衣、枝状地衣及叶状地衣等类型，主要采集地在土层、岩石表面、树皮、苔藓等。土层及岩石基物上主要为壳状地衣，少数为不完全地衣、鳞叶状、枝状及叶状地衣等，有双缘衣属 *Diploschistes*、瓶口衣属 *Verrucaria*、石蕊属 *Cladonia*、网衣属 *Lecidea*、癞屑衣属 *Lepraria*、蜈蚣衣属 *Physcia*、假网衣属 *Porpidia*、平茶渍属 *Aspicilia*、橙衣属 *Caloplaca*、石黄衣属 *Xanthoria* 等，其中平茶渍属 *Aspicilia*、网衣属 *Lecidea*、橙衣属 *Caloplaca*、蜈蚣衣属 *Physcia*、癞屑衣属 *Lepraria*、石蕊属 *Cladonia* 等为石头及土层表面的优势类群；苔藓上多为叶状及鳞片状地衣，主要类群有地卷属 *Peltigera*、胶衣属 *Collema*、猫耳衣属 *Leptogium*、石蕊属 *Cladonia* 等；树皮表面类群较为多样，几乎包含各种类型地衣，光滑树皮表面如壳斗科植物、李子树皮、棕榈树皮、桃树皮、泡桐树皮等地衣种类尤为丰富，壳状地衣主要类群有鸡皮衣属 *Pertusaria*、肉疣衣属 *Ochrolechia*、文字衣属 *Graphis*、刻痕衣属 *Glyphis*、茶渍属 *Lecanora*、橙衣属 *Caloplaca*、网衣属 *Lecidea*、双缘衣属 *Diploschistes*、石黄衣属 *Xanthoria* 以及不完全地衣癞屑衣属 *Lepraria* 等；枝状地衣主要为松萝属 *Usnea*；叶状地衣主要为梅衣属 *Parmelia*、蜈蚣衣属 *Physcia*、黑蜈蚣衣属 *Phaeophyscia*、星点梅属 *Punctelia*、狭叶衣属 *Parmelinopsis*、大叶梅属 *Parmotrema*、哑铃孢属 *Heterodermia*、胶衣属 *Collema* 等（表 3-27～表 3-29）。

表 3-27　贵州兴义坡岗保护区主要地衣类群

类型	类群
不完全地衣	癞屑衣属（*Lepraria*）
鳞叶状地衣	石蕊属（*Cladonia*）
枝状地衣	松萝属（*Usnea*）、鹿蕊属（*Cladina*）、树花属（*Ramalina*）
壳状地衣	双缘衣属（*Diploschistes*）、瓶口衣属（*Verrucaria*）、网衣属（*Lecidea*）、假网衣属（*Porpidia*）、平茶渍属（*Aspicilia*）、橙衣属（*Caloplaca*）、石黄衣属（*Xanthoria*）、鸡皮衣属（*Pertusaria*）、肉疣衣属（*Ochrolechia*）、黑瘤衣属（*Buellia*）、黄烛衣属（*Candelaria*）、文字衣属（*Graphis*）、刻痕衣属（*Glyphis*）、网盘衣属（*Sarcogyne*）、矮疣衣属（*Staurothele*）、污核衣属（*Porina*）
叶状地衣	梅衣属（*Parmelia*）、蜈蚣衣属（*Physcia*）、黑蜈蚣衣属（*Phaeophyscia*）、星点梅属（*Punctelia*）、狭叶衣属（*Parmelinopsis*）、大叶梅属（*Parmotrema*）、哑铃孢属（*Heterodermia*）、胶衣属（*Collema*）、猫耳衣属（*Leptogium*）、袋衣属（*Hypogymnia*）、地卷属（*Peltigera*）

表 3-28　贵州兴义坡岗保护区各海拔的地衣标本分布情况

序号	海拔/m	属数	标本数	壳状	叶状	枝状
1	1 100 以下	15	47	37	8	2
2	1 100～1 200	19	81	65	11	5
3	1 200～1 300	25	72	52	13	7
4	1 300～1 400	34	132	85	34	13
5	1 400～1 500	28	76	51	11	14

表 3-29　贵州兴义坡岗保护区各类基物上地衣标本统计情况

序号	基物种类	标本数
1	石头	132
2	土层	8
3	苔藓	17
4	树皮	251

3.6.3　保护区地衣物种组成

经过对所采集标本进行鉴定，共发现 2 门（子囊菌门 Ascomycota、担子菌门 Basidiomycota），6 纲（星裂菌纲 Arthoniomycetes、散囊菌纲 Eurotiomycetes、茶渍纲 Lecanoromycetes、黄茶渍纲 Candelariomycetes、座囊菌纲 Dothideomycetes、伞菌纲 Agaricomycetes），14 目（包括星裂菌纲的星裂菌目 Arthoniales，散囊菌纲的小核衣目 Pyrenulales、瓶口衣目 Verrucariales，茶渍纲的微孢衣目 Acarosporales、粉衣目 Caliciales、茶渍衣目 Lecanorales、网衣目 Lecideales、地卷目 Peltigerales、黄枝衣目 Teloschistales、厚顶盘目 Ostropales、鸡皮衣目 Pertusariales，黄茶渍纲的黄茶渍目 Candelariales、座囊菌纲的乳嘴衣目 Trypetheliales 以及担子菌门伞菌亚门 Agaricomycotina 伞菌纲的鸡油菌目 Cantharellales）21 科 41 属。

星裂菌目 Arthoniales 有 1 科斑衣科 Arthoniaceae，1 属斑衣属 *Arthonia* Ach，3 种，分别为朱砂斑衣 *Arthonia cinnabarina*（DC.）Walr.、散斑衣 *Arthonia dispersa*（Schrad.）Nyl.和花面斑衣 *Arthonia leioplacella* Zahlbr.。该类群的标本采自万峰湖附近、苦竹林及大箐村等地的树皮上。

3.6.4　小结

本次调查结果显示从海拔 900～1 500m 均有标本采到，也证明地衣的很强的生存能力。随着海拔升高，标本的数量和种类逐渐增多，而 1 100m 以下仅采集到 47 份标本。从地衣种类的丰富度看，随着海拔升高，地衣种类越多，地衣多样性越丰富。仅从属这个层面看，就能发现地衣多样性的垂直分布变化是随着海拔升高，物种逐渐丰富。另外，枝状地衣和叶状地衣相比壳状地衣对环境的耐受性要差，容易受人类活动影响，因其干扰而死亡或停止。由统计的数据发现，随着海拔升高，叶状和壳状地衣的数量也是逐渐增多，种类更加丰富。经过初步调查研究，保护区地衣多样性比较丰富。

在此次调查中发现，每种类型的地衣都有优势科及属的出现，其中壳状地衣中的优势科及属有斑衣科斑衣属、文字衣科 Graphidaceae 文字衣属 *Graphis*，茶渍衣科 Lecanoraceae 茶渍衣属 *Lecanora*，鸡皮衣科 Pertusariaceae 鸡皮衣属 *Pertusaria*，黄枝衣科 Teloschistaceae 双缘衣属 *Diploschistes* 和橙衣属 *Caloplaca*，瓶口衣科 Verrucariaceae 瓶口衣属 *Verrucaria*，叶状地衣的优势科及属有：胶衣科 Collemataceae 猫耳衣属 *Leptogium* 和胶衣属 *Collema*，梅衣科 Parmeliaceae 皱衣属 *Flavoparmelia*、星点梅属 *Punctelia* 和大叶梅属 *Parmotrema*，地卷科 Peltigeraceae 地卷属 *Peltigera*，蜈蚣衣科 Physciaceae 蜈蚣衣属 *Physcia* 及黑蜈蚣衣属 *Phaeophyscia*，而枝状地衣则多数为生长在苔藓或土层上的石蕊科 Cladoniaceae 石蕊属 *Cladonia*，在苦竹林某个垭口连续几棵大树上发现了几乎布满整个大树的梅衣科 Parmeliaceae 松萝属 *Usnea* 的地衣，其他地方少有发现。

通过对所采集标本的基物分析发现，保护区多数的壳状地衣出现在石头和树皮，如茶渍衣属 *Lecanora*、平茶渍属 *Aspicilia*、黑瘤衣属 *Buellia*、网衣属 *Lecidea*、假网衣属 *Porpidia*、橙衣属 *Caloplaca*、瓶口衣属 *Verrucaria* 等主要分布于石头表面，这反映了演替初始，地衣对岩石的风化起了很大的作用，而文字衣属、鸡皮衣属、斑衣属、假网衣属等多生于树皮，茶渍衣属也在树皮多有出现，土层上出现较多的是双缘衣属。叶状地衣主要出现在树皮上，其中梅衣科的多个属种都是在树皮出现，蜈蚣衣科地衣则主要出现在石头表面，是石头表面的优势类群，尤其是在光线较好的裸露岩石表面，除了大量的壳状地衣以外，常有蜈蚣衣科地衣的影子。地卷科地衣多在苔藓丛中发现，地卷科标本与苔藓混杂在一起，有时难以分开。枝状地衣的松萝属则主要出现的树皮上，石蕊属更多的是在岩石土层或者石头上的苔藓丛中出现。

由于本次调查系地衣学科在保护区内第一次实施本地水平的调查，时间紧迫，标本量较大，加上地衣分类学鉴定方法本身烦琐费时，且贵州地衣研究较少，缺少可供参考的系统性权威资料，鉴定难度较大，仍有部分标本需要进一步系统研究，鉴定结果中如发现疏漏，欢迎读者指正。

参 考 文 献

[1] 吴金陵．中国地衣植物图鉴[M]．北京：中国展望出版社，1987.

[2] 姜山，周先宝．贵州地衣资源及其分布规律[J]．贵州师范大学学报（自然科学版），2001，19（4）：17-21.

[3] 唐蓉，苗丛丛，卞新玉，等．贵州桐梓黄莲柏箐自然保护区地衣物种多样性初步研究[J]．贵州科学，2017（6）：10-14.

[4] 阿不都拉·阿巴斯．新疆地衣[M]．乌鲁木齐：新疆科技卫生出版社，1998.

3.7　贵州兴义坡岗自然保护区藻类植物物种多样性及生态特征*

保护区内的藻类植物主要集中分布在泉眼前的小水沟、积水坑、水田及水潭，渗水的陡崖壁上和裸岩上的积水坑，清水河经过保护区汇入万峰湖，在河中及湖水中也有丰富的藻类。

3.7.1　藻类植物物种组成

2017 年 10 月对保护区藻类植物的种类及生态进行调查，共选取 25 个小区域进行了标本采集，共采集样品 178 个，经鉴定得出该保护区藻类植物的种类组成包括 8 个门、13 个纲、30 目、59 科、134 属、588 属下分类群（包括 525 种、58 变种和 5 变型）[1-28]。

1. 门类的物种组成

保护区 8 个门类的藻类中，其中绿藻门植物最为丰富，包括 11 目 195 种，占种总数的 37.14%；其次是硅藻门，包括 7 目 161 种，占种总数 30.67%，蓝藻门 4 目共 96 种，占种总数的 18.29%、裸藻门 1 目 56 种，占种总数的 10.67%。另外，金藻门、黄藻门、隐藻门和甲藻门共包括 7 目 17 种，共占总种数的 3.24%（表 3-30）。

表 3-30　贵州兴义坡岗自然保护区藻类植物科、属、种在各门类中的分布及种数占总种数的百分比情况

项目	蓝藻门		金藻门		黄藻门		硅藻门		隐藻门		甲藻门		裸藻门		绿藻门	
	总数	占总数百分比/%	总数	占总数百分比/%	总数	占总数百分比/%	总数	占总数百分比/%	总数	占总数百分比/%	总数	占总数百分比/%	总数	占总数百分比/%	总数	占总数百分比/%
科	12	20.34	2	3.39	4	6.78	10	16.95	1	1.69	3	5.08	5	8.47	22	37.29
属	28	20.90	2	1.49	4	2.99	34	25.37	1	0.75	5	3.73	11	8.21	49	36.57
种	96	18.29	2	0.38	6	1.14	161	30.67	1	0.19	8	1.52	56	10.67	195	37.14

2. 科的物种组成

种数在 20 种以上的优势科有 7 个，分别为颤藻科，包括 4 属 25 种、其中较多的有鞘丝藻属 *Lyngbya*（10 种）、颤藻属 *Oscillatoria*（13 种）；舟形藻科 11 属 64 种，其中较多的有长篦藻属 *Neidium*（5 种）、辐节藻属 *Stauroneis*（4 种）、舟形藻属 *Navicula*（37 种）、羽纹藻属 *Pinnularia*（7 种）；桥弯藻科 *Cymbellaceae* 5 属 31 种，其中较多的有内丝藻属 *Encyonema*（31 种），桥弯藻属 *Cymbella*（16 种）；裸藻科 5 属 48 种，其中较多的有裸藻属 *Euglena*（17 种）、囊裸藻属 *Trachelomonas*（12 种）、鳞孔藻属 *Lepocinclis*（7 种）、

* 本节作者：王晓宇。

扁裸藻属 *Phacus*（11 种）；小球藻科 6 属 22 种，其中较多的有单针藻属 *Monoraphidium*（9 种）、纤维藻属 *Ankistrodesmus*（6 种）；栅藻科 6 属 38 种，其中较多的有栅藻属 *Scenedesmus*（27 种）、空星藻属 *Coelastrum*（6 种）；鼓藻科 7 属 57 种，其中新月藻属 *Closterium*（9 种）、鼓藻属 *Cosmarium*（28 种）和角星鼓藻属 *Staurastrum*（12 种）。在 7 个科中，舟形藻科种数最多，达 64 种，占总种数的 12.19%，其次是鼓藻科，达 57 种，占总种数的 10.86%（表 3-31）。其他物种比较丰富的科有脆杆藻科 4 属 16 种、异极藻科 1 属 13 种。

表 3-31　贵州兴义坡岗自然保护区藻类植物种类等于和多于 20 个以上的优势科及种数占总种数的百分比情况

科	颤藻科	舟形藻科	桥弯藻科	裸藻科	小球藻科	栅藻科	鼓藻科
种数	25	64	31	48	22	38	57
占总种数百分比/%	4.76	12.19	5.90	9.14	4.19	7.24	10.86

3. 属的物种组成

种数在 10 种以上的优势属有 12 个，分别有颤藻属 *Oscillatoria*（13 种）、舟形藻属 *Navicula*（37 种）、桥弯藻属 *Cymbella*（16 种）、异极藻属 *Gomphonema*（13 种）、菱形藻属 *Nitzschia*（13 种）、裸藻属 *Euglena*（17 种）、囊裸藻属 *Trachelomonas*（12 种）、扁裸藻属 *Phacus*（12 种）、衣藻属 *Chlamydomonas*（13 种）、栅藻属 *Scenedesmus*（27 种）、鼓藻属 *Cosmarium*（28 种）、角星鼓藻属 *Staurastrum*（12 种）（表 3-32）。其中，舟形藻属最多，达 37 种，占总种数的 7.0%，其次是鼓藻属（28 种），占总种数的 5.3%。其次，种类较多的属还有鞘丝藻属 *Lyngbya*（10 种）、脆杆藻属 *Fragilaria*（9 种）、内丝藻属 *Encyonema*（9 种）、单针藻属 *Monoraphidium*（9 种）、新月藻属 *Closterium*（9 种）、粘球藻属 *Gloeacapsa*（7 种）、色球藻属 *Chroococcus*（7 种）、念珠藻属 *Nostoc*（7 种）、羽纹藻属 *Pinnularia*（7 种）和鳞孔藻属 *Lepocinclisn*（7 种）。

表 3-32　贵州兴义坡岗自然保护区藻类植物种类在等于和多于 10 个以上的优势属及种数占总种数的百分比情况

属	颤藻属	舟形藻属	桥弯藻属	异极藻属	菱形藻属	裸藻属
种数	13	37	16	13	13	17
占总种数百分比/%	2.48	7.05	3.05	2.48	2.48	3.24
属	囊裸藻属	扁裸藻属	衣藻属	栅藻属	鼓藻属	角星鼓藻属
种数	12	12	13	27	28	12
占总种数百分比/%	2.29	2.29	2.48	5.14	5.33	2.29

3.7.2　藻类植物生态特征分析

保护区属于喀斯特地貌，石灰岩经过雨水溶蚀，形成了峰丛、盆地、洼地、溶洞、陡崖等。保护区气候属中亚热带季风湿润气候，虽然雨量充沛，但地表水沿石灰岩内的节理面或裂隙面向下渗流，地表不容易集聚，导致地表水缺乏，于是限制了藻类的生长及其分布。保护区内藻类植物主要集中分布在渗水崖壁、裸岩上积水坑、渗泉眼前的小水沟，水潭及河流中，其中清水河属于珠江流域西江上源干流南盘江支流北盘江的北岸支流，流经过保护区内汇入下游的万峰湖，在大型水域的河水及湖水中也有丰富的藻类。

根据本次采集藻类的小生境，保护区内的藻类分为生长于岩石和土壤气生型藻类、潮湿石壁上的亚气生型藻类和水生型藻类 3 种生态型[6]。

1. 气生型藻类

根据该生态类型采集的 15 份标本，发现气生藻类生长于岩石、树皮和土壤等基质的表面，岩石上的气生藻类一般生活阳光照射背阴处或林下，在能充分接触空气，群落物种组成相对单一，经鉴定已知藻类有黑色粘球藻、居氏粘球藻、拉氏粘球藻、山地粘球藻、岩生粘杆藻、厚膜色球藻、墙壁眉藻、小真枝藻、美丽翅线藻、绳色伪枝藻、朱氏伪枝藻、普通念珠藻、土生绿球藻和冷杉橘色藻共 14 种，其中，蓝藻门共 12 种，藻体一般具有胶被或加厚的壁，胶被利于附着和保湿，绿藻门的土生绿球藻 *Chlorococcum humicola* 和冷杉橘色藻 *Trentepohlia abietina* 在保护区内分布广泛，土生绿球藻成片生长于岩石、树干表面呈黄绿色末状分布、冷杉橘色藻呈黄绿至橘红色丛生丝状体固着于岩石、树干表面生长，普通念珠藻主要分布于裸岩、农耕地周边的土壤及石坎上。

2. 亚气生型藻类

在阴暗潮湿的岩壁裂隙，洞口石壁及林下的石表，空气中水汽可凝结在石表形成极薄的一层水膜，长期保持湿润，但不水滴及渗水[20]。对采集于该环境中的 20 份样本进行鉴定，得出亚气生藻类约 23 种，以具有胶被的色球藻目和念珠藻目的植物为主，分别有居氏粘球藻、紫黑粘球藻、黑色粘球藻、山地粘球藻、惠氏色球藻、光辉色球藻、膨胀色球藻、球纹星球藻、岩生粘杆藻、萨麻亚粘杆藻、沙生粘杆藻、立氏单歧藻、染色裂须藻、卷曲伪枝藻、绳色伪枝藻、墙壁眉藻、棕色眉藻、马氏鞘丝藻、皮状席藻、微小念珠藻、小真枝藻、在这些具黏质胶被上还分布着少数硅藻门的藻类，如双尖菱板藻小头端变型等。

在亚气生环境的藻类群落中，分别以沙生粘杆藻、染色裂须藻、绳色伪枝藻、马氏鞘丝藻、冷杉橘色藻为优势种形成各自的群落。某些种类与苔藓混生，如岩生粘杆藻、膨胀色球藻，光辉色球藻、球纹星球藻、微小念珠藻、极小曲丝藻、双尖菱板藻小头端变型和两尖拟内丝藻等。

3. 水生型藻类

雨水沿石灰岩内的节理面或裂隙面向下渗过程中不断汇集，在海拔较低的一些地方，如山腰，山脚及陡崖处，水又沿一些岩石裂隙流出，形成长期的滴水石壁或泉水，在渗水石壁及泉眼前的小水沟、积水坑，水体在洼地汇入稻田及人工修建的水塘或水潭，这些环境中分布着丰富的藻类。然而，不同水体环境的光照条件、水体大小、水深、水体的流动性、水质营养条件及其伴生的其他大型水生植物等情况的不同，藻类以附着、固着或浮游的形式生活，水生型藻类物种的生态特征较为复杂，有的分布于特定水域，有的种类则广泛分布。下面将讨论渗水石壁、水塘、沼地、水田、河流和湖泊不同水环境中藻类的多样性[1]。

1）渗水石壁

本次对多处渗水石壁进行了标本采集，共采集了 21 份样品，鉴定得出该生态类型中藻类植物 36 种，主要为蓝藻门植物，少数为硅藻门及绿藻门，分别为居氏粘球藻、紫黑粘球藻、石生粘球藻、滴岩粘球藻、岩生粘杆藻、色球藻属 8 种（石栖色球藻、厚膜色球藻和苍白色球藻等）、沙生粘杆藻、线形粘杆藻、萨麻亚粘杆藻、粘杆星球藻、球纹星球藻、密集肾胞藻、石生单歧藻、螺卷翅线藻、卷曲伪枝藻、粗厚伪枝藻、顾氏鞘丝藻、坑形席藻、粗壮席藻、不定腔球藻、灰念珠藻、肉色念珠藻、点形念珠藻、普拉兰弯肋藻、北方羽纹藻、钝舟形藻披针形变种、土生绿球藻、小球藻和椭圆小球藻等。

渗水石壁相对比较陡峭，藻类群落中主要以能分泌细胞外胶质的种类形成优势种，黏附于岩壁表，形成膜状、团块或丛生状，其他藻类附生于这些具有黏性的胶质体上，部分生活于胶被中。某些地方，绿藻门的一些丝状藻类固着生长在岩壁上。

2）水沟

泉口出水及石壁渗水在下游形成小水沟，汇入山体间洼地形成溪流，水体流动，更新快，溶解氧高[12]。在此环境中生长的藻类极其丰富。初步统计为 220 余种，其中舟形藻属最为丰富，有 19 种。

在水体中底栖或固着生长的藻类有黑紫粘球藻、滴岩粘球藻、石生粘球藻、厚膜色球藻、膨胀色球藻、石生单歧藻、威氏双须藻、奇异伪枝藻、马氏鞘丝藻、巨大鞘丝藻、顾氏鞘丝藻、离环鞘丝藻、阿氏颤藻、奥克尼颤藻、坑形席藻、绿色黄丝藻、无柄无隔藻、梅尼小环藻、脆杆藻属 5 种（短线脆杆藻、连接脆杆藻和克罗顿脆杆藻等）、中型等片藻、内丝藻属 7 种（微小内丝藻、簇生内丝藻和普通内丝藻等）、普通肋缝藻、类菱形肋缝藻萨克森变种头端变型、双头辐节藻、施密斯辐节藻、双尖菱板藻、菱形藻属 7 种（尖端菱形藻、碎片菱形藻和谷皮菱形藻等）、默利内丝藻、布雷姆内丝藻、短角美壁藻、伸长长篦藻较小变种、舟形藻属 20 种（简单舟形藻、披针形舟形藻和盐生舟形藻等）、豆荚形羽纹藻、布朗羽纹藻两头变种、大羽纹藻、卷边羽纹藻具尾变种、桥弯藻属 7 种（近缘桥弯藻、膨胀桥弯藻和切断桥弯藻等）、近缘曲壳藻、纳格短缝藻、膨大曲壳藻、膨大曲壳藻、两头弯肋藻、链状曲丝藻、锉刀布纹藻、尖布纹藻、草鞋波缘藻近缢缩变种、粗壮双菱藻、小双菱藻、弯曲真卵形藻、锐新月藻、新月形新月藻新月变种小变型、埃伦新月藻、水溪绿球藻、棘球藻、波吉卵囊藻、加勒比单针藻、串珠丝藻、多形丝藻、尾丝藻、极大尾丝藻、方形微胞藻、不规则微胞藻、丛毛微胞藻、多形毛枝藻、普林鞘藻、中型鞘藻、粗鞘藻、厚壁刚毛藻、团集刚毛藻、真世系宽带鼓藻波形变种、基纳汉棒形鼓藻、埃伦宽带鼓藻、中带鼓藻、宽大辐射鼓藻、柱胞鼓藻、鼓藻属 15 种（光滑鼓藻、痘斑鼓藻、厚皮鼓藻和亚脊鼓藻等）和小刺凹顶鼓藻无刺变种等。

在水体中浮游或漂浮的藻类有不定微囊藻、细小隐球藻密集变种、胶质隐杆藻、惠氏色球藻、细小平裂藻、点形裂面藻、巨颤藻、关节颤藻、鲜明颤藻、小颤藻、卵形隐藻、变异直链藻、变异裸藻、纤细裸藻、带形裸藻、齿形裸藻、光明裸藻、博里斯陀螺藻、裸囊藻属 5 种（旋转囊裸藻、齿领裸囊藻和中型囊裸藻等）、纺锤鳞孔藻、编织鳞孔藻、盐生鳞孔藻、近圆扁裸藻、三棱扁裸藻、短刺扁裸藻、米尔斯扁裸藻、喙绿藻、伸长衣藻、斯诺衣藻、巴德衣藻、简单衣藻、小球藻、水溪绿球藻、水生卵囊藻、胶状浮球藻、钝顶单针藻、格里佛单针藻、科马克单针藻奇、奇异单针藻、螺旋纤维藻、宽松螺旋藻、微小四角藻、网状空星藻、钝空星藻、具角空星藻、星状空星藻、四角盘星藻、短棘盘星藻、二角盘星藻网状变种、栅藻属 15 种（斜生栅藻、纤细栅藻和四尾栅藻等）、美丽网球藻和水网藻等。

附生于水体中其他大型水生植物，丝状及大型藻类、漂浮残体上的藻类有沙生粘杆藻、尖针杆藻、平片针杆藻、肘状针杆藻、平片针杆藻簇生变种、扁圆卵形藻、异极藻属 10 种（纤细异极藻、尖异极藻和缠结异极藻等）、尖头舟形藻赫里保变种、新月形桥弯藻、粗鞘藻、近微细丝藻和固着生长于刚毛藻 *Cladophora* 体表的直立小桩藻、隐毛藻等。

3）水池

此环境水体较深，为静水或缓流，水中长有大型水生植物，如菹草、黑藻等，藻类多达 200 余种。主要集中于大型植物、植物残体表面附着或固着生长，浮游藻类也比较丰富，在未被水生植物遮蔽的水底，也有较多的底栖藻类。丝状藻类缠绕、交织形成漂浮团块，如常见的湖泊鞘丝藻 *Lyngbya limnetica*、绿色黄丝藻 *Tribonema viride* 和大型水绵 *Spirogyra majuscula*；有的丝状藻类可附生或固着于大型水生植物体及植物残体表面，如丝藻属 *Ulothrix*、鞘藻属 *Oedogonium*；部分藻类沉水或固着于池底，池塘或水潭较浅的区域有轮藻生长，很多浮游型藻类也可附生在这些丝状藻体和大型水生植物体表面，如隐球藻属 *Aphanocapsa*、平裂藻属 *Merismopedia*、栅藻属 *Scenedesmus*、卵囊藻属 *Oocystis*、空星藻属 *Coelastrum*、盘星藻属 *Pediastrum*、新月藻属 *Closterium* 和鼓藻属 *Cosmarium*；具鞭毛类藻类如裸藻、扁裸藻、衣藻常浮游于水中，有时也可底栖[1]。

郑屯镇坡岗村间歇泉水潭水体有稳定的水源，水体清洁，水潭中有生长大量的大型水生植物，沉水生或挺水生，生态系统稳定，作为生产者的藻类物种多样性丰富。

附着或固着于大型植物表面、植物残体表生长的藻类有悦目颤藻、小颤藻、顾氏鞘丝藻、巨大鞘丝藻、湖泊鞘丝藻、绿色黄丝藻、无柄无隔藻、细丝藻、微细鞘藻、粗鞘藻、扁圆卵形藻、钝脆杆藻、尖针杆藻、肘状针杆藻二头变种、锉刀布纹藻、舟形藻属（简单舟形藻、淡绿舟形藻头端变种和放射舟形藻柔弱变种等）、切断桥弯藻、紧密桥弯藻、中华桥弯藻、窄异极藻、缠结异极藻矮小变种、橄榄绿异极藻、尖异极藻、纤细异极藻、线形双菱藻和厚顶栅藻。

浮游或漂浮藻类有二叉角藻、变异直链藻、罗兹直链藻、贝格舟形藻、簇生内丝藻、普通裸藻、三棱扁裸藻矩圆变种、斯诺衣藻、荔波衣藻、球衣藻、柏普衣藻、似月形衣藻、顶角衣藻、短棘盘星藻长角变种、双星藻 *Zygnema* sp.和大型水绵。

底栖的藻类有头冠颤藻、巨颤藻、克罗顿脆杆藻俄勒冈变种、连接脆杆藻二结变种、覆被针杆藻、肘状针杆藻、平针杆藻簇变种、梅尼小环藻、膨大曲壳藻、卡里舟形藻、小皮舟形藻、弯月舟形藻、微小内丝藻、默利内丝藻、西里西亚内丝藻、新箱形桥弯藻、胀大桥弯藻、紧密桥弯藻、切断桥弯藻、线形双菱藻淡黄变种，披针形曲壳藻椭圆变种、泉生菱形藻、微小四角藻、胶状浮球藻、威斯康星四链藻、月形四链藻、栅藻属 7 种（多棘栅藻、尖形栅藻和盘状栅藻等）、短棘盘星藻、星状空星藻、钝空星藻、具角空星藻、绿色黄丝藻、近缘黄丝藻、韦伯水绵和颗粒角星鼓藻等。

郑屯镇大庆村苦竹林天然水潭水源来源于岩缝渗水，在山体前形成较大的天然水塘，几乎无人类干扰，终年不枯竭，但水位受季节性降雨影响。经调查发现分布的藻类有细小隐球藻、厚膜色球藻、细小平裂藻、微小平裂藻、博恩颤藻、关节颤藻、坑形席藻、林氏念珠藻、针晶拟脂球藻、罗兹直链藻、连接脆杆藻二结变种、系带舟形藻细头变种、细长舟形藻、戟形舟形藻、披针形舟形藻、极小曲丝藻、缠结异极藻、纤细异极藻、标帜异极藻、双尖菱板藻小头端变型、尖细多形藻、尾裸藻、乡村裸藻、华丽囊裸藻尾刺变种、棘刺囊裸藻、中型囊裸藻、椭圆鳞孔藻、卵形鳞孔藻、纺锤鳞孔藻、波形扁裸藻、近缘黄丝藻、楯形多甲藻、弦月藻、小刺凹顶鼓藻无刺变种、颗粒鼓藻、颗粒角星鼓藻、新月藻属（锐新月藻、莱布新月藻和锥形新月藻等）、葡萄藻、小球藻、胶状浮球藻、巨形胶囊藻、湖生卵囊藻、镰形纤维藻放射变种、阿库栅藻、钝空星藻、水绵 *Spirogyra* sp.、水网藻、粗鞘藻、普生轮藻。其中数量较多的有微小平裂藻、博恩颤藻、关节颤藻、坑形席藻和水绵。

郑屯镇岩缝村岩缝弯子人工水池水源来源于岩缝渗水，人工依山而建形成终年不干枯的几个较大的水池，用于农业灌溉及人畜饮水，有一定的人为污染。经调查，池中藻类以盐生鳞孔藻为优势种，其次是椭圆鳞孔藻、极小单针藻和尖细栅藻，其他的伴生种有微小隐球藻、苍白色球藻、湖泊鞘丝藻、谷皮菱形藻、马特具缝藻、近缘曲壳藻、微小内丝藻、全波缘角星鼓藻尖齿变种、巴西栅藻、球衣藻、微小四角藻、盐生顶棘藻、疏刺多芒藻、格里佛单针藻、镰形纤维藻放射变种、钝空星藻、小空星藻和美丽网球藻。

龙广镇烂滩村水池水源来源于岩缝渗水，人工依山而建形成终年不干枯的水池，是当地村民洗刷农具的场所，池中有大量的农作废弃物，受到人为污染较重。经调查，池中藻类以泥泞颤藻、盐生鳞孔藻为优势种，其次是不定微囊藻、多养扁裸藻、波形扁裸藻、带形裸藻和细小平裂藻，其他数量较少的有宽松螺旋藻、缠结异极藻矮小变种、近棒形异极藻、池生菱形藻、卵形隐藻、叉状袋鞭藻、尾裸藻、血红裸藻、齿领囊裸藻、椭圆鳞孔藻、舟形鳞孔藻、三棱扁裸藻矩圆变种、米尔斯扁裸藻、锐新月藻安哥拉变种和小球藻。

农村平房屋顶积水池的水体来源于天然降水，几无污染，但在干旱季节会枯竭。经调查，水体中由坑形席藻、沼地微鞘藻和湖泊鞘丝藻为主，交织成网状，附生惠氏色球藻、马氏鞘丝藻、卵囊藻、胶状浮球藻、坎宁顿拟多甲藻、埃尔拟多甲藻、中型鞘藻、佩瓦集胞藻和葡萄藻等，形成大片漂浮物。其他藻类有时也会附着于漂浮团块上，有时浮游或底栖，如光滑壶藻、矩圆裸囊藻、椭圆鳞孔藻、微小新月藻、极锐新月藻、链状曲丝藻、切断桥弯藻、喙绿藻、卵囊藻、钝空星藻、光滑鼓藻厚皮鼓藻、痘斑鼓藻、角星鼓藻属 5 种（珍珠角星鼓藻和弗曼角星鼓藻等）、突变衣藻、单角盘星藻斯氏变种和短棘盘星藻等。

4）沼地

本次调查了 3 个沼泽，即间歇泉周边沼地、大箐一沼地和村岩缝村一沼地，初步了解了保护区内这一生态类型中的藻类。

间歇泉周边沼地水质较好，水草丛生。主要分布的藻类有巨颤藻、马氏鞘丝藻、无柄无隔藻、梅尼小环藻、变异直链藻、尖针杆藻放射变种、小形异极藻、切断桥弯藻、膨大曲壳藻、葡萄异鞭藻、编织鳞孔藻具尾变种、裸藻属（乡村裸藻、尖尾裸藻和绿色裸藻等）、近圆扁裸藻、球衣藻、水溪绿球藻、镰形纤维藻放射变种、胶状浮球藻、不规则微胞藻、双星藻 *Zygnema* sp.、韦伯水绵、埃伦新月藻马林变种、波缘鼓藻圆齿变种、厚皮鼓藻、孔穴鼓藻平变种、短棘盘星藻长角变种和颗粒角星鼓藻等。

通过大庆村大箐一沼地的调查，水体来自井水，井口前面积水形成沼地，沼地中生长着小面积的普生轮藻，其他藻类多以附生形式存在于轮藻表面，如膨胀色球藻、惠氏色球藻、头冠颤藻、微细平裂藻、点形裂面藻、极小集胞藻、关节颤藻、鲜明颤藻、扁圆卵形藻、双头辐节藻、放射舟形藻柔弱变种、尖头舟形藻、简单舟形藻、拉普兰弯肋藻、库尔伯斯弯肋藻、欣顿桥弯藻、切断桥弯藻、近缘桥弯藻膨、尖布纹藻、锉刀布纹藻、窄异极藻、纤细异极藻、尖端菱形藻、线形菱形藻、弦月藻、小球藻、椭圆小球藻、扁孢双星藻、直立小桩藻、锥形新月藻、海岛凹顶鼓藻和双粒鼓藻。此水体受到一定的人为污染出现数量较多的污染性藻类为泥泞颤藻 *Oscillatoria limosa*、不定微囊藻 *Microcystis incerta*，其次，近轴裸藻 *Euglena proxima*、乡村裸藻 *E. rustica* 数量也较多。

通过大庆村岩缝村一沼地的调查，此环境邻近村落，受到一定的人为污染，在沼地中出现数量较多的有机污染指示生物——变异直链藻 *Melosira varians*，沼地中，有水生植物生长和漂浮丝状藻类，如巨颤藻、丝藻、无柄无隔藻、不规则微胞藻等，其他藻类附着于这些植物的体表生活，如绿色黄丝藻、梅尼小环藻、扁圆卵形藻、克罗顿脆杆藻俄勒冈变种、羽纹脆杆藻、尖针杆藻、简单舟形藻、切断桥弯藻、披针形桥弯藻、新月形桥弯藻、平滑桥弯藻、膨大曲壳藻、锉刀布纹藻、线形双菱藻淡黄变种、异极藻属（标帜异极藻、尖异极藻和小形异极藻等）、水溪绿球藻、胶状浮球藻、镰形纤维藻放射变种、顶棘栅藻、微细鞘藻、埃伦新月藻马林变种、亚脊鼓藻、波缘鼓藻圆齿变种、孔穴鼓藻平变种、雷尼鼓藻、厚皮鼓藻、颗粒角星鼓藻、短棘盘星藻长角变种，鞭毛类的藻类有葡萄异鞭藻、翼状瓣胞藻、裸藻属（绿色裸藻、近轴裸藻和易变裸藻等）、编织鳞孔藻具尾变种和近圆扁裸藻等，其中优势种有喜富营养水体的编织鳞孔藻 *Lepocinclis texta* 和多养扁裸藻 *Phacus polytrophos*。

5）水田

在一些洼地，水田作为一种人工生态系统存在于保护区，虽然农作形式还属于传统农业，但化肥、农药的也有一定量的施用、故水体有一定的污染，人畜粪尿的施用，水质中有机质较高，喜有机质水体的藻类物种比较丰富，如颤藻、鱼腥藻、直链藻、裸藻、囊裸藻、鳞孔藻、扁裸藻和栅藻等。

蓝藻门的藻类植物主要有静水隐杆藻、膨胀色球藻、惠氏色球藻、厚膜色球藻、细小平裂藻、巨颤藻、点形裂面藻、稻田鱼腥藻、纤细鞘丝藻、加德纳鞘丝藻和坑形席藻等。

硅藻门藻类植物主要有变异直链藻、克罗顿脆杆藻、钝脆杆藻披针形变种、尖针杆藻极狭变种、利比亚双眉藻、肘状针杆藻原变种、肘状针杆藻丹麦变种、两头针杆藻、平片针杆藻、施密斯胸隔藻两头变种、羽纹藻属 5 种（大羽纹藻、细条羽纹藻和布朗羽纹藻两头变种等）、短角美壁藻、双头辐节藻、默利内丝藻、长篦藻属 5 种（不定长篦藻、伸长长篦藻、彩虹长篦藻增大变种等）、明晰双肋藻、舟形藻属 17 种（扁圆舟形藻、盐生舟形藻中型变种和尖头舟形藻等）碎片菱形藻、小片菱形藻、盐生盘杆藻、锉刀布纹藻、篦形短缝藻、类菱形肋缝藻萨克森变种波缘变型、尖头杯状藻、卵形双眉藻、膨胀形桥弯藻、新箱型桥弯藻、紧密桥弯藻、近淡黄桥弯藻、粗壮双菱藻、端毛双菱藻、小双菱藻、粗壮双菱藻、汉茨菱形藻、池生菱形藻、谷皮菱形藻、小头端菱形藻、异极藻属（小形异极藻、具窄异极藻和橄榄异极藻等）、扁圆卵形藻多孔变种和近缘曲壳藻，共 60 余种（含变种）。

裸藻门藻类植物分布有裸藻属 11 种（中型裸藻、乡村裸藻、旋纹裸藻和带形裸藻等）、囊裸藻属（矩圆囊裸藻、华丽裸囊藻和华丽裸囊藻等）、鳞孔藻属（盐生鳞孔藻、纺锤鳞孔藻和椭圆鳞孔藻等）、扁裸藻属（梨形扁裸藻、爪形扁裸藻和奇异扁裸藻等）共 39 种。

绿藻门藻类植物分布有短小塔胞藻、喙绿藻、球衣藻、浮游浮球藻、锥柱状衣藻长变种、伸长衣藻、小球藻、喙状小桩藻、直立小桩藻、微小四角藻、纺锤纤维藻、镰形纤维藻放射变种、伯纳德氏纤维藻、端尖月牙藻、弓形单针藻、格里佛单针藻、纤细月牙藻、巨形胶囊藻、水生卵囊藻、拉兰真卵形藻、卵囊藻、水生卵囊藻、波吉卵囊藻、实球藻、胶状浮球藻、星状空星藻、栅藻属 17 种（盘状栅藻、新月栅藻、角柱栅藻和光滑栅藻等）、隐毛藻、颤丝藻、多形丝藻、非洲尾丝藻、微细鞘藻、粗鞘藻、水网藻、大型水绵、团集刚毛藻、厚壁刚毛藻、泰国水绵、网球藻、莱布新月藻、锐新月藻、锐新月藻长形变种、真世系宽带鼓藻波形变种、基纳汉棒形鼓藻、螺带鼓藻、鼓藻属 12 种（光滑鼓藻、具角鼓藻、钙鼓藻和颗粒鼓藻等）、膨大角星鼓藻、小刺凹顶鼓藻无刺变种、三角状角星鼓藻和华美鼓藻简单变种，80 余种及变种，其中栅藻属 *Scenedesmus* 达 18 种。

其他门类分别为金藻门植物具尾鱼鳞藻，黄藻门植物无柄无隔藻，隐藻门植物卵形隐藻，甲藻门植物裸甲藻和坎宁顿拟多甲藻。

6）河流

河流生态系统属于流水生态系统的一种，水体具有持续流动性、其中溶解氧比较充足，水体层次分化不明显，藻类以浮游型为主，少部分藻类附着于漂浮残体上生活[12]。

本次对清水河进行采样分析鉴定，已知藻类有 52 种，分别为不定微囊藻、膨胀色球藻、极大节旋藻、不定腔球藻、微小平裂藻、离环鞘丝藻、尖细颤藻、梅尼小环藻、变异直链藻、克罗顿脆杆藻俄勒冈变种、肘状针杆藻原变种、肘状针杆藻尖喙变种缢缩变型、尖针杆藻放射变种、短小舟形藻、法兰西舟形藻、锉刀布纹藻、库津布纹藻、膨胀桥弯藻、碎片菱形藻、月形短缝藻、赫迪异极藻、缠结异极藻、膜蚕形藻、卵形隐藻、埃尔拟多甲藻、坎宁顿拟多甲藻、佩纳形拟多甲藻、矩圆裸囊藻、中型囊裸藻原变种、中型囊裸藻乳突变种、盐生鳞孔藻、疏刺多芒藻、椭圆小球藻、微芒藻、粗刺微芒藻、扁球微芒藻、实球藻、巨大胶囊藻、泡状胶囊藻、波吉卵囊藻、空球藻、粗壮纤维藻、多突空星藻、网状空星藻、星状空星藻、小形集星藻、盘藻、单角盘星藻粒刺变种、二角盘星藻原变种、二角盘星藻网状变种、二角盘星藻点纹变种、单面栅藻、二形栅藻、奥波莱栅藻、隆顶栅藻微小变种和四角角星鼓藻。其中，梅尼小环藻 *Cyclotella meneghiniana* 为优势种，其次变异直链藻 *Melosira varians* 和小形集星藻 *Actinastrum gracillimum* 的数量也比较多。

7）湖泊

湖泊生态系统与溪流、河流生态系统一样属于淡水生态系统，不同的是在于水几无流动，含氧量相对较低，湖泊水域通常深度深，阳光不易到达湖底，缺乏底栖藻类，藻类以浮游为主，为此生态系统中唯一的生产者[25]。

本次对万峰湖水体进行了藻类采样分析，已知湖中藻类有 27 种，分别为尖针杆藻原变种、尖针杆藻极狭变种、尖针杆藻放射变种、链状曲丝藻、纺锤鳞孔藻、盐生鳞孔藻、球衣藻、水溪绿球藻、小球藻、微芒藻、疏刺多芒藻、微小四角藻、微小四角藻微孔变种、卵囊藻、巨型胶囊藻、四角十字藻、美丽网球藻、空球藻、钝空星藻、球形空星藻、双射盘星藻、具孔盘星藻、单角盘星藻对突变种、二角盘星藻纤细变种、盘状栅藻、光滑栅藻、湖生栅藻、湖南辐射鼓藻、光滑鼓藻和克莱鼓藻。其中，小球藻 *Chlorella vulgaris*、钝空星藻 *Coelastrum morus*、尖针杆藻放射变种 *Synedra acus* var. *radians* 形成优势种群，其次有尖针杆藻 *Synedra acus* 和湖生栅藻 *Scenedesmus lacustris*。

3.7.3　小结

本次对保护区的 25 个小区域进行了标本采集，共采集样品 178 个并记录其生境，得出保护区的物种组成及生态特征。

经鉴定得出保护区藻类植物的种类组成包括 8 个门、13 个纲、30 目、59 科、134 属、588 属下分类群（包括 525 种、58 变种和 5 变型）。查明保护区绿藻门植物最为丰富，包括 11 目 195 种，占种总数的 37.14%；其次是硅藻门，包括 7 目 161 种，占种总数 30.67%；蓝藻门 4 目共 96 种，占总种数的 18.29%；裸藻门 1 目 56 种，占总种数的 10.67%。另外，金藻门、黄藻门、隐藻门和甲藻门共包括 7 目 17 种，共占总种数的 3.24%。种数在 20 种以上的优势科有 7 个，分别为颤藻科、舟形藻科、桥弯藻科、裸藻科、小球藻科、栅藻科、鼓藻科、其中舟形藻科种数最多，达 64 种，占总种数的 12.19%，其次是鼓藻科，达 57 种，占总种数的 10.86%。种数在 10 种以上的优势属有 12 个，其中舟形藻属 *Navicula* 最多，达 37 种，占总种数的 7.05%，其次是鼓藻属 *Cosmarium*（28 种），占种总种数的 5.33%。

保护区藻类植物的生态类型主要分岩石和土壤表气生藻类、潮湿石壁上亚气生藻类和水生藻类，其中水生生态系统又分渗水石壁、流水水沟、水池、沼泽地、水田、河流和湖泊。

石生气生型藻类共 14 种，主要由具有胶被或加厚的壁的蓝藻门色球藻目植物组成，其次，绿藻门的冷杉橘色藻和土生绿球藻在保护区内分布广泛；潮湿石壁上的亚气生约 23 种，以具有胶被的色球藻目和念珠藻目的植物为主，在这些具黏质胶被上还分布着少数硅藻门的藻类。小型水体中，渗水石壁约 38 种藻类分布，主要有蓝藻门植物，少数为硅藻门及绿藻门。藻类群落中主要以能分泌细胞外胶质的种类形成优势种，其他藻类附生于这些具有黏性的胶质体上；水沟中生长的藻类 220 余种，其中舟形藻属 *Navicula* 占 19 种。水池藻类多达 200 余种，浮游藻类也比较丰富，部分浮游型藻类也可附生在这些丝状藻体及水生植物体表面，有时下沉底栖，丝状藻类漂浮或固着于水生植物表面，某些水潭中分布有轮藻。污染严重的池子以齿领囊裸藻为优势种；水质较好的沼地，水草丛生，裸藻门、绿藻门植物丰富，蓝藻门以颤藻目植物为主；某些沼地中生长着小面积的普生轮藻；某些沼地受到一定的人为污染，出现数量较多的指示污染性藻类，如泥泞颤藻 *Oscillatoria limosa*、变异直链藻 *Melosira varians*，水田中喜富含有机质水体的藻类物种比较丰富，共 190 余种，其中绿藻门植物最为丰富。

河流和湖泊属于大型水体，水体中藻类以浮游型为主，少部分藻类附着于漂浮残体。清水河中已知藻类有 52 种，其中梅尼小环藻 *Cyclotella meneghiniana* 为优势种；万峰湖毗邻保护区外围，但部分水源也来自于贵州兴义坡岗自然保护区，一定程度受到保护区内水质的影响，故本次对万峰湖水体进行了藻类采样调查，已知湖中藻类有 27 种，其中小球藻 *Chlorella vulgaris*、钝空星藻 *Coelastrum morus*、尖针杆藻 *Synedra acus* 形成优势种群。

综上所述，保护区内藻类有较高的多样性、生态类型较为复杂。虽然保护区属于喀斯特地貌，地表水稀少，但有水的小环境多样，裸岩地植被遮蔽度不高，光照充足，但这些因素均有利于藻类植物在此环境中繁衍生息。

参 考 文 献

[1] 福迪 B．藻类学[M]．罗迪安，译．上海：上海科学技术出版社，1981.
[2] 毕列爵，胡征宇．中国淡水藻志：第八卷：绿藻门绿球藻目（上）[M]．北京：科学出版社，2004.
[3]《浙江省主要常见淡水藻类图集：饮用水水源》编委会．浙江省主要常见淡水藻类图集：饮用水水源[M]．北京：中国环境科学出版社，2010.
[4] 韩福山，李尧英．中国淡水藻志：第三卷：轮藻门[M]．北京：科学出版社，1994.
[5] 胡鸿钧．中国淡水藻志：第二十卷：绿藻门绿藻纲团藻目（Ⅱ）衣藻属[M]．北京：科学出版社，2015.
[6] 胡鸿钧，魏印心．中国淡水藻类：系统、分类及生态[M]．北京：科学出版社，2006.
[7] KRAMMER K, LANGER-BERTALOT H．欧洲硅藻鉴定系统[M]．刘威，朱远生，黄迎艳，译．广州：中山大学出版社，2012.
[8] 黎尚豪，毕列爵．中国淡水藻志：第五卷：绿藻门丝藻目、石莼目等[M]．北京：科学出版社，1998.
[9] 李家英，齐雨藻．中国淡水藻志：第十四卷：硅藻门舟形藻科[M]．北京：科学出版社，2010.
[10] 李家英，齐雨藻．中国淡水藻志：第十九卷：硅藻门舟形藻科（Ⅱ）[M]．北京：科学出版社，2014.
[11] 刘国祥，胡征宇．中国淡水藻志：第十五卷：绿藻门绿球藻目（下）、四胞藻目、叉管藻目、刚毛藻目[M]．北京：科学出版社，2012.
[12] 刘静，韦桂峰，胡韧，等．珠江水系东江流域底栖硅藻图集[M]．北京：中国环境科学出版社，2013.
[13] 齐雨藻．中国淡水藻志：第四卷：硅藻门[M]．北京：科学出版社，1995.
[14] 齐雨藻，李家英．中国淡水藻志：第十卷：硅藻门羽纹纲[M]．北京：科学出版社，2004.
[15] 饶钦止．中国淡水藻志：第一卷：双星藻科[M]．北京：科学出版社，1988.
[16] 施之新．中国淡水藻志：第六卷：裸藻门[M]．北京：科学出版社，1999.
[17] 施之新．中国淡水藻志：第十二卷：硅藻门异极藻科[M]．北京：科学出版社，2004.
[18] 施之新．中国淡水藻志：第十三卷：红藻门、褐藻门[M]．北京：科学出版社，2006.
[19] 施之新．中国淡水藻志：第十六卷：硅藻门桥弯藻科[M]．北京：科学出版社，2013.
[20] 施之新，魏印心，陈嘉佑，等．西南地区藻类资源考察专集[M]．北京：科学出版社，1994.
[21] 王全喜．中国淡水藻志：第十一卷：黄藻门[M]．北京：科学出版社，2007.
[22] 魏印心．中国淡水藻志：第七卷：绿藻门（第 1 册）[M]．北京：科学出版社，2003.
[23] 魏印心．中国淡水藻志：第十七卷：绿藻门鼓藻科（第 2 册）[M]．北京：科学出版社，2013.
[24] 魏印心．中国淡水藻志：第十八卷：绿藻门鼓藻目鼓藻科（第 3 册）[M]．北京：科学出版社，2014.
[25] 福建省环境监测中心站．福建大中型水库常见淡水藻类图集[M]．北京：中国环境科学出版社，2012.
[26] 朱浩然．中国淡水藻志：第九卷：藻殖段纲[M]．北京：科学出版社，2007.
[27] 朱浩然．中国淡水藻志：第二卷：色球藻纲[M]．北京：科学出版社，1991.
[28] 朱蕙忠，陈嘉佑．中国西藏硅藻[M]．北京：科学出版社，2000.

3.8 贵州兴义坡岗森林植被群落*

3.8.1 研究方法

1．野外调查取样

在对保护区植被进行全面考查的基础上，尽可能多地选择环境不同、人为干扰较小的地段进行群落典型抽样调查。选取的样地面积为 20m×30m，每个样地划分为 6 个 10m×10m 的样方进行群落调查，样方中的物种分乔木层、灌木层、草本层和层间植物分别调查，分别记录样地中每个物种的种名、胸径、树高、坐标等，同时记录相应的海拔、坡度、坡向、坡位[1-3]。

2．建立植物群落样地数据库

分层计算各物种的重要值（important value，IV），其计算公式如下[4]：

$$IV_{乔木}=\frac{相对密度+相对频度+相对优势度}{3}\times 100$$

$$IV_{灌木/草本}=\frac{相对密度+相对频度+相对盖度}{3}\times 100$$

其中，乔木重要值计算式中的相对优势度是指胸高断面积的相对值。

* 本节作者：谢双喜、王世雄。

3. 群落类型的划分

应用 R 语言计算各样地物种的重要值，并形成矩阵，然后将乔木层树种按相对重要值大小排序，然后采用组间连接法（between-groups linkage），以群落中各种群重要值为指标，按欧氏距离（Euclidean distances）——d 划分群落类型[4]：

$$d=\sqrt{\sum_i (x_i-y_i)^2}$$

其中，x_i 为样地 x 中第 i 个种的重要值；y_i 为样地 y 中第 i 个种的重要值。

3.8.2　结果与分析

1. 植被类型

保护区的森林植被主要为喀斯特常绿、落叶阔叶林，以及落叶阔叶林、石山藤灌丛、石山灌木林植被。多数地区形成山体戴帽的格局。森林覆盖率为 70%～80%。

坡岗保护区现存植被主体为亚热带次生性常绿落叶阔叶混交林，其次还有局部地段上的保存完好的纯林，如一些风水林、风景林及人工林等。除了森林植被，还有大量典型的灌丛及少量草地植被。

2. 群落类型

聚类分析结果表明，保护区的植被可以划分为 16 个群落类型，每个群落类型的特征表述如下。

1）润楠林

润楠林分布于民族村后山，为当地村寨风水林。林分郁闭度 85%，乔木层盖度 70%左右，平均胸径 20cm，平均树高 16m，最大胸径 50cm，最小 5cm。主要建群种为小果润楠、黔桂润楠、栀子皮、云贵鹅耳枥等。灌木层盖度 20%，以西南槐树占绝对优势，平均高 1.5m，组成树种主要有齿叶黄皮、毛桐、漆树。草本层盖度为 30%，平均高度 70cm，主要物种有楼梯草、肾蕨等。润楠林乔木层特征与重要值如表 3-33 所示。

表 3-33　润楠林乔木层特征与重要值

物种名	相对频度	相对优势度	相对密度	重要值
小果润楠	0.16	0.82	0.29	42.15
黔桂润楠	0.11	0.08	0.15	11.29
栀子皮	0.11	0.01	0.09	7.11
云贵鹅耳枥	0.07	0.04	0.08	6.34
野柿	0.09	0.01	0.05	5.03
木腊树	0.07	0.02	0.05	4.57
飞蛾槭	0.04	0.01	0.05	3.53
翅荚香槐	0.04	0.01	0.03	2.65
光叶海桐	0.04	0.00	0.03	2.47
南酸枣	0.04	0.00	0.03	2.40
川桂	0.04	0.00	0.03	2.40
朴树	0.04	0.00	0.03	2.39
小叶朴	0.02	0.00	0.01	1.24
滇青冈	0.02	0.00	0.01	1.20
粗糠柴	0.02	0.00	0.01	1.20
圆叶乌桕	0.02	0.00	0.01	1.19
核桃	0.02	0.00	0.01	1.19

本群落类型目前处于不稳定演替阶段，须加强保护，减少人为活动的影响将会促进该群落演替为相对稳定的常绿阔叶混交林。

2）南酸枣林

南酸枣林分布于大箐村。林分郁闭度 75%，乔木层盖度 50%左右，平均胸径 15cm，平均树高 10m。主要建群种为南酸枣、滇青冈、圆叶乌桕、翅荚香槐、青檀、黄连木等。灌木层盖度 45%，平均高 1.6m，组成树种主要有齿叶黄皮、川钓樟、滇青冈、高粱泡、石岩枫、南酸枣、异叶鼠李等。草本层盖度为 85%，平均高度 25cm，主要物种有石筋草、竹叶子、牛膝、薯蓣、火炭母、仙子草、江南星蕨等。同时，该群落还有很多层间植物，如崖爬藤、黑龙姑、何首乌、绞股蓝、毛鸡屎藤等。南酸枣林乔木层特征与重要值如表 3-34 所示。

表 3-34　南酸枣林乔木层特征与重要值

物种名	相对频度	相对优势度	相对密度	重要值
南酸枣	0.21	0.63	0.21	35.08
滇青冈	0.15	0.18	0.21	18.01
圆叶乌桕	0.18	0.10	0.16	14.72
翅荚香槐	0.06	0.04	0.10	6.65
青檀	0.09	0.00	0.05	4.79
黄连木	0.06	0.01	0.05	4.09
青冈栎	0.03	0.02	0.05	3.29
光叶海桐	0.03	0.00	0.05	2.77
粗壮女贞	0.03	0.00	0.05	2.70
棕榈	0.03	0.00	0.02	1.65
构	0.03	0.00	0.02	1.57
樟树	0.03	0.00	0.02	1.57
清香木	0.03	0.00	0.02	1.56
女贞	0.03	0.00	0.02	1.56

3）滇青冈林

滇青冈林分布于党格地。林分郁闭度 85%，乔木层盖度 30%左右，平均胸径 7cm，平均树高 16m，最大胸径 19cm，最小 5cm。主要建群种以滇青冈占绝对优势，组成树种有圆叶乌桕、圆果化香、云贵鹅耳枥等。灌木层盖度 55%，平均树高 2.5m，组成树种主要有川钓樟、圆果化香、清香木、薄叶鼠李、盐麸木、高粱泡、杭子稍、密蒙花、巴东胡颓子。草本层盖度为 25%，平均高度 80cm，主要物种有长冠鼠尾草、浆果薹草、石筋草、刚莠竹、千里光、滇黄精等。同时，该群落还有很多层间植物，如崖爬藤、黑龙姑、何首乌、绞股蓝、单叶铁线莲、高山薯蓣等。滇青冈林乔木层特征与重要值如表 3-35 所示。

表 3-35　滇青冈林乔木层特征与重要值

物种名	相对频度	相对优势度	相对密度	重要值
滇青冈	0.45	0.95	0.66	68.62
多脉猫乳	0.10	0.01	0.06	5.64
合欢	0.05	0.00	0.02	2.29
清香木	0.05	0.00	0.03	2.73
圆果化香	0.20	0.04	0.15	13.02
圆叶乌桕	0.10	0.00	0.03	4.39
云贵鹅耳枥	0.05	0.00	0.05	3.31

4）鹅耳枥林

鹅耳枥林分布于大风林的山脊上。林分盖度 70%，乔木层平均胸径 6cm，平均树高 3.5m，主要建群种贵州鹅耳枥、圆果化香、滇青冈、光叶高山栎、铁榄、清香木等。草本层盖度 70%，主要以兰科植物为主，种类有套叶兰、兔儿兰、石豆兰、春兰等，尤以套叶兰最为突出。因此，在坡岗地区建立贵州兴义坡岗自然保护区对于保护、开发和研究兰科植物具有得天独厚的地缘优势和十分重要的意义。鹅耳枥林乔木层特征与重要值如表 3-36 所示。

表 3-36　鹅耳枥林乔木层特征与重要值

物种名	相对频度	相对优势度	相对密度	重要值
贵州鹅耳枥	0.22	0.51	0.33	35.75
圆果化香	0.12	0.32	0.19	20.93
滇青冈	0.10	0.10	0.17	12.09
光叶高山栎	0.10	0.03	0.08	6.95
铁榄	0.12	0.01	0.04	5.84
清香木	0.08	0.02	0.07	5.56
飞蛾槭	0.05	0.01	0.04	3.36
云贵鹅耳枥	0.05	0.00	0.03	2.75
小叶朴	0.05	0.00	0.02	2.43
光叶海桐	0.05	0.00	0.01	2.18
圆叶乌桕	0.03	0.00	0.01	1.08
贵州青冈	0.03	0.00	0.01	1.08

5）圆果化香林

圆果化香林分布于岩峰村枫柯宝。林分郁闭度 75%，乔木层盖度 62%左右，平均胸径 7.5cm，平均树高 7m。主要建群种为圆果化香、滇青冈、薄叶鼠李、槭树、云贵鹅耳枥等。灌木层盖度 34%，平均树高 3m，平均地径 7cm，以西南槐树占绝对优势，组成树种主要有齿叶黄皮、毛桐、漆树。草本层盖度为 13%，平均高度 30cm，主要物种有楼梯草、肾蕨等。圆果化香林乔木层特征与重要值如表 3-37 所示。

表 3-37　圆果化香林乔木层特征与重要值

物种名	相对频度	相对优势度	相对密度	重要值
圆果化香	0.23	0.56	0.47	41.56
滇青冈	0.20	0.10	0.23	17.60
薄叶鼠李	0.13	0.15	0.07	11.61
槭树	0.02	0.14	0.03	6.35
云贵鹅耳枥	0.11	0.00	0.07	5.99
滇鼠刺	0.07	0.00	0.03	3.12
冬青	0.02	0.04	0.01	2.42
青冈	0.04	0.00	0.02	2.16
南酸枣	0.04	0.00	0.01	1.92
樟叶水丝梨	0.04	0.00	0.01	1.92
香樟	0.02	0.01	0.01	1.27
香叶树	0.02	0.00	0.01	1.20
光叶海桐	0.02	0.00	0.01	0.96
木腊树	0.02	0.00	0.01	0.96
牛舌楠	0.02	0.00	0.01	0.96

6）清香木+滇青冈混交林

清香木+滇青冈混交林分布于民族村。林分郁闭度 90%，乔木层盖度 75%左右，平均胸径 9.5cm，平均树高 9.5m。主要建群种为清香木、圆果化香、滇青冈、云贵鹅耳枥、铁榄等。灌木层盖度 35%，平均树高 3m，平均地径 6cm，组成树种主要有密花树、杭子稍、川钓樟、清香木、樟叶水丝梨等。草本层盖度为 15%，平均高度 35cm，主要物种有丝叶薹草、狗干菜、大叶艾纳香、井栏边草、抱石莲等。清香木+滇青冈混交林乔木层特征与重要值如表 3-38 所示。

表 3-38　清香木+滇青冈混交林乔木层特征与重要值

物种名	相对频度	相对优势度	相对密度	重要值
清香木	0.18	0.38	0.25	26.88
滇青冈	0.16	0.30	0.24	23.26
圆果化香	0.16	0.10	0.13	12.90
云贵鹅耳枥	0.10	0.18	0.11	12.78
铁榄	0.08	0.01	0.04	4.27
薄叶鼠李	0.06	0.01	0.06	4.19
飞蛾槭	0.04	0.01	0.05	3.45
滇鼠刺	0.04	0.01	0.03	2.31
圆叶乌桕	0.04	0.00	0.03	2.30
多脉猫乳	0.04	0.00	0.02	1.94
樟叶水丝梨	0.04	0.00	0.02	1.93
川桂	0.04	0.00	0.02	1.89
川钓樟	0.02	0.00	0.01	0.95
青篱柴	0.02	0.00	0.01	0.95

7）栀子皮林

栀子皮林分布于郑屯镇健康村后沟。林分郁闭度85%，乔木层盖度25%左右，平均胸径6.5cm，平均树高6.5m。主要建群种为栀子皮、木腊树、圆叶乌桕、清香木、滇青冈、小叶朴、盐麸木等。灌木层盖度85%，平均树高4m，平均地径3.8cm，主要为上层乔木种的幼树，如栀子皮、清香木、楮、毛桐等，还有金佛山荚蒾、枇杷、山桑、高粱泡、石岩枫等。草本层盖度为16%，平均高度35cm，主要物种有刚莠竹、浆果苔草、江南星蕨、铁线蕨、野百合、肾蕨、冷蒿、石韦等。栀子皮林乔木层特征与重要值如表3-39所示。

表 3-39　栀子皮林乔木层特征与重要值

物种名	相对频度	相对优势度	相对密度	重要值
栀子皮	0.23	0.83	0.42	49.22
木腊树	0.08	0.03	0.08	6.09
圆叶乌桕	0.05	0.05	0.05	5.08
清香木	0.08	0.02	0.05	5.06
滇青冈	0.05	0.02	0.07	4.73
小叶朴	0.08	0.01	0.04	4.05
盐麸木	0.05	0.01	0.04	3.37
毛桐	0.05	0.01	0.04	3.25
滇鼠刺	0.05	0.00	0.03	2.72
川钓樟	0.05	0.00	0.03	2.65
瓜木	0.03	0.00	0.03	1.81
棕桐	0.03	0.01	0.01	1.49
青篱柴	0.03	0.00	0.01	1.32
翅荚香槐	0.03	0.00	0.01	1.31
飞蛾槭	0.03	0.00	0.01	1.31
石岩枫	0.03	0.00	0.01	1.31
大叶女贞	0.03	0.00	0.01	1.30
滇桑	0.03	0.00	0.01	1.30
密蒙花	0.03	0.00	0.01	1.30
楮	0.03	0.00	0.01	1.30

8）黄杞林

黄杞林分布于民族村。林分郁闭度50%，乔木层盖度65%左右，平均胸径8.5cm，平均树高13m。主要建群种为黄杞、铁榄、云贵鹅耳枥、圆果化香、滇青冈、飞蛾槭等。灌木层盖度 35%，平均树高 3.5m，平均地径 4cm，组成树种主要有光叶海桐、密花树、川钓樟、滇鼠刺、清香木、高粱泡等。草本层盖度为 12%，平均高度 40cm，主要物种有丝叶薹草、石韦、石筋草、狗干菜、雀儿舌头、球花马兰、北京铁角蕨、滇黄精、茜草、抱石莲、井栏边草等。黄杞林乔木层特征与重要值如表 3-40 所示。

表 3-40　黄杞林乔木层特征与重要值

物种名	相对频度	相对优势度	相对密度	重要值
黄杞	0.18	0.41	0.26	28.55
铁榄	0.12	0.40	0.19	23.87
云贵鹅耳枥	0.10	0.08	0.08	8.56
圆果化香	0.10	0.05	0.09	7.94
滇青冈	0.08	0.02	0.05	5.16
飞蛾槭	0.08	0.01	0.05	4.53
川钓樟	0.06	0.01	0.05	3.99
清香木	0.06	0.01	0.05	3.93
山香圆	0.04	0.00	0.05	3.12
野柿	0.04	0.00	0.02	2.08
翅荚香槐	0.02	0.00	0.02	1.46
薄叶鼠李	0.02	0.00	0.02	1.36
香叶树	0.02	0.00	0.02	1.35
南酸枣	0.02	0.00	0.01	1.04
圆叶乌桕	0.02	0.00	0.01	1.04
粗糠柴	0.02	0.00	0.01	1.01
川桂	0.02	0.00	0.01	1.01

9）贵州泡花树林

贵州泡花树林分布于万峰湖镇下箐村。林分郁闭度 80%，乔木层盖度 25%左右，平均胸径 7.5cm，平均树高 5.5m。主要建群种为贵州泡花树、山羊角树、铁榄、飞蛾槭、小叶朴、南酸枣等。灌木层盖度 45%，平均树高 3.4m，平均地径 3.5cm，组成树种主要有川钓樟、香叶树。草本层盖度为 18%，平均高度 40cm，主要物种有石筋草、序叶苎麻等。贵州泡花树林乔木层特征与重要值如表 3-41 所示。

表 3-41　贵州泡花树林乔木层特征与重要值

物种名	相对频度	相对优势度	相对密度	重要值
贵州泡花树	0.15	0.40	0.17	24.28
山羊角树	0.13	0.31	0.14	19.21
铁榄	0.09	0.07	0.12	9.26
飞蛾槭	0.09	0.07	0.12	9.06
小叶朴	0.09	0.05	0.10	8.15
南酸枣	0.07	0.03	0.05	4.80
圆叶乌桕	0.07	0.01	0.05	3.98
贵州水丝梨	0.04	0.01	0.05	3.26
栀子皮	0.04	0.01	0.03	3.06
光叶海桐	0.04	0.01	0.02	2.56
青篱柴	0.04	0.00	0.02	2.30
小果润楠	0.02	0.01	0.03	2.06
枇杷	0.02	0.01	0.02	1.95
川桂	0.02	0.00	0.02	1.56
清香木	0.02	0.00	0.01	1.14
山樱花	0.02	0.00	0.01	2.26
薄叶鼠李	0.02	0.00	0.01	1.12

10）柏木林

柏木林为人工林，较广泛分布于村寨周围，主要因村民用材抚育而成，林分盖度较低，为35%～50%，主要分布于中下坡位，坡向各异。该群落乔木层为柏木，比较单一。灌木层混生有少量伊通、贵州泡花树、盐麸木、清香木、大节竹等。草本层主要有莎草、肾蕨、地锦、五节芒等。

11）水丝梨林

水丝梨林为典型次生灌木林，广泛分布于坡岗保护区山体中下部被严重破坏后自然恢复的地段。主要建群种为水丝梨，盖度达85%以上，平均树高2.5m。其次是香叶树、盐麸木、石岩枫、滇青冈、毛桐、羊蹄甲、齿叶黄皮、藤黄檀等。草本层盖度为20%左右，平均高度35cm，主要物种有莎草、肾蕨、五节芒、石韦、百合等。

12）省藤林

省藤林主要分布于保护区核心区峡谷底部河岸两侧，林分平均高度2m，盖度95%，主要建群种为省藤，混生小叶蚊母树、马岭河悬竹。草本层植物主要是石蒜和蕨类，草本层盖度为65%左右。由于湿度较大，林下苔藓植物长势良好。

13）小叶蚊母树林

小叶蚊母树林主要分布于本区最低地势，即清水河峡谷底部河床两侧，总盖度80%左右，平均胸径4.5cm，平均树高2.5m。主要树种有小叶蚊母树、河滩冬青、细叶榕、枫杨、马岭河悬竹、大节竹等。草本层盖度为50%左右，平均高度35cm，主要有蕨类、石蒜、冷水花等。由于林内湿度较大，附生苔藓较多。

14）滇青冈（清香木）灌丛

滇青冈（清香木）灌丛广泛分布于坡岗保护区，是一种极为典型的次生植被，可能是人为干扰后，滇青冈较强的萌发能力所致。滇青冈灌丛，盖度达90%，平均地径3cm，平均高度2m，优势物种有滇青冈、清香木、独山石楠等，组成物种有异叶花椒、鹅耳枥、水丝梨等。

由于清香木耐干旱贫瘠土壤，萌发能力强，为石灰岩地区典型钙生植物，而本区山体中岩石裸露率高，其他物种难以定居，形成了山体中上部坡度大于60°地段小团状清香木灌丛。

15）灌丛-草坡

灌丛-草坡主要分布于村寨边以及开垦过的农地边，分布零星。主要物种有悬钩子、蔷薇、火棘、老虎刺、石海椒、石岩枫、算盘子、胡颓子、羊蹄甲、八角枫、杠柳、紫珠、臭黄荆、飞机草、五节芒、肾蕨、莎草、薹草、鸭跖草、黄精等。平均高度80cm，平均盖度50%。

16）类芦草地群落

类芦草地群落主要分布于万峰湖赵家湾，分布零星。平均高度2.5m，平均盖度95%。主要物种有类芦、密蒙花、地果、硬干子草、鬼针草、堇菜、牛黄毛、地桃花、狗牙根、理尾草等。

3.8.3　小结

保护区植被总体上属于典型的喀斯特次生森林，由于喀斯特区域小生境的异质性，该区域内群落类型多样，物种组成较为丰富、部分群落结构保存较为完好，为退化喀斯特森林生态系统的恢复与重建提供了良好的模式样本。

保护区由于人为干扰，森林植被具有破脆化和水平镶嵌性特点，在喀斯特森林退化的今天，加强对自然保护区的建设，进行物种、群落及生态系统的保护，具有十分重要的科学研究价值和现实指导意义。

在对保护区森林植被进行抚育更新时，建议首先应对各种群落类型的枯枝落叶层和腐殖质层加以保护，其次应特别注意海拔、坡位及坡度等立地条件所产生的综合影响。

参 考 文 献

[1] 张华海，龙启德，廖德平. 兴义坡岗自然保护区综合科学考察集[M]. 贵阳：贵州科技出版社，1993.

[2] 李从瑞，陈志萍，李茂，等. 兴义坡岗自然保护区木本观赏植物资源研究[J]. 种子，2012，31（11）：62-65.

[3] 张华海. 贵州野生兰科植物地理分布研究[J]. 贵州科学，2010，28（1）：47-56.

[4] 康永祥，康博文，岳军伟，等. 陕北黄土高原辽东栎（*Quercus liaotungensis*）群落类型划分及其生态位特征[J]. 生态学报，2007，27（10）：4096-4105.

3.9　贵州兴义坡岗森林资源现状评价*

3.9.1　研究方法

收集保护区森林资源规划设计调查数据（2015）为基础，结合保护区的景观规划等数据，并查阅相关文献，采用定性与定量分析相结合，运用系统分析等方法研究保护区的森林资源。

3.9.2　结果与分析

1．森林资源现状

根据保护区规划边界得到的保护区的森林资源规划调查数据统计分析可知，保护区林地面积为 3 847.5hm^2，其中乔木林面积为 60.9hm^2，灌木林面积 3 784.4hm^2，竹林面积为 2.2hm^2，另在非林地上四旁树乔木林面积为 18.9hm^2。按照不同地类分，保护区有森林面积 3 874.5hm^2，森林覆盖率为 76.87%。其中，乔木林面积 60.9hm^2，特殊灌木林地面积 3 763.3hm^2，一般灌木林面积 21.1hm^2，竹林面积 2.2hm^2。核心区森林覆盖率最高，达到 77.36%；缓冲区次之，森林覆盖率为 76.22%；实验区最低，森林覆盖率为 75.94%。

2．林木蓄积量

林木蓄积量作为反映森林资源的丰富程度、衡量森林生态环境优劣的重要指标，它是指一定森林面积上存在着的林木树干部分的总材积[1]。同时，蓄积量还是反映一个国家或地区森林资源总规模和水平的基本指标之一[2]，本次针对保护区的森林资源评价中必不可少的就是对其森林蓄积进行评价。

经保护区最新一期森林资源二类调查数据统计（表 3-42）得到，保护区林木总蓄积 1 513.7m^3，其中乔木林蓄积 1 361.8m^3，占保护区总蓄积的 89.97%；乔木林中幼龄林蓄积 963.8m^3，占乔木林蓄积的 70.77%；中龄林蓄积 285.7m^3，占乔木林蓄积的 20.98%；近熟林蓄积 64m^3，占乔木林蓄积的 4.70%；成熟林蓄积 48.3m^3，占乔木林蓄积的 3.55%。灌木林蓄积 151.9m^3，占保护区总蓄积的 10.03%。按照不同林种来统计可看出，水源涵养林蓄积 888.7m^3，占保护区总蓄积的 58.71%；速生丰产林蓄积 48.3m^3，占保护区总蓄积的 3.19%；一般用材林蓄积 576.7m^3，占保护区总蓄积的 38.10%。按照不同森林类别统计得到，一般公益林蓄积 4.7m^3，占保护区总蓄积的 0.31%；一般商品林蓄积 487.7m^3，占保护区总蓄积的 32.22%；重点公益林蓄积 884m^3，占保护区总蓄积的 58.40%；重点商品林蓄积 137.3m^3，占保护区总蓄积的 9.07%。保护区乔木林公顷蓄积达到了 22.36m^3，这与田秀玲等[3]针对于贵州省总体评价得到的单位面积公顷蓄积相接近。但是保护区单位公顷蓄积却远低于全省平均水平，这主要是保护区灌木林地的大量分布，加上属于典型喀斯特峰丛地貌，正处于并将长期处于中级演替阶段，导致了保护区单位面积的蓄积量明显低于的全省平均水平。

表 3-42　贵州兴义坡岗自然保护区森林蓄积统计　（单位：m^3）

分类	种类	蓄积
林地类型	乔木林地	1 361.8
	灌木林	151.9
	合计	1 513.7

* 本节作者：杨瑞、瞿爽、刘志、苏宇阳。

续表

分类	种类	蓄积
林种	水土保持林	888.7
	速生丰产林	48.3
	一般用材林	576.7
	合计	1 513.7
森林类别	一般公益林	4.7
	一般商品林	487.7
	重点公益林	884.0
	重点商品林	137.3
	合计	1 513.7

3. 森林结构分析

保护区主要的优势树种有桉类、柏木、檫木、胡桃、灌木林树种、香椿、槭类、栎灌、小叶青冈、长蕊杜鹃、杂竹、桂花、楠木等。其中栎灌为最优树种组，就树种组成而言，保护区的树种组成相对于其他同级别保护区[4]而言要少。同时，保护区的优势树种多为小乔木或灌木树种，作为中级演替阶段的群落要想加快演替进度，在保护先锋优势树种上应该加大对大乔木树种的保护力度，同时鼓励当地农户退耕还林，开展植苗造林等举措，加强对高大乔木树种的引进。

森林演替过程中，随着物种组成和环境条件都在变化中，林木种群年龄结构也表现出演替进程。研究林木种群年龄结构可推测森林的演替史，可了解森林的演替现状，预测其演替方向[5-6]。贵州兴义坡岗自然保护区乔木林地不同龄组占比统计。其中，中幼林占据 91.75%，而近、成熟林仅占 8.25%。其年龄结构基部占比最大，中部居中，顶部最小，构成了典型的增长型群落模式，未来具有较强的生长空间。但是由于幼龄林居多且灌木林地面积占比 98%左右，保护区总体仍处于幼龄阶段，对特殊环境的抵抗能力较低，即抗干扰能力较弱。干扰是影响种群年龄结构的重要因子之一。不同的干扰状况（类型、强度、频率等）对种群年龄结构产生不同的影响，从而影响整个生态系统的稳定性。因此在保护区后期的经营管理过程中，加大对保护区干扰因素的控制，是改善和保护年龄结构维持生态系统稳定的首要任务。

3.9.3 小结

贵州兴义坡岗自然保护区森林生态系统较为完整，森林群落类型丰富。树种多为萌生天然林，近年来由于人为活动较多，有部分是人工植苗造林。保护区总面积为 5 030.28hm^2，其中坡岗自然保护区核心区 2 028.37hm^2，缓冲区 1 403.09hm^2，实验区 1 598.82hm^2。由于保护区为典型的喀斯特峰丛地貌，地形破碎化程度很高，加上人工建设用地的部分占用，所以核心区和缓冲区被分成了 5 个小区。保护区有林地面积 3 847.5hm^2，其中乔木林面积为 60.9hm^2，灌木林面积 3 784.4hm^2，竹林面积为 2.2hm^2。

保护区总森林覆盖率为 76.87%，较前期保护区科考得到的 85%的森林覆盖率要低，分析原因主要是前期的森林覆盖率计算精度要求不高，同时人为干扰较少，林地保留较完整，而本期森林覆盖率是依据最新的森林资源规划调查数据计算得来，在精度上较前期的要精确，同时有很多建设用地占用林地也是导致覆盖率降低的原因。其中核心区森林覆盖率最高，达到了 77.36%；缓冲区次之，森林覆盖率为 76.22%；实验区最低，森林覆盖率为 75.94%。

保护区林木总蓄积 1 513.7m^3，其中乔木林蓄积 1 361.8m^3，占保护区总蓄积的 89.97%；灌木林蓄积为 151.9m^3，占保护区总蓄积的 10.03%。水源涵养林蓄积 888.7m^3，占保护区总蓄积的 58.71%；速生丰产林蓄积 48.3m^3，占保护区总蓄积的 3.19%；一般用材林蓄积 576.7m^3，占保护区总蓄积的 38.10%。一般公益林蓄积 4.7m^3，占保护区总蓄积的 0.31%；一般商品林蓄积 487.7m^3，占保护区总蓄积的 32.22%；重点公益林蓄积 884m^3，占保护区总蓄积的 58.40%；重点商品林蓄积 137.3m^3，占保护区总蓄积的 9.07%。

保护区主要优势树种为栎灌，多为小乔木和灌木树种，大乔木优势树种较少。乔木林中幼龄林占乔木林的 70.77%，中龄林占乔木林的 20.98%，近熟林占乔木林的 4.70%，成熟林占乔木林的 3.55%。群落为典型上的增长型群落，但仍有人为干扰，仍然处于演替中级阶段，在今后的管护中能使其向中亚热带喀斯特山地非地带性常绿落叶阔叶混交林方向演替。保护区的森林植被恢复，对贵州省乃至我国西南喀斯特森林植被的重建具有重大意义，同时也是喀斯特生态保护、植被恢复重建等学科研究的重要基础。

总体而言，保护区森林资源总量大，但是单位面积生产力低，树种结构单一，群落演替虽处于增长型，但是树种组成较少，对特殊环境抵抗能力较弱，在后期的管护和经营中应加大对乔木林的保护力度。

参考文献

[1] 廖顺宝，许立民．森林蓄积量调查数据空间化的方法研究[J]．中南林业科技大学学报，2013，33（11）：1，7，18.

[2] 王仲锋，冯仲科．森林蓄积量与生物量转换的CVD模型研究[J]．北华大学学报（自然科学版），2006（3）：265-268.

[3] 田秀玲，夏婧，夏焕柏，等．贵州省森林生物量及其空间格局[J]．应用生态学报，2011，22（2）：287-294.

[4] 粟海军，吴际通，张海波．贵州佛顶山自然保护区景观格局初步分析[J]．福建林业科技，2014，41（4）：98-103.

[5] PALIK B J, PREGITZER K S. The age and height structure of red maple (*Acer rubrun*) population in north-ern Michigan gigtooth aspen (*Populus grandidentata*) forest[J]. Canadian journal of forest research, 1992,22:1449-1462.

[6] OLIVER C, LARSON B. Forest stand dynamics[M]. New York: McGraw-Hill.Inc., 1990.

3.10　贵州兴义坡岗森林生态系统服务功能价值评估*

为了更加直观地了解喀斯特森林生态系统服务功能的价值，更好地保护、利用保护区森林植被，促进保护区森林生态系统良性发展，本节依据林业行业标准《森林生态系统服务功能评估规范》（LY/T 1721—2008）中的评估指标体系和评估公式，对保护区森林生态系统的服务功能进行价值评估研究。本节旨在能够更直观地了解保护区森林生态系统的服务功能价值，为保护区生态保护政策的制定和可持续发展，以及保护区森林的经营管理提供指导和帮助，为兴义市生态地区生产总值核算提供参考依据。

3.10.1　研究方法

1. 数据收集

本节对保护区森林生态系统主要生态服务功能的评估，所涉及保护区内不同森林类型、不同地类的面积、林木蓄积均为保护区森林资源调查数据。为测算保护区内森林涵养水源量，在保护区内选择不同植被类型进行涵养水源功能测定，具体方法如下。

1）位置的选择与样品收集

对保护区的4种不同森林类型，分别进行土样采集和枯枝落叶样采集。

（1）土样采集。采用环刀法分别在保护区内的针阔混交林、落叶阔叶混交林、针叶林、灌木林4种植被类型中用体积为200cm^{3}环刀取3个土样，以及用小铝盒取每个植被类型的土样，同样也是3个土样。将取得的环刀和小铝盒分别编号并且在野外称每个土样的鲜重，记录取样点的坐标、土层厚度、总郁闭度、物种组成等。

（2）枯枝落叶样采集。采用样方法来收集，分别在针阔混交林、落叶阔叶混交林、针叶林、灌木林等森林类型，设置3个样方，用纱网收集3袋枯枝落叶分别编号，同理在野外称每个样品的鲜重，并记录枯枝落叶的厚度。其中主要的样方规格为20cm×20cm、30cm×30cm、50cm×50cm、100cm×100cm等，此次野外采样主要采用100cm×100cm和100cm×50cm的样方规格进行采样。

2）样品测定方法

（1）土壤样品的测定方法。将野外采集的土样就地测其鲜重后带回实验室内，采用燃烧法，用小铝盒中的土样测定土壤容重和自然含水率，用环刀内的土样进行浸泡实验，测定土样毛管孔隙度、最大持水量等指标。

---

* 本节作者：杨瑞、瞿爽、陈明梅、王勇、李长进。

（2）枯枝落叶样品的测定方法。将野外采集的枯枝落叶样品就地测其鲜重，然后带回实验室内，用烘箱把样品烘干测其干重，然后进行浸泡实验，测定枯枝落叶样品的最大持水量、枯落物含水率等。

以测定数据为基础，结合森林资源调查，分别对保护区生态功能进行测定与分析，各项参考因子收集如下。

（1）净生产力值。对于净生产力的数据，由于针对保护区的植被净初级生产力（net primary production，NPP）值数据的欠缺，本次研究通过查阅相关文献资料，对比分析与保护区生境相似的区域的相关研究参数，以及树种林龄相近的相关研究得到如下参数：通过查阅中国西南地区的森林生物量与生产力的文献，结合刘海荣、赵敏等的研究成果和保护区的实际情况综合分析可知，乔木林地的净生产力值采用 11.98t/（hm^2 • a），灌木林地及疏林地的净生产力值采用 1.01t/（hm^2 • a）；按不同林分起源划分出的林地，天然林的净生产力取 13.38t/（hm^2 • a），人工林的净生产力取 10.56t/（hm^2 • a）；按照不同树种结构划分，针叶纯林的净生产力值为 10.74t/（hm^{-2} •a）、阔叶纯林的净生产力值为 11.33t/（hm^2 •a）、针叶相对纯林的净生产力值为 12.13t/（hm^2 •a）、阔叶相对纯林的净生产力值为 12.75t/（hm^2 • a）、针阔混交林的净生产力值为 9.61t/（hm^2 • a）、针叶混交林的净生产力值为 12.13t/（hm^2 • a）[1-2]。

（2）蓄水功能价值转换数据。森林蓄水功能价值参照水库影子工程费用，按照 6.1 元/m^3 计算，森林净化水质按照 2.1 元/m^3 计算，通过实地走访调查当地的饮用 1t 水所需要的费用为 1.5 元，森林调节水量价值按照 1.5 元/t 计算。

（3）保育土壤功能价值转换数据。通过查阅贵州省不同森林类型的土壤侵蚀模数和无林地壤侵蚀模数资料，得知灌木林、落叶阔叶林、竹林的土壤侵蚀模数都为 9.55t/（hm^2 • a），针叶林、针阔混交林、常绿落叶混交林、常绿阔叶林的土壤侵蚀模数都为 4.35t/（hm^2 • a），无林地壤侵蚀模数为 20.25t/（hm^2 • a）[3]。本次有关保护区的保育土壤效益的研究，以人工挖土取沙费用为（10 元/ m^3），进行保育土壤功能评估。

土壤侵蚀使土壤中含有的有机质及（氮 N）、磷（P）、钾（K）等养分物质流失，森林通过固持土壤，保持了土壤营养物质，对土壤起到了保肥效果。研究表明，贵州地区森林可减少土壤有机质、N、P、K 的损失量分别为 10.07t/km^2、0.6376t/km^2、0.067t/km^2、0.2684t/km^2[4]。以薪材转换成土壤有机质（火土灰）的比例 2∶1 和薪材的机会成本价格 513 元/t 来计算，保护区森林每年减少土壤有机质损失的价值可以计算出来。根据贵州 N 肥、P 肥、K 肥的价格，其中 N 肥 2 400 元/t，P 肥 2 200 元/t，K 肥 320 元/t，可以计算出保护区森林减少土壤中 N、P、K 总的养分损失值[5]。

森林每年减少土壤有机质损失的价值（元）为

森林每年减少土壤有机质损失的价值（元）=10.07t/km^2×林地面积（km^2）×2×513 元/t

N 每年损失价值［根据当前市场 N 肥（尿素）价格］，则有

N 肥损失价值（元）=0.6376t/km^2×林地面积（km^2）×N 肥价格（元/t）

P 损失价值（根据当前市场 P 肥价格），则有

P 肥损失价值（元）=0.067t/km^2×林地面积 km^2×P 肥价格（元/t）

K 肥损失价值（根据当前市场 K 肥价格），则有

K 肥损失价值（元）=0.2684t/km^2×林地面积（km^2）×K 肥价格（元/t）

（4）固碳释氧价值转换数据。温室气体排放税收制度是众多欧美发达国家所采用的方式，对 CO_2 的排放进行征税，环境经济学家们多使用瑞典的碳税率 150 美元/t，按照当年平均美元兑人民币汇率为 6.2 元计，因此每吨 CO_2 按照折合人民币 930 元[6]。氧气的价格按照 1 000 元/a 计算。

（5）林木营养物质价值转换数据。林木生长过程也是营养物质不断积累的过程，通过中国新型肥料网公布的参考价格结合沅江源保护区的实际情况，本次保护区林木营养物质积累功能中磷酸二铵化肥价格按照 2 400 元/t 计算，氯化钾化肥价格按照 2 200/t 计算。

（6）净化大气功能价值转换数据。净化大气功能主要是指森林能够提供负离子、吸收污染物和滞尘的作用。本次核算采用的治理费用 *K* 统一按照国家规范附录中价格作为参考，负离子生产费用为 5.818 5×10^{-18} 元/个，氟化物治理费用为 0.69 元/kg，氮氧化物治理费用为 0.63 元/kg，重金属治理费用为 5.91 元/kg，粉尘颗粒治理费用为 0.17 元/kg。降低噪声费用按照隔音板的单位长度来折算，为 400 000 元/km。二氧化硫的治理费用采用 0.6 元/kg 计，单位面积的林分滞尘量为 112.16kg/（hm^2 • a）。结合沅江源自然保护区森林

资源现状可计算得到单位面积林分的吸收氟化物量为 2.57kg/（hm^2·a），吸收氮氧化物量为 6kg/（hm^2·a），吸收重金属量为 5.91kg/（hm^2·a），单位面积林分滞尘量为 20 813kg/（hm^2·a）。

（7）生物多样性保护功能价值转换数据。由于保护区林地多覆盖灌木林，乔木林和竹林仅占林地面积的 1.65%，本次评估保护区生物多样性保育价值参考贵州省单位面积物种多样性保育价值 15 449.4 元/（hm^2·a）来进行生物多样性保护功能的评估。

2. 计算分析方法

根据国家标准《森林生态系统服务功能评估规范》（GB/T 38582—2020）（以下简称《规范》），对保护区内的生态服务功能的计算采用国家行业规范统一公式进行计算，如表 3-43 所示。

表 3-43　森林生态系统服务功能价值评估指标计算公式及参数说明

功能类别	指标	计算公式	参数说明	参数来源及依据
U_1	$U_{调}$	$U_{调}=10C_{库}A(P-E-C)$	$U_{调}$为森林年调节水量价值；$C_{库}$为水库建设单位库容投资；A 为林分面积；P 为降水量；E 为林分蒸散量；C 为地表径流量；10 为换算系数；K 为水的净化费用；$U_{水质}$为林分年净化水质价值	文献[7]；《规范》公共数据
	$U_{水质}$	$U_{水质}=10KA(P-E-C)$		
U_2	$U_{固土}$	$U_{固土}=AC_{土}(M_2-M_1)/\rho$	$C_{土}$为挖取和运输单位体积土方所需费用；M_1 为有林地土壤侵蚀模数；M_2 为无林地土壤侵蚀模数；ρ 为土壤容重；N、P、K 分别为林分土壤平均含氮、磷、钾量；R_1、R_2、R_3 分别为磷酸二铵含氮量、磷酸二铵含磷量、氯化钾含钾量；C_1、C_2、C_3 分别为磷酸二铵化肥、有机质肥和氯化钾化肥价格	文献[8]、[9]；《规范》公共数据
	$U_{保肥}$	$U_{保肥}=A(M_2-M_1)(NC_1/R_1+PC_2/R_2+KC_3/R_3)$		
U_3	$U_{固碳}$	$U_{固碳}=AC_{碳}(1.63R_{碳}B_{年}+F_{土壤碳})$	A 为林分面积；$C_{碳}$为固碳价格；$R_{碳}$为 CO_2 中碳的含量，为 27.27%；$B_{年}$为林分净生产力；$F_{土壤碳}$为单位面积林分土壤的固碳量；$C_{氧}$为氧气价格	文献[10]；《规范》公共数据
	$U_{释氧}$	$U_{释氧}=1.19C_{氧}AB_{年}$		
U_4	$U_{营养}$	$U_{营养}=AB_{年}(N_{营养}C_1/R_1+P_{营养}C_1/R_2+K_{营养}C_2/R_3)$	A 为林分面积；$N_{营养}$为林木含氮量；$P_{营养}$为林木含磷量；$K_{营养}$为林木含钾量；C_1 为磷酸二铵化肥价格；R_1 为磷酸二铵化肥含氮量；R_2 为磷酸二铵化肥含磷量；C_2 为氯化钾化肥价格；R_3 为氯化钾化肥含钾量；$B_{年}$为林分净生产力	
U_5	$U_{负离子}$	$U_{负离子}=5.256\times10^{15}\times AHK_{负离子}(Q_{负离子}-600)/L$	$U_{负离子}$为林分年生产负离子价值；A 为林分面积；H 为林分高度；$K_{负离子}$为负离子生产费用；$Q_{负离子}$为林分负离子浓度；L为负离子寿命；$U_{二氧化硫}$为林分年吸收二氧化硫价值；$K_{二氧化硫}$为二氧化硫治理费用；$Q_{二氧化硫}$为单位面积林分吸收二氧化硫量；$U_{氟}$为林分年吸收氟化物价值；$K_{氟化物}$为氟化物治理费用；$Q_{氟化物}$为单位面积林分吸收氟化物量；$U_{氮氧化物}$为林分年吸收氮氧化物价值；$K_{氮氧化物}$为氮氧化物治理费用；$Q_{氮氧化物}$为单位面积林分吸收氮氧化物量；$U_{重金属}$为林分年吸收重金属价值；$K_{重金属}$为重金属治理费用；$Q_{重金属}$为单位面积林分吸收量金属价值；$U_{噪声}$为林分年降低噪声价值；$K_{噪声}$为减低噪声费用；$A_{噪声}$为森林面积折合为隔音板的公里数，单位 km；$U_{滞尘}$为林分年滞尘价值；$K_{滞尘}$为降尘治理费用；$Q_{滞尘}$为单位面积林分年滞尘量	
	$U_{二氧化硫}$	$U_{二氧化硫}=K_{二氧化硫}Q_{二氧化硫}A$		
	$U_{氟}$	$U_{氟}=K_{氟化物}Q_{氟化物}A$		
	$U_{氮氧化物}$	$U_{氮氧化物}=K_{氮氧化物}Q_{氮氧化物}A$		
	$U_{重金属}$	$U_{重金属}=K_{重金属}Q_{重金属}A$		
	$U_{噪声}$	$U_{噪声}=K_{噪声}A_{噪声}$		
	$U_{滞尘}$	$U_{滞尘}=K_{滞尘}Q_{滞尘}A$		
U_6	$U_{生物}$	$U_{生物}=S_{生}A$	$U_{生物}$为林分年物种保育价值；$S_{生}$为单位面积年物种损失的机会成本；A 为林分面积	

注：U_1 为涵养水源、U_2 为保育土壤、U_3 为固碳释氧、U_4 为积累营养物质、U_5 为净化大气环境、U_6 为生物多样性保护。

3.10.2 结果与分析

1. 保护区森林涵养水源价值

结合保护区最新一期的森林资源规划调查数据及野外实地调查取样测定的枯落物单位面积持水量和土壤

单位面积持水量的数据，按照给定的评估方法对保护区进行了水源涵养功能价值的评估。

由表 3-44 数据可得，保护区的涵养水源功能总价值为 3 148.35 万元，共计调节水量 874.54 万 m^3/a；其中灌木林持水量最大，占总持水量的 97.46%，竹林总持水量最小，但是单位面积调节水量乔木林 35 711.92t/（hm^2 • a）>竹林 22 735.18t/（hm^2 • a）>灌木林地 22 521.20t/（hm^2 • a），这体现出乔木林地和灌木林地较强的涵养水源的能力，只是在保护区灌木林面积占绝大部分，所以灌木林的总持水量较大。调节水量功能价值为 1 311.81 万元，占总价值的 41.67%；净化水质功能价值为 1 836.53 万元，占总价值的 58.33%。单位林分面积涵养水源功能价值仅为 0.82 万元/（hm^2 • a）。

表 3-44　贵州兴义坡岗自然保护区不同林分类型涵养水源功能统计　（单位：万元）

林分类型	乔木林	灌木林	竹林	合计
调节水量	21.75	852.29	0.50	874.54
调节水量价值	32.62	1 278.44	0.75	1 311.81
净化水质价值	45.67	1 789.81	1.05	1 836.53

2. 保护区森林保育土壤价值

依据有林地和无林地的土壤侵蚀模数，以及不同森林类型的面积等基础数据按照给定的评估方法对保护区进行了保育土壤功能价值的评估。

由表 3-45 可知，保护区的保育土壤功能总价值为 1.19 亿元，其中固土功能总价值为 36.64 万元，保肥功能价值为 11 904.74 万元；共计固土量 41 405.76t/a，N 流失量为 737.03t/a，P 流失量 169.77t/a，K 流失量 9 113.41t/a。其中，灌木林由于面积占比最大，占总固土量和保肥量的 97.80%，乔木林次之，竹林总固土量和保肥量最小。

表 3-45　贵州兴义坡岗自然保护区不同林分类型保育土壤功能统计　（单位：t/a,元）

林分类型	$G_{固土}$	G^N	G^P	G^K	$U_{固土}$	$U_{肥}$
乔木林	889.14	15.83	3.65	195.70	7 868.50	2 556 401.23
灌木林	40 493.08	720.78	166.02	8 912.53	358 345.84	116 423 239.73
竹林	23.54	0.42	0.10	5.18	208.32	67 680.78
合计	41 405.76	737.03	169.77	9 113.41	366 422.66	119 047 321.74

单位林分面积固土量乔木林 14.6t/（hm^2 • a）>竹林 10.72t/（hm^2 • a）>灌木林 10.71t/（hm^2 • a）。由于保护区的土层较薄，对土壤的固持作用方面乔木林明显优于灌木林地和竹林地，后期的保护区管理和经营费措施尽可能地考虑乔木树种的保护与可持续经营，对改良水土流失，保育土壤有较好的促进作用。

固土功能总价值为 36.64 万元，仅占总价值的 0.03%；保肥功能价值为 11 904.74 万元，占总价值的 99.7%。这主要是保护区属于典型的喀斯特峰丛地貌，加之土层较薄，整个生态系统仍处于中级演替阶段，适合小灌木的生长发育，这就使其固土能力较弱，而更多的价值体现在保肥方面。单位林分面积保育土壤功能价值为 3.1 万元/（hm^2 • a）。

3. 保护区森林固碳释氧价值

如表 3-46 可知，保护区的固碳释氧功能总价值为 9 856.29 万元，其中固碳功能总价值为 1 563.79 万元，释氧功能价值为 8 292.50 万元；年固碳释氧量为 99 214.48t，其中年固定二氧化碳量 16 289.50t，占总固碳释氧量的 16.42%，年释放氧气量 82 924.98t，占总固碳释氧量的 83.58%，灌木林的固碳释氧能力较乔木林相对较弱，虽然灌木林地面积大，但是单位林分面积固碳释氧功能价值只为 1.45 万元/（hm^2 • a），而相比于乔木林地的单位面积 71.73 万元/（hm^2 • a）就显得十分微弱。依据光合作用的原理，乔木林的叶面积指数较灌木林高，故在单位面积的固碳释氧的物质量和价值量两个部分均表现出乔木林地优于其他林地。

表 3-46　贵州兴义坡岗自然保护区不同林分类型固碳释氧功能统计

类型	乔木林地	竹林地	灌木林地	合计
固碳量/（t/a）	281.05	6.97	16 001.48	16 289.50
释氧量/（t/a）	43 413.12	16.73	39 495.13	82 924.98
固碳价值/元	269 810.75	6 695.80	15 361 420.08	15 637 926.63
释氧价值/元	43 413 123.04	16 729.02	39 495 133.72	82 924 985.78

总体而言，保护区的固碳释氧功能价值总量上呈现灌木林>乔木林>竹林的趋势，但是单位面积的固碳释氧价值却为乔木林>灌木林>竹林。

4. 保护区林木积累营养物质

林木积累营养物质的功能作为森林生态系统服务功能中不可缺少的一部分，本节结合当前市场上磷酸二铵化肥和氯化钾化肥的价格及经计算得到的林分净生产力等数据按照给定的评估方法对保护区进行林木积累营养物质功能价值的评估。

如表 3-47 可知，保护区的积累营养物质功能总价值为 3 330.62 万元，其中乔木林地积累营养物质功能价值为 47.09 万元，灌木林地积累营养物质功能价值为 3 282.01 万元，竹林地积累营养物质功能价值为 1.52 万元；不同林分类型单位面积积累营养物质功能价值表现为灌木林地 0.87 万元/（hm^2 • a）>乔木林地 0.77 万元/（hm^2 • a）>竹林地 0.69 万元/（hm^2 • a）。单位面积林地的积累营养物质功能价值为 0.87 万元/（hm^2 • a），主要是因为灌木林地在保护区面积最广的林分类型，在积累营养物质的总量及单位面积的价值量均最大，但是这也和当地的生境条件有关，较适合灌木林生长。

表 3-47　贵州兴义坡岗自然保护区不同林分类型积累营养物质功能统计

类型	乔木林地	灌木林地	竹林地	合计
$U_{营养}$/元	470 946.66	32 820 128.52	15 157.59	33 306 232.77
单位面积 $U_{营养}$/（元/hm^2）	7 733.11	8 672.48	6 889.81	8 656.59

5. 保护区净化大气价值

本节结合最新公布的林地数据和市场单价对保护区净化大气功能进行评估，将保护区的净化大气功能更加直观地呈现出来。

由表 3-48 可知，保护区的净化大气功能总价值为 2.69 亿元，其中每年产生负离子总价值为 6.56 万元，每年吸收 SO_2 功能价值为 692.55 万元，每年吸收氟化物的价值为 57.24 万元，每年吸收氮氧化物的价值为 0.62 万元，每年吸收重金属的价值为 2.78 万元，每年降低粉尘创造的价值为 2.62 亿元，占总价值的 97.17%，每年降低噪声创造的价值为 1.14 万元。可见在净化大气功能中，降低粉尘创造的价值最高。乔木林每年净化大气功能价值为 426.36 万元，灌木林每年净化大气功能价值为 2.65 亿元，而竹林每年净化大气功能价值为 15.40 万元。单位林分面积净化大气价值为 7.0 万元/（hm^2 • a），而乔木林单位面积净化大气价值［70 010 元/（hm^2 • a）］>竹林单位面积净化大气价值［69 989 元/（hm^2 • a）］>灌木林净化大气价值［69 977 元/（hm^2 • a）］。可见乔木林和竹林的净化大气能力均优于灌木林地，故在今后的管护和经营中对乔木林和竹林应该加大保护力度，同时保护好灌木林，为其提供一个人为干扰较少的演替环境，使其向更高一级群落演替，增强其净化大气的能力。

表 3-48　贵州兴义坡岗自然保护区不同林分类型净化大气功能统计　（单位：元）

林分类型	$U_{负离子}$	$U_{二氧化硫}$	$U_{氟}$	$U_{氮氧化物}$	$U_{重金属}$	$U_{滞尘}$	$U_{噪声}$
乔木林	3 017.16	109 620.00	9 059.73	98.60	438.48	4 141 200.00	179.96
灌木林	62 496.71	6 811 920.00	562 982.48	6127.32	27 247.68	257 339 200.00	11 182.90
竹林地	64.59	3 960.00	327.28	3.56	15.84	149 600.00	6.50
合计	65 578.47	6 925 500.00	572 369.49	6 229.49	27 702.00	261 630 000.00	11 369.36

6. 保护区保护生物多样性

本节通过野外的实地调查，计算出保护区当地的物种丰富度指数结合给定的评估方法对保护区的保护生物多样性价值进行了评估，结果如表 3-49 所示。由表 3-49 可知，保护区的生物多样性保护功能总价值为 0.59 亿元，其中乔木林保护生物多样性价值为 94.09 万元，占总价值的 1.58%，灌木林保护生物多样性价值为 5 846.67 万元，占总价值的 98.36%，竹林保护生物多样性价值为 3.40 万元，占总价值的 0.06%。由于乔木林和竹林面积较小，虽然其生物多样性指数（Shannon 指数）较高，乔木林 Shannon 指数达到了 3.5，但是相比于灌木林地较大面积的优势，无法凸显保护区乔木林地单位面积的保护生物多样性的价值。

表 3-49　贵州兴义坡岗自然保护区保护生物多样性功能价值统计

林分类型	乔木林	灌木林	竹林地	合计
$U_{生物}$/元	940 868.46	58 466 709.36	33 988.68	59 441 566.5
占比/%	1.58	98.36	0.06	100

7. 保护区生态服务功能价值评估

围绕保护区典型喀斯特峰丛地貌的地域特点，本节参照市场价值法和替代工程法等基本原理科学，合理建立针对兴义坡岗自然保护区生态服务功能的评价体系，以最新的保护区一期森林资源规划调查数据为基础，通过实验测定、文献查找及相关官网公布数据的收集得到各项评价指标参数，按照建立的评价体系的方法，科学计算得出保护区生态功能价值为 6.11 亿元，其中净化大气功能价值（26 923.87 万元）>保育土壤功能价值（11 941.37 万元）>固碳释氧功能价值（9 856.29 万元）>保护生物多样性功能价值（5 944.16 万元）>积累营养物质功能价值（3 330.62 万元）>涵养水源功能价值（3 148.35 万元）。保护区不同功能区之间的生态功能价值是表现出实验区功能价值（24 031.31 万元）>核心区功能价值（20 552.27 万元）>缓冲区功能价值（16 561.09 万元），具体见表 3-50。单位林地面积生态功能价值为 15.89 万元/hm^2，而乔木林单位面积生态功能价值为 86.54 万元/hm^2，高于灌木林单位面积生态功能价值 20.05 万元/hm^2 和竹林单位面积生态功能价值 14.20 万元/hm^2（表 3-51）。虽然灌木林总价值远高于乔木林地，但主要是由于灌木林在坡岗自然保护区林地中占了 98%以上的面积。同时也体现了乔木单位面积及较强的生态功能价值生产力。该评估结果可为保护区未来的经营管理提供更加直观的数据参考。

表 3-50　贵州兴义坡岗自然保护区生态功能价值统计　（单位：万元）

生态功能	涵养水源功能	保育土壤功能	固碳释氧功能	积累营养物质功能	净化大气功能	保护生物多样性功能	合计
核心区	1 058.24	4 013.80	3 312.95	1 119.51	9 049.79	1 997.98	20 552.27
缓冲区	852.73	3 234.33	2 669.59	902.10	7 292.36	1 609.98	16 561.09
实验区	1 237.38	4 693.25	3 873.76	1 309.01	10 581.73	2 336.20	24 031.31
合计	3 148.35	11 941.37	9 856.29	3 330.62	26 923.87	5 944.16	61 144.66

表 3-51　贵州兴义坡岗自然保护区单位面积生态功能价值统计　（单位：元/hm^2）

生态功能	涵养水源功能	保育土壤功能	固碳释氧功能	营养物质效益	净化大气功能	生物多样性价值	合计
乔木林	12 856.29	42 106.24	717 289.55	7 733.11	70 010.08	15 449.40	865 444.67
灌木林	11 019.44	41 941.38	19 701.39	11 787.15	95 108.88	20 997.96	200 556.20
竹林	8 184.66	30 858.68	10 647.65	6 889.81	69 989.90	15 449.40	142 020.10
保护区	8 182.84	31 036.71	25 617.39	8 656.59	69 977.58	15 449.40	158 920.51

3.10.3　小结

保护区生态功能价值为 6.11 亿元，表现出净化大气功能价值>保育土壤功能价值>固碳释氧功能价值>保护生物多样性功能价值>积累营养物质功能价值>涵养水源功能价值的规律。核心区生态功能价值 2.05 亿元，缓冲区生态功能价值为 1.66 亿元，实验区生态功能价值为 2.40 亿元。乔木林生态功能价值为 5 270.56 万元，灌木林生态功能价值为 55 842.87 万元，竹林生态功能价值为 31.24 万元。但是乔木林单位面积生态功能价值为 86.54 万元/hm^2，高于灌木林单位面积生态功能价值 20.05 万元/hm^2 和竹林单位面积生态功能价值 14.20 万元/hm^2，同样高于保护区单位面积生态功能价值为 15.89 万元/hm^2。

保护区现阶段处于中级演替阶段，后期的营林管护举措应该更有针对性，在保证原退耕还林和封山育林等举措的同时，还应增加对乔木树种的引种和多功能经营，即在保护和增加物种丰富度的同时，为保护区生态功能提供强有力的提升。同时，保护区水源涵养功能较薄弱，在经营管护过程中应注重对水源涵养林的保护和一些人为破坏的控制，尽可能地减少人为因素造成的水土流失，同时对乔木林加大保护力度，保护其处于较高的封禁环境和极低的人为干扰中，使其能够为后期保护区涵养水源功能的提升提供基本保障，实现涵养水源功能的提升。

参 考 文 献

[1] 吴鹏，丁访军，陈骏．中国西南地区森林生物量及生产力研究综述[J]．湖北农业科学，2012，(8)：1513-1518，1527.
[2] 赵敏．中国主要森林生态系统碳储量和碳收支评估[D]．北京：中国科学院大学，2004.
[3] 张贵云，沈秀明，李崇清，等．不同森林类型土壤肥力状况研究[J]．贵州林业科技，2008，36（4)：26-31.
[4] 胡冬梅，胡俊斌，刘良源．莲花县大乐坪林场森林涵养水源和净化水质及保育土壤价值核算[J]．现代园艺，2006（17)：91-92.
[5] 毕绪岱，许云龙．河北省森林生态经济效益研究[J]．河北林业科技，1998（1)：1-5.
[6] 魏旭．利用蓄积法估算沈阳城市森林固碳效益[J]．中国农业文摘-农业工程，2017，29（2)：46-48.
[7] 邓湘雯．不同年龄阶段会同杉木林水文学过程定位研究[D]．长沙：中南林业科技大学，2007.
[8] 康文星，田大伦．湖南省森林公益效能的经济评价Ⅱ森林的固土保肥、改良土壤和净化大气效益[J]．中南林学院报，2001，21（4)：1-4.
[9] 康文星，田大伦．湖南省森林公益效能的经济评价Ⅰ森林的木材生产效益与水源涵养效益[J]．中南林学院学报，2001，21（3)：13-17.
[10] 李晓曼，康文星．广州市城市森林生态系统碳汇功能研究[J]．中南林业科技大学学报，2008，28（1)：8-3.

第 4 章　贵州兴义坡岗自然保护区动物多样性

4.1　贵州兴义坡岗兽类多样性*

兽类是森林生态系统中一种群体，了解和掌握其资源状况是开展保护管理的基础。因此，为了更加科学有效的保护贵州兴义坡岗自然保护区及其周边生态系统及其生物多样性，本节以 2002 年科学考察数据为基础[1]，于 2017～2018 年，采用红外相机监测调查法、样线调查法、非诱导性访谈法、网捕法、铗日法等对保护区及其周边兽类物种多样性进行调查。

4.1.1　研究方法

1．红外相机监测调查法

兽类物种生态习性多样，大多昼伏夜出，嗅觉灵敏、生性机警，因此很难在野外发现实体，同时因受猎捕限制，除小型鼠类及翼手目物种外，也无法获取实体标本，为此，本次考察特采用红外相机辅助调查。考察期间，在保护区内选取 3 个区域，其中，保护区内 2 个样区，保护区外 1 个样区，每个区域布设 20 台红外相机，共设置 60 台红外相机（图 4-1），布设密度为 1 台/km^2。

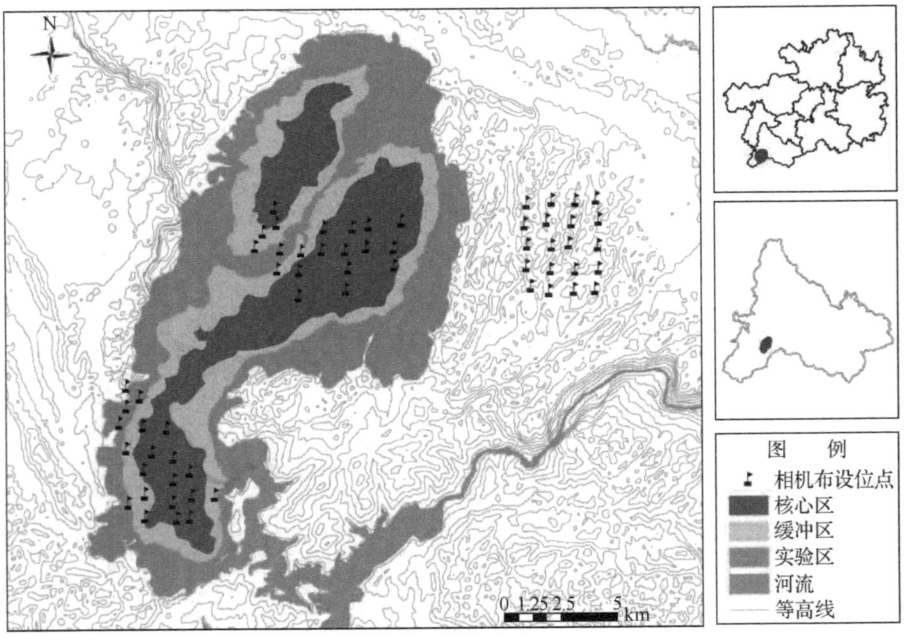

图 4-1　贵州兴义坡岗自然保护区兽类资源调查红外相机布设位置示意图

2．样线调查法

依据调查点地形地貌和各种兽类的生态生物学特性，按照要求的抽样强度，分层抽样布设调查线路，沿线路行走，观察并记录线路两侧兽类个体、活动痕迹、巢穴、粪便、食痕等及距离线路中线距离。样线抽样方法参照《全国第二次陆生野生动物资源调查技术规程》进行。调查抽样强度要求为样区面积的 1%～3%。本次调查路线共布设样线计 9 条（图 4-2），样线总长约 33.11 km，样线平均宽度 50m。

* 本节作者：张卫民、李光容、王娇娇、张海波、张明明、胡灿实、粟海军。

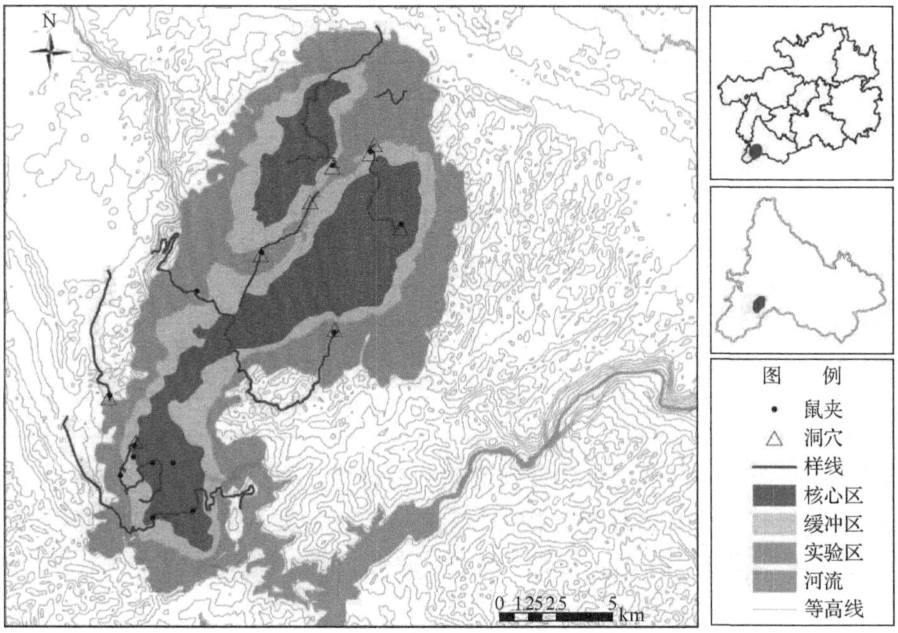

图 4-2　贵州兴义坡岗自然保护区兽类资源调查位置示意图

3. 非诱导性访谈法

对村寨中有经验的猎户或对山林情况较熟悉的居民、护林员进行访谈，通过图鉴照片指认对比，收集物种被发现或被捕获的数据，访谈内容包括捕获或发现的时间、地点、频率、数量、大小（cm）、质量（kg）等，对捕获或发现时间过长（>10 年）的数据进行剔除。访谈结果数据都尽可能地要求除访谈者外有他人佐证。

4. 网捕法

针对保护区内翼手目物种的调查，主要采取网捕法，翼手目主要生活在黑暗的场所，如洞穴、破房屋等。本次对保护区内大小 10 个洞穴及 1 间无人居住的破旧房屋进行调查，调查时用蝙蝠网进行捕捉（图 4-2）。

5. 铗日法

为查清保护区内小型兽类物种分布情况，采用铗日法进行调查。选择在调查区周围林地、灌丛地和农用地（含新弃耕地、菜地与农田）3 种地类中布铗子，以玉米、花生为饵进行铗夜；每铗相距 3～5m，每条样线于清晨放置 50～80 个铗子（图 4-2），铗子均用细绳固定，以防动物逃逸，次日查看捕获情况，一般调查片区连续进行 2 个铗夜。调查时分时间与生境类型记录捕获率、数量、种类，并测量和记录捕获物的相关体征。

4.1.2　结果与分析

1. 物种组成

本次调查共记录兽类物种 40 种，隶属于 9 目 16 科。其中，样线调查法记录物种 12 种；红外相机监测记录 8 个物种，相机为长期监测，目前仍布设在保护区内；网捕法在洞穴及房屋内采集到翼手目标本 26 个，共记录 6 种；非诱导试访问法记录到 14 种；铗日法共记录 8 个物种，物种鉴定参考《中国兽类野外手册》[2]，兽类物种分类系统及顺序参照文献[3]（表 4-1）。

表 4-1　贵州兴义坡岗自然保护区兽类物种组成

目类	科数	物种数	占比例/%
劳亚食虫目	1	1	2.50
攀鼩目	1	1	2.50
灵长目	1	2	5.00
食肉目	3	8	20.00
偶蹄目	2	3	7.50
啮齿目	4	17	42.50
兔形目	1	1	2.50
鳞甲目	1	1	2.50
翼手目	2	6	15.00

本次调查记录的 40 种兽类中，啮齿目和食肉目物种数较多，分别占总物种数的 42.50%和 20.00%，从物种科级水平上分析，鼠科有 10 种，占保护区物种总数的 25.00%；鼬科 5 种，占保护区物种总数的 12.50%；松鼠科 4 种，占保护区物种总数的 10.00%，因此，鼠科、鼬科、松鼠科在科级水平上占绝对的优势（附录 7）。

2. 物种区系

根据《中国动物地理》[4]中的区划法，在我国动物地理区划中，从大比例尺地图上看，保护区属于东洋界；从小比例尺地图上看，保护区属于西部山地高原亚区与西南山地亚区的交界处，因此，保护区内兽类分布呈现出两区的物种特点。

从物种分布型来看［图 4-3（a）］，东洋型物种 23 种，占保护区总物种数的 57.5%；古北型 6 种，占保护区总物种数的 15%；南中国型 8 种，占保护区总物种数的 20%；喜马拉雅-横断山区型 2 种，占保护区总物种数的 5%；云贵高原型 1 种，占保护区总物种数的 2.5%。从物种区系组成来看［图 4-3（b）］，保护区 40 种兽类中，没有全北型物种，东洋种有 25 种，占保护区总物种数的 62.5%；广布种 9 种，占保护区总物种数的 22.5%；古北种 6 种，占保护区总物种数的 15%。

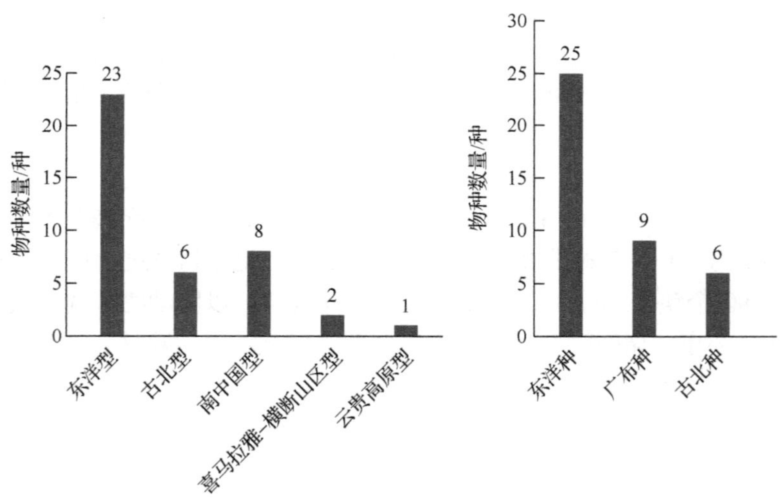

（a）物种分布型　　（b）物种区系

图 4-3　贵州兴义坡岗自然保护区兽类物种分布型和分布区系统计

3. 保护物种

保护区内 40 种兽类物种中，物种丰度较低，但仍有部分保护物种，记录在《中国脊椎动物红色名录》中，极危（CR）物种有 1 种，为穿山甲 *Manis pentadactyla*；濒危（EN）物种有 1 种，为黑叶猴 *Trachypithecus francoisi*；近危（NT）物种有 7 种，分别为三叶蹄蝠 *Aselliscus wheeleri*、贵州菊头蝠 *Rhinolophus rex*、黄腹鼬 *Musyela kathiah*、鼬獾 *Melogale moschata*、猪獾 *Arctonyx collaris*、狗獾 *Meles meles* 和花面狸 *Paguma larvata*；易危（VU）物种 5 种，分别为云南菊头蝠 *Rhinolophus yunanensis*、小灵猫 *Viverricula indica*、豹猫 *Felis bengalensis*、小麂 *Muntiacus reevesi*、毛冠鹿 *Elaphodus cephalophus*；其余均为无危物种。在 CITES 附录中，属于 CIETS 附录Ⅱ的有 3 种，分别为猕猴（*Macaca mulatta*）、黑叶猴和穿山甲。此外，黑叶猴属于国家一级重点保护野生动物；猕猴、穿山甲和小灵猫属于国家二级重点保护野生动物。由此可见，保护区内较少的物种中仍存在部分的保护物种。

（1）国家一级重点保护野生动物——黑叶猴，隶属于灵长目猴科叶猴属，是比较典型的东南亚热带和南亚热带的树栖叶猴，主要栖息于江河两岸和低山沟谷地带的热带雨林、季雨林和南亚热带季风常绿阔叶林。其栖息生境的海拔低于 1 200m。栖息在热带、亚热带森林繁茂，灌木丛生，山势险峻，岩洞较多的石灰岩地区。黑叶猴善于攀缘、跳跃，其活动觅食的主要场所是人兽罕至、生有稀疏树木的悬崖峭壁。夜间则栖息于悬崖峭壁间的天然岩洞内。生活于分布区北部的黑叶猴体毛较长而密，到了冬季在皮下聚积有较厚的脂肪，因此具有较强的抗寒性。在贵州省，黑叶猴主要分布在绥阳、正安、道真、务川、桐梓、沿河、兴义、安龙、册亨、贞丰、六盘水等县（市）[5]。

文献记录兴义有黑叶猴的分布，但在本次调查中未曾调查到，经访问 12 人，仅有 2 名 55 岁以上的老人描述曾见过，因此，推测黑叶猴在保护区内区域性灭绝。

（2）国家二级重点保护野生动物——穿山甲，隶属鳞甲目鲮鲤科穿山甲属，多在山麓地带的草丛中或丘陵杂灌丛较潮湿的地方挖穴而居。穿山甲具有珍贵的药用价值，在亚洲被广泛猎杀，使其数量急剧减少，并且人类活动导致其原生栖息地面积越来越小。穿山甲昼伏夜出，缺乏相应的基础调查，在中国包括贵州在内的很多地方并不清楚当地穿山甲的数量及分布情况，对其濒危状况相关机构了解都很有限。因猎杀严重，贵州省大部分地区在调查时并未见过痕迹，但经访问，穿山甲曾在 20 年前出现过，由此可见，穿山甲在贵州省将面临灭绝。本次在保护区进行调查时，红外相机未拍摄到其实体，样线也未调查到其活动痕迹，但经访问和查询 2002 年保护区科考相关资料得知 40 年前兴义曾出现过穿山甲，因此，穿山甲在本区域内应已灭绝。

（3）国家二级重点保护野生动物——猕猴，隶属于灵长目猴科猕猴属。猕猴是自然界中较为常见的一种猴，栖息于热带、亚热带及暖温带阔叶林，从低丘到 3 000～4 000m 的高海拔、僻静有食的各种环境都有分布。它们是现存灵长类中对栖息条件要求较低的一种，喜欢生活在石山的林灌地带，特别是那些岩石嶙峋、悬崖峭壁又夹杂着溪河沟谷、攀藤绿树的广阔地段，往往是其最理想的生活场所。中国是猕猴资源的富产国，60%以上的省（区）都有出产，虽然分布不均、分布区不连续，但分布面积仍相当广。据各地对猕猴资源不完全的估算统计综合，中国的猕猴数量约 20 万只。其中主要产区之一的广东约 1 万只；广西 3 万～5 万只；贵州 3 万～5 万只；云南 5 万～6 万只；其他地区共 3 万～4 万只。从一些地区的调查结果分析，猕猴资源最多仅及 20 世纪 40～50 年代前的 20%～30%。以广东、广西、湖南、福建、河南等地的猴源下降最甚，许多地区甚至连猴迹都断绝多年了[6]。

近年来，猕猴因繁殖速度较快，包括保护区在内的大部分区域分布较广泛，在本次调查的区域中，红外相机监测和样线调查均调查到猕猴实体，还进行了猕猴的专项调查。调查结果显示，保护区内猕猴主要有 3 群，总数量在 700 只以上，主要分布在则戎（保护区）区域，包括洋家口、大湾子、露阴塘、下凼子等地点，主要以村民的农作物和林子里野果为食，该区域猕猴的泛滥对村民的农作物造成严重损害，于农作物来说，进食时间主要分 3 个时间段，分别为 6:00～7:00、13:00～14:30 和 18:00～19:30。

4. 生境类型与物种分布

根据物种分布的生境情况，本次调查共记录 6 种生境类型（图 4-4），分别为竹林、混交林、常绿阔叶林、农田、居民区和洞穴。在不同生境类型中，物种分布现状不同。通过调查发现，常绿阔叶林中分布的物种分布最多，灵长目、食肉目及偶蹄目是其中的典型物种群落（如猕猴、小麂、野猪等），混交林及农田果园区也分布有较多物种，多为杂食性的中小型种类，如啮齿目及劳亚食虫目物种。此外，猕猴也会在该生境中活动，但在竹林及居民区仅限于啮齿类（小家鼠、褐家鼠等）和翼手类动物，其中，分布在居民区翼手类动物主要分布在漆黑的环境下，如无人居住的废弃小黑屋。

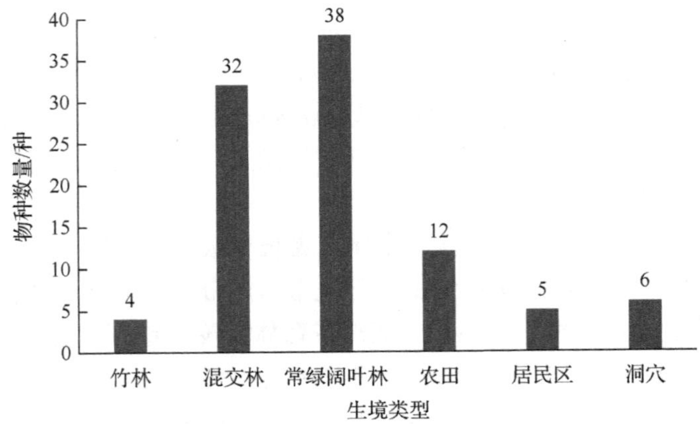

图 4-4　贵州兴义坡岗自然保护区不同生境类型物种数量分布

4.1.3　小结

1. 保护区兽类物种多样性

通过本次调查，保护区内共记录到兽类物种 40 种，隶属 9 目 16 科。啮齿目和食肉目物种数较多，分别占总物种数的 42.50%和 20.00%。从物种科级水平上分析，鼠科有 10 种，占保护区物种总数的 25.00%；鼬科 5 种，占保护区物种总数的 12.50%；松鼠科 4 种，占保护区物种总数的 10.00%。

2. 保护区内物种区系组成

保护区在我国动物地理区划中，从大比例尺地图上看，属于东洋界。从物种分布型来看，保护区内东洋型物种最多，正是保护区所处东洋界的地理位置所致。保护区内也有喜马拉雅-横断山区型物种分布，喜马拉雅-横断山区因地势起伏大，基带为热带-亚热带，动物栖息环境复杂多样，适合一些物种生存，但因保护区内植被条件较差，仅有 2 种喜马拉雅-横断山区型物种分布，分别为灰腹鼠和云南菊头蝠。南中国型因分布在东南亚热带-亚热带（东洋型）的地理区域，但在更新世期间，冰期-间冰期的影响导致动物分布向南迁徙，如毛冠鹿、小麂、珀氏长吻松鼠、红腿长吻松鼠等。古北型物种分布，也有部分物种由东南地区的湿润半湿润季风地区向南分布，进入热带地区，如保护区内的黄鼬。综上所述，东洋型物种在保护区内占比最大，因此，东洋型物种特征也代表保护区内兽类物种的分布型特征。从保护区物种分布区系来看，本次调查未记录到全北型物种，记录东洋型物种 25 种，占保护区物种种数的 62.5%；记录广布种 9 种，占保护区总物种数的 22.5%；记录古北型物种 6 种，占保护区总物种数的 15%。因受地理分区的影响，东洋型物种反映了保护区物种的区系组成特征，这与 2002 年的科考数据结果一致。

3. 保护物种生存现状

保护区的 40 种兽类中，极危物种有一种——穿山甲，但因记录数据源于访问所得，被访问者描述发现时间约在 20 年以前，目前该物种实际是否存在还仍待考究；濒危物种有黑叶猴，同时黑叶猴也是国家一级重点保护野生动物，在贵州主要分布麻阳河国家级自然保护区、贵州宽阔水国家级自然保护区和六盘水野钟黑叶猴自然保护区等。保护区内的珍稀濒危物种较少，究其原因可能有如下两方面：一方面，保护区内生境破碎化较为严重，加之灌丛林较多，对于大中型兽类而言，缺乏丰富的食物资源及良好的躲避环境，因此保护生境的完整性和多样性在现阶段显得尤为重要；另一方面，保护区内人口居住环境复杂，人为活动干扰加大，主要表现为放牧、采菌及对具有经济价值和药用价值的兽类进行捕杀，因此，应加强对保护区内人为活动的管理，以便尽快恢复区内野生动物生境状况。

4. 保护区兽类资源变化趋势

本次记录的物种种类（40 种）与 2002 年科学考察数据（55 种）相比，种类较多的目科保持一致，但总体上物种种类较少。翼手目物种本次仅记录 6 种，但 2002 年科考数据记录 13 种。导致本次调查物种较少的可能原因如下：①从被人为敲断过的天然石钟乳来看，部分洞穴内人为干扰较严重；②保护区内少部分洞穴边缘有施工现象，导致翼手目物种出现频率降低，甚至物种减少；③由于部分洞内地面较潮湿，空间较大，出于调查人员安全考虑，调查力度不够。本次调查中记录了果树蹄蝠 *Hipposideros pomona*，在此之前，果树蹄蝠仅在贵州省荔波县、惠水县、安龙县有分布[7]，该记录增加了贵州省的又一分布区。啮齿目物种与 2002 年科考数据记录的数量一致，但某些物种种类不完全一致，这可能与调查时间间隔太长或调查方法不同有关。食肉目物种两次记录的物种差距很大，2002 年记录 14 种，本次仅记录 8 种，2002 年科考数据中犬科物种的赤狐、貉，猫科物种中的丛林猫、金猫等，本次调查采用红外相机监测法，布设密度为 1 台/km^2，监测的主要对象即大中型食肉目物种，一年时间并未拍摄到这几种物种，其原因可能是红外相机布设位置内未出现这些物种；也可能是随着时间推移，保护区周边工业化面积逐渐扩散，施工面积增加，对区内物种生存影响较大，并且保护区内生境破碎化较严重，对于大中型兽类而言，缺乏丰富的食物资源及良好的躲避环境，导致保护区内部分物种消失。

5. 结论与建议

本次调查共记录兽类物种 40 种，果树蹄蝠为该种在贵州省记录不多的区域新增一个分布区，本次记录的物种与 2002 年科考数据相比较少，这可能与两次调查的时间长短和技术方法有关，如红外相机的数量覆盖到的生境类型、海拔未能完全反应不同生境下的物种情况，同时由于时间的关系未能全面调查保护区每一部分物种潜在区域，物种记录出现缺失。在仅记录到的物种中，珍稀濒危物种也较少，可见其保护区内生境破坏越来越严重，而保护区周边近些年的旅游开发、新增的建筑设施等大大影响着动物的活动和取食，尤其是对生态位较窄的物种而言，极大地危害了它们生存。同时，人为活动的干扰逐渐扩张，限制了物种多样性，保护物种得不到应有的生存条件（水、食物、隐蔽）[8]，导致某物种区域性灭绝，某一生物链环节的缺失，影响着本区域整个物种及生境的变化情况[9-10]，特别是处于高营养级及食物链顶端的兽类，它指示了一个区域的生境的优劣程度。

基于保护区内兽类资源特点和保护管理现状，对此提出如下建议：①加强保护区的基础设施建设；②积极开展自然保护宣传，加强社区参与共管，提高当地居民对野生动物的保护意识；③加大执法力度，遏制非法狩猎行为；④积极开展保护区科学研究，加强生境和物种保护，对珍稀濒危物种的种群动态实行长期监测；⑤健全保护区管理职能，提高保护区管理水平，提升保护区等级，有效发挥保护区的综合效益；⑥加大执法力度，遏制非法捕猎行为。对此，本次调查的红外相机仍对保护区内野生动物进行长期监测，以便后期为保护区兽类物种名录做有效的补充，同时，也为保护区的生物多样性提供真实可靠的物种数据。

参 考 文 献

[1] 张华海，龙启德，廖德平．兴义坡岗自然保护区综合科学考察集[M]．贵阳：贵州科技出版社，2006．
[2] 史密斯，解焱．中国兽类野外手册[M]．长沙：湖南教育出版社，2009．
[3] 蒋志刚，刘少英，吴毅，等．中国哺乳动物多样性（第 2 版）[J]．生物多样性，2017，25（8）：886-895．
[4] 张荣祖．中国动物地理[M]．北京：科学出版社，2011．
[5] 罗蓉，等．贵州兽类志[M]．贵阳：贵州科技出版社，1993．
[6] 路纪琪，田军东，张鹏．中国猕猴生态学研究进展[J]．兽类学报，2018，38（1）：74-84．
[7] 杨天友，侯秀发，谷晓明，等．贵州省果树蹄蝠的分类记述[J]．四川动物，2012，31（4）：570-573．
[8] 冯利民，张立．云南西双版纳尚勇保护区亚洲象对栖息地的选择[J]．兽类学报，2005（3）：229-236．
[9] 王君．新疆塔什库尔干地区雪豹生态位研究及种群估算[D]．北京：北京林业大学，2012．
[10] 刘贵河，王国杰，汪诗平，等．内蒙古荒漠草原主要草食动物食性及其营养生态位[J]．生态学报，2013，33（3）：856-866．

4.2　贵州兴义坡岗猕猴初步调查*

猕猴 *Macaca mulatta*，又称恒河猴、广西猴，属国家二级重点保护野生动物，被列入 IUCN 低危（LC）

* 本节作者：朱源、李光容、王丞、粟海军。

级濒危动物，同时被列入 CITES 附录Ⅱ。主要特征是尾短，具颊囊，躯体粗壮，其广泛栖息于草原、沼泽各类森林之中，在石山峭壁、溪旁沟谷和江河岸边的密林中或疏林岩山上群居。以树叶、嫩枝、野菜等为食，也吃小鸟、鸟蛋、各种昆虫，捕食其他小动物。猕猴适应性强，容易驯养繁殖，生理上与人类较接近，常被用于进行各种医学试验，因此乱捕滥猎是猕猴致危的主要因素。国外主要分布于阿富汗、巴基斯坦、印度北部，中国主要分布于南方诸省（区），以广东、广西、云南、贵州等地分布较多，福建、安徽、江西、湖南、湖北、四川次之，陕西、山西、河南、河北、青海、西藏等局部地点也有分布[1-2]。

繁衍栖息于保护区内的野生猕猴是其非常重要的动物资源之一，目前尚未有对保护区内猕猴有关情况的研究报道，本次调查主要对猕猴的种群分布、活动节律、人猴关系等情况进行调查，为保护区猕猴进一步的研究、管理和保护提供较为科学的参考信息和基础资料。

4.2.1 研究方法

1. 访问调查法

通过对保护区工作人员、周边村民和护林员进行调查访问，收集的数据包括猕猴的分布点、数量及当地居民对猕猴的认识、态度、意见等情况。根据野生猕猴的活动节律，与其他动物调查相结合，于 2017 年 11 月、2018 年 1 月、4 月、7 月在保护区内进行访问及调查。

2. 红外触发相机陷阱技术

红外触发相机主要应用于自然保护野外研究技术领域中的野生动物监测。红外触发相机具有物种鉴定准确、受不同的栖息地/环境类型影响小、可 24h 持续工作、适合监测活动隐秘的动物、对动物的干扰比较小、对野外工作人员的要求相对较低等优势。红外触发相机监测野生动物方法是一种新型调查手段，特别适用于对活动隐秘的大中型、珍稀兽类[1-2]。

由于野生猕猴不喜人靠近，且在山林中活动迅速，不易观察，利用红外触发相机陷阱技术在其活动区域进行调查较为方便和准确。将调查区域划分为 1km×1km 的网格，根据保护区实际情况，共划分为 3 个样区，每个样区按网格划分，各布设 20 台红外触发相机，总计 60 台红外触发相机。相机布设时间为 2017 年 2 月～2018 年 7 月。根据划分网格内的样点，相机位点主要选在靠近动物活动路径的位置，并对每个相机位点的 GPS（global positioning system，全球定位系统）信息（经度、纬度、海拔）进行记录。相机重要参数设置包括拍摄模式（照片+视频）、连拍（3 张）、时间间隔（1s）、灵敏度（中）等。所有相机位点均不放置任何诱饵。布设好的相机应定期检查一次，确定是否需要更换电池与更新存储卡，对所拍照片进行物种鉴定且编号入档（所感应并拍摄到的动物均为在地面移动或活动的个体，镜头朝向北或南，以尽量避免早晚的阳光直射影响相机拍摄效果和干扰感应器正常工作）。

从相机照片中提出的数据信息主要猕猴的动物数量、独立探测有效首张照片数、有效照片数。独立探测有效首张照片的确定标准为同一相机位点含同种个体的相邻有效照片间隔时间至少为 30min。

4.2.2 结果与分析

通过调查访问的信息和红外触发相机监测的位点，兼顾地理、植被、栖息地条件及人为活动的影响，确定自然保护区猕猴的分布区域。

保护区猕猴的分布比较集中，主要分布于保护区西南面，即则戎乡、清水河、万峰湖一带，分布位置为东经 104° 59'14.68"，北纬 24° 58'28.35"，平均海拔为 1 050m，分布面积约为 70km^2。活动生境多为常绿落叶阔叶混交林，栖息于石山峭壁或疏林岩山上群居。保护内猕猴种群主要有 3 个种群，每个种群有比较固定的活动范围。根据其领域位置，将 3 个种群可分为 N 群、Z 群及 S 群（图 4-5）。经过调查，初步估计区猕猴种群总体数量至少为 700 只。

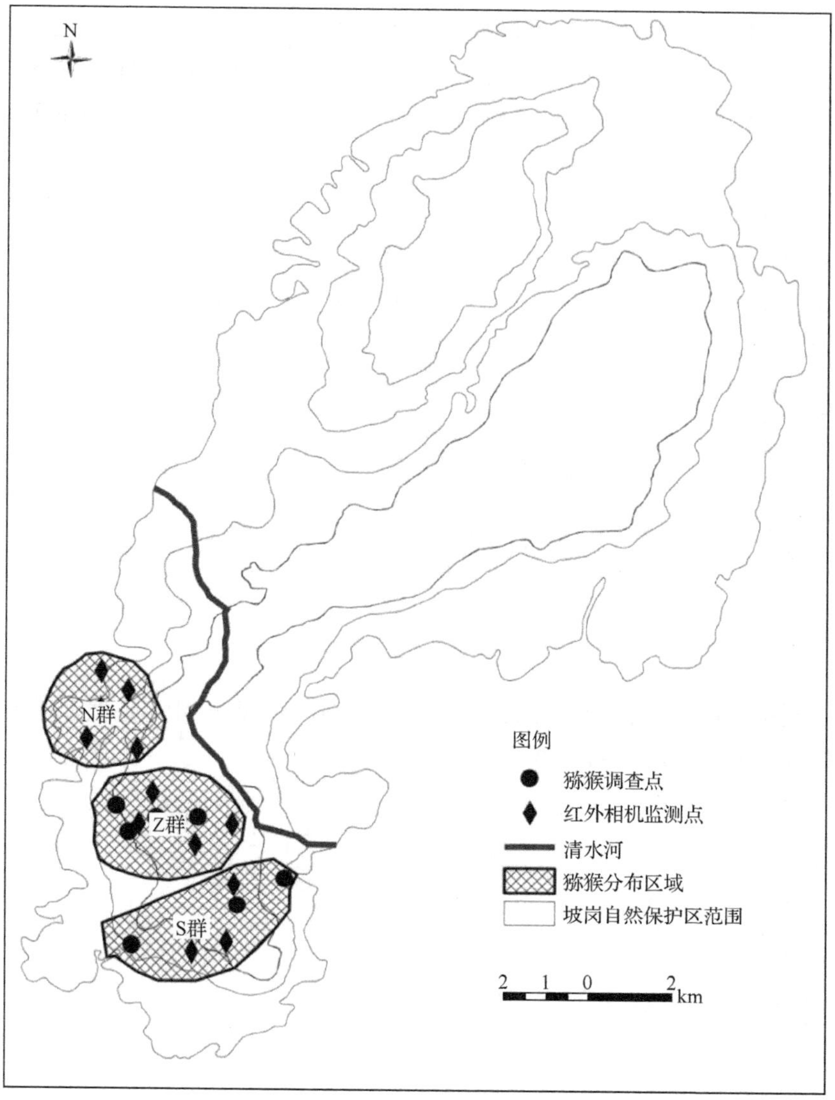

图 4-5　贵州兴义坡岗自然保护区猕猴分布

4.2.3　红外触发相机对猕猴的监测

2017 年 2 月～2018 年 7 月，红外触发相机监测到的猕猴信息见表 4-2。在布设的 60 台相机中，拍到猕猴的相机合计 12 台，都位于同一样区，为猕猴种群分布及数量调查提供了参考数据。红外触发相机获得猕猴数量 340 只、独立探测有效首张照片 184 张、有效照片 1 788 张。

表 4-2　贵州兴义坡岗自然保护区红外触发相机猕猴监测信息

相机位点（网格号）	猕猴数量/只	独立探测有效首张照片数/张	有效照片数/张	海拔/m	生境
AD20	9	9	33	1 010	常绿落叶阔叶混交林
AC17	37	33	315	1 030	常绿落叶阔叶混交林
AB17	4	3	15	987	常绿落叶阔叶混交林
AC19	18	12	65	998	常绿落叶阔叶混交林
AB16	119	39	744	1 113	常绿落叶阔叶混交林
AB18	50	40	186	1 110	灌丛
AC18	42	25	206	958	常绿落叶阔叶混交林
AC20	4	4	12	1 101	常绿落叶阔叶混交林
AD22	8	8	22	1 025	灌丛
AE20	1	1	4	1 119	常绿落叶阔叶混交林
AE21	40	7	168	1 158	灌丛
AE22	8	3	18	1 144	灌丛

由图 4-6 可知，2017 年 3 月～2018 年 7 月监测到猕猴活动节律显示，以 2017 后 10 月和 11 月保护区猕猴活动最为频繁，其次是 2018 年 1 月和 5 月。以 2017 年 3 月～2018 年 3 月为一个年周期，在 164 张独立探测有效照片中，10 月获得 29 张，占比 17.68%；11 月获得 27 张，占比 16.46%；其余月份合计 108 张。

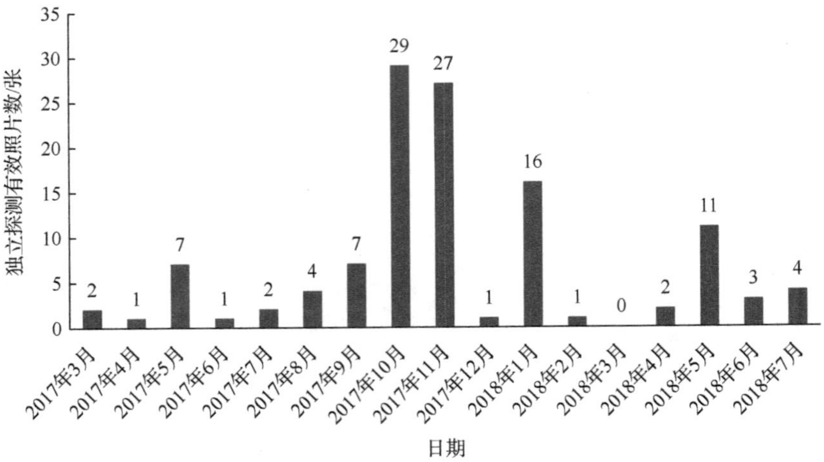

图 4-6　不同月份猕猴活动特征

猕猴从 7:00 开始活动，19:00 后开始栖息。在 7:00～19:00 这段时间中，猕猴在 14:00～15:00、15:00～16:00、16:00～17:00 这 3 个时间段活动频繁（图 4-7）。

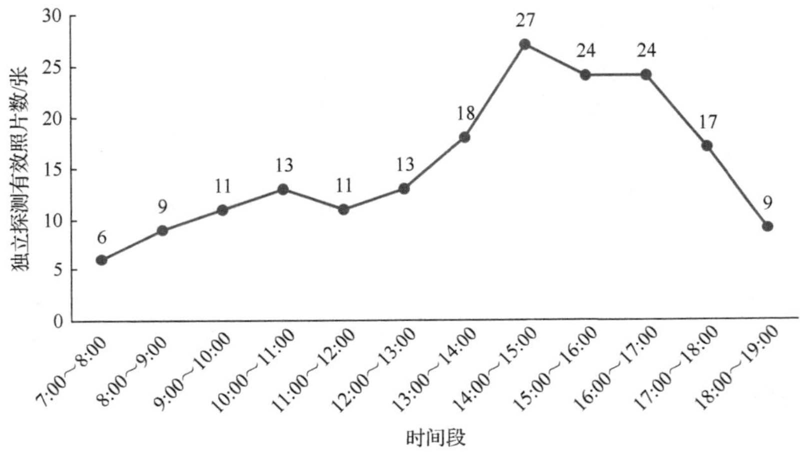

图 4-7　不同时间段猕猴活动特征

4.2.4　猕猴的受威胁因素

保护区内的猕猴栖息活动区域有较多的村寨，人口较多，猕猴表现出了对人类生活的适应性，人为活动对猕猴的影响较为严重。猕猴的生长、发育、繁殖、种群结构和动态都直接受食物的影响，野生猕猴食性较杂，除取食野生植物的果实、种子、嫩叶、嫩枝、树皮、树芽，以及小鸟、鸟蛋、各种昆虫，蚯蚓、蚂蚁外。生活在农田附近的猕猴，经常下山盗食田地里的农作物，如玉米、马铃薯、红薯、大豆、花生、芭蕉等，对周围村民的经济状况、农业生产等产生了诸多负面的影响。周边村民对猕猴视为一害，经常对下山觅食的猕猴使用各种方式进行驱赶。人猴之间的冲突有持续加剧的趋势，这种现象对于猕猴的保护无疑是不利的。当地村民私自饲养、主动伤害猕猴的情况，甚至非法捕猎、贩卖猕猴的行为时有发生，猕猴的生存曾受到了严重的威胁。该地区的开发建设较多，特别是保护区内水泥路的大规模修建，使保护区内生境破碎化严重，缩小了猕猴的活动区域，增加了猕猴在活动时的行为风险，对猕猴各种群间基因交流具有较大的影响。

近年来，随着保护区内植被得到较好保护，植被覆盖度增加，以及林业部门对动物的保护措施实施，猕猴种群数量有所增加。

4.2.5 小结

保护区的猕猴主要分布于保护区西南部，保护区其他区域没有发现猕猴的活动。猕猴的受威胁因素主要来源于人为活动影响和经济建设导致的生境破碎化。野生猕猴是保护区内重要的动物资源，应从以下两个方面加强保护：①建立保护区内关于猕猴的生态补偿机制，保证猕猴的食物来源和降低生存风险，缓解、消除人猴矛盾，促进人猴间的和谐相处；②加大宣传教育力度，使野生动植物及保护区相关法律法规深入人心，提高保护区内居民保护意识及积极性。

参考文献

[1] 张鹏，姜广顺，肖治术．运用红外相机和样线法调查黑龙江双河自然保护区兽类资源[J]．生物多样性，2014，22（6）：773-775.
[2] 李广良，李迪强，薛亚东，等．利用红外相机研究神农架自然保护区野生动物分布规律[J]．林业科学，2014，50（9）：97-103.

4.3 贵州兴义坡岗自然保护区脊椎动物物种区系*

4.3.1 保护区脊椎动物物种组成

经调查统计，保护区内野生脊椎动物共计 32 目 94 科 240 属 331 种。本节分别对保护区内鸟类、兽类、两栖类、爬行类、鱼类物种中的国家重点保护物种及被列入 IUCN 红色名录和 CITES 附录Ⅱ的濒危、近危、易危等物种进行统计，结果显示鸟类 14 目 45 科 103 属 151 种；兽类 9 目 16 科 32 属 40 种；两栖类 1 目 6 科 15 属 23 种；爬行类 2 目 10 科 36 属 44 种；鱼类 6 目 17 科 54 属 73 种。在 331 种脊椎动物中，国家一级重点保护野生动物 1 种，为黑叶猴 *Trachypithecus francoisi*；国家二级重点保护野生动物 17 种，为白腹锦鸡 *Chrysolophus amherstiae*、白鹇 *Lophura nycthemera*、褐翅鸦鹃 *Centropus sinensis*、小鸦鹃 *Centropus bengalensis*、黑鸢 *Milvus migrans*、普通鵟 *Buteo buteo*、凤头鹰 *Accipiter trivirgatus*、苍鹰 *Accipiter gentilis*、雀鹰 *Accipiter nisus*、鹊鹞 *Circus melanoleucos*、灰林鸮 *Strix aluca*、褐林鸮 *Strix leptogrammica*、红隼 *Falco tinnunculus*、白腿小隼 *Microhierax melanoleucos*、猕猴 *Macaca mulatta*、穿山甲 *Manis pentadactyla* 等。列入 IUCN 红色名录的有 32 种极危物种，如穿山甲、平胸龟 *Platysternon megacephalum*；濒危物种有猕猴、穿山甲、山瑞鳖 *Palea steindachneri*、中华鳖 *Pelodiscus sinensis*、王锦蛇 *Elaphe carinata*、黑眉锦蛇 *Elaphe taeniura*、尖吻蝮 *Deinagkistrodon acutus*、长臀鮠 *Cranoglanis bouderius bouderius*、日本鳗鲡 *Anguilla japonica*、唇鲮 *Semilabeo notabilis*、昆明裂腹鱼 *Schizothorax grahami* 和灰裂腹鱼 *Schizothorax griseus* 12 种；近危物种有三叶蹄蝠 *Aselliscus wheeleri*、贵州菊头蝠 *Rhinolophus rex*、黄腹鼬 *Musyela kathiah*、鼬獾 *Melogale moschata*、猪獾 *Arctonyx collaris*、狗獾 *Meles meles*、花面狸 *Paguma larvata* 和盖氏白甲鱼 8 种；易危物种有云南菊头蝠 *Rhinolophus yunanensis*、小灵猫 *Viverricula indica*、豹猫 *Felis bengalensis*、小麂 *Muntiacus reevesi*、毛冠鹿 *Elaphodus cephalophus*、棘胸蛙 *Quasipaa spinosa*、棘腹蛙 *Quasipaa boulengeri*、双团棘胸蛙 *Gynandropaa yunnanensis* 和玉斑蛇 *Euprepiophis mandarina* 等 10 种；列入 CITES 附录Ⅱ的物种有黑鸢、普通鵟、凤头鹰、苍鹰、雀鹰、鹊鹞、灰林鸮、褐林鸮、红隼、白腿小隼、画眉 *Garrulax canorus*、猕猴、黑叶猴和穿山甲 14 种（表 4-3）。

* 本节作者：张明明、李光容、粟海军、胡灿实、李仕泽、安苗。

表 4-3　兴义坡岗自然保护区脊椎动物统计表

类别	物种组成				国家重点保护物种		IUCN 红色名录				CITES 附录Ⅱ
	目数	科数	属数	种数	Ⅰ级	Ⅱ级	极危	濒危	近危	易危	
鸟类	14	45	103	151		14					11
兽类	9	16	32	40	1	2	1	2	7	5	3
两栖类	1	6	15	23		1				3	
爬行类	2	10	36	44			1	5		1	
鱼类	6	17	54	73				5	1	1	
合计	32	94	240	331	1	17	2	12	8	10	14

4.3.2　保护区脊椎动物物种区系

动物区系是某一地区在长期历史发展过程中，由于长期的地理隔离和分布区的一致所形成的且在现代生态条件下共存的动物整体。它由许多分类上明确、分布上相互重叠的种所组成。动物区系组成的差异，反映动物分布的区系性规律[1]。它是动植物界在一定的自然地理条件和自然历史条件综合作用下发展和演变的结果，对动物区系进行系统分类分析和研究，对认识一个地区的动物的起源、演化及动物资源的保护和合理开发利用等，具有很重要的理论和现实意义[2]。

对于生物系统分类的主要单元“科”而言，保护区内分布的野生脊椎动物属种较多的科有 4 个，分别为鸟纲鹟科 Muscicapidae（15 属 18 种）、兽纲鼠科（5 属 10 种）、爬行纲游蛇科（19 属 25 种）、鱼纲鲤科（33 属 45 种）。属和种均为 1 种的有 31 科（表 4-4）。

表 4-4　贵州兴义坡岗自然保护区脊椎动物区系

科	属数	种数
1. 雉科 Phasianidae	5	5
2. 鸭科 Anatidae	2	2
3. 鸠鸽科 Columbidae	1	2
4. 雨燕科 Apodidae	1	1
5. 杜鹃科 Cuculidae	5	7
6. 鸻科 Charadriidae	2	2
7. 鹬科 Scoiopacidae	3	3
8. 鸬鹚科 Phalacrocoracidae	1	1
9. 鹭科 Ardeidae	4	4
10. 鹰科 Accipitridae	4	6
11. 鸱鸮科 Strigidae	1	2
12. 翠鸟科 Alcedinidae	2	2
13. 啄木鸟科 Capitonidae	3	5
14. 拟啄木鸟科 Picidae	1	1
15. 隼科 Falconidae	2	2
16. 山椒鸟科 Campephagidae	2	3
17. 莺雀科 Vireonidae	1	1
18. 钩嘴鵙科 Vangidae	1	1
19. 卷尾科 Dicruridae	1	2
20. 伯劳科 Laniidae	1	2
21. 鸦科 Corvidae	4	4
22. 玉鹟科 Stenostiridae	1	1
23. 山雀科 Paridae	1	2
24. 百灵科 Alaudidae	1	1
25. 扇尾莺科 Cisticolidae	2	6

续表

科	属数	种数
26. 燕科 Hirundinidae	1	2
27. 鹎科 Pycnonotidae	4	6
28. 柳莺科 Phylloscopidae	2	5
29. 树莺科 Cettiidae	1	1
30. 长尾山雀科 Aegithalidae	1	1
31. 莺鹛科 Sylviidae	1	3
32. 绣眼鸟科 Zosteropidae	2	4
33. 林鹛科 Timaliidae	2	3
34. 幽鹛科 Pellorneidae	2	2
35. 噪鹛科 Leichrichidae	4	6
36. 椋鸟科 Sturnidae	2	2
37. 鸫科 Turdidae	3	8
38. 鹟科 Muscicapidae	15	18
39. 啄花鸟科 Dicaeidae	1	1
40. 花蜜鸟科 Nectariniidae	2	3
41. 梅花雀科 Estrildidae	1	2
42. 雀科 Passeridae	1	2
43. 鹡鸰科 Motacillidae	2	6
44. 燕雀科 Fringillidae	2	2
45. 鹀科 Emberizidae	2	6
46. 鼩鼱科 Soricidae	1	1
47. 树鼩科 Tupaiidae	1	1
48. 蹄蝠科 Hipposideridae	2	3
49. 菊头蝠科 Rhinolophidae	2	3
50. 猴科 Cercopithecidae	2	2
51. 鲮鲤科 Manidae	1	1
52. 鼬科 Mustelidae	4	5
53. 灵猫科 Viverridae	2	2
54. 猫科 Felidae	1	1
55. 猪科 Suidae	1	1
56. 鹿科 Cervidae	2	2
57. 竹鼠科 Rhizomyidae	1	1
58. 鼠科 Muridae	5	10
59. 豪猪科 Hystricidae	2	2
60. 松鼠科 Sciuridae	3	4
61. 兔科 Leporidae	1	1
62. 蟾蜍科 Bufonidae	3	4
63. 蛙科 Ranidae	4	7
64. 叉舌蛙科 Dicroglossidae	4	5
65. 树蛙科 Rhacophoridae	1	2
66. 姬蛙科 Microhylidae	3	5
67. 平胸龟科 Platysternidae	1	1
68. 鳖科 Trionychidae	2	2
69. 鬣蜥科 Agamidae	1	1
70. 壁虎科 Gekkonidae	1	1
71. 蜥蜴科 Lacertidae	1	3
72. 石龙子科 Scincidae	1	1
73. 盲蛇科 Typhlopidae	1	1

续表

科	属数	种数
74．游蛇科 Colubridae	19	25
75．眼镜蛇科 Elapidae	3	3
76．蝰科 Viperidae	6	6
77．鲤科 Cyprinidae	33	45
78．鳅科 Cobitidae	1	1
79．爬鳅科 Balitoridae	2	2
80．条鳅科 Noemacheilinae	2	2
81．合鳃鱼科 Synbranchidae	1	1
82．刺鳅科 Mastacembelidae	1	1
83．鲿科 Bagridae	3	5
84．长臀鮠科 Cranoglanididae	1	1
85．𩷶科 Sisoridae	1	1
86．鲶科 Siluridae	2	2
87．鮰科 Ictaluridae	1	1
88．鳢科 Channidae	1	3
89．鰕虎鱼科 Gobiidae	1	2
90．鳜科 Sinipercinae	1	1
91．丽鱼科 Cichlidae	1	3
92．鳗鲡科 Anguillidae	1	1
93．长吻鲟科 Polyodontidae	1	1

保护区内脊椎动物分布种数大于等于 7 种的科有 7 种，占保护区总科数的 7.53%，分布种数小于 7 种的科有 86 种，占保护区总科数的 92.47%，说明这些科在保护区脊椎动物区系中构成均匀，同时在保护区生物多样性协调发展和相互共存中的地位和作用十分重要。

保护区内分布的 240 属脊椎动物中，属内中的数量包含且大于 4 种有 6 个，占总属数的 2.50%，共计 28 种，占总种数 8.46%；含 2～3 种的有 50 个，占总属数的 20.83%，共计 28 种，占总种数 8.46%；属内仅 1 种的有 184 个，占总属数 76.67%，占总种数的一半（表 4-5）。保护区内 1～2 种的属数量较多，其中黄鼬 *Mustela sibirica*、猪獾 *Arctonyx collaris*、狗獾 *Meles meles*、野猪 *Sus scrofa*、白鹡鸰 *Motacilla alba*、紫啸鸫 *Myophonus caeruleus*、麻雀 *Passer montanus*、黑眉锦蛇 *Elaphe taeniura*、中华蟾蜍 *Bufo gargarizans gargarizans* 等占总属数的 89.59%，占总种数 62.56%。这些种类大多数是该地区动物区系中占优势和常见的种类，有些种类还以建群种的形式出现，表明这些属在该地区动物区系组成中占有重要地位。

表 4-5　贵州兴义坡岗自然保护区脊椎动物属的数量统计

属内种的数量/种	属数	占总属数的比例/%	种数	占总种数的比例/%
≥4	6	2.50	28	8.46
2～3	50	20.83	119	35.95
1	184	76.67	184	55.59
合计	240	100	331	100

4.3.3　保护区脊椎动物物种区系组成分析

保护区内脊椎动物区系组成较复杂，根据张荣祖[3]对鸟类、兽类、两栖类、爬行类进行区系统计，按照李思忠[4]将我国淡水鱼类划分为北方（山麓）区、华西区（或中亚高山区）、宁蒙区（或宁蒙高原区）、华东区（或江河平原区）和华南区（或岭南山麓区）五区（表 4-6）。

表 4-6　贵州兴义坡岗自然保护区脊椎动物的分布区系类型

分布区系类型	种数	占总种数的比例/%
1. 东洋型	117	35.35
2. 古北型	26	7.86
3. 南中国型	48	14.50
4. 喜马拉雅-横断山区型	21	6.34
5. 东北型（我国东北地区或附近地区）	14	4.23
6. 不易归类的分布	12	3.63
7. 全北型	6	1.81
8. 季风区型	6	1.81
9. 东北-华北型	1	0.30
10. 高地型	1	0.30
11. 东北型（东部为主）	1	0.30
12. 云贵高原型	5	1.51
13. 全北区鱼类	41	12.39
14. 东洋区鱼类	29	8.76
15. 非洲区鱼类	3	0.91
合计	331	100

对保护区 331 种脊椎动物物种进行了区系类型划分，其结果具体如下。

（1）东洋型（117 种）占总种数的 35.35%。该类型主要分布在中南半岛、印度半岛等附近岛屿的种类，分布区的中心处于东南亚的热带地区。该分布型大多只局限我国西南和华南热带及亚热带。

（2）南中国型（包括季风区型）（54 种）占总种数的 16.31%。该类型主要分布在我国季风地区中亚热带的喜暖湿种类，与东洋型形成北-南的地理替代，但互有重叠。

（3）北方型（古北型、全北型）（32 种）占总种数的 9.67%。该类型分布于中国东北极其邻近地区，有些种类的分布沿着我国季风区向南不同程度地伸展，对其温度适应的幅度而有差异。

（4）喜马拉雅-横断山区型（21 种）占总种数的 6.34%。该类型主要分布在横断山脉中、低山或再延伸至喜马拉雅南坡的种类，主要为山地森林栖息物种，属于东洋界成分。

（5）东北型［东北型（我国东北地区或附近地区、东部为主）、东北-华北型］（16 种）占总种数的 4.83%。该类型分布于亚洲大陆东北部，分布区向周围伸展北至寒温带南至亚热带。

（6）高地型（包括云贵高原型）（6 种）占总种数的 1.81%。该类型主要在青藏高原，南至横断山脉北部和喜马拉雅高山带的种类，有些还扩展至附近帕米尔、天山及云贵高原等地。

（7）不易归类的分布（12 种）占总种数的 3.63%。该类型因某些物种分布广泛无法归类，或因不同类群存在的各种差异千差万别，其地理适应的主要地区，难以类比。

除了以上 7 个大区域类型外，保护区 331 种脊椎动物中没有中亚型，该类型的气候和植被都归属于中亚干旱地带。

保护区 73 种鱼类分布处于北地界，其中全北区有 41 种，占总种数的 56.16%；东洋区 29 种，占总种数的 39.73%；非洲区 3 种，占总种数的 4.11%。如果除去从国外引进的镜鲤、斑点叉尾鮰、长吻鮠、齐氏罗非鱼、奥利亚罗非鱼和尼罗罗非鱼 6 种，剩余 67 种按我国淡水鱼区划涵盖北方区 1 个亚种（银鲫）、华西区 5 种、宁蒙区 11 种、华东区 21 种和华南区 29 种（亚种）；如果再除去国内人工移入的 5 种（锦鲤、金鱼、银鲫、团头鲂和长吻鮠），62 种（亚种）原著鱼类分布区划是华西区 5 种、宁蒙区 11 种、华东区 17 种（亚种）和华南区 29 种（亚种）。总体来看，保护区鱼类分布区划以东洋区华南亚区成分占绝对优势，其次是全北区的华东亚区和宁蒙亚区，华西区成分较少。

综上所述，保护区主要有 7 个陆地区系分布型和 3 个水域分布型。在所占比例尺度上，陆地和水域表现出同样的区系特征，以东洋区鱼类占主要绝对优势，其次是全北区鱼类，而中亚干旱地带物种成分较少。从其区系特征上看，该地区主要以热带到亚热带物种为基本特点，以及由北向南延伸的物种渗入，且没有干旱地带的物种，其表现出该地区物种喜温喜湿的亚热带季风区的基本特点。

4.3.4 保护区脊椎动物物种区系特征分析

保护区在中国自然地理动物地理区划上属东洋界中西南区区（V）西南山地亚区（VA）。该地区山地自然垂直分布，呈三度空间的变化，并随着不同的地理位置、海拔及坡向的变化，植物群落区系组成植物群落景观，动物区系组成有一定规律的组合变化，南北成分混杂现象明显[3]。从生态地理动物群落上看为亚热带林灌、草地-农田动物群。保护区正好处于云贵高原东南边缘向广西丘陵山地过渡的斜坡地带，保护区属珠江流域南盘江水系的马别河流域，是典型的低纬度高海拔山区。加之因碳酸盐岩广泛分布，喀斯特地貌发育良好，长期受太平洋湿润季风气候的影响，气候条件十分优越，适宜各种植被生长和动物的栖息，从中可知保护区动物区系具有以下特点。

（1）动物种类相对丰富。经调查，保护区脊椎动物 32 目 94 科 240 属 331 种。保护区处于黔中-黔西南喀斯特峰林区，属于亚热带季风气候环境，气候温和湿润，雨热同季，有利于喀斯特地貌景观的发育和形成，形成了峰林谷地、峰林溶盆、溶丘洼地和溶丘坡地等地貌[5]，塑造了多种多样的生境类型，为多种类野生动物的栖息和生存提供了良好的条件。

（2）陆地肉食性脊椎动物占比较低，生长优势明显。在保护区分布的 331 种脊椎动物中，除了鱼类、两栖类、爬行类和肉食性或植食性具有不确定性及肉食性和植食性在生存活动中各占一部分的动物种类以外，兽类中典型性食肉的物种约 16 种，占总兽类物种的 40.00%；鸟类中典型性食肉的物种约 30 种，占总鸟类物种的 19.87%，肉食性鸟兽约占鸟兽总数的 24.08%。较低比例的肉食性鸟兽符合捕食的生态金字塔，捕食肉类从中获取能量需要更多的前一营养级物种，并且肉食性动物可控制着该地区野生动物种群数量的消长、分配和内需自然更新。

（3）区系物种以亚热带为主要优势，北渗透明显。在保护区的陆地脊椎动物区系类型中，东洋型（117 种）占陆地脊椎动物的 35.35%，南中国型（48 种）占陆地脊椎动物的 14.50%。亚热带物种占到一半以上，占主要优势，这是该地区所处的地理位置和动物区系的温湿度地带属性所决定的。受季风条件的影响及物种逐渐对温度的适应，由北方（东北型、全北型、古北型）渗透较明显，占陆地脊椎动物总数的 9.97%，如狗獾 *Meles meles*、黄鼬 *Mustela sibirica*、绿翅鸭 *Anas crecca*、丘鹬 *Scolopax rusticola*、普通鵟、黄眉柳莺 *Phylloscopus inornatus*、虎斑地鸫 *Zoothera dauma*。同时，由西北渗透物种较不明显（喜马拉雅-横断山区型、高地型），占陆地脊椎动物总数的 6.65%，这与西部地质运动山脉隆起，并阻隔有关。总体来说，该地区邻近云南、广西热带地区，又受贵州季风气候条件的影响，表现出物种以亚热带为主，北方渗透明显的区系特征。

参 考 文 献

[1] 陈鹏．动物地理学[M]．北京：高等教育出版社，1986．

[2] 中国科学院《中国自然地理》编辑委员会．中国自然地理：动物地理[M]．北京：科学出版社，1979．

[3] 张荣祖．中国动物地理[M]．北京：科学出版社，2011．

[4] 李思忠．中国淡水鱼类的分布区划[M]．北京：科学出版社，1981．

[5] 李宗发．贵州喀斯特地貌分区[J]．贵州地质，2011，28（3）：177-181，234．

4.4 贵州兴义坡岗鸟类多样性*

2002 年，贵州省林业厅组织贵州大学、贵州科学院、贵州地质工程勘察设计院、兴义市林业局等相关单位的专家、教授和科技工作者对保护区的自然地理背景、生物资源、社会经济等进行全面综合考察。在综合考察中，相关专家对保护区鸟类物种多样性进行调查，记录 110 种鸟类[1]。随着该地区社会经济的发

* 本节作者：胡灿实、李筑眉、朱源、王娇娇、方忠艳。

展，保护区的生态环境发生了比较大的改变，再次对保护区进行全面综合考察十分必要。研究组于 2017 年 10 月～2018 年 6 月采用样线法和红外触发相机陷阱技术相结合的方式，对保护区鸟类物种多样性进行调查，以期为深入了解和有效保护鸟类资源提供科学依据和支撑数据。

4.4.1　研究方法

1. 样线调查

2017 年 10 月～2018 年 6 月，采用样线法对保护区鸟类物种多样性进行调查。根据保护区内栖息地特征，包括地形、地貌、植被及居民点分布情况等，并将调查范围拓展到保护区东部地区，共选取 9 条样线，样线总长 33.11km，涵盖保护区及其周边区域各种植被类型（表 4-7 和表 4-8）。

表 4-7　贵州兴义坡岗自然保护区样线

样线编号	起点	终点	样线长度/km	生境	干扰因素
1	项家坪	大洋坪	3.7	常绿落叶阔叶混交林	道路干扰
2	长冲	露阴塘	2.0	常绿阔叶林	道路干扰
3	东山	凹塘	4.2	常绿落叶阔叶混交林	道路干扰
4	龚家湾	杨家湾	2.8	常绿落叶阔叶混交林	居民干扰
5	坡岗村	岩峰村	5.1	常绿落叶阔叶混交林	道路干扰
6	民族村	小营脚	5.2	常绿落叶阔叶混交林	道路干扰
7	孔家坝	韦家坪子	2.6	常绿落叶阔叶混交林	居民干扰
8	纳桃村	峰岩	3.4	常绿落叶阔叶混交林	道路干扰
9	汪家凼	龚块	3.1	常绿落叶阔叶混交林	道路干扰

表 4-8　贵州兴义坡岗自然保护区红外相机安装情况

序号	相机位点	布设时间	海拔/m	生境	人为干扰类型
1	AB16	2017-02-19	1 113	常绿落叶阔叶混交林	砍树
2	AB17	2017-02-18	987	常绿落叶阔叶混交林	放牧
3	AC17	2017-02-18	1 030	常绿落叶阔叶混交林	砍树
4	AB18	2017-02-18	1 110	常绿落叶阔叶混交林	砍树
5	AC18	2017-02-19	958	常绿落叶阔叶混交林	砍树、放牧
6	AD18	2017-02-19	1 057	常绿落叶阔叶混交林	砍树、放牧
7	AB19	2017-02-19	994	常绿落叶阔叶混交林	砍树、放牧
8	AC19	2017-02-18	998	常绿落叶阔叶混交林	砍树
9	AD19	2017-02-18	950	常绿落叶阔叶混交林	砍树、砍柴、放牧
10	AC20	2017-02-18	1 101	常绿落叶阔叶混交林	砍柴、放牧
11	AD20	2017-02-18	1 010	灌丛	砍柴、放牧、开山
12	AE20	2017-02-18	1 119	常绿落叶阔叶混交林	砍柴
13	AB21	2017-02-18	1 024	常绿落叶阔叶混交林	砍柴
14	AC21	2017-02-19	1 075	常绿阔叶林	砍柴、放牧
15	AD21	2017-02-19	1 167	常绿落叶阔叶混交林	砍树
16	AE21	2017-02-18	1 158	灌丛	开山
17	AF21	2017-02-18	977	常绿落叶阔叶混交林	砍柴
18	AC22	2017-02-18	955	常绿落叶阔叶混交林	挖药
19	AD22	2017-02-19	1 025	灌丛	砍柴
20	AE22	2017-02-19	1 144	灌丛	砍柴
21	AI08	2017-02-21	1 332	常绿落叶阔叶混交林	砍柴
22	AH09	2017-02-20	1 316	常绿阔叶林	放牧、耕地

续表

序号	相机位点	布设时间	海拔/m	生境	人为干扰类型
23	AI09	2017-02-20	1 369	常绿落叶阔叶混交林	放牧
24	AK09	2017-02-21	1 362	常绿落叶阔叶混交林	砍柴
25	AL09	2017-02-20	1 340	常绿落叶阔叶混交林	挖药
26	AM09	2017-02-20	1 347	灌丛	挖药
27	AN09	2017-02-20	1 336	针阔混交林	挖药
28	AH10	2017-02-20	1 344	常绿落叶阔叶混交林	砍柴
29	AI10	2017-02-20	1 332	灌丛	砍柴
30	AJ10	2017-02-21	1 328	常绿落叶阔叶混交林	砍柴
31	AK10	2017-02-21	1 293	常绿落叶阔叶混交林	耕地
32	AL10	2017-02-21	1 394	常绿阔叶林	砍树、砍柴
33	AM10	2017-02-21	1 443	针阔混交林	砍柴
34	AN10	2017-02-21	1 287	常绿落叶阔叶混交林	挖药
35	AI11	2017-02-20	1 401	灌丛	砍柴、放牧
36	AJ11	2017-02-21	1 313	灌丛	砍柴、挖药
37	AL11	2017-02-21	1 335	灌丛	砍柴、挖药
38	AN11	2017-02-21	1 295	常绿阔叶林	砍柴、放牧
39	AJ12	2017-02-21	1 352	针阔混交林	砍柴、挖药
40	AL12	2017-02-21	1 291	常绿落叶阔叶混交林	砍柴、挖药
41	AT08	2017-02-22	1 379	针阔混交林	砍柴
42	AU08	2017-02-22	1 216	常绿落叶阔叶混交林	砍柴、挖药
43	AV08	2017-02-22	1 208	针阔混交林	砍柴
44	AW08	2017-02-22	1 263	常绿落叶阔叶混交林	放牧
45	AT09	2017-02-22	1 305	常绿阔叶林	砍柴
46	AU09	2017-02-22	1 293	灌丛	耕地
47	AV09	2017-02-22	1 158	针阔混交林	耕地
48	AW09	2017-02-22	1 263	针阔混交林	砍柴
49	AT10	2017-02-22	1 220	针阔混交林	砍柴
50	AU10	2017-02-22	1 195	灌丛	砍柴、挖药
51	AV10	2017-02-22	1 280	针阔混交林	砍柴
52	AW10	2017-02-22	1 197	竹林	放牧
53	AT11	2017-02-22	1 188	针叶林	耕地
54	AU11	2017-02-22	1 293	常绿落叶阔叶混交林	砍柴、挖药
55	AV11	2017-02-22	1 210	针叶林	砍柴
56	AW11	2017-02-22	1 269	常绿落叶阔叶混交林	砍柴、挖药
57	AT12	2017-02-22	1 291	常绿落叶阔叶混交林	放牧、耕地
58	AU12	2017-02-22	1 229	常绿落叶阔叶混交林	砍柴
59	AV12	2017-02-22	1 300	针阔混交林	砍柴
60	AW12	2017-02-22	1 299	针阔混交林	砍柴

在天气晴好条件下，选取鸟类活动较为活跃的时段（日出后 0.5～3h；日落前 0.5～3h），调查人员以 1.5～2km/h 的速度在样线上匀速前进，采用望远镜观察、鸣声识别、摄影等方式记录样线前方及两侧的鸟类个体及鸣叫个体，包括鸟类种类、数量、生境类型和海拔等信息，样线后方的鸟类个体不统计，以避免重复计数。鸟类分类系统参照《中国鸟类分类与分布名录》（第三版）[2]。

2. 红外触发相机调查

针对样线调查中不易观察记录的密林中的地栖类鸟类，利用红外触发相机陷阱技术进行补充调查。

将调查区域划分为 1km×1km 的网格，根据本次科学考察调查范围实际情况，调查选取 3 个样区，每个样区选取连续分布的 20 个网格布设相机，总计 60 台相机。根据划分网格内的样点，在样点周围选取鸟类适宜栖息地安装相机。同时记录相机布设地点的地理坐标、海拔、生境特征、坡度、坡向、人为干扰类型、相机方位、相机安装高度等信息。布设好的相机应每隔 4～5 个月更换电池与存储卡，对所拍照片进行物种鉴定和统计（表 4-8）。

4.4.2　结果与分析

1. 鸟类组成与特征

1）种类组成

保护区共记录鸟类 151 种，隶属于 14 目 45 科（表 4-9），其中雀形目鸟类 106 种，占总种数的 70.20%，其中以鹟科种数最多，有 18 种，占雀形目鸟类的 16.98%；非雀形目鸟类 45 种，占总种数的 29.80%，其中又以鹃形目的鸟类种数最多，共有 7 种，占非雀形目的 15.56%（图 4-8 和图 4-9）。

表 4-9　贵州兴义坡岗自然保护区鸟类目、科和种的组成

目类	科	鸟类物种数	占总种数的比例/%
鸡形目	1	5	3.32
雁形目	1	2	1.32
鸽形目	1	2	1.32
夜鹰目	1	1	0.66
鹃形目	1	7	4.64
鸻形目	2	5	3.32
鲣鸟目	1	1	0.66
鹈形目	1	4	2.65
鹰形目	1	6	3.98
鸮形目	1	2	1.32
佛法僧目	1	2	1.32
啄木鸟目	2	6	3.97
隼形目	1	2	1.32
雀形目	30	106	70.20

注：鸟类分类系统参考郑光美主编的《中国鸟类分类与分布名录》（第三版），余同。

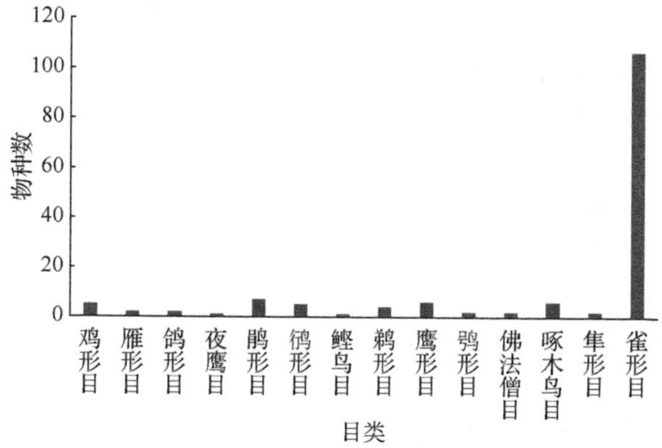

图 4-8　贵州兴义坡岗自然保护区鸟类物种丰富度

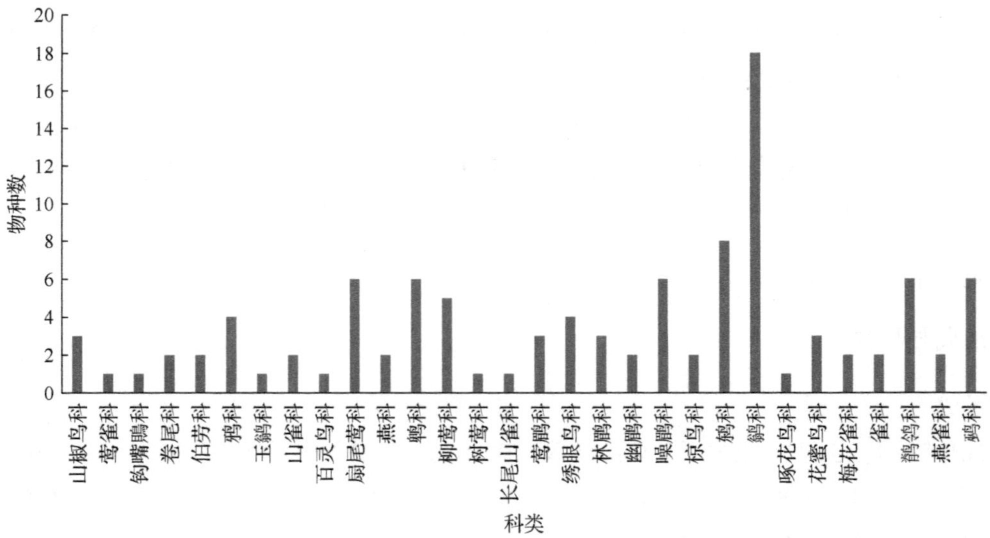

图 4-9　贵州兴义坡岗自然保护区雀形目鸟类丰富度

参考 2002 年对保护区的鸟类调查结果及相关文献，本次调查新增鸟类 41 种，国家二级重点保护野生动物的白鹇 *Lophura nycthemera* 在保护区内首次发现；雁形目鸭科，鹃形目杜鹃科，鸻形目鸻科各新发现 1 种。鹈形目鹭科 3 种，雀形目新发现种数最多，共 34 种，占总发现种数的 85%；其中又以鹟科最多，新发现了 10 种（表 4-9）。

2）鸟类居留型及区系特征

在保护区的 151 种鸟类中，主要以留鸟为主，共 102 种，占总数的 67.55%；夏候鸟 21 种，占比 13.91%；冬候鸟 24 种，占比 15.89%；旅鸟 7 种，占比 4.64%（图 4-10）。

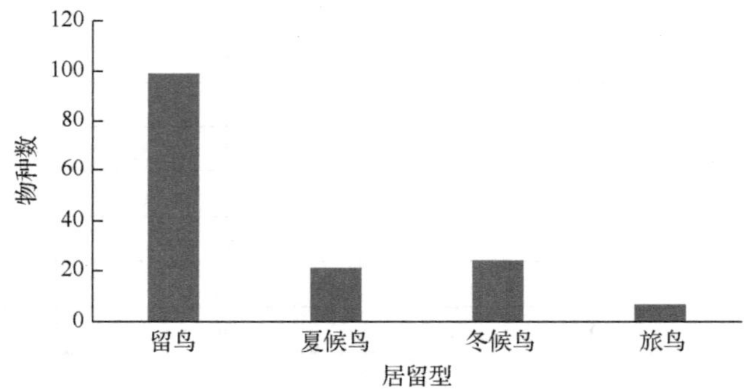

图 4-10　贵州兴义坡岗自然保护区鸟类居留型特征[3]

保护区 151 种鸟类的分布型以东洋型为主，共有 64 种，占比 42.38%；其次是古北型，有 20 种，占比 13.25%；南中国型 18 种，占比 11.92%。其他 8 类分布型共 49 种鸟类，占比 32.45%（图 4-11）。

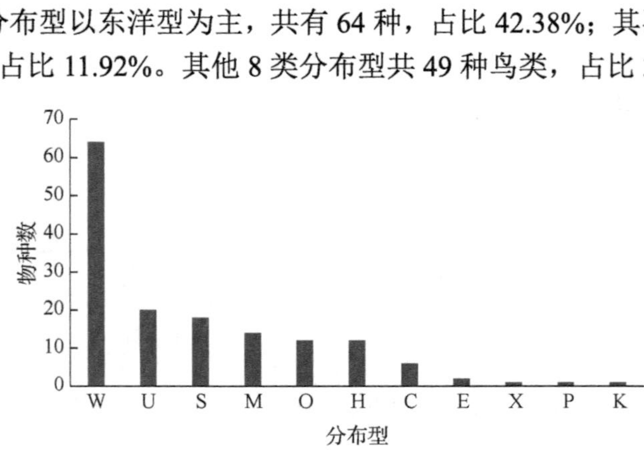

W—东洋型；U—古北型；S—南中国型；M—东北型（我国东北地区或附近地区）；O—不易归类的分布；H—喜马拉雅-横断山区型；C—全北型；E—季风区型；X—东北-华北型；P—高地型；K—东北型（东部为主）。[3]

图 4-11　贵州兴义坡岗自然保护区鸟类分布型特征

151 种鸟类的区系分划中，属于东洋界的有 75 种，约占比 49.67%；属于广布种的有 64 种，约占比 42.38%；古北界的鸟类有 12 种，占比 7.95%。

3）珍稀/濒危物种

通过本次鸟类调查，坡岗自然保护区内发现国家Ⅱ级保护动物 14 种：白腹锦鸡 *Chrysolophus amherstiae*、白鹇 *Lophura nycthemera*、褐翅鸦鹃 *Centropus sinensis*、小鸦鹃 *Centropus bengalensis*、黑鸢 *Milvus migrans*、普通鵟*Buteo buteo*、苍鹰 *Accipiter gentilis*、凤头鹰 *Accipiter trivirgatus*、雀鹰 *Accipiter nisus*、鹊鹞 *Circus melanoleucos*、灰林鸮 *Strix aluca*、褐林鸮 *Strix leptogrammica*、红隼 *Falco tinnunculus*、白腿小隼 *Microhierax melanoleucos*（表 4-10）。国家重点保护野生鸟类占总种数的 9.27%。

表 4-10 贵州兴义坡岗自然保护区珍稀/濒危鸟类物种名录

鸟类名称	拉丁学名	保护级别	CITES 附录	中国特有种
白腹锦鸡	*Chrysolophus amherstiae*	II		√
白鹇	*Lophura nycthemera*	II		
褐翅鸦鹃	*Centropus sinensis*	II		
小鸦鹃	*Centropus bengalensis*	II		
黑鸢	*Milvus migrans*	II	II	
普通鵟	*Buteo buteo*	II	II	
苍鹰	*Accipiter gentilis*	II	II	
凤头鹰	*Accipiter trivirgatus*	II	II	
雀鹰	*Accipiter nisus*	II	II	
鹊鹞	*Circus melanoleucos*	II	II	
灰林鸮	*Strix aluca*	II	II	
褐林鸮	*Strix leptogrammica*	II	II	
红隼	*Falco tinnunculus*	II	II	
白腿小隼	*Microhierax melanoleucos*	II	II	
画眉	*Garrulax canorus*		II	
乌鸫	*Turdus merula*			√
宝兴歌鸫	*Turdus mupinensis*			√

注：国家野生动物保护等级参考 1988 年 12 月 10 日国务院批准的《国家重点保护野生动物名录》，CITES 附录参考 2016 年 12 月发布的 CITES 附录Ⅰ～附录Ⅲ，中国鸟类特有种参考《中国鸟类分类与分布名录》（第三版）。

保护区 151 种鸟类中，列入附录Ⅱ的鸟类有黑鸢、普通鵟、凤头鹰、苍鹰、雀鹰、鹊鹞、灰林鸮、褐林鸮、红隼、白腿小隼、画眉 11 种。此外，我国特有种 3 种，白腹锦鸡和宝兴歌鸫、乌鸫（表 4-10）。列入《国家保护的有益的或者有重要经济、科学研究价值的野生动物名录》的有棕胸竹鸡 *Bambusicola fytchii*、雉鸡 *Phasianus colchicus*、池鹭 *Ardeola bacchus* 等 91 种鸟类，占总物种数的 60.26%。

2. 鸟类资源分析

1）鸟类资源评价

保护区是典型的发育良好的喀斯特山地，其上覆盖着较为丰富的喀斯特森林植被，属于中亚热带非地带性的常绿落叶阔叶混交林区，为鸟类提供了较好的栖息生境。保护区记录 14 目 45 科 151 种鸟类，具有比较丰富的鸟类资源。

由保护区鸟类的区系和分布型可以看出，其鸟类组成分富于东洋界特点。保护区鸟类区系主要属于东洋界华中区西部山地高原亚区，白鹇、画眉、红头穗鹛、白颊噪鹛等鸟类是分布于华中区的代表性鸟类。

与 2002 年对保护区的鸟类调查结果相比，本次调查在保护区内新发现 41 种鸟类，样线法发现的新记录鸟类有 26 种，通过红外触发相机陷阱技术新发现了 15 种鸟类。造成差异的原因主要如下：①调查时间的不同，上次鸟类调查相比，本次调查时间为 2017 年 10 月～2018 年 6 月，调查周期长，涉及鸟类的迁徙期和越冬期；②调查方法的差异，与上次调查相比，本次调查不仅采用了样线法，还使用红外触发相机陷阱技术进行补充调查，观察雉类、鸫科、鹛类、鹟科等活动于灌丛的使用样线法难以观察到的地栖类鸟类。通过红外触发相机陷阱技术新发现的 15 种鸟类，主要以鹟科，如红喉歌鸲、蓝歌鸲和鸫科如虎斑地鸫、黑胸鸫等地栖类鸟类为主，并发现国家二级重点保护野生动物白鹇的分布。

2）珍稀/濒危物种概况

保护区有着丰富的鸟类资源，保护区内生长繁殖着白腹锦鸡、白鹇等珍稀或濒危鸟类，为保护这些鸟类，应对其有所认识。以国家二级重点保护野生动物白腹锦鸡、白鹇为代表，其主要特征如下：白鹇隶属鸡形目 Galliformes 雉科 Phasianidae 鹇属 *Lophura*。栖息于森林茂密，林下植物稀疏的常绿阔叶林和沟谷雨林。食昆虫、植物茎叶、果实和种子等。通常成对或成 3～6 只的小群活动。繁殖期为 4～5 月，筑巢于灌木丛间的地面凹处。雄鸟头上羽冠及下体蓝黑色；脸裸露，赤红色。上体和两翅白色，自后颈或上背起密布近似“V”形的黑纹；黑纹的多寡，粗细及显著与否随亚种而不同；雌鸟上体棕褐色或橄榄褐色；羽冠褐色，先端黑褐色；脸裸出部小，赤红色，下体为棕褐或橄榄褐色，胸以后微缀黑色虫蠹状斑，尾下覆羽黑褐色而具白斑。分布于中国、柬埔寨、老挝、缅甸、泰国、越南，其中中国分布于贵州、云南、四川、湖南等南方省区的山林中。白鹇有 16 个亚种，分布在贵州的主要是榕江亚种。白鹇栖息地在当今人类经济活动中受到很大的威胁，主要表现为当地居民烧柴、采集中草药、修建公路、开展森林生态旅游等[4]。

通过红外触发相机陷阱技术仅发现一次白鹇的踪迹，这说明保护区内的白鹇数量很少，应加强保护。发现相机编号为 AV12，独立有效照片 1 张，照片编号 IMAG0285，拍摄日期为 2017 年 5 月 21 日上午 9:08。发现地海拔 1 300m，生境为针阔混交林。

白腹锦鸡隶属鸡形目 Galliformes 雉科 Phasianidae 锦鸡属 *Chrysolophus*，是我国西南及相邻区域的特有物种，列入中国濒危动物红皮书易危等级物种。在中国境内分布于西藏自治区和四川、贵州、广西和云南等省区，国外在缅甸有野生种群。白腹锦鸡对栖息地类型的选择性很强，主要活动在栖息于海拔 1 200～3 500m 的山地阔叶林和针阔混交林区中，对针叶林和灌草丛环境利用很少；主要选择山坡中、下部坡位，偏好海拔较低和较近处有乔木的栖息环境；选择树冠茂密、胸径较小、倒木数较少的乔木生境；选择种类较多而密的灌木生境。以野果、植物嫩叶及昆虫为食。繁殖期为 4～6 月。一雄多雌制，通常营巢于林下灌丛、草丛或倒木和枯枝下地上，也有在岩缝里营巢。致危因素主要是栖息地破坏和过度乱捕滥猎[4-5]。

白腹锦鸡主要分布在贵州省西部，保护区位于其分布区内[6]。通过调查发现，保护区内白腹锦鸡的数量较多，在安装的 60 台红外触发相机中有 20 台发现白腹锦鸡，获得独立有效照片 82 张。

4.4.3　小结

通过调查走访，发现保护区鸟类的受胁因素主要有两点：一是大规模的经济活动（如道路修建、工厂建设、土地开发等）会导致鸟类生境的破坏和污染，如保护区道路的修建使完整的森林群落变得破碎零散，也会导致机动车辆的增多；工厂建设不仅占用大面积的土地，砍伐大量树木，更会排出大量废气废渣和污水等。二是大量的非法捕猎使鸟类生存受到严重威胁。受此影响最大的鸟类主要是包括珍稀物种，如白腹锦鸡、白鹇等，以及一些经济鸟类，如画眉、八哥等。因此，为加强对保护区鸟类及其生境的保护及管理，建议如下。

（1）加大野生鸟类保护的宣传教育力度，提高保护区内和周边居民的对野生鸟类的保护意识，同时也应加强保护区管理人员的培训。

（2）根据国家相关法律完善保护区鸟类保护法规内容，健全规章制度，并且严格组织实施，对严重威胁野生鸟类的行为和当事人给予相应的处罚，严禁鸟类捕杀和买卖，严格限制保护区内的经济开发等破坏性活动。

（3）制订科学有效的监测计划，特别是对保护区国家重点保护物种、易危物种、三有物种、我国特有物种等珍稀濒危鸟类的监测。

（4）加大对保护区内的生态环境保护，对已受到破坏和污染的环境应进行生态恢复或修复，为鸟类等动物提供良好的栖息环境。

参考文献

[1] 张华海，龙启德，廖德平．兴义坡岗自然保护区综合科学考察集[M]．贵阳：贵州科技出版社，2006.
[2] 郑光美．中国鸟类分类与分布名录[M]．3 版．北京：科学出版社，2017.
[3] 张荣祖．中国动物地理[M]．北京：科学出版社，2011.
[4] 吴至康，等．贵州鸟类志[M]，贵阳：贵州人民出版社，1986.
[5] 郑光美．中国雉类[M]．北京：高等教育出版社，2015.
[6] 赵正阶．中国鸟类志[M]．长春：吉林科学技术出版社，2001.

4.5　贵州兴义坡岗两栖爬行动物多样性*

为掌握保护区两栖爬行动物资源现状，促进保护区的有效管理和建设，作者于 2017 年 8 月 22～29 日对保护区两栖爬行动物资源进行了实地考察，具体调查如下。

4.5.1　研究方法

1. 调查方法

根据保护区内海拔、生境类型、两栖爬行动物生态习性等特点，白天对森林及石山灌丛、草丛进行调查；夜间主要沿山涧溪流自下而上调查或对具代表性的农田、村舍进行调查。

根据《中国两栖动物及其分布彩色图鉴》[1]《中国动物志 · 两栖纲（上、中、下卷）》[2-4]《贵州两栖类志》[5]《中国动物志 · 爬行纲（上、中、下卷）》[6-8]《贵州爬行类志》[9]对物种种类进行鉴定。参照《中国动物地理》[10]划分两栖爬行动物区系。

2. 生态类型划分

根据两栖动物成体的主要栖息地，产卵场所、蝌蚪及其幼体生活的水域状态，将两栖动物的生态类型归为以下 5 类：静水型 Q、陆栖-静水型 TQ、流水型 R、陆栖-流水型 TR、树栖型 A[11]。依据爬行类的主要栖息地及生活的水域状态，将爬行类归为水栖型 Aq、半水栖 Se 和陆栖 Te 3 个生态类型[12]。

3. *G-F* 指数

G-F 指数是一种将属间的多样性（*G* 指数）和科间多样性（*F* 指数）进行比值后得到的标准化指数[13]。本节运用 *G-F* 指数公式计算保护区两栖动物的物种多样性。具体的计算公式如下。

特定 *K* 科的 *F* 指数计算公式为

$$D_{FK}=-\sum_{i=1}^{n}P_i\ln P_i$$

其中，$P_i=S_{ki}/S_k$，S_k 为名录中 *K* 科中的物种数，S_{ki} 为名录中 *K* 科 *i* 属中的物种数；*n* 为 *K* 科中的属数。

一个保护区的 *F* 指数计算公式为

$$D_F=\sum_{k=1}^{m}D_{FK}$$

其中，*m* 为名录中的科数。

G 指数计算公式为

* 本节作者：李仕泽 、徐宁、魏刚。

$$D_G = -\sum_{j=1}^{p} D_{Gi} = -\sum_{j=1}^{p} q_j \ln q_j$$

其中，$q_j = S_j / S$，S 为名录中的物种数，S_j 为 j 属中物种数；p 为总属数。

G-F 指数计算公式为

$$D_{G\text{-}F} = 1 - D_G / D_F$$

4.5.2　结果与分析

1. 调查结果

通过查阅文献[14]、野外实地调查及走访，确认保护区有两栖动物 23 种，隶属 1 目 6 科 15 属，其中国家二级重点保护野生动物 1 种，即虎纹蛙；爬行动物 43 种，隶属 2 目 10 科 36 属。

1）物种组成及区系成分

保护区两栖爬行动物各科物种数及区系成分统计显示：两栖纲中蛙科物种最多，计 4 属 7 种；其次依次是叉舌蛙科，计 4 属 5 种，姬蛙科，计 3 属 5 种，蟾蜍科 2 属 3 种，树蛙科 1 属 2 种，雨蛙科 1 属 1 种。在区系成分上，以中华蟾蜍华西亚种 *Bufo gargarizans andrewsi*、滇蛙 *Dianrana pleuraden*、昭觉林蛙 *Rana chaochiaoensis* 等 7 种西南区种占明显优，其次是华西雨蛙景东亚种 *Hyla gongshanensis jingdongensis*、斑腿泛树蛙 *Polypedates megacephalus*、饰纹姬蛙 *Microhyla ornata* 和多疣狭口蛙 *Kaloula verrucosa* 4 种东洋界华中华南及西南区共有种，中华蟾蜍指名亚种 *Bufo gargarizans gargarizans*、泽陆蛙 *Fejervarya multistriata* 和棘腹蛙 *Quasipaa boulengeri* 3 种古北界及东洋界广布种，黑眶蟾蜍 *Duttaphrynus melanostictus*、花姬蛙 *Microhyla pulchra*、绿臭蛙 *Odorrana margaretae* 3 种华中区种，棘胸蛙 *Quasipaa spinosa*、无声囊泛树蛙 *Polypedates mutus* 2 种东洋界华中华南区共有种，大绿臭蛙 *Odorrana graminea*、虎纹蛙 *Hoplobatrachus chinensis* 2 种华中华南区种，沼蛙 *Boulengerana guentheri* 1 种东洋界华中西南区种，小弧斑姬蛙 *Microhyla heymonsi* 1 种华南区种。爬行动物中以 16 种西南区种和 16 种华中华南区种占明显优势，其次是 5 种华南区种，4 种华中区种，3 种古北界及东洋界广布种。

2）受威胁情况及生态类型

保护区内大部分两栖动物未被 IUCN 红皮书评估，被评物种中大部分为无危级，仅棘胸蛙、棘腹蛙和双团棘胸蛙被评为易危级；爬行动物中，极危级有平胸龟 1 种，濒危级的有山瑞鳖、中华鳖、王锦蛇、黑眉锦蛇和尖吻蝮 5 种，易危级的有玉斑蛇 1 种。生态类型上，两栖类以陆栖静水型为主；爬行类以陆栖型为主。

2. 分析

1）*G-F* 指数测度科属水平多样性

本节运用 *G-F* 指数公式计算保护区两栖爬行动物 *G* 指数、*F* 指数和 *G-F* 指数，如表 4-11 所示。

表 4-11　贵州兴义坡岗自然保护区两栖爬行动物 *G-F* 指数

纲	科	属	种	D_G	D_F	$D_{G\text{-}F}$
两栖纲	6	15	23	2.57	3.99	0.356
爬行纲	10	36	44	3.50	6.43	0.456

保护区两栖动物 D_F 指数为 3.99，高于 D_G 指数（2.57），说明保护区内两栖动物科间和科内多样性较高，属间与属内多样性相对较低；爬行类与两栖类结果一致。*G-F* 指数均符合测度的一般趋势（$0 \leqslant D_G/D_F \leqslant 1$）。*G-F* 指数值较小，说明非单型科较少。

2）生存现状及受威胁因素

本次共调查到两栖动物实体 12 种，爬行动物 17 种，与原有记录相比，此次调查两栖动物增加了国家二级重点保护野生动物虎纹蛙和大绿臭蛙；爬行动物未增加新记录。

两栖动物由于具有对环境依赖强的特征，如迁移能力弱且生活史独特，即卵和蝌蚪生活在水中，成体则在接近水附近的陆地生活，并因其特殊的生理学特性——皮肤呼吸（两栖类皮肤的渗透性强），对水质变化极为敏感，因此，两栖动物可以很好地反映其栖息地的水体及环境质量，是监测环境因子变化的极好的指示物种[15]。同样，作为捕食两栖类的爬行动物，其数量及种类也能间接地反映其栖息地附近的环境质量。本次调查中，调查到的两栖动物多为陆栖静水型，爬行类也以陆栖型为主，间接反映了保护区地表径流不发育、地下径流丰富的特点。

在调查过程中，发现了一只红耳龟 *Trachemys scripta elegans*，通过走访还了解到保护区内有放生红耳龟及大鳄龟 *Macrochelys temminckii* 等外来入侵种的现象。因此，本次调查到两栖爬行动物种类较少可能与外来入侵种有一定的关系；此外，由于保护区与市区相距较近，保护区内人为活动和生境破碎化较为严重，且电鱼现象频繁，对两栖动物的繁殖及以其为食的爬行动物的生存造成了极大的影响。

4.5.3　小结

两栖爬行动物是自然界重要的组成部分，对于保持生态平衡，维护生物链的完整，保护生物多样性具有重要意义。保护区植被保护较好，但多为次生林，生境较为单一，且生境破碎化严重，电鱼现象也十分频繁，对两栖爬行动物的生存造成了一定影响。因此，对保护区提出如下建议。

（1）加强宣传教育，提高公众保护意识，严禁电鱼，严禁将生活垃圾倒入河中，保护野生动物栖息环境。

（2）采取有效措施，减少农田和林地施洒对两栖动物有害的农药。强化保护区的森林生态系统的自我调节，使人类与两栖动物和谐相处。

（3）加强生境保护，实施植被恢复措施，减少人为干扰，遏制贩卖野生动物活动，有效保护野生动物资源。

参 考 文 献

[1] 费梁，叶昌媛，江建平．中国两栖动物及其分布彩色图鉴[M]．成都：四川科学技术出版社，2012.
[2] 费梁，胡淑琴，叶昌媛，等．中国动物志：两栖纲：上卷[M]．北京：科学出版社，2006.
[3] 费梁，胡淑琴，叶昌媛，等．中国动物志：两栖纲：中卷[M]．北京：科学出版社，2009.
[4] 费梁，胡淑琴，叶昌媛，等．中国动物志：两栖纲：下卷[M]．北京：科学出版社，2009.
[5] 伍律，董谦，须润华．贵州两栖类志[M]．贵阳：贵州人民出版社，1986.
[6] 张孟闻，宗愉，马积藩．中国动物志 • 爬行纲：上卷[M]．北京：科学出版社，1998.
[7] 赵尔宓，赵肯堂，周开亚，等．中国动物志 • 爬行纲：中卷[M]．北京：科学出版社，1999.
[8] 赵尔宓，黄美华，宗愉，等．中国动物志 • 爬行纲：下卷[M]．北京：科学出版社，1998.
[9] 伍律，李德俊，刘积琛．贵州爬行类志[M]．贵阳：贵州人民出版社，1986.
[10] 张荣祖．中国动物地理[M]．北京：科学出版社，2011.
[11] 杨道德，刘松，费冬波．江西齐云山自然保护区两栖爬行动物资源调查与区系分析[J]．动物学杂志，2008，43（6）：68-76.
[12] 潘虎君，杨道德，覃海华，等．珠穆朗玛峰国家级自然保护区两栖爬行动物多样性及区系[J]．生物多样性，2013，5：610-615.
[13] 蒋志刚，纪力强．鸟兽物种多样性测度的 *G-F* 指数方法[J]．生物多样性，1999，7（3）：220-225.
[14] 冉景丞，陈会明．兴义坡岗自然保护区两栖爬行动物及其保护[M]//张华海，龙启德，廖德平．兴义坡岗自然保护区综合考察集．贵阳：贵州科技出版社，2006：256-271.
[15] 徐士霞，李旭东，王跃招．两栖动物在水体污染生物监测中作为指示生物的研究概况[J]．动物学杂志，2003，38（6）：110-114.

4.6　贵州兴义坡岗鱼类多样性*

马别河是珠江水系南盘江流域的支流，河流全长 142.5km，流域面积 2 924km^2，落差 1 374m，平均比降 9.6‰。它发源于贵州省盘州市老厂，流经盘州市、普安、兴仁，最后进入兴义市境内，流经兴义市清

* 本节作者：黄胜、安苗、李珊、潘秋芝、包治文。

水河镇、马岭镇、桔山办、丰都办、南盘江镇等辖区，于巴结镇的红椿村汇入南盘江。该河在马岭镇以下的中游河段称马岭河，自北而南流从赵家渡进入保护区的西南部（该河段也称清水河），是保护区内唯一干流，其河流比降大，河床峡谷深切，时有深潭，流速快，在红椿村一带河段河面随着天生桥电站修建在此形成较为开阔的深水缓流区（万峰湖）。保护区外的西北角为自东北向西南流向的支流——楼纳河，落差385m，坡降458/100，分段河长8.4km，集雨面积37.2km^2，发源于海拔1 260m的老王寨，沿途受浅层埋藏的喀斯特地下水的补给，河水常年不断。该河上游坡降平缓，河床不大，流量较小，在旧屋基以落差250～300m 的瀑布跌水注入峡谷中与清水河汇合，从赵家渡一起进入保护区。保护区内还有一条与楼纳河平行的坡岗河，该河在大地坪以上为地表径流，枯水季节时有断流，以下为地下暗流，丰水季节可见地下河水形成的泉水从峡谷陡壁上的溶洞口排入深切峡谷的清水河中。

2003年因设立贵州兴义坡岗自然保护区，冉景丞首次对区内的鱼类资源进行过本底考察[1]，共记录鱼类50种，隶属于4目10科38属。随着黔西南州特别是兴义市社会经济高速发展，人们的生产生活对保护区的河流环境及鱼类资源造成较大的干扰，必然影响保护区目前鱼类物种多样性及其区系组成。

4.6.1　研究方法

2017年10～11月和2018年2～3月，由黔西南州义龙新区管理委员会和黔西南州林业局联合义龙新区农林水务和移民局、贵州大学生物多样性与保护研究中心和贵州大学动物科学学院组成的动物学科组技术人员在保护区内开展了鱼类资源调查工作。

保护区范围涵盖义龙新区、顶效镇、郑屯镇、则戎乡、龙广镇、万峰湖镇和德卧镇等相关的行政区域。依据保护区设置的考查路线，结合区内河流和鱼类分布特点，楼纳河设置了顶效镇的楼纳村、那叠村、上寨村和郑屯镇的双山村4个采样调查点；坡岗河设置了郑屯镇的民族村、坡岗村和酸枣湾（坡岗河转入地下的河段）3个调查点；清水河及上游设置了马岭河景区河段、赵家渡河段、牛滚塘水域（清水河河口）、红椿村水域和坡纳树村水域5个采样调查点，调查范围涉及楼纳河的全河段，坡岗河的全河段，马别河的马岭河至赵家渡河段、赵家渡至红椿村的清水河，以及清水河与万峰湖交汇的清水河河口至巴结镇的水域。

采取实地采样调查、走访调查、查阅资料等相结合的方法对3条河流设置的12个站点的鱼类资源进行考察，同时对危害鱼类资源的因素及其他事件也一并查证。

鱼类标本来源于3个方面：在部分浅水水域利用刺网、手抄网、小型地拉网和撒网进行现场捕捞，获标本50号；向当地的渔民（专业捕鱼人和钓鱼人）购买，获得标本76号；沿途走访采样站点附近村寨，询问当地渔民或村民并详细记录该水域中所熟知的鱼名（含俗称）。对常规易于辨认的种类现场确认并拍照记录，编号标记后保存于10%的福尔马林溶液中，少数难以现场鉴别的标本，带回实验室参考工具书[2-11]予以分类鉴定，针对走访调查记录的鱼类俗称，查阅相关书籍[2,7-10]，并进一步咨询专家予以确认。最后与2003年文献数据[1]汇总整理，完成保护区鱼类种类组成及分布统计，并对其区系及资源特点进行评价。

4.6.2　结果与分析

1. 保护区鱼类区系成分

本次调查共采集标本126号，共鉴定有鱼类40种（亚种）。结合鱼类系统分类发展，对冉景丞2003年报道的保护区部分50种鱼类[1]进行了修订，保留48种。其中，斑带条鳅和红尾条鳅的种名改为横纹南鳅和红尾荷马条鳅，归属条鳅科；宽鳍鱲和马口鱼划入鱼丹亚科；越南刺鳑鲏种名改为越南鱊，归属鱊亚科；南方白甲鱼、伍氏盆唇华鲮和云南华鲮的种名改为盖氏白甲鱼、伍氏华鲮和朱氏华鲮；四川裂腹鱼根据现有资料珠江水系并无分布，本次调查也未采集到标本，本节暂未列入；华南鲤 *Cyprinus carpio rubrofuscus* Lacépède 最早是 Lacépède 采集于广东的标本定名，1964年伍献文把它视为珠江以南的鲤鱼的一个亚种，在《珠江鱼类志》[7]和《中国动物志 • 硬骨鱼纲鲤形目（下卷）》[4]把它归到鲤种中，本次调查采集到标本，这里把其修订为鲤 *Cyprinus carpio* Linnaeus；广西爬岩鳅的中文名和拉丁名不一致，无广西爬岩鳅物种，只有广西爬鳅 *Balitora kwangsiensis*（Fang），这里以拉丁文为准，其中文名修改为秉氏爬岩鳅 *Beaufortia pingi*（Fang）；越鲶和鲶的中文名与拉丁名不一致，修改为越南隐鳍鲶 *Pterocryptis cochinchinensis* Valenciennes 和鲶 *Silurus asotus* Linnaeus；盎鲶及所属的盎鲶科改为长臀鮠科 Cranoglanididae 的长臀鮠*Cranoglanis bouderius bouderius*（Richardson）；栉蝦虎鱼 *Ctenogobius* sp.未定名，本节研究中也未列入。

综合两次调查结果，修订整理出保护区鱼类共有 73 种（亚种），较 2003 年的调查新增加 25 种（亚种）[锦鲤、镜鲤、须鲫、银鲫、金鱼、纹唇鱼、翘嘴鲌、团头鲂、飘鱼、黄颡鱼、长吻拟鲿、钝吻拟鲿、纵带拟鲿、斑鳠、斑点叉尾鮰、斑鳢、缘鳢、子陵吻鰕虎鱼、褐吻鰕虎鱼、斑鳜、齐氏罗非鱼、尼罗罗非鱼、奥利亚罗非鱼、日本鳗鲡和长吻鲟]。73 种（亚种）鱼类隶属 6 目 17 科 54 属（附录 10），其中纯淡水 72 种（亚种），降河洄游 1 种（日本鳗鲡）。73 种（亚种）中，人工养殖等引入增加的有 11 种（亚种）[锦鲤、镜鲤、银鲫、金鱼、团头鲂、长吻拟鲿、斑点叉尾鮰、齐氏罗非鱼、尼罗罗非鱼、奥利亚罗非鱼和长吻鲟]，原著鱼类 62 种。

从目的水平看，以鲤形目的 50 种（亚种）最多，占总种数的 68.49%；其次是鲶形目和鲈形目，分别有 10 种和 9 种，分别占 13.70%和 12.33%；合鳃目有 2 种，占 2.74%，鳗鲡目和鲟形目各有 1 种，各占 1.37%。从科的水平看，保护区 17 个科中，鲶形目拥有最多的 5 个科，鲤形目和鲈形目都有 4 个科，合鳃目有 2 个科，最少的是鳗鲡目和鲟形目，分别只有 1 个科（表 4-12）。

表 4-12　贵州兴义坡岗自然保护区鱼类区系统计

目	科	属	种（亚种）	占总种数比例/%
鲤形目 Cypriniformes	鲤科	33	45	68.49
	鳅科	1	1	
	爬鳅科	2	2	
	条鳅科	2	2	
合鳃目 Symbranchiformes	合鳃鱼科	1	1	2.74
	刺鳅科	1	1	
鲶形目 Siluriformes	鲿科	3	5	13.70
	长臀鮠科	1	1	
	鲱科	1	1	
	鲶科	2	2	
	鮰科	1	1	
鲈形目 Perciformes	鳢科	1	3	12.33
	鰕虎鱼科	1	2	
	鳜科	1	1	
	丽鱼科	1	3	
鳗鲡目 Salmoniformes	鳗鲡科	1	1	1.37
鲟形目 Acipenseriformes	长吻鲟科	1	1	1.37
合计	17	54	73	100

物种数以鲤科鱼类占主体，有 45 种（亚种），占保护区鱼类总种数的 61.64%，占鲤形目鱼类总种数的 90.00%，本科含 10 个亚科，共计 33 属，45 种（亚种）（表 4-13），未采集到鲴亚科和鳅鮀亚科鱼类。10 个亚科中，鲃亚科鱼类最多，多达 8 属 10 种，占鲤科鱼类总种数的 22.22%；其次是鲤亚科、鲌亚科和野鲮亚科，各有 7 种、6 种和 6 种，分别占 15.56%、13.33%和 13.33%；第三位是鳑亚科，有 4 种，占 8.89%；第四位是裂腹鱼亚科和鮈亚科，分别有 3 种，各占 6.67%；最后是雅罗鱼亚科、鲢亚科和鱼丹亚科，各 2 种，各占 4.40%。

表 4-13　贵州兴义坡岗自然保护区鲤科鱼类区系组成统计

亚科	属	种（亚种）	占鲤科鱼类种数比例/%
鲤亚科 Cyprininae	3	7	15.56
鲌亚科 Cultrinae	6	6	13.33
雅罗鱼亚科 Leuciscinae	2	2	4.44

续表

亚科	属	种（亚种）	占鲤科鱼类种数比例/%
鱼丹亚科 Danioninae	2	2	4.44
鲢亚科 Hypophthalmichthyinae	2	2	4.44
鮈亚科 Gobioninae	3	3	6.67
野鲮亚科 Labeoninae	4	6	13.33
鱊亚科 Acheilognathinae	2	4	8.89
鲃亚科 Barbinae	8	10	22.23
裂腹鱼亚科 Schizothoracinae	1	3	6.67
合计	33	45	100

2. 保护区鱼类的分布差异

通过对 12 个点涉及的楼纳河、坡岗河和清水河 3 条河流的鱼类调查统计，保护区的清水河有鱼类 69 种（亚种）类最多，占保护区鱼类物种数的 94.52%，几乎涵盖保护区所有鱼类；其次是楼纳河，只有 14 种，占保护区鱼类物种数的 19.18%；种类最少的是坡岗河，只有 6 种，仅占保护区鱼类物种数的 8.22%。

3. 保护区鱼类分布区划

根据李思忠将我国淡水鱼类划分范围[12]，保护区 73 种（或亚种）鱼类分布于北地界，其中全北区有 41 种（亚种）、东洋区 29 种和非洲区 3 种。如果除去从国外引进的镜鲤、斑点叉尾鮰、长吻鮠、齐氏罗非鱼、奥利亚罗非鱼和尼罗罗非鱼 6 种（亚种），剩余 67 种（亚种）按我国淡水鱼区划涵盖北方区 1 个亚种（银鲫）、华西区 5 种、宁蒙区 11 种、华东区 21 种（亚种）和华南区 29 种（亚种）；如果再除去国内人工移入的 5 种（亚种）（锦鲤、金鱼、银鲫、团头鲂和长吻拟鮠），62 种（亚种）原著鱼类分布区划是：华西区仅有 5 种、宁蒙区 11 种、华东区 17 种（亚种）和华南区 29 种（亚种）。总体来看，保护区鱼类分布区划以东洋区华南亚区成分占绝对优势，其次是全北区的华东亚区和宁蒙亚区，华西区成分较少。

4. 分析

1）保护区鱼类物种数多

保护区现有鱼类 73 种（亚种），其中原著鱼类多达 62 种（含降河洄游日本鳗鲡），迁入鱼类 11 种（亚种）。原著鱼类物种数占珠江水系纯淡水鱼类［239 种（亚种）[7]］的 25.94%，占西江纯淡水鱼类（229 种[7]）的 27.07%，占红水河干流鱼类（192 种）的 32.29%，占南盘江水系鱼类［160 种（亚种）[13]］的 38.75%，占贵州鱼类总种数［(202 种）[2]］的 30.69%。相对邻近的几个保护区鱼类资源，如广西的金钟山自然保护区（52 种）[14]、大瑶山自然保护区（37 种）[15]和大明山自然保护区（22 种）[16]；贵州的斗篷山自然保护区（32 种）[17]、雷公山自然保护区（35 种）[18]和蒙江水产种质资源保护区［72 种（亚种）］[19]，保护区鱼类物种数量较多。

鱼类物种多样性与河流水系大小、水文特征、人工干扰、地理和地质地貌密切关联。保护区内的河流水系隶属南盘江水系，其中的清水河直接与南盘江交汇，水体生境类型复杂多样，故鱼类种类最多，占保护区 73 种（亚种）的 94.5%，且区系类型齐全，构成保护区鱼类主体。与之相比，其上游的楼纳河和坡岗河 2 个支流，属季节性的小溪流，因水量小，生境单一，受周边村寨和人类影响也较大，再加上与干流清水河鱼类交流受阻，其物种数较少，区系成分单一。

2）保护区鱼类的经济价值和科研保护价值高

保护区鱼类中有鲤、南方白甲鱼、鲈鲤、桂华鲮、唇鲮、斑鳠、鲶、倒刺鲃、大刺鳅和日本鳗鲡等 37 种（亚种）属于主要经济鱼类，具有较高养殖应用价值。另外，保护区的一些鱼类具有较高的保护和科研价值，如叶结鱼和长臀鮠被列入《中国濒危动物红皮书》名录[20]，狭孔金线鲃、粗壮金线鲃、倒刺鲃、盖氏白甲鱼、云南光唇鱼、鲈鲤、叶结鱼、瓣结鱼、唇鲮、纹唇鱼、昆明裂腹鱼、灰裂腹鱼和斑鳜等 53 种列入《中国脊椎动物红色名录》[21]，其中长臀鮠、日本鳗鲡、唇鲮、昆明裂腹鱼和灰裂腹鱼处于濒危等级，叶结鱼处于易危等级，盖氏白甲鱼处于近危等级。条纹二须鲃、大鳍间吸鳅、秉氏爬岩鳅、细鳊、斑鱯、须鲫、光唇裂腹鱼、云南盘鮈、唇鲮、纹唇鱼、叶结鱼、伍氏华鲮和长臀鮠13 种系珠江水系特有的种类。

3）保护区鱼类区系成分多样性和古老性

保护区的鱼类分布区划涵盖全北区、东洋区和非洲区 3 个区，来源广泛。即使去掉国内引入种类也含有华西区、宁蒙区、华东区和华南区 4 个区域成分，但以华南区成分为主，与珠江水系鱼类分布区划一致[7]。

陈宜瑜等[22]从动物区系历史发展的角度认为：珠江的淡水鱼类区系在动物地理区划上属于东洋区，除西江上源的一小部分划归南亚亚区外，其余大部应隶属于南东亚亚区的华南小区。保护区的河流系西江上游红水河一级支流—南盘江重要支流，因此保护区鱼类区系归属东洋区，属南东亚亚区的华南小区和南亚亚区的结合体。

中国鲤科鱼类分为老第三纪原始类群、北方冷水性类群、东亚类群、南方类群和青藏高原类群 5 个类群[3]。保护区 41 种土著鲤科鱼类中，古近纪原始类群（鱼丹亚科、鳑亚科、鲃亚科和鲤亚科）共计 19 种，占土著鱼类总种数的 30.65%；东亚类群（雅罗鱼亚科、鲌亚科、鲢亚科、鮈亚科）有 13 种鱼类，占 20.97%；南方类群（野鲮亚科）有 6 种，占 9.68%；青藏高原类群（裂腹鱼亚科）3 种，占 4.84%。从鲤科鱼类组成来看，保护区以古近纪原始类群占优势，显示其物种起源古老性。同时，区系组成中的昆明裂腹鱼、光唇裂腹鱼、灰裂腹鱼、狭孔金线鲃和粗壮金线鲃体现了云贵高原东部鱼类区系特点。

4）保护区鱼类生态类型完整

保护区河流生境多样，清水河干流为急流环境，其支流楼纳河和坡岗河为小溪流水型，与万峰湖交汇水域形成相对缓流区，因此保护区有典型急流区鱼类（如野鲮亚科、鳅科、平鳍鳅科、爬鳅科和鲱科等种类）、喜流水或缓流生境的种类（如斑鳠、飘鱼、黄颡鱼、鲤鱼、草鱼等）和喜缓流或静水鱼类（鳑鲏类和鰕虎鱼类），其中喜流水或缓流生境的鱼类处于优势。有定居性鱼类（如大刺鳅、斑鳢、月鳢、尼罗罗非鱼、斑鳜等）、半洄游鱼类（如唇鲮、伍氏华鲮、青鱼、草鱼、鲢鱼、鳙鱼、倒刺鲃、南方白甲鱼、瓣结鱼等），也有洄游鱼类（日本鳗鲡）。食性类型划分齐全，有植食性鱼类（草鱼和鲮等）、杂食性鱼类（鲤鱼和鲫鱼等）和动物食性鱼类（鲶和斑鳢等）。

保护区鱼类生态类型完整，与保护区河流生境进行有机结合，组成了一个比较完整的食物链和食物网，充分发挥各种类群鱼类的生态作用，保证鱼类物种多样性与环境的有机统一。

5）保护区鱼类资源影响因子分析

保护区属典型的喀斯特地貌，生态环境十分脆弱，极易受到人为干扰和破坏。保护区从鱼类物种数来看，有 73 种（亚种），较 2003 年增加了 25 种（亚种），但人工养殖等引入多达 11 种（亚种），占总物种数的 15.07%，说明人为干扰对保护区鱼类物种构成造成严重影响，而且这种生物入侵性质的影响还在进一步加剧，如目前清水河与万峰湖交汇的区域甚至整个万峰湖，罗非鱼已成为该水体中鱼类优势种群[13]，它们的大量繁衍也严重侵占与之生境相似的鱼类空间。随着罗非鱼种群数量扩增，肉食性的翘嘴鲌大量繁殖形成一定资源量，进而加大其的危害性，势必会对原河流水系的原著鱼类带来深远影响。

另外，人为投毒和过渡捕捞也不容忽视。本次综合采样调查，一些对水质和生境要求高的代表性物种，如裂腹鱼、瓣结鱼、叶结鱼、唇鲮和宽头四须鲃等在本次调查中未见踪迹，连走访的长期捕捞渔民也难得一见。清水河上游的马岭河受到工业企业、城镇污水、城乡垃圾的污染影响较为严重[23-24]，水域污染和生境破坏对这些分布范围狭窄的鱼类生存影响是灾难性。酷鱼滥捕在清水河和万峰湖水域还屡禁不止，小网目类渔具的使用和高强度的捕捞作业，对鱼类种群结构影响较为巨大，毒鱼和电鱼也时有发生，如我们在清水河采样调查就碰见赵家渡至清水河河口段水面大量漂浮死鱼，经沿河走访，死亡鱼类不分种类，当地村民在该河段捞取死鱼。最后是电站修建会改变原河流水文及生境，造成河流生境片段化。目前，清水河上游的马别河干流已建设有楼下河电站和长征桥一级电站及其多个支流小水电站[25]，如果在清水河河段上再修建电站势必会逐渐挤压原急流区生活鱼类生境，被缓流或静水性鱼类取代，加之电站大坝阻碍降河洄游鱼类（日本鳗鲡）和半洄游性繁殖鱼类（如草鱼、青鱼、鲢鱼和鳙鱼等）通道，不利于这些土著鱼类在保护区水域生存发展。

基于上述分析，保护区鱼类资源保护应重视以下工作：建议把马岭河至清水河及与万峰湖交汇区域纳入保护区范畴；加强保护区各种污染物的排放监管；加大禁渔力度，禁止非法渔具渔法，严禁捕捞濒危和特有鱼类；联合渔业行政事业单位和科研院校积极开展珍稀濒危鱼类的增殖放流工作，补充其天然种群数量；开展保护区水域环境的生态修复试验研究；加强主要物种的生物学研究，为资源保护和种群恢复提供科学依据。

4.6.3 小结

保护区的鱼类具有物种数较多、区系成分多样、起源古老和生态类型完整等特点，具有较高的经济价值和科研保护价值，但受人为干扰影响较大，加强其资源的保护对维护生物多样性和生态平衡意义重大。

参考文献

[1] 冉景丞. 兴义坡岗自然保护区鱼类考查报告[M]//张华海，龙启德，廖德平. 兴义坡岗自然保护区综合科学考察集. 贵阳：贵州科技出版社，2006: 272-277.
[2] 伍律. 贵州鱼类志[M]. 贵阳：贵州人民出版社，1989.
[3] 陈宜瑜. 中国动物志：硬骨鱼纲：鲤形目（中卷）[M]. 北京：科学出版社，1998.
[4] 乐佩琦，等. 中国动物志：硬骨鱼纲：鲤形目（下卷）[M]. 北京：科学出版社，2000.
[5] 褚新洛，郑葆珊，戴定远. 中国动物志：硬骨鱼纲：鲇形目[M]. 北京：科学出版社，1999.
[6] 伍汉霖，钟俊生，等. 中国动物志：硬骨鱼纲鲈形目. 5. 虾虎鱼亚目[M]. 北京：科学出版社，2008.
[7] 郑慈英. 珠江鱼类志[M]. 北京：科学出版社，1989.
[8] 广西壮族自治区水产研究所，中国科学院动物研究所. 广西淡水鱼类志[M]. 2 版. 南宁：广西人民出版社，2006.
[9] 褚新洛，陈银瑞，等. 云南鱼类志（上册）. 北京：科学出版社，1989.
[10] 褚新洛，陈银瑞，等. 云南鱼类志（下册）[M]. 北京：科学出版社，1990.
[11] 朱松泉. 中国淡水鱼类检索[M]. 南京：江苏科学技术出版社，1995.
[12] 李思忠. 中国淡水鱼类的分布区划[M]. 北京：科学出版社，1981.
[13] 王伟营，杨君兴，陈小勇. 云南境内南盘江水系鱼类种质资源现状及保护对策[J]. 水生态学杂志，2011，32（5）：19-29.
[14] 卢立. 广西金钟山自然保护区鱼类资源考察报告[J]. 湖南环境生物职业技术学院学报，2005，11（4）：319-324.
[15] 李红敬，赵宏霞，林小涛，等. 大瑶山国家级自然保护区鱼类群落研究[J]. 河南师范大学学报（自然科学版），2010，38（4）：123-127.
[16] 黄文，邓学建. 广西大明山自然保护区鱼类资源调查研究[J]. 湖南环境生物职业技术学院学报，2002，8（2）：111-115.
[17] 冉景丞. 斗篷山自然保护区鱼类资源初步调查[J]. 贵州师范大学学报（自然科学版），2001，19（4）：4-6.
[18] 陈继军，张旋，谢镇国. 贵州雷公山国家级自然保护区鱼类物种多样性及其资源保护[J]. 动物学杂志，2009，44（3）：57-62.
[19] 代应贵. 贵州蒙江鱼类区系组成及特征分析[J]. 动物学杂志，2017，52（2）：253-262.
[20] 乐佩琦，陈宜瑜. 中国濒危动物红皮书：鱼类[M]. 北京：科学出版社，1998.
[21] 蒋志刚，江建平，王跃招，等. 中国脊椎动物红色名录[J]. 生物多样性，2016，24（5）：500-551.
[22] 陈宜瑜，曹文宣，郑慈英，等. 珠江的鱼类区系及其动物地理区划的讨论[J]. 水生生物学报，1986，10（3）：228-236.
[23] 张合兴，田甜. 马岭河流域环境现状及治理建议[J]. 亚热带水土保持，2017，29（1）：38-40.
[24] 顾怡. 马岭河流域污染严重应早日治理免除后患[N]. 贵州政协报，2015-03-02（B02）.
[25] 刘辉，刘廷海. 马别河干流梯级开发规划方案研究[J]. 黑龙江水利科技，2013，41（9）：156-158.

4.7 贵州兴义坡岗昆虫多样性*

4.7.1 保护区概况

由于区划依据的侧重点不同，我国综合自然地理区划有多种观点[1-3]，但不同学者的区划理论中关于贵州地域的区划属性都是相同的。保护区距东洋界与古北界分界，即华中区与华北区分界（秦岭）约 12° N，在东洋界内距华中区与华南区分界 1° E。因此，保护区在世界动物地理区划和中国动物地理区划中处于位置在东洋界，但在东洋界内又处于华中区西侧并接近华南区，意味着该区包括昆虫物种在内的生物物种具有不同区系交汇的特征。

4.7.2 保护区昆虫种类及昆虫归属

保护区昆虫分属 12 目，64 科，共计 382 种（附录 11）。由表 4-14 可知，鞘翅目昆虫种类数量最多，

* 本节作者：徐芳玲、史天远、郑心怡。

共 129 种，占 37.77%，归属于 10 个科；其次是鳞翅目，共 85 种，占 22.25%，归属于 18 个科；再次是同翅目昆虫，共 72 种，占 18.85%，归属于 16 个科；然后是半翅目昆虫，共 45 种，占 11.78%，归属于 4 科；种类最少的是缨翅目和竹节虫目，仅有 1 种，其次是蜚蠊目及脉翅目，仅 4 种 1 个科（表 4-14）。

表 4-14　贵州兴义坡岗自然保护区昆虫归属

目	科数	种数
蜻蜓目	2	13
蜚蠊目	1	4
等翅目	2	7
直翅目	3	3
竹节虫目	1	1
缨翅目	1	1
半翅目	4	45
同翅目	16	72
脉翅目	1	4
鞘翅目	10	129
鳞翅目	18	85
膜翅目	5	18
合计	64	382

4.7.3　保护区景观昆虫区系的区属成分及特点

依据区系表达式和区系成分统计分析法[4-19]，对本节准确鉴定到种的 382 种昆虫进行分析。按动物地理区划的 6 界（区），中国动物地理区划的 7 区划。本节详列了 382 种的区属分布表，为统计分析的基础数据。

1. 保护区昆虫在世界动物地理区系中的归属及比重

据分析，保护区已知昆虫种类在世界动物地理区中的归属情况分 5 个分布型，具体如表 4-15 所示。

表 4-15　贵州兴义坡岗自然保护区昆虫在世界动物地理区系中的归属及比重

世界动物地理区系	东洋	古北	非洲	澳洲	新北	新热带	种数	比重/%
单区型								65.71
东洋区	√						251	
两区型								29.58
东洋-古北区	√	√					112	29.32
东洋-澳洲区	√			√			1	
三区型								2.09
东洋-古北-澳洲区	√	√		√			5	
东洋-古北-非洲区	√	√	√				2	
东洋-古北-新北区	√	√			√		1	
四区								1.05
东洋-古北-澳洲-新北区	√	√		√	√		1	
东洋-古北-非洲-新北区	√				√		2	
东洋-古北-新北-新热带区	√	√				√	1	
全世界分布型	√	√	√	√	√	√	6	1.57
合计	382	131	10	13	11	7	382	100
占总种数的比例/%	100	34.29	2.62	3.40	2.88	1.83	100	

其中，东洋区分布比例最高，占 65.71%，共 251 种；其次是东洋-古北区共同分布成分占 29.32%，共有 113 种；再其次是全世界分布种占 1.57%，共 6 种；分布最少的分别为东洋-澳洲区、东洋-古北-新北区、东洋-古北-澳洲-新北区、东洋-古北-新北-新热带区，各只有 1 种昆虫。若将东洋区及跨东洋区各种均合

计在内，则达 100%；若将古北区及跨古北区各种均合计在内，则达 34.29%。这说明，保护区昆虫种类占绝对优势，并杂有大量古北区系种。含澳洲区的跨区分布占 3.40%，含非洲区的跨区分布占 2.62%，含新北区的跨区分布占 2.88%，含新热带区的跨区分布占 1.83%。保护区昆虫区系的特点为昆虫区系为典型东洋区系，含古北区的跨区区系型种是跨区区系的主体，二区跨区区系型比重占 29.58%，其可能由古北区属种和东洋区属种的北扩南张形成，与澳洲区的联系强于非洲区和新北区，与后两区的联系强于新热地区。

2. 保护区昆虫在中国动物地理区系中的归属及比重

我国动物地理区划一般分为东北区、华北区、蒙新区、青藏区、华中区、华南区及西南区 7 区。保护区昆虫种类在中国动物地理区系中的归属及比重如表 4-16 所示。

表 4-16　贵州兴义坡岗自然保护区昆虫种类在中国动物地理区系中的归属及比重

分布型	华中	西南	华南	华北	东北	蒙新	青藏	种数	比重 /%
单区型									50.79
华中区		√						194	
双区型									10.47
华中-东北	√				√			1	
华中-华北	√			√				8	
华中-西南	√	√						18	
华中-华南	√		√					13	
三区型									13.09
华中-华北-东北	√			√	√			4	
华中-西南-东北	√	√			√			1	
华中-西南-华北	√	√		√				5	
华中-东北-蒙新	√				√	√		1	
华中-华南-华北	√		√	√				4	
华中-华北-蒙新	√			√		√		3	
华中-华南-西南	√	√	√					31	
华中-西南-蒙新	√	√				√		1	
四区型									12.31
华中-华南-华北-东北	√		√		√			4	
华中-西南-华北-东北	√	√		√	√			3	
华中-西南-华北-蒙新	√	√		√		√		1	
华中-西南-华北-青藏	√	√		√			√	2	
华中-华南-西南-华北	√	√	√	√				35	
华中-华南-西南-青藏	√	√	√				√	2	
五区型									6.54
华中-西南-华北-东北-蒙新	√	√		√	√	√		1	
华中-华南-西南-华北-东北	√	√	√	√	√			11	
华中-华南-西南-东北-蒙新	√	√	√		√	√		1	
华中-西南-华北-蒙新-青藏	√	√		√		√	√	1	
华中-西南-华南-华北-蒙新	√	√	√	√		√		1	
华中-西南-华南-华北-青藏	√	√	√	√			√	10	
六区型									1.83
除华南区	√	√		√	√	√	√	1	
除青藏区	√	√	√	√	√	√		4	
除蒙新区	√	√	√	√	√		√	1	
除东北区	√	√	√	√		√	√	1	
全国广布型	√	√	√	√	√	√	√	19	4.97
合计	382	150	137	119	53	35	37	382	100
占总种数百分比/%	100	39.27	35.86	31.15	13.87	9.16	9.69	100	

从表 4-16 中可知，只分布于华中区的昆虫占已知种的 50.79%，共 194 种。与西南区的共同分布种最多，占 39.27%（包括与西南区的所有跨区系型），然后依次是华南区的共同分布种，占 35.86%，与华北区的共同分布种占 31.15%，与东北区的共同分布种占 13.87%，与青藏区的共同分布种占 9.69%，与蒙新区的共同分布种占 9.16%。分布于华中区的昆虫种类有 194 种，占 50.79%。因此保护区与我国动物区系中其他区系的生态环境相似性依次是西南区、华南区、华北区、东北区、青藏区、蒙新区。此外，保护区昆虫跨两区分布的种类占 10.47%，跨三区分布的种类占 13.09%，跨四区分布的种类占 12.31%，跨五区分布的昆虫种类占 6.54%，跨六区分布的种类占 1.83%，全世界分布的种类占 4.97%。

参 考 文 献

[1] 侯学煜，姜恕，陈昌笃，等. 对于中国各自然区的农、林、牧、副、渔业发展方向的意见[J]. 科学通报，1963（9）：8-26.
[2] 任美锷，杨纫章. 中国自然区划问题[J]. 地理学报，1961，27：66-74.
[3] 赵松乔. 中国综合自然地理区划的一个新方案[J]. 地理学报，1983，38（1）：1-10.
[4] 张巍巍，李元胜. 中国昆虫生态大图鉴[M]. 重庆：重庆大学出版社，2011.
[5] 金道超，李子忠. 习水景观昆虫[M]. 贵阳：贵州科技出版社，2004.
[6] 戴仁怀，李子忠，金道超. 宽阔水景观昆虫[M]. 贵阳：贵州科技出版社，2012.
[7] 陈树椿，何允恒. 中国蛸目昆虫[M]. 北京：中国林业出版社. 2008.
[8] 陈祥盛，李子忠，金道超. 麻阳河景观昆虫[M]. 贵阳：贵州科技出版社，2010.
[9] 李子忠，金道超. 茂兰景观昆虫[M]. 贵阳：贵州科技出版社，2002.
[10] 李子忠，金道超. 梵净山景观昆虫[M]. 贵阳：贵州科技出版社，2006.
[11] 陈树椿. 中国珍稀昆虫图鉴[M]. 北京：中国林业出版社，1999.
[12]《中国药用动物志》协作组. 中国药用动物志（第二册）[M]. 天津：天津科学技术出版社，1983.
[13] 中国科学院动物研究所. 中国蛾类图鉴（Ⅰ）[M]. 北京：科学出版社，1981.
[14] 中国科学院动物研究所. 中国蛾类图鉴（Ⅱ）[M]. 北京：科学出版社，1982.
[15] 中国科学院动物研究所. 中国蛾类图鉴（Ⅲ）[M]. 北京：科学出版社，1981.
[16] 郭振中，等. 贵州农林昆虫志（卷 1）[M]. 贵阳：贵州人民出版社，1987.
[17] 郭振中，等. 贵州农林昆虫志（卷 2）[M]. 贵阳：贵州人民出版社，1989.
[18] 郭振中，等. 贵州农林昆虫志（卷 3）[M]. 贵阳：贵州人民出版社，1991.
[19] 李子忠，汪廉敏. 贵州农林昆虫志（卷 4）[M]. 贵阳：贵州科技出版社，1992.

4.8　贵州兴义坡岗淡水和陆生软体动物多样性*

保护区是贵州省喀斯特地貌发育丰富的地区，也是生物多样性研究的热点区域，但是有关软体动物生物多样性的研究不多。2017 年 8 月～2018 年 2 月，对保护区的淡水和陆生软体动物进行调查研究，得出了该区域软体动物的最新物种概况。经系统调查研究，该区域有软体动物 12 种，隶属于 9 科 10 属，每科种数为 1～4 种。田螺科 Viviparidae 最多，有 4 种；瓶螺科 Ampullariidae、瓦娄蜗牛科 Valloniidae、艾纳螺科 Enidae、烟管螺科 Clausiliidae、玛瑙螺科 Achatinidae、巴蜗牛科 Bradybaenidae、蚌科 Unionidae、蚬科 Cyrenidae 均有 1 种。其中，有 7 种淡水软体动物和 5 种陆生软体动物；它们之中有 2 种外来入侵物种，即岛苹果螺 *Pomacea maculata* Perry，1810（瓶螺科）和褐云玛瑙螺 *Lissachatina fulica*（Férussac，1821）（玛瑙螺科）。

原产非洲的陆生类型褐云玛瑙螺于 2016 年 6 月在兴义首次发现，原产南美洲的淡水类型岛苹果螺最早出现于兴义的具体时间不能确定。目前，2 种外来物种已经在保护区附近有大量野生种群存在，它们可能是人为引入作为食物产品养殖而造成的生物入侵。对外来入侵物种的主要管理办法是预防，必须严格执行检疫制度，以防止有害外来物种的进入和传播；早期发生时，有害外来物种入侵必须迅速消除，只有这时才有可能做到消除。

本节研究的目的是深入调查研究淡水和陆生软体动物、自然保护区生物多样性保护计划的制订、其他

* 本节作者：陈会明、蒋玄空。

喀斯特地区生物多样性保护提供基础。所有研究标本保存在贵州省生物研究所。

4.8.1 分类系统

分类系统按 Bouchet 的相关内容[1]，具体名录详见附录 12。

4.8.2 种类描述

（1）中华圆田螺 *Cipangopaludina cathayensis*（Heude，1890），如图 4-12（a）～（d）所示。

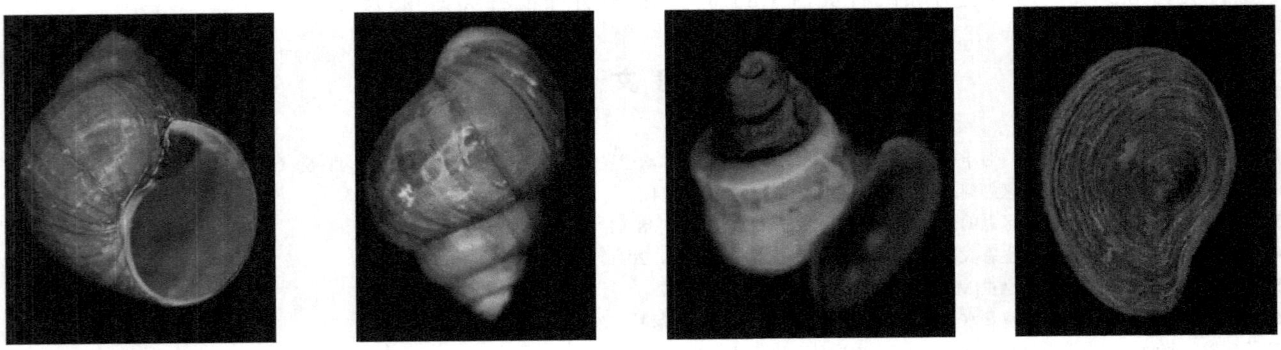

（a）侧面观　（b）背面观　（c）动物体　（d）厣，正面观

图 4-12　中华圆田螺 *Cipangopaludina cathayensis*（Heude，1890）

异名：*Paludina cathayensis* Heude，1890。

中文别名：螺蛳、蜗螺牛。

标本信息：2017 年 8 月 28 日，5 枚，兴义巴结万峰湖，陈会明采，壳高 35～42mm。

形态特征：贝壳较中国圆田螺 *Cipangopaludina chinensis*（Gray，1834）略小，成体壳高 50mm 左右，壳宽 35mm 左右。壳质薄而坚固，外形呈卵圆形。有 6～7 个螺层，各螺层的宽度增长迅速，壳面膨胀。缝合线明显。螺旋部较中国圆田螺短而宽，其高度小于壳口高度，体螺层极膨大。壳顶尖锐。壳面呈绿褐色或黄褐色。壳口为卵圆形；周缘常具有黑色框边，上唇、外唇、底唇的黑框边为窄条形，内唇黑色框边不明显；外唇简单，内唇肥厚，遮盖脐孔。脐孔呈缝状。厣角质，为黄褐色卵圆形薄片，具有明显的同心圆生长线，厣核位于内唇中央处。腹足很大。

生物地理：淡水生活，主要生活于多水草的湖泊、沟渠、池塘、水田，表面常附有水生植物。广泛分布于华中和中国东南。

用途：人们常作为食用，也可作鱼类、家禽、家畜的饲料，还具有药用价值。

（2）中国圆田螺 *Cipangopaludina chinensis*（Gray，1834），如图 4-13（a）～（e）所示。

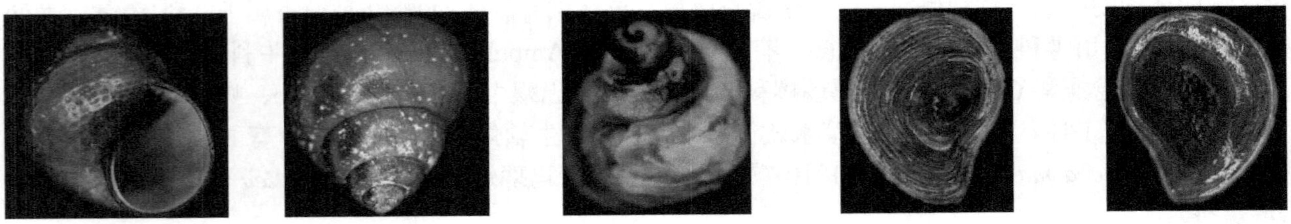

（a）侧面观　（b）背面观　（c）动物体　（d）厣，正面观　（e）厣，背面观

图 4-13　中国圆田螺 *Cipangopaludina chinensis*（Gray，1834）

异名：*Bellamya chinensis*（Gray，1834）；

Paludina chinensis Gray，1834；

Vivipara chinensis（Gray，1834）。

中文别名：螺蛳、蜗螺牛。

标本信息：2017 年 8 月 26 日，3 枚，贵州省兴义市龙广镇，陈会明采，壳高 37～51mm；2017 年 8

月 29 日，1 枚，贵州省兴义市龙广镇农贸市场，陈会明，壳高 34mm。

形态特征：贝壳较中华圆田螺大，一般成体壳高 60mm 左右，壳宽 40mm 左右。壳质薄而坚固，外形呈卵圆形。有 6～7 个螺层，各螺层的宽度增长迅速，壳面凸。缝合线极明显。螺旋部高起呈圆锥形，其高度大于壳口高度，体螺层膨大。壳顶尖锐。壳面光滑，无肋，具有细密而明显的生长线，有时在体螺层上形成褶襞。壳面呈绿褐色或黄褐色。壳口为卵圆形；周缘常具有黑色框边，黑框边较宽，向内逐渐变淡，内唇黑框明显，色深；外唇简单，内唇上方贴覆于体螺层上，部分或全部遮盖脐孔。脐孔呈缝状。厣角质，为一黄褐色卵圆形薄片，具有明显的同心圆生长线，厣核位于内唇中央处。腹足很大。

生物地理：淡水生活，主要生活于水草茂盛的湖泊、水库、河沟、池塘、水田。对干燥及寒冷皆有极大的适应性。以水生植物的叶及低等藻类为食料。广泛分布于中国、缅甸、泰国、越南、菲律宾、印尼、朝鲜、日本，广泛传入北美。

用途：人们常作为食用，也可作鱼类、家禽、家畜的饲料；还具有药用价值，贝壳及肉皆可作为中药药材，药名田蠃（田螺）。

（3）铜锈石田螺 *Sinotaia aeruginosa*（Reeve，1863），如图 4-14 所示。

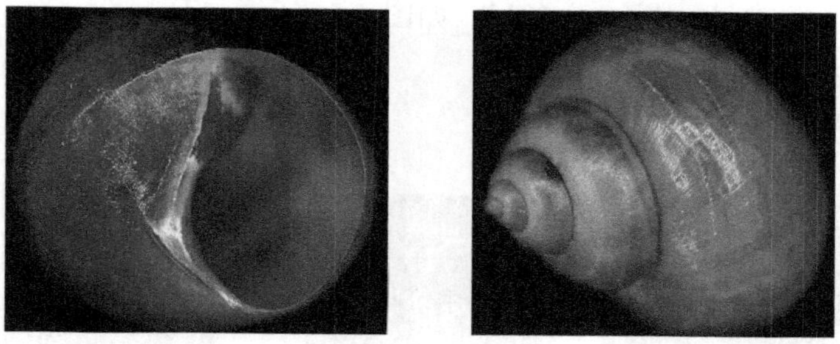

（a）底面观　　（b）背面观

图 4-14　铜锈石田螺 *Sinotaia aeruginosa*（Reeve，1863）

异名：*Paludina aeruginosa* Reeve，1863。

中文别名：铜锈环棱螺、螺蛳、豆田螺、湖螺、石螺。

标本信息：2017 年 8 月 25 日，7 枚，贵州省兴义市顶效镇楼纳河，陈会明采，壳高最大 27mm；2017 年 8 月 29 日，173 枚，贵州省兴义市龙广农贸市场，陈会明购，壳高最大 25mm。

形态特征：贝壳较小，一般成体壳高 25mm 左右，壳宽 15mm 左右。壳质厚坚硬，外形呈圆锥形。有 6～7 个螺层，各螺层增长缓慢，螺旋部呈尖圆锥形，体螺层略膨大，螺旋部高小于壳口高。缝合线浅。壳面光滑，具明显的生长线，呈铜锈色或绿褐色，体螺层上具 3 条螺棱，最下面的一条最为显著；幼螺的螺棱上生长着许多细毛。壳口为卵圆形，外唇简单，内唇肥厚，上方贴覆于体螺层上，无锐角，周缘不完整。脐孔明显，呈缝状。厣核略靠近内侧中央处；近内唇边缘多少有些凹。

生物地理：淡水生活，主要生活于湖泊、河流、沟渠及池塘。广泛分布于中国、越南。

用途：可食用，也可作鱼类、家禽、家畜的饲料。

（4）绘石田螺 *Sinotaia limnophila*（Mabille，1886），如图 4-15 所示。

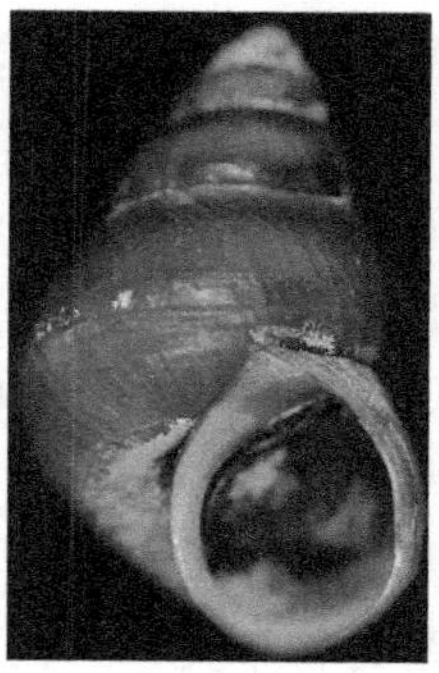

图 4-15　绘石田螺 *Sinotaia limnophila*（Mabille，1886）

异名：*Vivipara limnophila* Mabille，1886；

Vivipara secernenda Mabille，1886；

Bellamya limnophila（Mabille，1886）。

中文别名：绘环棱螺、螺蛳。

标本信息：2017 年 8 月 29 日，88 枚，贵州省兴义市龙广农贸市场，陈会明购，壳高最大 30mm。

形态特征：贝壳较小，一般成体壳高 30mm 左右，壳宽 20mm 左右。壳质厚坚硬，外形呈圆锥形。有 6 个螺层，各螺层增长迅速，螺旋部呈宽圆锥形，体螺层膨大，螺旋部高大于壳口高。缝合线深。壳面呈黄褐色或绿褐色，体螺层上具 3 条螺棱，其他螺层各具 2 条螺棱。壳口为卵圆形，上方有一锐角，周缘完整。脐孔明显。厣为角质的黄褐色薄片，有同心圆的生长线；厣核略靠近内侧中央处；近内唇边缘平直或稍凸。

生物地理：淡水生活，主要生活于湖泊、河流、沟渠及池塘，常附着在水草上。分布于中国云南、广西、湖南、贵州。

用途：可食用，也可作鱼类、家禽、家畜的饲料。

（5）岛苹果螺 *Pomacea maculata* Perry，1810，如图 4-16 所示。

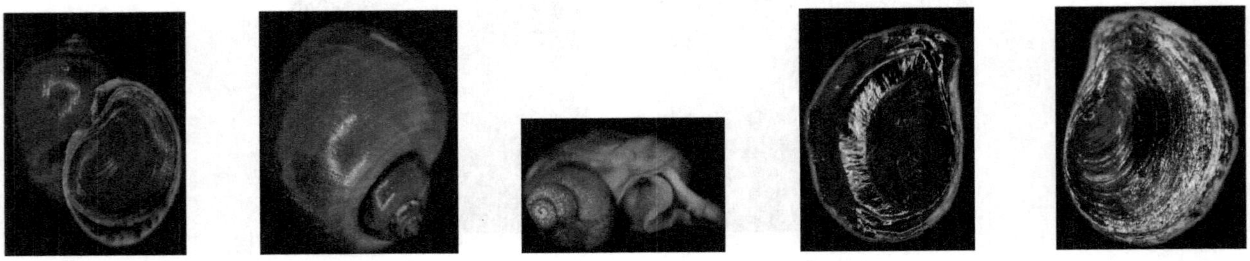

（a）侧面观　（b）背面观　（c）动物体　（d）厣，正面观　（e）厣，背面观

图 4-16　岛苹果螺 *Pomacea maculata* Perry，1810

异名：*Ampullaria amazonica* Reeve，1856；

Ampullaria castelnaudii Hupé，1857；

Ampullaria crosseana Hidalgo，1871；

Ampullaria georgii Williams，1889；

Ampullaria gigas Spix in Wagner，1827；

Ampullaria haustrum Reeve，1856；

Ampullaria immersa Reeve，1856；

Ampullaria insularum d'Orbigny，1835；

Ampullaria vermiformis Reeve，1856；

Pomacea（*Pomacea*）*castelnaudii*（Hupé，1857）；

Pomacea castelnaudii（Hupé，1857）。

中文别名：亚马逊苹果螺、福寿螺。

标本信息：2017 年 8 月 28 日，70 枚，兴义巴结万峰湖，陈会明采，壳高最大 71mm；2017 年 8 月 28 日，12 枚，兴义则戎水沟，陈会明采，壳高最大 43mm。

形态特征：贝壳球状，厚，淡黄褐色，间或薄，但通常光滑具细的生长轴线和周期性的生长阻滞，成体贝壳长 35～165mm；螺旋带在颜色和粗细上有变化（淡红色到绿褐色或黑褐色）；角质层厚，颜色上有变化，从黄绿色到淡的绿褐色，或黑棕色；贝壳平均有 5 个或 6 个螺旋层，缝合线以上增长快；肩部具角；壳顶通常低，有变化，螺旋部高与壳高的比率为 0.026～0.114；脐中心窄，中等深度；孔大，宽度可变，通常卵形；贝壳唇内从淡黄色到红橙色。

鳃盖角质，厚度均匀，较硬，黑褐色，密封整个壳口，性二态，雌螺均匀地凹陷，雄螺中心凹陷向边缘凸出；中心轴缘向异常，具同心生长线；内表面光滑，轴缘附近具卵形刻痕。

足椭圆形，延长，扁平，具近方形的前缘，前足稍收缩与叶柄分离；前足腺贯穿前足前缘，开口成深沟。头部触角长，尖细，高度伸展，基部远端具大的眼柄。

口鼻部短，近方形，前侧顶开成长尖形的唇触角。背右边特化为宽、短、稍凹的背突，左边特化为长的可伸展的吸管。

生物地理：分布于整个南美洲，目前已扩散到许多国家和地区，形成生物入侵，造成入侵地的经济和生态灾难。

用途：可食用，也可作鱼类、家禽、家畜的饲料。

（6）伍氏华蚌 *Sinanodonta woodiana*（I. Lea，1834），如图 4-17 所示。

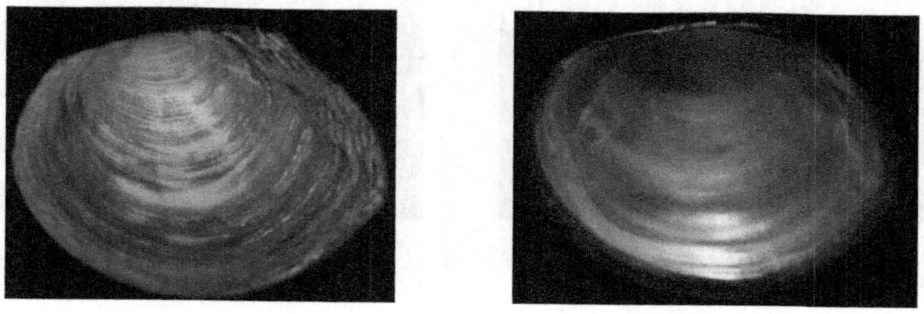

（a）外面观　　（b）内面观

图 4-17　伍氏华蚌 *Sinanodonta woodiana*（I. Lea，1834）

异名：*Anodonta woodiana*（I. Lea，1834）；

Anodonta woodiana woodiana（I. Lea，1834）；

Symphynota woodiana I. Lea，1834。

中文别名：背角无齿蚌、菜蚌、河蚌、湖蚌、蚌壳。

标本信息：2017 年 8 月 29 日，1 枚，兴义市龙广镇纳桃，壳长 88mm，陈会明采。

形态特征：贝壳大型，壳长可达 190mm，壳高 135mm，壳宽 80mm。壳质薄，易碎，两壳稍膨胀，外形呈稍有角突的卵圆形。壳长约为壳高的 1.5 倍，贝壳两侧不对称。壳前部钝圆，后部略呈斜切状，末端钝。背缘略直，前背缘比后背缘略短，后背缘向上略倾斜，并与后缘的背部形成一个角突，后缘呈斜切状，腹缘呈大的弧形。壳顶略膨胀，位于靠近前端的背缘，通常被腐蚀，具有 4～6 条粗的肋脉。表面平滑，有微细的同心圆轮脉，后背部并有自壳顶射出的 3 条不明显的肋脉，最下条的肋脉末端在贝壳中线上，使贝壳后部呈角突状。幼壳壳面呈黄绿色或黄褐色，老壳壳面呈黑褐色或黄褐色，有的壳面上具有从壳顶射向腹缘的绿色放射线，幼壳或新鲜标本表面上这种射线极其明显。

珍珠层呈淡黄色、淡紫色或橙红色，在贝壳腔内常呈灰白色并有污点。韧带坚固，与后背缘等长。壳顶窝浅。前、后闭壳肌痕大而浅，略明显，呈长椭圆形。外套痕略明显。铰合部弱，无齿。

生物地理：多栖息于淤泥底，水流略缓或静水水域内，如小河、湖泊、池塘、稻田。以微小浮游生物及有机碎屑为食。动物为雌雄异体，雌体的外鳃为育儿囊。成熟卵在雌体外鳃瓣中受精发育成钩介幼虫，成熟后排出体外，排出体外的钩介幼虫寄生在鱼体上，逐渐发育成幼蚌而脱离鱼体，沉入水底营底栖底栖生活。适应能力强，在一些改造的、人工的和高污染的栖息地都能生存。喜好基质有淤泥和黏土的环境，水温相对较高的混浊水域。由于城市化进程的加剧、栖息地退化和水文条件的改变等，种群存在局部衰退。

原产东亚的温带和热带，主要分布于黑龙江和长江流域，现已传入亚洲其他地方、欧洲、美洲。它的具体原产地还确定不了，但广泛分布于中南半岛、中国、朝鲜、日本、俄罗斯东部的阿穆尔河流域。这个种在中南半岛是否为原生种尚不清楚；对越南和柬埔寨来说可能是原生种，现已传入泰国、马来西亚、新加坡和其他东南亚国家。

它是蚌科中唯一广泛扩散到世界各地的种类。1963 年，伍氏华蚌随着鲤鱼的引进而传入欧洲，目前已传入至少包括罗马尼亚、捷克、比利时、匈牙利、法国、斯洛伐克、奥地利、波兰、乌克兰、意大利、德国、塞尔维亚、保加利亚、摩尔多瓦、西班牙和瑞典在内的十多个欧洲国家，以及印度尼西亚的一些岛屿，多米尼加，美国的新泽西、哥斯达黎加等。

我国广泛分布于各省区的江河、水库、沟渠及池塘内。

用途：可作为淡水培育珍珠的蚌类，但产珠的质量及光泽都次于其他蚌类所产的珍珠，又因壳面膨胀，足及内脏团大，育珠手术操作困难，一般不作为育珠蚌。肉可供食用，是许多地方市场销售食用淡水蚌主要种类之一。可作底栖肉食性鱼类、禽类的天然饵料，也可作家畜、家禽的饲料。贝壳可用来作为中药珍珠母。

（7）刻纹蚬 *Corbicula largillierti*（Philippi，1844），如图 4-18 所示。

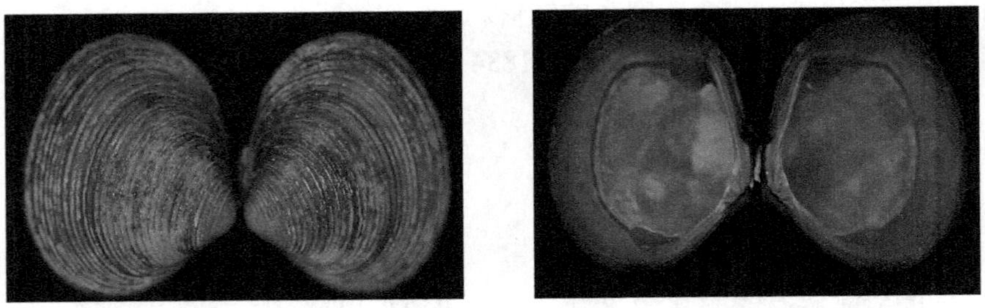

（a）外面观　　（b）内面观

图 4-18　刻纹蚬 *Corbicula largillierti*（Philippi，1844）

异名：*Cyrna largillierti* Philippi，1844；

Corbicula sulcatina Deshayes，1854；

Corbicula vulgaris Prime，1867。

中文别名：刻纹蚬、花蚬、黑蚬。

标本信息：2017 年 8 月 29 日，9 枚，兴义市龙广镇农贸市场，最大壳长 23 mm，陈会明采。

形态特征：贝壳中等大小，壳长 20mm 左右。壳质厚，坚固，两壳稍膨胀，外形稍呈正三角形。贝壳两侧不对称。壳长大于壳高，比河蚬长高比例大的多。贝壳前部圆，后部截状，前部短于后部。壳顶突出，但比河蚬低得多，并向内、向前弯曲。前缘与腹缘形成大的弱弧形，后缘上部呈截形，壳面呈棕褐色，具有细密的同心圆生长轮脉。

珍珠层紫色，外套痕下方周缘色浓，贝壳腔色淡，有光泽。壳顶窝较深。韧带长，呈棱形。外套痕明显，完整。前、后闭壳肌痕呈卵圆形。铰合部发达左壳具有 3 枚主齿，前 2 个主齿呈八字形，后主齿粗大，并向后延长，与后侧齿上方齿的前端相连，具 2 枚片状侧齿，上缘具细微、紧密排列的锯齿状；右壳有 3 枚主齿，中间的主齿微小，后主齿长、粗大，有 1 枚侧齿，上缘呈细微锯齿状。

生物地理：中国主要分布于长江流域、珠江流域，云南、台湾、贵州、江苏、上海；国外分布于泰国、阿根廷。栖息于泥沙底、泥底的河流及湖泊，以微小动物及植物碎屑为食。

用途：可供食用，也可作鱼类、禽类的饲料，也可作中药材。

（8）褐云玛瑙螺 *Lissachatina fulica*（Férussac，1821），如图 4-19 所示。

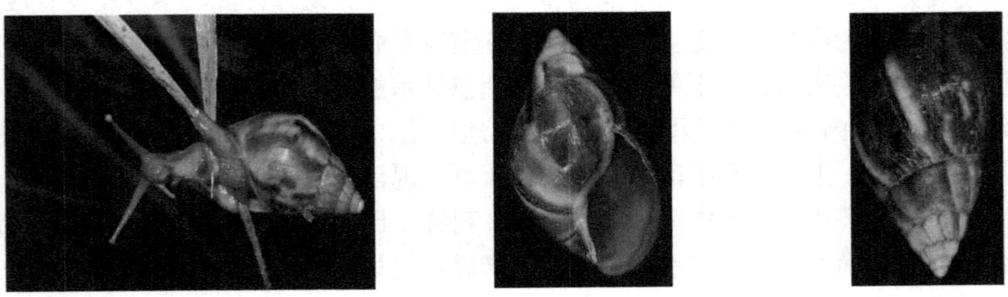

（a）夜间活动　　（b）侧面观　　（c）背面观

图 4-19　褐云玛瑙螺 *Lissachatina fulica*（Férussac，1821）

异名：*Achatina fulica*（Férussac，1821）；

Helix fulica Férussac，1821；

Helix（*Cochlitoma*）*fulica* Férussac，1821。

中文别名：非洲大蜗牛。

标本信息：2017 年 9 月 1 日，广西隆林县后龙山公园，夜晚，24 枚，壳高最大 82mm，陈会明采；2018 年 2 月 3 日，贵州省兴义市巴结万峰湖岸边灌丛中，1 枚，陈会明采；2018 年 2 月 1 日，广西隆林县革布乡公路边，4 枚，陈会明采；2018 年 2 月 6 日，贵州省兴义市沧江镇万峰湖岸边，24 枚，陈会明采。

形态特征：褐云玛瑙螺具一个狭窄的锥形壳，壳高与壳宽比约为 2∶1，成体有 7～9 个螺层，壳口长扇形。壳表面多为棕色，有不规则的条纹横切过整个螺旋体。一般是淡咖啡色，软体部分深褐色或牙黄色。成体的壳高可超过 20cm，但是通常 5～10cm，平均质量 32g。足部肌肉发达，背面呈暗棕色，黏液无色。

生物地理：喜欢栖息于植被丰富的阴暗潮湿玩意及腐殖质多的地方。6～9 月最活跃，晨昏或夜间活动。食性杂而量大，幼螺多为腐食性。雌雄同体，异体交配；生长迅速，5 个月即可交配产卵。繁殖力强，一次产卵数 100～400 枚。寿命长，可达 5～7 年。抗逆性强，遇到不良环境时，很快进入休眠状态，在休眠状态下可生存几年。原产非洲，现已扩散到许多国家和地区，形成生物入侵。

中国分布现状：现已扩散到贵州、广东、香港、海南、广西、云南、福建、台湾等地。

引入及扩散：作为食物、宠物以及动物饲料等引入，除原产地外，已扩散至南亚、东南亚、日本、美国等地。20 世纪 20 年代末 30 年代初，我国在福建厦门发现，可能是由一位新加坡华人所带的植物而引入的。后被作为美味食物，被引入多个南方省份。除人为主动引入外，其卵和幼体可随观赏植物、木材、车辆、包装箱等传播，卵期可混入土壤中传播。

用途：威胁到本土的生态系统与农业的持续，对本土动物有多种负面冲击，从竞争资源到传布疾病再到直接吃本土植物。脆弱的岛屿生态系统中的本土蜗牛，如夏威夷与法属玻利尼西亚岛特别容易受到褐云玛瑙螺及其他入侵蜗牛负面的影响。

（9）环肋螺 *Plectotropis* sp.，如图 4-20 所示。

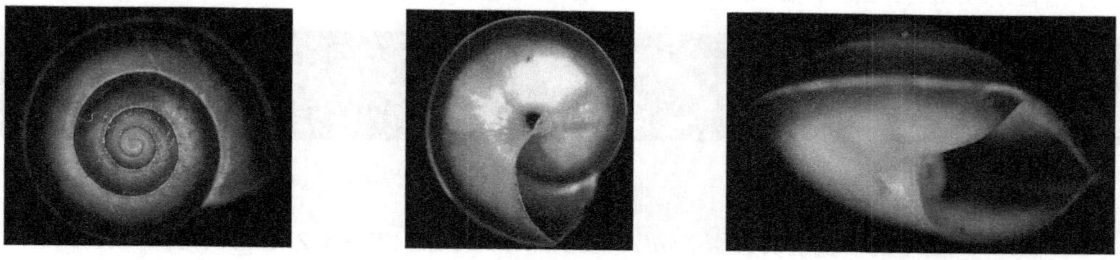

（a）背面观　（b）腹面观　（c）侧面观

图 4-20　环肋螺 *Plectotropis* sp.

标本信息：2017 年 8 月 24 日，贵州兴义坡岗，14 枚，壳宽最大 18 mm，陈会明采。

形态特征：贝壳中等大小，壳质薄，但坚实，有光泽，呈扁圆锥形。有 6.5 个螺层，各螺层增长缓慢，略膨胀，螺旋部低矮，稍膨胀，形成扁圆锥形，体螺层膨大，在前方不向下倾斜，上部稍平坦，其底部凸出，在体螺层周缘上具一龙骨状突起，突起两边具宽阔的褐色带，其他螺层褐色带颜色逐渐变浅。壳顶钝，缝合线深。壳口大，呈马蹄形，稍倾斜，口缘淡白色，简单。脐孔大，其周围形成一钝的棱角，呈洞穴状。

生物地理：标本采集于坡岗保护区的石灰岩洞口的岩壁上，正处于休眠状态。

（10）瓦娄蜗牛 *Vallonia* sp.，如图 4-21 所示。

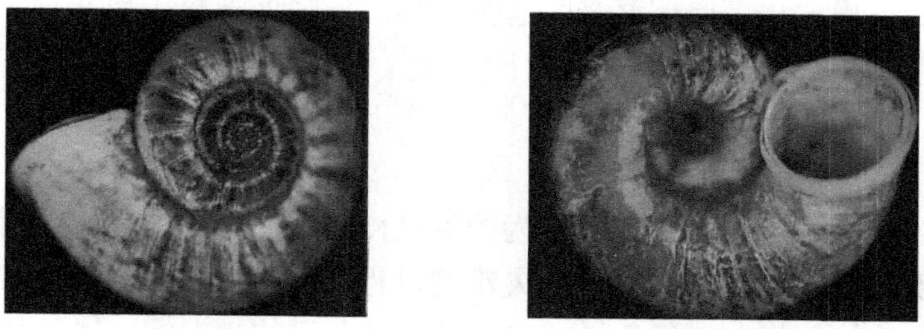

（a）背面观　（b）腹面观

图 4-21　瓦娄蜗牛 *Vallonia* sp.

标本信息：2017 年 8 月 24 日，贵州兴义坡岗，1 枚，壳宽 12mm，陈会明采。

形态特征：贝壳小型，壳质薄，易碎，呈扁圆锥形。有 3～3.5 个螺层，前几个螺层增长缓慢。胚螺层平坦。体螺层增长迅速，向下倾斜。壳顶钝，缝合线深。壳面淡黄色，体螺层周缘具 1 条宽的深褐色横带，生长线具稍宽的褐色纵带。壳口呈圆形，口缘外折，具较厚的白瓷状环肋，口缘完全。脐孔大而深，其宽度约为壳宽的 1/3，呈洞穴状。

生物地理：采集于坡岗保护区石灰岩坡地，植被郁闭度较高。

（11）哈氏奇异螺 *Mirus hartmanni* C. M. F. Ancey，1888，如图 4-22 所示。

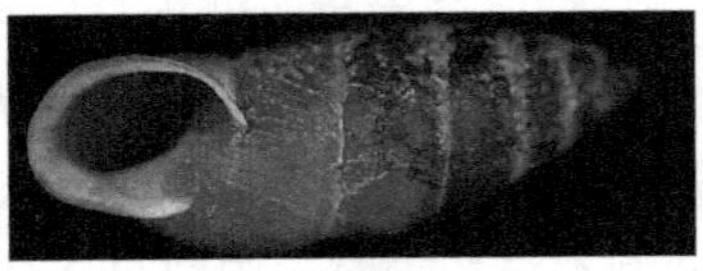

（a）侧面观

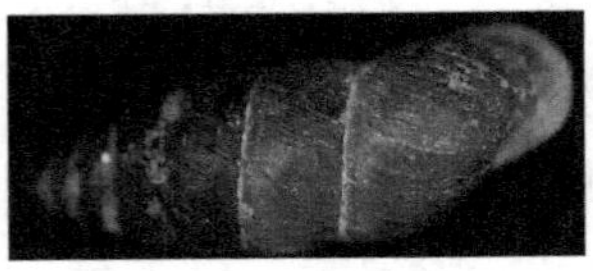

（b）背面观

图 4-22　哈氏奇异螺 *Mirus hartmanni* C. M. F. Ancey，1888

标本信息：2017 年 8 月 24 日，贵州兴义坡岗，1 枚，壳高 14mm，陈会明采。

形态特征：贝壳小型，左旋，壳质厚，坚实，呈纺锤形。有 7.5～8 个螺层，前几个螺层增长迅速，均匀，略膨胀，螺旋部高，呈塔形。体螺层增长稍快，膨大，在壳口处向下倾斜。壳顶尖，缝合线深。壳面黄褐色，有稠密而细致的生长线和螺纹。壳口呈椭圆形，口缘完整，略外折，薄而锋利，易碎，轴缘略外折，遮盖部分脐孔，内唇贴覆于体螺层上，形成淡白色的胼胝部。脐孔浅小，呈一缝隙状。

生物地理：分布于贵州、湖南、广西。

用途：为农业、园艺上的害虫，常危害各种蔬菜、豆类等作物及各种花卉的幼芽和嫩叶。

（12）昆明真管螺 *Euphaedusa kunmingensis* Chen & Zhang，1999，如图 4-23 所示。

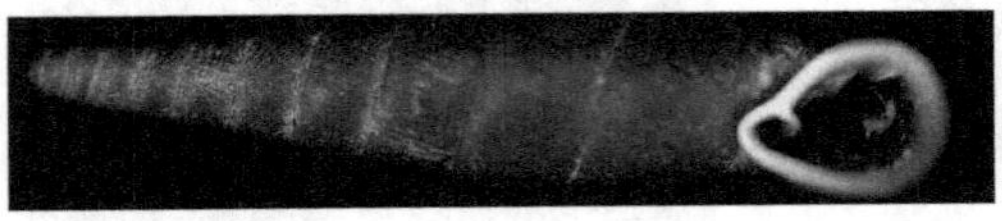

（a）侧面观

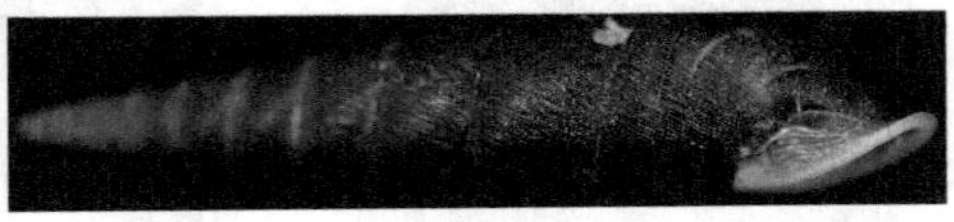

（b）背面观

图 4-23　昆明真管螺 *Euphaedusa kunmingensis* Chen & Zhang，1999

标本信息：2017 年 8 月 24 日，贵州兴义坡岗，2 枚，壳高 28mm、30mm 陈会明采。

形态特征：贝壳中等大，壳质稍厚，有光泽，呈长纺锤形，有 11～13 个螺层，前几个螺层增长迅速，略膨胀，螺旋部高，呈塔形。壳面呈黄褐色或棕褐色，并有十分粗的螺纹和生长线，在体螺层背部壳面更明显，前 1～2 个螺层光滑，无螺纹。壳口呈椭圆形；口缘稍厚，外折，白瓷状。螺旋板发达，下轴板细小与下板在上端相连。闭板钝圆，并细长。在体螺层右侧壳壁上可见一细的主襞褶，其他腭褶未见。

生物地理：一般生活在阴暗潮湿、多腐殖质的环境，尤其是石灰岩地区。分布于贵州兴义市坡岗、云南昆明市西山。

用途：绝大多数烟管螺对农业、林业、园艺等均有不同程度的危害，如各种蔬菜、粮食和经济作物均被烟管螺危害，其表现同其他陆生软体动物的危害相同，或成孔洞，或咬断幼芽、嫩枝叶等。尤其在我国江南一带、长江流域，云、贵、川高原烟草产区危害尤甚。一些烟管螺还是家畜、家禽、野生鸟类、兽类寄生虫的中间宿主。

4.8.3　生物入侵

生物入侵是指生物由原生存地经自然的或人为的途径侵入另一个新的环境，对入侵地的生物多样性、农林牧渔业生产及人类健康造成经济损失或生态灾难的过程。

保护区调查的 12 种软体动物中，岛苹果螺也就是通常所说的福寿螺，属于外来入侵种，在保护区边缘的万峰湖及一些支流中种群数量较大，已造成入侵危害。另外一种褐云玛瑙螺，在与保护区仅隔一条河的广西隆林县及兴义市的巴结及沧江已经有较大的野外种群生存，保护区已面临褐云玛瑙螺生物入侵危机。

（1）岛苹果螺 *Pomacea maculata*（Perry，1810）。

Hayes 等[2]根据近年来的分子系统学研究资料，对沟苹果螺 *Pomacea canaliculata*（Lamarck，1822）和岛苹果螺两个种进行分类学厘清，描述了它们的形态特征和基因的独特性，重新评估它们的生物地理学。沟苹螺只分布于南美南部，而岛苹螺分布于整个南美洲。由于以前错误的鉴定，大量关于沟苹果螺生物地理分布的报道也包括了岛苹果螺，同时也包括了苹果螺属的其他几个容易混淆的种。这些种在阿根廷和乌拉圭的乌拉圭河流域同时存在，造成了多个种的生态位重叠，岛苹果螺更向南扩展一些。

沟苹果螺列为世界 100 种恶性外来入侵物种之一，也是列入首批入侵中国的 16 种危害极大的外来物种之一，农业部 2012 年将其列为第一批国家重点管理外来入侵物种，目前已成为我国长江以南大部分省区的严重农业害虫。它会大量吃掉水中植物，包括莲花、大黑慈菇、芋头与米。从它的原生地南美洲借由水族贸易广泛地入侵世界各地，也可作为人类食物的来源，它是一个主要的农作物害虫，在东南亚（主要是米）与夏威夷（芋头），而且经由可能带来的栖地改变及与本土物种竞争，对全球许多洼地带来严重的威胁。大部分的南亚、东亚的和东南亚，包括菲律宾，日本、越南、柬埔寨、泰国、泰国、韩国、斯里兰卡、印度尼西亚的部分地区与马来西亚、中国南部，新加坡、夏威夷、关岛、巴布亚新几内亚、多米尼加共和国、美国等国家和地区。

外来入侵种沟苹果螺对我国农业生产和水生生态系统平衡等造成严重危害，主要包括浙江、福建、广东、广西、海南、云南、贵州、江西、四川、重庆、湖南等。

长期以来，世界范围的入侵性苹果螺被认为仅包括 1 种，即沟苹果螺。早期的研究中，苹果螺多特指沟苹果螺，一些未能准确鉴定的种类也被误认为该种。直到 2007 年，Rawlings 等[3]使用线粒体 12～16S 及 COI 序列将入侵性苹果螺准确鉴定为沟苹果螺和岛苹果螺两个近缘种。宋红梅等[4]扩大采样范围，利用线粒体 COI 基因首次检测到沟苹果螺与岛苹果螺已在我国广泛分布，种类鉴定研究首次揭示我国外来入侵苹果螺包括沟苹果螺和岛苹果螺两个种。

通过本次科考调查，保护区边缘地带有大量野外种群的生物入侵苹果螺存在，经科学鉴定，为岛苹果螺一个种。

（2）褐云玛瑙螺 *Lissachatina fulica*（Férussac，1821）。

褐云玛瑙螺 *Lissachatina fulica*（Férussac，1821）原产东非的埃塞俄比亚、肯尼亚、坦桑尼亚。现已经扩散到美国萨摩亚群岛、西印度群岛的安圭拉岛、孟加拉国、加勒比海最东面岛国巴巴多斯、百慕大群岛、巴西、哥伦比亚、库克群岛、科特迪瓦、厄瓜多尔、埃塞俄比亚、法属圭亚那等国家和地区。我国多个省市已有分布。

褐云玛瑙螺是热带和亚热带地区公认的危害最大的一种蜗牛，能吃掉大量的本土植物，改变栖息地，竞逐原生蜗牛，也可能为捕食动物提供一个替代的食物来源，改变食物链，进而改变本土生态系统。如果捕食动物也是入侵种，后果可能会更不幸，如在日本的博宁群岛，入侵种蔗蟾 *Bufo marinus* 会捕食褐云玛瑙螺。

褐云玛瑙螺是农作物的主要害虫，会吃各种作物，引起严重的经济损失。1946～1947 年，在印度奥里萨邦褐云玛瑙螺种群数量暴发，对蔬菜和水稻等农作物造成了严重的损失。褐云玛瑙螺最喜欢吃的植物是，花卉、观赏植物及蔬菜，尤其是十字花科、葫芦科和豆科植物，面包果、木薯和柚木的幼苗。褐云玛瑙螺也可能传播植物病菌，如它的排泄物中可以传播棕榈疫霉，引发植物疾病。

褐云玛瑙螺建立野外种群的地方，基本属于热带气候，全年温暖、湿度高。主要活动于农业区、沿海地区、湿地、人为活动较多的区域、天然林、人工林、河岸带、灌丛、灌木林和市区。在森林边缘、人工林和农耕地的环境，种群数量较多。无论它们扩散到哪里，总是喜欢湿热的低洼地和温度变化较缓的坡地。全年需要高于 0℃以上的温度，一年中至少有部分时间处于高湿度状态，环境干燥时以休眠状态度过。畏光，阳光直射容易造成死亡。环境温度在 9～29℃时活动比较频繁，低于 2℃时会进入冬眠，高于 30℃时会进入夏眠。

本次科考调查发现保护区边缘地带有大量野外种群的生物入侵种褐云玛瑙螺存在，需加强生物入侵的控制。

4.8.4 小结

通过调查，保护区有软体动物 12 种，但由于调查时间有限，不足以完全反映保护区软体动物的真实物种数。若开展长期的调查研究，保护区软体动物可能有 100 种左右。

在保护区 12 种软体动物中，岛苹果螺和褐云玛瑙螺属于外来入侵种，存在潜在的入侵危机，保护区管理部门应该做好外来入侵物种的防控措施。

1. 预防措施

制定和严格执行检疫制度，以防止引进和传播外来入侵种。早期入侵必须迅速消除，此时仍有可能做到消除。最好是使用非疫区植物，如果不可能办到，就要检查植物并确保不存在任何苹果螺或其他有害蜗牛和卵团。

对于蜗牛而言，铜是有毒的，它们不会越过这种材料。因此，铜线或铜丝应该被放置在田地周边的水面上，利用铜的障碍可以减缓蜗牛的扩散程度。

2. 控制方法

完全消除已建立的种群是难以实现的。许多地方也采取了一些措施控制入侵螺，这些措施具体如下：①普遍使用农药，但造成了严重的环境污染和危害人类健康的后果；②生物控制，特别是利用鱼和鸭；③一系列的文化和机械控制措施等。但是，没有任何一个措施是完全有效、安全、经济上可行，且适合自然生态系统的。手工摘取是一种较成功的控制苹果螺的方法，又不损害环境。但缺点是，必须经常规律进行才有效。所有看得见的入侵螺应该用铲子网或手进行收集，收集后的螺可用于人类消费，还可粉碎后作为鱼类食物来源。另外，收集期间不要忘记对卵进行收集。

另外，还可以采取诱饵陷阱诱捕，陷阱里放满莴苣、薯类、芋头叶等，用于吸引蜗牛。应尽可能清除遮盖物，因为蜗牛需要在以上地方产卵，如果没有合适产卵地点，蜗牛被迫产卵在裸露地面上，且卵会非常脆弱而无法孵化。

参考文献

[1] MolluscaBase. MolluscaBase [EB/OL]. (2017-12-23)[2021-12-19]. http://molluscabase.org/aphia.php?p=taxdetails&id=827254 on 2017-12-23.

[2] HAYES K A, COWIE R H, THIENGO S C, et al. Comparing apples with apples: clarifying the identities of two highly invasive Neotropical Ampullariidae (Caenogastropoda)[J] . Zoological journal of the Linnean Society, 2012, 166: 723-753.

[3] RAWLINGS T A, HAYES K A, COWIE R H, et al. The identity, distribution, and impacts of non-native apple snails in the continental United States[J] . BMC evolutionary biology, 2007, 7: 97.

[4] 宋红梅，胡隐昌，王培欣，等．福寿螺线粒体 DNA COI 基因序列测定及分类地位[J]．动物学杂志，2010，45（1）：1-7.

4.9 贵州兴义坡岗甲壳动物多样性*

2017 年 8 月～2018 年 2 月，研究组对保护区的淡水甲壳动物进行调查研究，得到了该区域甲壳动物的最新物种概况。经系统调查研究，该区域有淡水甲壳动物 6 种，隶属于 3 科 4 属，每科种数为 1～3 种。匙指虾科 Atyidae 最多，有 3 种；长臂虾科 Palaemonidae 有 2 种、溪蟹科 Potamidae 有 1 种。其中，有 1 新种，间歇米虾 *Caridina jianxieensis*, sp. nov.（匙指虾科）；有 1 地方特有种，小华溪蟹 *Sinopotamon parvum* Dai et al., 1985（溪蟹科）；有 1 种外来物种，即细螯沼虾 *Macrobrachium superbum*（Heller，1862）（长臂虾科）。

* 本节作者：陈会明、蒋玄空。

原产长江中下游的淡水虾类细螯沼虾在保护区有分布，并已经在保护区有一定的野生种群存在，它们可能是人为引入其他水产品养殖而造成的生物入侵。

本节研究的目的是为深入调查和研究淡水甲壳动物、自然保护区生物多样性保护计划的制订、其他喀斯特地区生物多样性保护提供基础。所有研究标本保存在贵州省生物研究所。

4.9.1　分类学

1. 匙指虾科

1）分类系统 Atyidae de Haan，1849

本节采用的是 Martin and Davis 2001 年[1]的甲壳动物分类系统。

软甲纲 Malacostraca Latreille，1802

　真软甲亚纲 Eumalacostraca Grobben，1892

　　真虾总目 Eucarida Calman，1904

　　　十足目 Decapoda Latreille，1802

　　　　腹胚亚目 Pleocyemata Burkenroad，1963

　　　　　真虾下目 Caridea Dana，1852

　　　　　　匙指虾总科 Atyoidea de Haan，1849

　　　　　　　匙指虾科 Atyidae de Haan，1849

2）种类描述

（1）软甲纲 Malacostraca Latreille，1802。

在这一纲中，有不少体型较大的种类，它们常具备坚硬的甲壳，称为软甲纲不够妥当。这一名称最初由希腊的亚里士多德创立，他将虾蟹等与具有坚硬介壳的螺、蚌等相比而称虾蟹类为软甲类。这名称虽然不够妥当，但习惯已久，也就不必要修订，以免引起混乱。

体节由 19～20 节组成，包括头部 5 节、胸部 8 节、腹部 6 节（狭甲类 Leptostraca 腹部 7 节）及 1 尾节；尾肢有或无；头胸甲覆盖部分或全部胸节，或退化甚至缺失；颚足 0～3 对；胸足为双枝型或单枝型。触角为长双枝型。腹部通常有 5 对双枝型腹肢和一对双枝型的尾肢。通常有复眼，有柄或指节着生。雌性生殖孔在第 6 胸节，雄性生殖孔在第 8 胸节。尾肢如有，常宽而扁，位于尾节的侧面，共同组成尾扇。

（2）真软甲亚纲 Eumalacostraca Grobben，1892。

头部 5 节、胸部 8 节、腹部 6 节及 1 尾节；可能有 1～3 个胸节与头胸部合并，它们的附肢成为颚足。第 1、第 2 触角原始的为双枝型；第 2 触角有鳞片状外肢。多数种类的头胸甲发达，但在合虾总目 Syncarida 和部分囊虾总目 Peracarida 的种类次生性地退化。鳃在原始的状态为胸肢的上肢。尾节与尾肢组成尾扇。腹部长而富有肌肉。

（3）真虾总目 Eucarida Calman，1904。

复眼通常生在眼柄上。鳃在胸肢上。有头胸甲，头胸甲从背面与头部和整个胸部愈合。颚足 0、1 或 3 对。尾节无附肢。虽然真虾类的种类在形态上极其多样，但共同都有一个特征性的头胸部。

（4）十足目 Decapoda Latreille，1802。

十足目包括虾、螯虾、蟹类等大量形态各异的海洋、淡水、半陆生的动物类群。它们的身体由头胸部与腹部构成。头胸部由头部与所有胸节互相愈合形成。头胸部由 13 个体节构成，各节之间分界不明显。头胸部的外面具 1 发达的头胸甲；通常与头胸部完全愈合，并从背部向两侧延伸至胸足基部，包住鳃，形成鳃室。第二小颚发达的外肢形成颚舟叶，用以把水抽入和排出鳃室。头胸甲的外部形态变化较大，为重要的分类依据。十足目约有 18 000 个现生种。[2]

（5）腹胚亚目 Pleocyemata Burkenroad，1963。

鳃不具次级分枝。卵产出后，附着于雌性腹枝上。第一期幼体为蚤状幼体。除枝鳃亚目外，其余所有的种类都放在本亚目中。

（6）真虾下目 Caridea Dana，1852。

体左右侧扁；第 1 腹节侧甲被第 2 腹节侧甲部分覆盖；第 1、第 2 步足通常具螯，第 3 步足无螯；鳃为叶状；雌体有抱卵习性，即卵产出后黏附在腹肢上，直到孵出溞状幼体。真虾下目包括 11 个总科 22 科 200 属，约 1 800 个现生种。它们生活于淡水与海洋环境，具有独立自由生活、共生、共栖生活等生活类型。

（7）匙指虾总科 Atyoidea de Haan，1849。

大颚无触须，第 2 颚足末节连接于亚节的侧面，第 3 颚足少于 7 节。第 1、第 2 对步足具螯，只有 1 个可动指，指节末端具浓密的毛簇。第 2 对步足腕节完整，不再分节。第 1 步足常较第 2 步足细长，少数种类两者几乎等长。后 3 对步足不特别长。步足有或无外肢。几乎只分布于淡水中。

（8）匙指虾科 Atyidae de Haan，1849。

匙指虾是生活于淡水中的一群古老的小型虾类，是淡水虾中种类较多的一个类群，除极少数种类外，绝大多数生活于淡水中，主要栖息于湖泊、水库、池塘、沼泽、河流、溪流、沟渠及水田中，还有一部分种类生活于地下水里。因为它们都特别喜欢在多水草的区域栖息，平时常钻在水草丛中攀爬、觅食，所以把这类虾又称为草虾。

额角发达，尾节略呈圆弧形或横截形。大颚无触须，门齿部与臼齿部相连接。第 2 颚足末节接于第 2 节的侧面。前 2 对步足螯状，形状相似，两指的内缘凹陷，略呈匙状，顶端具丛毛，平时用末端的丛毛摄食腐屑。

种类繁多，除少数种类分布于温带地区外，多数分布于热带或亚热带地区。目前，全世界已科学描述有 38 属，约 400 种。在中国，多数生活于长江以南地区，目前已知有 7 属 130 种（亚种）[3]。

① 间歇米虾，新种 *Caridina jianxieensis*，sp. nov.，如图 4-24～图 4-37 所示。

（a）间歇米虾一

（b）间歇米虾二

（c）间歇米虾三

（d）间歇米虾四

图 4-24　间歇米虾 *Caridina jianxieensis*, sp. nov.生态照片

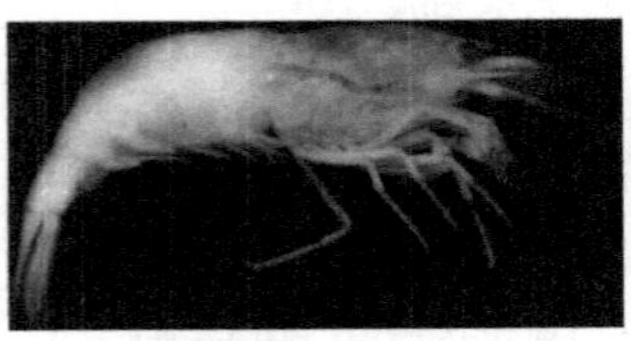

（a）整体图

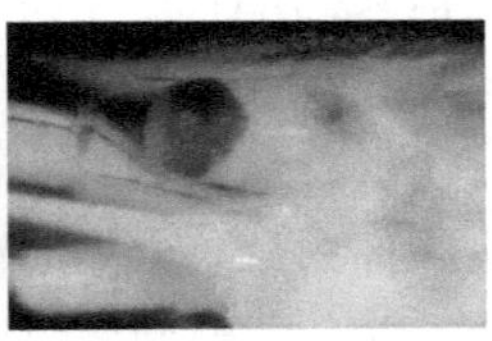

（b）额角

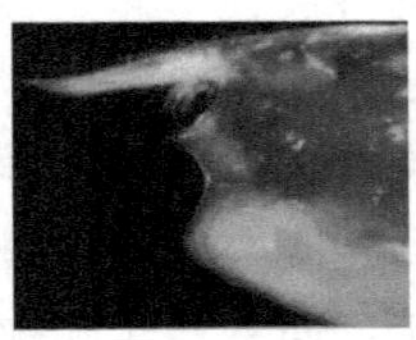

（c）只留头胸甲的额角

（d）第 1 步足

图 4-25　间歇米虾 *Caridina jianxieensis*, sp. nov.形态照片（一）

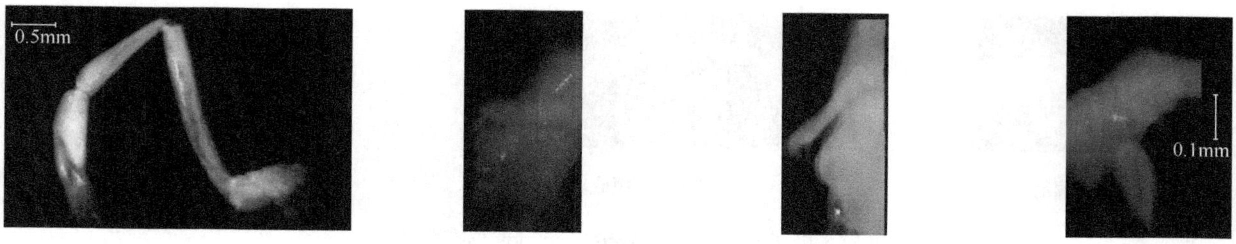

（a）第 2 步足　（b）第 2 步足上肢，背面观　（c）第 2 步足上肢，侧面观　（d）第 2 足刚毛鳃及羽状毛

图 4-26　间歇米虾 *Caridina jianxieensis*, sp. nov.形态照片（二）

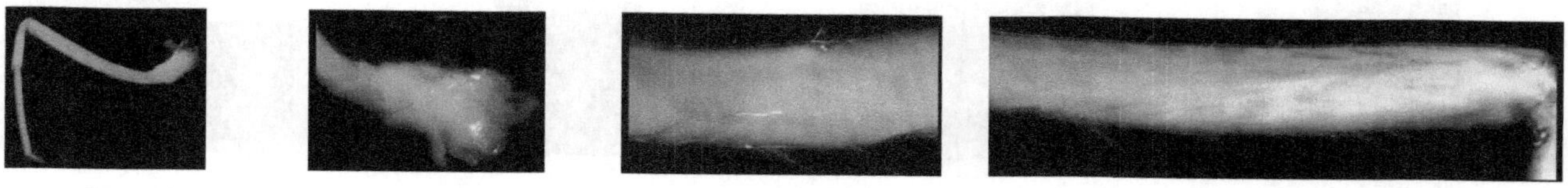

（a）第 3 步足　（b）第 3 步足底节　（c）座节　（d）长节

图 4-27　间歇米虾 *Caridina jianxieensis*, sp. nov.形态照片（三）

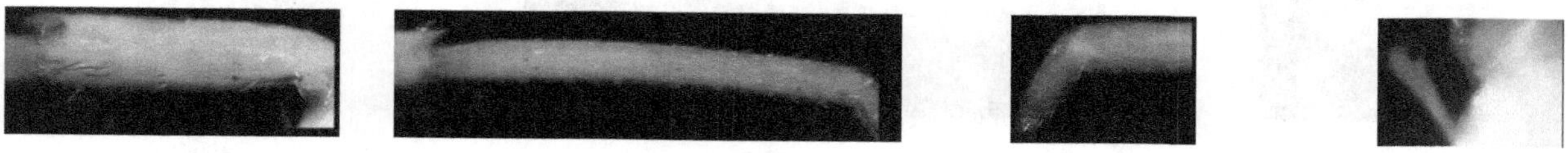

（a）腕节　（b）掌节　（c）指节　（d）上肢

图 4-28　间歇米虾 *Caridina jianxieensis*, sp. nov.形态照片（四）

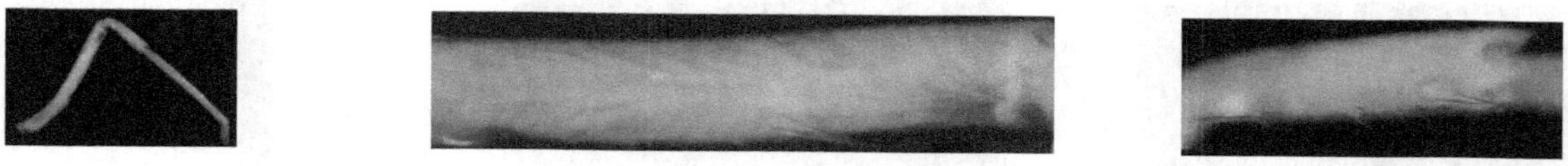

（a）第 4 步足　（b）长节　（c）腕节，背面观

图 4-29　间歇米虾 *Caridina jianxieensis*, sp. nov.形态照片（五）

（a）腕节腹面观　（b）掌节背面观　（c）掌节腹面观　（d）指节背面观

图 4-30　间歇米虾 *Caridina jianxieensis*, sp. nov.形态照片（六）

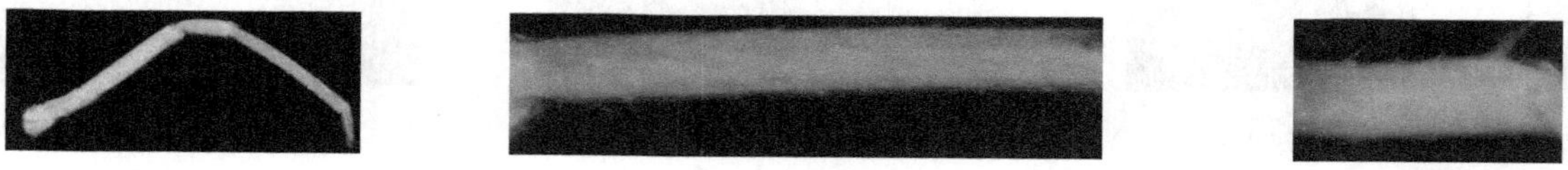

（a）第 5 步足　（b）掌节　（c）腕节

图 4-31　间歇米虾 *Caridina jianxieensis*, sp. nov.形态照片（七）

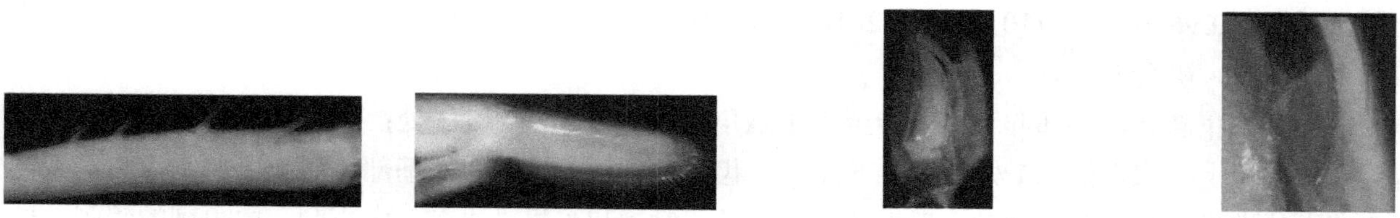

（a）第 5 步足长节　（b）指节　（c）第 1 颚足　（d）第 1 颚足内肢

图 4-32　间歇米虾 *Caridina jianxieensis*, sp. nov.形态照片（八）

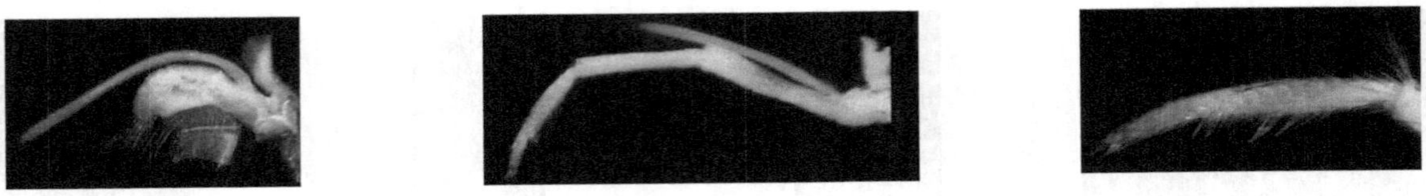

（a）第 2 颚足　（b）第 3 颚足　（c）第 3 颚足末端

图 4-33　间歇米虾 *Caridina jianxieensis*, sp. nov.形态照片（九）

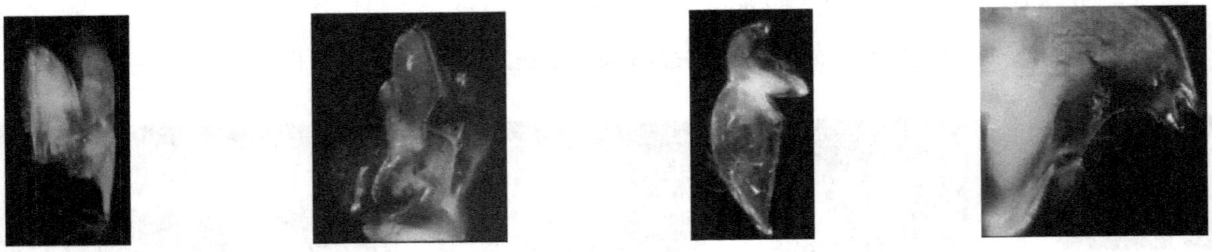

（a）第 2 小颚　（b）第 1 小颚　（c）大颚　（d）大颚末端

图 4-34　间歇米虾 *Caridina jianxieensis*, sp. nov.形态照片（十）

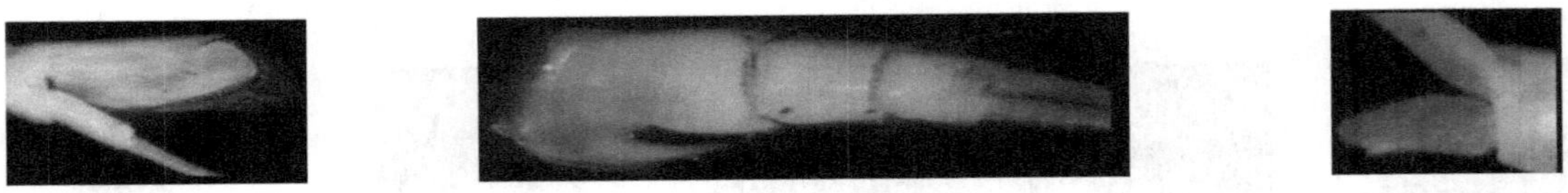

（a）第 2 触角　（b）第 1 触角　（c）第 1 腹肢内肢

图 4-35　间歇米虾 *Caridina jianxieensis*, sp. nov.形态照片（十一）

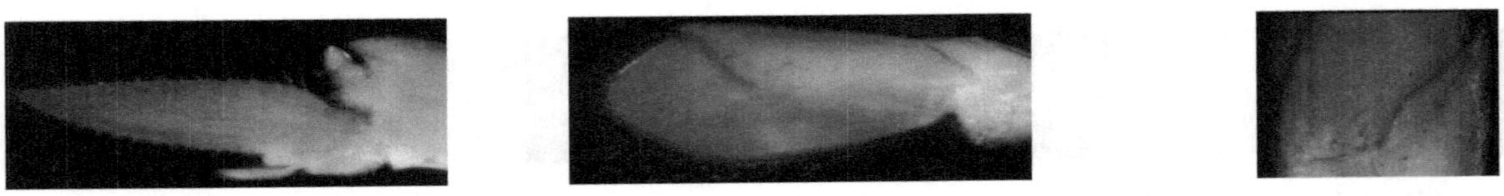

（a）第 2 腹肢雄附肢　（b）尾肢外肢　（c）尾肢外肢端叶缝

图 4-36　间歇米虾 *Caridina jianxieensis*, sp. nov.形态照片（十二）

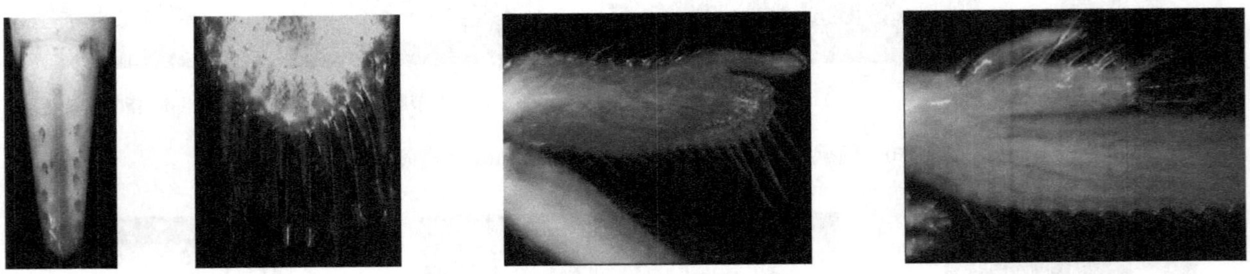

（a）尾节　（b）尾节末端　（c）另一雄性第 1 腹肢内肢　（d）另一雄性第 2 腹肢雄附肢

图 4-37　间歇米虾 *Caridina jianxieensis*, sp. nov.形态照片（十三）

正模，♂，体长 16.7 mm，副模，1♂体长 5.8 mm，1♀体长 25.7 mm，2017 年 8 月 27 日，贵州兴义市郑屯间歇泉，E105.096 4，N25.110 05，H1 261m，陈会明采；1♂体长 10.5 mm，2017 年 11 月 5 日，贵州兴义市郑屯间歇泉，陈会明采。

额角短，基部稍隆起，尖部向下，约伸至第 1 触角柄第 2 节靠端部 1/3 处；上缘具 27 齿，有 11 枚位于眼眶后缘头胸甲上，末端约 1/7 处无齿；下缘具 2 齿，位于下缘末 1/4 的基部。头胸甲前侧角圆，无颊刺。尾节背面的端半部具 6 对活动刺；后端圆，末缘具 4 对刺和 1 根中央刺；中央刺、中央刺的邻刺、外侧刺，它们的长短和大小基本相同，其余 2 对间刺相对小且短；末端背面具 5 根细刚毛。鳃 9 对，前 4 对步足具肢鳃，为米虾属鳃式。第 1 触角柄刺伸至靠近第 1 节末端或略短，第 1 节∶第 2 节∶第 3 节=1∶1.97∶2.29。鳞片长为宽的 2.73 倍。第 1 颚足内肢外末角具 1 指状突。第 2 颚足如图 4-35（a）所示。第 3 颚足末节约有 2/3 超出第 1 触角柄端；末节长∶末 2 节长∶末 3 节长=1∶1.04∶0.87，末节顶端爪状，末端腹缘具 9 枚短刺。第 1 步足粗短，约伸至靠近第 1 触角柄第 1 节末端；底节具叶片状上肢（上肢末端内侧具 2 个钩状突）、关节鳃、刚毛鳃和羽状毛；座节长为长节的 37%；长节长为腕节的 1.32 倍；腕节末缘深凹，长为掌节的 64%；掌节长为宽的 1.93 倍，为指节长的 1.81 倍；指节长为宽 2.4 倍。第 2 步足细长，约伸至第 1 触角柄第 2 节末端；底节具叶片状上肢（上肢末端内侧具 2 个钩状突）、刚毛鳃和羽状毛；座节长为长节的 49%；长节长为腕节的 92%；腕节末缘具一浅而宽阔的凹陷，长为掌节的 1.28 倍；掌节长为掌节宽的 2.38 倍，为指节长的 1.62 倍；指节长为宽的 2.89 倍。第 3 步足全部指节超出第 1 触角柄末缘；底节具叶片状上肢（上肢末端内侧具 2 个钩状突、刚毛鳃和羽状毛；基节具羽状毛；座节长为长节的 36%，外侧背面具 1 根刺；长节长为腕节的 2.07 倍，外侧背面具 3 根刺；腕节约为掌节的 57%，背面中部具 1 枚小刺，内侧背面具 3 枚刺，端部 1 枚最大，内侧腹面端部具 1 枚刺［图 4-35（c）］；掌节长约为末端宽的 9.6 倍，约为指节的 4.2 倍，背面具 3 枚刺，内侧具 2 排刺（背侧一排 14 枚，腹侧一排 12 枚；指节长约为宽的 3.0 倍，腹缘具 7 刺。第 4 步足伸至第 1 触角柄第 1 节末；底节具叶片状上肢（上肢末端内侧具 2 个钩状突、刚毛鳃和羽状毛；座节为长节的 26%；长节为腕节的腕节 1.68 倍，腹缘外侧具 2 枚大刺；腕节为掌节的 5%，腹缘外侧具 3 枚刺（端部 1 枚粗长，基部和中部 2 枚短小），内侧具 3 枚刺（端部 1 枚粗长，基部近中部 2 枚短小），背面外侧基半部具 4 枚刺（近基部 1 枚最小），端部背面具 1 根羽状毛；掌节长为末端宽的 11.4 倍（腹面具 2 排刺，内侧一排具 12 枚刺，端部 1 枚最粗长，外侧一排 13 枚，端部 1 枚最粗长，背面内侧具 3 枚刺），为指节的 4.6 倍；指节长为宽的 2.9 倍，腹缘具 40 枚左右梳状刺。第 5 步足约伸至第 1 触角柄末端 1/3 处；底节无上肢；座节为长节的 25%；长节为腕节的 85%，腹缘具 4 枚刺；腕节为掌节的 44%，腹缘具 4 枚刺，1 枚粗长，3 枚短小；掌节长为末端宽的 9.3 倍（腹面具 2 排刺，内侧一排具 10 枚刺，端部 1 枚最粗长，外侧一排 5 枚，端部 1 枚最粗长，背面内侧具 4 枚刺），为指节的 3.3 倍；指节长为宽的 3.5 倍，腹缘具 50 枚左右梳状刺。

雄性第 1 腹肢内肢肾脏形的薄片，内外缘均具许多刚毛，有少许羽状刚毛，无内附肢，仅在近末端具一突起。另一标本，雄性第 1 腹肢内肢肾脏形的薄片，内外缘均具许多刚毛，有少许多羽状刚毛；在内缘近末端具一长的内附肢，约为内肢长的 1/3 强，其内末角具 1 排小钩。第 2 腹肢雄附肢极小，呈 1 小圆突，内附肢较长，约为雄附肢的 3 倍，内末角具 1 排小钩。另一标本，第 2 腹肢雄附肢粗棒状，末半的内侧具许多粗大的刺；内附肢较长，超过雄附肢的 2/3，其内末角具 1 排小钩。尾肢外肢长是宽的 2.54 倍，端叶缝具 16 个活动刺。

生境：生活于海拔 1 261m 的喀斯特泉水中，水深约 40cm，水质清冽见底。伴生的还有另一种虾和一种蟹。

新种区别于本属其他种的特征是：第 2 腹肢雄附肢极小，呈 1 小圆突，内附肢较长，约为雄附肢的 3 倍。

词源学：新种以标本采集地“间歇泉”的汉语拼音“jianxie”加上后缀“ensis”拉丁化后得名。

② 贵阳米虾 *Caridina guiyangensis* Liang，2002，如图 4-38 所示。

（a）生态照片　（b）标本照片

图 4-38　贵阳米虾 *Caridina guiyangensis* Liang，2002

13♂♂，2017 年 8 月 27 日，贵州兴义市郑屯间歇泉，陈会明采。

1984 年采集于贵阳市水田边的小水沟或小池塘中。自从 2002 年发表该种后，再无文献记录。此次是重新发现该种。

③ 掌肢新米虾指名亚种 *Neocaridina palmata palmata*（Shen，1948），如图 4-39 所示。

图 4-39　掌肢新米虾指名亚种 *Neocaridina palmata palmata*（Shen，1948）标本照片

分布：贵州（铜仁、大方、荔波、贵阳、独山、黔西、遵义、桐梓、松桃、赤水、金沙、望谟、印江、江口、石阡、雷山），重庆，四川，湖南，湖北，广西，福建，江西，广东，安徽，浙江，云南；越南。

兴义市宝泰幸福花园湿地公园，3♂♂3♀♀，2017.8.27，陈会明采，标本保存于贵州省生物研究所。

2. 长臂虾科 Palaemonidae Rafinesque，1815

1）分类系统

根据 Martin & Davis（2001）的最新甲壳动物高级分类系统，长臂虾科的分类地位如下：

甲壳亚门 Crustacea Brünnich，1772

软甲纲 Malacostraca Latreille，1802

　真软甲亚纲 Eumalacostraca Grobben，1892

　　真虾总目 Eucarida Calman，1904

　　　十足目 Decapoda Latreille，1802

　　　　腹胚亚目 Pleocyemata Burkenroad，1963

　　　　　真虾下目 Caridea Dana，1852

　　　　　　长臂虾总科 Palaemonoidea Rafinesque，1815

　　　　　　　长臂虾科 Palaemonidae Rafinesque，1815

2）种类描述

（1）长臂虾总科 Palaemonoidea Rafinesque，1815。

额角不可动；第 2 颚足末节正常连接在末第 2 节上，不与后者并列；第 3 颚足少于 6 节；步足无外肢或关节鳃，上肢如有，不大，不向背方伸入鳃腔；第 1、2 步足明显具螯，指节拢合时与固定指接触，不交叉，螯端无密的刷状刚毛；第 1 步足不粗壮于第 2 步足；第 2 步足腕节不分亚节。

（2）长臂虾科 Palaemonidae Rafinesque，1815。

头胸甲无完全的纵缝（沟）；尾节后缘具 2 或 3 对末端刺；第 1 触角两鞭完全分开，上（外）鞭具副鞭；大颚常具切齿突；第 1 小颚底节内叶不特别大，基节内叶不退化；第 2 小颚具 0，1 或 2 内小叶；第 1 颚足外肢具鞭条；第 2 颚足末节边缘刚毛不特别粗大或密集；第 3 颚足末第 3 节与其基部一节不相关或更宽；第 2 步足指节外缘常不明显地呈锯齿状；雄性第 2 腹肢具雄附肢。

本科种类包括 102 属 500 多种，生活于淡水、半卤水或海洋中。

a．长臂虾亚科 Palaemoninae Rafinesque，1815。

尾节常具 2 对末端刺（古洁虾属 *Coutierella* 常为 3 对或更多），又有 2 或更多对亚中央刚毛；第 3 颚足常具 2 关节鳃。

b．沼虾属 *Macrobrachium* Bate，1868。

额角发达，侧扁，上、下缘均具齿。头胸甲具触角刺、肝刺，无鳃甲刺，有 1 鳃甲沟。第 4 胸节腹甲有中央突。大颚有触须。步足前两对螯状，第 2 对较大，雄性尤为强大，后 3 对指节单爪，短于掌节。雄性第 1 腹肢内肢无内附肢。

遍布于热带、亚热带，偶有在温带淡水中，有时也在咸水中生活。世界性分布，已知 175 种，中国已报道 35 种。

① 日本沼虾 *Macrobrachium nipponense*（De Haan，1849），如图 4-40～图 4-43 所示。

图 4-40　日本沼虾 *Macrobrachium nipponense*（De Haan，1849）活体照片

（a）雄性整体图

（b）雄性第 2 步足

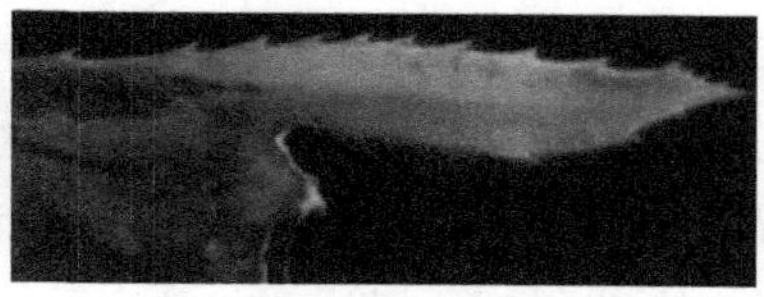

（c）雄性额角

图 4-41　日本沼虾 *Macrobrachium nipponense*（De Haan，1849）形态照片（一）

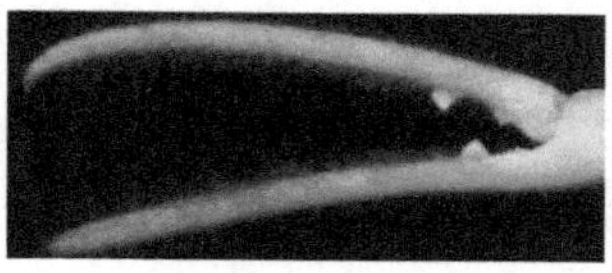

（a）雄性第 2 步足螯节的不动指和可动指

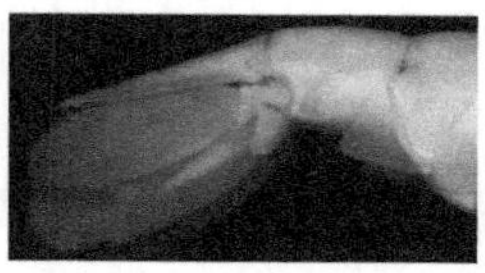

（b）雄性第 6 腹节、尾节及尾肢，侧面观

1—触角刺；2—肝刺；3—鳃甲沟

（c）雄性头胸甲侧面观

图 4-42　日本沼虾 *Macrobrachium nipponense*（De Haan，1849）形态照片（二）

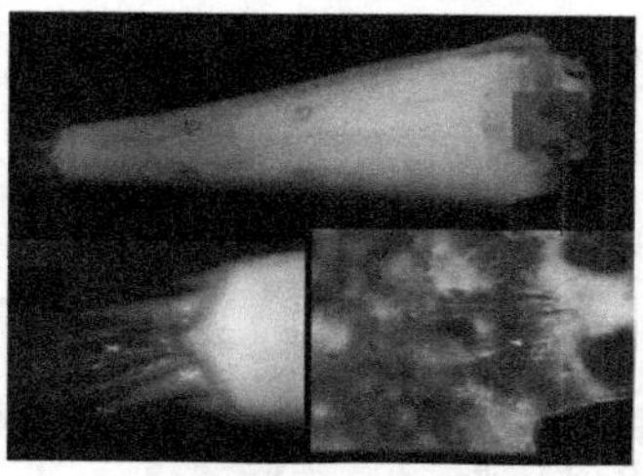

（a）雄性尾节，背面观

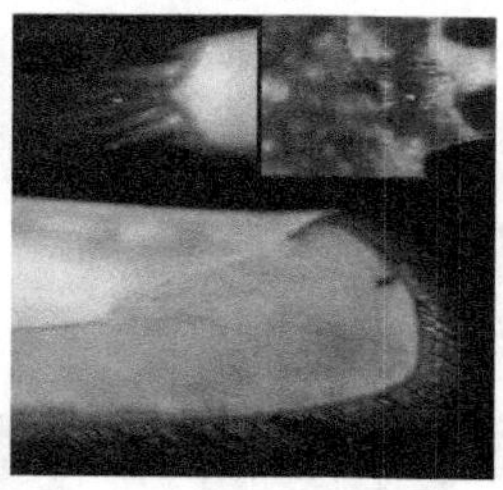

（b）雄性第 2 触角鳞片

图 4-43　日本沼虾 *Macrobrachium nipponense*（De Haan，1849）形态照片（三）

异名：*Macrobrachium meishanense* Tan & Lu，1992
Macrobrachium obtusifrons Dai，1984
Palaemon asper Stimpson，1860
Palaemon nipponense De Haan，1849

Palaemon sinensis Heller，1862

Palaemon sinensis Heller，1865

中文别名：青虾、河虾。

英文名：oriental river prawn。

镜检标本：2017 年 8 月 27 日，兴义万峰湖，陈会明采，50 只，标本保存于贵州省生物研究所。

特征描述：通常体色呈青绿色，具棕色斑纹，但常因栖息的环境不同而有较大的变化。一般在多水草的环境中色素较浓，不应视为另一个种。

体长通常为 50～94mm。头胸甲较粗大，额角短于头胸甲，为头胸甲长的 60%～80%，伸至或稍超出鳞片的末端；上缘平直或稍隆起，具 9～13 齿，有 2～3 齿位于眼眶后缘的头胸甲上。雄性头胸甲粗糙，满布小颗粒状的突起，雌性的较少。

腹部的颗粒状突起较少，但在腹甲的边缘特别是第 6 腹节、尾节及尾肢都布满颗粒状突起。第 6 腹节为第 5 腹节长的 1.6～1.9 倍，尾节为第 6 腹节长的 1.5～1.7 倍，其背侧具 2 对背刺，各位于尾节背面的 1/2 和 3/4 的位置，末端尖，在两侧各具 2 刺，外短内长，两内刺间具多对羽状刚毛。

第 1 触角柄约伸至鳞片的 2/3 处，柄刺伸至超过角膜的中部到靠近其末端，约为基节长的 1/2，前侧刺约伸至第 2 节的中部，第 2 节短于第 3 节。第 2 触角鳞片长为宽的 2.7～3.1 倍。第 3 颚足约伸至靠近第 1 触角柄第 2 节的末端。

第 1 对步足腕节的末端超出鳞片的末缘；指节约为掌部长的 80%，腕节稍大于螯长的 2 倍。第 2 对步足两性均左右对称，雄性显著强大，左右形状与大小均相同，表面遍布小刺，成熟的个体通常都超过其体长，长节的 1/3～1/2 超出鳞片，大个体的标本其两指覆盖有厚刚毛；而雌者则短于其体长，仅腕节的 1/2 左右超出鳞片；不动指基部具 1 较大的齿，在这齿之后方还可见到 1 小齿，可动指的基部具 2 个大齿，指节为掌部长的 60%～70%，为腕节长的 45%～65%，长于座节；掌部长于长节；腕节为长节长的 1.6～1.7 倍；座节稍短于腕节的 1/2。后 3 对步足形状相似。第 3 对步足雄性掌节末端超出鳞片的末端，雌性仅指节伸至或稍超出鳞片的末缘；掌节约为指节长的 2 倍，长节约为腕节长的 2 倍，稍长于掌节。第 5 对步足掌节末端靠近或超出鳞片末缘，掌节为指节长的 2.4～2.6 倍，长节约为腕节长的 1.5 倍，稍短于掌节。

生物学：俗称青虾。为一种中型的淡水虾，喜在湖泊、水库、河渠、塘堰中，常生活于水肥、流缓、水草繁茂的沿湖港湾或泥质底部生活，昼匿夜出。春天随水温上升，开始移至沿岸浅水区生活，盛夏随水温升高，则移向深水，冬季潜伏于湖底或水草丛中越冬。日本沼虾的游泳能力较弱，只能作短距离的游动，多数时间攀附于水草或其他水中物体上，在遇敌害时，依靠腹肌骤缩向后弹跳逃离。

日本沼虾的负趋光性较强，白天呈隐蔽状态，晚上出来活动觅食，食性广，以动物性食物为主，14℃左右开始摄食，饥饿时会互相蚕食。

日本沼虾在中国是淡水虾中是适应性最强、分布最广、产量最高、经济价值最大的一种。

地理分布：原分布于中国、韩国、越南、缅甸，现已人为传入新加坡、菲律宾、乌兹别克斯坦、伊朗、伊拉克、老挝和马来西亚。中国除了西藏、青海外，到处都有它的踪迹。淡水生活，分布较广，从河流到高盐度的季节性池塘都有分布[2]。

② 细螯沼虾 *Macrobrachium superbum*（Heller，1862），如图 4-44～图 4-47 所示。

（a）细螯沼虾雄性活体照

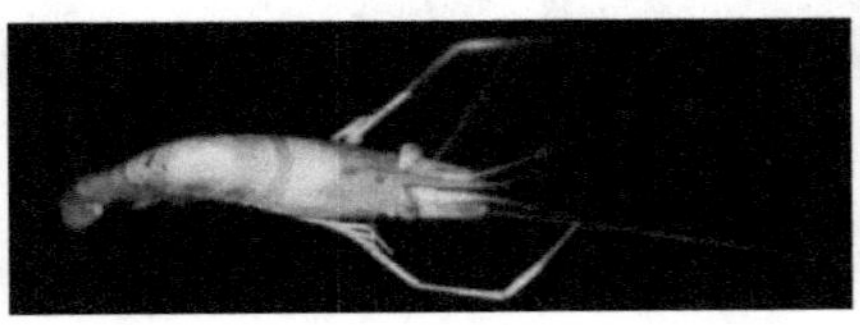

（b）雄性标本照

（c）雄性第 2 步足

图 4-44　细螯沼虾 *Macrobrachium superbum*（Heller，1862）活体照片

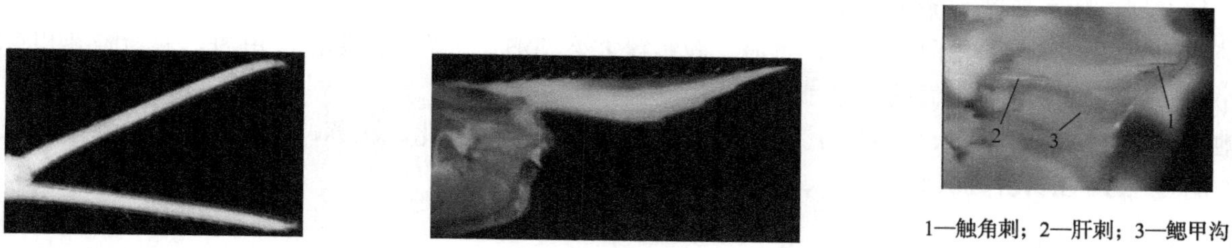

1—触角刺；2—肝刺；3—鳃甲沟

（a）雄性第 2 步足螯节的不动指和可动指　（b）雄性额角　（c）雄性头胸甲侧面观

图 4-45　细螯沼虾 *Macrobrachium superbum*（Heller，1862）形态照片（一）

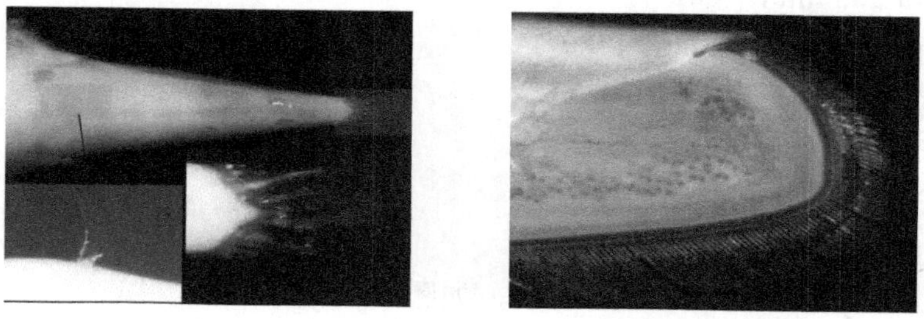

（a）雄性尾节，背面观　（b）雄性第 2 触角鳞片

图 4-46　细螯沼虾 *Macrobrachium superbum*（Heller，1862）形态照片（二）

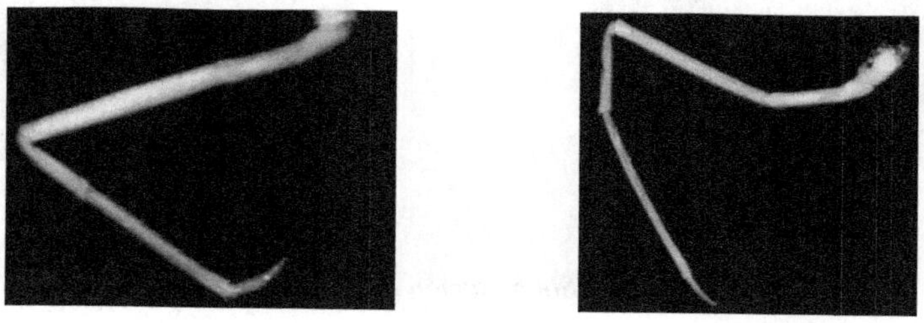

（a）雄性第 3 步足　（b）雄性第 5 步足

图 4-47　细螯沼虾 *Macrobrachium superbum*（Heller，1862）形态照片（三）

镜检标本：2017 年 8 月 25 日，兴义鲁屯望湖水库，陈会明采，21 只，标本保存于贵州省生物研究所。

特征描述：体透明，色较淡，略带米黄色。体长通常为 40～60mm，大者可达 70mm，南方的标本个体常较小些。额角狭，与头胸甲约等长，伸至或稍超出鳞片的末端；上缘平直，具 11～15 齿，有 2～3 齿位于眼眶后缘的头胸甲上，在眼上方的齿排列较紧密，第 1 齿到眼眶后缘的长度约为头胸甲长的 1/3，第 1 到第 2 齿为第 2 到第 3 齿距离的 1.5 倍；下缘具 2～4 齿。头胸甲与腹部均平滑，无颗粒状突起。第 6 腹节为第 5 腹节长的 1.5～1.9 倍，尾节为第 6 腹节长的 1.4～1.6 倍，其背侧具 2 对背刺，前对位于尾节背面的中部，后对位于前对与尾节后端之间靠近前对的位置，末端尖刺状，在两侧各具 2 刺，外侧刺约为内侧刺长的 1/3，两内刺间具多对羽状刚毛。第 1 触角柄约伸至鳞片前侧刺的基部或末端，柄刺伸至角膜的中部，约为基节长的 1/2，第 2 节短于第 3 节。第 2 触角鳞片长为宽的 3.3～3.4 倍。第 3 颚足仅伸至或靠近第 1 触角柄的末端。第 1 对步足伸至额角的末端；指节超出鳞片的末缘，稍短于掌部，约为掌部长的 90%，腕节约为螯长的 2 倍，为长节的 1.2 倍。第 2 对步足细弱两性均左右对称，雄性表面平滑，没有小刺，腕节的 1/3～1/2 超出鳞片的末缘；两指的切缘无小齿或突起，两指闭合时中央无缝隙，两指尖各超出相对指的外缘，指节长于掌部，为掌部长的 1.3～1.4 倍，螯约为腕节长的 1.2～1.3 倍，腕节约为长节长的 1.4 倍，座节稍长于长节。雌性指节明显短于掌部，与日本沼虾相似，但座节、长节近等长，可明显区别于后者。后 3 对步足纤细。第 3 对步足伸至鳞片的末缘；掌节约为指节长的 2 倍，指节与腕节约等长。第 5 对步足伸至额角的末端；掌节约为指节长的 2.5～2.6 倍，腕节为掌节长的 60%～70%。

生物学：长江中下游以南各省常见，但产量较少，常混杂在日本沼虾中出现，在广东一带常见，有一定的产量。本种原产长江中下游以南各省，在广东一带产量十分丰富，以珠江三角洲一带为甚。但随着渔业生产的发展，随着鱼苗被搬运至全国各地，现在华北各地的一些养鱼池也能见到它们的踪迹。同样由于移养淡水虾到各地养殖，目前在云南、青海、新疆等大型湖泊、水库中，滇池、洱海、博斯腾湖和新疆的巴楚小海子库等均可见到它们的生存[2]。

地理分布：安徽、福建、广东、广西、贵州、海南、河北、湖北、江苏、江西、四川、新疆、云南、浙江，老挝（De Grave，2013）。

3. 溪蟹科 Potamidae Ortmann，1896

1）分类系统

短尾下目 Brachyura Latreille，1802

蟹派 Eubrachyura de Saint Laurent，1980

异孔亚派 Heterotremata Guinot，1977

溪蟹总科 Potamoidea Ortmann，1896

溪蟹科 Potamidae Ortmann，1896

2）种类描述

小华溪蟹 *Sinopotamon parvum* Dai et al.，1985，如图 4-48 所示。

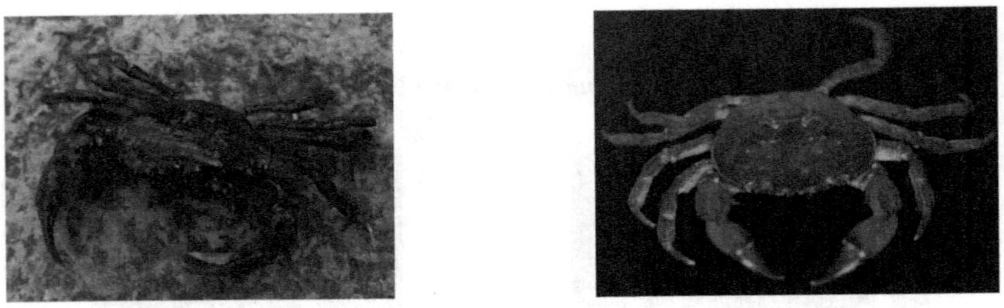

（a）活体照片　（b）标本照片

图 4-48　小华溪蟹 *Sinopotamon parvum* Dai et al., 1985

贵州省兴义市郑屯镇间歇泉，5♂♂6♀♀，2017.11.5，陈会明采，标本保存于贵州省生物研究所；贵州省兴义市赵家渡，2♂♂4♀♀，2017.8.27，陈会明采，标本保存于贵州省生物研究所；贵州省兴义，9♂♂6♀♀1 juv.，1964.4.7，标本保存于中国科学院动物研究所。

1964 年采到标本，1985 年发表该种后就没有文献记录，为再次记录到该种。有一定种群数量。只分布于兴义，是兴义特有种。

分布：贵州（兴义）。

4.9.2　小结

保护区甲壳动物较丰富，在 6 种甲壳动物中，虾类占了 5 种，尤其是米虾属的贵阳米虾和间歇米虾，都是贵州特有种，小华溪蟹是兴义市的地方特有种，应该加强对特有种资源的保护。但是细螯沼虾作为外来物种已经进入保护区边缘，如不加强管理，有可能造成生物入侵问题。例如，草海自然保护区的原生虾类已经被原产长江中下游的中华小长臂虾取代，已不见原生虾的踪迹；大理洱海的原生虾类也已被原产长江中下游的细螯沼虾取代。

参考文献

[1] MARTIN J W, DAVIS G E. An updated classification of the recent Crustacea[J]. Science Series, 2001, 39: 1-124.

[2] 李新正，刘瑞玉，梁象秋．中国动物志：无脊椎动物・甲壳动物亚门・十足目・长臂虾总科[M]．北京：科学出版社，2007.

[3] 梁象秋．中国动物志：无脊椎动物・甲壳动物亚门・十足目・匙指虾科[M]．北京：科学出版社，2004.

4.10　贵州兴义坡岗自然保护区畜禽遗传资源研究*

发展山地生态畜牧业是贵州省委省政府的重大举措。畜牧养殖业已成为贵州社会经济的主要支柱产业和农村农民致富的主要途径[1]。因此，为摸清保护区的畜禽品种资源情况，2017 年 9 月～2018 年 3 月，贵州大学生物多样性与自然保护研究中心和黔西南州义龙新区管委会组织有关专家对保护区进行畜禽遗传资源考察，以期了解和掌握自然保护畜禽资源底数，为保护区升级和发展规划提供科学依据。

4.10.1　研究方法

本次调查采用收集和整理历史资料、走访当地农户与分类统计相结合的调查方法，对保护区所辖的绒窝村、大箐村、岩峰村、郑屯村等区域畜禽品种资源的群体数量进行调查。

调查对象是根据国家畜禽资源保护品种目录，并结合贵州省黔西南州兴义市地方畜禽品种和饲养畜禽具体情况，确定的畜禽资源调查的目的物种。

4.10.2　结果与分析

1. 畜禽品种资源调查结果

调查组于 2017 年 11 月～2018 年 3 月先后 3 次到保护区的绒窝村、大箐村、岩峰村、郑屯村等区域开展畜禽数量和品种调查并进行统计分析，结果如表 4-17 所示。保护区牛存栏 1 341 头，主要品种为关岭黄牛和西门塔尔牛；羊存栏 178 只，主要品种为贵州黑山羊、贵州白山羊和南江黄羊；猪存栏 3 457 头，主要品种为杜洛克猪、长白猪、大约克猪和地方黑毛猪；家禽存栏 13 853 羽，其中鸡存栏 10 764 羽，主要品种有来航鸡、贵农黄和兴义矮脚鸡；鸭存栏 1 825 羽，主要品种有三穗麻鸭、瘤头鸭和天府肉鸭；鹅存栏 1 264 羽，主要品种有狮头鹅、四川白鹅和平坝灰鹅等[2-10]。

表 4-17　贵州兴义坡岗自然保护区畜禽品种资源调查结果

畜禽名称		单位	存栏数	主要品种
畜	牛	头	1 341	西门塔尔牛 Simmental cattle
				关岭黄牛 Guanling cattle
				南盘江黄牛 Nanpanjiang cattle
	羊	只	78	贵州黑山羊 Guizhou black goat
				贵州白山羊 Guizhou white goat
				南江黄羊 nanjiang yellow goat
	猪	头	3 457	杜洛克猪 Duroc pig
				长白猪 Landrace pig
				大约克猪 York pig
				地方黑毛猪 Black-hair pig
禽	鸡	羽	10 764	来航鸡 Air chicken
				乌骨鸡 Black-bone chicken
				兴义矮脚鸡 Xingyi bantam
	鸭	只	1 825	三穗麻鸭 Sansui duck
				兴义鸭 Xingyi duck
				天府肉鸭 Tianfu duck
				瘤头鸭 muscovy duck
	鹅	只	1 264	四川白鹅 Sichuan white goose
				狮头鹅 lion-head goose
				平坝灰鹅 Pingba gray goose

* 本节作者：文明、胡安东、潘吉脉、杨霞、张飘。

2. 保护区畜禽品种名录

通过对保护区畜禽品种类型分析（表 4-18）可知，该区域的畜禽种类主要以牛、羊、猪及鸡、鸭、鹅为主，畜禽品种类型主要有关岭黄牛、贵州黑山羊、地方黑毛猪和兴义矮脚鸡等，隶属于哺乳纲和鸟纲的 3 目 4 科 7 属，其中哺乳纲的偶蹄目和鸟纲的鸡形目占绝对优势。哺乳纲以偶蹄目牛科和猪科的品种数最多，为关岭黄牛、南盘江黄牛、杜洛克猪、长白猪等；鸟纲以鸡形目雉科和原鸡属品种数最多，为来航鸡、兴义矮脚鸡、兴义鸭、四川白鹅等。

表 4-18　贵州兴义坡岗自然保护区畜禽品种名录

<table>
<tr><th>纲</th><th>目</th><th>科</th><th>亚科</th><th>属</th><th>种</th></tr>
<tr><td rowspan="6">哺乳纲
Mammalia</td><td rowspan="6">偶蹄目
Artiodactyla</td><td rowspan="6">牛科
Bovidae</td><td rowspan="3">牛亚科
Bovinae</td><td rowspan="3">牛属
Bos</td><td>西门塔尔牛 Simmental cattle</td></tr>
<tr><td>关岭黄牛 Guanling cattle</td></tr>
<tr><td>南盘江黄牛 Nanpanjiang cattle</td></tr>
<tr><td rowspan="3">羊亚科
Caprinae</td><td rowspan="3">山羊属
Capra</td><td>贵州黑山羊 Guizhou black goat</td></tr>
<tr><td>贵州白山羊 Guizhou white goat</td></tr>
<tr><td>南江黄羊 nanjiang yellow goat</td></tr>
<tr><td rowspan="4">哺乳纲
Mammalia</td><td rowspan="4">偶蹄目
Artiodactyla</td><td rowspan="4">猪科
Suidee</td><td rowspan="4">猪亚科
Suinae</td><td rowspan="4">野猪属
Sus</td><td>杜洛克猪 Duroc pig</td></tr>
<tr><td>长白猪 Landrace pig</td></tr>
<tr><td>大约克猪 York pig</td></tr>
<tr><td>地方黑毛猪 Black-hair pig</td></tr>
<tr><td rowspan="10">鸟纲
Aves</td><td rowspan="3">鸡形目
Galliformes</td><td rowspan="3">雉科
Phasianidae</td><td rowspan="3"></td><td rowspan="3">原鸡属
Gallus</td><td>来航鸡 Air chicken</td></tr>
<tr><td>乌骨鸡 Black-bone chicken</td></tr>
<tr><td>兴义矮脚鸡 Xingyi bantam</td></tr>
<tr><td rowspan="7">雁形目
Anseriformes</td><td rowspan="7">鸭科
Anatidae</td><td rowspan="4">鸭亚科
Anatinae</td><td rowspan="3">麻鸭属
Tadorna</td><td>三穗麻鸭 Sansui duck</td></tr>
<tr><td>兴义鸭 Xingyi duck</td></tr>
<tr><td>天府肉鸭 Tianfu duck</td></tr>
<tr><td>瘤鸭属
Sarkidiornis</td><td>番鸭 muscovy duck</td></tr>
<tr><td rowspan="3">雁亚科
Anserinae</td><td rowspan="3">雁属
Anser</td><td>四川白鹅 Sichuan white goose</td></tr>
<tr><td>狮头鹅 lion-head goose</td></tr>
<tr><td>平坝灰鹅 Pingba gray goose</td></tr>
</table>

4.10.3　小结

兴义市辖区山川秀美，河流众多，气候温和，雨量充沛，为畜牧养殖业的发展提供了有利条件；兴义市畜牧养殖业源远流长，历史悠久，品种资源丰富且较有特色。据《贵州省畜禽品种志》记载，其境内有南盘江黄牛、贵州黑山羊等优良地方品种。

（1）南盘江黄牛是云贵高原有名的畜禽品种，入选国家牛品种志目录，是我国有名的地方牛品种，主产于贵州省兴义、普安、晴隆、贞丰、安龙、册亨等县，属役肉兼用型，其毛色较杂，以黄色为主，其次为黑色，头短、额宽、眼突出而有神，体躯粗短，结构紧凑，四肢强健有力，背腰平直，尾长过飞节，具有肢蹄强、短小灵活、善于登山及耐湿、耐粗劳等特性，适应本地区灰岩地质和部分基岩裸露，冲刷浸蚀剧烈，水土流失严重的山地及本地区特有的气候条件放牧和耕作。南盘江黄牛具有肉质细嫩、味香可口、脂肪含量适宜、风味独特、营养价值高等特性。目前，南盘江黄牛存栏量不大，特别是贵州省全面展开牛改冻配以来，不断引进西门达尔、安格斯、利木赞等外来品种与南盘江黄牛进行杂交改良，弱化了南盘江黄牛品种选育，因杂交改良品种所具有的杂交优势，当地农户从经济效益角度优先选择饲养杂交牛，致使纯种南盘江黄牛数量锐减。

（2）贵州黑山羊是贵州省优良地方品种资源，其全身被毛以黑色为主，少部分为褐色，部分羊面、鼻、耳部有灰褐色斑点，全身短粗毛，极少数全身和四肢着生长毛，属皮肉兼用。该品种具有较好的肉用体型，体躯呈长方形，体质结实、结构匀称、体格中等。头额宽，平直而微凹，耳大、长而灵活；角有的直伸，有的上部往内向外弯曲，角基部呈三角形和圆柱形；嘴下颌有胡须；体躯前高后低，前躯单调，后躯宽而丰满；四肢高粗而健壮，灵活而有力；蹄质坚实，蹄色蜡黄，抗腐蹄病力强；骨骼粗壮结实，肌肉丰满。由于近些年从外地大量引进波尔山羊、南江黄羊与本地的贵州黑山羊进行杂交改良，导致贵州黑山羊纯种数量减少，种质特征逐渐减弱。

（3）猪品种主要有长白猪、杜洛克猪和大约克猪，均为引进外来杂交改良品种，使本地现存栏地方猪品种的特征不明显。

（4）兴义矮脚鸡属蛋肉兼用型鸡种，为国内稀有的地方矮脚鸡品种，主产于黔西南州兴义市，产区矮脚鸡养殖已有 200 多年的历史。兴义矮脚公鸡为红黄色羽毛，主副翼羽和腹、尾羽为黑翠绿色；单冠，虹彩橘黄色，喙短，背宽平，尾翘。兴义矮脚母鸡以黄麻色为主，白色、黑麻色次之。兴义矮脚鸡胫短身矮、体躯匀称、肉嫩味鲜，具有较高的经济价值。但目前，在外来品种引进的情况下，当地缺乏对兴义矮脚鸡应有的保护措施，导致兴义矮脚鸡品质退化，数量锐减。

（5）兴义鸭为兼用型鸭种，体型方圆，羽毛疏松，头粗大，颈粗短。公鸭绿头占 90%，头颈上部羽毛和尾羽有墨绿色发光的羽毛颈中部有白色颈圈；胸部毛褐色；背部为黑、褐、白相间的羽毛。母鸭深麻色占 70%以上，喙青黄或黄色，胫、蹼橘黄色，爪黑色。出壳重 45g，成年体重公鸭为 1.62kg，母鸭为 1.56kg。目前，兴义鸭存栏不多。

综上所述，此次调查发现，保护区主要动物遗传资源有南盘江黄牛、贵州黑山羊等地方优良品种，但是当地长期以农户散养、放牧为主的饲养方式，以及近年来引种频繁与杂交，加之饲养管理水平落后，导致地方优良品种血统混杂严重，且保护区位于贵州南北盘江重要的生物廊道与交接过渡地带，生态环境相对脆弱。因此，有必要加强本区内的优良地方畜禽品种保护，确定畜禽纯种保护区域，建立畜禽品种核心群，开展系统的畜禽品种品系选育与提纯复壮，严禁引入外来畜禽品种开展任何形式的杂交，保证地方优良畜禽品种基因类群的数量和质量，充分发挥地方优良畜禽品种的特色和优势，以保证保护区的物种多样性。

参考文献

[1] 黔西南州史志编纂委员会．黔西南州布依族苗族自治州志·农业畜牧渔业志[M]．贵阳：贵州人民出版社，2008．

[2]《贵州省畜禽品种志》编辑委员会．贵州省畜禽品种志[M]．贵阳：贵州科技出版社，1993．

[3] 国家畜禽遗传资源委员会．中国畜禽品种志[M]．北京：中国农业出版社，2011．

[4] 徐桂芳，陈宽维．中国家禽地方品种资源图谱[M]．北京：中国农业出版社，2003．

[5] 廖正录．贵州省家畜家禽品种资源动态调查报告（Ⅰ）[J]．贵州畜牧兽医，1997，21（2）：11-14．

[6] 黄永震，张桂民，冯明祥，等．关岭牛种质资源保护与肉用选育改良的问题与对策[J]．中国牛业科学，2017，43（1）：44-46，52．

[7] 郭发荣，陈彬，张小卿，等．兴义矮脚鸡 GDF5 基因外显子 2 的克隆及与胫骨长相关性研究[J]．家畜生态学报，2015，36（5）：14-17．

[8] 崔真华，侯天安，陈碧高，等．贵州白山羊种质特性及饲养管理技术探讨[J]．湖北畜牧兽医，2013，34（10）：54-56．

[9] 顾永江，陶宇航，何明才，等．三穗鸭品种特性概述及产业发展现状与对策[J]．上海畜牧兽医通讯，2013，6：44-45．

[10] 师新彩，赵忠海，李辉，等．兴义鸭 MEF2D 基因的多态性及组织差异表达研究[J]．农业生物技术学报，2018，26（2）：272-283．

第 5 章　贵州兴义坡岗自然保护区景观分析

5.1　贵州兴义坡岗自然保护区土地利用变化对生境质量的影响*

生境（栖息地）是指生物体的生存环境，它不仅包含生物体生存的必要条件，而且也涉及与物种生存相关的其他生态因子[1]。生境质量能有效反映区域生物多样性的高低，如生境质量的破碎、退化和丧失会直接导致生物多样性的降低[2]，评估生境质量变化过程是制定更有效的生物多样性保护措施的基础。生境质量作为重要的生态系统服务功能，正遭受越来越多的人类扰动。石漠化会引起水土流失加剧、土壤肥力下降、生物多样性降低等生态问题，同时加剧人口贫困、经济与科技文化落后等社会经济问题，严重威胁着区域生态安全[3]。研究喀斯特石漠化区的自然保护区生境质量变化，对于保护森林植被和丰富物种资源、维护生态系统平衡和水土保持等具有重要作用。近些年，各地区通过退耕还林、封山育林、坡改梯、生态移民等措施，喀斯特石漠化治理取得一定成效。本节以贵州省西南典型喀斯特石漠化区——贵州兴义坡岗自然保护区为例，基于 GIS 和遥感（remote sensing，RS）技术，结合四期 Landsat TM/OLI 影像数据，采用监督分类算法和生境质量评估模型，研究 1990～2017 年保护区土地利用变化及其对生境质量的影响。

5.1.1　研究方法

1. 数据来源与处理

为研究保护区生境质量动态变化，本节选用较高分辨率的 Landsat 系列遥感影像，包括 TM/OLI（http://glovis.usgs.gov）。为获取研究区 1990～2017 年生境质量的动态变化，本节研究选取了 1991 年、2001 年、2009 年和 2017 年 4 个不同时期作为代表年份，且卫星成像时间主要选取植被易于区分的 3～4 月（表 5-1）。根据《面向生态系统碳收支服务的全国土地覆被分类系统设计方案》[4]，经实地野外样地调查（图 5-1），将贵州兴义坡岗自然保护区土地覆被类型分为林地、草地、湿地、耕地、人工表面和其他类型。在遥感图像处理软件 ENVI 5.1 的支持下，对 4 个时期的遥感影像进行裁剪、重采样等预处理。根据实地采样点结合纹理信息[5]，采用支持向量机分类方法对影像分布进行监督分类，经分类后处理滤掉一些噪声数据，然后结合人-机交互方式，对错分的类型进行校正，得到研究区 4 期土地覆被类型图（图 5-2）。

表 5-1　卫星影像信息

时间	1990 年	2001 年	2009 年	2017 年
日期	1990-04-30	2001-04-20	2009-06-05	2017-03-23
数据源类型	Landsat TM5（30m×30m）	Landsat TM7（30m×30m）	Landsat TM5（30m×30m）	Landsat 8 OLI（30m×30m）

* 本节作者：黄贤峰、顾羊羊、韦雪花、李燕。

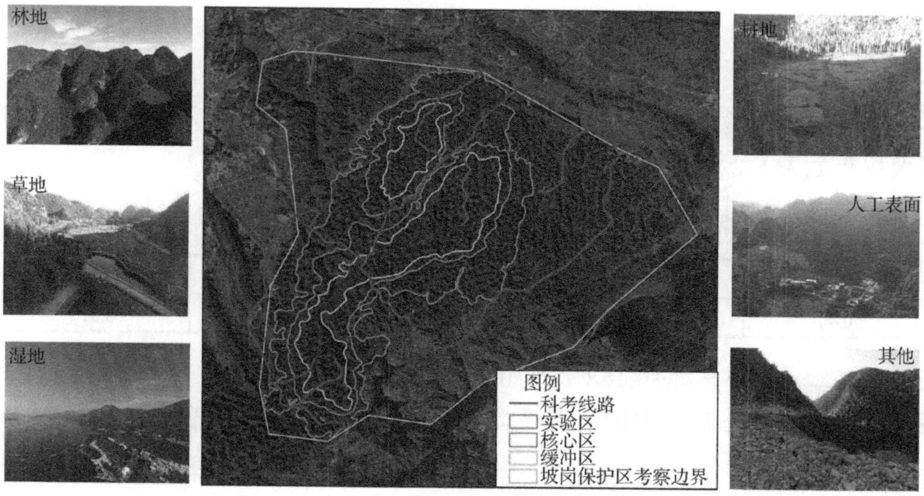

图 5-1　贵州兴义坡岗自然保护区科考路线

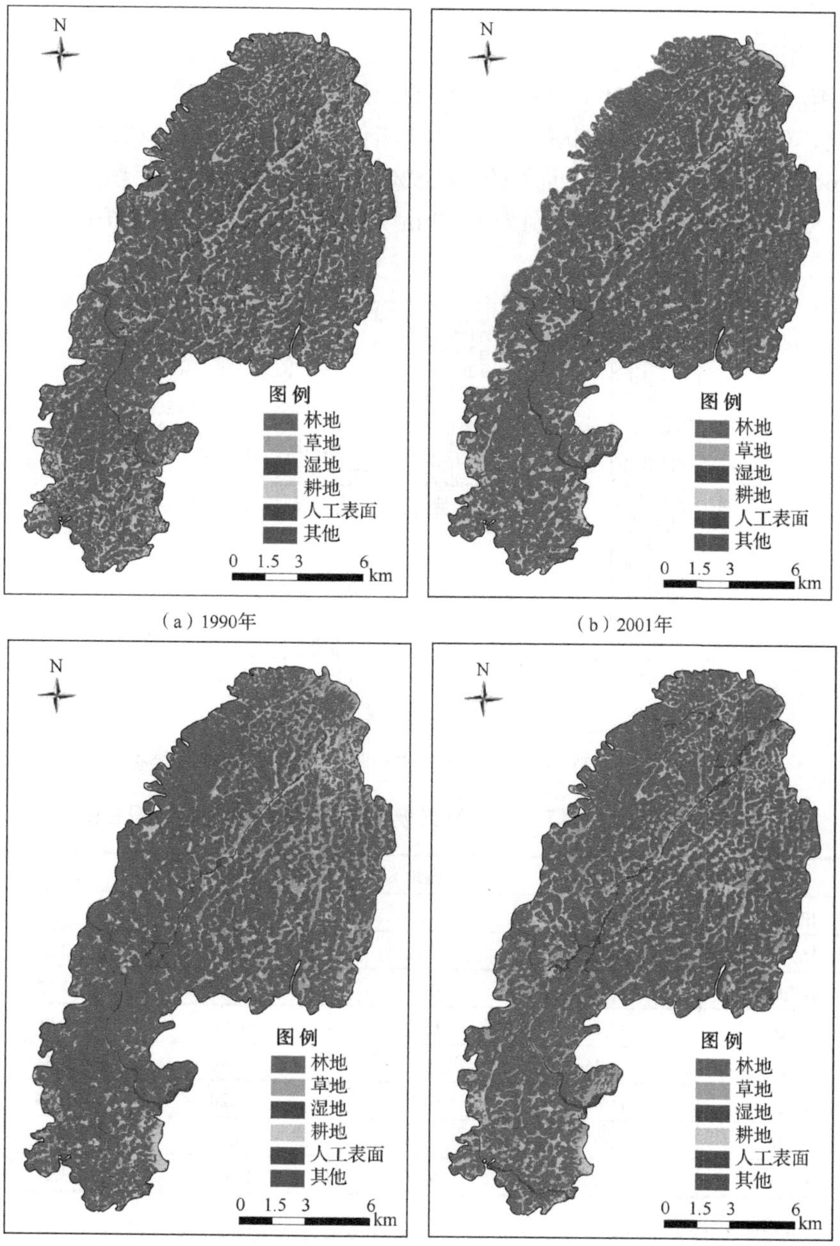

（a）1990年　　（b）2001年

（c）2009年　　（d）2017年

图 5-2　贵州兴义坡岗自然保护区土地利用图

2. 生境质量模型

根据《生态环境状况评价技术规范》（HJ 192—2015）规定，拟定保护区生境质量指数计算方法[6]，保护区生境质量指数权重如表 5-2 所示。

表 5-2　贵州兴义坡岗自然保护区生境质量指数权重

类型	林地	草地	湿地	耕地	人工表面	其他
权重	0.40	0.18	0.23	0.08	0.01	0.10

生境质量指数= A_{form}×(0.40×林地+0.18×草地+0.23×湿地+0.01×人工表面+0.10×其他)/保护区总面积

其中，A_{form} 为森林生态系统类型自然保护区生境质量指数归一化系数，参考值为 417.439 962 244 3。

5.1.2　结果与分析

1. 保护区土地利用及转型变化

1）保护区土地利用变化

从保护区 1990 年、2001 年、2009 年和 2017 年的土地利用类型现状（图 5-3）及各地类面积的变化（表 5-3）看出，林地、草地和耕地分布范围最广。2017 年保护区林地、草地和耕地面积分别为 153.29km^2、33.41km^2 和 20.06km^2，三者占整个保护区面积的 97.65%。2017 年未利用地面积为 0.56km^2，占保护区面积的比例仅为 0.26%。人工表面和湿地面积分别为 3.55km^2 和 0.87km^2，分别占保护区面积的 1.68%和 0.41%。

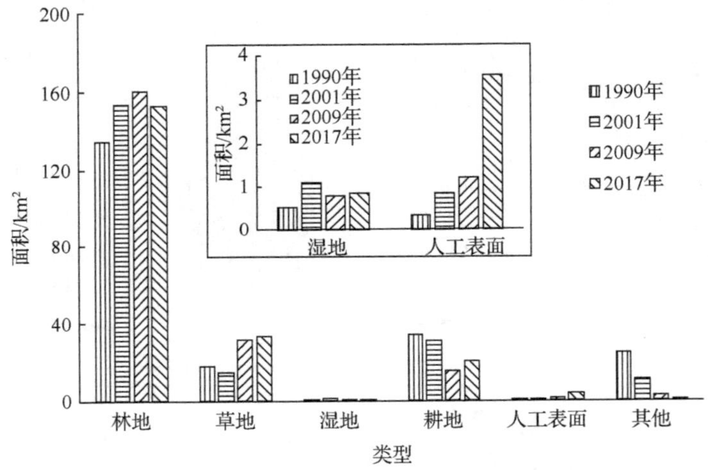

图 5-3　1990～2017 年贵州兴义坡岗自然保护区土地利用类型现状

表 5-3　1990～2017 年贵州兴义坡岗自然保护区各地类面积变化　（单位：km^2）

时期	林地	草地	湿地	耕地	人工表面	其他
1990 年	134.74	17.88	0.53	33.94	0.34	24.30
2001 年	153.81	14.53	1.12	30.66	0.87	10.75
2009 年	160.64	31.32	0.81	15.46	1.23	2.30
2017 年	153.29	33.41	0.87	20.06	3.55	0.56
1990～2001 年	19.07	−3.35	0.59	−3.28	0.53	−13.55
2001～2009 年	6.83	16.79	−0.31	−15.20	0.36	−8.45
2009～2017 年	−7.35	2.09	0.06	4.60	2.32	−1.74
1990～2017 年	18.55	15.53	0.34	−13.88	3.21	−23.74

1990～2001 年，保护区林地面积增加最大，为 19.07km^2，湿地和人工表面面积分别增加 0.59km^2 和 0.53km^2，其他类型、草地和耕地面积分别减少 13.55km^2、3.35km^2 和 3.28km^2。1997 年黔西南自治州人民政府批准成立贵州兴义坡岗自然保护区，保护区主要保护对象为喀斯特森林植被和国家二级重点保护野生

动物猕猴群落。到 2001 年，保护区喀斯特石漠化现象治理成果初步显现，林地面积持续增加，裸露岩石等其他逐渐减少。2001～2009 年，保护区草地面积增加最多，增加了 16.79km^2，其次是林地和人工表面，面积分别增加了 6.83km^2 和 0.36km^2。耕地面积减少最少，减少了 15.20km^2，其次是其他类型与湿地，分别减少了 8.45km^2 和 0.31km^2。2002 年贵州省实行退耕还林还草工程，保护区管理局积极响应政府号召，退耕还林还草工程到 2009 年取得显著成效。2009～2017 年，保护区耕地面积增加最多，为 4.60km^2，其次是人工表面、草地和湿地，分别为 2.32km^2、2.09km^2 和 0.06km^2。近些年，保护区内人类活动增加，村民房屋建设、道路改扩建及采石活动等致使人工表面用地增加，人口的增加同时导致耕地需求增大。总体来看，1990～2017 年保护区林地、草地、湿地和人工表面面积呈现增加趋势，耕地和其他类型面积呈现减少趋势。具体来说，林地、草地、湿地和人工表面面积分别增加 18.55km^2、15.53km^2、3.21km^2 和 0.34km^2，其他类型和耕地面积分别减少 23.74km^2 和 13.88km^2，其中其他类型面积减少最多，占其他类型用地面积的 97.70%。

2）土地利用转型分析

为了探讨不同土地利用类型间的转换关系，基于图 5-2 的四期土地利用分类图，利用 ArcGIS 的空间分析功能对不同时期的土地利用进行叠加分析，得到保护区 4 个时期土地转移矩阵（表 5-4）。从不同土地利用类型的转移矩阵来看，主要表现如下：1990～2001 年，土地利用转移主要存在耕地转林地、草地转林地、其他类型转林地及其他类型转耕地，分别有 32.10km^2 的用地转为林地，以及 11.75km^2 的其他类型转为耕地。2001～2009 年，分别有 10.54km^2 的草地转为林地、7.88km^2 的耕地转为林地及 14.30km^2 的耕地转为草地，同时有 8.85km^2 的林地转为草地。2009～2017 年，土地利用转移主要发生在林地转草地、林地转耕地和草地转耕地之间，分别转移 13.15km^2、5.81km^2 和 6.50km^2。总体来看，1990～2017 年，保护区土地转移主要发生在草地转林地、耕地转林地、其他类型转草地和其他类型转林地之间，分别转移 9.69km^2、13.00km^2、12.77km^2 和 6km^2。其他类型主要包括裸岩、裸土和稀疏草地等地类，表明保护区的建立、退耕还林工还草程的实施及保护区荒漠化治理取得显著成效。

表 5-4　1990～2017 年贵州兴义坡岗自然保护区土地利用转移矩阵　（单位：km^2）

时期	类型	林地	草地	湿地	耕地	人工表面	其他
1990～2001 年	林地	121.70	7.61	0.45	3.04	0.19	1.75
	草地	8.35	2.78	0.17	4.27	0.09	2.22
	湿地	0.21	0.04	0.28	0.00	0.00	0.01
	耕地	17.90	2.08	0.13	11.49	0.22	2.12
	人工表面	0.04	0.01	0.00	0.11	0.17	0.01
	其他	5.60	2.01	0.09	11.75	0.20	4.65
2001～2009 年	林地	138.83	8.85	0.18	5.40	0.20	0.36
	草地	10.54	2.96	0.04	0.79	0.07	0.12
	湿地	0.28	0.07	0.55	0.04	0.00	0.18
	耕地	7.88	14.30	0.01	7.14	0.59	0.75
	人工表面	0.18	0.21	0.00	0.14	0.32	0.03
	其他	2.93	4.93	0.03	1.94	0.05	0.87
2009～2017 年	林地	140.47	13.15	0.11	5.81	1.08	0.04
	草地	8.92	15.12	0.00	6.50	0.69	0.09
	湿地	0.06	0.07	0.63	0.04	0.00	0.00
	耕地	3.47	4.19	0.06	6.72	0.91	0.11
	人工表面	0.09	0.21	0.00	0.19	0.70	0.04
	其他	0.28	0.68	0.08	0.80	0.17	0.28
1990～2017 年	林地	124.47	6.76	0.26	2.41	0.72	0.13
	草地	9.69	6.59	0.09	1.14	0.26	0.11
	湿地	0.07	0.04	0.40	0.02	0.00	0.00
	耕地	13.00	7.15	0.09	11.76	1.72	0.23
	人工表面	0.03	0.10	0.00	0.07	0.12	0.01
	其他	6.00	12.77	0.04	4.67	0.72	0.09

2. 保护区生境质量变化分析

保护区生境质量空间分布如图 5-4 所示，图中颜色越浅，表示生境质量越高；颜色越深，表示生境质量越低。1990～2017 年，保护区生境质量经历先增加后减少的过程。1990～2001 年，保护区生境质量增加了 10.95，生境质量指数提高 8.9%。2001～2009 年，保护区生境质量从 134.07 增加到 141.03，生境质量增加 6.96。2009～2017 年，保护区生境质量从 141.03 降低到 136.60，生境质量降低 4.43。总体来看，1990～2017 年保护区生境质量增加 13.48，生境质量指数提高 10.95%。属于典型喀斯特森林植被自然保护区的贵州兴义坡岗自然保护区，森林覆盖率高，保护区生境质量始终保持在较高水平。

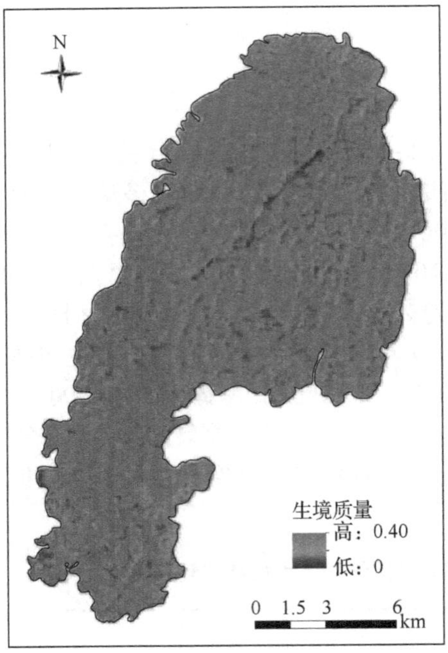

（a）1990年

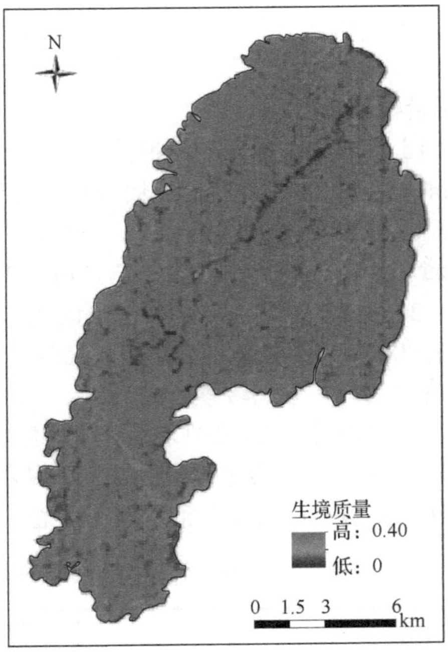

（b）2001年

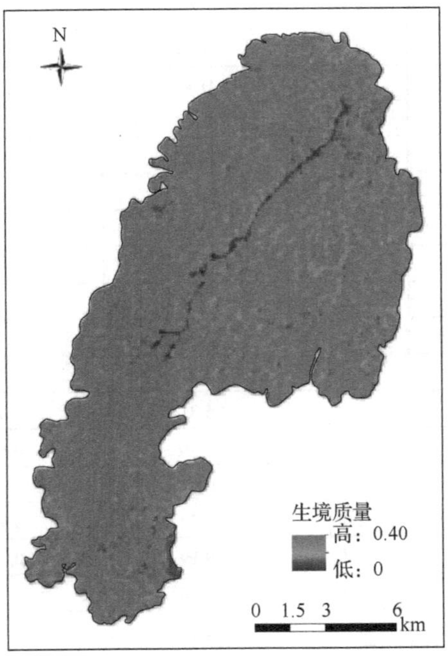

（c）2009年

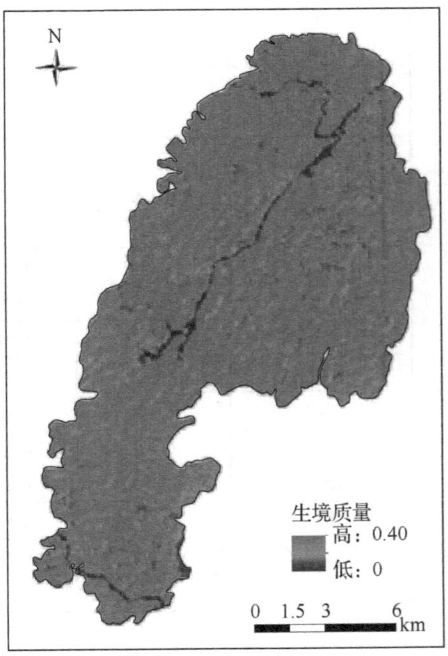

（d）2017年

图 5-4　1990～2017 年贵州兴义坡岗自然保护区生境质量空间分布

经统计，保护区整体平均生境质量呈现先增加后减少的变化趋势，保护区平均生境质量从 1990 年的 0.59 一直增加到 2009 年的 0.67，然后降低到 2017 年的 0.65，平均生境质量提高 10.17%（表 5-5），生境质量整体上呈现改善趋势。其中，实验区平均生境质量提高最多，从 1990 年 0.56 增加到 2017 年的 0.63，增加了 12.50%。其次是核心区，从 1990 年 0.60 增加到 2017 年的 0.67，增加了 11.67%。缓冲区平均生境质量提高较少，从 1990 年 0.61 增加到 2017 年的 0.66，增加了 8.20%。总体来看，1990 年缓冲区平均生境质量最好，其次是核心区与实验区，2001 年以后核心区平均生境质量最好，其次是缓冲区，最后是实验区。

表 5-5　1990～2017 年贵州兴义坡岗自然保护区平均生境质量变化

项目	1990 年	2001 年	2009 年	2017 年	1990～2001 年		2001～2009 年		2009～2017 年		1990～2017 年	
					变化量	变化率/%	变化量	变化率/%	变化量	变化率/%	变化量	变化率/%
核心区	0.60	0.66	0.69	0.67	0.06	10.00	0.03	5.00	−0.02	−3.33	0.07	11.67
缓冲区	0.61	0.65	0.68	0.66	0.04	6.56	0.03	4.92	−0.02	−3.28	0.05	8.20
实验区	0.56	0.61	0.65	0.63	0.05	8.93	0.04	7.14	−0.02	−3.57	0.07	12.50
整体	0.59	0.64	0.67	0.65	0.05	8.47	0.03	5.08	−0.02	−3.39	0.06	10.17

3. 保护区土地利用变化对生境质量的影响

保护区生境质量受土地利用变化影响较大，1990 年、2001 年、2009 年和 2017 年 4 个时期不同土地利用类型面积结构与生境质量结构如图 5-5 与表 5-6 所示。4 个时期林地面积占保护区总面积的 63%以上，而林地生境质量占整个保护区生境质量的 86%以上，林地面积增加对保护区生境质量提高贡献最大。其中，2001 年占保护区 72.64%面积的林地对生境质量贡献达到 90.61%以上。保护区草地面积占比经历先减少后增加的过程，同样草地生境质量百分比先从 1990 年的 6.36%降低到 2001 年的 5.10%再增加到 2009 年的 11.18%及 2017 年的 11.80%，草地生境质量不断提高。保护区湿地面积占比基本不变，故生境质量变化不大，所占生境质量百分比稳定。保护区耕地面积占比从 1990 年的 16.03%一直降低到 2009 年的 7.30%再增加到2017年的9.48%，对应耕地生境质量指数从1990年的5.33%降低到2001年的4.82%及2009年的2.43%，而到 2017 年又增加到 3.17%，呈现先降低后增加的变化。人工表面面积占比维持较低比例，导致生境质量所占比例也非常小，但呈现逐年增加趋势，而其他类型面积占比逐年减少，从 1990 年的 11.48%降低到 2017 年的 0.26%，对应生境质量从 1990 年的 4.77%一直降低到 2017 年的 0.11%。

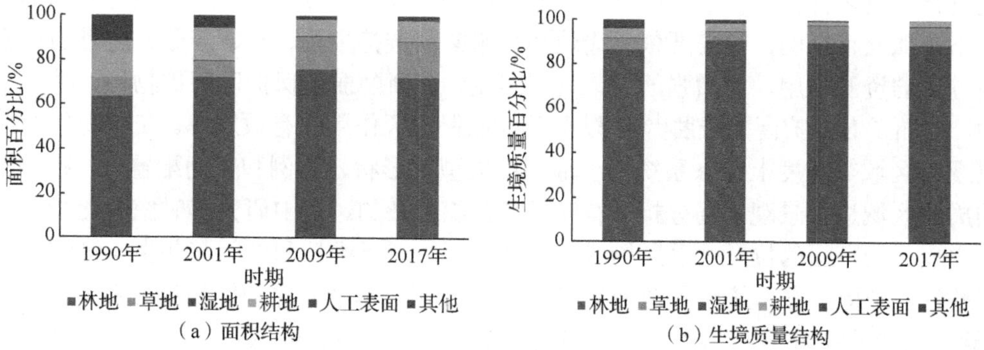

（a）面积结构　（b）生境质量结构

图 5-5　1990～2017 年贵州兴义坡岗自然保护区不同土地利用类型面积结构与生境质量结构

表 5-6　1990～2017 年贵州兴义坡岗自然保护区不同土地利用类型生境质量及所占百分比

类型	1990 年		2001 年		2009 年		2017 年	
	指数	百分比/%	指数	百分比/%	指数	百分比/%	指数	百分比/%
林地	106.40	86.41	121.48	90.61	126.58	89.76	121.05	88.62
草地	6.36	5.17	5.10	3.80	11.18	7.93	11.80	8.63
湿地	0.26	0.21	0.55	0.41	0.36	0.26	0.40	0.29
耕地	5.33	4.33	4.82	3.59	2.43	1.72	3.17	2.32
人工表面	0.01	0.01	0.02	0.01	0.02	0.02	0.07	0.05
其他	4.77	3.87	2.11	1.58	0.45	0.32	0.11	0.08

5.1.3　小结

（1）1990～2017 年自然保护区林地、草地、湿地和人工表面面积呈现增加趋势，耕地和其他类型面积呈现减少趋势。林地、草地、湿地和人工表面面积分别增加 18.55 km^2、15.53 km^2、3.21 km^2 和 0.34 km^2，其他类型和耕地面积分别减少 23.74km^2 和 13.88 km^2，其中其他类型面积减少最多，与 1990 年相比减少 97.70%。保护区土地转移主要发生在草地转林地、耕地转林地、其他类型转草地和其他类型转林地之间。

（2）1990～2017 年保护区整体生境质量呈现先增加后减少的变化，保护区生境质量增加 13.48，生境质量提高 10.95%。1990 年缓冲区平均生境质量最好，其次是核心区与实验区，2001 年以后核心区平均生境质量最好，其次是缓冲区，最后是实验区。

（3）1990～2017 年保护区生境质量受土地利用变化影响较大，4 个时期林地面积占保护区总面积的 63%以上，生境质量占整个保护区生境质量的 86%以上，林地面积增加对保护区生境质量提高贡献最大。人工表面生境质量所占比例较小，但呈现逐年增加趋势，而其他类型面积占比逐年减少，对应生境质量也逐年降低。保护区的设立、退耕还林还草工程的实施及保护区人类活动的增加是导致土地利用类型变化的主要原因。

参 考 文 献

[1] 刘华，蔡颖，於梦秋，等．太湖流域宜兴片河流生境质量评价[J]．生态学杂志，2012，31（5）：1288-1295.
[2] 韩会庆，苏志华，罗绪强，等．2000—2010 年草海自然保护区生境质量变化[J]．西南林业大学学报，2016，36（5）：158-163.
[3] 王世杰，李阳兵．喀斯特石漠化研究存在的问题与发展趋势[J]．地球科学进展，2007，22（6）：573-582.
[4] 张磊，吴炳方，李晓松，等．基于碳收支的中国土地覆被分类系统[J]．生态学报，2014，34（24）：7158-7166.
[5] 李艳忠，董鑫，刘雪华．40 年岷山地区白河自然保护区川金丝猴的生境格局动态[J]．生态学报，2016，36（7）：1803-1814.
[6] 张洪云，臧淑英，张玉红，等．人类土地利用活动对自然保护区影响研究：以黑龙江省为例[J]．环境科学与技术，2015，38（11）：271-276.

5.2　贵州兴义坡岗自然保护区景观格局时空变化分析研究*

保护区是进行生物多样性保护活动的重要基石，因为它提供了多类物种赖以生存所需的安全庇护所。但是保护区并不是孤立存在的，也需要依靠周边环境来共同维持生物、水、养分、能量的传递和流动。保护区周边环境过度的资源利用，如增强的土地利用强度，逐渐削弱了保护区保护物种、维持生态过程及提供服务的能力，增加了对保护区的威胁[1-3]，以至于降低保护区作用的有效发挥。在宏观尺度上景观格局主要是指构成景观、区域等尺度上生态系统和土地利用类型的形状、比例和空间配置[4]。针对保护区及对其有潜在影响的周边区域进行景观格局分析，有助于从错综复杂的斑块中研究其时空变化规律，识别某些具有关键作用的由点、线、面的位置关系所构成的潜在格局，对于维护和控制某些生态过程、保护生态系统结构功能的完整性、维持生态系统服务功能具有重要意义[5-6]。本节以保护区为研究对象，在不同时间和空间尺度上，从斑块类型指数和景观指数两个方面进行了综合研究与分析，揭示保护区的景观格局演变规律。

5.2.1　研究方法

为了分别研究保护区内以及保护区周边区域景观格局的变化，在保护区边界以外分别建立 5km（0～5km）和 10km（0～10km）两个缓冲区域，这个范围用来反映从保护区边界到周边环境所受影响的空间梯度效应，并被广泛使用[7]。采用 1990 年、2000 年和 2010 年共 3 期土地覆被数据，来分析保护区的时间序列变化。遥感影像数据主要采用 Landsat TM/ETM+影像以及 HJ-1A/B 作为影像解译的主要数据源，采用基于地理的面向对象影像分析技术，土地覆被分类精度可达到 94%。30m 空间分辨率精度的数据集分类系统更侧重于人类活动对土地的利用情况。其中，一级类与 IPCC 土地覆被类型一致，二级类则基于 FAO/LCCS

* 本节作者：黄贤峰、叶鑫、李燕、韦雪花。

的土地覆被类型划分方法。为了便于研究结果的宏观分析，本节使用土地覆盖一级分类（共七大类）进行数据分析。在分析土地覆盖景观格局变化特征时，将森林、灌木、草地和湿地作为主要生境类型因子进行分析，将耕地和人工表面作为主要人类活动因子进行分析。调查研究保护区内和保护区外不同梯度缓冲区的生境面积的变化，以及破碎化程度等景观格局特征，分析过程在 Arcgis10.4（ESRI）软件和景观格局指数分析软件（FRAGSTATS4.2）中进行。

斑块类型尺度格局指数主要选取斑块数（number of patches，NP）、最大斑块指数（largest plaude index，LPI）、平均斑块面积（mean patch area，MPS）、平均形状指数（mean shape index，MSI）和聚集度指数（aggregation index，AI）进行分析；景观尺度格局指数主要选取蔓延度指数（CONTAG）、Shannon 多样性指数（SHDI）和 Shannon 均匀度指数（SHEI）进行分析，具体分析公式及方法如下。

斑块数为

$$\mathrm{NP}=N$$

最大斑块指数为

$$\mathrm{LPI}=\frac{\mathrm{Max}(a_1,\cdots,a_n)}{A}(100)$$

斑块平均面积为

$$\mathrm{MPS}=\frac{A}{N}10^6$$

平均斑块形状指数为

$$\mathrm{MSI}=\frac{\sum_{i=1}^{m}\sum_{j=1}^{n}\left(\frac{0.25P_{ij}}{\sqrt{a_{ij}}}\right)}{N}$$

聚集度指数为

$$\mathrm{AI}=2\ln(n)+\sum_{i=1}^{n}\sum_{j=1}^{n}P_{ij}\ln(P_{ij})$$

蔓延度指数为

$$\mathrm{CONTAG}=\left[1+\sum_{i=1}^{m}\sum_{j=1}^{n}\frac{P_{ij}\ln(P_{ij})}{2\ln(m)}\right](100)$$

Shannon 多样性指数为

$$\mathrm{SHDI}=-\sum_{i=1}^{m}(P_i)\times\ln(P_i)$$

Shannon 均匀度指数为

$$\mathrm{SHEI}=\frac{H}{H_{\max}}=\frac{-\sum_{k=1}^{n}P_k\ln(P_k)}{\ln(n)}$$

式中，N 为景观中斑块类型的总数；A 为景观总面积；a 为斑块面积；P_{ij} 为斑块类型 i 与 j 相邻的概率；m 为景观中斑块类型的数目；P_k 为斑块类型 k 在景观中出现的概率。

5.2.2　结果与分析

1. 保护区及梯度缓冲区斑块类型尺度格局指数分析

1）保护区及梯度缓冲区灌木格局指数分析

保护区内占比最大的土地利用类型为灌木，占整个保护区面积的 80%以上。但是随着保护区梯度缓冲区的增加，灌木面积占比逐渐减小，5km 范围内约为 70%，10km 范围内约为 57%。在土地利用类型尺度上分析保护区及梯度缓冲区内景观格局指数的时序变化。研究表明，1990～2000 年，保护区及梯度缓冲区内灌木面积均呈增加趋势，LPI 也均表现为增加，在 10km 范围内最大，达到 0.44。MPS 受斑块个数变化的影响，随着梯度缓冲区先降低后增加。MSI 随着梯度缓冲区逐渐降低，表明斑块整体上趋于规则。AI 在 10km 范围内达到最大，该尺度上斑块聚集度最高，破碎化程度最低（图 5-6）。

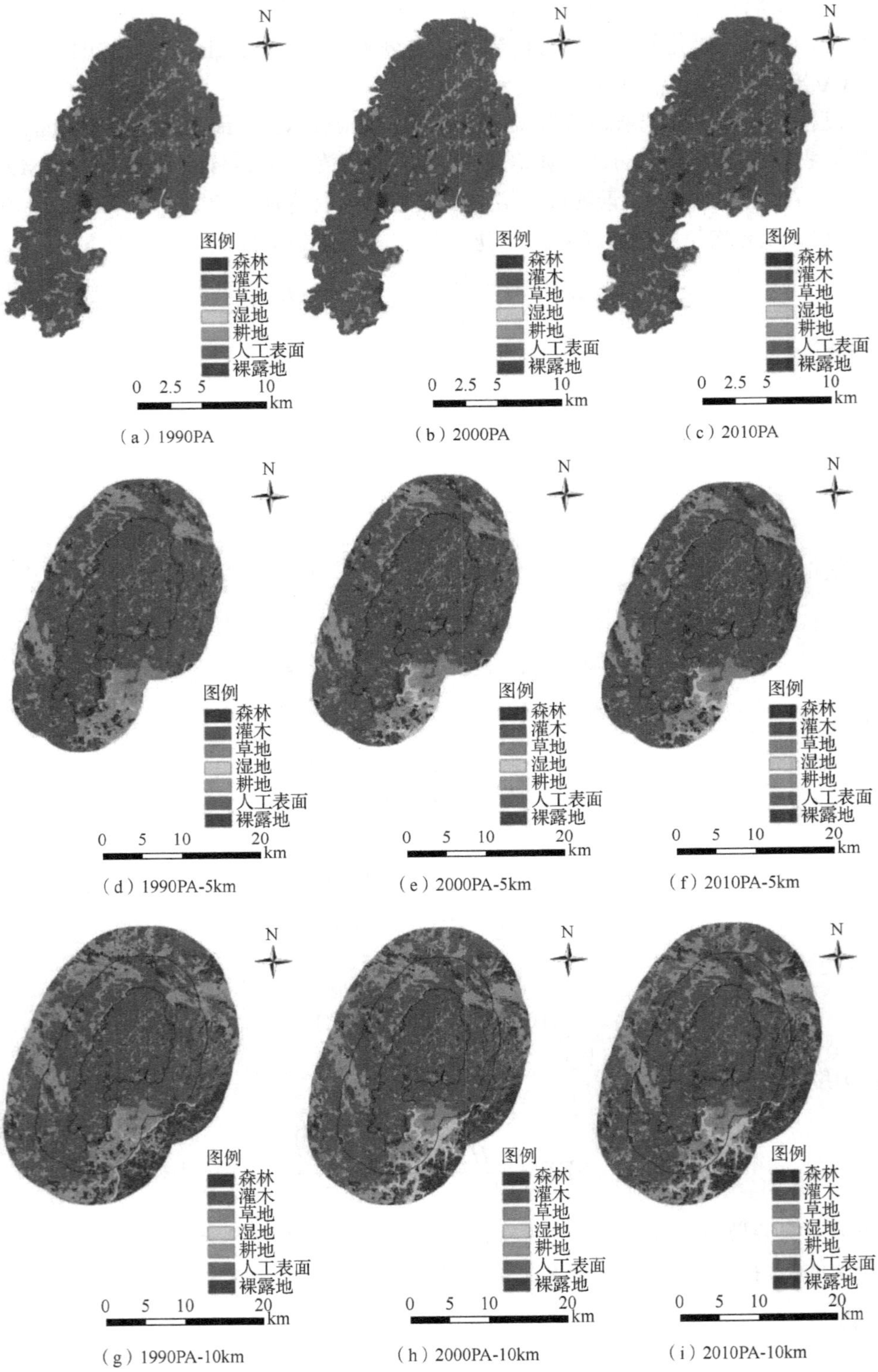

图 5-6　不同时段下贵州兴义坡岗自然保护区内（上）、5km 梯度缓冲区（中）、10km 梯度缓冲区土地覆被分布格局（下）

图中 PA 为保护区（protect area）。

2000～2010 年，保护区及梯度缓冲区内灌木面积均下降，LPI 也均下降。MPS 在保护区内下降最多，主要是由于保护区内灌木本底是比较完整的大型斑块，对斑块个数的增加产生的影响最为敏感，其次为 5km 范围和 10km 范围。AI 在保护区及各个梯度范围内均表现为下降，其中，保护区内受影响相对较小（图 5-7 和表 5-7）。

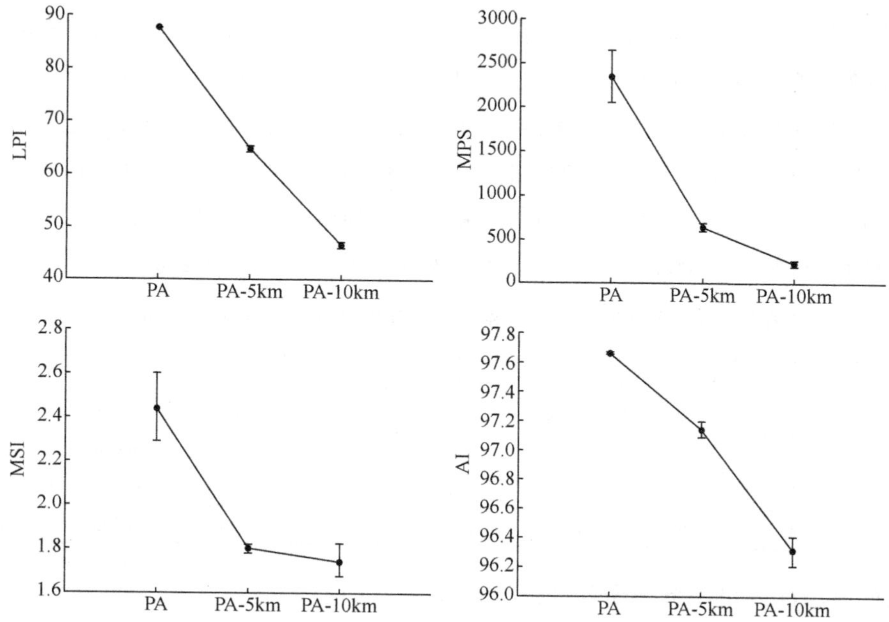

图 5-7　贵州兴义坡岗自然保护区及不同梯度缓冲区内灌木斑块格局指数变化特征

表 5-7　贵州兴义坡岗自然保护区及梯度缓冲区内灌木斑块格局指数时序变化

项目	1990～2000 年					2000～2010 年				
	ΔNP	ΔLPI	ΔMPS	ΔMSI	ΔAI	ΔNP	ΔLPI	ΔMPS	ΔMSI	ΔAI
PA	−1	0.011 0	332.582 1	0.169 7	0.000 2	2	−0.214 2	−595.327 1	−0.308 0	−0.009 1
PA-5km	5	0.112 3	−45.371 8	−0.013 9	−0.003 2	3	−0.775 9	−32.622 4	0.039 5	−0.103 3
PA-10km	−84	0.440 7	57.346 7	−0.122 1	0.220 9	10	−0.692 7	−12.482 1	−0.003 8	−0.138 2

2）保护区及梯度缓冲区森林格局指数分析

保护区内由于灌木面积占比大，森林面积占比相对较小。但是随着保护区梯度缓冲区的增加，森林面积占比逐渐增大，10km 范围内森林面积约为 10%。1990～2000 年，保护区内及 5km 范围内森林面积变化不大。10km 范围内森林面积减少了约 0.53%，主要是因为一部分转移成了湿地，斑块数减少了 74 个，但以细小斑块居多，所以 MPS 增加了 1.39。LPI 降低了 0.95，AI 增加了 0.65，森林斑块形状更趋于规则，斑块之间更加聚集（图 5-8）。

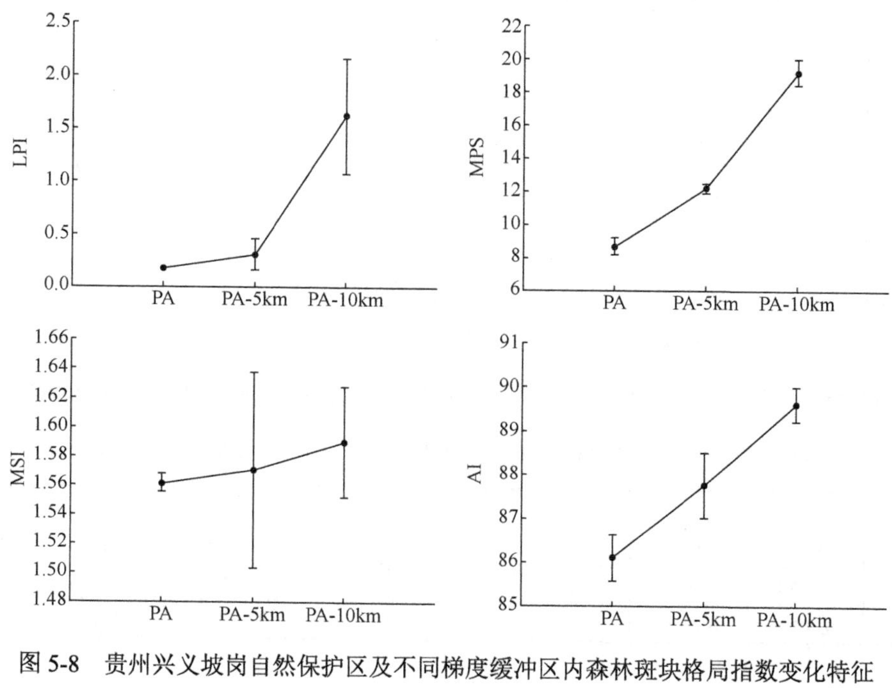

图 5-8　贵州兴义坡岗自然保护区及不同梯度缓冲区内森林斑块格局指数变化特征

2000～2010 年，保护区内及各梯度缓冲区内森林面积的占比均表现出增加，其中保护区内、5km 范围和 10km 范围分别增加了 0.15%、1.58%和 1.81%，主要原因是 2002 年起贵州省退耕还林还草工程的有效实施。从斑块数的增加量可以看出，森林面积的增加产生了更多的细小森林斑块，但除了保护区内部，两个梯度缓冲区的最大斑块指数在 10 年间均增加了。斑块数的增加也使保护区和梯度缓冲区内的 MPS 和 AI 均表现为下降。除了保护区内部，5km 范围和 10km 范围 MSI 均为增加，森林斑块总体上形状更趋于复杂。退耕还林一方面使森林面积增加了，另一方面在森林类型尺度上增加了破碎化程度（表 5-8）。

表 5-8　贵州兴义坡岗自然保护区及梯度缓冲区内森林斑块格局指数

项目	1990～2000 年					2000～2010 年				
	ΔNP	ΔLPI	ΔMPS	ΔMSI	ΔAI	ΔNP	ΔLPI	ΔMPS	ΔMSI	ΔAI
PA	0	0	0	0	0	7	0	−0.924 5	−0.011 2	−0.907
PA-5km	−1	1×10^{-4}	0.089 6	0.005 1	0.010 6	95	0.257 5	−0.527 2	0.114 1	−1.285 7
PA-10km	−74	−0.950 6	1.392 5	−0.009 8	0.647 6	155	0.011 1	−1.325 5	0.069 7	−0.679 1

3）保护区及梯度缓冲区草地格局指数分析

保护区草地面积占比随着保护区梯度缓冲区的增大而逐渐增加，保护区内约为 1.6%，5km 范围内达到 6.6%，10km 范围内达到 8.0%左右。1990～2000 年，保护区内草地面积变化不大，5km 范围内草地面积增加了 0.14%，10km 范围内草地面积增加了 0.20%。LPI 和 MPS 在 5km 和 10km 范围内均表现为增加，MSI 也同向增加，表明虽然斑块的面积增加了，但是斑块平均形状却趋于复杂化。保护区 5km 和 10km 范围的 AI 表现出相反的特征，主要是由于斑块数的变化所致，10km 范围内斑块数减少了 27，草地类型更趋向集中化（图 5-9 和表 5-9）。

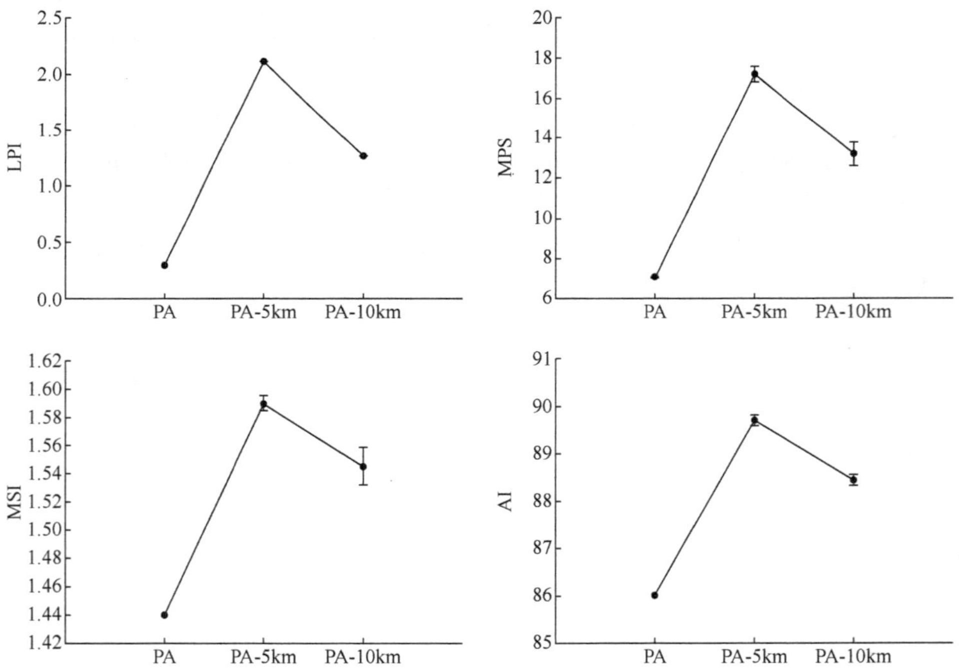

图 5-9　贵州兴义坡岗自然保护区及不同梯度缓冲区内草地斑块格局指数变化特征

表 5-9　贵州兴义坡岗自然保护区及梯度缓冲区内草地斑块格局指数

项目	1990～2000 年					2000～2010 年				
	ΔNP	ΔLPI	ΔMPS	ΔMSI	ΔAI	ΔNP	ΔLPI	ΔMPS	ΔMSI	ΔAI
PA-5km	3	0.000 4	0.158 0	0.010 3	−0.051 7	−3	−0.000 2	0.576 6	−0.003 6	0.209 9
PA-10km	−27	0.007 1	0.789 3	0.021 0	0.062 4	−3	−0.000 5	0.351 0	0.003 4	0.135 9

2000～2010 年，5km 范围内草地面积增加了 0.14%，10km 范围内草地面积增加了 0.18%。虽然 LPI 在保护区的两个缓冲区梯度内均略有下降，但 MPS 均表现为增加。特别是在 5km 范围内，斑块平均形状更加规则，同时草地类型聚集度指数增加较多。

4）保护区及梯度缓冲区湿地格局指数分析

保护区湿地面积在 1990～2000 年变化较大，主要归因于水库的建设。其中，保护区内增加了 0.17%，达到 0.27%；保护区 5km 范围内增加了 1.47%，达到 2.00%；保护区 10km 范围内增加了 2.37%，达到 3.30%，水库的影响主要集中在保护区外 5～10km 范围内。1990～2000 年，保护区外的梯度缓冲区内湿地斑块个数均有大幅下降，其中 10km 范围斑块个数减少了 440 个。水库的建设使 LPI 和 MPS 指数随着梯度的增加有较大幅度的增加趋势。AI 在保护区外 10km 范围内的增加最显著，但对保护区不同梯度进行比较发现，虽然在 10km 范围内斑块个数的下降最多，但 5km 范围的 ΔAI 与保护区内 ΔAI 之差相比 10km 范围变化却更大，ΔMSI 也表现出类似的特征。2000～2010 年，湿地景观格局指数变化很小（图 5-10 和表 5-10）。

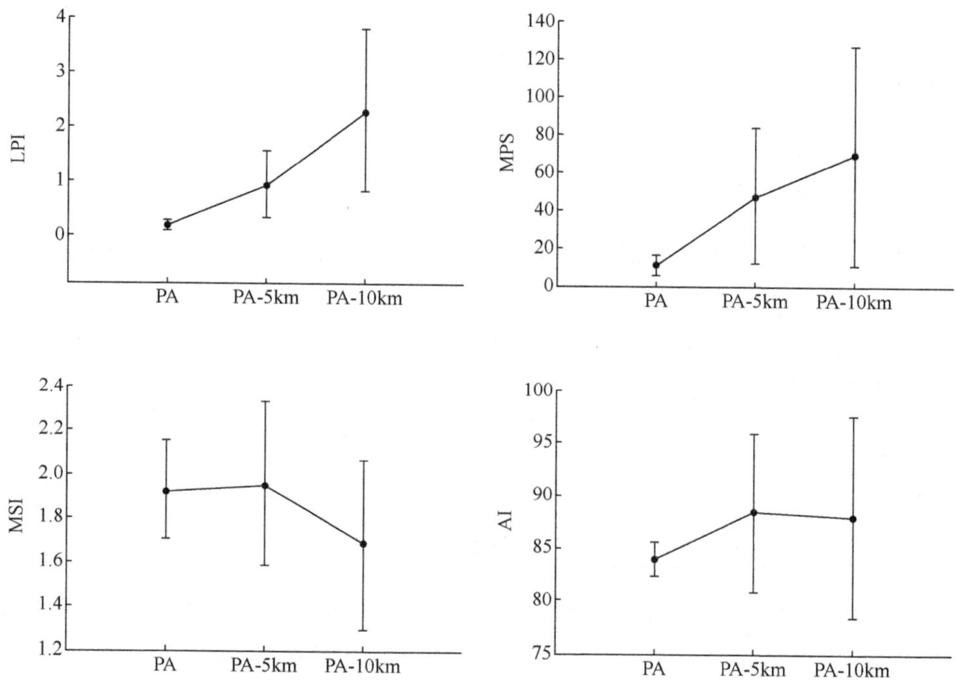

图 5-10　贵州兴义坡岗自然保护区及不同梯度缓冲区内湿地斑块格局指数变化特征

表 5-10　贵州兴义坡岗自然保护区及梯度缓冲区内湿地斑块格局指数

项目	1990～2000 年					2000～2010 年				
	ΔNP	ΔLPI	ΔMPS	ΔMSI	ΔAI	ΔNP	ΔLPI	ΔMPS	ΔMSI	ΔAI
PA	0	0.162 8	8.91	0.390 1	2.771 3	0	0	0	0	0
PA-5km	−32	1.085 7	61.803 4	0.671 0	12.819 2	0	0.001 0	0.208 4	−0.072 6	0.401 4
PA-10km	−440	2.601 7	100.607 9	0.699 3	16.323 6	0	−0.003 5	−0.080 8	−0.057 9	0.487 2

5）保护区及梯度缓冲区耕地格局指数分析

保护区内反映人类活动程度的主要为耕地和人工表面这两个地类。保护区内耕地面积占比相比梯度缓冲区内较小，说明受人类活动干扰相对较小。耕地面积在 1990～2000 年主要表现为呈减少趋势，保护区内耕地面积减少了 0.18%，占比为 7.31%；保护区外 5km 范围内耕地面积减少了 2.06%，占比为 14.47%；保护区外 10km 范围内耕地面积减少了 2.89%，占比为 18.07%。耕地面积在梯度缓冲区内均表现为减少，但 5km 范围内耕地斑块增加，AI 降低了 0.74，耕地更加破碎；10km 范围内耕地斑块减少，但由于 MSI 增加，形状更加复杂，AI 也降低，耕地破碎化增加（图 5-11 和表 5-11）。

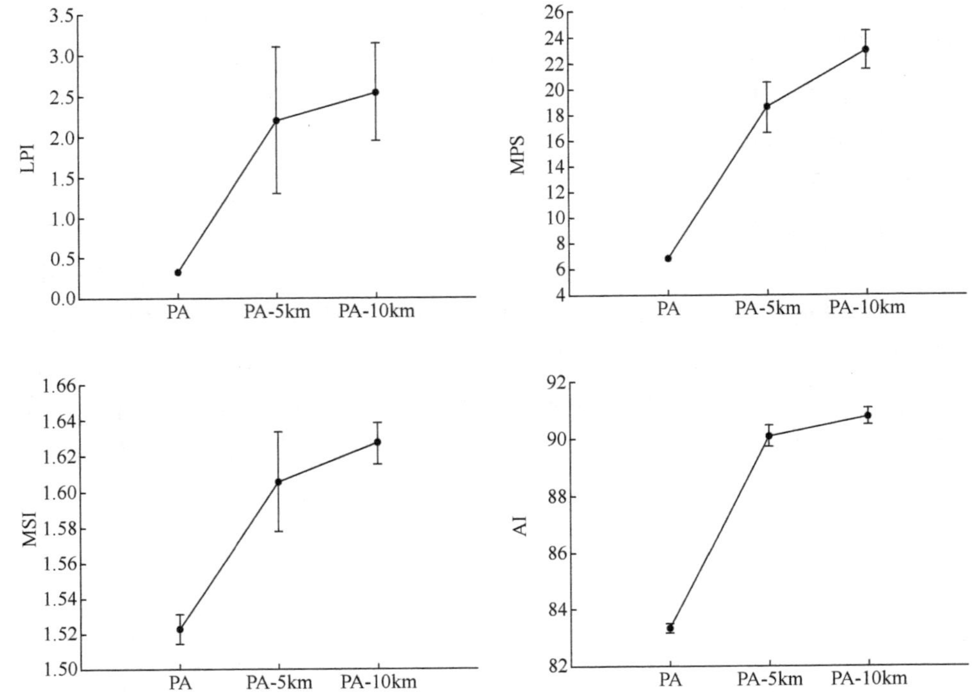

图 5-11　贵州兴义坡岗自然保护区及不同梯度缓冲区内耕地斑块格局指数变化特征

表 5-11　贵州兴义坡岗自然保护区及梯度缓冲区内耕地斑块格局指数

项目	1990～2000 年					2000～2010 年				
	ΔNP	ΔLPI	ΔMPS	ΔMSI	ΔAI	ΔNP	ΔLPI	ΔMPS	ΔMSI	ΔAI
PA	1	0	−0.192 2	−0.012 5	−0.039 8	−5	0	0.182 5	−0.002 9	0.310 1
PA-5km	38	−1.500 8	−3.766 7	−0.018 1	−0.739 1	−87	−0.141 8	1.556 1	−0.037 2	0.644 9
PA-10km	−25	−0.933 1	−2.884 5	0.013 3	−0.520 7	−133	−0.191	0.942 5	−0.023 4	0.274 1

2000～2010 年，保护区内耕地面积有轻微增加，增加了 0.04%，占比为 7.35%；保护区外 5km 范围内耕地面积减少了 1.10%，占比为 13.37%；保护区外 10km 范围内耕地面积减少了 1.70%，占比为 16.37%。耕地面积总体减少幅度低于 1990～2000 年。保护区及梯度缓冲区内耕地斑块均呈减少趋势，虽然保护区内耕地面积轻微增加，但 AI 增加，耕地聚集程度轻度增加。保护区外 5km 和 10km 范围内的耕地面积减少幅度虽然没有 1990～2000 年大，但斑块数却大幅减少，AI 相比 1990～2000 年也显著提升，表明 2000～2010 年退耕的主要是面积较小的农田，退耕后耕地类型聚集度整体得到提升，同时 MSI 减少，耕地形状更加规则。

6）保护区及梯度缓冲区人工表面格局指数分析

保护区内人工表面在两个时间段均没有变化，表明保护区的管理在控制人类活动方面取得成效。除保护区梯度缓冲区外，人工表面面积在两个时段均表现为增加，使保护区受人类活动潜在影响增加。1990～2000 年，保护区外 5km 范围内人工表面面积增加了 0.23%，占比为 1.15%；保护区外 10km 范围内人工表面增加了 0.50%，占比为 2.14%。但由于人工表面的斑块个数减少，最大斑块和平均斑块面积增大，整体呈聚集状态，平均斑块形状指数也更加趋于复杂（图 5-12 和表 5-12）。

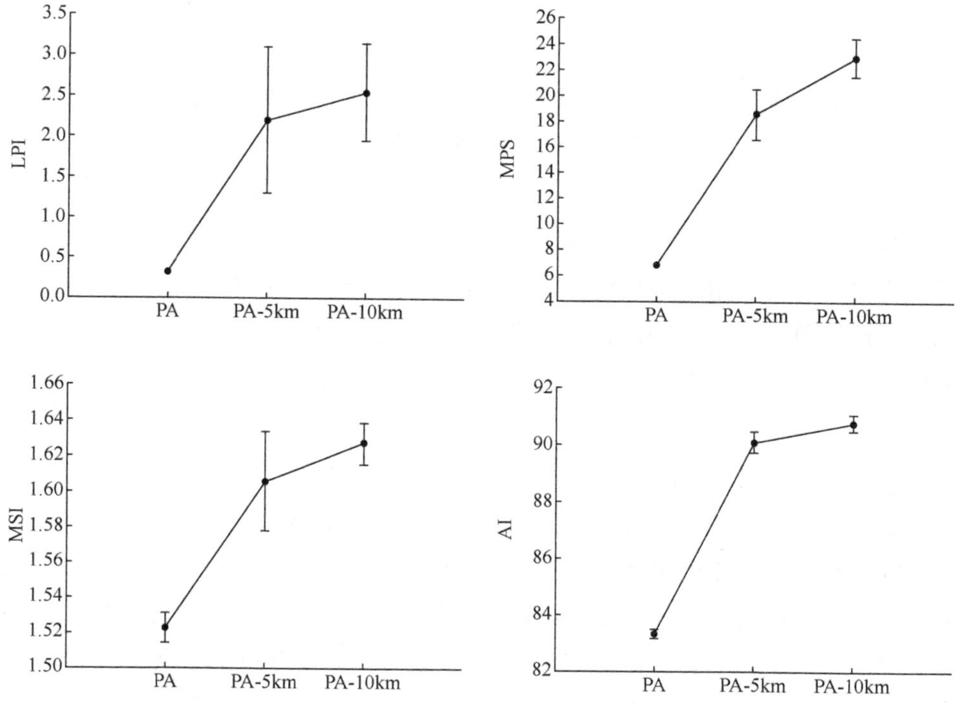

图 5-12　贵州兴义坡岗自然保护区及不同梯度缓冲区内人工表面斑块格局指数变化特征

表 5-12　贵州兴义坡岗自然保护区及梯度缓冲区内人工表面斑块格局指数

项目	1990～2000 年					2000～2010 年				
	ΔNP	ΔLPI	ΔMPS	ΔMSI	ΔAI	ΔNP	ΔLPI	ΔMPS	ΔMSI	ΔAI
PA-5km	−5	0.090 1	1.951 8	0.014 4	2.860 2	−2	0.143 8	1.711 4	−0.031 0	1.556 0
PA-10km	−40	0.354 2	3.702 5	0.061 6	3.119 7	−17	0.632 5	4.749 8	−0.006 6	2.385 2

2000～2010 年，保护区外 5km 范围内人工表面面积增加了 0.21%，占比为 1.36%；保护区外 10km 范围内人工表面面积增加了 0.73%，占比为 2.87%。10km 范围内，时间尺度上人工表面呈逐渐增加趋势，空间尺度上相比保护区内及 5km 范围内，人工表面占比更大，表明保护区外 5～10km，是人类活动影响较大的区域。保护区外人工表面景观格局指数在 20 年间，LPI、MPS 和 AI 也均表现逐步增加的趋势。

2. 保护区及梯度缓冲区景观尺度格局指数分析

1990～2000 年，保护区内 SHDI 和 SHEI 均表现为增加，CONTAG 表现为减少。2000～2010 年，3 个景观尺度的格局指数有类似的特征，表明保护区总体上景观类型向多样化、均匀化过渡，单一类型景观占主导的优势地位下降，景观整体上蔓延度指数降低，景观破碎化程度有所增加。

空间尺度上，从保护区内及不同梯度缓冲区的比较可以看出，SHDI 和 SHEI 均为增加，CONTAG 为减小。从变化量上来看，保护区内景观多样性和均匀度程度增加量和蔓延度的减少量小于梯度缓冲区，表明了保护区内虽然主要生境类型的景观优势地位在下降，但与梯度缓冲区之间仍存在明显的差异。5km 缓冲区范围相比保护区内则有明显的变化，但是 10km 范围和 5km 范围之间变化量相对接近，这也进一步表明了保护区 5km 范围内存在较明显的边界效应，是保护区人类活动影响较为集中的区域（表 5-13）。

表 5-13　贵州兴义坡岗自然保护区内及梯度缓冲区景观尺度格局分析

项目	1990～2000 年			2000～2010 年		
	ΔCONTAG	ΔSHDI	ΔSHEI	ΔCONTAG	ΔSHDI	ΔSHEI
PA	−0.167 5	0.006 0	0.003 0	−0.238 5	0.007 6	0.003 9
PA-5km	−1.140 1	0.042 3	0.021 8	−1.177 2	0.037 9	0.019 4
PA-10km	−1.233 1	0.060 0	0.030 9	−1.186 0	0.037 9	0.019 5

5.2.3 小结

保护区建立的目的及管理的方式不能以一种孤立的生境岛屿的思维方式去处理，而应该更多地考虑周围的环境和所处基质的综合条件。在热带地区已有的较多研究发现，保护区周边大量森林的丧失，会极大地造成保护区生态隔离水平的上升。通过对保护区近 20 年的土地覆被景观格局变化特征的分析，可以清楚、全面地了解保护区及其周边邻近区域整体的动态变化，识别存在问题的主要区域。同时，保护区未来能够维持现有物种丰富度的能力取决于其所处的大区域基质环境和在土地覆被动态变化背景下的综合管理能力。因此，通过不同缓冲区梯度的分析，可以了解保护区所处的由近至远的背景基质环境在 20 年间所发生的土地覆被变化特征，对于推进区域保护区保护工作和识别重点修复地区来说具有重要的意义。

通过对土地利用类型进行景观格局分析，可以看出不同生境类型在时间尺度表现出不同的特征。灌木是保护区内的主要生境类型，1990～2000 年灌木面积呈增加趋势，斑块整体上聚集度较高。2000 年以后，灌木面积下降，MPS 在保护区内下降最多，主要是由于保护区内灌木本底是比较完整的大型斑块，产生新的斑块对平均斑块面积影响较为敏感。1990～2000 年，保护区外 10km 范围内的森林面积呈减少趋势，但由于斑块数也大量降低，整体上斑块聚集度更高。2000～2010 年，保护区内及各梯度缓冲区内森林面积均增加，主要归因于退耕还林还草工程的有效实施及保护区作用的发挥，但同时也产生了更多的细碎的斑块，使整体上更加破碎。1990～2000 年，湿地面积变化较大，主要归因于水利设施的建设，且对保护区 5～10km 范围内的影响最大，格局上使原有破碎斑块大幅较少，聚集度指数显著增加。

保护区反映人类活动的程度主要体现在耕地和人工表面这两个地类。从研究结果可以看出，1990～2000 年，耕地面积主要呈减少趋势，但由于斑块数增加或形状的复杂化使耕地破碎化加剧。2000～2010 年，耕地总体上呈下降趋势，耕地破碎化程度得到有效控制，聚集度提高。人工表面面积变化主要集中在保护区外，在两个时段均表现为增加，但由于斑块个数下降，最大斑块和平均斑块面积增大，整体呈聚集状态。虽然代表人类活动强度的耕地和人工表面面积有减有增，但在格局上，均呈更加聚集化态势，这也为保护区内生境的有效管理奠定了基础。

从保护区和不同梯度缓冲区之间的比较分析可以看出，保护区的保护成效比较显著。保护区内的土地覆盖变化强度远小于保护区周边区域。例如，2000～2010 年，虽然灌木聚集度指数在保护区及各个梯度范围内均表现为下降趋势，但保护区内受影响相对较小。1990～2000 年，保护区内森林面积变化不大，但 10km 范围内森林面积减少了约 0.53%。保护区内人工表面在两个时间段基本没有变化，而保护区外的梯度缓冲区均表现为增加，这也表明保护区的管理在控制人类活动方面取得成效。

本节研究还发现，保护区外存在一定程度的边际效应。在景观尺度上的分析表明，虽然保护区内主要生境类型的景观优势地位在下降，但相比保护区外仍存在明显的差异。保护区 5km 缓冲区范围相比保护区内有明显的变化，而 10km 范围和 5km 范围之间变化量相对接近，这也进一步表明了保护区外 5km 范围内存在较明显的边界效应，保护区人类活动影响较为集中。大量研究表明，保护区边界以外土地覆被高强度变化等威胁因素会对保护区内产生潜在的负面效应和累积效应。这对于保护区今后的管理规划，及相关政策的制定与实施具有重要参考价值。

参 考 文 献

[1] HANSEN A J, DEFRIES R. Ecological mechanisms linking protected areas to surrounding lands[J]. Ecological Applications, 2007, 17(4): 974-988.

[2] RADELOFF V C, STEWART S I, HAWBAKER T J, et al. Housing growth in and near United States protected areas limits their conservation value[J]. Proceedings of the National Academy of Sciences, 2010, 107(2): 940-945.

[3] BUTSIC V, RADELOFF V C, KUEMMERLE T, et al. Analytical solutions to trade-offs between size of protected areas and land-use intensity[J]. Conservation Biology, 2012, 26(5): 883-893.
[4] 傅伯杰，陈利顶，马克明，等．景观生态学原理及应用[M]．北京：科学出版社，2001.
[5] 俞孔坚．生物保护的景观生态安全格局[J]．生态学报，1999，19（1）：8-15.
[6] 马克明，傅伯杰，黎晓亚，等．区域生态安全格局：概念与理论基础[J]．生态学报，2004，24（4）：761-768.
[7] SVANCARA L K, SCOTT J M, LOVELAND T R, et al. Assessing the landscape context and conversion risk of protected areas using satellite data products[J]. Remote Sensing of Environment, 2009, 113(7): 1357-1369.

5.3　基于 MODIS NDVI 的保护区植被覆盖度的动态变化特征研究*

植被覆盖度是指植被（包括叶、茎、枝）在地面的垂直投影面积占统计区的总面积百分比[1]，是自然环境变化和人类活动综合影响的结果，也是描述生态系统的重要基础性指标，因此，在模拟地表植被蒸腾、土壤水分蒸发及植被光合作用等过程时，植被覆盖度是一个重要的控制因子[2]。通过获取地表植被覆盖度变化信息，有助于揭示地表空间变化规律，探讨其变化因素，分析区域生态环境。遥感技术的客观、快速、大范围等特点，使其在大尺度区域植被监测方面具有独特的优势，已成为监测植被覆盖度变化的主要手段[3-4]。归一化植被指数（normalized difference vegetation index，NDVI）能够反映植被代谢强度及其季节和年际变化，可用来进行植被覆盖变化监测、分类及物候分析。现有的 NDVI 数据中，EOS/MODIS NDVI 的光谱性能稳定，辐射定标精度优越，数据均一，空间相关性高，能较好地估算植被的生长状况，它与植被覆盖度及叶面积指数密切相关，能较为准确地反映植被的绿度及光合作用，常用于进行区域尺度的植被分类和植被覆盖研究[5]。

本节利用基于 NDVI 的植被覆盖度像元二分模型对保护区内植被覆盖度进行估算，并对其变化特征进行分析。

5.3.1　研究方法

1. 数据来源与预处理

2000～2013 年 EOS/MODIS NDVI 数据，来自 NASA 地球观测系统 EOS/MODIS NDVI 数据中的 MOD13A2 级数据产品，时间分辨率为 16d，空间分辨率 500m×500m，采用 MODIS Reprojection Tools（MRT）软件对下载的数据进行数据格式转换、拼接和裁剪。为了降低以上两种数据卫星几何视场角、云及数据合成过程中对 NDVI 造成的影响，采用 3 点平滑方法对数据进行修正。在 ArcGIS 软件下对 NDVI 影像统一采用 WGS_1984 地理坐标系统，Albers Equal-Area Conic 投影。利用多景影像融合算法——最大合成法（maximum value composite，MVC）将数据进行合成，提高估算精度得到该月最大植被指数合成图像。利用同样的方法，还可得到每年最大 NDVI 指数图像进行盖度反演分析，利用保护区的矢量边界，对遥感数据进行裁剪，即可得到和研究区范围一致的遥感图像。

2. 植被覆盖度的计算

目前没有一种标准的方法来监测植被覆盖度，处理植被指数法与像元分解法，一般的监测方法存在推广应用限制、依赖实测数据等缺陷。由于植被盖度与 NDVI 存在极显著线性相关关系，因此本节利用基于 NDVI 的植被覆盖度像元二分模型对保护区植被覆盖度进行估算，该模型假定通过遥感传感器所观测到信息可以表达为由绿色植被部分所贡献的信息和由无植被覆盖（裸土）部分所贡献的信息两部分组成[6]。具体计算公式如下：

---

* 本节作者：黄贤峰、杨悦、李燕、顾羊羊。

$$F_v = \frac{\text{NDVI} - \text{NDVI}_{\min}}{\text{NDVI}_{\max} - \text{NDVI}_{\min}} \times 100\% \tag{5-1}$$

其中，F_v为植被覆盖度；$\text{NDVI}_{\min}$为研究区最小 NDVI 值（裸土的 NDVI 值）；$\text{NDVI}_{\max}$为研究区内最大 NDVI 值或纯植被像元的 NDVI 值。

$\text{NDVI}_{\min}$对于大多数类型的裸地表面，理论上应该接近零，而且不随时间改变，可以由图像计算得出。$\text{NDVI}_{\max}$代表全植被覆盖像元的最大值，由于植被类型的影响，$\text{NDVI}_{\max}$值也会随着时间和空间而变化。在实地应用中，植被覆盖类型随土地利用类型而变化，对于某一土地利用类型，由于植被类型近似，其$\text{NDVI}_{\max}$值也相近；而对于特定的土壤类型，其$\text{NDVI}_{\min}$值也应该是一定的。本节采用 Los 等[7]的计算方法来确定$\text{NDVI}_{\min}$和$\text{NDVI}_{\max}$，具体计算公式如下：

$$\text{SR} = (1 + \text{NDVI}) / (1 - \text{NDVI}) \tag{5-2}$$

其中，SR 为比值植被指数。根据式（5-2）可以确定出$\text{NDVI}_{\max}$和$\text{NDVI}_{\min}$的值。$\text{SR}_{\min}$=1.08 是常数，$\text{SR}_{\max}$的取值与植被类型有关，取值范围为 4.14～6.17。因此，相对应的$\text{NDVI}_{\min}$=0.0385，$\text{NDVI}_{\max}$为 6.61～0.72。

3. 植被覆盖度年际变化趋势的计算

利用一元线性回归方程在每个像元的基础上分析保护区 2000～2013 年植被覆盖度的变化趋势，具体的计算公式如下：

$$S = \frac{n \times \sum_{i=1}^{n}(i \times C_i) - \left(\sum_{i=1}^{n} i\right)\left(\sum_{n=1}^{n} C_i\right)}{n \times \left(\sum_{i=1}^{n} i^2\right) - \left(\sum_{i=1}^{n} i\right)^2} \tag{5-3}$$

其中，S代表趋势斜率；n为研究年限取值 14；i=1，为 2000 年；C_i为第i年的最大F_v。S为正值表示F_v上升，反之则表示F_v下降。变化趋势的显著性检验则利用F检验，显著性仅代表趋势性变化可置信程度的高低，与变化快慢无关。F检验计算公式为

$$F = U \times \frac{n-2}{Q} \tag{5-4}$$

$$U = \sum_{i=1}^{n}\left(\hat{y}_i - \overline{y}\right)^2 \tag{5-5}$$

$$Q = \sum_{i=1}^{n}\left(y_i - \hat{y}_i\right)^2 \tag{5-6}$$

其中，n=14，为研究年限；U为误差平方和；Q为回归平方和；y_i为第i年F_v的实际观测值；$\hat{y}_i$为回归观测值；$\overline{y}$则代表 14 年内F_v的平均值。根据检验结果，变化趋势分以下 3 个等级：极显著变化（P<0.01）、显著变化（0.01<P<0.05）、无显著减少（P>0.05）。

5.3.2　结果与分析

1. 保护区植被覆盖度空间分布特征

2000～2013 年，保护区植被覆盖度年平均值的空间分布如图 5-13 所示。植被覆盖度的取值范围为 67%～89%，平均值为 79%。根据植被覆盖度常用的五级表示法（<30%、30%～45%、45%～60%、60%～75%、>75%），可见保护区的植被覆盖度从低到高可以分为中高植被覆盖度（61%～75%）和高植被覆盖度（>75%）。其中，高植被覆盖度的地区主要包括位于保护区的核心区和实验区。

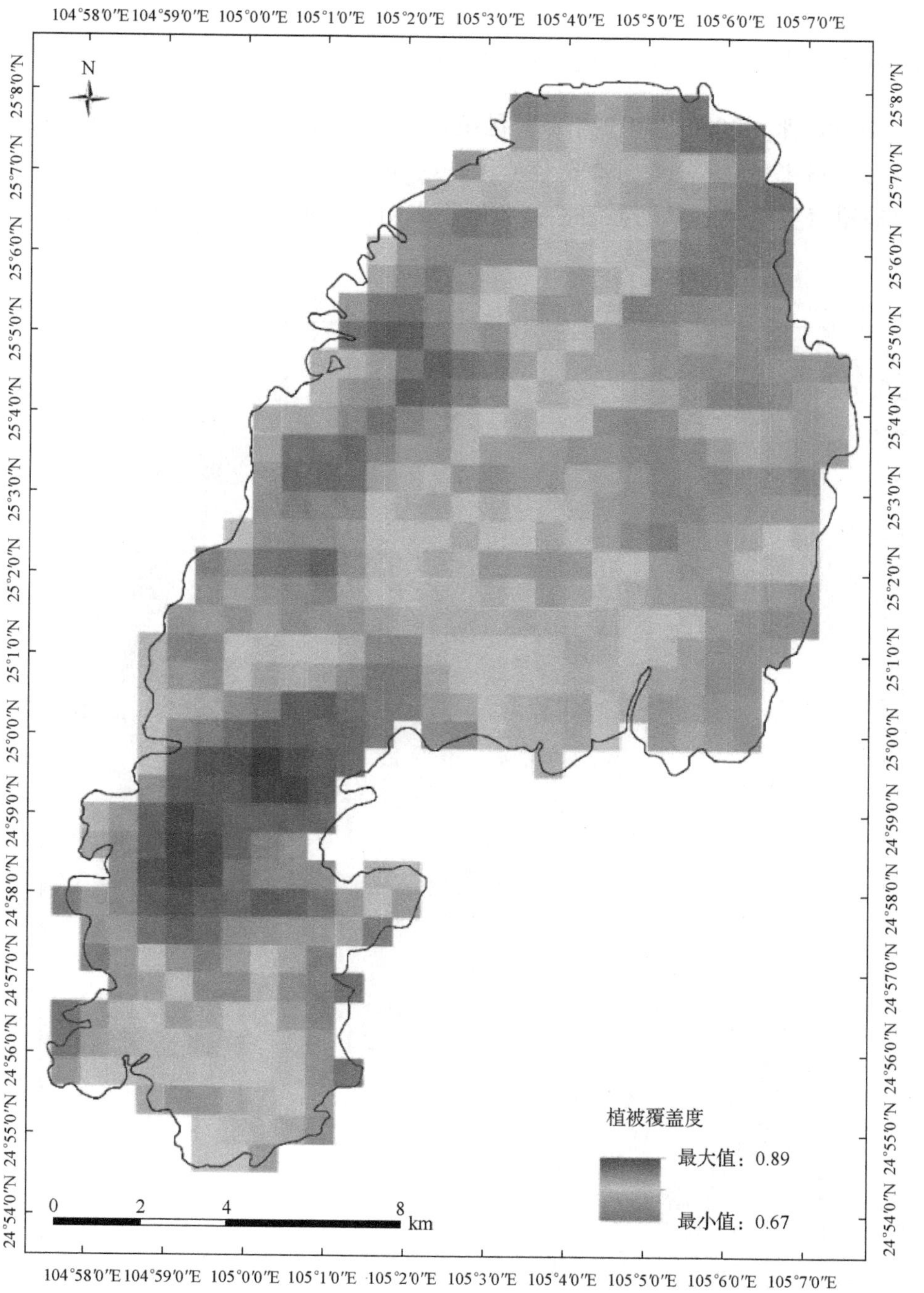

图 5-13　贵州兴义坡岗自然保护区植被覆盖度的空间分布

从不同分区植被覆盖度的面积来看（表 5-14），2000～2013 年，植被覆盖度面积较大的是 75%～100%（高植被覆盖度地区），在核心区、缓冲区和实验区分别达到 47.53km^2、37.38km^2 和 44.75km^2；面积较小的是 60%～75%（中高植被覆盖度地区），在核心区、缓冲区和实验区分别达到 18.11km^2、13.63km^2 和 51.25km^2。从整体的植被覆盖度来看，核心区的高植被覆盖度较多，实验区的高植被覆盖度次之，缓冲区的为最低。

表 5-14　坡岗自然保护区植被覆盖度不同范围面积统计

研究区	面积/km^2	植被覆盖度/%	
		60～75	75～100
核心区	65.64	18.11	47.53
缓冲区	51.01	13.63	37.38
实验区	96.00	51.25	44.75

2. 保护区植被覆盖度年际变化动态及空间格局分析

由图 5-14 可以看出来，2000～2013 年保护区植被覆盖度总体上呈现上升趋势（Slope>0），其中呈增加趋势的面积为 153.47km^2，主要分布在核心区和缓冲区，而呈减少趋势的面积为 59.18km^2，主要位于实验区。植被覆盖度变化速率的显著性检验结果表明，植被覆盖度明显增加的区域大部分则位于实验区。

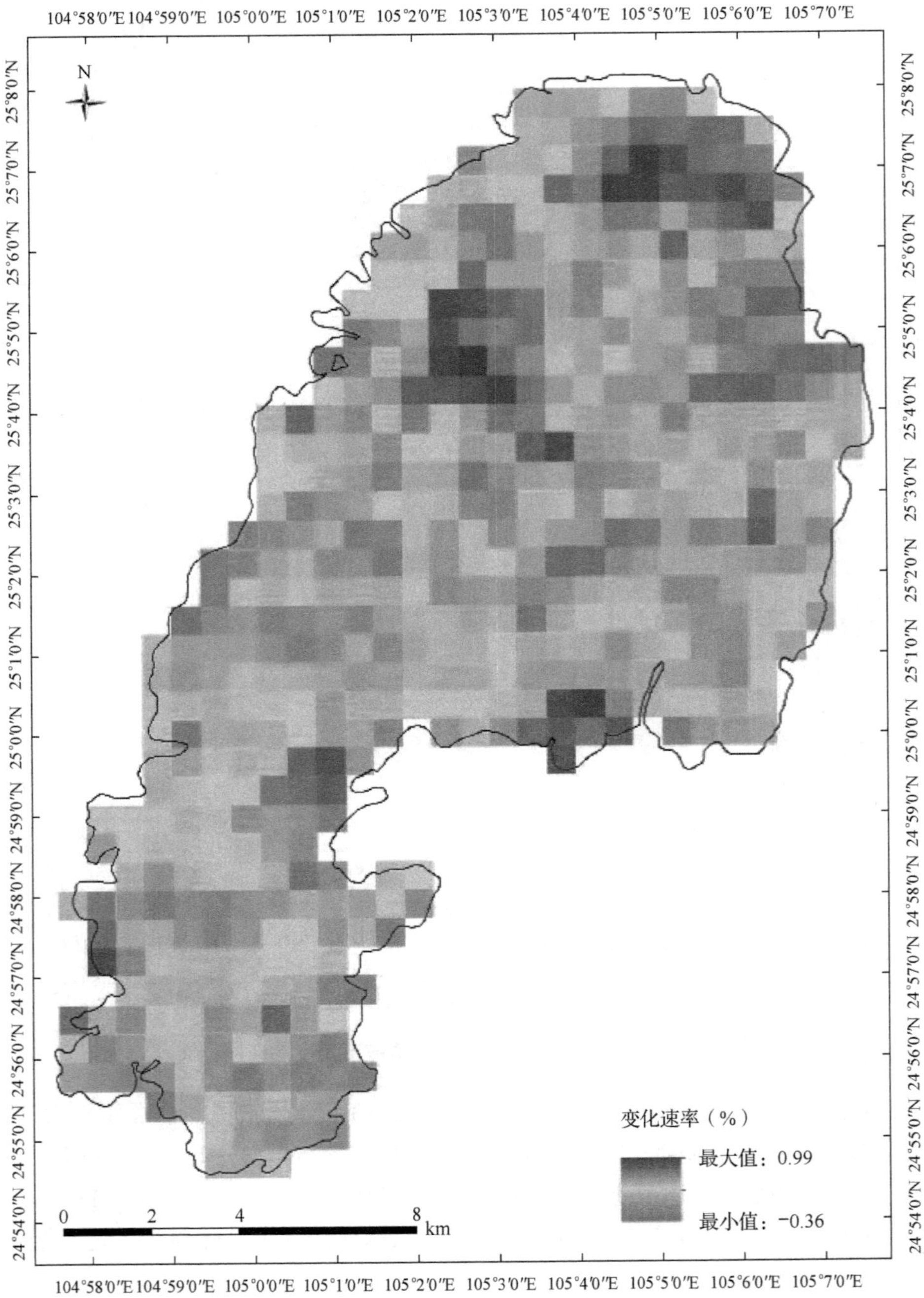

（a）变化速率

图 5-14　贵州兴义坡岗自然保护区植被覆盖度变化速率空间分布

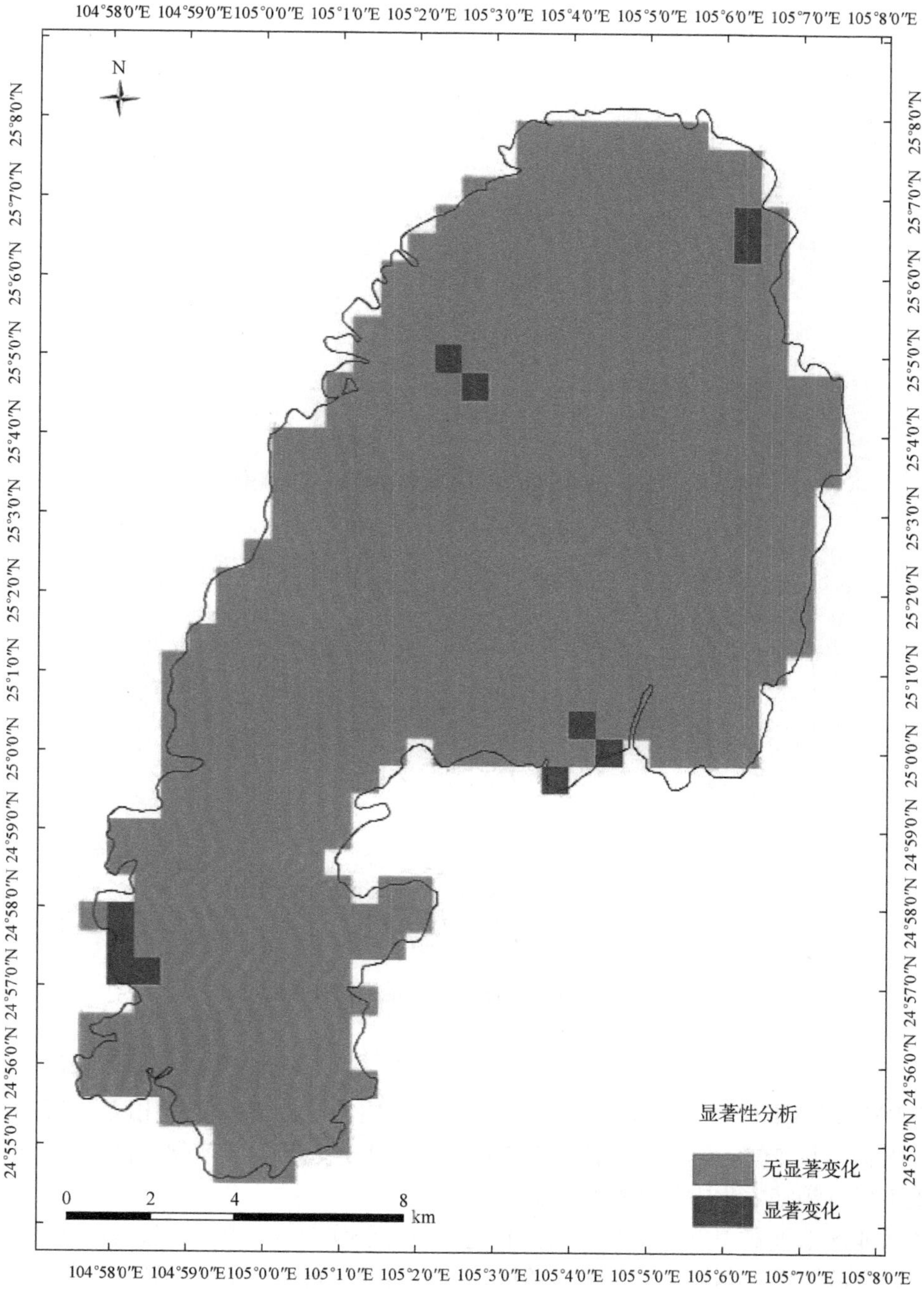

（b）显著性分析

图 5-14（续）

2000～2013 年保护区植被覆盖度平均值的变化曲线图如图 5-15 所示。从图 5-15 可以看出，14 年间坡岗自然保护区的植被覆盖度整体呈上升趋势，从 2000 年的 57.6%增加到 2013 年的 76.4%。

根据各功能区植被覆盖度的变化趋势图（图 5-16）可以看出，2000～2013 年，各功能区植被覆盖度大小顺序为核心区>缓冲区>实验区。2000～2009 年，各功能区植被覆盖度均呈现增长趋势，自 2010 年起核心区和缓冲区的增速趋于缓和，从 2010 年开始实验区又呈现明显的增加趋势。

从保护区整体来看，2000～2013 年，植被覆盖度呈现增加的趋势，主要归因于建立自然保护区后，退耕还林还草工程的实施有关。

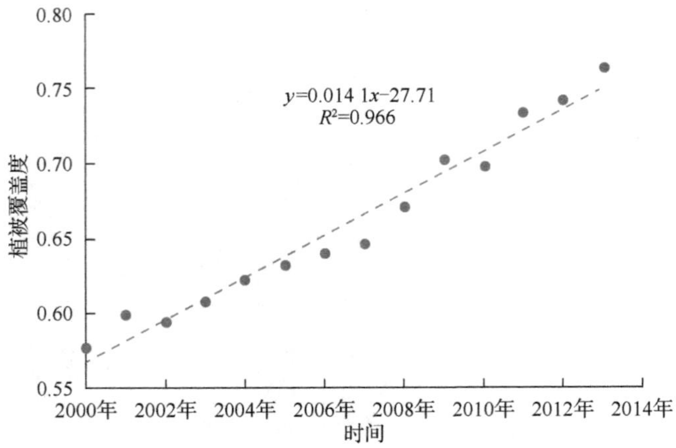

图 5-15　2000～2013 年植被覆盖度平均值变化

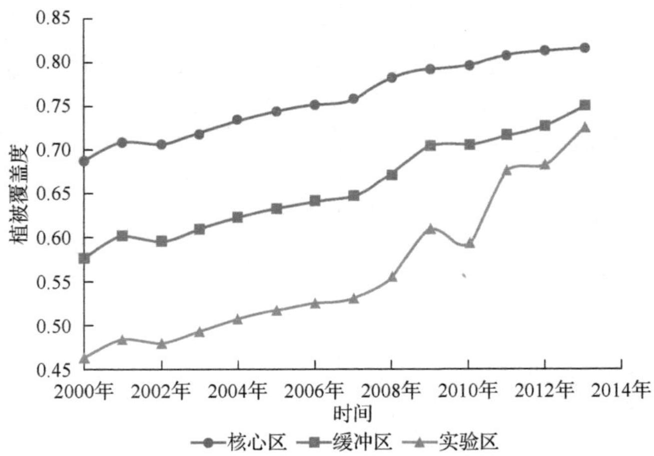

图 5-16　2000～2013 年各功能区植被覆盖度

5.3.3　小结

本节利用 NDVI 遥感影像研究了保护区 2000～2013 年内的植被覆盖度变化以了解区域生态环境的改善。结果表明，保护区从 2000 年开始，植被覆盖度整体呈上升趋势，表明保护区的建设使其生态环境得到明显改善，水土保持等基本生态功能得到提高。

保护区的各功能区植被覆盖度大小顺序为核心区>缓冲区>实验区，其中，核心区和缓冲区呈现了不显著的增加趋势，而显著的增加趋势主要位于实验区，这说明通过自然保护区的建设，核心区和缓冲区的生态环境继续保持良好状况，而实验区的部分区域则得到显著改善。

参 考 文 献

[1] 甘春英，王兮之，李保生，等．连江流域近 18 年来植被覆盖度变化分析[J]．地理科学，2011，31（8）：1019-1024.

[2] DAI M H, WANG L F, GUO X H, et al. Nitrification and inorganic nitrogen distribution in a large perturbed river/estuarine system: the pearl river estuary, China[J]. Biogeosciences, 2008, 5(9): 1227-1244.

[3] 孙艳玲，郭鹏，延晓冬，等．内蒙古植被覆盖变化及其与气候、人类活动的关系[J]．自然资源学报，2010，25（3）：407-414.

[4] 马超飞，马建文，布和敖斯尔．USLE 模型中植被覆盖因子的遥感数据定量估算[J]．水土保持通报，2001，21（4）：6-9.

[5] SCHULZ C, KOCH R, CIERJACKS A, et al. Land change and loss of landscape diversity at the Caatinga phytogeographical domain: analysis of pattern-process relationships with MODIS land cover products (2001—2012)[J]. Journal of Arid Environments, 2017, 136: 54-74.

[6] 王晓江，胡尔查，李爱平，等．基于 MODIS NDVI 的内蒙古大青山自然保护区植被覆盖度的动态变化特征[J]．干旱区资源与环境，2014，28（8）：61-65.

[7] LOS S O, COLLATZ G J, SELLERS P J, et al. A global 9-yr biophysical land surface dataset from NOAA AVHRR Data[J]. Journal of Hydrometeorology, 2000, 1(2):183-199.

第 6 章　贵州兴义坡岗自然保护区生态旅游与社会文化经济

6.1　贵州兴义坡岗自然保护区旅游资源及生态旅游 SWOT 分析*

6.1.1　研究方法

本章依据《旅游资源分类、调查与评价》（GB/T 18972—2017）调查组开展了保护区范围内旅游资源调查和风景资源质量评价。旅游资源调查时，采用概查方法进行，充分利用与保护区旅游资源有关的各种资料和研究成果，调查方式以收集、分析、转化、利用这些资料和研究成果为主，并对旅游资源单体进行现场调查核实，包括访问、实地观察、记录、摄影[1-5]。

6.1.2　结果

1. *旅游资源组成*

根据调查，保护区旅游资源包括了国家标准《旅游资源分类、调查与评价》（GB/T 18972—2017）7 个主类 12 个亚类 23 个基本类型，如表 6-1 所示。

表 6-1　贵州兴义坡岗自然保护区旅游资源分类表

主类（7 个）	亚类（12 个）	基本类型（23 个）
A 地文景观	AA 自然景观综合体	AAA 山丘型景观：大洞坡、银盘山、坡岗
		AAC 沟谷型景观：清水河峡谷
	AB 地质与构造形迹	ABA 断裂景观：清水河峡谷
	AC 地表形态	ACA 台丘状地景：大洞坡、银盘山、坡岗、绒坡坡
		ACB 峰柱状地景：坡岗保护区喀斯特峰丛
		ACC 垄岗状地景：清水河峡谷
		ACD 沟壑与洞穴：大海子天坑
B 水域风景	BA 河系	BAA 游憩河段：清水河
		BAB 瀑布：赵家渡瀑布
C 生物景观	CA 植被景观	CAA 林地：乔木林、喀斯特灌丛
		CAB 独树与丛树：阔叶林、古树等
		CAD 花卉地：清水河、坡岗、楼纳
	CB 野生动物栖息地	CBA 水生动物栖息地：清水河
		CBB 陆地动物栖息地：坡岗
		CBC 鸟类栖息地：万湖峰、古树群
D 天象与气候景观	DA 天象景观	DAA 太空景象观赏地：绒坡坡、坡岗
	DB 天气与气候现象	DBA 云雾多发区：大洞坡、坡岗、清水河
E 建筑与设施	EA 人文景观综合体	EAE 文化活动场所：布依族民居建筑
	EB 实用建筑与核心设施	EBA 特色街区：坡岗
G 旅游购品	GA 农业产品	GAA 种植业产品及制品：糯米饭、冲冲糕、粽粑等
		GAB 林业产品与制品：木雕石雕、花椒布等
H 人文活动	HB 岁时节令	HBB 农时节日：六月六、八月八等
		HBC 现代节庆：八音坐唱

* 本节作者：龙启德、王晓娟。

2. 保护区旅游资源特征

1）生物资源丰富

根据本次科考各学科提供的资料，保护区有种子植物 152 科 618 属 1 216 种、苔藓类植物 47 科 116 属 314 种、蕨类植物 17 科 45 属 107 种、大型真菌 2 门 8 纲 12 目 50 科 96 属 142 种（含变种）、地衣植物 22 科 41 属 42 种、藻类 8 门 13 纲 30 目 59 科 134 属 588 种（含种、变种及变型）；兽类 9 目 16 科 40 种，鸟类 14 目 45 科 151 种，两栖类 1 目 6 科 15 属 23 种，爬行类 2 目 10 科 36 属 44 种，鱼类 6 目 17 科 54 属 73 种，昆虫 12 目 64 科 382 种，软体动物 9 科 10 属 12 种，甲壳动物 3 科 4 属 6 种，环节动物 1 种，畜禽动物 2 纲 3 目 4 科 7 种。保护区生物资源丰富，分布有大量珍稀动植物资源和观赏植物，如合欢、兰科植物等十余种均为国家重点保护野生植物。

2）地文景观奇特

保护区范围属喀斯特地貌类型，境内地形复杂多变，地貌破碎，峰丛、峰林、峡谷均有分布，尤以喀斯特峰丛、峰林分布面积广、规模大为特色，地文景观奇特丰富。

3）气候宜人

保护区为亚热带夏湿春干温暖湿润气候区，由于保护区地处高原面，温度日变化和年变化都比较大，空气负氧离子含量高，生态环境幽雅，素有“冬暖夏凉、阳光和煦、空气清新滋润、气候舒适宜人”的气候特征。

3. 旅游资源空间布局

1）旅游资源组合情况

保护区旅游资源分布广，按照景观资源集中程度进行划分，保护区大致可分为两个组团，即东部的清水河组团和中部的坡岗组团。其中，清水河组团均以山、水、奇特的喀斯特峡谷和峰丛景观为主要景观资源，而坡岗组团则以布依族民俗风情、喀斯特峰丛、峰林、喀斯特森林植被为特色。具体情况如下。

（1）清水河组团。该组团以清水河为景观脉络，以清水河、大洞坡、赵家渡为景域，地处清水河峡谷，地势相对较为陡峭，切割较深，区域内植被丰茂，有河流、钙华、古驿道。组成该组团的生物景观有喀斯特森林植被、农田农土植被，水体景观有清水河，人文景观有赵家渡、古驿道，地文景观有大洞坡、峡谷钙华、绝壁断崖。该组团以水文景观、地文景观、生物景观互为衬托，可观可游，景观变化大，气候凉爽，可进入性较好。

（2）坡岗组团。该组团以坡岗为景域，地处高原台面，地势起伏不大，广布喀斯特峰丛、峰林，布依族山寨在喀斯特洼地星罗棋布。组成该组团的生物景观有喀斯特森林植被、农田农土植被、鸟类、猕猴等，人文景观有坡岗布依族山寨。该组团有坡北大道纵贯，交通便利，可进入性好。

2）旅游资源与功能区

根据已完成的保护区功能分区，上述旅游资源中，清水河组团、坡岗组团大部分位于保护区的实验区，交通相对便利，可开发条件好。

4. 风景资源质量评价

参照《旅游资源分类、调查与评价》（GB/T 18972—2017）的旅游资源分类系统对旅游资源单体进行评价，评价项目由资源要素、资源影响力、附加值组成，分别对每个单体的观赏游憩使用价值、历史文化科学艺术价值、珍稀奇特程度、规模（丰度）与几率、完整性、知名度和影响力、适游期或使用范围、环境保护与环境安全等因素进行打分。根据打分结果，保护区五级旅游资源点有 1 处，四级旅游资源点有 3 处（分别是清水河峡谷、坡岗、赵家渡），其余各景点均为三级以下，这说明保护区旅游资源处于一般水平。五级和四级旅游资源评价如表 6-2 所示。

表 6-2　贵州兴义坡岗自然保护区五级和四级旅游资源评价

序号	旅游资源名称	资源类型	分值	等级
1	清水河	综合型	88	五级
2	坡岗	综合型	84	四级
3	赵家渡	综合型	80	四级

保护区的主要风景资源如下。

1）清水河峡谷

清水河峡谷又称马岭河峡谷，发源于乌蒙山系白果岭，在兴义境内长 74.8km，河流北起兴义市清水河镇，向南流入万峰湖，在兴义境内落差达 435m，平均坡度 5‰。由于地质构造运动和钙华作用，河流流经处在地表形成宽 80～100m、深约 100m 的大裂谷，河流沿线瀑布、溶洞、险滩、钙华瀑富集，构成喀斯特地貌奇观。峡谷内上百条瀑布争奇斗艳，有的气势恢宏，有的宛如轻纱飞泻。沿岸数万个钙华，千姿百态，五颜六色。清水河谷在保护区内的峡谷段长约 10km，两岸峭壁悬崖，瀑飞银练，河流忽而平缓如镜，忽而奔腾狂野，急落下滩，富于幽、深、险、奇之感，是漂流、探险、观光的胜地。

2）坡岗

保护区范围内的喀斯特峰林是万峰林的重要组成部分，喀斯特峰林由数万个独立成趣的奇峰异峦组成的浩瀚峰林，气势宏大壮阔，山峰密集奇特，整体造型完美，被不少专家和游人誉为“天下奇观”。峰林内峰上有峰，峰中有洞，洞内有水，峰上有寨，寨下有峰，峰中有田园，峰、水、林、田、寨融为一体。明代地理学家徐霞客曾两次到兴义考察，用“磅礴数千里，为西南奇胜”描述万峰林，留下“天下山峰何其多，唯有此处峰成林”的赞叹。

3）赵家渡

1993 年以前，均用木船渡河，1993 年兴义至天生桥公路开通后，取而代之的是一座壮观的现代拱桥，是休闲度假的热门景点。赵家渡景区距天星画廊 20km，植被完好，小溪壮瀑 11 条，瀑高 100～320m。河谷深切，开阔钙华堆积岩隆起，独立成景，构成了景中之景，有“五指崖”“悬崖大厅”“东方女神”“玉玺台”等景点。

6.1.3　旅游小区环境容量测算

1. 环境容量分析

根据《自然保护区生态旅游规划技术规程》（GB/T 20416—2016），在保证保护区旅游资源和生态环境可持续发展的条件，能够取得最佳经济效益，同时满足游客的舒适、安全、卫生和方便等旅游要求的原则下，计算环境容量和游客容量。本次科学考察仅针对保护区清水河旅游小区和坡岗旅游小区的环境容量进行测算，采用面积法进行计算。

1）日环境容量

旅游区的环境容量测算，采用面积法。根据以下公式计算日环境容量：

$$C=D\times A/a$$

其中，C 为日环境容量，人次；D 为周转率，即景点开放时间/游完景点所需时间；A 为可游览面积，m^2；a 为每位游人应占有的合理面积，m^2/人。

2）日游客容量

日游客容量是指在特定条件下，游客一天最佳游览时间内可游区域所能容纳旅游者的能力，它一般等于或小于旅游区域的日环境容量。如果超出这个容量，就会对生态旅游区的设施、管理等形成负担，也会对游客的心理造成影响，从而失去生态旅游的真正意义。其计算公式为

$$G=(t/T)\times C$$

其中，G 为日游客容量，人次；t 为游完某景区或游道所需全部时间，h；T 为游客每天游览最舒适合理的时间，h；C 为日环境容量，人次。

3）年游客容量

$$G_{年}=G_{日}\times N\times K$$

其中，$G_{年}$为年游客容量，万人次；$G_{日}$为日游客容量，人次；N为年旅游适游天数，d；K为旅游系数。

2. 测算结果

1）测算指标

（1）为了保护珍稀动植物生态环境，更好地体现生态游览，根据特点和实际情况，两个旅游小区适当加大人均合理游览面积；坡岗旅游小区 1 800m^2/人，清水河旅游小区 2 500m^2/人。

（2）景点开放时间取 8h。

（3）保护区生态游览区以原生态文化体验和自然生态观光为主要旅游吸引物，全年可游览天数约为 280d，旅游系数 K 取值 0.6。

2）测算结果

根据测算，保护区旅游小区旅游环境容量计算的是游览区内的游客在保证该地旅游资源与环境的可持续发展，保证该地生态的完整性和文化的连续性的前提下，所能承受的旅游者人数或旅游活动的强度。经综合分析测算，保护区生态旅游小区日游客容量为 14 329 人次，年游客容量约为 206.3 万人次。

6.1.4 保护区生态旅游 SWOT 分析

保护区的生态旅游 SWOT（strength、weakness、opportunity、threat，优势、劣势、机遇、挑战）分析具体如下。

1. 优势

1）丰富的生态旅游资源，舒适宜人的气候环境

保护区是黔西南马岭河峡谷万峰林旅游带的重要组成部分之一，是兴义市重要的生态屏障，景色优美，空气清新，冬暖夏凉，生态环境极佳。保护区独特的地理位置和复杂多样的生态系统蕴藏着丰富的生态旅游资源，不仅有规模较大的喀斯特原始森林植被景观和壮阔秀丽的地文、水文景观，还养育着独具特色的原生态布依族文化；青山绿水相依相融，淳朴厚重、多姿多彩的民族文化交相辉映，再加上舒适宜人的气候，为保护区开展生态旅游活动提供了较好的先天条件。

2）特色的原生态民族文化

保护区内蕴藏着丰富的布依族文化资源，特色鲜明，品质较高，有众多保存完好的布依村寨和历史悠久的布依族特色文化产品，可挖掘的民俗文化、山地农耕文化、布依族历史文化等特色资源极为丰富，有着很高的艺术性、观赏性和可参与性，结合休闲度假的旅游项目，可构建特色的生态旅游文化体系。

3）良好的区位交通优势

自然保护区目前交通位置较为便利，距义龙新区城仅 3km，距兴义市仅 5km，距兴义机场 15km，汕昆高速公路、晴兴高速公路从保护区的北缘穿过，并建有鲁屯互通和万屯互通。兴义火车站在保护区西北面，距保护区约 10km，未来贵兴铁路、兴永郴赣铁路、盘兴铁路、昆兴城际铁路、兴百高铁建成通车后，兴义将成为贵阳、昆明、南宁等城市群的两小时经济圈，将由现在的远程旅游地变为远郊暑期休闲度假目的地，依托巨大的消费市场，保护区的生态旅游将会得到良好的发展。

2. 劣势

1）景点不集中，缺少独有的优质旅游资源

保护区是以喀斯特山地为主，景区景点之间组成相似，实验区景点不集中，缺少独有的优质高品位旅游资源。

2）景点综合开发程度较低，基础设施薄弱

由于保护区旅游开发尚在起步中，其生态旅游尚未形成系统的产业体系，保护区内各景点还处在较为原始的状态，基础设施薄弱，大部分景点处于资源保护阶段，体量小、规模小、吸引度低、产品单一。

3）周边旅游发展较为成熟，易受遮蔽效应影响

保护区外围分布有大量的优质旅游地，目前已建设和开发的有马岭河风景区、万峰林风景区、万峰湖风景区、泥凼石林、何应钦故居、国家地质公园、刘氏庄园等，保护的旅游开发易受遮蔽效应影响和制约。

3. 机遇

1）国家宏观政策机遇

2016 年，国务院印发的《“十三五”旅游业发展规划》指出，“十三五”旅游业呈现消费大众化、需求品质化、竞争国际化、发展全域化、产业现代化的趋势，提出大力开发温泉、冰雪、滨海、海岛、山地、森林、养生等休闲度假旅游产品，建设一批旅游度假区和国民度假地。贵州省人民政府办公厅印发了《贵州省发展旅游业助据推脱贫攻坚三年行动方案》，提出坚持政府主导，整合资源，大力发展全域山地旅游。这为保护区的旅游开发带来了政策机遇，也为其生态旅游发展指明了方向。

2）各级政府重视，旅游开发政策环境优势明显

首先，贵州省将实现从旅游大省向旅游强省的跨越。建设旅游经济大省是省委、省政府对贵州省旅游业提出的重要奋斗目标。围绕“旅游大省”目标，贵州省将整合各类资源形成发展“大旅游”的氛围，为保护区生态旅游发展创造良好的外部环境。黔西南州委、州政府明确提出，要把旅游业培育成为全州的支柱产业，并出台了一系列实质性的扶持政策，成功举办了兴义万峰林国际自行车赛、中国热气球俱乐部联赛兴义站、国际山地马拉松系列赛兴义站、国际山地旅游暨户外运动大会、第二届国际山地旅游大会、第二届万峰林国际持杖徒步大会，并荣获“中国优秀旅游城市”“最纯净生态旅游目的地”“中国最佳休闲旅游城市”等称号，力争成为全国极具魅力的山地旅游目的地。

3）区域旅游持续升温带来的分流客源机遇

随着黔西南州“国际山地旅游目的地”品牌形象的深入推广，保护区周边旅游发展也持续升温，黔西南州随着机场、铁路、公路等基础交通的完善和以兴义为旅游集散地的目的地的形成，到兴义旅游的人数逐年攀升，旅游旺季出现了游客井喷现象，游客量远远超出了预期值，旅游势头强劲。周边景区的发展升级为保护区旅游带来更大的吸引力，也为保护区与周边景区旅游资源互补、联合打造旅游业态提供了市场基础，为保护区生态旅游近期的快速发展提供了机遇。

4. 挑战

1）旅游资源开发与保护的矛盾

由于保护区自然本底的脆弱性，保护区旅游资源也具有脆弱性。同时，旅游开发对保护区的生态环境也将产生不良影响，开展生态旅游的同时需要注意对自身旅游资源的保护，避免逐渐丧失自身的旅游吸引力，实现可持续发展。

2）旅游资源趋同性较强，易受遮蔽效应影响

保护区内自然旅游资源及人文旅游资源与周边的旅游资源具有同质特征，受周边已开发的景区，如万湖林、万峰湖、马岭河峡谷、刘氏庄园、何应钦故居等旅游目的地遮蔽，传统的民俗表演、民俗商业街等开发形式将不能适应市场需求，保护区文化资源开发形式需要另辟蹊径。

6.1.5　小结

结合保护区气候条件、外围景区开发市场、资源特色、交通区位条件，保护区宜开展生态观光、科普考察、民俗、探险等旅游项目。结合保护区现有道路体系，沿道路建设驿站和自行车道、露营地、观景台和休憩站，打造一条服务完善的生态旅游廊道，为兴义市山地旅游提供必要的基础条件。搭建清水河、坡岗旅游小区开发的招商引资平台，有计划、高水平地开发利用清水河、坡岗旅游资源，培育旅游市场，践行“绿水青山就是金山银山”的理念，实现绿色惠民富民之路，促进旅游事业和环境保护事业和谐发展。

参 考 文 献

[1] 董智勇. 中国森林旅游学[M]. 北京：石油工业出版社，2002.
[2] 刘锋. 中国西部旅游发展战略研究[M]. 北京：中国旅游出版社，2001.
[3] 喻理飞. 宽阔水自然保护区综合科学考察集[M]. 贵阳：贵州科技出版社，2004.
[4] 龙启德. 森林旅游与民俗[J]. 贵州林业科技，2002，30（4）：24-33.
[5] 张华海，龙启德，廖德平. 兴义坡岗自然保护区综合科学考察集[M]. 贵阳：贵州科技出版社，2006.

6.2　贵州兴义坡岗自然保护区社会经济与环保意识调查*

保护区的设立不仅要考虑到生态系统的保护，也要考虑到区内社区居民与保护区之间的相互关系及保护区的管理模式，才能保障保护区的稳定和可持续发展。贵州省少数民族人口比重大，民族社区的分布和自然资源丰富的地区基本重合或相邻，自然保护区的周边及内部存在一些民族社区，这些民族社区在发展水平上明显落后于全省的发展水平，因此，对自然保护区建设和管理的研究要进一步深入引导人们对自然资源的使用，推进民族社区的发展，形成国家与社区共管的保护模式，促进人与自然的可持续发展上，才能有效地进行保护区的建设和管理[1-11]。

6.2.1　研究方法

1. 调查对象

调查对象为保护区所涉及的郑屯镇、则戎乡、丰都街道办事处等乡镇的 5 个行政村的村民、村干部及保护区工作人员。

2. 调查内容

调查内容主要包括农户经济收入状况、保护区基础条件、村民环境意识调查。农户经济收入涉及家庭土地使用情况、种植业及养殖业情况、家庭主要收入来源等。其中，保护区基础条件涉及社区产业结构、社区基础设施，村民环境意识调查涉及村民对环境保护的认识、对自然保护区的认识和态度、对保护野生动植物的认识和态度等。

3. 调查方法

调查方法采用参与式乡村评估法（participatory rural appraisal，PRA），对保护区涉及的各乡（镇）及各村组进行调查。该方法以研究区自然资源、社会经济、卫生教育、生态环境等为主要调查对象，获得对研究区资源状况的限制因素和优势的认识，与研究者从环境协调角度分析而得出的结论相比较进行取长补短，从而获得该社区社会及经济等方面可持续发展的战略决策。具体采用访谈、问卷、观察等定性研究法和资料收集的定量研究法相结合，其中访谈法分为对保护区工作人员的访谈及对保护区所涉村的村干部的访谈，问卷法主要是对区内的村民生态行为现状的调查，观察法则是对村民日常生活的观察。

6.2.2　结果与分析

1. 保护区社会经济现状

1）保护区人口数量及组成

保护区涉及郑屯镇、则戎乡、丰都街道办事处的 5 个行政村、79 个村民组，共 3 382 户 14 613 人，其

* 本节作者：余丽萍、韦小丽。

中男性 8 265 人，女性 6 348 人，男女比例 1.3∶1。户均人口 4.32 人，为农业户口。区内民族以汉族、布依族、苗族、黎族为主，其中汉族 10 307 人，占总人口的 70.53%；布依族 2 732 人，占总人口的 18.63%；苗族 1 115 人，占总人口的 7.63%；黎族 446 人，占总人口的 3.05%（表 6-3）。

表 6-3　贵州兴义坡岗自然保护区内人口统计表

乡镇	村名称	保护区人口				民族/%			
		村民组	户数	人数	女性	汉族	布依族	苗族	黎族
郑屯镇	大箐	19	556	2 091	511	90		10	
	绒窝	20	710	2 841	1 100	55	27	18	
则戎乡	长冲村	8	332	1 280	528	98	1	1	
	拱桥村	11	405	2 028	896	88	2	10	
丰都街道办事处	赵家渡村	21	1 379	6 373	3 313	60	30	3	7

2）保护区社区家庭经济收入

保护区内各村的年均粮食产量 7.5 万～80 万 kg，社区家庭人均口粮 36～251kg，年人均纯收入 3 335～8 350 元。经济来源主要依靠传统农业与外出务工。传统种植业包括水稻、玉米、小麦、蔬菜等的种植。养殖以猪、牛、羊、禽为主，但规模养殖户较少。此外，在销售上，除有一定的规模户与极少数家庭养殖大量外销外，其他多数以家庭为单位自产自销。同时，保护区内未见特殊养殖业，养殖业有待改善。外出打工人员较多，且家庭收入以打工收入为主（表 6-4）。

表 6-4　贵州兴义坡岗保护区内社区粮食与经济收入情况统计表

乡镇	村名称	年均粮食产量/万 kg	人均口粮/kg	年人均纯收入/元	外出打工人数	外出打工年均纯收入/万元
郑屯镇	大箐	7.5	36	3 335	700	210
	绒窝	28	100	4 560	800	800
则戎乡	长冲村	31	240	5 000	180	360
	拱桥村	35	170	4 600	200	400
丰都街道办事处	赵家渡村	80	251	8 350	1 300	1 300

3）社区产业结构状况

保护区的产业以第一产业为主，只有则戎乡和丰都街道办事处有部分第二、第三产业。区内种植面积较大的有水稻、玉米、小麦、蔬菜等农作物。2016 年，整个义龙新区第一产业产值 20.17 亿元，第二产业产值 30.78 亿元，第三产业产值 58.88 亿元。但从调查结果看，除长冲村和赵家渡村有少量的旅游和餐饮产业与保护区有关之外，其他各村的各产业均与保护区无关（表 6-5）。

表 6-5　贵州兴义坡岗保护区内社区产业结构及与保护区相关产业统计表

乡镇	村名称	第一产业总产值/万元	第二产业总产值/万元	第三产业总产值/万元	与保护区相关的产业
郑屯镇	大箐	523	25	9	无
	绒窝	618	95	11	无
则戎乡	长冲村	150	80	45	旅游
	拱桥村	200	100	10	无
丰都街道办事处	赵家渡村	320	60	25	餐饮

4）社区基础设施状况

保护区村民居住条件较好，居住房屋多以砖瓦房为主，少部分偏远村寨为木质房屋。保护区社区的基础设施相对较为一般。目前，只有极少数村设有小学和幼儿园，学龄儿童只能去镇上上学。保护区内分布有幼儿园和小学各 4 所，但这些学校存在师资力量相对不足、教学质量低等问题。区内各乡镇已完全通油路，行政村已基本实现了村村通水泥路，但路面质量欠佳，有待进一步完善。水电已通至各村，基本生活设施有保障，但医疗资源十分有限。此外，各村无线通信信号均完全覆盖，可以满足村民基本通信的需求，但很多行政村没有宽带，还有待进一步的完善（表 6-6）。

表 6-6　贵州兴义坡岗自然保护区内社区基础设施统计表

乡镇	村名称	学校分布及数量		道路分布	输电线路分布	通信线路分布	饮水设施分布	卫生院分布及数量
		幼儿园/所	小学/所					
郑屯镇	大箐	1	1	已通到组	已通到户	移动 6 个组没有，宽带只有 2 个村民组有	蓄水池饮水	有村卫生室，但无医生
	绒窝	0	0	已通到组，路况一般	已通到户	通信到户 宽带不通	家家有水窖，无自来水	0
则戎乡	长冲村	1	1	已通到组	已通到户	已通到组	自来水到组	1（私立）
	拱桥村	1	1	已通到组	已通到户	已通到组	自来水到组	0
丰都街道办事处	赵家渡村	1（私立）	1	已通到组	已通到户	已通到组	自来水到组	1（私立）

2. 保护区村民生态行为调查

对村民的生态行为调查主要采用的是问卷调查法，问卷共设计了 40 题，题型多为选择题，有两道问答题，内容涉及村民的生态认知、生态行为、生态责任、经济收入等方面的问题，共随机调查 96 户人家，获得有效问卷 82 份，问卷有效率为 85.4%。年龄最小的受访者是一位年仅 16 岁的初中女学生，最大的受访者是一位 83 岁的老大爷。受访对象基本情况如表 6-7 所示。受经济条件、地理位置等影响，受访对象以初中以下文化水平的人群较多，文盲人群主要分布在 50 岁以上的年龄段。

表 6-7　贵州兴义坡岗自然保护区受访对象基本情况表

变量	选项	百分比/%	变量	选项	百分比/%
性别	男	85.4	年龄	35 岁以下	26.8
				35～50 岁	28.0
	女	14.6		51～65 岁	34.2
				66 岁以上	11.0
民族	汉	85.4	受教育程度	不识字	6.1
				小学	29.3
	布依	11.0		初中	37.8
	苗	2.4		高中	19.5
	彝	1.2		大专及以上	7.3

1）村民生态环境保护意识分析

村民的生态环境保护意识集中体现为对生态知识的知晓和对生态环境的关注两个方面。从表 6-8 可以看出，85%以上的被访村民都关注自己所生活的生态环境，并且认为很有必要对野生动植物进行保护，这说明村民越来越意识到环境的重要性，以及环境危害对子孙后代及生物多样性的影响。村民对垃圾分类、焚烧秸秆的危害、白色污染、化肥和农药对环境的危害、保护区的政策等基本生态知识的知晓率都超过 70%，这与保护区及国家地方政府近几年的大力宣传密不可分，也说明村民生态认知有了很大的提高。但是，还有 14.64%的村民认为没有必要保护野生动植物，因为他们可能会有破坏自然保护区的行为，希望保护区管理人员进一步做好宣传及培训工作。63.14%的村民参与了保护区的社区共管，但仅限于对自家被划入保护区的林地进行管理。还有 8.54%的村民不知道自己的林地有没有被划入自然保护区内，说明保护区在细节管理上还有所欠缺。

表 6-8　贵州兴义坡岗自然保护区村民生态保护意识调查

问题	选项	百分比/%
您对您所生活的生态环境关注吗？	关注	87.80
	不关注	12.20
您对垃圾分类是否清楚？	清楚	70.73
	不清楚	29.27
您清楚“三废”指的是什么吗？	清楚	59.76
	不清楚	40.24
您清楚焚烧秸秆对环境是有危害的吗？	清楚	73.17
	不清楚	26.83
您清楚哪些会导致白色污染吗？	清楚	71.95
	不清楚	28.05
您知道大量使用化肥和农药会对环境产生危害吗？	知道	78.04
	不知道	21.96
您是否清楚自然保护区的政策？	清楚	74.39
	不清楚	25.61
您觉得有必要保护野生动植物吗？	需要	85.36
	不需要	14.64
您参与了保护区的社区共管吗？	参加	63.14
	没参加	36.86
您家的林地被划入保护区了吗？	有	68.29
	没有	23.17
	不知道	8.54

2）村民生态行为现状调查

村民的生态行为受生态意识所支配，并直接作用于农业生产和日常生活中。因此，我们问卷调查其中一个目的就是调查村民在生产和生活中的生态行为倾向。

从表 6-9 可以看出，村民对于一些切合自身利益的生态行为，生态保护意识还是很强烈的，如在处理垃圾的问题上，70.83%的人选择将垃圾扔到垃圾池中，但仍有 3.13%的人选择乱扔；94.37%的村民在房间没人时会关灯，节约用电。对于农药和化肥的使用，约 40%的人均选择按规定量使用，45.12%的人认为自己用得很少。除此以外，81%～89%的村民利用电力来取暖和煮饭，说明随着农村生活水平的提高，村民减少了薪柴和煤炭的使用，在一定程度上保护了自然环境。但是仍然可以看到，秸秆问题、农用地膜问题和废旧电池问题依然不容乐观，有 12.61%的村民会在田中焚烧秸秆，26.23%的村民会全部烧掉农用地膜，9.84%的村民会随意丢弃使用过的电池，这些对保护区环境的污染都是比较大的。总体来说，近年来村民对生态环境的保护意识提高较大，但是从生态保护意识到切实的环境保护行为之间还有一段距离。让人感到欣慰的是，这较之前我们认知的农村生态理念已经迈出了一大步，因为有 34.42%的村民会重复利用农用地膜，53.52%的村民买东西时会自带布包或竹篮，31.51%的村民会重复利用水，82.05%的村民薪柴使用每年少于 250kg。

表 6-9　贵州兴义坡岗自然保护区村民生态行为现状调查

问题	选项	百分比/%
您家里的生活垃圾是如何处理的？	扔到路边、沟里、空地	3.13
	烧了	12.50
	扔到垃圾池	70.83
	收集起来卖掉	13.54
您是否使用农药？	一直大量使用	2.44
	有害虫时按规定用量使用	40.24
	使用得很少	45.12
	原来用，现在不用	12.20
买东西时您习惯	索要塑料袋	29.58
	自带布包或竹篮	53.52
	自备重复利用的塑料袋	16.90
您房间里没人时是否会及时关灯？	都会	94.37
	有时会	5.63
	不会	0.00
您家里如何处理使用过的农用地膜？	留在地里不管	4.92
	收集起来扔掉	34.43
	全部清理烧掉	26.23
	全部收集起来重复利用	34.42
您是否使用化肥？	一直大量使用	2.44
	按规定用量使用	39.02
	使用得很少	57.32
	不用	1.22
您家里的废旧电池如何处理？	随意丢弃	9.84
	集中起来丢进垃圾桶	54.10
	放进专门的回收箱	36.06
您家里用过的水会不会再次利用？	都会	31.51
	有时会	35.62
	不会	32.87

续表

问题	选项	百分比/%	问题	选项	百分比/%
您是如何处理秸秆的？	在田里烧掉	12.61	您家里烧饭煮菜的能源主要是什么？	薪材	8.51
	用来做饭烧菜	8.40		电力	81.91
	留在地里做肥料	47.06		沼气	4.26
	喂牲口	28.57		煤炭	1.06
	卖掉	3.36		液化气	4.26
您家里取暖的能源主要是什么？	薪材	6.10	您家里每年消耗薪材的数量是多少？	不用柴	64.10
	电力	89.02		小于 250kg	17.95
	沼气	1.22		250～500kg	16.67
	煤炭	3.66		500～750kg	1.28
	液化气	0.00		大于 1 000kg	0.00

保护区内多数家庭已基本达到小康水平，有电视、冰箱、汽车、电磁炉、脱粒机等常用电器和工具。能源结构多元化，部分家庭以电能为主（供电磁炉、电饭煲等使用），部分家庭使用沼气池，但仍有部分家庭以薪炭材等为主体的低效率能源，对环境污染大，破坏严重。

3）村民生态环境责任意识

经过问卷调查，发现当地村民在生态环境建设中的主体意识和责任意识较强。从表 6-10 可以了解到周边居民对保护区的野生动植物具有较好的保护意识：79.45%的村民认为他们会去保护林区的鸟类，96.3%的村民均表示不会去猎取野生动物，并且 76.32%的村民表示会经常阻止别人破坏环境。但调查发现，为了增加收入，1.25%的村民经常会去林区内采集野菜和蘑菇，26.25%的村民则是偶尔会。当问及“您是否愿意履行保护自然资源的义务？”时，有 98.67%的村民表示愿意，只有 1.33%的村民认为与己无关，这说明当地社区居民对保护自然资源的认识非常高。当调查涉及“您认为对自然资源的保护，谁应该承担更多的责任？”时，约有 55.44%的村民认为是村民自身，41.30%的村民认为是政府，还有 3.26%的村民是企业，这说明村民并不推卸自身在生态保护中的责任和地位，清楚地认识到环境保护人人有责，并且认为政府在生态环境保护上也是要承担重要角色的。

表 6-10　贵州兴义坡岗自然保护区村民生态环境责任意识

问题	选项	百分比/%	问题	选项	百分比/%
您会保护林区的鸟类吗？	经常会	79.45	您会阻止别人破坏环境吗？	经常会	76.32
	大部分会	5.48		大部分会	7.89
	偶尔会	9.59		偶尔会	9.21
	不会	5.48		不会	6.58
您会不会猎取野生动物？	经常会	3.70	您会不会到山林里采集野菜和蘑菇？	经常会	1.25
	大部分会	0.00		大部分会	0.00
	偶尔会	0.00		偶尔会	26.25
	不会	96.30		不会	72.50
您是否愿意履行保护自然资源的义务？	愿意	98.67	您认为对自然资源的保护，谁应该承担更多的责任？	政府	41.30
	不愿意	0.00		村民自身	55.44
	与我无关	1.33		企业	3.26

4）保护区对村民生产生活的影响

保护区的建立或多或少会对当地老百姓的生产生活带来影响，因此我们做了一个专题调查。表 6-11 的分析结果显示，86.75%的村民认为在其家乡建立自然保护区对其生产生活有有利的影响，12.05%的村民认为没有影响，仅仅 1.2%的村民认为有不利影响，说明保护区的建立对当地社区居民的生产生活来说利远远大于弊。48.81%的村民认为保护区建立后，周围环境有明显改善，10.71%的村民认为没有变化，这可能是因为农村本来自然环境就好、空气清新，因此部分居民对环境的变化无明显察觉。在保护区建立后，47.62%的村民认为家里收入有一定增加，但有个别村民认为收入有所减少。建立自然保护区对村民生计最大的影响是粮食种植面积减少，因为部分耕地被要求退耕还林；其次是不能进山获取林副产品，因为过去靠山吃山，很多村民会去林区打猎、采挖药材、采摘蘑菇和野菜、获取薪柴等，而保护区的建立减少了他们这部分收入。随着经济发展，很多村民都外出打工，因此 71.95%的村民家庭收入主要来自于打工收入，还有少部分靠养殖和个体经营来养家糊口。值得注意的是，调查对象中，没有人经营林副产品。当问及“您认为建立保护区后，怎样才能减少村民对森林的依赖性，增加收入”时，78.05%的村民认为发展旅游最好，这样村民就可以做一些与旅游相关的产业，如农家乐、住宿、经营小卖部等。还有 36.59%的村民认为应该发展特色种植业，32.93%的村民认为要发展养殖业，只有少部分人坚持外出务工，说明如果保护区当地旅游业发展得好，大部分村民还是愿意留在家乡发展，而不是外出漂泊打工。

表 6-11　贵州兴义坡岗自然保护区对村民生产生活的影响

问题	选项	百分比/%
您认为在您的家乡建立自然保护区对村民生活有利吗？	有利	86.75
	不利	1.20
	没有影响	12.05
在建立自然保护区后，您家里的收入？	有大幅增加	4.76
	有一定增加	47.62
	不变	45.24
	有一定减少	1.19
	有大幅减少	1.19
您家里目前的经济来源主要是什么？	粮食收益	21.95
	打工收入	71.95
	经营林副产品	0.00
	政府补贴	3.33
	养殖收入	12.20
	个体经营收入	20.73

问题	选项	百分比/%
您认为自然保护区建立后，是否对周围的环境有所改善？	有明显改善	48.81
	有一定改善	40.48
	没有变化	10.71
您认为建立自然保护区对您的生计影响最大的是什么？	粮食种植面积减少	58.75
	不能获取林副产品	23.75
	不能进山砍柴	17.50
	不能猎取野生动物	0.00
	给生活带来不便	0.00
您认为建立保护区后，怎样才能减少村民对森林的依赖性，增加收入？	发展旅游	78.05
	发展特色种植业	36.59
	发展养殖业	32.93
	外出务工	8.54

注：因有最后两题村民选了多个答案，所以比例之和会超过 100%。

3. 保护区建设对当地社区发展的影响

1）保护区对当地社区生态环境的影响

保护区与当地社区密不可分、相互融合、相互影响，对保护区进行保护是对自然环境的保护也是对社区环境的保护。通过对保护区的工作人员及村干部的访谈了解到，保护区建立后，由于人类活动减少，动植物生存的环境得到改善，保护区内的各种生物都得到了自然恢复、繁衍、发展，物种在数量和种类上都有所增加。山林里的野生动，如猕猴、白腹锦鸡、果子狸、白鹤等数量明显增多；松鼠、蟒蛇、野猫数量等也有增加；昆虫及菌类的种类和数量也比保护区建立前翻了一番；水域里野生虾蟹数量也明显增多。

从当地居民来看，因为环境保护的宣传力度较大，也因为生活水平的提高，现在烧柴、烧秸秆等行为较少，所以当地空气质量也得到明显改善。村民的生活垃圾也不再如同建立保护区之前随意丢弃，而是集中进行处理，当地生存环境得到了有效改善。总之，保护区建立之后，在涵养水源、调节气候、净化水质、清新空气、保存物种、提供野生动物栖息地等方面都取得了较好的效益。

2）保护区对当地社区收入结构和收入水平的影响

保护区的建立对当地的产业结构的影响不显著。当地经济还是以第一产业为主，所种植的作物为水稻、玉米、小麦、油菜等。当地村民希望建设一些产业，如一些乡镇的山水景观很美、民族气息浓厚，如果能发展旅游，就能带动其他产业发展，增加当地村民的收入。

经调查发现，当地村民的主要经济来源以务农和打工为主，保护区建立对当地的收入存在两种观点：一种观点认为，保护区建立之后，村民们从单一的外出打工变成了由具有生态补偿的森林管护经费和零散务工两部分来增加收入，并且在收入上有一定的提高。另外一种观点认为，保护区建立对当地经济没有太多积极的影响。

保护区对当地的消费结构也没有影响，村民收入的 50%～70%花费在衣食住行、水费、电费、煤炭等提高生活水平方面的日常消费，20%～40%花费在教育方面，10%花费在其他方面。

3）保护区对当地社区文化的影响

保护区建立了林业站+村干部+护林员的组织机构，人员配置比较合理，各组分治各组，管理能力强，主要是进行森林防火、防砍、防盗的宣传教育和上山巡逻，保护当地的野生动植物资源。在保护区建立初期，经常有村民偷偷上山进行打猎、砍树等违法行为，甚至因为管理人员的制止出现过打架事件，后来通过开展保护区环境的保护宣传教育工作，帮助他们了解保护区的意义，不仅增强了村民的环境保护意识，还改善和缓和了保护区和村民之间的矛盾。时至今日，已没人再去砍柴打猎，但仍然有个别人会去保护区内采摘药材。

保护区建立后，一些村中建立了专门的垃圾池，村里面的生活垃圾得到集中处理，村民的环境保护意识也得到了增强。另外，在对待子女方面，不再是重男轻女的思想，而是提倡男女平等，提高了妇女的地位，村民之间相处更加和睦。

4）保护区对当地社区服务体系建设的影响

各村干部对保护区对当地社区服务体系建设的影响持有不同观点，一些村干部认为建立保护区后，周边村寨的基础设施建设得到了改善。保护区为实现自身的管理目的和社区的共同发展建设了良好的基础设施，包括修建供水管道、蓄水池、道路及通电工程，村民所居住的环境得到一定程度的改善，生活与交通更加便利。但还有一些村干部认为，这是农村发展的必然结果，与是否建立保护区关系不大。

保护区内的生态移民有几百户，基本都是生活在条件艰难、水电及道路都不通的偏远山村。这些村民从大山中移居出来，生活质量得到很大提升。

6.2.3　小结

1. 加强自然保护区管理部门与当地各级政府部门的相互协调

社区的发展离不开当地各级政府部门的帮助和支持，然而目前保护区的各级政府部门权力分散，我们在调查的过程中发现虽然设立了保护区管理部门，但在实际工作中，各部门合作较少。当地政府在制定发展规划和决策时，往往只注重短期的、局部的发展，没有真正考虑到自然保护区与其他区域的不同之处。因此，在许多项目的规划、实施和管理方面还需要进一步沟通和协调，建立一个由自然保护区牵头、相关政府部门参加的保护区社区共管委员会，以协调保护区、县、乡（镇）各级政府部门之间的工作。

2. 提高当地群众对社区共管的认识

保护区居民长期生活在偏僻闭塞的农村，他们对社区共管的目的持有怀疑心理，在共管工作开展过程中，特别是在情况调查和需求分析中，部分村民存在各种顾虑，不能客观真实地反映自身的状况。有的村民认为社区共管是单纯的助力乡村振兴活动，只要求改善他们的基础设施建设，希望保护区给予相应的经济扶持，而没有把生态环境保护作为自己的责任和义务。对于社区居民而言，其自身的经济利益是最为要紧的利益，他们对经济利益的考虑和关心也就远远胜过对环境利益的关注，一旦要求得不到实现，他们的参与积极性就要受到影响。因此应该加大宣传，让社区居民明白自然保护事业是全社会的共同事业，不是依靠单独一个部门和组织就能独立完成的。保护区所在区域各级政府及政府职能部门的决策行为对于保护区的发展影响较大，只有提高政府及其职能部门的自然保护意识，使其明确自身在自然保护中的职责，才能协调好各相关利益者的关系。

3. 健全与自然保护区社区共管相关的法律法规

因为社区共管涉及保护区自然资源的开发政策、自然资源的权属认定等问题，所以若想使保护区社区共管工作顺利开展，就必须有与之适应的政策和法律环境。然而，目前我国自然保护区的立法还不完善，仅有的一些法律、法规还缺乏系统性、层次性、协调性，对社区共管的顺利实施具有一定的影响。因此，建议制定详细的保护区管理条例及保护区社区共管公约，为保护区社区共管的顺利开展提供良好的法律和制度保障。

4. 在保护资源的同时，促进社区经济的持续发展

保护区内及周边的经济水平不发达，保护区群众现阶段的生产、生活方式对当地自然资源的还有一定程度依赖，尤其是土地资源。保护区应根据实际情况，协调配合各级政府对土地资源、动植物资源实行分

区规划，明确权属和界线，统一管理，杜绝村民乱采滥伐、蚕食保护区等行为的发生。

同时，保护区与社区应利用资源优势，发展一系列不违背自然保护原则的产业，如种植业、养殖业、加工业等。对社区成员要加强发展经济意识和专业技能的培训，使其从依赖森林资源的发展中摆脱出来，培育新的经济增长点，拓展新的经济发展空间。这样不仅增强保护区和社区的经济实力，也有利于协调环境保护与社区发展的矛盾，保证自然资源和社区经济的可持续发展。

5. 发展具有民俗文化的生态旅游

在保护区内生物多样性的同时，通过专业部门的规划，与当地有关文化部门共同适当地发展与当地民俗文化有关的生态旅游、观光旅游等，通过帮助社区村民发展多种观光旅游形式和开发多元化的旅游文化产品，提高生态旅游的服务质量，增加保护区社区村民的收入。发展和保护当地的文化多样性可以促进生态旅游的开发，建立以休闲观光为主体的生态旅游经济合作形式，建立保护区和社区共同发展的有效机制。以保护区的生态旅游，带动周边社区的休闲观光生态旅游发展。发展生态旅游业，带动保护区与社区经济的和谐发展，使保护区的社区村民获得更多的经济收益。

参 考 文 献

[1] 杨乾明．经济发展和环境保护的对立统一关系分析[J]．科技信息，2013，17：465-465.
[2] 赖政，孙孝平，张银龙，等．盐城丹顶鹤自然保护区村民生态环境保护意识调查分析[J]．污染防治技术，2015，28（6）：77-81.
[3] 周德民，宫辉力，胡金铭．中国湿地卫星遥感的应用研究[J]．遥感技术与应用，2006，21（6）：577-583.
[4] NIU Z G,GONG P, CHENG X, et al. Geographical characteristics of China's wetlands derived from remotely sensed data[J]. Science in China: Series D, 2009, 52(6): 723-738.
[5] 汪荣．福建滨海水鸟栖息地主成分分析与评价[J]．浙江农林大学学报，2011，28（3）：472-478.
[6] 董科，吕士成，HEALY T．江苏盐城国家级珍禽自然保护区丹顶鹤的承载力[J]．生态学报，2005，25（10）：2608-2615.
[7] 肖洛斌，张慧，缪旭波．盐城保护区生境变化与丹顶鹤数量的耦合关系[J]．生态科学，2014，33（6）：1189-1193.
[8] 刘青松，李杨帆，朱晓东．江苏盐城自然保护区滨海湿地生态系统的特征与健康设计[J]．海洋学报，2003，25（3）：143-148.
[9] 白祥．新疆艾比湖周边居民湿地生态系统健康保护意识调查分析[J]．环境与可持续发展，2014，39（3）：189-192.
[10] 吕君，刘丽梅．草原旅游发展中社区居民环境意识水平的调查分析[J]．中国农村经济，2008（1）：40-49.
[11] 倪琳，成金华，李小帆．中国生态消费发展指数测度研究[J]．中国人口·资源与环境，2015，25（3）：1-11.

6.3　贵州兴义坡岗自然保护区生物文化多样性的演化与耦合*

保护生物多样性和社会的文化多样性是可持续发展的基本保证[1]。生物多样性与文化多样性及其复杂联系所组成的生物文化多样性，是保持自然和社会生态平衡的基础[2]。自 1990 年开始，“生物文化多样性”概念得到广泛认可。文化景观作为生物多样性与文化多样性相互作用的产物，是附加在自然景观上的活动形态[3]，且由于其双向建构性，被认为是连接自然与文化的纽带，体现了人类、土地与自然的联系过程中生物与文化的互动[4]。全球 1/3 的土地和超过 40%的保护区由传统原住民拥有和管理，文化景观可作为理解和应用生物文化多样性这一概念的良好范例。《关于生物和文化多样性关联的佛罗伦萨宣言》倡议 IUCN 和 ICOMOS（International Council on Monuments and Sites，国际古迹遗址理事会）等国际自然与文化保护机构将生物文化多样性纳入自然保护与景观管理规划实践中，可作为应对气候变化和生物与文化多样性丧失的有效手段[5]。目前，我国在生物文化多样性的整体研究尚处于起步阶段，关于生物多样性与文化多样性的研究主要围绕民族传统文化与生物多样性保护[1]、生态传统知识与生物多样性保护、地域民族生态文化对生物多样性的保护等[6]，将完整的生物文化多样性概念用于研究和管理的还较少。

在世界范围内，生物多样性高的地区往往也是少数民族聚居、文化多样性也具有高度重要性的地区。我国西南地区是世界上最大的喀斯特连续带[7]，拥有丰富的生物多样性资源，同时由于众多少数民族在此聚居而形成了极具特色的多元文化特点，成为我国生物多样性与文化多样性的热点地区。针对本地区所建立的自然保护区、风景名胜区、文化遗产地等各种形式的保护地，探索其生物多样性和文化多样性之间的

* 专题作者：毕兴、王晓娟、张明明。

关系并制定保护措施，是加强该地区生物多样性保护的有效途径[8]。

本节研究以保护区为例，于 2017～2019 年对其传统文化景观开展调查，并使用层次分析法（analytic hierarchy process，AHP）和人与自然耦合系统（coupled human and natural systems，CHANS）模型构建方法，剖析在喀斯特地区自然与文化系统的历史演化过程中，乡土生态保护体系对生物文化多样性的驱动作用，并进一步研究保护区在原住民与生态系统相互作用形成生物文化多样性过程中各个要素在时间、空间和组织单元上的耦合作用[9]，以期为探讨西南喀斯特地区脆弱生态系统形成过程与趋势等问题提供新的视角，推动民族地区生物与文化多样性的协同保护和可持续发展。

6.3.1　研究方法

1. 文献收集法

为深入了解保护区中自然与社会系统发展与变迁的过程，研究组收集了兴义市、坡岗保护区、坡岗生态博物馆等有关生态环境、社会经济与民俗文化的历史文献。在黔西南州林业局、档案局等相关部门协助下，搜集整理了保护区科考集、地方志、民族志、碑刻及地方民俗文化文献，结合贵州大学生物多样性与自然保护研究中心开展的保护区综合科学考察，对收集到的资料进行归类，归纳总结保护区自然与社会系统历史演化中各类要素的演化特征及其所反映的逻辑关系。

2. 参与式农村评估法

由于文献中所提到的多处文化景观损毁严重且地理位置不明，关于保护区居民的自然认知与生产生活方式等社会文化内容缺乏调查和评估。调查组于 2019 年 4～6 月在保护区对 59 处文化景观进行实地调查，对非物质文化遗产传人等关键人物进行访问，获取保护区民族医药传统知识与祭祀民俗等文化遗产现状。同时，针对保护区和景区管理人员，保护区内及周边的绒窝村、大箐村、民族村、长冲村、楼纳村和赵家渡村 6 个村的村民，通过问卷调查与结构性访谈和信息交叉印证相结合，获取有关坡岗地区居民传统民族文化、生计方式与自然保护认知等信息。根据保护区居民的文化与自然的认知，对照保护区自然环境、社会经济条件与生产生活方式，分析在文化景观形成过程中生物多样性与文化多样性的相互作用。问卷抽样调查数量不少于居民常住人口的 10%，每次调查时间不少于 15min，调查组在保护区共发放调查问卷 130 份，回收有效问卷 116 份。

3. 生物与文化多样性保护价值评价

生物文化多样性领域正在形成一种动态、综合的方法，以理解自然与文化之间及人类与环境之间的相互关系，且在评估和监测生物文化多样性状况和趋势的指标制定方面取得了较大进展。本节参照欧洲 Natura 2000 自然保护地文化景观识别和调查评估方式[10]，结合国内保护地文化景观研究[11]和保护区生物文化多样性特点，筛选了文化遗产、美学景观、资源传统利用 3 类文化景观进行评价分析。初步归纳分类调查数据和资料后，使用层次分析法计算指标权重，并通过专家意见修正，构建自然保护区生物与文化特性评价体系。调查点目标层生物或文化多样性评价系数值等于该层指标层各项评价指标值之和，计算公式为

$$S_1 = \sum_{k=1}^{8}(F_k \times P_k)$$

其中，S_1 为调查点生物多样性保护价值评价指标；F_k 为 S_1 所包含指标（B_1–B_8 项）第 k 项指标赋值；P_k 为第 k 项指标权重。计算过程根据评价体系表各指标得分的加权求和，则有

$$S_2 = \sum_{m=1}^{8}(F_m \times P_m)$$

其中，S_2 为该调查点文化多样性保护价值评价指标；F_m 为 S_2 所包含指标（B_9–B_{16}）第 m 项指标值；P_m 为第 m 项指标的权重。计算过程根据评价体系表各指标得分的加权求和。

根据保护区的土地利用现状，结合保护区林业调查资料，将文化景观坐标点及文化多样性评价指标值（S_2）输入 ArcGIS 10.2 软件中进行核密度计算，绘图分析保护区文化多样性热点；将 3 类文化景观的 S_1 与 S_2 两个指标值代入公式计算，使用 Origin 8.0 软件对文化景观的 S_1 和 S_2 评价指标值进行线性拟合。

6.3.2 结果与分析

1. 保护区文化景观资源

根据对保护区 6 个民族村落 59 处典型的文化景观进行分类调查，各类文化景观在保护区广泛存在，保护区文化遗产类文化景观数量>美学景观类文化景观数量>资源传统利用类文化景观数量。基于 ArcGIS 的坐标核密度对 59 处文化景观分析，其文化多样性热点区主要分布在间歇泉、瞿家湾、岩峰、乐坪天坑、赵家渡和楼纳苗寨 6 个区域，保护区传统的社区人文景观与良好的自然生态环境形成了生物与文化的多功能景观。

独特的喀斯特自然环境及多民族聚居形成的传统文化景观蕴含了丰富的文化多样性，兴义地区共记录有市级以上非物质文化遗产 82 项，其中保护区原住民在长期生产生活实践过程中，形成了布依族的“报笨”习俗、戈榜傩戏、刺绣、摩经、木雕技艺、酿酒制糕技艺与舞龙舞狮等 19 项非物质文化遗产，形成了独具特色的坡岗民族民俗文化。这些文化内容与当地自然环境有着深刻的内在联系。以保护区祭祀文化为例，仅祭祀礼节就有 12 种以上，加上布依语是没有文字的语言形态，当地苗族也缺乏相应的文字记载，没有正宗的宗教典籍，导致坡岗地区崇拜和祭祀的对象非常广泛，除了祭山还有祭水、祭碑、祭树、祭桥、祭田、祭宗祠、傩祭等原始崇拜民族民俗。

2. 保护区生物多样性与文化多样性的相互关系

保护区拥有丰富的生物多样性资源，生物多样性与文化多样性的关系反映在二者的地理空间重合上，传统村落、祭祀点等宗教场所这些文化多样性保护价值较高的地方，也是村寨周围植被群落结构最复杂、野生动物出现频率最高、生态环境保护最好的地方。根据对保护区 59 处文化景观生物多样性保护价值指标 S_1 与文化多样性保护价值指标 S_2 计算值线性回归结果显示，资源传统利用类文化景观这两项 S_1 与 S_2 分值呈现较高的线性正相关性，$R^2 = 0.639$；美学景观价值类其次，$R^2 = 0.178$；而文化遗产价值类及所有文化景观类 S_1 与 S_2 分值正相关性则较弱，其中文化遗产类 $R^2 = 0.070$，所有文化景观类 $R^2 = 0.012$。因此，在单个保护区尺度上，各类传统文化景观的生物多样性保护价值与文化多样性保护价值呈现不同程度的正相关（图 6-1）。

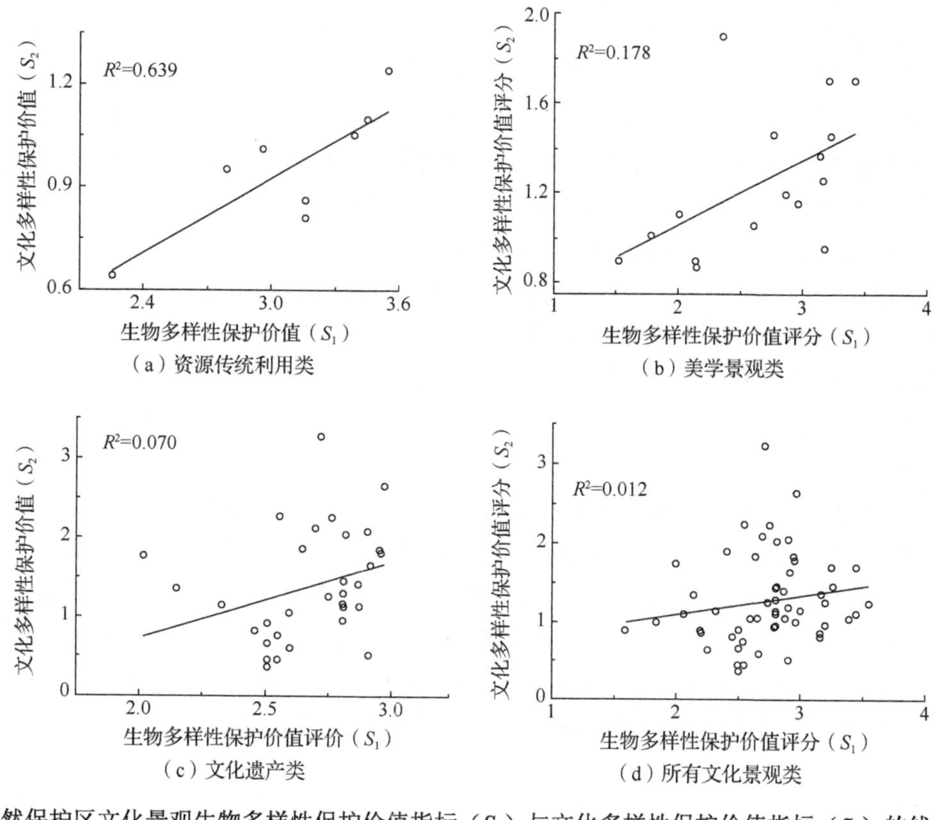

图 6-1　坡岗自然保护区文化景观生物多样性保护价值指标（S_1）与文化多样性保护价值指标（S_2）的线性关系拟合结果

文化景观的演化和变迁往往能体现自然系统与文化系统的相互作用和演替过程，在保护生物多样性与文化多样性以及提供相关生态服务价值方面发挥着重要作用[12]。人类在对喀斯特地区的生态环境条件适应过程中形成了不同的文化，不同的文化反过来对当地的生物资源也产生影响。在保护区：一方面，原住民在复杂环境中长期生存，在对自然资源的传统利用过程中产生了独特的生产生活经验、传统习惯、制度与生态传统知识等文化遗产；另一方面，恶劣的喀斯特自然环境下原住民的审美、经验、崇拜和禁忌等传统文化又反作用于生物多样性，保护区生物多样性与文化多样性形成了一个地理重合、协同进化的维持系统（图 6-2）。

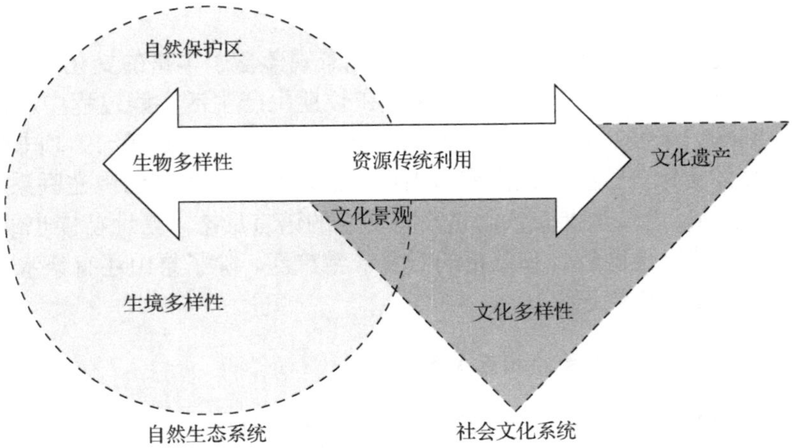

图 6-2　贵州兴义坡岗自然保护区生物多样性与文化多样性的相互作用

3. 生物文化多样性的耦合机制

生物文化多样性耦合系统的核心体现就是文化景观中人类与自然的关系，表现在以下几个方面：①自然生态系统与社会文化系统相互交织形成高度异质性文化景观的过程是维持生物文化多样性的关键机制；②人类改造自然、塑造文化景观的过程具有整体性、系统性和动态性的特征；③乡村文化景观的生物文化多样性耦合演变过程应该包括所处的自然与文化的客观条件，包括生态环境条件、文化观念基础、传统乡土文化、时间与空间的作用 4 个要素相互适应、循环和影响，形成一个动态平衡的耦合系统，构成了喀斯特地区生物文化多样性的文化价值、美学价值和自然保护价值。

根据保护区人与自然关系的 4 个要素的相互作用动态平衡原理，本节研究使用人与自然耦合系统的 CHANS 关系模型构建了保护区生物文化多样性耦合关系模型（图 6-3）。在客观的生态文化环境条件下，生物与文化多样性的相互耦合关系受到当地原住民生产生活行为方式的影响，而社会文化环境根据影响范围和影响的主体结构主要分为国家政策制度类与乡规民约等乡土文化类 2 个层次的驱动因素。第 1 个属于普遍的国家规范制度式耦合驱动因素，由当地保护区与地方行政机构相关部门与社区自治组织为主导，保护生物多样性及其栖息地生境，特点是保护成效明显，但过高的管理成本会局限耦合介入层次和范围；第 2 个则属于村规民约与传统知识等乡土文化类间接耦合因素，依靠当地社会文化系统所衍生的村规民约、语言文化、生计经验、宗教信仰及生态传统知识等乡土文化类因子间接耦合驱动作用。两种驱动因素互相补充形成一个有机整体。

生物和文化多样性的现状是历史和当前的环境及土地利用进程与社会文化环境相结合的结果，传统生计和人类生存形成文化景观的过程最终都是以自然资源作为基础，这些景观中生物与文化的形成、发展和变化具有紧密联系。现代的自然保护理念对村规民约类乡土文化中的自然保护意识缺乏足够的重视，认为它们已经落后于时代。事实上，喀斯特地区众多传统文化景观蕴含了丰富的乡土文化多样性，所形成的自然生态观念体现了原住民对土地管护和利用的智慧，相对于国家的法律、政策与制度，传统的乡规民约等乡土文化往往更加贴合社区实际情况，以潜移默化的方式会更加有效地维持着当地生物多样性和文化多样性。

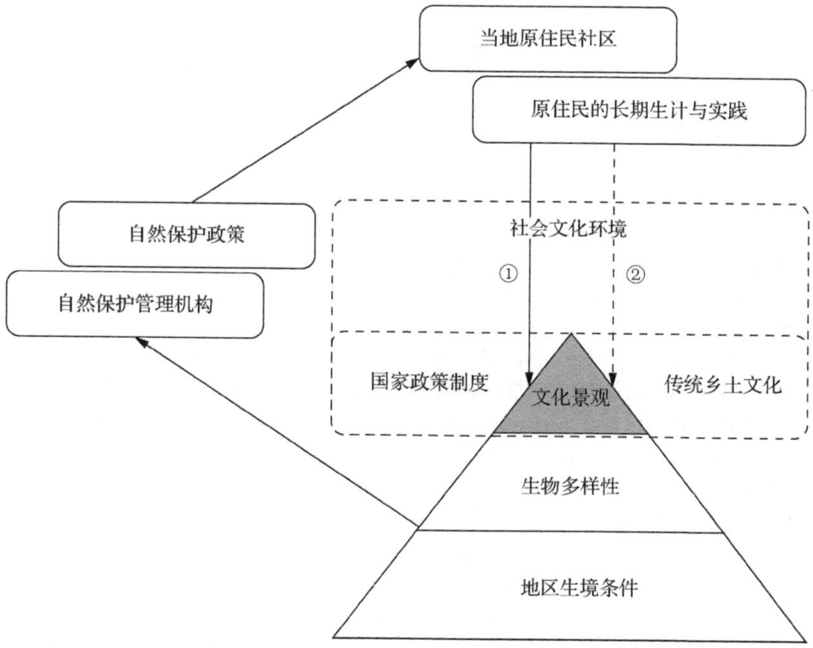

图 6-3　基于文化景观的贵州兴义坡岗自然保护区生物文化多样性耦合机制

6.3.3　小结

保护区中自然保护意识出现的时间要远早于自然保护区制度建立的时间，基于社区管理的风水林、护寨林、药材林、坟山林等林地遍布保护区，形成大量约定俗成的管理制度。恶劣的喀斯特自然环境使居民产生了诸多崇拜和禁忌；同时，他们出于对生存、信仰和审美等的需要保护自然资源，留下了数量众多的“自然保护小区”，在保护区成立之前，这些自然保护小区对保护区生物多样性保护有重要作用。

保护区原住民对自然资源的利用历史源远流长，早在距今约 14 600 年前，坡岗及周边地区的猫猫洞、瞿家湾、观音洞的喀斯特溶洞就发现有旧石器时代晚期“兴义人”狩猎活动的遗址[13]。悠久的生物多样性利用历史并没有使保护区自然资源枯竭，如今保护区内除了丰富的野生动植物外，民族村、绒窝村、大箐村等地普遍建有不同规模的野生药材植物苗圃。社区居民对自然资源经历了从单纯的利用转变为利用与保护并重的过程，该地区文化景观在满足当地生计需要的同时还维持了丰富的生物多样性。

在喀斯特地区自然与文化系统的历史演化过程中，特殊社会文化环境条件下的国家生态政策制度与乡规民约等乡土保护体系对生物文化多样性产生了耦合驱动作用：前者体现了地方管理部门的规章制度和行政管理对原住民行为方式的强制性，后者则体现了原住民行为方式在本地生态与文化环境下的自主性选择。两种耦合介入各有侧重且互为补充。

西南喀斯特地区由于地形复杂而形成了相对封闭的环境，与亚太岛屿地区生物文化多样性演变特征具有一定相似性：同样作为生物文化多样性热点地区，其生物与文化多样性在景观尺度上往往呈现某种线性关系，地域文化都高度依赖环境和自然资源，且极易受到气候及环境污染等自然环境变化的影响[14]。此外，当地外来移民和同化政策在导致文化多样性丧失的同时，可能会对其紧密相关的生物多样性及自然环境产生破坏，所留存的民族文化多样性与生物多样性面临城市化、农业产业化与全球化的共同威胁[2]。

全球化背景下，各国高度注重生物多样性与文化多样性相互依存对可持续发展的价值，生物与文化多样性的协同关系研究需要考虑环境、原住民生计与社会系统在相互作用过程中的整体性[15]，理解人类与生态系统相互作用的动态过程中多方耦合因素有利于保护政策的可持续性。我国多数自然保护地及乡村区域存在自然与文化融合的多功能景观，其对应的生物与文化多样性保护管理体系建设尚存在不足。建议喀斯特地区除了依赖政策与制度外，还需要注重村规民约及生态传统知识等乡土文化的驱动作用，以推动地区生物多样性与文化多样性的协同保护和社区的可持续发展。

参考文献

[1] 裴盛基．生物多样性与文化多样性[J]．科学（上海），2008，60（4）：33-36.

[2] 毛舒欣，沈园，邓红兵．生物文化多样性研究进展[J]．生态学报，2017，37（24）：8179-8186.

[3] PILGRIM S, PRETTY B, ADAMS F, et al. The intersection of biological diversity and cultural diversity: towards integration[J]. Conservation and Society, 2009, 7: 100-112.

[4] TAYLOR K, LENNON J. Cultural landscapes: a bridge between culture and nature?[J]. International Journal of Heritage Studies, 2011, 17: 537-554.

[5] KALE J. Florence declaration on cultural and biological diversity[J]. Sociologija I Prostor, 2014, 52: 231-236.

[6] 薛达元，郭泺．论传统知识的概念与保护[J]．生物多样性，2009，17（2）：135-142.

[7] 王波，黄勇，李家堂，等．西南喀斯特地貌区两栖动物丰富度分布格局与环境因子的关系[J]．生物多样性，2018，26（9）：941-950.

[8] 沈园，李涛，唐明方，等．西南地区生物文化多样性空间格局定量研究[J]．生态学报，2019，39（7）：2454-2461.

[9] WANDERSEE S M, LI A, LÓPEZ-CARR D, et al. Perception and decisions in modeling coupled human and natural systems: a case study from Fanjingshan National Nature Reserve, China[J]. Ecological Modelling, 2012, 229: 37-49.

[10] 张华海，龙启德，廖德平．兴义坡岗自然保护区综合科学考察集[M]．贵阳：贵州科技出版社，2006.

[11] 邱靖．坡岗祭祀活动的哲学生态观[J]．兴义民族师范学院学报，2010（1）：1-3.

[12] VLAMI V, KOKKORIS I P, ZOGARIS S, et al. Cultural landscapes and attributes of “culturalness” in protected areas: an exploratory assessment in Greece[J]. Science of the Total Environment, 2017, 595: 229-243.

[13] 张婧雅，张玉钧．自然保护地的文化景观价值演变与识别：以泰山为例[J]．自然资源学报，2019，34：1833-1849.

[14] ARNAIZ-SCHMITZ C, HERRERO-JÁUREGUI C, SCHMITZ M F. Losing a heritage hedgerow landscape. Biocultural diversity conservation in a changing social-ecological Mediterranean system[J]. Science of the Total Environment, 2018, 637-638: 374-384.

[15] 曹波，贺乐天，张璞．贵州兴义猫猫洞出土的人类化石[J]．人类学学报，2015，34（4）：451-460.

附录1　贵州兴义坡岗自然保护区种子植物系统名录

裸子植物门 Gymnospermae

一、苏铁科 Cycadaceae

（一）苏铁属 *Cycas* L. 5

1．贵州苏铁（兴义苏铁）*C. guizhouensis* K. M. Lan et R. F. Zou 拱桥、洋坪、纳赖、箐口，邓朝义 0401。国家一级重点保护野生植物

二、松科 Pinaceae

（一）松属 *Pinus* L. 8

1．云南松 *P. yunnanensis* Franch. 郑屯镇绒窝村花地湾，海拔 1 040m，安明态，胡国雄 2017-PG-0430；郑屯镇绒窝村擦耳岩，海拔 1 270m，安明态，胡国雄 2017-PG-0577

2．细叶云南松 *P. yunnanensis* Franch.var. *tenuifolia* Cheng et Law 则戎乡红椿码头，海拔 760m，安明态，黄郎 2017-PG-0998

三、杉科 Taxodiaceae

（一）杉木属 *Cunninghamia* R. Br. 15

1．杉木 *C. lanceolata* (Lamb.) Hook.小湾、新店等地栽培

四、柏科 Cupressaceae

（一）柏木属 *Cupressus* L. 8

1．柏木 *C. funebris* Endl.分布于绒窝、小湾、海子、民族、楼纳、坡岗等地

（二）圆柏属 *Sabina* 8

1．圆柏 *S. chinensis* (L.) Ant. 岩峰村长湾，海拔 1 240m，安明态，黄郎 2018-PG-0056

五、罗汉松科 Podocarpaceae

（一）罗汉松属 *Podocarpus* L'Hér. ex Pers.

1．百日青 *P. neriifolius* D. Don 分布于马岭河谷

被子植物门 Angiospermae

六、五味子科 Schisandraceae

（一）五味子属 *Schisandra* Michx. 9

1．铁箍散 *S. bropinqua* (Wall.) Baill. var. *sinensis* Oliv. 坡岗，邓朝义 973255，清水河，邓朝义 0430

七、番荔枝科 Annonaceae

（一）瓜馥木属 *Fissistigma* Griff.

1．瓜馥木 *F.* sp. 分布于拱桥、洋坪，安龙、望谟亦有。乔木树种，圆锥花序，果小

（二）野独活属 *Miliusa* Leschen.ex DC. 7

1．中华野独活 *M. sinensis* Finet et Gagnep．清水河；则绒拱桥 1 200m，张华海，安明态 0239

（三）紫玉盘属 *Uvaria* L. 4

1．瘤果紫玉盘 *U. kweichowensis* P. T. Li 清水河（翁布），海拔 840～1 000m，2002-11-08，邓朝义 0183（Fr.），0184（Fruit）模式产地标本

八、樟科 Lauraceae

（一）黄肉楠属 *Actinodaphne* 7

1．红果黄肉楠 *A. cupularis* (Hemsl.) Gamble 郑屯镇民族村大寨后山（间歇泉），海拔 1 230m，安明态，胡国雄 2017-PG-0391

（二）琼楠 *Beilschmiedia* Nees 2

1．粗壮琼楠 *B. robusta* Allen 清水河，邓朝义 C011

（三）樟属 *Cinnamomum* Trew 5

1．滇南桂 *C. austro yunnanense* H.W.Li 民族，邓朝义 0209，小湾，邓朝义 0045，楼纳，邓朝义 0224

2．云南樟 *C. glandulifera* (Wall.) Nees 楼纳、绒窝、箐口

3．黄樟 *C. porrectum* (Roxb) Kosterm 坡岗，97 规划组 8-1

4．平托桂 *C. tsoi* Allen 坡岗，97 规划组 5-41。贵州省新记录种

5．川桂 *C. wilsonii* Gamble 郑屯镇民族村大寨后山（间歇泉），海拔 1 230m，安明态，胡国雄 2017-PG-0412

6．岩樟 *C. saxatile* H. W. Li 郑屯镇绒窝村鲜家湾，海拔 1 160m，安明态，胡国雄 2017-PG-0561；兴义市则戎乡拱桥村町眯至大洋坪公路边，海拔 925m，安明态，胡国雄 2017-PG-0773

（四）山胡椒属 *Lindera* Thunb. 7

1．香叶树 *L. communis* Hemsl. 坡岗，97 规划组 6-5-2；郑屯 1 250m，张华海，安明态 0075

2．绒毛钓樟 *L. floribunda* (Allen) H. P. Tsui 绒窝，邓朝义 0361，0350

3．黑壳楠 *L. megaphylla* Hemsl. 郑屯镇大箐村大箐，海拔 1 350m，安明态，胡国雄等 2017-PG-0030

4．川钓樟 *L. pulcherrima* (Wall.) Benth. var. *hemsleyana* (Diels) H. P. Tsui 坡岗，邓朝义 973246；郑屯小学后山 1 250m，张华海，安明态 0175

5．香粉叶 *L. pulcherrima* (Wall.) Benth. var. *attenuata* Allen 郑屯镇坡岗村中坡岗，海拔 1 320m，安明

态，黄郎 2017-PG-0933

6．香叶子 *L. fragrans* Oliv. 郑屯镇大箐村苦竹林，海拔 1 420m，安明态，黄郎 2017-PG-0958

（五）木姜子属 *Litsea* Lam. 3

1．山鸡椒 *L. cubeba* (Lour.) Pers.

2．红叶木姜子 *L. rubcscens* Lec. 小湾，邓朝义 0116

（六）润楠属 *Machilus* Nees 7

1．安顺润楠 *M. cavaleriei* Lévl.楼纳，邓朝义 0268；则绒拱桥 1 250m，张华海，安明态 0317

2．黔桂润楠 *M. chienkweiensis* S. Lee 郑屯镇民族村大寨后山（间歇泉），海拔 1 230m，安明态，胡国雄 2017-PG-0376；安龙县龙广镇毛凼子村韦家凼，安明态，胡国雄 2017-PG-0841

3．宜昌润楠 *M. ichangensis* Rehd. et Wils. 民族，邓朝义 0225，0221，0220

4．小果润楠 *M. microcarpa* Hemsl 楼纳，邓朝义 0223，小湾，邓朝义 0052

5．多脉润楠 *M. multinervia* Liou 小湾村，兴义安龙两县交界处，邓朝义 0384

6．光叶润楠 *M. glabrophylla* J. F. Zou 小湾，邓朝义 0025，0023。贵州特有种

7．粗壮润楠 *M. robusta* W. W. Sm 楼纳，邓朝义 0241

（七）新樟属 *Neocinnamomum* Liou Ho 7-4

1．滇新樟 *N. caudatum* (Nees) Merr. 则绒拱桥 1 200m 林中，张华海，安明态 0236

（八）新木姜子属 *Neolitsea* Merr. 7

1．簇叶新木姜子 *N. confertifolia* (Hemsl.) Merr. 郑屯镇民族村大寨后山（间歇泉），海拔 1 230m，安明态，胡国雄 2017-PG-0397

2．四川新木姜子 *N. sutchuanensis* Yang 拱桥，邓朝义 0145；小湾，邓朝义 0016，0017；郑屯 1 250m，张华海，安明态 0157，0170

九、毛茛科 Ranunculaceae

（一）银莲花属 *Anemone* L. 1

1．打破碗花花 *A. hupehensis* Lem. 小湾

2．水棉花 *A. hupehensis* var. *hupehensis* f. *alba* W. T. Wang 大箐村，安明态，胡国雄 2017-0106

（二）铁线莲属 *Clematis* L. 1

1．钝齿铁线莲 *C. apiifolia* var. *obtusidentata* Rehd. et Wils. 坡岗，97 规划组 8-1-6

2．小木通 *C. armandii* Franch. 拱桥，邓朝义 0152

3．威灵仙 *C. chinensis* Osbeck 郑屯镇绒窝村王家凼组倒锅凼，海拔 1 130m，安明态，胡国雄 2017-PG-0631

4．山木通 *C. finetiana* Lév et Vaniot 郑屯镇绒窝村鲜家湾，海拔 1 160m，安明态，胡国雄 2017-PG-0548

5．大叶铁线莲 *C. heracleifolia* DC. 绒西，安明态，胡国雄 2017-0185

6．小蓑衣藤 *C. gouriana* Roxb.ex Wilson. 清水河，邓朝义 3063

7．毛柱铁线莲 *C. meyeniana* Walp. 小湾，邓朝义 0041

8．毛果铁线莲 *C. peterae* var. *trichocarpa* W. T. Wang 小湾 1 200～1 450m 灌丛中，邓朝义（2002-11-07）0051（XIN）。贵州省新记录种

9．曲柄铁线莲 *C. repens* Finet et Gagnep.坡岗，邓朝义 983619

10．镰叶铁线莲 *C. subfalcata* Péi 清水河，邓朝义 3064。贵州省新记录种

11．柱果铁线莲 *C. uncinata* Champ. 小湾，邓朝义 0073；郑屯 1 250m，张华海，安明态 0196

（三）唐松草属 *Thalictrum* L. 8-4

1．盾叶唐松草 *T. ichangense* Lecoy ex Oliv. 清水河，邓朝义 973121

2．东亚唐松草 *T. minus* var. *hypoleucum*（Sieb.et Zucc.）Miq. 清水河，邓朝义 973133

（四）尾囊草属 *Urophysa* Ulbr. 15

1．尾囊草 *U. henryi* (Oliv.) Ulbr. 清水河，楼纳；马岭河 900m，张华海，安明态 0433

十、金鱼藻科 Ceratophyllaceae

（一）金鱼藻属 *Ceratophyllum* L. 1

1．金鱼藻 *C. demersum* L. 清水河

十一、小檗科 Berberidaceae

（一）小蘖属 *Berberis* L. 8

1．鼠叶小檗 *B. iteophylla* C. Y. Wu ex S. Y. Bao. 清水河，邓朝义 973094。贵州省新记录种

（二）淫羊藿属 *Epimedium* L. 10

1．粗毛淫羊霍 *E. acuminatum* Franch. 清水河，邓朝义 973116

（三）十大功劳属 *Mahonia* L. 9

1．小果十大功劳 *M. bodinieri* Gagnep. 楼纳，邓朝义 0327

2．亮叶十大功劳 *M. nitens* Schneid. 坡岗，97 规划组 9-1-2

十二、南天竹科 Nandinaceae

（一）南天竹属 *Nandina* Thunb. 14sj

1．南天竹 *N. domestica* Thunb.

十三、木通科 Lardizabalaceae

（一）木通属 *Akebia* Decne. 14sj

1．三叶木通 *A. trifoliata* (Thunb.) Koidz.万峰湖镇下箐村上岜烘赵家湾，海拔 1 450m，安明态，胡国雄 2017-PG-0259；毛凼子村石猪槽，海拔 1 230m，安明态，胡国雄 2017-PG-0902

2．白木通 *A. trifoliata* var. *australis* (Diels) Rehd. 拱桥，邓朝义 0138

十四、防己科 Menispermaceae

（一）木防己属 *Cocclus* DC. 2

1．木防己 *C. orbiculatus* (L.) DC 拱桥，邓朝义 0155

（二）连蕊藤属 *Parabaena* Miers 7

1．连蕊藤 *P. sagittata* Miers 拱桥村道角路边山脚，海拔 920m，邓朝义 0150

（三）细圆藤属 *Pericampylus* Miers 7

1．细圆藤 *P. glaucus* (Lam.) Merr.郑屯湾子 1 250m，张华海，安明态 0166

（四）千金藤属 *Stephania* Lour. 4

1．金线吊乌龟 *S. cepharantha* 郑屯镇大箐村（健康村）沟里头（绒布组），海拔 1 270m，安明态，胡国雄 2017-PG-0223

2．一文钱 *S. delavayi* Diels 拱桥，邓朝义 0136

3．桐叶千金藤 *S. japonica* var. *discolor* (Blume) Forman 拱桥，邓朝义 0165

（五）青牛胆属 *Tinospora* Miers ex Hook.f.et Thoms. 4-1

1．金果榄 *T. capillipes* Gagnep.翁布，清水河，邓朝义 0429

十五、马兜铃科 Aristolochiaceae

（一）关木通属 *Isotrema* 2

1．广防己 *I. fangchi* Y.C.Wu ex L.D.Chow et S.M.Hwang 毛凼子村石猪槽，海拔 1 230m，安明态，胡国雄 2017-PG-0895

（二）细辛属 *Asarum* L. 8

1．尾花细辛 *A. caudigerum* Hance 清水河；顶效 1 250m，张华海，安明态 0325

2．长毛细辛 *A. pulchellum* Hemsl.民族，邓朝义 0204

十六、胡椒科 Piperaceae

（一）豆瓣绿属 *Peperomia* Ruiz et Paron 2

1．石蝉草 *P. dindygulensis* Miq.普硐，邓朝义 973277

2．豆瓣绿 *P. tetraphylla* (Forst.f.) Hook.et Arn. 清水河，邓朝义 973161

（二）胡椒属 *Piper* L. 2

1．小叶爬崖香 *P. sintenense* Hatus. 民族，邓朝义 0213

2．山蒟 *P. hancei* Maxim. 绒窝下坡岗，邓朝义 0389；则绒 1 250m，张华海，安明态 0408

3．变叶胡椒 *P. mutabile* C. DC. 绒窝下坡岗，邓朝义 0388

4．缘毛胡椒 *P. semiimmersum* C. DC. 清水河 850m 林下阴湿处，张华海，安明态 0351

5．石南藤 *P. wallichii* (Miq.) Hand.-Mazz.楼纳，海拔 1 280～1 340m，邓朝义 0219

十七、三白草科 Saururaceae

（一）裸蒴属 *Gymnotheca* Decne. 15

1．裸蒴 *G. chinensis* Decne. 马岭河

（二）蕺菜属 *Houttuynia* Thunb. 14

1．蕺菜 *H. cordata* Thunb. 马岭河

（三）三白草属 *Saururus* L. 9

1．三白草 *S. chinensis* (Lour.) Baill.马岭河

十八、金粟兰科 Chloranthaceae

（一）金粟兰属 *Chloranthus* Hemsl. 2

1．宽叶金粟兰 *Ch. henryi* Hemsl.楼纳，海拔 280～1 340m，邓朝义 0272；清水河，邓朝义 983613

十九、紫堇科 Fumariaceae

（一）紫堇属 *Corydalis* Vent. 8

1．紫堇 *C. edulis* Maxim.
2．小花黄堇 *C. racemosa* (Thunb.) Pers.

二十、十字花科 Cruciferae

（一）荠属 *Capsella* Medik. 8

1．荠 C. *bursa-pastoris* (L.) Medik.

（二）碎米荠属 *Cardamine* L. 1

1．弯曲碎米荠 *C. flexuosa* With.
2．粗毛碎米荠 *C. hirsuta* L.大洋坪，安明态，胡国雄 2017-0356

（三）独行菜属 *Lepidium* L. 1

1．独行菜 *L. apetalum* Willd.

（四）蔊菜属 *Rorippa* 1

1．蔊菜 *R. indica* (L.) Hiern. 兴义市则戎乡渔子村吊井湾组贺家湾，海拔 1 030m，安明态，胡国雄 2017-PG-0719

二十一、堇菜科 Violaceae

（一）堇菜属 *Viola* L. 1

1．紫花地丁 *V. philippica* Cav. 田湾，安明态，胡国雄 2017-0375；兴义市则戎乡拱桥村盯眯至大洋坪公路边，海拔 925m，安明态，胡国雄 2017-PG-0777
2．柔毛堇菜 *V. principis* H. Boiss 兴义市则戎乡渔子村吊井湾组贺家湾，海拔 1 030m，安明态，胡国雄 2017-PG-0720
3．光瓣堇菜 *V. yedoensis* Makino. 拱桥，邓朝义 0174
4．阔紫叶堇菜 *V. cameleo* H. Boiss 郑屯镇民族村大寨后山（间歇泉），海拔 1 230m，安明态，胡国雄 2017-PG-0395

二十二、远志科 Polygalaceae

（一）远志属 *Polygala* L. 1

1．尾叶远志 *P. caudata* Rehd. et Wils. 楼纳，邓朝义 90259；绒窝，邓朝义 4415；坡岗，邓朝义 73253；拱桥 1 250m，张华海，安明态 0318
2．肾果小扁豆 *P. furcata* Royle 民族村间歇泉，安明态，胡国雄 2017-0017；大箐村，安明态，胡国雄 2017-0120；郑屯镇绒窝村王家凼组倒锅凼，海拔 1 130m，安明态，胡国雄 2017-PG-0643
3．心果小扁豆 *P. isocarpa* Chodat 坡岗，邓朝义 973275
4．小扁豆 *P. tatarinowii* Regel 王家凼，安明态，胡国雄 2017-0332；郑屯镇绒窝村王家凼组倒锅凼，

海拔 1 130m，安明态，胡国雄 2017-PG-0641

二十三、景天科 Crassulaceae

（一）落地生根属 *Bryophyllum* Salisb. 2

1．落地生根 *B. pinnatum* (L.f.) Oken 坡岗，97 规划组 P047

（二）景天属 *Sedum* L. 8-4

1．凹叶景天 *S. emarginatum* Migo 张家湾，安明态，胡国雄 2017-0221；孔达坡，安明态，胡国雄 2017-0427；郑屯镇大箐村（健康村）沟里头（绒布组），海拔 1 270m，安明态，胡国雄 2017-PG-0236

2．垂盆草 *S. sarmentosum* Bunge 小湾，邓朝义 0001

3．四芒景天 *S. tetractinum* Frod. 苦竹林，安明态，胡国雄 2017-0132

（三）石莲属 *Sinocrassula* Berger 14sh

1．石莲 *S. indica* (Decne.) Berger 坡岗、小湾、拱桥，邓朝义 973241

二十四、虎耳草科 Saxifragaceae

（一）虎耳草属 *Saxifraga* L. 8

1．虎耳草 *S. stolonifera* Meerb. 清水河，邓朝义 973118

二十五、石竹科 Caryophyllaceae

（一）短瓣花属 *Brachystemma* D. Don 14sh

1．短瓣花 *B. calycinum* D. Don 海子、小湾广布

（二）狗筋蔓属 *Cucubalus* L. 10

1．狗筋蔓 *C. baccifera* (L.) Roth 张家湾，安明态，胡国雄 2017-0214；郑屯镇大箐村（健康村）沟里头（绒布组），海拔 1 270m，安明态，胡国雄 2017-PG-0203；清水河边，海拔 700m，安明态，胡国雄 2017-PG-0483

（三）荷莲豆草属 *Drymaria* Willd.ex Roem.et Schult. 2

1．荷莲豆草 *D. cordata* (L.) Willd.ex Schult. 张家湾，安明态，胡国雄 2017-0208；郑屯镇大箐村（健康村）沟里头（绒布组），海拔 1 270m，安明态，胡国雄 2017-PG-0188；郑屯镇大箐村（健康村）沟里头（绒布组），海拔 1 270m，安明态，胡国雄 2017-PG-0244

（四）鹅肠菜属 *Myosoton* Moench 10

1．鹅肠菜 *M. aquaticum* (L.) Moench 民族村间歇泉，安明态，胡国雄 2017-0047；岩枫村，安明态，胡国雄 2017-0281；毛凼子村石猪槽，海拔 1 230m，安明态，胡国雄 2017-PG-0889

（五）繁缕属 *Stellaria* L. 1

1．箐姑草 *S. vestita* Kurz 孔达坡，安明态，胡国雄 2017-0445

二十六、马齿苋科 Portulacaceae

（一）马齿苋属 Portulaca L. 2

1．马齿苋 *P. oleracea* L. 岩枫村，安明态，胡国雄 2017-0279

（二）土人参属 *Talinum* Aclans. 2-2

1．土人参 *T. paniculatum* (Jacq.) Gaertn.小湾等广布；坡岗，97 规划组 P014；郑屯 1 250m，张华海，安明态 0242

二十七、蓼科 Polygonaceae

（一）荞麦属 *Fagopyrum* Mill. 10

1．苦荞麦 *P. tataricum* (L.) Gaertn. 小湾等

（二）何首乌属 *Fallopia* Adans. 8

1．何首乌 *P. multiflorum* Thunb. 翁布，邓朝义 0420；全区广布

（三）蓼属 *Persicaria* (L.) Mill. 1

1．丛枝蓼 *P. caespitosum* Bl. 民族，邓朝义 0200
2．头花蓼 *P. capitata* Ham.ex Don 区内各地均产
3．火炭母 *P. chinense* L. 郑屯镇大箐村大箐，海拔 1 350m，安明态，胡国雄等 2017-PG-0014
4．尼泊尔蓼 *P. nepalense* Meisn. 民族村间歇泉，安明态，胡国雄 2017-0043；郑屯镇大箐村（健康村）沟里头（绒布组），海拔 1 270m，安明态，胡国雄 2017-PG-0216
5．赤胫散 *P. runcinatum* Buch.-Ham.ex D.Don 坡岗，97 规划组 P012

二十八、商陆科 Phytolaccaceae

（一）商陆属 *Phytolacca* L. 1

1．商陆 *Ph.acinosa* Roxb. 民族、楼纳、小湾、拱桥
2．垂序商陆 *Ph. americana* L. 岩枫村，安明态，胡国雄 2017-0282

二十九、藜科 Chenopodiaceae

（一）藜属 *Chenopodium* L. 1

1．藜 *Ch. album* L. 砍关，安明态，胡国雄 2017-0393
2．土荆芥 *Ch. ambrosioides* L. 民族村间歇泉，安明态，胡国雄 2017-0013；河头，安明态，胡国雄 2017-0055；毛凼子村石猪槽，海拔 1 230m，安明态，胡国雄 2017-PG-0894
3．小藜 *Ch. serotinum* L.小湾

三十、苋科 Amaranthaceae

（一）牛膝属 *Achyranthes* L. 2

1．土牛膝 *A. aspera* L.小湾
2．牛膝 *A. bidentata* Bl.小湾、拱桥、民族

（二）白花苋属 *Ouret* Adans. 6

1．白花苋 *O. sanguinolenta* (L.) Blume 露阴塘，安明态，胡国雄 2017-0335；郑屯镇绒窝村鲜家湾组查耳岩，安明态，胡国雄 2017-PG-0530；郑屯镇绒窝村鲜家湾，海拔 1 160m，安明态，胡国雄 2017-PG-0560；兴义市则戎乡歇气堡村魏家凼子（万峰湖边），海拔 707m，安明态，胡国雄 2017-PG-0651

（三）莲子草属 *Alternanthera* Forsk. 2

1．喜旱莲子草 *A. philoxeroides* (Mart.) Griseb. 郑屯，安明态，胡国雄 2017-0224

（四）青葙属 *Celosia* L. 2

1．青葙 *C. argentea* L. 拱桥，邓朝义 0172；拱桥 1 250m，张华海，安明态 0259

（五）浆果苋属 *Deeringia* R.Br. 6

1．浆果苋 *D. amaranthoides* (Lam.) Merr. 枫柯贝，安明态，胡国雄 2017-0190；绒软，安明态，胡国雄 2017-0230；水井湾，安明态，胡国雄 2017-0321；东山，安明态，胡国雄 2017-0365

三十一、亚麻科 Linaceae

（一）石海椒属 *Reinwardtia* Dumort. 8-4

1．石海椒 *R. trigyna* (Roxb.) Planch. 坡岗，邓朝义 973228

（二）青篱柴 *Tirpitzia* Hallier 7-4

1．青篱柴 *T. sinensis* (Hemsl.) Hall. 坡岗，邓朝义 973188；郑屯小学后山 1 300m，张华海，安明态 0129

三十二、牻牛儿苗科 Geraniaceae

（一）老鹳草属 *Geranium* L. 12-3

1．尼泊尔老鹳草 *G. nepalense* Sweet 坡岗

三十三、酢浆草科 Oxalidaceae

（一）酢浆草属 *Oxalis* L. 1

1．酢浆草 *O. corniculata* L. 小湾、绒窝；顶效 1 250m，张华海，安明态 0251

三十四、凤仙花科 Balsaminaceae

（一）凤仙花属 *Impatiens* L. 2

1．凤仙花 *I. balsamina* L. 坡岗、小湾等多处产
2．厚裂凤仙花 *I. crassiloba* Hook. f. 楼纳，水湿地，邓朝义 0198，0228
3．蓝花凤仙花 *I. cyanantha* Hook. f. 坡岗，邓朝义 973164，楼纳，邓朝义 0229，民族村也产

三十五、瑞香科 Thymelaeaceae

（一）瑞香属 *Daphne* L. 10

1．尖瓣瑞香 *D. acutiloba* Rehd. 坡岗，97 规划组 P044

三十六、水东哥科 Saurauiaceae

（一）水东哥属 *Saurauia* Willd. 3

1．聚锥水东哥 *S. thyrsiflora* C. F. Liang et Y. S. Wang 清水河河谷

三十七、马桑科 Coriariaceae

（一）马桑属 *Coriaria* L. 8-6

1．马桑 *C. sinica* Maxim. 坡岗，97 规划组 P037

三十八、海桐花科 Pittosporaceae

（一）海桐花属 *Pittosporum* Banks 4

1．狭叶柄果海桐 *P. podocarpum* var. *angustatum* Gowda 郑屯镇大箐村苦竹林，海拔 1 420m，安明态，黄郎 2017-PG-0964

2．棱果海桐 *P. trigonocarpum* Lévl 小湾，邓朝义 0006

3．崖花子 *P. truncatum* 郑屯镇岩峰村枫柯欠，海拔 1 370m，安明态，胡国雄 2017-PG-0125

三十九、大风子科 Flacourtiaceae

（一）山羊角树属 *Carrierea* Franch. 7-4

1．山羊角树 *C. calycina* Franch.万峰湖镇下箐村上岜垬赵家湾，海拔 1 450m，安明态，胡国雄 2017-PG-0265

（二）刺篱木属 *Flacourtia* Comm.ex L'Herit. 6

1．大果刺篱木 *F. ramontchii* L' Hérit.楼纳，邓朝义 0217

2．大叶刺篱木 *F. rukam* Zoll. et Mor.坡岗，97 规划组 P042

（三）栀子皮属 *Itoa* Hemsl. 7-1

1．栀子皮 *I. orientalis* Hemsl.小湾、绒窝等全区广布

（四）柞木属 *Xylosma* Forster. 2

1．南岭柞木 *X. controversum* Clos. 坡岗，97 规划组 5-2

2．柞木 *X. japonicum* (Walp.) A.Gray 小湾，邓朝义 0058，绒窝，邓朝义 0353

3．疏花柞木 *X. laxiflorum* Merr. et Chun 绒窝，邓朝义 0346

4．长叶柞木 *X. longifolia* Clos 郑屯镇坡岗村中坡岗，海拔 1 320m，安明态，黄郎 2017-PG-0931

四十、西番莲科 Passifloraceae

（一）西番莲属 *Passiflora* L. 2-1

1．杯叶西番莲 *P. cupiformis* Mast.小湾，邓朝义 0092，楼纳，邓朝义 0232

2．蝴蝶藤 *P. papilio* Li 枫柯贝，安明态，胡国雄 2017-0199

3．菱叶西番莲 *P. rhombiformis* Pao 绒窝，邓朝义 0390

四十一、葫芦科 Cucurbitaceae

（一）绞股蓝属 *Gynostemma* Bl. 7

1．绞股蓝 *G. pentaphyllum* (Thunb.) Makino 小湾，邓朝义 0080；绒窝，邓朝义 0391

（二）帽儿瓜属 *Mukia* Arn. 4

1．帽儿瓜 *M. maderaspatana* (L.) M. J. Roem 马岭河，邓朝义 973119

（三）茅瓜属 *Solena* Lour. 7

1．茅瓜 *S. amplexicaulis* (Lam.) Gandhi 拱桥，邓朝义 0153

（四）赤瓟属 *Thladiantha* Bunge 6

1．赤瓟 *Th. dubia* Bunge 苦竹林，安明态，胡国雄 2017-0137

（五）栝楼属 *Trichosanthes* L. 5

1．中华栝楼 *T. rosthornii* Harms 苦竹林，安明态，胡国雄 2017-0125
2．三尖栝楼 *T. tricuspidata* Lour. 楼纳，邓朝义 0214

（六）马瓟儿属 *Zehneria* Endl. 4

1. 钮子瓜 *Z. maysorensis* (Wight et Arn.) Arn. 韦家凼，安明态，胡国雄 2017-0415；清水河边，海拔 700m，安明态，胡国雄 2017-PG-0494

2．马瓟儿 *Z. japonica* (Thunb.) H. Y. Liu 兴义市则戎乡歇气堡村魏家凼子（万峰湖边），海拔 707m，安明态，胡国雄 2017-PG-0685

四十二、秋海棠科 Begoniaceae

（一）秋海棠属 *Begonia* L. 2

1．独牛 *B. henryi* Hemsl. 郑屯镇绒窝村鲜家湾组查耳岩，安明态，胡国雄 2017-PG-0541
2．心叶秋海棠 *B. labordei* Lévl. 坡岗，97 规划组 6-16
3．兴义秋海棠 *B. xingyiensis* Ku 兴义市则戎乡芭蕉塘 1 100m，1959-08-07，安顺队 748（Type，PE）兴义特有种。

四十三、仙人掌科 Cactaceae

（一）仙人掌属 *Opuntia* Mill. 3

1．仙人掌 *O. dillenii* (Ker.-Gawl.) Haw 小湾、拱桥、箐口、洋坪、坡岗

四十四、山茶科 Theaceae

（一）茶属 *Camellia* L. 7

1．贵州连蕊茶 *C. costei* Lévl. 绒窝下坡岗 1 250m，张华海，安明态 0391
2．蒙自山茶 *C. henryana* Cohen-Stuart 小湾村与安龙县交界处山，邓朝义 0397
3．冬青叶瘤果茶 *C. ilicifolia* Y. K. Li ex Chang 小湾、洋坪，邓朝义 51407，983599
4．狭叶瘤果茶 *C. ilicifolia* var. *neriifolia* (H. T. Chang) Ming 产洋坪

（二）柃木属 *Eurya* Thunb. 3

1．细枝柃 *Eurya loquaiana* Dunn

四十五、猕猴桃科 Actinidiaceae

（一）猕猴桃属 *Actinidia* 14

1．硬齿猕猴桃 *A. callosa* Lindl. 毛凼子村石猪槽，海拔 1 230m，安明态，胡国雄 2017-PG-0901

四十六、桃金娘科 Myrtaceae

（一）子楝树属 *Decaspermum* J. R. et G. Forst. 7

1．华夏子楝树 *D. cathayense* (Lévl) Chang et Miau 坡岗，邓朝义 973256，983602；小湾，邓朝义 0083

（二）蒲桃属 *Syzygium* 4

1．赤楠 *S. buxifolium* Hook. et Arn. 安龙县龙广镇毛凼子村韦家凼，安明态，胡国雄 2017-PG-0852

四十七、野牡丹科 Melastomataceae

（一）金锦香属 *Osbeckia* L. 4

1．星毛金锦香 *Osbeckia stellata* Buch. -Ham. ex D. Don

（二）锦香草属 *Phyllagathis* Bl. 7-1

1．小花叶底红 *Ph. fordii* var. *micrantha* C. Chen 清水河，邓朝义 973123

四十八、使君子科 Combretaceae

（一）风车藤属 *Combretum* Loefl. 2

1．石风车子 *C. wallichii* DC. 坡岗、小湾村，邓朝义 973247；绒窝下坡岗 1 250m，张华海，安明态 0426

四十九、金丝桃科 Hypericaceae

（一）金丝桃属 *Hypericum* L. 1

1．黄花香 *H. beanii* N. Robson 绒窝，邓朝义 0339
2．贵州金丝桃 *H. kouytchense* Lévl.
3．元宝草 *H. sampsonii* Hance

五十、椴树科 Tiliaceae

（一）刺蒴麻属 *Triumfetta* L. 2

1．刺蒴麻 *T. rhomboidea* Jacq.大箐村，安明态，胡国雄 2017-0178；清水河边，海拔 700m，安明态，胡国雄 2017-PG-0499
2．毛刺蒴麻 *T. cana* Blume 郑屯镇大箐村，海拔 1 350m，安明态，胡国雄等 2017-PG-0004

五十一、杜英科 Elaeocarpaceae

（一）杜英属 *Elaeocarpus* L. 2

1．日本杜英 *E. japonicus* Sieb. et Zucc. 坡岗，97 规划组 8-1-3

（二）猴欢喜属 *Sloanea* L. 3

1．猴欢喜 *S. sinensis* (Hance) Hemsl. 坡岗，97 规划组 5-25

五十二、梧桐科 Sterculiaceae

（一）梧桐属 *Firmiara* Marsili 14sh

1．梧桐 *F. simplex* (L.) W. F. Wight.小湾等

（二）苹婆属 *Sterculia* L. 2

1．假苹婆 *S. lanceolata* Cav. 清水河，邓朝义 973103，0158；大海子 900m，张华海，安明态 0443

五十三、木棉科 Bombacaceae

（一）木棉属 *Bombax* 9

1．木棉 *B. ceiba* L. 兴义市则戎乡歇气堡村魏家凼子（万峰湖边），海拔 890m，安明态，胡国雄 2017-PG-0680；则戎乡长冲村坡洋，海拔 890m，安明态，胡国雄 2017-PG-0760 则戎乡红椿码头，海拔 760m，安明态，黄郎 2017-PG-1000

五十四、锦葵科 Malvaceae

（一）秋葵属 *Abelmoschus* Medicus 4

1．黄蜀葵 *A. manihot* (L.) Medicus 张家湾，安明态，胡国雄 2017-0218；破关，安明态，胡国雄 2017-0395；郑屯镇大箐村（健康村）沟里头（绒布组），海拔 1 270m，安明态，胡国雄 2017-PG-0224

2．箭叶秋葵 *A. sagittifolius* (Kurz.) Merr. 清水河，邓朝义 973134、3081

（二）木槿属 *Hibiscus* L. 2

1．草木槿 *H. lobatus* (Murr.) O. Kuntze 兴义市则戎乡拱桥村，海拔 840～1 200m，2002-11-08，邓朝义 0167（XIN）（Fr.果绿色，无小苞片，有毛），生于路边草丛中。贵州省新记录种

（三）赛葵属 *Malvastrum*A. Gray 3

1．赛葵 *M. coromandelianum* (L.) Garcke 王家凼，安明态，胡国雄 2017-0330；郑屯镇绒窝村王家凼组倒锅凼，海拔 1 130m，安明态，胡国雄 2017-PG-0638；则戎乡拱桥村吴家凼子，海拔 930m，安明态，胡国雄 2017-PG-0797；贵州省新归化属

（四）黄花棯属 *Sida* L. 2

1．小叶黄花棯 *S. alnifolia* var. *microphylla* (Cavan.) S. Y. Hu 兴义市郑屯镇小湾村，海拔 1 200～1 450m，2002-11-07，邓朝义 0101（Fl 黄色）（XIN）。贵州省新记录种

2．白背黄花棯 *S. rhombifolia* L.清水河边，海拔 700m，安明态，胡国雄 2017-PG-0512；兴义市则戎乡渔子村吊井湾组贺家湾，海拔 1 030m，安明态，胡国雄 2017-PG-0709

3．拨毒散 *S. szechuensis* Matsuda 小湾，邓朝义 0081；坡岗，邓朝义 973137，973299

（五）梵天花属 *Urena* L. 2

1．地桃花（肖梵天花）*U. lobata* L. 坡岗、小湾、拱桥 1 200m，张华海，安明态 0254

五十五、大戟科 Euphorbiaceae

（一）铁苋菜属 *Acalypna* L. 2

1．铁苋菜 *A. australis* L. 全区广布

2．裂苞铁苋菜 *A. brachystachya* Hornem 苦竹林，安明态，胡国雄 2017-0139；兴义市则戎乡渔子村吊井湾组贺家湾，海拔 1 030m，安明态，胡国雄 2017-PG-0717

（二）山麻秆属 *Alchornea* Sw. 2

1．山麻秆 *A. davidii* Franch 郑屯镇大箐村（健康村）沟里头（绒布组），海拔 1 270m，安明态，胡国雄 2017-PG-0220；郑屯镇民族村大寨后山（间歇泉），海拔 1 230m，安明态，胡国雄 2017-PG-0403；毛凼

子村石猪槽，海拔 1 230m，安明态，胡国雄 2017-PG-0864；清水河，海拔 860m，安明态，黄郎 2018-PG-0142

2．红背山麻秆 *A. trewioides* (Benth.) Müll.-Arg.坡岗，邓朝义 973176

（三）重阳木属 *Bischofia* Bl. 7-1

1．秋枫 *B. javanica* Bl. 郑屯镇绒窝村癞子湾，海拔 1 010m，安明态，黄郎 2018-PG-0083

2．重阳木 *B. polycarpa* (Lévl.) Airy Shaw.拱桥 1 200m，张华海，安明态 0349

（四）留萼木属 *Blachia* Baill. 7

1．留萼木 *B. pentzii* (Müll.-Arg.) Benth. 楼纳，邓朝义 0199，小湾，邓朝义 0012。贵州省新记录种

（五）土蜜树属 Bridelia Willd. 6

1．大叶土蜜树 *B. retusa* (L.) A.Juss. 兴义市则戎乡长冲村吊甘地，海拔 930m，安明态，胡国雄 2017-PG-0740；清水河，海拔 860m，安明态，黄郎 2018-PG-0137

（六）棒柄花属 *Cleidion* Bl. 2

1．棒柄花 *C. brevipetiolatum* Pax et Hoffm 清水河河边

（七）巴豆属 *Croton* L. 2

1．毛果巴豆 *C. lachnocarpus* Benth. 绒窝，邓朝义 0354，坡岗，邓朝义 983624；郑屯 1 250m，张华海，安明态 0176；下坡岗 1 250m，张华海，安明态 0414

2．巴豆 *C. tiglium* L.小湾，邓朝义 0079

（八）大戟属 *Euphorbia* L. 2

1．金刚纂 *E. antiquorum* L.海子

2．泽漆 *E. helioscopia* L. 民族村间歇泉，安明态，胡国雄 2017-0044

3．白苞猩猩草 *E. heterophylla* L. 王家凼，安明态，胡国雄 2017-0325

4．飞扬草 *E. hirta* L. 民族村间歇泉，安明态，胡国雄 2017-0014

5．地锦草 *E. humifusa* Willd. 坡岗，邓朝义 973278

6．通奶草 *E. hypericifolia* L. 清水河，邓朝义 3089

7．南欧大戟 *E. peplus* L. 民族村间歇泉，安明态，胡国雄 2017-0003。贵州新归化种

（九）白饭树属 *Flueggea* Willd. 2

1．一叶萩 *F. suffruticosa* (Pall.) Baill. 坡岗

2．白饭树 *F. virosa* (Roxb. ex Willd.) Voigt. 坡岗

（十）算盘子属 *Glochidion* Forst. 2

1．白背算盘子 *G. wrightii* Benth. 坡岗，邓朝义 973259

（十一）水柳属 *Homonoia* Lour. 7

1．水柳 *H. riparia* Lour. 清水河河谷

（十二）雀舌木属 *Leptopus* Decne. 2

1．雀舌木 *L. chinensis* (Bge.) Pojark. 郑屯小学后山 1 300m，张华海，安明态 0148；绒窝 1 250m，张华海，安明态 0359

（十三）野桐属 *Mallotus* Lour. 4

1．毛桐 *M. barbatus* (Wall.) Müll.-Arg. 则绒 1 000m，张华海，安明态 0323；小湾、拱桥等地也有分布

2．崖豆藤野桐 *M. milietii* Lévl. 坡岗

3．粗糠柴 *M. philippensis* (Lam.) Müll. -Arg.楼纳，邓朝义 0191，0394

4．石岩枫 *M. repandus* (Willd.) Müll.-Arg. 安龙县万峰湖镇白岩村冲水洞（清水塘），海拔 1 250m，安明态，胡国雄 2017-PG-0343；郑屯镇绒窝村鲜家湾组查耳岩，安明态，胡国雄 2017-PG-0528；兴义市则戎乡

5．扛香藤 *M. repandus* (Willd.) Müll.-Arg.坡岗，邓朝义 973225

6．云南野桐 *M. yunnanensis* Pax et Hoffm 清水河，邓朝义 3077

（十四）珠子木属 *Phyllanthodendron* Hemsl. 7

1．珠子木 *Ph. Anthopotamicum* (Hand.-Mazz.) Croizat 楼纳，邓朝义 0263（Fr.）279

2．尾叶珠子木 *Ph. caudatifolium* P. T. Li 绒窝，小湾，邓朝义 0375。坡岗为模式产地，分布贵州兴义、广西隆林。黔桂特有种

3．枝翅珠子木 *Ph. dunnianum* Lévl. 小湾，邓朝义 0077

（十五）叶下珠属 *Phyllanthus* L. 2

1．余甘子 *Ph. emblica* L. 清水河

2．青灰叶下珠 *Ph. glaucus* Wall. ex Müll.-Arg. 清水河，安明态，胡国雄 2017-0293；清水河边，海拔 700m，安明态，胡国雄 2017-PG-0480；郑屯镇绒窝村鲜家湾组查耳岩，安明态，胡国雄 2017-PG-0539

3．叶下珠 *Ph. urinaria* L. 郑屯镇绒窝村王家凼组倒锅凼，海拔 1 130m，安明态，胡国雄 2017-PG-0639

4．蜜甘草 *Ph. ussuriensis* Rupr. et Maxim. 坡岗，邓朝义 973302

（十六）乌桕属 *Sapium* Jacquin. 2

1．济新乌桕 *S. chinsinianaum* S. Lee 小湾。贵州省新记录种

2．圆叶乌桕 *S. rotundifolium* Hemsl. 坡岗、楼纳、小湾、拱桥

3．乌桕 *S. sebiferum* (L.) Roxb.坡岗等

（十七）叶底珠属 *Securinega* 2

1．叶底珠 *S. suffruticosa* (Pall.) Rehd.万峰湖镇下箐村上岜垬山顶，海拔 1 450m，安明态，胡国雄 2017-PG-0306；安龙县万峰湖镇白岩村老木凼大木绒，海拔 1 250m，安明态，胡国雄 2017-PG-0364

（十八）油桐属 *Vernicia* Lour. 14

1．油桐 *V. fordii* (Hemsl.) Airy.-Shaw.坡岗，邓朝义 973171

五十六、鼠刺科 Escalleniaceae

（一）鼠刺属 *Itea* L. 9

1．冬青叶鼠刺 *I. ilicifolia* Oliv. 楼纳，邓朝义 0267，绒窝，邓朝义 0387，坡岗，邓朝义 973258

2．滇鼠刺 *I. yunnanensis* Franch. 坡岗，97 规划组 7-4

五十七、绣球花科 Hydrangeaceae

（一）绣球属 *Hydrangea* L. 9

1．蜡莲绣球 *H. strigosa* Rehd.郑屯镇坡岗村中坡岗，海拔 1 320m，安明态，黄郎 2017-PG-0936

（二）冠盖藤属 *Pileostegia* Hook. f. et Thoms. 14sh

1．冠盖藤 *P. viburnoides* Hook. f. et Thoms.坡岗

五十八、蔷薇科 Rosaceae

（一）龙芽草属 *Agrimonia* L. 8

1．龙芽草 *A. pilosa* Ledeb. 小湾等，邓朝义 973294；顶效 1 300m，张华海，安明态 0079

（二）樱属 Cerasus 8

1．崖樱桃 *C. scopulorum* (Koehne) Yu et Li 坡岗村万家坪，海拔 1 275m，安明态，黄郎 2017-PG-0942

（三）栒子属 *Cotoneaster* B. Ehrhart 8

1．厚叶栒子 *C. coriaceus* Franch. 清水河，邓朝义 973114
2．光叶栒子 *C. glabratus* Rehd.et Wils. 坡岗，97 规划组 P020；郑屯湾子 1 250m，张华海，安明态 0156
3．麻叶栒子 *C. rhytidophyllus* Rehd.et Wils. 坡岗，97 规划组 7-5

（四）山楂属 *Crataegus* L. 8

1．云南山楂 *C. scabrifolia* (Fr.) Rehd. 坡岗，邓朝义 1406，97 规划组 5-31

（五）蛇莓属 *Duchesnea* J. E. Smith 7

1．蛇莓 *D. indica* (Andr.) Focke.

（六）枇杷属 *Eriobotrya* Lindl. 14

1．枇杷 *E. japonica* (Thunb.) Lindl. 小湾、拱桥、海子、箐口、洋坪、楼纳、民族等地

（七）路边青属 *Geum* L. 8-4

1．路边青 *G. aleppicum* Jacq. 苦竹林，安明态，胡国雄 2017-0148

（八）桂樱属 *Laurocerasus* Tourn.ex Duham 2-2

1．刺叶桂樱 *L. spinulosa* (Sieb.et Zucc.) Schneid.坡岗，97 规划组 9-2-3

（九）苹果属 *Malus* 8

1. 湖北海棠 *M. hupehensis* (Pamp.) Rehd.郑屯镇坡岗村中坡岗，海拔 1 320m，安明态，黄郎 2017-PG-0922

（十）绣线梅属 *Neillia* D. Don 14

1．中华绣线梅 *Neillia sinensis* Oliv.

（十一）石楠属 *Photinia* Lindl. 9

1．厚叶石楠 *Ph. crassifolia* Lévl. 楼纳 1 340m，邓朝义 0244；清水河，邓朝义 973096；郑屯 1 250m，张华海，安明态 0321

2．椤木石楠 *Ph. davidsoniae* Rehd.et Wils.民族村间歇泉，邓朝义 0227

3．光叶石楠 *Ph. glabra* (Thunb.) Maxim. 坡岗，邓朝义 973163，楼纳，邓朝义 0233；民族村 1 250m，张华海，安明态 0358

4．小叶石楠 *Ph. parvifolia* (Pritz.) Schneid.坡岗，97 规划组 5-36

5．独山石楠 *Ph. tushanensis* Yu 坡岗，97 规划组 8-5-4

（十二）委陵菜属 *Potentilla* L. 8

1. 蛇含委陵菜 *P. kleiniana* Wight et Arn. 民族村间歇泉，安明态，胡国雄 2017-0034；安龙县万峰湖镇白岩村冲水洞（清水塘），海拔 1 250m，安明态，胡国雄 2017-PG-0338

（十三）扁核木属 *Prinsepia* Royle 14sh

1. 总状扁核木 *P. utilis* Royle 坡岗，97 规划组 P024

（十四）李属 *Prunus* L. 8

1. 李 *Prunus salicina* Lindl.

（十五）火棘属 *Pyracantha* Rocm. 10-1

1. 火棘 *P. fortuneana* (Maxim.) Li 清水河，邓朝义 973269，坡岗，97 规划组 9-5-3

（十六）梨属 *Pyrus* L. 10

1. 豆梨 *P. calleryana* Decne. 小湾、绒窝
2. 川梨 *P. pashia* Buch.-Ham.ex D.Don 坡岗，97 规划组 5-26

（十七）石斑木属 *Raphiolepis* Lindl. 14

1. 石斑木 *R. indica* (L.) Lindl. 绒窝，邓朝义 0358；下坡岗 1 250m，张华海，安明态 0410

（十八）蔷薇属 *Rosa* L. 8

1. 小果蔷薇 *R. cymosa* Tratt. 清水河，邓朝义 973295
2. 软条七蔷薇 *R. henryi* Boulenger 坡岗，97 规划组 9-3-4
3. 长尖叶蔷薇 *R. longicuspis* Bertol. 绒窝，邓朝义 0359
4. 缫丝花 *R. roxburghii* Tratt. 楼纳、小湾、拱桥
5. 悬钩子蔷薇 *R. rubus* Lévl.et Vant.郑屯镇坡岗村中坡岗，海拔 1 320m，安明态，黄郎 2017-PG-0937

（十九）悬钩子属 *Rubus* L. 1

1. 粉枝莓 *R. biflorus* Buch.-Ham. ex Smith 毛卤子村石猪槽，海拔 1 230m，安明态，胡国雄 2017-PG-0874；毛卤子村石猪槽，海拔 1 230m，安明态，胡国雄 2017-PG-0898
2. 尾叶悬钩子 *R. caudifolius* Wuzhi 楼纳，邓朝义 0231
3. 山莓 *R. corchorifolius* L.f. 坡岗，邓朝义 973182；顶效，张华海，安明态 0063
4. 猬莓 *R. echinoides* Metcalf 坡岗，邓朝义 973181
5. 高粱藨 *R. lambertianus* Ser. 海子，邓朝义 0412
6. 毛叶高粱藨 *R. lambertianus* var. *paykouangensis* (Lévl.) Hand.-Mazz. 坡岗，97 规划组 P022
7. 红泡刺藤 *R. niveus* Thunb.郑屯湾子 1 250m，张华海，安明态 0012
8. 红毛悬钩子 *R. wallichianus* Wight et Arn. 小湾，邓朝义 0118
9. 羽萼悬钩子 *R. pinnatisepalus* Hemsl. 小湾，邓朝义 0030
10. 大乌藨 *R. pluribracteatus* L.T.Lu et Boufford 兴义市则戎乡拱桥村盯眯至大洋坪公路边，海拔 925m，安明态，胡国雄 2017-PG-0779

（二十）花楸属 *Sorbus* L. 8

1. 石灰花楸 *S. folgneri* (Schneid.) Rehd.

（二十一）绣线菊属 *Spiraea* L.

1．毛枝绣线菊 *S. martinii* Lévl. 清水河，邓朝义 96165；小湾，邓朝义 0021，0022；楼纳、绒窝、岩枫、新店

五十九、蜡梅科 Calycanthaceae

（一）蜡梅属 *Chimonanthus* Lindl. 15

1．贵州蜡梅 *Ch. campanulatus* R. H. Chang et C. S. Ding var. *guizhouensis* R. H. Chang 清水河、小湾、箐口、纳赖、拱桥，邓朝义 0159。贵州省特有种。

六十、含羞草科 Mimosaceae

（一）相思树属 *Acacia* Mill. 2

1．羽叶金合欢 *A. pennata* (L.) Willd. 郑屯镇大箐村苦竹林，海拔 1 420m，安明态，黄郎 2017-PG-0974；清水河，安明态，黄郎 2018-PG-0101

（二）合欢属 *Albizia* Durazz. 4

1．蒙自合欢 *A. bracteata* Dunn 坡岗，邓朝义 973236，小湾，邓朝义 0068
2．杜氏合欢 *A. duclouxii* Gagnep. 清水河，海拔 860m，安明态，黄郎 2018-PG-0153
3．合欢 *A. julibrissin* Dunn 绒窝，邓朝义 0369
4．山槐（山合欢）*A. kalkora* 郑屯镇绒窝村擦耳岩，海拔 1 270m，安明态，胡国雄 2017-PG-0578；兴义市则戎乡歇气堡村魏家凼子（万峰湖边），海拔 707m，安明态，胡国雄 2017-PG-0645

（三）猴耳环属 *Pithecellobium* 3

1．猴耳环 *P. clypearia* (Jack) Benth. 郑屯镇小湾村（绒窝村），海拔 1 050m，安明态，黄郎 2018-PG-0069

六十一、苏木科 Caesalpiniaceae

（一）顶果木属 *Acrocarpus* 7

1．顶果木 *A. fraxinifolius* Wight ex Arn. 则戎乡红椿码头，海拔 760m，安明态，黄郎 2017-PG-0999

（二）羊蹄甲属 *Bauhinia* L. 2

1．红绒毛羊蹄甲 *B. aurea* Lévl.下坡岗、拱桥 1 200m，97 规划组 P026；郑屯 1 250m，张华海，安明态 0234
2．鞍叶羊蹄甲 *B. brachycarpa* Wall.ex Benth. 张华海，安明态 0442
3．刀甲鞍叶羊蹄甲 *B. brachycarpa* var. *cavaleriei* (Lévl) T. Chen 清水河，邓朝义 3067
4．龙须藤 *B. championii* Benth.小湾、拱桥，清水河，邓朝义 973233
5．粉叶羊蹄甲 *B. glauca* Wall.ex Benth.郑屯镇岩峰村湾子，海拔 1 300m，安明态，胡国雄等 2017-PG-0074；郑屯镇岩峰村枫柯欠湾子，海拔 1 370m，安明态，胡国雄 2017-PG-0139
6．湖北羊蹄甲 *B. hupehana* Craib 则戎乡红椿码头，海拔 760m，安明态，黄郎 2017-PG-1001；郑屯镇岩峰村四绒，海拔 1 250m，安明态，黄郎 2018-PG-0022
7．越南羊蹄甲 *B. touranensis* Gagnep. 拱桥，邓朝义 0426

（三）云实属 *Caesalpinia* L. 2

1．云实 *C. decapetala* (Roth) Alston 拱桥、小湾

2．华南云实 *C. kwangtungensis* Merr. 坡岗
3．喙荚云实 *C. minax* Hance 露阴塘，安明态，胡国雄 2017-0385；则戎乡长冲村露阴塘倒角，海拔 860m，安明态，胡国雄 2017-PG-0815

（四）紫荆属 *Cercis* L. 8

1．湖北紫荆 *Cercis glabra* Pampan

（五）皂荚属 *Gleditsia* L. 9

1．皂荚 *Gleditsia sinensis* Lam.

（六）仪花属 *Lysidice* 7-4

1．短萼仪花 *L. brevicalyx* Wei 则戎乡红椿码头，海拔 760m，安明态，黄郎 2017-PG-0997

（七）老虎刺属 *Pterolobium* R. Br. ex Wigth et Arn. 4

1．老虎刺 *P. punctatum* Hemsl. 坡岗，邓朝义 973237；绒窝

（八）任豆属 *Zenia* Chun 15

1．任豆 *Z. insignis* Chun 小湾、海子、箐口。国家二级重点保护野生植物。

六十二、蝶形花科 Papilionaceae

（一）虫豆属 *Atylosia* Wight et Arn. 3

1．大花虫豆 *A.grandiflorus* Benth. ex Baker 坡岗，邓朝义 973284

（二）笐子梢属 *Campylotropis* Bunge. 11

1．元江笐子梢 *C. henryi* (Schindl) Schindl. 拱桥、翁布，邓朝义 0175；海子，邓朝义 0408
2．笐子梢 *C. macrocarpa* (Bunge) Rehd. 坡岗，97 规划组 8-5-1
3．小雀花 *C. polyantha* (Franch.) Schindl.小湾，邓朝义 0064，0026，绒窝，邓朝义 0345
4．三棱枝笐子梢 *C. trigonoclada* (Fr.) Schindl.坡岗，97 规划组 P029

（三）香槐属 *Cladrastis* Raf. 9

1．翅荚香槐 *C. platycarpa* (Maxim.) Makino 小湾、楼纳、拱桥、绒窝、箐口，97 规划组 P025

（四）猪屎豆属 *Crotalaria* L. 2

1．大猪屎豆 *C. assamica* Benth. 清水河，安明态，胡国雄 2017-0304
2．猪屎豆 *C. pallida* Ait. 清水河边，海拔 700m，安明态，胡国雄 2017-PG-0437；清水河边，海拔 700m，安明态，胡国雄 2017-PG-0469

（五）黄檀属 *Dalbergia* L.f. 2

1．南岭黄檀 *D. balansae* Prain 绒窝，邓朝义 0362
2．狭叶黄檀 *D. stenophylla* Prain 郑屯 1 250m 山坡林缘、灌丛，张华海，安明态 0138
3．藤黄檀 *D. hancei* Benth. 小湾；绒窝 1 250m，张华海，安明态 0339
4．多体蕊黄檀 *D. polyadelpha* Prain 坡岗，邓朝义 973234
5．滇黔黄檀 *D. yunnanensis* Franch.

（六）假木豆属 *Dendrolobium* (Wight et Arn.) Benth. 5

1．假木豆 *D. triangulare* (Retz.) Schindl. 清水河，安明态，胡国雄 2017-0300；清水河边，海拔 700m，安明态，胡国雄 2017-PG-0433；兴义市则戎乡歇气堡村魏家凼子（万峰湖边），海拔 707m，安明态，胡国雄 2017-PG-0665

（七）鱼藤属 *Derris* Lour. 2

1．鱼藤 *D.* sp. 小湾，邓朝义 0385

（八）山蚂蝗属 *Desmodium* Desv. 9

1．大叶山蚂蝗 *D. gangeticum* (L.) DC 安龙县万峰湖镇下箐村上岜垬赵家湾，海拔 1 340m，安明态，胡国雄 2017-PG-0328；岩峰村长湾，海拔 1 240m，安明态，黄郎 2018-PG-0050

2．山蚂蝗 *D. oxyphyllum* DC. 清水河边，海拔 700m，安明态，胡国雄 2017-PG-0442

3．波叶山蚂蝗 *D. sequax* Wall.坡岗，97 规划组 P028，小湾

4．单叶拿身草 *D. zonatum* Miq. 清水河边，海拔 700m，安明态，胡国雄 2017-PG-0501

（九）山黑豆属 *Dumasia* DC. 6

1．山黑豆 *D. truncata* Sieb. et Zucc 民族村，安明态，胡国雄 2017-0272

（十）千斤拔属 *Flemingia* Roxb. 2

1．大叶千斤拔 *F. macrophylla* Kuntze ex Prain 顶效 1 250m，张华海，安明态 0446

（十一）木蓝属 *Indigofera* L. 2

1．河北木蓝 *I. bungeana* Walp. 小湾，邓朝义 0043，坡岗，邓朝义 973172

2．茸毛木蓝 *I. stachyodes* Lindl. 岩峰村长湾，海拔 1 240m，安明态，黄郎 2018-PG-0044

（十二）鸡眼草属 *Kummerowia* Schindl. 14SJ

1.鸡眼草 *K. striata* (Thunb.) Schindl. 孔达坡，安明态，胡国雄 2017-0431；毛凼子村石猪槽，海拔 1 230m，安明态，胡国雄 2017-PG-0897

（十三）胡枝子属 *Lespedeza* Michx. 9

1．中华胡枝子 *L. chinensis* G. Don. 坡岗，邓朝义 973297

2．铁马鞭 *L. pilosa* (Thunb.) Sieb.et Zucc. 坡岗，邓朝义 973235

（十四）苜蓿属 *Medicago* L.10-3

1．天蓝苜蓿 *M. lupulina* L. 郑屯，安明态，胡国雄 2017-0225

（十五）崖豆藤属 *Millettia* Wight et Arn. 2

1．香花崖豆藤 *M. dielsiana* Harms 小湾、拱桥

2．宽序崖豆藤 *M. eurybotrya* Drake 翁布清水河，邓朝义 0425

3．亮叶崖豆藤 *M. nitida* Benth.小湾，邓朝义 0034

4．厚果崖豆藤 *M. pachycarpa* Benth. 韦家凼，安明态，胡国雄 2017-0418；清水河边，海拔 700m，安明态，胡国雄 2017-PG-0470；郑屯镇绒窝村王家凼组倒锅凼，海拔 1 130m，安明态，胡国雄 2017-PG-0623；安龙县龙广镇毛凼子村韦家凼，安明态，胡国雄 2017-PG-0848；郑屯镇坡岗村中坡岗，海拔 1 320m，安明

5．锈毛崖豆藤 *M. sericosema* Hance 清水河，海拔 860m，安明态，黄郎 2018-PG-0136

（十六）红豆树属 *Ormosia* G.Jacks. 2

1．岩生红豆 *O. saxatilis* K.M. Lan 小湾，邓朝义 0398。贵州省特有种

（十七）长柄山蚂蝗属 *Podocarpium* (Benth.) Yang et Huang 9

1．四川长柄山蚂蝗 *H. podocarpum* (DC) H. Ohashi et R. R. Mill. var. *szechuenense* (Craib) H. Ohashi et R. R. Mill 马岭河，邓朝义 96198

（十八）葛属 *Pueraria* DC. 7

1．野葛 *P. lobata* (Willd.) Ohwin 清水河
2．葛麻 *P. montana* (Lour.) 兴义市则戎乡长冲村吊甘地，海拔 930m，安明态，胡国雄 2017-PG-0744

（十九）鹿藿属 *Rhynchosia* Lour. 2

1．紫脉花鹿藿 *R. himalensis* Benth et Baker 坡岗，97 规划组 P031

（二十）槐属 *Sophora* L. 1

1．西南槐树 *S. prazeri* Prain 民族村间歇泉，邓朝义 0222；郑屯 1 200m，张华海，安明态 0147
2．越南槐 *S. tonkinensis* Gagnep.翁布清水河（岩苦参），生于石灰岩上
3．短绒槐 *S. velutina* Lirndl.马岭河，邓朝义 973101

（二十一）狸尾豆属 *Uraria* Desv. 4

1．狸尾豆 *U. lagopodioides* (L.) Desv. 拱桥村，邓朝义 0170；郑屯湾子 1 250m，张华海，安明态 0258

六十三、旌节花科 Stachyuraceae

（一）旌节花属 *Stachyurus* Sieb. ex Zucc. 14

1．宽叶旌节花 *S. chinensis* Franch. var. *latus* Li 拱桥，邓朝义 0151，0179，0139
2．西域旌节花 *S. himalaicus* Hook. f. et Thoms. ex Benth.楼纳，邓朝义 0205
3．倒卵叶旌节花 *S. obovatus* (Rehd.) Li 楼纳 1 200m，邓朝义 0294；绒窝下坡岗 1 250m，张华海，安明态 0331
4．云南旌节花 *S. yunnanensis* Franch. 楼纳，邓朝义 043444

六十四、金缕梅科 Hamamelidaceae

（一）蚊母树属 *Distylium* Sieb.et Zucc. 7

1．小叶蚊母树 *D. buxifolium* (Hance) Merr. 清水河，邓朝义 0423
2．窄叶蚊母树 *D. dunnianum* Lévl 清水河 800m，张华海，安明态 0439
3．屏边蚊母树 *D. pingpienense* (Hu) Walk.坡岗，97 规划组 6-10，6-8

（二）枫香属 *Liquidambar* L. 9

1．枫香 *L. formosana* Hance

（三）水丝梨属 *Sycopsis* Oliv. 7

1．尖水丝梨 *S. dunnii* Hemsl.坡岗、小湾、楼纳，邓朝义 973215
2．樟叶水丝梨 *S. laurifolia* Hemsl. 坡岗，97 规划组 8-12，8-5；郑屯小学后山 1 300m，张华海，安明态 0165；绒窝下坡岗 1 250m，张华海，安明态 0384

六十五、黄杨科 Buxaceae

（一）黄杨属 *Buxus* L. 2

1．大花黄杨 *B. henryi* Mayr. 清水河，邓朝义 973131
2．大叶黄杨 *B. megistophylla* Lévl. 则绒拱桥 1 250m，张华海，安明态 0247

（二）野扇花属 *Sarcococca* Lindl. 7

1．野扇花 *S. ruscifolia* Stapf. 坡岗，97 规划组 9-4-6

六十六、杨柳科 Salicaceae

（一）杨属 *Populus* L. 8

1．响叶杨 *P. adenopoda* Maxim.

（二）柳属 *Salix* L. 8

1．皂柳 *S. wallichiana* Anderss.

六十七、桦木科 Betulaceae

（一）桦木属 *Betula* L. 8

1．光皮桦 *B. luminifera* H.Winkl.

六十八、榛科 Corylaceae

（一）鹅耳枥属 *Carpinus* L. 8

1．贵州鹅耳枥 *C. kweichowensis* Hu 万峰湖镇下箐村上岜垬山顶，海拔 1 450m，安明态，胡国雄 2017-PG-0299

2．云贵鹅耳枥 *C. pubescens* Burkill 小湾，海拔 1 200～1 400m，邓朝义 973227；绒窝 1 250m 岩山，张华海，安明态 0338

3．岩生鹅耳枥 *C. rupestris* A. Camus 楼纳 1 280～1 340m，邓朝义 0242，0432；绒窝 1 200m 岩山林缘，张华海，安明态 0333

（二）榛属 *Corylus* L. 8

1．川榛 *C. heterophylla* Fisch. et Bess. var. *sutchuenensis* Franch.

六十九、壳斗科 Fagaceae

（一）栗属 *Castanea* 8

1．板栗 *C. mollissima* Bl. 郑屯镇绒窝村花地湾，海拔 1 040m，安明态，胡国雄 2017-PG-0421

（二）青冈栎属 *Cyclobalanopsis* Oerst. 7

1．贵州青冈 *C. argyrotricha* (A.Camus) Chun et Chang 清水河，邓朝义 008

2．青冈栎 *C. glauca* (Thunb.) Oerst 小湾，邓朝义 0078，0091，973250

3．滇青冈 *C. glaucoides* Schott. 小湾、绒窝、楼纳，邓朝义 973248，0059，0290，0336，0144；郑屯、绒窝等地 950～1 300m，张华海，安明态 0339，0386，0354

4．大叶青冈 *C. jenseniana* (Hand.-Mazz.) Cheng et T. Hong 小湾，97 规划组 6-17，6-5-3

5．长叶粉背青冈 *C. pseudoglauca* Y. K. Li 小湾，邓朝义 973245

（三）柯属 *Lithocarpus* Bl.9

1．窄叶柯 *L. confinis* Huang 楼纳、小湾，邓朝义 973249，0202
2．厚斗柯 *L. elizabethae* (Tutch.) Rehder 小湾，邓朝义 0038，97 规划组 8-5-3

（四）栎属 *Quercus* L. 8

1．岩栎 *Q. acrodonta* Seem. 小湾，邓朝义 0028
2．西南高山栎 *Q. aquifolioides* Rehd.et Wils. 小湾，97 规划组 6-19
3．麻栎 *Q. acutissima* Carr. 坡岗，97 规划组 7-7
4．柞栎 *Q. dentata* Thunb. 坡岗，97 规划组 9-2-10
5．匙叶栎 *Q. dolicholepis* A. Camus 坡岗，97 规划组 9-3-1
6．光叶高山栎 *Q. pseudosemecarpifolia* A. Camus 万峰湖镇下箐村上岜坮山顶，海拔 1 450m，安明态，胡国雄 2017-PG-0287
7．栓皮栎 *Q. variabilis* Bl. 小湾
8．炭栎 *Q. utilis* Hu et Cheng 坡岗，97 规划组 8-13
9．云南波罗栎 *Q. yunnanensis* Franch. 楼纳，海拔 1 280～1 340m，邓朝义 0269

七十、榆科 Ulmaceae

（一）朴属 *Celtis* L. 2

1．紫弹树 *C. biondii* Pamp. 小湾，邓朝义 973213
2．黑弹树 *C. bungeana* Bl. 郑屯镇大箐村（健康村）沟里头（绒布组），海拔 1 270m，安明态，胡国雄 2017-PG-0161
3．小果朴 *C. cerasifera* Schneid. 兴义市则戎乡长冲村吊甘地，海拔 930m，安明态，胡国雄 2017-PG-0739
4．珊瑚朴 *C. julianae* Schneid. 绒窝，邓朝义 0338
5．朴树 *C. sinensis* Pers. 坡岗，97 规划组 5-47；郑屯 1 250m，张华海，安明态 0045
6．假玉桂 *C. timorensis* Span. 海子，邓朝义 0402
7．西川朴 *C. vandervoetiana* Schneid. 毛凼子村石猪槽，海拔 1 230m，安明态，胡国雄 2017-PG-0873

（二）榆属 *Ulmus* L. 8

1．昆明榆 *U. changii* Cheng var. *kunmingensis* (Cheng) Cheng et L. K. Fu 拱桥道角，海拔 920m，邓朝义 0147

（三）榉树属 *Zelkova* Spach 10-1

1．大叶榉树 *Z. schneideriana* Hand.-Mazz. 国家二级重点保护野生植物

七十一、桑科 Moraceae

（一）构属 *Broussonetia* Vent. 7

1．构 *B. papyrifera* (L.) L'Hér. ex Vent. 小湾、绒窝、民族、楼纳、拱桥；郑屯 1 250m，张华海，安明态 0127
2．楮 *B. monoica* Hance 清水河

（二）柘属 *Cudrania* 5

1．柘 *C. tricuspidata* (Carr.) Bur. ex Lavallee 郑屯镇绒窝村鲜家湾，海拔 1 160m，安明态，胡国雄

2017-PG-0559

（三）榕树属 *Ficus* L. 2

1．石榕树 *F. abelii* Miq. 万峰湖，邓朝义 0610
2．大果榕 *F. auriculata* Lour. 小湾、拱桥，邓朝义 0185
3．雅榕 *F. concina* Miq. 万峰湖
4．歪叶榕 *F. cyrtophylla* Wall.ex Miq. 清水河，邓朝义 0160
5．绿叶冠毛榕 *F. gaspariniana* Miq. var. *viridescens* (Lévl. et Vant.) Corner 绒窝下坡岗 1 250m，97 规划组 6-5-1；大海子 1 000m，张华海，安明态 0452
6．大叶水榕 *F. glaberrima* Bl. 则戎，小湾
7．对叶榕 *F. hispida* L. f. 清水河，海拔 840m，邓朝义 0163
8．大青树 *F. hookeriana* Corner 则戎，海子
9．榕树 *F. microcarpa* L. f. 清水河
10．直脉榕 *F. orthoneura* Lévl. et Vant. 清水河，海子，邓朝义 0404
11．梨果榕 *F. pyriformis* Hook. et Arn. 97 规划组 8-3-2
12．匍茎榕 *F. sarmentosa* Buch.-Ham. ex J. E. Sm. 郑屯镇大箐村（健康村）沟里头（绒布组），海拔 1 270m，安明态，胡国雄 2017-PG-0184
13．珍珠莲 *F. sarmentosa* var. *henryi* (King ex Oliv.) Corner 枫柯贝，安明态，胡国雄 2017-0204
14．爬藤榕 *F. sarmentosa* var. *impressa* (Champ) Corner 小湾、民族，邓朝义 0113，D0247
15．竹叶榕 *F. pandarata* var. *angustifolia* Cheng 97 规划组 8-1-2
16．地果 *F. tikoua* Bur.小湾、邓朝义 0112
17．斜叶榕 *F. tinctoria* Forst. f. subsp. *gibbosa* (Bl.) Corner 小湾，邓朝义 0008，清水河、海子、拱桥；郑屯湾子 1 250m，张华海，安明态 0193
18．平塘榕 *F. tuphapensis* Drake 小湾，邓朝义 0082
19．杂色榕 *F. variegata* Bl.清水河边，海拔 700m，安明态，胡国雄 2017-PG-0507
20．黄葛树 *F. virens* Ait. 民族，小湾
21．披针叶黄葛树 *F. virens* var. *sublanceolata* (Miq.) Corner 小湾、则戎
22．高山榕 *F. altissma* Blume 郑屯镇大箐村（健康村）沟里头（绒布组），海拔 1 270m，安明态，胡国雄 2017-PG-0249；清水河边，海拔 700m，安明态，胡国雄 2017-PG-0509；兴义市则戎乡歇气堡村魏家凼子（万峰湖边），海拔 890m，安明态，胡国雄 2017-PG-0684

（四）桑属 *Morus* L. 8

1．鸡桑 *M. australis* Poir. 清水河，邓朝义 973109，0599
2．花叶鸡桑 *M. australis* var. *inusitata* (Lévl.) C. Y. Wu 拱桥，邓朝义 0135
3．蒙桑 *M. mongolica* (Bur.) Schneid. 坡岗，邓朝义 973212，拱桥，邓朝义 0149
4．裂叶桑 *M. trilobata* (S. S. Chang) Cao 清水河，邓朝义 973303

七十二、荨麻科 Urticaceae

（一）苎麻属 *Boehmeria* Jacq. 2

1．序叶苎麻 *B. clidemioides* Miq. var. *diffusa* (Wedd.) Hand.-Mazz. 民族，邓朝义 0207
2．海岛苎麻 *B. formosana* Hayata 清水河，安明态，胡国雄 2017-0294；清水河边，海拔 700m，安明态，胡国雄 2017-PG-0520；清水河，海拔 860m，安明态，黄郎 2018-PG-0150
3．大叶苎麻 *B. longispica* Steud. 孔达坡，安明态，胡国雄 2017-0454；则戎乡拱桥村吴家凼子，海拔 930m，安明态，胡国雄 2017-PG-0796

4．水苎麻 *B. macrophylla* D. Don 拱桥，邓朝义 0173，坡岗，邓朝义 973300；清水河 800m，张华海，安明态 0266

5．苎麻 *B. nivea* (L.) Hook. f. et Arn. 兴义市则戎乡歇气堡村魏家凼子（万峰湖边），海拔 707m，安明态，胡国雄 2017-PG-0660

6．长叶苎麻 *B. penduliflora* Wedd. ex Long 民族村间歇泉，安明态，胡国雄 2017-0015；龙潭，安明态，胡国雄 2017-0349；安龙县万峰湖镇下箐村上岜垬赵家湾，海拔 1 340m，安明态，胡国雄 2017-PG-0323；清水河边，海拔 700m，安明态，胡国雄 2017-PG-0439；郑屯镇绒窝村鲜家湾，海拔 1 160m，安明态，胡国雄 2017-PG-0551

7．密毛苎麻 *B. tomentosa* Wedd. 海子，邓朝义 0407（2002-11-11），海拔 1 020～1 050m。贵州省新记录种

8．帚序苎麻 *B. zollingeriana* Wedd. 清水河，安明态，胡国雄 2017-0309

（二）水麻属 *Debregeasia* Gaud. 6

1．水麻 *D. edulis* (Sieb.et Zucc.) Wedd. 小湾、拱桥、楼纳、民族

2．长叶水麻 *D. longifolia* Wedd. 坡岗，97 规划组 7-1

（三）楼梯草属 *Elatostema* Forst. 4

1．短齿楼梯草 *E. brachyodontum* (Hand.-Mazz.) W.T.Wang 民族村，安明态，胡国雄 2017-0271；郑屯镇民族村大寨后山（间歇泉），海拔 1 230m，安明态，胡国雄 2017-PG-0415

2．楼梯草 *E. involucratum* Franch. et Savat. 万峰湖镇下箐村上岜垬赵家湾，海拔 1 450m，安明态，胡国雄 2017-PG-0277

3．托叶楼梯草 *E. nasutum* Hook. f. 苦竹林，安明态，胡国雄 2017-0142；郑屯镇民族村大寨后山（间歇泉），海拔 1 230m，安明态，胡国雄 2017-PG-0379；郑屯镇绒窝村王家凼组倒锅凼，海拔 1 130m，安明态，胡国雄 2017-PG-0614

4．曲毛楼梯草 *E. retrohirtum* Dunn 孔达坡，安明态，胡国雄 2017-0453

5．石生楼梯草 *E. rupestre* (Buch.-Ham.) Wedd.拱桥，邓朝义 0181

（四）蝎子草属 *Girardinia* Gaudich. 6

1．大蝎子草 *G. diversifolia* (Link) Friis 张家湾，安明态，胡国雄 2017-0211；则戎乡长冲村露阴塘倒角，海拔 860m，安明态，胡国雄 2017-PG-0812；郑屯镇大箐村（健康村）沟里头（绒布组），海拔 1 270m，安明态，胡国雄 2017-PG-0219

（五）花点草属 *Nanocnide* Bl. 14

1．花点草 *N. japonica* Bl. 郑屯镇民族村大寨后山（间歇泉），海拔 1 230m，安明态，胡国雄 2017-PG-0378

（六）紫麻属 *Oreochnide* Gaud. 7

1．紫麻 *O. frutescens* (thunb.) Miq. 郑屯湾子 1 250m，张华海，安明态 0189

（七）冷水花属 *Pilea* Lindl. 2

1．山冷水花 *P. japonica* (Maxim.) Hand.-Mazz.小湾，邓朝义 0033，0057

2．小叶冷水花 *P. microphylla* (L.) Liebm. 王家凼，安明态，胡国雄 2017-0326；郑屯镇绒窝村王家凼组倒锅凼，海拔 1 130m，安明态，胡国雄 2017-PG-0635

3．石筋草 *P. plataniflora* C. H. Wright 小湾，邓朝义 0063，拱桥、民族、楼纳

4．鹰嘴萼冷水花 *P. unciformis* C. J. Chen 坡岗，邓朝义 973218

（八）雾水葛属 *Pouzolzia* Gaud. 2-2

1．红雾水葛 *P. sanguinea* (Bl.) Merr. 小湾，邓朝义 0072

2．雾水葛 *P. zeylanica* (L.) Benn. 大箐村，安明态，胡国雄 2017-0182；郑屯镇大箐村（健康村）沟里头（绒布组），海拔 1 270m，安明态，胡国雄 2017-PG-0218；兴义市丰都办事赵家渡村付光凼，海拔 955m，安明态，胡国雄 2017-PG-0823

（九）藤麻属 *Procris* Comm. ex Juss. 2

1．藤麻 *P. laevigata* Bl. 坡岗，97 规划组 P011

（十）荨麻属 *Urtica* L. 8-4

1．裂叶荨麻 *U. lobatifolia* S. S. Ying 郑屯镇民族村大寨后山（间歇泉），海拔 1 230m，安明态，胡国雄 2017-PG-0407

七十三、大麻科 Cannabinaceae

（一）大麻属 *Cannabis* L. 13

1．大麻 *C. sativa* L. 上塘子，安明态，胡国雄 2017-0234

七十四、冬青科 Aquifoliaceae

（一）冬青属 *Ilex* L. 2

1．刺叶珊瑚冬青 *I. coralliana* var. *aberrans* Hand.-Mazz. 楼纳，邓朝义 0293；顶效 1 250m，张华海，安明态 0271

2．大果冬青 *I. macrocarpa* Oliv. 坡岗，97 规划组 5-16

3．河滩冬青 *I. metabaptista* Loes. ex Diels 清水河边，海拔 700m，安明态，胡国雄 2017-PG-0451

七十五、卫矛科 Celastraceae

（一）南蛇藤属 *Celastrus* L. 2

1．青江藤 *C. hindsii* Benth. 郑屯镇大箐村（健康村）沟里头（绒布组），海拔 1 270m，安明态，胡国雄 2017-PG-0189

2．短梗南蛇藤 *C. rosthornianus* Loes. 安龙县万峰湖镇白岩村老木凼大木绒，海拔 1 250m，安明态，胡国雄 2017-PG-0366

（二）卫矛属 *Euonymus* L. 2

1．刺果卫矛 *E. acanthocarpus* Franch. 则绒 1 250m，张华海，安明态 0405

2．中华卫矛 *E. chinensis* Lindl.坡岗，97 规划组 9-2-2

3．扶芳藤 *E. fortune* (Turcz.) Hand.-Mazz.郑屯镇岩峰村枫柯欠，海拔 1 370m，安明态，胡国雄 2017-PG-0121；郑屯镇绒窝村王家凼组倒锅凼，海拔 1 130m，安明态，胡国雄 2017-PG-0634

4．革叶卫矛 *E. leclerei* Lévl. 绒窝，邓朝义 0381

5．大果卫矛 *E. myrianthus* Hemsl. 楼纳，邓朝义 0208

6．矩叶卫矛 *E. oblongifolius* Loes. et Rehd. 顶效上寨 1 250m，张华海，安明态 0319，0411

7．六尺卫矛 *E. orgyalis* W. W. Smith. 坡岗，97 规划组 6-2-5

8．染用卫矛 *E. tingens* Wall. ex Roxb. 楼纳，邓朝义 0288

9．单花卫矛 *E. uniflorus* Lévl. et Vanio 清水河，邓朝义 973112，坡岗，97 规划组 P038

（三）假卫矛属 *Microtropis* Wall.ex Meisn 3

1．云南假卫矛 *M. yunnanensis* (Hu) C. Y. Cheng et T. C. Kao. 郑屯镇绒窝村王家凼组倒锅凼，海拔 1 130m，安明态，胡国雄 2017-PG-0613

七十六、茶茱萸科 Icacinaceae

（一）微花藤属 *Iodes* Bl. 6

1．瘤枝微花藤 *I. seguinii* (Lévl.) Rehder 郑屯 1 250m，张华海，安明态 0192
2．小果微花藤 *I. vitiginea* (Hance) Hance 民族村 1 250m，张华海，安明态 0361

七十七、铁青树科 Olacaceae

（一）青皮木属 *Schoepfia* Schreb. 2

1．青皮木 *S. jasminodora* Sied. et Zucc. 兴义市则戎乡歇气堡村魏家凼子（万峰湖边），海拔 707m，安明态，胡国雄 2017-PG-0670；郑屯镇坡岗村中坡岗，海拔 1 320m，安明态，黄郎 2017-PG-0925

七十八、桑寄生科 Loranthaceae

（一）桑寄生属 *Loranthus* Jacq. 4

1．贵州桑寄生 *L. guizhouensis* H. S. Kiu 拱桥 1 220m，张华海，安明态 0343

（二）鞘花属 *Macrosolen* (Bl.) Reichb. 7

1．鞘花 *M. cochinchinensis* (Lour.) Van Tiegh. 翁布，邓朝义 0164，半寄生于柿树上

（三）梨果寄生属 *Scurrula* L. 7

1．红花寄生 *S. parasitica* L. 小湾，邓朝义 0109（寄生于大果冬青上），楼纳，邓朝义 0281；绒窝村下坡岗，邓朝义 0312（寄生于响叶杨上）；顶效 1 250m，张华海，安明态 0124；0360

（四）钝果寄生属 *Taxillus* Tiegh. 6

1．川桑寄生 *T. sutchuenensis* (Lecomte) Danser 郑屯镇绒窝村擦耳岩，海拔 1 270m，安明态，胡国雄 2017-PG-0573

（五）槲寄生属 *Viscum* L. 4

1．枫香槲寄生 *V. liquidambaricolum* Hayata 顶效上寨 1 300m，张华海，安明态 0336
2．槲寄生 *V. coloratum* (Kom.) Nakai 则戎乡红椿码头，海拔 760m，安明态，黄郎 2017-PG-0995

七十九、檀香科 Santalaceae

（一）沙针属 *Osyris* L. 6-1

1．沙针 *O. wightiana* Wall. ex Wight 大箐村，安明态，胡国雄 2017-0109；贵州新归化属

八十、蛇菰科 Balanophoraceae

（一）蛇菰属 *Balanophora* Forst. 5

1．红冬蛇菰 *B. harlandii* Hook. f. 苦竹林，安明态，胡国雄 2017-0154；枫柯贝，安明态，胡国雄

2017-0195；郑屯镇大箐村（健康村）沟里头（绒布组），海拔 1 270m，安明态，胡国雄 2017-PG-0172

2．宜昌蛇菰 *B. henryi* Hemsl. 坡岗，邓朝义 973191

3．疏花蛇菰 *B. laxiflora* Hemsl. 洋坪，海拔 900～1 200m，2002-09-08，邓朝义 4417。贵州省新分布

4．皱球蛇菰 *B. rugosa* Tam 绒窝，邓朝义 0432，寄生于针齿铁仔根上；海子，邓朝义 0433，洋坪 D4419

5．穗花蛇菰 *B. spicata* Hayata 洋坪，海拔 900～1 200m，2002-09-08，邓朝义 4418（X1N）。贵州省新分布

八十一、鼠李科 Rhamnaceae

（一）勾儿茶属 *Berchemia* Neck 9

1．多叶勾儿茶 *B. polyphylla* Wall. ex Laws 楼纳，邓朝义 0275，小湾，邓朝义 0029；则绒拱桥 1 250m，张华海，安明态 0314

2．毛叶勾儿茶 *B. polyphylla* var. *trichophylla* Hand.-Mazz. 楼纳，邓朝义 0286；郑屯、清水河 1 250m，张华海，安明态 0171，0335

（二）苞叶木属 *Chaydaia* Pitard 7-4

1．苞叶木 *C. rubrinervis* (Levl.) C. Y. Wu ex Y. L. Chen 露阴塘，安明态，胡国雄 2017-0384；郑屯镇大箐村，海拔 1 350m，安明态，胡国雄等 2017-PG-0020；则戎乡长冲村露阴塘倒角，海拔 860m，安明态，胡国雄 2017-PG-0817

（三）枳椇属 *Hovenia* Thunb. 14sj

1．南方枳椇 *H. acerba* Lindl. 坡岗，邓朝义 973209

2．毛果枳椇 *H. trichocarpa* Chun et Tsiang 郑屯镇岩峰村枫柯欠，海拔 1 370m，安明态，胡国雄 2017-PG-0130

（四）铜钱树属 *Paliurus* Mill. 10-1

1．马甲子 *P. ramosissimus* (Lour.) Poir. 坡岗

（五）猫乳属 *Rhamnella* 5

1．多脉猫乳 *Rh. martini* (H. Lév.) Schneid. 安龙县万峰湖镇白岩村老木凼大木绒，海拔 1 250m，安明态，胡国雄 2017-PG-0358；毛凼子村石猪槽，海拔 1 230m，安明态，胡国雄 2017-PG-0871

（六）鼠李属 *Rhamnus* L. 1

1．陷脉鼠李 *Rh. bodinieri* Lévl. 楼纳，邓朝义 0283

2．石生鼠李 *Rh. calcicolus* Q. H. Chen 小湾，邓朝义 0011

3．革叶鼠李 *Rh. coriophylla* Hand.-Mazz. 郑屯镇民族村大寨后山（间歇泉），海拔 1 230m，安明态，胡国雄 2017-PG-0404

4．异叶鼠李 *Rh. heterophylla* Oliv. 绒窝 1 250m 岩石山灌丛，张华海，安明态 0332

5．薄叶鼠李 *Rh. leptophylla* Schneid. 楼纳，邓朝义 0265；郑屯 1 250m，张华海，安明态 0129；顶效也有分布

6．小冻绿树 *Rh. rosthornii* Pritz 坡岗，邓朝义 973280

7．冻绿 *Rh. utilis* Decne 坡岗，97 规划组 9-1-3

（七）雀梅藤属 *Sageretia* Brongn 3

1．梗花雀梅藤 *S. henryi* Drumm et Sprague 小湾，邓朝义 0189

2．疏花雀梅藤 *S. laxiflora* Hand.-Mazz. 小湾，邓朝义 0192

3．皱叶雀梅藤 *S. rugosa* 郑屯镇大箐村（健康村）沟里头（绒布组），海拔 1 270m，安明态，胡国雄 2017-PG-0164

（八）翼核果属 *Ventilago* Gaertn. 4

1．翼核果 *V. leiocarpa* Benth. 魏家凼子，安明态，胡国雄 2017-0342

2．印度翼核果 *V. maderaspatana* Gaertn. 清水河，安明态，黄郎 2018-PG-0109

八十二、胡颓子科 Elaeagnaceae

（一）胡颓子属 *Elaeagnus* L. 8

1．长叶胡颓子 *E. bockii* Diels 坡岗，97 规划组 P045

2．巴东胡颓子 *E. difficilis* Serv. 小湾，邓朝义 0108

3．宜昌胡颓子 *E. henryi* Warb.ex Diels 小湾，邓朝义 4289

4．披针叶胡颓子 *E. lanceolata* Warb. 坡岗，邓朝义 973221

5．胡颓子 *E. pungens* Thunb. 小湾，邓朝义 0005；郑屯 1 250m，张华海，安明态 0117

八十三、葡萄科 Vitaceae

（一）蛇葡萄属 *Ampelopsis* Michx. 9

1．蓝果蛇葡萄（蛇葡萄）*A. bodinieri* (H. Lév. et Vaniot.) Rehder 郑屯镇绒窝村水井湾，安明态，胡国雄 2017-PG-0596；郑屯镇绒窝村水井湾，海拔 1 310m，安明态，胡国雄 2017-PG-0605

2．羽叶蛇葡萄 *A. chaffanjoni* (Levl. et Vant.) Rehd. 毛凼子村石猪槽，海拔 1 230m，安明态，胡国雄 2017-PG-0900

3．毛枝蛇葡萄 *A. rubifolia* (Wall.) Planch. 拱桥，邓朝义 0148

（二）乌敛莓属 *Cayratia* Juss. 4

1．乌蔹莓 *C. japonica* (Thunb.) Gagnep. 小湾，邓朝义 0075

2．大叶乌蔹莓 *C. oligocarpa* (Lévl et Vant.) Gagnep. 坡岗，97 规划组 P040

（三）地锦属 *Parthenocissus* Planch. 9

1．花叶地锦 *P. henryana* (Hemsl.) Diels et Gilg 郑屯镇大箐村沟里头（绒布组），海拔 1 270m，安明态，胡国雄 2017-PG-0187

2．异叶爬山虎 *P. heterophylla* (Bl.) Merr 万峰湖镇下箐村上岜垬山顶，海拔 1 450m，安明态，胡国雄 2017-PG-0300

3．粉叶爬山虎 *P. thomsonii* (Laws.) Planch. 小湾，邓朝义 0070，坡岗，邓朝义 973184；郑屯 1 250m，张华海，安明态 0141

（四）崖爬藤属 *Tetrastigma* Planch 5

1．无毛崖爬藤 *T. obtectum* var. *glabrum* (Lévl. et Vant.) Gagnep. 小湾，邓朝义 0020

（五）葡萄属 *Vitis* L. 8

1．山葡萄 *V. amurensis* Rupr. 苦竹林，安明态，胡国雄 2017-0170

2．毛葡萄 *V. heyneana* Roem.et Schult 郑屯镇岩峰村巴古雷组，海拔 1 320m，安明态 2017-PG-0093；兴义市则戎乡歇气堡村魏家凼子（万峰湖边），海拔 707m，安明态，胡国雄 2017-PG-0668

八十四、芸香科 Rutaceae

（一）黄皮属 *Clausena* Burm.f. 4

1．齿叶黄皮 *C. dunniana* Lévl. 坡岗，97 规划组 8-2-4
2．毛齿叶黄皮 *C. dunniana* var. *robusta* (Tan) Huang 绒窝，邓朝义 0363

（二）吴茱萸属 *Evodia* Forst. 4

1．吴茱萸 *Evodia rutaecarpa* (Juss.) Benth.

（三）小芸木属 *Micromelum* Bl. 5

1．小芸木 *M. integerrimum* (Buch.-Ham.) Roem. 兴义市丰都办事赵家渡村付光凼，海拔 955m，安明态，胡国雄 2017-PG-0828

（四）九里香属 *Murraya* Koenig ex L. 5

1．豆叶九里香 *M. euchrestifolia* Hayata 坡岗，97 规划组 P033
2．九里香 *M. exotica* L. 小湾，邓朝义 0195；则绒 1 100m，张华海，安明态 0334

（五）枳属 *Poncirus* Raf. 15

1．枳 *P. trifoliata* (L.) Raf. 楼纳、坡岗

（六）飞龙掌血属 *Toddalia* Juss. 6

1．飞龙掌血 *T. asiatica* Lam. 小湾，邓朝义 0015；郑屯 1 250m，张华海，安明态 0110；区内岩山灌丛习

（七）花椒属 *Zanthoxylum* L. 2

1．毛刺花椒 *Z. acanthopodium* var. *timbor* Hook.f. 兴义市则戎乡、海子村，石灰岩山地路边灌丛中，2002-11-11，海拔 1 000～1 050m，邓朝义 0409（XIN）。贵州省新记录种
2．顶坛花椒 *Z. armatum* var. *dingtanensis* (Y. L. Tu) C. Y. Deng 拱桥村道角，邓朝义 0146
3．石山花椒 *Z. calcicola* Huang 楼纳，海拔 1 340m，邓朝义 0246
4．贵州花椒 *Z. esquirolii* Levl. 苦竹林，安明态，胡国雄 2017-0177
5．竹叶花椒 *Z. planispinum* Sieb. et Zucc. 小湾、拱桥、楼纳、洋坪
6．毛竹叶花椒 *Z. planispinum* var. *ferrugineum* (Rehd.et Wils.) Huang 顶效 1 250m，张华海，安明态 0449
7．刺异叶花椒 *Z. ovalifolium* var. *spinifolium* (Rehd. et. Wils.) Huang 坡岗，97 规划组 9-1-6；绒窝，邓朝义 0344
8．花椒簕 *Z. scandens* Bl. 坡岗，97 规划组 P034
9．青花椒 *Z. schinifolium* Sieb. et Zucc. 郑屯镇大箐村苦竹林，海拔 1 420m，安明态，黄郎 2017-PG-0970

八十五、苦木科 Simaroubaceae

（一）臭椿属 *Ailanthus* Desf. 5

1．刺臭椿 *A. vilmoriniana* Dode 枫柯贝，安明态，胡国雄 2017-0206；郑屯镇岩峰村枫柯贝，海拔 1 370m，安明态，胡国雄 2017-PG-0128

（二）苦木属 *Picrasma* Bl. 3

1．苦木 *Picrasma quassioides* Benn

八十六、楝科 Meliaceae

（一）浆果楝属 *Cipadessa* Bl. 6

1．灰毛浆果楝 *C. cinerascens* (Pell.) Hand.-Mazz. 小湾，邓朝义 0115

（二）楝属 *Melia* L. 4

1．楝 *M. azedarach* L. 小湾，楼纳，坡岗

（三）地黄连属 *Munronia* Wight 7

1．滇黔地黄连（矮陀陀）*M. ahenryi* Harms. 坡岗，邓朝义 973190，51144，楼纳，邓朝义 0289

（四）香椿属 *Toona* (Endl.) Roem. 5

1．红椿 *T. ciliata* Roem. 绒软，安明态，胡国雄 2017-0231
2．毛红椿 *T. ciliata* var. *pubescens* (Fr.) Hand.-Mazz. 拱桥村、箐口
3．香椿 *T. sinensis* (A. Juss.) Roem. 全区广布

八十七、无患子科 Sapindaceae

（一）栾属 *Koelreuteria* Laxm. 14

1．复羽叶栾树 *K.bipinnata* Franch. 坡岗，民族等
2．全缘叶栾树 *K.bipinnata* var. *integrifoliola* (Merr.) T. Chen 小湾村白毡帽办事处，邓朝义 0100

（二）无患子属 *Sapindus* L. 3

1．无患子 *S. mukorossi* Gaertn 拱桥、箐口

八十八、七叶树科 Hippocastanaceae

（一）七叶树属 *Aesculus* L. 8

1．七叶树 *A. chinensis* Bunge 清水河边，海拔 700m，安明态，胡国雄 2017-PG-0435

八十九、槭树科 Aceraceae

（一）槭属 *Acer* L. 8

1．青榨槭 *A. davidii* Franch. 坡岗、小湾
2．紫果槭 *A. cordatum* Pax 郑屯镇大箐村苦竹林，海拔 1 420m，安明态，黄郎 2017-PG-0972
3．红果罗浮槭 *Acer fabri* var. *rubrocarpum* Metc. 坡岗，97 规划组 8-1-5；则绒 1 200m，张华海，安明态 0404
4．光叶槭 *A. laevigatum* Wall. 岩峰村长湾，海拔 1 240m，安明态，黄郎 2018-PG-0051
5．飞蛾槭 *A. oblongum* Wall. et DC. 绒窝，邓朝义 0349，小湾，邓朝义和吉占和 983608（XIN）
6．三裂飞蛾槭 *A. oblongum* Wall. ex DC.var. *trilobum* Henry 兴义市顶效镇楼纳办事处，上寨村 1～2 组，海拔 1 280～1 340m 石灰岩山地林中，邓朝义 0254（XIN）。贵州省新记录种
7．灰叶槭 *A. poliophyllum* Fang et Wu 坡岗，邓朝义 973224，楼纳，邓朝义 0280
8．角叶槭 *A. sycopseoides* Chun 万峰湖镇下箐村上岜垬山顶，海拔 1 450m，安明态，胡国雄 2017-PG-0301

九十、清风藤科 Sabiaceae

（一）泡花树属 *Meliosma* Blume 3

1．山檨叶泡花树 *M. thorelii* Merr.坡岗，97 规划组 6-2-2

2．香皮树 *M. fordii* Hemsl. 坡岗，97 规划组 5-6

3．贵州泡花树 *M. henryi* Diels 民族村间歇泉，邓朝义 0218

4．宽叶泡花树 *M. cuneifolia* Franch. 郑屯镇民族村大寨后山（间歇泉），海拔 1 230m，安明态，胡国雄 2017-PG-0399

（二）清风藤属 *Sabia* Colebr. 7

1．灰背清风藤属 *S. discolor* Dunn 民族村，邓朝义 0215

2．长脉清风藤 *S. nervosa* Chun ex Y. F. Wu 民族村，海拔 1 300～1 350m，2002-11-09，邓朝义 0212。贵州省新记录种

3．小花清风藤 *S. parviflora* Wall. ex Roxb. 小湾、海子，邓朝义 0410

4．尖叶清风藤 *S. swinhonei* Hemsl. ex Forb. et Hemsl 郑屯镇大箐村（健康村）沟里头（绒布组），海拔 1 270m，安明态，胡国雄 2017-PG-0155

5．阔叶清风藤 *S. yunnanensis* Franch. subsp. *latifolia* (Rehd.et Wils.) Y. F. Wu 郑屯镇民族村大寨后山（间歇泉），海拔 1 230m，安明态，胡国雄 2017-PG-0380

九十一、省沽油科 Staphyleaceae

（一）野鸦椿属 *Euscaphis* Sieb. et Zucc. 14sj

1．野鸦椿 *Euscaphis japonica* (Thunb.) Dippel.

（二）山香圆属 *Turpinia* Vent. 3

1．山香圆 *T. montana* (Bl.) Kurz. 小湾，邓朝义 0374，0386；绒窝下坡岗 1 250m，张华海，安明态 0392

九十二、漆树科 Anacardiaceae

（一）南酸枣属 *Choerospondias* Burtt et Hill 14sh

1．南酸枣 *Ch. axillaris* (Roxb.) Burtt et Hill 坡岗，小湾、拱桥

（二）黄栌属 *Cotinus* (Tourn.) Mill. 8

1．粉背黄栌 *C. coggygria* var. *glaucophylla* C. Y. Wu 龙广镇毛凼子村孔达坡，安明态，胡国雄 2017-PG-0860

（三）藤漆属 *Pegia* Colebr. 14sh

1．藤漆 *P. nitida* Colebr. 清水河，安明态，胡国雄 2017-0296；清水河边，海拔 700m，安明态，胡国雄 2017-PG-0438；郑屯镇绒窝村鲜家湾，海拔 1 160m，安明态，胡国雄 2017-PG-0554；则戎乡拱桥村倒角组大洋坪，海拔 880m，安明态，胡国雄 2017-PG-0794

（四）黄连木属 *Pistacia* L. 12-3

1．黄连木 *P. chinensis* Bunge 坡岗，邓朝义 973223

2．清香木 *P. weinmanniifolia* Poiss. 坡岗，邓朝义 973222，小湾、绒窝、拱桥等广布

（五）盐麸木属 *Rhus* (Tourn) L. 8

1．盐麸木 *Rh. chinensis* Mill. 全区广布

（六）漆树属 *Toxicodendron* (Tourn.) Mill. 9

1．野漆 *T. succedaneum* (L.) O. Kuntze 安龙县龙广镇毛凼子村韦家凼，安明态，胡国雄 2017-PG-0833；岩峰村长湾，海拔 1 240m，安明态，黄郎 2018-PG-0053

2．木腊树 *T. sylvestre* (Sieb.et Zucc.) O. Kuntze 郑屯镇岩峰村枫柯欠，海拔 1 370m，安明态，胡国雄 2017-PG-0113；郑屯镇大箐村（健康村）沟里头（绒布组），海拔 1 270m，安明态，胡国雄 2017-PG-0169

3．漆 *T. vernicifluum* (Stokes.) F. A. Barkl. 岩峰等

九十三、胡桃科 Juglandaceae

（一）山核桃属 *Carya* Nutt. 9

1．贵州山核桃 *C.kweichowensis* Kuang et A. M. Lu ex Chang et Lu 绒窝、小湾，邓朝义 0365

（二）青钱柳属 *Cyclocarya* 15

1．青钱柳 *C. paliurus* (Batal.) Iljinsk. 郑屯镇大箐村苦竹林，海拔 1 420m，安明态，黄郎 2017-PG-0960；岩峰村长湾，海拔 1 240m，安明态，黄郎 2018-PG-0052；郑屯镇小湾村（绒窝村），海拔 1 050m，安明态，黄郎 2018-PG-0071

（三）黄杞属 *Engelhardtia* Leschen 7

1．黄杞 *E. roxburghiana* Wall. 下坡岗 1 320～1 350m，邓朝义 0364

（四）化香树属 *Platycarya* Sieb. et Zucc.

1．圆果化香树 *P. longipes* Wu 小湾、绒窝、楼纳、拱桥

2．化香树 *P. strobilacea* Sieb. et Zucc. 绒窝 1 320～1 500m，邓朝义 0333

（五）枫杨属 *Pterocarya* Kunth

1．枫杨 *P. stenoptera* DC. 楼纳，海拔 1 260m 沟边分布

九十四、山茱萸科 Cornaceae

（一）梾木属 *Cornus* L. 8

1．灯台树 *Corus controversa* Hemsl.

2．毛叶梾木 *C.oblonga* Wall. var. *griffithii* Clarke 坡岗，小湾，邓朝义 0107（成片分布）

3．小梾木 *Corus paucinervis* Hance

（二）青荚叶属 *Helwingia* Willd. 14

1．青荚叶 *H. japonica* (Thunb.) Dietr. 坡岗，97 规划组 6-4-5

九十五、八角枫科 Alangiaceae

（一）八角枫属 *Alangium* Lam. 4

1．八角枫 *A. chinense* (Lour.) Harms 坡岗，邓朝义 973189；郑屯 1 250m，张华海，安明态 0137

2．瓜木 *A. platanifolium* Harms 坡岗，97 规划组 9-5-5

九十六、蓝果树科 Nyssaceae

（一）喜树属 *Camptotheca* Decne. 15

1．喜树 *C. acuminata* Decne. 坡岗，邓朝义 973165；绒窝、民族等产

九十七、五加科 Araliaceae

（一）五加属 *Acanthopanax* Miq. 14

1．五加 *A.gracilistylus* W. W. Smith. 绒窝
2．刚毛白簕 *A. setosus* (Li) Shang 楼纳，邓朝义 0236

（二）楤木属 *Aralia* L. 9

1．头序楤木 *A. dasyphylla* Miq. 翁布，清水河，邓朝义 0157

（三）罗伞属 *Brassaiopsis* Decne. et Planch. 7

1．罗伞 *B. glomerulata* Kuntze 郑屯镇绒窝村王家凼组倒锅凼，海拔 1 130m，安明态，胡国雄 2017-PG-0617
2．尾叶罗伞 *B. producta* (Dunn) Shang 民族，邓朝义 0210
3．栎叶罗伞 *B. quercifolia* Hoo 郑屯镇民族村大寨后山（间歇泉），海拔 1 230m，安明态，胡国雄 2017-PG-0406；郑屯镇小湾村（绒窝村），海拔 1 050m，安明态，黄郎 2018-PG-0064

（四）树参属 *Dendropanax* Decne et Planch. 2

1．树参 *D. dentiger* (Harms) Merr. 坡岗，97 规划组 8-3-3；绒窝 1 250m，张华海，安明态 0394

（五）常春藤属 *Hedera* L. 6

1．常春藤 *H. nepalensis* var. *sinensis* (Tobl.) Rehd. 苦竹林，安明态，胡国雄 2017-0151

（六）刺楸属 *Kalopanax* Miq. 14sj

1．刺楸 *K. septemlobus* (Thunb.) Koidz. 弯子，安明态，胡国雄 2017-0397；安龙县万峰湖镇白岩村冲水洞（清水塘），海拔 1 250m，安明态，胡国雄 2017-PG-0333

（七）鹅掌柴属 *Schefflera* J. R. et G. Forst. 2

1．短序鹅掌柴 *S. bodinieri* (Lévl.) Rehd. 安龙县万峰湖镇下箐村上岜垬赵家湾，海拔 1 340m，安明态，胡国雄 2017-PG-0317；郑屯镇民族村大寨后山（间歇泉），海拔 1 230m，安明态，胡国雄 2017-PG-0405；郑屯镇大箐村苦竹林，海拔 1 420m，安明态，黄郎 2017-PG-0973
2．密脉鹅掌柴 *S. elliptica* (Bl.) Harms. 拱桥，邓朝义 0156
3．鹅掌柴 *S. octophylla* (Lour.) Harms 露阴塘，安明态，胡国雄 2017-0337

（八）通脱木属 *Tetrapanax* K. Koch 15

1．通脱木 *T.* sp. 海子，邓朝义 0417

（九）刺通草属 *Trevesia* 7

1．刺通草 *T. palmata* (Roxb.) Vis. 清水河边，海拔 700m，安明态，胡国雄 2017-PG-0443；清水河边，

海拔 700m，安明态，胡国雄 2017-PG-0464

九十八、鞘柄木科 Torricelliaceae

（一）鞘柄木属 *Torricellia* DC. 14sh

1．有齿鞘柄木 *T. angulata* var. *intermedia* Hu 坡岗

九十九、伞形科 Umbelliferae

（一）柴胡属 *Bupleurum* L. 8-4

1．竹叶柴胡 *B. marginatum* Wall. ex DC. 坡岗；顶效 1 300m，张华海，安明态 0282

（二）积雪草属 Centella L. 2

1．积雪草 *C. asiatica* (L.) Urban 岩枫村，安明态，胡国雄 2017-0280；郑屯镇岩峰村四绒，海拔 1 250m，安明态，黄郎 2018-PG-0034

（三）天胡荽属 *Hydrocotyle* L. 2

1．天胡荽 *H. sibthorpioides* Lam. 安龙县万峰湖镇白岩村冲水洞（清水塘），海拔 1 250m，安明态，胡国雄 2017-PG-0334

（四）水芹属 *Oenanthe* L. 10

1．水芹 *O. javanica* (Bl.) DC. 孔达坡，安明态，胡国雄 2017-0423；安龙县万峰湖镇白岩村冲水洞（清水塘），海拔 1 250m，安明态，胡国雄 2017-PG-0336

（五）变豆菜属 *Sanicula* L. 1

1．变豆菜 *S. chinensis* Bunge 苦竹林，安明态，胡国雄 2017-0140；郑屯镇大箐村（健康村）沟里头（绒布组），海拔 1 270m，安明态，胡国雄 2017-PG-0171

（六）窃衣属 *Torilis* Adans. 10-1

1．窃衣 *T. scabra* (Thunb.) DC. 孔达坡，安明态，胡国雄 2017-0430；郑屯镇绒窝村鲜家湾，海拔 1 160m，安明态，胡国雄 2017-PG-0556；岩峰村长湾，海拔 1 240m，安明态，黄郎 2018-PG-0040

一百、杜鹃花科 Ericaceae

（一）树萝卜属 *Agapetes* D.Don ex G.Don 7

1．红苞树萝卜 *A. rubrobracteata* R. C. Fang et S. H. Huang 坡岗；郑屯 1 550m，张华海，安明态 0132

（二）白珠树属 *Gaulfhedria* Kalm.ex L. 3

1．滇白珠 *G. leucocarpa* var. *crenulata* (Kurz.) T. Z. Hsu

（三）杜鹃属 *Rhododendron* L. 8

1．小花杜鹃 *Rh. minutiflorum* Hu 楼纳，邓朝义 0285

一百零一、越橘科 Vacciniaceae

（一）越橘属 *Vaccinium* L. 8-4

1．椭圆叶越橘 *V. pseudorobustum* Sleumer 绒窝，邓朝义 0352；郑屯 1 250m，张华海，安明态 0328

一百零二、柿科 Ebenaceae

（一）柿属 *Diospyros* L. 2

1．岩柿 *D. dumetorum* W. W. Smith. 坡岗，97 规划组 6-4-3，8-2-5，5-4；小湾，邓朝义 0117；郑屯 1 250m，张华海，安明态 0155，0173

2．柿 *D. kaki* L. f 坡岗

3．野柿 *D. kaki* var. *silvestris* Makino 郑屯镇大箐村（健康村）沟里头（绒布组），海拔 1 270m，安明态，胡国雄 2017-PG-0230

4．龙胜柿 *D. longshengensis* S. Lee. 郑屯镇大箐村（健康村）沟里头（绒布组），海拔 1 270m，安明态，胡国雄 2017-PG-0195

一百零三、山榄科 Achradaceae

（一）铁榄属 *Sinosideroxylon* (Engl.) Aubr. 7-4

1．铁榄 *S. pedunculatum* (Hemsl.) H. Chuang 万峰湖镇下箐村上岜坝赵家湾，海拔 1 450m，安明态，胡国雄 2017-PG-0262；清水河边，海拔 700m，安明态，胡国雄 2017-PG-0476

一百零四、紫金牛科 Myrsinaceae

（一）酸藤子属 *Embelia* Burm. f. 4

1．多脉酸藤子 *E. oblongifolia* Hemsl. 楼纳，邓朝义 0287，0238

2．网脉酸藤子 *E. rudis* Hand.-Mazz. 坡岗，97 规划组 5-5

（二）杜茎山属 *Maesa* Forsk 4

1．金珠柳 *M. montana* A. DC. 小湾，邓朝义 0194；郑屯湾子 1 250m，张华海，安明态 0136

2．短序杜茎山 *M. parvifolia* var. *brevipaniculata* C. Y. Wu et C. Chen 坡岗，邓朝义 973279

（三）铁仔属 *Myrsine* L. 6

1．铁仔 *M. africana* L. 坡岗，97 规划组 P048

2．尖叶铁仔 *M. africana* var. *acuminata* C. Y. Wu et C. Chen 坡岗，97 规划组 P049。贵州省新记录种

3．铁齿铁仔 *M. semiserrata* Wall. 楼纳，邓朝义 0291

4．光叶铁仔 *M. stolonifera* (Koidz.) Walker 楼纳，邓朝义 0234；绒窝 1 200m，张华海，安明态 0330

（四）密花树属 *Rapanea* Aubl. 2

1．平叶密花树 *R. faberi* Mez 小湾，邓朝义 0037，0087；楼纳，邓朝义 0253，0245。贵州省新记录种

2．广西密花树 *R. kwangsiensis* (E.Walker) Pipoly et C. Chen 清水河，安明态，黄郎 2018-PG-0107

3．狭叶密花树 *R. kwangsiensis* Walker var. *lanceolata* C. Y. Wu et C. Chen 坡岗，97 规划组 6-4-1。贵州省新记录种

4．密花树 *R. neriifolia* (Sieb.et Zucc.) Mez. 坡岗，97 规划组 9-4-1，9-1-4，5-11，6-4-5；绒窝 1 250m，张华海，安明态 0345

5．瘤枝密花树 *R. verruculosa* C. Y. Wu 万峰湖镇下箐村上岜坝赵家湾，海拔 1 450m，安明态，胡国雄 2017-PG-0284

一百零五、马钱科 Loganiaceae

（一）蓬莱藤属 *Gardneria* Wall. 14

1．离药蓬莱葛 *G. distincta* P. T. Li 绒窝 1 320～1 500m 林中，邓朝义 0317。贵州省新记录种
2．蓬莱葛 *G. multiflora* Makino 翁布，邓朝义 0423，0421，0418

一百零六、醉鱼草科 Buddlejaceae

（一）醉鱼草属 *Buddleja* L. 2

1．密蒙花 *B. officinalis* Maxim. 坡岗、洋坪、海子等
2．大叶醉鱼草 *B. davidii* Franch. ex Sinarum 清水河，邓朝义 0162；拱桥 1 250m，张华海，安明态 0246

一百零七、木樨科 Oleaceae

（一）梣属 *Fraxinus* L. 8

1．苦枥木 *F. insularis* Hemsl. 万峰湖镇下箐村上岜块山顶，海拔 1 450m，安明态，胡国雄 2017-PG-0293；龙广镇毛凼子村孔达坡，安明态，胡国雄 2017-PG-0861

（二）素馨属 *Jasminum* L. 2

1．桂叶素馨 *J. laurifolium* Roxb. 坡岗，邓朝义 983623（XIN）；坡岗，邓朝义 973217。贵州省新记录种
2．亮叶素馨 *J. seguinii* Lévl. 小湾，邓朝义 0046，0096；郑屯 1 250m，张华海，安明态 0271
3．华素馨 *J. sinense* Hemsl. 苦竹林，安明态，胡国雄 2017-0168

（三）女贞属 *Ligustrum* L. 10-1

1．尾叶女贞 *L. caudatum* sp. nov. 兴义市，坡岗，海拔 1 280m，1998-05-12，邓朝义，吉占和 983620（Type，XIN）；同地，邓朝义 983634（Fr.），小湾，邓朝义 0047。
2．女贞 *L. lucidum* Ait. 全区广布，多为栽培
3．粗壮女贞 *L. robustum* Bl. 绒窝，邓朝义 0327，小湾，邓朝义 0031
4．小蜡 *L. sinense* Lour. 坡岗，邓朝义 4291；小湾，邓朝义 0040，0090；绒窝，邓朝义 0372
5．多毛小蜡 *L. sinense* var. *coryanum* (W. W. Sm.) Hand.-Mazz. 万峰湖镇下箐村上岜块山顶，海拔 1 450m，安明态，胡国雄 2017-PG-0312；毛凼子村石猪槽，海拔 1 230m，安明态，胡国雄 2017-PG-0868
6．兴仁女贞 *L. xingrenense* D. J. Liu 楼纳，邓朝义 0258，0235，0271，029

（四）李榄属 *Linociera* Sw. ex Schreber 2

1．大花李榄 *L. ramiflora* (Roxb.) Wall. ex G. Don var. *grandiflora* (Miao) Miao 拱桥村，邓朝义 0161。黔西南特有变种，仅产于兴仁（模式产地）和兴义。

（五）木樨榄属 *Olea* L. 9

1．尾叶木樨榄 *O. caudatilimba* Chia 清水河，邓朝义 973130

一百零八、夹竹桃科 Apocynaceae

（一）香花藤属 *Aganosma* 7

1．香花藤 *A. marginata* (Roxb.) G. Don 清水河边，海拔 700m，安明态，胡国雄 2017-PG-0505

（二）鸡骨常山属 *Alstonia* R. Br. 7

1．鸡骨常山 *A. yunnanensis* Diels　坡岗

（三）链珠藤属 *Alyxia* Banks ex R. Br. 5

1．贵州链珠藤 *A. kweichowensis* Tsiang et P. T. Li 万峰湖镇下箐村上岜拱山顶，海拔 1 450m，安明态，胡国雄 2017-PG-0292

2．狭叶链珠藤 *A. schlechteri* Lévl. 坡岗，邓朝义 973261；郑屯小学后山 1 250m，张华海，安明态 0126

（四）山橙属 *Melodinus* J. R. et G. Forst. 5

1．尖山橙 *M. fusiformis* Champ. ex Benth. 万峰湖镇下箐村上岜拱赵家湾，海拔 1 450m，安明态，胡国雄 2017-PG-0286

2．山橙 *M. suaveolens* Champ. ex Benth. 翁布、清水河，海拔 840～1 000m，邓朝义 0419（2002-11-12）。贵州省新记录种

（五）萝芙木属 *Rauvolfia* L. 3

1．萝芙木 *R. verticillata* (Lour.) Baill. 马岭河河谷，邓朝义 973106，96197。坡岗、绒窝、民族也产

（六）络石属 *Tachelospermum* Lem. 9

1．短柱络石 *T. brevistylum* Hand.-Mazz. 郑屯 1 250m，张华海，安明态 0145
2．锈毛络石 *T. dunnii* (Lévl.) Lévl. 翁布，清水河，邓朝义 0431
3．络石 *T. jasminoides* (Lindl.) Lem. 马岭河，邓朝义 97310，小湾，邓朝义 0042

（七）倒吊笔属 *Wrightia* R. Br. 4

1．个博 *W. sikkimensis* Gamble　海子，邓朝义 0406；绒窝下坡岗 1 250m，张华海，安明态 0447

一百零九、萝藦科 Asclepiadaceae

（一）白叶藤属 *Cryptolepis* R. Br. 4

1．古钩藤 *C.buchananii* Roem. et Schult　马岭河 900m，张华海，安明态 0434；拱桥等地也有分布

（二）鹅绒藤属 *Cynanchum* 2

1．隔山消 *C. wilfordii* (Maxim) Hemsel. 郑屯镇大箐村（健康村）沟里头（绒布组），海拔 1 270m，安明态，胡国雄 2017- PG-0154

（三）眼树莲属 *Dischidia* R. Br. 5

1．金瓜核 *D.esquirolii* (Lévl.) Tsiang　坡岗，邓朝义 96167，清水河也产

（四）醉魂藤属 *Heterostemma* Wight et Arn. 7

1．醉魂藤 *H.alatum* Wight　张家湾，安明态，胡国雄 2017-0222；清水河边，海拔 700m，安明态，胡国雄 2017-PG-0465；清水河边，海拔 700m，安明态，胡国雄 2017-PG-0479；清水河，安明态，黄郎 2018-PG-0097

（五）球兰属 *Hoya* R. Br. 5

1．球兰 *H. carnosa* (L. f.) R. Br. 拱桥，840～1 200m，邓朝义 alt. 0180（2002-11-08）。贵州省新记录种
2．黄花球兰 *H. fusca* Wall. 坡岗，97 规划组 6-3-6

3．荔坡球兰 *H. lipoeniss* P. T. Li et Xu　坡岗，邓朝义 973180；绒窝，邓朝义 0378
4．毛球兰 *H. villosa* Cost.　坡岗，97 规划组 9-1-2，箐口亦产

（六）牛奶菜属 *Marsdenia* R. Br. 2

1．通光散 *M. tenacissima* (Roxb.) Wight. et Arn.　马岭河，邓朝义 973108

（七）鲫鱼藤属 *Secamone* R. Br. 4

1．鲫鱼藤 *S. lanceolata* Bl.　绒窝，邓朝义 0313
2．吊山桃 *S. sinica* Hand.-Mazz.　绒窝，邓朝义 0351

（八）夜来香属 *Telosma* Coville 4

1．夜来香 *T. cordata* (Burm.f.) Merr.　坡洋，安明态，胡国雄 2017-0366

（九）娃儿藤属 *Tylophora* R. Br. 4

1．扒地蜈蚣 *T. renchangii* Tsiang　翁布，清水河，邓朝义 0427。贵州省新记录种

（十）杠柳属 *Periploca* L. 6

1．黑龙骨 *P. forrestii* Schltr.　坡岗，邓朝义 973239；清水河 850m，张华海，安明态 0422

一百一十、茜草科 Rubiaceae

（一）水团花属 *Adina* Salisb. 6

1．水团花 *A. pilulifera* (Lam.) Franch. ex Drake　坡岗，邓朝义 973210

（二）头九节属 *Cephaelis* Sw. 2

1．赤毛头九节 *C. siamica* Craib.　绒窝，邓朝义 0326；拱桥、坡岗、郑屯等 1 000～1 300m，张华海，安明态 0349，0388，0421

（三）香果树属 *Emmenopterys* Oliv. 15

1．香果树 *E. henryi* Oliv.　坡岗，拱桥，97 规划组 P059。国家二级保护树种。

（四）拉拉藤属 *Galium* L. 1

1．六叶葎 *G. asperuloides* subsp. *hoffmeisteri* (Klotzsch) Hara　大箐村，安明态，胡国雄 2017-0111
2．四叶律 *G. bungei* Steudel　坡岗，邓朝义 973270，983621，小湾，邓朝义 0098
3．西南拉拉藤 *G. elegans* Wall. ex Roxb.　坡岗，97 规划组 8-2-4

（五）栀子属 *Gardenia* Ellis 2

1．栀子 *G. jasminoides* Ellis　马岭河，邓朝义 973105

（六）耳草属 *Hedyotis* L. 2

1．耳草 *H.* sp.马岭河，邓朝义 3083

（七）土连翘属 *Hymenodictyon* Wall. 3

1．土连翘 *H. flaccidum* Wall.　东山，安明态，胡国雄 2017-0363；兴义市则戎乡长冲村吊甘地，海拔 930m，安明态，胡国雄 2017-PG-0735

（八）玉叶金花属 *Mussaenda* L. 4

1．大叶白纸扇 *M. shikokiana* Makino 清水河边，海拔 700m，安明态，胡国雄 2017-PG-0472

（九）蛇根草属 *Ophiorrhiza* L. 7

1．广州蛇根草 *O. cantonensis* Hance 民族，邓朝义 0211
2．日本蛇根草 *O. japonica* Bl. 绒窝下坡岗 1 250m，张华海，安明态 0415

（十）鸡屎藤属 *Paederia* L. 7

1．白毛鸡屎藤 *P. pertomentosa* Merr.ex Li 大箐村，安明态，胡国雄 2017-0115
2．鸡屎藤 *P. scandens* (Lour.) Merr. 坡岗，拱桥，楼纳，绒窝；区内广布
3．毛鸡屎藤 *P. scandens* (Lour.) Merr. var. *tomentosa* (Bl.) H. M. 万峰湖镇下箐村上岜坝赵家湾，海拔 1 450m，安明态，胡国雄 2017-PG-0267
4．云南鸡屎藤 *P. yunnanensis* (Lévl.) Rehd. 坡岗，邓朝义 973178，小湾，邓朝义 0066，0024

（十一）茜草属 *Rubia* L. 8-4

1．金剑草 *R. alata* Roxb. 老木凼，安明态，胡国雄 2017-0264
2．茜草 *R. cordifolia* L. 绒窝，邓朝义 0315；区内广布
3．披针叶茜草 *R. lanceolata* Hayata 坡岗，邓朝义 973177.973216，绒窝，邓朝义 4297；区内广布
4．柄花茜草 *R. podantha* Diels 大箐村，安明态，胡国雄 2017-0108

（十二）白马骨属 *Serissa* Comm.ex A.L.Juss. 14sj

1．六月雪 *S. japonica* (Thunb.) Thunb. 大箐村，安明态，胡国雄 2017-0121

（十三）鸡仔木属 *Sinoadina* Ridsd. 15

1．鸡仔木 *S. racemosa* (Sieb.et Zucc.) Ridsd. 老木凼，安明态，胡国雄 2017-0266；郑屯镇岩峰村湾子，海拔 1 300m，安明态，胡国雄等 2017-PG-0072；清水河边，海拔 700m，安明态，胡国雄 2017-PG-0511；郑屯镇绒窝村擦耳岩，海拔 1 270m，安明态，胡国雄 2017-PG-0572；则戎乡拱桥村吴家凼子，海拔 930m，安明态，胡国雄 2017-PG-0796

（十四）螺序草属 *Spiradiclis* Bl. 7

1．螺序草 *S. caespitosa* Bl. 清水河，安明态，胡国雄 2017-0307

一百一十一、忍冬科 Caprifoliaceae

（一）六道木属 *Abelia* Br. 9-1

1．糯米条 *A.chinensis* R. Br. 郑屯湾子 1 250m，张华海，安明态 0154

（二）忍冬属 *Lonicera* L. 8

1．黄褐毛忍冬 *L. fulvotomentosa* Hsu et S. C. Cheng 坡岗
2．异毛忍冬 *L. macrantha* (D.Don) Spreng var. *heterotricha* Hsu et H. J. Wang 马岭河，邓朝义 973115
3．细毡毛忍冬 *L. similis* Hemsl. 小湾；则绒 1 250m，张华海，安明态 0337

（三）接骨木属 *Sambucus* L. 8-4

1．接骨草 *S. chinensis* Lindl.坡岗，97 规划组 P061

（四）荚蒾属 *Viburnum* L. 8

1．毛枝荚蒾 *V. atrocyaneum* C. B. Clarke subsp. *harryanum* (Rehd.) Hsu 楼纳，邓朝义 0274

2．短序荚蒾 *V. brachybotryum* Hemsl. 则绒下坡岗 1 250m，张华海，安明态 0438

3．金佛山荚蒾 *V. chinshanense* Graeb. 郑屯镇大箐村大箐，海拔 1 350m，安明态，胡国雄等 2017-PG-0039；郑屯镇绒窝村擦耳岩，海拔 1 270m，安明态，胡国雄 2017-PG-0582；兴义市则戎乡长冲村吊甘地，海拔 930m，安明态，胡国雄 2017-PG-0746；兴义市郑屯镇坡岗村中坡岗至大箐村的山路边，海拔 1 225m，安明态，黄郎 2017-PG-0915；兴义市郑屯镇岩峰村苦竹凼，海拔 1 300m，安明态，黄郎 2018-PG-0013

4．水红木 *V. cylindrcum* Buch- Ham. ex D.Don 坡岗

5．珍珠荚蒾 *V. foetidum* Wall. var. *ceanothoides* (C.H.Wright) Hand.-Mazz. 坡岗，97 规划组 9-4-9

6．珊瑚树 *V. odoratissimum* Ker. 小湾，邓朝义 0397

7．球核荚蒾 *V. propinquum* Hemsl. 坡岗，邓朝义 973220，绒窝，邓朝义 0395

8．皱叶荚蒾 *V. rhytidophyllum* Hemsl. 坡岗，邓朝义 973219

一百一十二、败酱科 Valerianaceae

（一）败酱属 *Patrinia* Juss. 14

1．少蕊败酱 *P. monandra* C. B. Clarke 楼纳，邓朝义 0255

2．败酱 *P. scabiosifolia* Fisch. ex Trev 兴义市则戎乡渔子村吊井湾组贺家湾，海拔 1 030m，安明态，胡国雄 2017-PG-0713

3．白花败酱 *P. villosa* Juss 郑屯镇岩峰村巴古雷组，海拔 1 320m，安明态，胡国雄 2017-PG-0106

（二）缬草属 *Valeriana* L. 8-4

1．蜘蛛香 *V. jatamansi* Jones 苦竹林，安明态，胡国雄 2017-0153；孔达坡，安明态，胡国雄 2017-0434

一百一十三、菊科 Compositae

（一）下田菊属 *Adenostemma* J. R. et G. Forst. 2

1．宽叶下田菊 *A. lavenia* (L.) O. Kuntze var. *latifolium* (D. Don) Hand.-Mazz. 民族，邓朝义 0201

（二）胜红蓟属 *Ageratum* L. 3

1．藿香蓟 *A. conyzoides* L. 小湾，邓朝义 0093；区内荒野广布

2．熊耳草 *A. houstonianum* Miller 花地湾，安明态，胡国雄 2017-0292

3．胜红蓟 *A. conyzoides* L. 郑屯镇大箐村（健康村）沟里头（绒布组），海拔 1 270m，安明态，胡国雄 2017-PG-0213

（三）兔儿风属 *Ainsliaea* DC. 14

1．纤序兔儿风 *A. cavalerei* Lévl. 楼纳，邓朝义 0264，0282b

2．秀丽兔儿风 *A. elegans* Hemsl. 楼纳，邓朝义 0282a；坡岗，邓朝义 983609；郑屯 1 250m，张华海，安明态 0322

3．宽叶兔儿风 *A. latifolia* (D.Don) Sch.-Bip. 坡岗，97 规划组 7-2-1

4．腋花兔儿风 *A. pertyoides* Franch. 坡岗，97 规划组 6-1-2，6-2-3

5．白背兔儿风 *A. pertyoides* Franch. var. *albo-tomentosa* Beauverd 小湾，邓朝义 0320，马岭河，邓朝义 973095

（四）香青属 *Anaphalis* DC. 8

1．香青 *A. sinica* Hance 魏家凼子，安明态，胡国雄 2017-0344

（五）蒿属 *Artemisia* L. 8

1．艾 *A. argyi* Lévl. et Van. 兴义市则戎乡干嘎村龙潭，海拔 1 055m，安明态，胡国雄 2017-PG-0693
2．冷蒿 *A. frigida* Willd. 孔达坡，安明态，胡国雄 2017-0428
3．白苞蒿 *A. lactiflora* Wall. ex DC. 小湾，邓朝义 0120，0119
4．灰苞蒿 *A. roxburghiana* Bess. 民族村间歇泉，安明态，胡国雄 2017-0048；清水河边，海拔 700m，安明态，胡国雄 2017-PG-0516

（六）紫菀属 *Aster* L. 8

1．三脉紫菀 *A. ageratoides* Turcz. 苦竹林，安明态，胡国雄 2017-0160
2．毛枝三脉紫菀 *A. ageratoides* var. *lasiocladus* (Hayata) Hand.-Mazz. 枫柯贝，安明态，胡国雄 2017-0203
3．微糙三脉紫菀 *A. ageratoides* Turcz var. *scaberulus* (Miq.) Ling 坡岗，97 规划组 P067
4．钻叶紫菀 *A. subulatus* Michx. 泥山坡，安明态，胡国雄 2017-0188

（七）鬼针草属 *Bidens* L. 1

1．金盏银盘 *B. biternata* (Lour.) Merr. et Sherff. 坡岗，邓朝义 983617
2．鬼针草 *B. pilosa* L. 小湾，邓朝义 0086
3．白花鬼针草 *B. pilosa* L. var. *radiata* Sch.-Bip 坡岗，邓朝义 973287

（八）百能葳属 *Blainvillea* Cass. 2

1．百能葳 *B. acmella* (L.) Philipson 民族村间歇泉，安明态，胡国雄 2017-0007；苦竹林，安明态，胡国雄 2017-0143；大箐村，安明态，胡国雄 2017-0179；郑屯镇大箐村大箐，海拔 1 350m，安明态，胡国雄

（九）艾纳香属 *Blumea* DC. 4

1．艾纳香 *B. balsamifera* (L.) DC. 清水河边，海拔 700m，安明态，胡国雄 2017-PG-0491
2．裂苞艾纳香 *B. martiniana* Vant. 拱桥，邓朝义 0196
3．东风草 *B. megacephala* (Randeria) Chang et Tseng 绒窝，邓朝义 0321

（十）天名精属 *Carpesium* L. 10

1．天名精 *C. abrotanoides* L. 顶效；区内广布
2．烟管头草 *C. cernuum* L. 大箐村，安明态，胡国雄 2017-0105
3．贵州天名精 *C. faberi* C. Winkl. 绒窝，邓朝义 0318

（十一）蓟属 *Cirsium* Mill. 8

1．线叶蓟 *C. lineare* (Thunb.) Sch. Bip. 赵家渡 900m，河岸草丛，邓朝义 973288（XIN）
2．刺儿菜 *C. arvense* var. *integrifolium* Wimm. et Grab. 上岜拱，安明态，胡国雄 2017-0240

（十二）白酒草属 *Conyza*Less. 2

1．小蓬草 *C. canadensis* (L.) Cronq. 民族村间歇泉，安明态，胡国雄 2017-0011；全区广布，恶性杂草
2．白酒草 *C. japonica* (Thunb.) Less. 大洋坪，安明态，胡国雄 2017-0353

（十三）野茼蒿属 *Crassocephalum* Moench. 6

1．野茼蒿 *C. crepidioides* (Benth.) S. Moore 民族村间歇泉，安明态，胡国雄 2017-0009；盯眯，安明态，胡国雄 2017-0388；郑屯镇大箐村（健康村）沟里头（绒布组），海拔 1 270m，安明态，胡国雄 2017-PG-0215；郑屯镇绒窝村水井湾，安明态，胡国雄 2017-PG-0589；全区广布，恶性杂草

2．蓝花野茼蒿 *C. rubens* (Juss. ex Jacq.) S. Moore 苦竹林，安明态，胡国雄 2017-0060；贵州省新归化种

（十四）菊属 *Dendranthema* (DC.) Des Moul. 10

1．野菊 *D. indicum* (L.) Des Moul 楼纳，邓朝义 0240

（十五）鱼眼草属 *Dichrocephala* DC. 6

1．小鱼眼草 *D. benthamii* C. B. Clarke 大箐村，安明态，胡国雄 2017-0118

（十六）地胆草属 *Elephantopus* L. 2

1．地胆草 *E. scaber* L. 绒西，安明态，胡国雄 2017-0186

（十七）一点红属 *Emilia* (Cass.) Cass. 4

1．一点红 *E. sonchifolia* (L.) DC. ex Wight 马岭河，邓朝义 973289

（十八）泽兰属 *Eupatoium* L. 2

1．华泽兰 *E. chinense* L. 兴义市则戎乡歇气堡村魏家凼子（万峰湖边），海拔 707m，安明态，胡国雄 2017-PG-0659

2．白头婆 *E. japonicum* Thunb. 苦竹林，安明态，胡国雄 2017-0155

（十九）牛膝菊属 *Galinsoga* Ruiz et Pav. 1

1．粗毛牛膝菊 *G. quadriradiata* Ruiz et Pav. 民族村间歇泉，安明态，胡国雄 2017-0012

2．牛膝菊 *G. parviflora* Cav. 郑屯镇大箐村（健康村）沟里头（绒布组），海拔 1 270m，安明态

（二十）鼠曲草属 *Gnaphalium* L. 1

1．鼠曲草 *G. affine* D. Don 小湾，邓朝义 0097

2．秋鼠曲草 *G. hypoleucum* DC. 郑屯镇岩峰村湾子，海拔 1 300m，安明态，胡国雄等 2017-PG-0078

3．多茎鼠曲草 *G. polycaulon* Pers. 老木凼，安明态，胡国雄 2017-0261

（二十一）三七草属 *Gynura* Cass. 6

1．红凤菜 *G. bicolor* (Roxb.ex Willd.) DC. 张家湾，安明态，胡国雄 2017-0216；上岜拱，安明态，胡国雄 2017-0236；清水河，安明态，胡国雄 2017-0311

2．三七草 *G. japonica* (Thunb.) Juel 坡岗，海子

（二十二）泥胡菜属 *Hemistepta* Bunge 14

1．泥胡菜 *H. lyrata* (Bunge) Bunge 水井湾，安明态，胡国雄 2017-0322；孔达坡，安明态，胡国雄 2017-0446；毛凼子村石猪槽，海拔 1 230m，安明态，胡国雄 2017-PG-0896

（二十三）旋覆花属 *Inula* L. 10

1. 羊耳菊 *I. cappa* (Buch.-Ham, ex. D. Don) DC. 小湾，邓朝义 035；郑屯 1 250m，张华海，安明态 0260；楼纳 1 200m，张华海，安明态 0413

2．显脉旋覆花 *I. nervosa* Wall. 大箐村，安明态，胡国雄 2017-0077

（二十四）小苦荬属 *Ixeridium* (A.Gray) Tzvel. 7

1．小苦荬 *I. dentatum* (Thunb.) Tzvel. 田湾，安明态，胡国雄 2017-0368
2．细叶苦荬 *I. gracile* (DC.) J. H. Pak et Kawano 则戎乡长冲村坡洋，海拔 890m，安明态，胡国雄 2017-PG-0758；兴义市郑屯镇岩峰村苦竹凼，海拔 1 300m，安明态，黄郎 2018-PG-0004

（二十五）马兰属 *Kalimeris* Cass. 11

1．马兰 *K. indica* (L.) Sch.-Bip. 全区广布

（二十六）莴苣属 Lactuca L. 10-3

1．山莴苣 *L. sibirica* (L.) Benth. ex Maxim. 郑屯镇绒窝村鲜家湾组查耳岩，安明态，胡国雄 2017-PG-0537；岩峰村长湾，海拔 1 240m，安明态，黄郎 2018-PG-0048

（二十七）六棱菊属 *Laggera* Sch.-Bip.ex Hochst. 6

1．六棱菊 *L. alata* (D.Don) Sch.-Bip.ex Oliv. 双山村，安明态，胡国雄 2017-0053；魏家凼子，安明态，胡国雄 2017-0347；清水河边，海拔 700m，安明态，胡国雄 2017-PG-0510
2．翼齿六棱菊 *L. pterodonta* (DC.) Benth. 清水河，安明态，胡国雄 2017-0310

（二十八）橐吾属 *Ligularia* Cass. 10

1．齿叶橐吾 *L. dentata* (A. Gray) Hara 海子有栽培，邓朝义 0413

（二十九）银胶菊属 *Parthenium* L. 3

1．银胶菊 *P. hysterophorus* L. 盯眯，安明态，胡国雄 2017-0391

（三十）翅果菊属 *Pterocypsela* Shin 7

1．翅果菊 *P. indica* (L.) Shih 拱桥，邓朝义 0176

（三十一）秋分草属 *Rhynchospermum* Reinw. ex Blume. 14

1．秋分草 *R. verticillatum* Reinw. 民族村间歇泉，安明态，胡国雄 2017-0020；郑屯镇民族村大寨后山（间歇泉），海拔 1 230m，安明态，胡国雄 2017-PG-0386

（三十二）风毛菊属 *Saussurea* DC. 8

1．风毛菊 *S. japonica* (Thunb.) DC. 上岜拱，安明态，胡国雄 2017-0245；王家凼，安明态，胡国雄 2017-0380；则戎乡拱桥村吴家凼子，海拔 930m，安明态，胡国雄 2017-PG-0799

（三十三）千里光属 *Senecio* L. 1

1．千里光 *S. scandens* Buch.-Ham. ex D. Don 全区广布

（三十四）豨莶属 *Siegesbeckia* L. 2

1．豨莶 *S. orientalis* L. 小湾，邓朝义 0076；区内广布
2．腺梗豨莶 *S. pubescens* Makino 河头，安明态，胡国雄 2017-0057；大箐村，安明态，胡国雄 2017-0083

（三十五）苦苣菜属 *Sonchus* L. 8

1．苣荬菜 *S. arvensis* L. 苦竹林，安明态，胡国雄 2017-0128

2．花叶滇苦菜 *S. asper* (L.) Hill　苦竹林，安明态，胡国雄 2017-0130
3．南苦苣菜 *S. lingianus* Shih　拱桥，邓朝义 0166

（三十六）合耳菊属 *Synotis* (C. B. Clarke) C. Jeffrey et Y. L. Chen 14sh

1．滇南合耳菊 *S. austroyunnanensis* C. Jeffrey et Y. L. Chen　小湾，邓朝义 0323
2．锯叶合耳菊 *S. nagensium* (C. B. Clarke) C. Jeffrey et T. Y. L. Chen　楼纳，邓朝义 0270，小湾，邓朝义 0110

（三十七）蒲公英属 *Taraxacum* Weber. 8

1．蒲公英 *T. mongolicum* Hand.-Mazz.小湾，邓朝义 0056；区内广布

（三十八）狗舌草属 *Tephroseris* (Reichenb.) Reichenb. 8

1．黔狗舌草 *T. pseudosoncus* (Van.) C. Jeffrey et Y. L. Chen　楼纳，邓朝义 0256

（三十九）斑鸠菊属 *Vernonia* Schreber 2

1．广西斑鸠菊 *V. chingiana* Hand.-Mazz.　拱桥村翁布，邓朝义 0168
2．夜香牛 *V. cinerea* (L.) Less　小湾，邓朝义 0074
3．斑鸠菊 *V. esculenta* Hemsl.　坡岗，邓朝义 973281

（四十）苍耳属 *Xanthium* L. 1

1．苍耳 *X. sibiricum* Patrin et Willd.　全区广布

（四十一）黄鹌菜属 *Youngia* Cass. 14

1．红果黄鹌菜 *Y. erythrocarpa* (Van.) Babc. et Stebb.　小湾，邓朝义 0065，0055
2．黄鹌菜 *Y. japonica* (L.) DC.　坡岗，97 规划组 P068

一百一十四、龙胆科 Gentianaceae

（一）龙胆属 *Gentiana* L. 1

1．翼萼龙胆 *G. pterocalyx* Franch.　安龙县万峰湖镇白岩村冲水洞（清水塘），海拔 1 250m，安明态，胡国雄 2017-PG-0342
2．红花龙胆 *G. rhodantha* Franch.ex Hemsl.　箐口、海子、洋坪等，邓朝义 4186

（二）獐牙菜属 *Swertia* L. 8-4

1．狭叶獐牙菜 *S. angustifolia* Buch.-Ham. ex D. Don　小湾，邓朝义 0010；清水河（马岭河），邓朝义 306582
2．獐牙菜 *S. bimaculata* (Sieb.et Zucc.) Hook. f. et Thoms. ex C. B. Clarke　孔达坡，安明态，胡国雄 2017-0440；毛凼子村孔达坡，安明态，胡国雄 2017-PG-0857

（三）双蝴蝶属 *Tripterospermum* Blume 14sh

1．心叶双蝴蝶 *T.cordifolioides* J. Murata 清水河，海拔 860m，安明态，黄郎 2018-PG-0138

一百一十五、报春花科 Primulaceae

（一）珍珠菜属 *Lysimachia* L. 1

1．五岭管茎过路黄 *L. fistulosa* var. *wulingensis* Chen et C. M. Hu　郑屯镇大箐村苦竹林，海拔 1 420m，安明态，黄郎 2017-PG-0991

2．富宁香草 *L. fooningensis* C. Y. Wu 清水河，邓朝义 973128

3．卵叶富宁香草 *L. fooningensis* var. *ovatifolia* var. nov. 兴义市，洋坪，石灰岩山地林下，1998-03-11。邓朝义、彭华、吉占和 983612（Type，XIN）

4．兴义香草 *L. millietii* (Lévl.) Hand.-Mazz. 楼纳，邓朝义 0284。贵州省特有种

5．阔叶假排草 *L. sikkokiana* Miq. var. *petelotii* (Merr.) C. M. Hu 坡岗，邓朝义 973186

（二）报春花属 *Primula* L. 8

1．报春花 *P.* sp. 坡岗，邓朝义 983653；洋坪也产，成片分布

（三）水繁缕属 *Samolus* L. 1

1．水繁缕 *S. valerandi* L. 民族村间歇泉，安明态，胡国雄 2017-0030

一百一十六、车前科 Plantaginaceae

（一）车前草属 *Plantago* L. 1

1．尖萼车前 *P. cavaleriei* Lévl. 坡岗，邓朝义 983614

2．车前草 *P. depressa* Willd. 郑屯镇绒窝村鲜家湾，海拔 1 160m，安明态，胡国雄 2017-PG-0558

3．大车前 *P. major* L. 拱桥；区内广布

一百一十七、桔梗科 Campanulaceae

（一）沙参属 *Adenophora* Fisch. 10

1．昆明沙参 *A. confusa* Nannf. 楼纳，邓朝义 0257。贵州省新记录种

2．细萼沙参 *A. leptosepala* Diels 楼纳，邓朝义 0262。贵州省新记录种

3．轮叶沙参 *A. tetraphylla* (Thunb.) Fisch. 坡岗，邓朝义 973298

4．聚叶沙参 *A. wilsonii* Nannf. 大箐村，安明态，胡国雄 2017-0096

（二）风铃草属 *Campanula* L. 8

1．西南风铃草 *C. pallida* Wall. 坡岗，邓朝义 983610，小湾，邓朝义 0193

（三）金钱豹属 *Campanumoea* Bl. 7-1

1．金钱豹 *C. javanica* Bl. 小湾，邓朝义 0019

2．长叶轮钟花 *C. lancifolia* (Roxb.) Merr. 郑屯镇绒窝村鲜家湾组查耳岩，安明态，胡国雄 2017-PG-0542

（四）同钟花属 *Homocodon* Hong 15

1．同钟花 *H. brevipes* (Hemsl.) Hong 老木凼，安明态，胡国雄 2017-0268

（五）桔梗属 *Platycodon* A. DC. 14sj

1．桔梗 *P. grandiflorus* (Jacq.) A. DC. 马岭河，邓朝义 973135

一百一十八、半边莲科 Lobeliaceae

（一）半边莲属 *Lobelia* L. 1

1．西南山梗菜 *L. seguinii* Lévl.et Vant. 绒窝，邓朝义 0317；下坡岗 1 250m，张华海，安明态 0416

2．江南山梗菜 *L. davidii* Franch. 大箐村，安明态，胡国雄 2017-0119

一百一十九、紫草科 Boraginaceae

（一）琉璃草属 *Cynoglossum* L. 8

1．小花琉璃草 *C. lanceolatum* Forsk. 坡岗
2．琉璃草 *C. furcatum* Wall. 大箐村，安明态，胡国雄 2017-0107；孔达坡，安明态，胡国雄 2017-0433

（二）毛束草属 *Trichodesma* R.Br. 4

1．毛束草 *T. calycosum* Coll. et Hemsl. 小湾，邓朝义 0123

（三）附地菜属 *Trigonotis* Stev. 11

1．硬毛附地菜 *T. laxa* Johnst. var. *hirsuta* W. T. Wang ex C. J. Wang 马岭河，邓朝义 96166

一百二十、茄科 Solanaceae

（一）曼陀罗属 *Datura* L. 2

1．曼陀罗 *D. stramonium* L.坡岗；顶效 1 250m，张华海，安明态 0269

（二）红丝线属 *Lycianthes* (Dunal) Hassl. 2

1．红丝线 *L. biflora* (Lour.) Bitter 苦竹林，安明态，胡国雄 2017-0150；上岜拱，安明态，胡国雄 2017-0250；郑屯镇民族村大寨后山（间歇泉），海拔 1 230m，安明态，胡国雄 2017-PG-0392

（三）枸杞属 *Lycium* L. 8-4

1．枸杞 *L. chinense* Mill. 坡岗

（四）酸浆属 *Physalis* L. 1

1．苦蘵 *Ph. angulata* L. 鲜家湾，安明态，胡国雄 2017-0314
2．毛苦蘵 *Ph. angulata* L. var. *villosa* Bonati 兴义市则戎乡歇气堡村魏家凼子（万峰湖边），海拔 707m，安明态，胡国雄 2017-PG-0669

（五）茄属 *Solanum* L. 1

1．喀西茄 *S. khasianum* C. B. Clarke 民族村间歇泉，安明态，胡国雄 2017-0010
2．龙葵 *S. nigrum* L. 孔达坡，安明态，胡国雄 2017-0448
3．牛茄子（颠茄）*S. surattense* Burm. f. 小湾等
4．水茄 *S. torvum* Swartz. 马岭河，邓朝义 3068；则绒拱桥 1 200m，张华海，安明态 0250
5．假烟叶树 *S. verbascifolium* L. 坡岗，邓朝义 973282；马岭河、拱桥等
6．刺天茄 *S. violaceum* Ortega 清水河边，海拔 700m，安明态，胡国雄 2017-PG-0497

一百二十一、旋花科 Convolvulaceae

（一）心萼薯属 *Aniseia* Choisy 2

1．心萼薯 *A. biflora* (L.) Choisy 东山，安明态，胡国雄 2017-0357 兴义市则戎乡渔子村吊井湾组贺家湾，海拔 1 030m，安明态，胡国雄 2017-PG-0726

（二）银背藤属 *Argyreia* Lour. 5

1．头花银背藤 *A. capitata* (Vahl.) Arn. ex Choisy 坡岗

2．银背藤 *A. obtusifolia* Lour. 魏家凼子，安明态，胡国雄 2017-0341
3．白花银背藤 *A. seguinii* (Lévl.) Van ex Lévl. 坡岗

（三）马蹄金属 *Dichondra* J. R. et G. Forst. 2

1．马蹄金 *D. micrantha* Urban 民族村间歇泉，安明态，胡国雄 2017-0042；郑屯镇绒窝村王家凼组倒锅凼，海拔 1 130m，安明态，胡国雄 2017-PG-0622；郑屯镇岩峰村四绒，海拔 1 250m，安明态，黄郎 2018-PG-0033

（四）牵牛属 *Pharbitis* Choisy 2

1．牵牛 *Ph. nil* (L.) Choisy. 坡岗；区内广布
2．圆叶牵牛 *Ph. purpurea* (L.) Voisgt 双山村，安明态，胡国雄 2017-0054；毛凼子村，安明态，胡国雄 2017-0406

（五）飞蛾藤属 *Porana* Burm. f. 4-1

1．腺毛飞蛾藤 *P. duclouxii* var. *lasia* (Schneid.) Hand.-Mazz. 露阴塘，安明态，胡国雄 2017-0334；毛凼子村石猪槽，海拔 1 230m，安明态，胡国雄 2017-PG-0886；贵州省新归化种
2．飞蛾藤 *P. racemosa* Roxb. 海子；拱桥 1 200m，张华海，安明态 0262
3．大果飞蛾藤 *P. sinensis* Hemsl. 清水河，安明态，黄郎 2018-PG-0085
4．近无毛大果飞蛾藤 *P. sinensis* var. *delavayi* (Gagnep.et Courch.) Rehd. 郑屯镇大箐村（健康村）沟里头（绒布组），海拔 1 270m，安明态，胡国雄 2017-PG-0204

一百二十二、菟丝子科 Cuscutaceae

（一）菟丝子属 *Cuscuta* L. 2

1．金灯藤 *C. japonica* Choisy 民族，邓朝义 0250

一百二十三、玄参科 Scrophulariaceae

（一）来江藤属 *Brandisia* Hook. f. et Thoms. 7-3

1．来江藤 *B. hancei* Hook. f. 楼纳，邓朝义 0276

（二）钟萼草属 *Lindenbergia* Lehm. 6

1．野地钟萼草 *L. muraria* (Roxb. ex D.Don) Bruhl 民族村间歇泉，安明态，胡国雄 2017-0008；郑屯镇绒窝村水井湾，安明态，胡国雄 2017-PG-0585
2．钟萼草 *L. philippensis* (Chum.) Benth. 露阴塘，安明态，胡国雄 2017-0333；弯子，安明态，胡国雄 2017-0399；兴义市则戎乡歇气堡村魏家凼子（万峰湖边），海拔 707m，安明态，胡国雄 2017-PG-0677

（三）通泉草属 *Mazus* Lour. 5

1．通泉草 *M. japonicus* (Thunb.) O. Kuntze 民族村间歇泉，安明态，胡国雄 2017-0035

（四）泡桐属 *Paulownia* Sieb.et Zucc. 14sj

1．白花泡桐 *P. fortunei* (Seem.) Hemsl. 坡岗等
2．毛泡桐 *P. tomentosa* (Thunb.) Steud. 兴义市则戎乡歇气堡村魏家凼子（万峰湖边），海拔 707m，安明态，胡国雄 2017-PG-0673

（五）婆婆纳属 *Veronica* L. 8-4

1．疏花婆婆纳 *V. laxa* Benth. 苦竹林，安明态，胡国雄 2017-0131
2．阿拉伯婆婆纳 *V. persica* Poir. 孔达坡，安明态，胡国雄 2017-0429
3．北水苦荬 *V. anagallis-aquatica* L. 毛凼子村石猪槽，海拔 1 230m，安明态，胡国雄 2017-PG-0899

一百二十四、狸藻科 Lentibalariaceae

（一）狸藻属 *Utricularia* L. 1

1．挖耳草 *U. bifida* L. 马岭河峡谷，坡岗林下湿润地

一百二十五、苦苣苔科 Gesneriaceae

（一）旋蒴苣苔属 *Boea* Lam. 5

1．锈毛旋蒴苣苔 *B. rufescens* Franch. 郑屯湾子 1 250m，张华海，安明态 0159

（二）粗筒苣苔属 *Briggsia* Craib 7-3

1．盾叶粗筒苣苔 *B. longipes* (Hemsl.) Carib. 拱桥 1 200m，张华海，安明态 0326，0362
2．革叶粗筒苣苔 *B. mihieri* (Franch.) Craib. 小湾，邓朝义 0014

（三）唇柱苣苔属 *Chirita* Buch.-Ham.ex D.Don 7

1．牛耳朵 *Ch. eburnea* Hance
2．疏花唇柱苣苔 *Ch. laxiflora* W. T. Wang. 马岭河，邓朝义 973120。贵州省新记录种

（四）珊瑚苣苔属 *Corallodiscus* Batalin 14sh

1．珊瑚苣苔 *C. cordatulus* (Craib) Burtt 坡岗，97 规划组 P054

（五）漏斗苣苔属 *Didissandra* Clarke 4-1

1．大苞漏斗苣苔 *D. begoniifolius* Lévl. 郑屯小学后山 1 300m，张华海，安明态 0350

（六）盾座苣苔属 *Epithema* Bl. 6

1．盾座苣苔 *E. carnosum* (G.Don) Benth. 绒西，安明态，胡国雄 2017-0184；兴义市则戎乡歇气堡村魏家凼子（万峰湖边），海拔 707m，安明态，胡国雄 2017-PG-0672

（七）半蒴苣苔属 *Hemiboea* Clarke 7-4

1．疏脉半蒴苣苔 *H. cavaleriei* Lévl. var. *paucinervis* W. T. Wang et Z. Y. Li. 民族村，邓朝义 0226；坡岗亦有分布
2．华南半蒴苣苔 *H. follicularis* Clarke 坡岗，邓朝义 973242；小湾，邓朝义 0013
3．白花合萼半蒴苣苔 *H. gamosepala* Z. Y. Li var. *albiflora* var. nov. 马岭河，邓朝义 3071（XIN）

（八）吊石苣苔属 *Lysionotus* D. Don 14sh

1．蒙自吊石苣苔 *L. carnosus* Hemsl. 绒窝小学后山 1 250m，张华海，安明态 0211
2．齿叶吊石苣苔 *L. serratus* D. Don 小湾，邓朝义 0104，坡岗，邓朝义 973160，983600

（九）蛛毛苣苔属 *Paraboea* (Clarke) Ridley 7

1．滇桂蛛毛苣苔 *P. barbatipes* K. Y. Pan 坡岗，97 规划组 8-3-5

2．厚叶蛛毛苣苔 *P. crassifolia* (Hemsl.) Burtt. 坡岗，97 规划组 6-6-3
3．锈色蛛毛苣苔 *P. rufescens* (Franch.) Burtt. 坡岗，邓朝义 973192
4．宽萼蛛毛苣苔 *P. sinensis* (Oliv.) Burtt. 坡岗，邓朝义 983606

（十）石山苣苔属 *Petrocodon* Hance 15

1．石山苣苔 *P. dealbatus* Hance 上岜拱，安明态，胡国雄 2017-0259；万峰湖镇下箐村上岜垬山顶，海拔 1 450m，安明态，胡国雄 2017-PG-0290

（十一）石蝴蝶属 *Petrocosmea* Oliv. 7

1．贵州石蝴蝶 *P. cavaleriei* Lévl 马岭河峡谷，海拔 900～1 000m，1997-03-11，邓朝义 973631，983691

（十二）尖舌苣苔属 *Rhynchoglossum* Bl. 7

1．全唇尖舌苣苔 *Rh.obliquum* Bl. var. *hologlossum*（Hayata）W. T. Wang 坡岗，邓朝义 973240
2．尖舌苣苔 *Rh. obliquum* Blume 郑屯镇大箐村（健康村）沟里头（绒布组），海拔 1 270m，安明态，胡国雄 2017-PG-0238

一百二十六、紫葳科 Bignoniaceae

（一）梓树属 *Catalpa* Scop. 9

1．滇楸 *C. fargesii* f. *duclouxii* Gilmour 坡岗

（二）千张纸属 *Oroxylum* Vent. 7

1．木蝴蝶 *O. indicum* (L.) Vent. 清水河

（三）菜豆树属 *Radermachera* Zoll. et Moritzi 7

1．菜豆树 *R. sinica* (Hance) Hemsl. 小湾村

一百二十七、爵床科 Acanthaceae

（一）穿心莲属 *Andrographis* Wall. 7

1．疏花穿心莲 *A. laxiflora* (Bl.) Lindau 马岭河，邓朝义 3076。贵州省新记录种

（二）白接骨属 *Asystasiella* Lindau 5

1．白接骨 *A. chinensis* (S. Moore) E. Hossain 绒窝 1 250m，张华海，安明态 0457

（三）假杜鹃属 *Barleria* L. 2

1．假杜鹃 *B. cristata* L. 王家凼，安明态，胡国雄 2017-0381；兴义市则戎乡渔子村吊井湾组贺家湾，海拔 1 030m，安明态，胡国雄 2017-PG-0727

（四）山一笼鸡属 *Paragutzlaffia* H. P. Tsui 7-4

1．多枝山一笼鸡 *P.henryi* (Hemsl.) H. P. Tsui 小湾，邓朝义 0071

（五）爵床属 *Justicia* L. 2

1．圆苞杜根藤 *J. chinensis* (Benth.) Q. H. Chen 坡岗，邓朝义 973183
2．爵床 *J. procumbens* L. 小湾，邓朝义 0061；区内广布
3．黄白杜根藤 *J. xantholeuca* W. W. Smith 大箐村，安明态，胡国雄 2017-0091；贵州省新归化种

（六）孩儿草属 *Rungia* Nees 6

1．中华孩儿草 *R.chinensis* Benth. 民族村，安明态，胡国雄 2017-0276；贵州省新归化种

（七）马蓝属 *Strobilanthes* Bl. 6-2

1．板蓝 *S. cusia* (Nees) O. Kuntze 坡岗，97 规划组 P057
2．日本马蓝 *S. japonica* (Thunb.) Miq. 清水河，安明态，胡国雄 2017-0308；郑屯镇绒窝村王家凼组倒锅凼，海拔 1 130m，安明态，胡国雄 2017-PG-0625
3．球花马蓝 *S. pentastemonoides* (Nees) T. Anders. 小湾，邓朝义 0088

一百二十八、马鞭草科 Verbenaceae

（一）紫珠属 *Callicarpa* L. 2

1．紫珠 *C. abodinieri* Lévl. 坡岗，邓朝义 973244；拱桥 1 250m，张华海，安明态 0268
2．老鸦糊 *C. bodinieri* Lévl. var. *giraldii* (Rehd.) Rehd. 小湾，邓朝义 0122
3．华紫珠 *C. cathayana* H. T. Chang 绒窝，邓朝义 0340
4．大叶紫珠 *C. macrophylla* Vahl 马岭河

（二）莸属 *Caryopteris* Bunge 14

1．密花莸 *C. paniculata* Clarke 小湾，邓朝义 0069
2．三花莸 *C. terniflora* Maxim. 大箐村，安明态，胡国雄 2017-0113

（三）大青属 *Clerodendrum* L. 2

1．臭牡丹 *C. bungei* Steud. 顶效 1 250m，张华海，安明态 0238
2．毛赪桐 *C. petasites* (Lour.) Moore 拱桥，邓朝义 0142
3．三对节 *C. serratum* (L.) Spreng 绒窝，邓朝义 0357；下坡岗 1 250m 山地林缘，张华海，安明态 0420
4．赪桐 *C. japonicum* (Thunb.) Sweet 清水河边，海拔 700m，安明态，胡国雄 2017-PG-0458；兴义市则戎乡长冲村吊甘地，海拔 930m，安明态，胡国雄 2017-PG-0743

（四）豆腐柴属 *Premna* L. 6

1．豆腐柴 *P. microphylla* Turcz 坡岗，97 规划组 5-12
2．臭黄荆 *P. puberula* Pamp. 清水河边，海拔 700m，安明态，胡国雄 2017-PG-0487
3．毛狐臭柴 *P. puberula* var. *bodinieri* (Lévl.) C. Y. Wu 坡岗，邓朝义 983618

（五）马鞭草属 *Verbena* L. 2

1．马鞭草 *V. officinalis* L. 坡岗

（六）牡荆属 *Vitex* L. 2

1．黄荆 *V. negundo* L. 坡岗，邓朝义 973283

一百二十九、唇形科 Labiatae

（一）筋骨草属 *Ajuga* L. 10

1．筋骨草 *A. ciliata* Bunge 民族村间歇泉，安明态，胡国雄 2017-0045；则戎乡拱桥村吴家凼子，海拔 930m，安明态，胡国雄 2017-PG-0795

（二）风轮菜属 *Clinopodium* L. 8

1．风轮菜 *C.chinense* (Benth.) O. Ktze. 孔达坡，安明态，胡国雄 2017-0444

（三）鞘蕊花属 *Coleus* Lour. 4

1．光萼鞘蕊花 *C. bracteatus* Dunn 上岜拱，安明态，胡国雄 2017-0235；万峰湖镇下箐村上岜拱山顶，海拔 1 450m，安明态，胡国雄 2017-PG-0312

2．毛萼鞘蕊花 *C. esquirolii* (Lévl.) Dunn 楼纳-民族，邓朝义 0260

（四）火把花属 *Colquhounia* Wall. 14sh

1．藤状火把花 *C. seguinii* Vaniot 大箐村，安明态，胡国雄 2017-0099；清水河，安明态，胡国雄 2017-0298；郑屯镇大箐村（健康村）沟里头（绒布组），海拔 1 270m，安明态，胡国雄 2017-PG-0157

（五）香薷属 *Elsholtzia* Willd. 10

1．四方蒿 *E.blanda* (Benth.) Benth. 海子，邓朝义 0403

2．香薷 *E. ciliata* (Thunb.) Hyland. 小湾，邓朝义 0054

3．野草香 *E. cyprianii* (Pavol.) S. Chow ex Hsu 拱桥 1 250m，张华海，安明态 0255；坡岗也有分布

4．野拔子 *E. rugulosa* Hemsl. 大箐村，安明态，胡国雄 2017-0076

（六）广防风属 *Epimeredi* Adans. 5

1．广防风 *E. indica* (L.) Rothm.毛卤子村，安明态，胡国雄 2017-0404；清水河边，海拔 700m，安明态，胡国雄 2017-PG-0440；兴义市则戎乡渔子村吊井湾组贺家湾，海拔 1 030m，安明态，胡国雄 2017-PG-0712

（七）活血丹属 *Glechoma* L. 8

1．活血丹 *G. longituba* (Nakai) Kupr 大洋坪，安明态，胡国雄 2017-0354；兴义市则戎乡渔子村吊井湾组贺家湾，海拔 1 030m，安明态，胡国雄 2017-PG-0714

（八）夏至草属 *Lagopsis* Bunge ex Benth. 10

1．夏至草 *L. supina* (Steph.) Ik.-Gal. 苦竹林，安明态，胡国雄 2017-0138

（九）益母草属 *Leonurus* L. 10

1．益母草 *L. artemisia* (Lour.) S. Y. Hu 坡岗，邓朝义 983616

（十）绣球防风属 *Leucas* R. Br. 2-2

1．白绒草 *L. mollissima* Wall. 大箐村，安明态，胡国雄 2017-0079；弯子，安明态，胡国雄 2017-0398

（十一）冠唇花属 *Microtoena* Prain 7-1

1．南川冠唇花 *M. prainiana* Diels 拱桥，邓朝义 0169

（十二）牛至属 *Origanum* L. 10-1

1．牛至 *O. vulgare* L. 绒窝下坡岗 1 200m，张华海，安明态 0148

（十三）假糙苏属 *Paraphlomis* Prain 7-1

1．纤细假糙苏 *P. gracilis* Kudo 上岜拱，安明态，胡国雄 2017-0256

2．狭叶假糙苏 *P. javanica* (Bl.) Prain var. *angustifolia* (C. Y. Wu) C. Y. Wu et H. W. Li 小湾，邓朝义 0053

3．小叶假糙苏 *P. javanica* var. *coronata* (Vaniot) C. Y. Wu et H. W. Li　坡岗，邓朝义 973174

（十四）紫苏属 *Perilla* L. 14

1．紫苏 *P. frutescens* (L.) Britt.　坡岗
2．野生紫苏 *P. frutescens* (L.) Britt.　郑屯镇大箐村大箐，海拔 1 350m，安明态，胡国雄等 2017-PG-0031

（十五）夏枯草属 *Prunella* L. 8

1．夏枯草 *P. vulgaris* L.大箐村，安明态，胡国雄 2017-0110

（十六）香茶菜属 *Rabdosia* (Bl.) Hassk. 6

1．细锥香茶菜 *R. coetsa* (Buch.-Ham.ex D. Don) Hara　楼纳，邓朝义 0266，小湾，邓朝义 0103
2．毛萼香茶菜 *R. eriocalyx* (Dunn) Hara　郑屯小学后山 1 250m，张华海，安明态 0146

（十七）鼠尾草属 *Salvia* L. 1

1．荔枝草 *S. plebeia* R.Br.　民族村间歇泉，安明态，胡国雄 2017-0046；孔达坡，安明态，胡国雄 2017-0436
2．长冠鼠尾草 *S. plectranthoides* Griff.　绒窝，邓朝义 0316
3．云南鼠尾草 *S. yunnanensis* C. H. Wright

（十八）黄芩属 *Scutellaria* L. 1

1．钝叶黄芩 *S. obtusifolia* Hemsl.　马岭河，邓朝义 973126
2．楔叶红茎黄芩 *S. yunnanensis* var. *cuneata* C. Y. Wu et W. T. Wang　上岜拱，安明态，胡国雄 2017-0255

（十九）香科科属 *Teucrium* L. 1

1．安龙香科科 *T. anlungense* C.Y.Wu et S. Chow　上岜拱，安明态，胡国雄 2017-0257
2．铁轴草 *T. quadrifarium* Buch.-Ham.　坡岗，邓朝义 973291

一百三十、厚壳树科 Ehretiaceae

（一）厚壳树属 *Ehretia* L. 2

1．粗糠树 *E. macrophylla* Wall.　郑屯镇绒窝村鲜家湾组查耳岩，安明态，胡国雄 2017-PG-0525

单子叶植物纲　Monocotyledoneae

一百三十一、泽泻科 Alismataceae

（一）泽泻属 *Alisma* L. 8

1．泽泻 *A. plantago-aquatica* L.　兴义市则戎乡拱桥村盯眯至大洋坪公路边，海拔 925m，安明态，胡国雄 2017-PG-0776

（二）慈姑属 *Sagittaria* 8-4

1．慈姑 *S. trifolia* var. *sinensis* Sims　安龙县万峰湖镇白岩村冲水洞（清水塘），海拔 1 250m，安明态，胡国雄 2017-PG-0339

一百三十二、眼子菜科 Potamogetonaceae

（一）眼子菜属 *Potamogeton* L. 1

1．眼子菜 *P. distinctus* A. Benn. 兴义市则戎乡拱桥村盯眯至大洋坪公路边，海拔 925m，安明态，胡国雄 2017-PG-0784

2．浮叶眼子菜 *P. natans* L.民族村间歇泉，安明态，胡国雄 2017-0038

一百三十三、鸭跖草科 Commelinaceae

（一）鸭跖草属 *Commelina* L. 2

1．饭包草 *C. benghalensis* L. 上岜拱，安明态，胡国雄 2017-0239；郑屯镇大箐村（健康村）沟里头（绒布组），海拔 1 270m，安明态，胡国雄 2017-PG-0212

2．鸭跖草 *C. communis* L. 郑屯湾子 1 300m 沟谷，张华海，安明态 0097

（二）蓝耳草属 *Cyanotis* D. Don 6

1．蛛丝毛蓝耳草 *C. arachnoidea* C. B. Clarke 小湾，邓朝义 0049

2．四孔草 *C. cristata* (L.) D. Don 上岜拱，安明态，胡国雄 2017-0244；魏家凼子，安明态，胡国雄 2017-0340；安龙县万峰湖镇下箐村上岜拱赵家湾，海拔 1 340m，安明态，胡国雄 2017-PG-0327；郑屯镇绒窝村鲜家湾组查耳岩，安明态，胡国雄 2017-PG-0532

（三）竹叶子属 *Streptolirion* Edgew. 14sh

1．竹叶子 *S. volubile* Edgew 坡岗，97 规划组 069

一百三十四、芭蕉科 Musaceae

（一）芭蕉属 *Musa* L. 4

1．小果野蕉 *M. acuminate* Colla 田湾，安明态，胡国雄 2017-0378

2．芭蕉 *M. sapientum* L. 海子、洋坪、坡岗、小湾等

（二）地涌金莲属 *Musella* (Franch.) C. Y. Wu ex H. W. Li 15

1．地涌金莲 *M. lasiocarpa* (Fr.) C. Y. Wu ex H. W. Li 箐口等

一百三十五、姜科 Zingiberaceae

（一）山姜属 *Alpinia* L. 4

1．山姜 *A. japonica* (Thunb.) Miq. 鲜家湾，安明态，胡国雄 2017-0318；郑屯镇小湾村（绒窝村），海拔 1 050m，安明态，黄郎 2018-PG-0065

2．长柄山姜 *A. kwangsiensis* T. L. Wu et Senjen 清水河流域

（二）豆蔻属 *Amomum* Roxb. 4

1．砂仁 *A. villosum* Lour. 鲜家湾，安明态，胡国雄 2017-0313；郑屯镇绒窝村鲜家湾，海拔 1 160m，安明态，胡国雄 2017-PG-0566；郑屯镇绒窝村水井湾，海拔 1 310m，安明态，胡国雄 2017-PG-0610 兴义市则戎乡渔子村吊井湾组贺家湾，海拔 1 030m，安明态，胡国雄 2017-PG-0723

（三）姜黄属 *Curcuma* L. 7

1．郁金 *C. aromatica* Salisb. 马岭河

2．莪术 *C. zedoaria* (Christm.) Rosc. 马岭河

（四）姜花属 *Hedychium* Koenig 6-2

1．姜花 *H. coronarium* Koen. 苦竹林，安明态，胡国雄 2017-0159
2．圆瓣姜花 *H. forrestii* Diels 马岭河流域

（五）姜属 *Zingiber* Boehm. 5

1．蘘荷 *Z. mioga* (Thunb.) Rosc. 绒窝下坡岗 1 300m，张华海，安明态 0385
2．阳荷 *Z. striolatum* Diels 郑屯镇绒窝村擦耳岩，海拔 1 270m，安明态，胡国雄 2017-PG-0591

一百三十六、竹芋科 Marantaceae

（一）柊叶属 *Phrynium* Willd. emend. Schum. 6

1．尖苞柊叶 *Ph. placentarium* (Lour.) Merr. 海子，邓朝义 0416

一百三十七、百合科 Liliaceae

（一）粉条儿菜属 *Aletris* L. 9

1．狭瓣粉条儿菜 *A. stenoloba* Franch. 马岭河，邓朝义 973100

（二）葱属 *Allium* L. 8

1．薤白（野胡葱）*A. macrostemon* Bunge 小湾，邓朝义 0050

（三）天门冬属 *Asparagus* L. 4

1．天门冬 *A. cochinchinensis* (Lour.) Merr. 上岜拱，安明态，胡国雄 2017-0254；万峰湖镇下箐村上岜拱赵家湾，海拔 1 450m，安明态，胡国雄 2017-PG-0268；清水河，安明态，黄郎 2018-PG-0096
2．短梗天门冬 *A. lycopodineus* Wall. ex Baker. 绒窝，邓朝义 0324
3．密齿天门冬 *A. meioclados* Lévl 马岭河峡谷

（四）蜘蛛抱蛋 *Aspidistra* Ker-Gawl. 14

1．蜘蛛抱蛋 *A. elatior* Blume 张家湾，安明态，胡国雄 2017-0223
2．九龙盘 *A. lurida* Ker.-Gawl. 坡岗，97 规划组 6-2-3
3．卵叶蜘蛛抱蛋 *A. typica* Baill 郑屯镇大箐村（健康村）沟里头（绒布组），海拔 1 270m，安明态，胡国雄 2017-PG-0248

（五）万寿竹属 *Disporum* Salisb. 9

1．长蕊万寿竹 *D. bodinieri* (Lévl et Vant.) Wang et Tang 坡岗，97 规划组 075
2．万寿竹 *D. cantoniense* (Lour.) Merr. 绒窝，邓朝义 0330，0325，0396；郑屯湾子 1 300m，张华海，安明态 0149

（六）鹭鸶兰属 *Diuranthera* Hemsl. 15

1．鹭鸶草 *D. major* Hemsl 箐口

（七）萱草属 *Hemerocallis* L. 10

1．萱草 *H. fulva* (L.) L. 安龙县万峰湖镇下箐村上岜拱赵家湾，海拔 1 340m，安明态，胡国雄 2017-PG-0316

（八）百合属 *Lilium* L. 8

1．野百合 *L. brownii* F. E. Br. ex Miellez 苦竹林，安明态，胡国雄 2017-0171；孔达坡，安明态，胡国雄 2017-0437；郑屯镇大箐村冗墙，海拔 1 350m，安明态，胡国雄等 2017-PG-0056

（九）山麦冬属 *Liriope* Lour. 14

1．短莛山麦冬 *L. muscari* (Decne.) L. H. Bailey 坡岗，97 规划组 072

（十）沿阶草属 *Ophiopogon* Ker-Gawl. 14

1．沿阶草 *O. bodinieri* Lévl. 坡岗，97 规划组 071
2．厚叶沿阶草 *O. corifolius* Wang et Dai 海子 1 000m，邓朝义 0399；绒窝下坡岗 1 250m，张华海，安明态 0397
3．间型沿阶草 *O. intermedius* D. Don 绒窝，邓朝义 0331，0371
4．西南沿阶草 *O. mairei* Levl. 上岜拱，安明态，胡国雄 2017-0253

（十一）黄精属 *Polygonatum* Mill. 8

1．多花黄精 *P. cyrtonema* Hua 坡岗，97 规划组 074；则绒拱桥 1 200m，张华海，安明态 0199
2．滇黄精 *P. kingianum* Coll.et Hems 小湾，邓朝义 0102，4290
3．点花黄精 *P. punctatum* Royle ex Kunth 上岜拱，安明态，胡国雄 2017-0251

（十二）铜锤玉带属 *Pratia* Gaudich. 2-1

1．铜锤玉带草 *P. nummularia* (Lam.) A. Br. et Aschers. 东山，安明态，胡国雄 2017-0364；则戎乡长冲村洞饶至新房子公路边，海拔 1 040m，安明态，胡国雄 2017-PG-0748

（十三）吉祥草属 *Reineckia* Kunth 14

1．吉祥草 *R. carnea* Kunth 楼纳，邓朝义 0273，绒窝，邓朝义 0342

（十四）油点草属 *Tricyrtis* Wall. 14

1．黄花油点草 *T. pilosa* (D. Don) Machride 坡岗 1 300m，张华海，安明态 0331
2．油点草 *T. macropoda* Miq.

一百三十八、延龄草科 Trilliaceae

（一）重楼属 *Paris* L. 10

1．华重楼 *P. polyphylla* var. *chinensis* (Franch.) Hara 坡岗
2．七叶一枝花 *P. polyphylla* var. *polyphlla* Sm. 顶效 1 300m，张华海，安明态 0296

一百三十九、菝葜科 Smilacaceae

（一）肖菝葜属 *Heterosmilax* Kunth 7

1．肖菝葜 *H. japonica* Kunth 郑屯镇绒窝村擦耳岩，海拔 1 270m，安明态，胡国雄 2017-PG-0574
2．短柱肖菝葜 *H. yunnanensis* Gagnep. 拱桥，邓朝义 0133

（二）菝葜属 *Smilax* L. 2

1．疣枝菝葜 *S. aspericaulis* Wall. ex A. DC. 绒窝下坡岗 1 250m，张华海，安明态 0333
2．柔毛菝葜 *S. chingii* Wang et Tang 郑屯小学后山 1 300m，张华海，安明态 0288

3．折枝菝葜 *S. lanceifolia* var. *elongata* (Warb.) Wang et Tang 郑屯小学后山 1 300m，张华海，安明态 0296

4．无刺菝葜 *S. mairei* Lévl 小湾，邓朝义 0032；楼纳，邓朝义 0252

5．黑叶菝葜 *S. nigrescens* Wang et Tang ex P. Y. Li 坡岗，邓朝义 983601

6．抱茎菝葜 *S. ocreata* A. DC. 拱桥翁布，清水河边，邓朝义 0134

一百四十、天南星科 Araceae

（一）菖蒲属 *Acorus* L. 9

1．石菖蒲 *A. gramineus* Soland 清水河

（二）海芋属 *Alocasia* (Schott) G. Don 7

1．海芋 *A. macrorrhiza* (L.) Schott 拱桥、箐口

（三）魔芋属 *Amorphophallus* Blume 6

1．野魔芋 *A.* sp.坡岗，97 规划组 7-2-7

（四）雷公连属 *Amydrium* Schott 7

1．雷公连 *A. sinense* (Engl.) H. Li 小湾，邓朝义 0089

（五）天南星属 *Arisaema* Mart. 8

1．象头花 *A. franchetianum* Engl. 大箐村，安明态，胡国雄 2017-0181；鲜家湾，安明态，胡国雄 2017-0317

2．天南星 *A. heterophyllum* Blume 民族村，安明态，胡国雄 2017-0278

3．花南星 *A. lobatum* Engl. 郑屯镇大箐村（健康村）沟里头（绒布组），海拔 1 270m，安明态，胡国雄 2017-PG-0179；郑屯镇绒窝村擦耳岩，海拔 1 270m，安明态，胡国雄 2017-PG-0580

（六）芋属 *Colocasia* 7

1．紫芋 *C. tonoimo* Nakai 郑屯镇大箐村（健康村）沟里头（绒布组），海拔 1 270m，安明态，胡国雄 2017-PG-0239

（七）半夏属 *Pinellia* Tenore. 14sj

1．狗爪半夏 *P. pedatisecta* Schott 坡岗，97 规划组 7-1-1

2．半夏 *P. ternata* (Thunb.) Breitenbach 坡岗，邓朝义 983622

（八）石柑属 *Pothos* L. 7

1．石柑子 *P. chinensis* (Raf.) Merr. 马岭河峡谷，邓朝义 973104，绒窝，邓朝义 0370

（九）崖角藤属 *Rhaphidophora* Hassk. 7

1．爬树龙 *Rh. decursiva* (Roxb.) Schott 清水河，安明态，黄郎 2018-PG-0094

2．毛过山龙 *Rh. hookeri* Schott 海子，邓朝义 0415

（十）犁头尖属 *Typhonium* 7

1．野芋 *T. giganteum* Engl. 郑屯镇大箐村（健康村）沟里头（绒布组），海拔 1 270m，安明态，胡国雄 2017-PG-0225

一百四十一、浮萍科 Lemnaceae

（一）浮萍属 *Lemna* L. 1

1．浮萍 *L. minor* L. 海子、民族、绒窝

（二）紫萍属 *Spirodela* Scheid. 1

1．紫萍 *S. polyrhiza* (L.) Schleid. 民族、海子、绒窝

一百四十二、石蒜科 Amaryllidaceae

（一）文殊兰属 *Crinum* L. 2

1．西南文殊兰 *C. latifolium* L. 清水河、拱桥

（二）石蒜属 *Lycoris* Herb. 14

1．忽地笑 *L. aurea* (L'Her.) Herb. 马岭河
2．石蒜 *L. radiata* (L'Her.) Herb. 拱桥、洋坪、箐口

（三）蝇子草属 *Silene* L. 8-4

1．石生蝇子草 *S. tatarinowii* Regel 大箐村，安明态，胡国雄 2017-0101

一百四十三、鸢尾科 Iridaceae

（一）射干属 *Belamcanda* Adans 14sh

1．射干 *B. chinensis* (L.) DC. 坡岗，97 规划组 076

（二）鸢尾属 *Iris* L. 8

1．扁竹兰 *I. confusa* Sealy 大海子 950m，张华海，安明态 0470
2．蝴蝶花 *I. japonica* Thunb. 箐口等地
3．鸢尾 *I. tectorum* Maxim. 洋坪、拱桥

一百四十四、百部科 Stemonaceae

（一）百部属 *Stemona* Lour. 5

1．大百部 *S. tuberosa* Lour. 张家湾，安明态，胡国雄 2017-0220；郑屯镇大箐村（健康村）沟里头（绒布组），海拔 1 270m，安明态，胡国雄 2017-PG-0233；清水河边，海拔 700m，安明态，胡国雄 2017-PG-0490

一百四十五、薯蓣科 Dioscoreaceae

（一）薯蓣属 *Dioscorea* L. 2

1．七叶薯蓣 *D. esquirolii* Prain et Burkill 马岭河，邓朝义 983667
2．黏山药 *D. hemsleyi* Prain et Burkill 坡岗，邓朝义 973198
3．日本薯蓣 *D. japonica* Thunb. 大海子 1 000m，张华海，安明态 0472
4．光亮薯蓣 *D. nitens* Prainet et Burkill 小湾，邓朝义 0188
5．薯蓣 *D. polystachya* Thunb. 绒窝，邓朝义 0333
6．褐苞薯蓣 *D. persimilis* Prain et Burkill 小湾，邓朝义 0036
7．毛胶薯蓣 *D.subcalva* Prain et Burkill 郑屯镇岩峰村巴古雷组，海拔 1 320m，安明态，胡国雄

2017-PG-0104

一百四十六、棕榈科 Palmae

（一）省藤属 *Calamus* L. 4

1．省藤 *C. platyacanthoides* Merr. 清水河边，海拔 700m，安明态，胡国雄 2017-PG-0482
2．杖藤 *C. rhabdocladus* Burret 坡岗清水河边，邓朝义 9617，成片分布

（二）鱼尾葵属 *Caryota* 5

1．鱼尾葵 *C. ochlandra* Hance 兴义市则戎乡歇气堡村魏家凼子（万峰湖边），海拔 707m，安明态，胡国雄 2017-PG-0646

（三）棕竹属 *Rhapis* L. f. 7

1．棕竹 *Rh. excelsa* (Thunb.) Henry ex Rehd. 坡岗

（四）棕榈属 *Trachycarpus* H. Wendl. 14

1．棕榈 *T. fortunei* (Hook. f.) H. Wendl. 区内广布

一百四十七、仙茅科（长喙科）Hypoxidaceae

（一）仙茅属 *Curculigo* Gaern. 2

1．大叶仙茅 *C. capitulata* (Lour.) O. Ktze. 苦竹林，安明态，胡国雄 2017-0141；清水河边，海拔 700m，安明态，胡国雄 2017-PG-0459

（二）小金梅草属 *Hypoxis* L. 2

1．小金梅草 *H. aurea* Lour.大箐村，安明态，胡国雄 2017-0100

一百四十八、蒟蒻薯科 Taccaceae

（一）裂果薯属 *Schizocapsa* Hance 7-4

1．裂果薯 *S. plantaginea* Hance 清水河，安明态，胡国雄 2017-0306；清水河边，海拔 700m，安明态，胡国雄 2017-PG-0522

一百四十九、兰科 Orchidaceae

（一）脆兰属 *Acampe* Lindl. 6

1．多花脆兰 *A. rigida* (Buch.-Ham. ex J. E. Smith.) P. E. Hunt 洋坪，海拔 500～1 200m，邓朝义 51151，2674；金效华 93

（二）指甲兰属 *Aerides* Lour. 7

1．多花指甲兰 *A. rosea* Lodd. ex Lindl.洋坪，海拔 600～1 200m，邓朝义 51461，51341

（三）开唇兰属 *Anoectochilus* Bl. 5

1．花叶开唇兰 *A. roxburghii* (Wall.) Lindl. 洋坪、小湾，海拔 800～1 200m，邓朝义 51473
2．艳丽开唇兰 *A. moulmenensis* (Rar. et Rchb. f.) Seidenf 洋坪、拱桥，海拔 700～1 000m，邓朝义 51510
3．兴仁金线兰 *A. xingrenensis* Z. H. Tsi et X. H. Jin 小湾等地

（四）白及属 *Bletilla* Rchb.f. 14

1．小白及 *B. formosana* (Hayata) Schltr. 清水河，海拔 800～1 200m，邓朝义 51254，51252；金效华 105

2．黄花白及 *B. ochracea* Schltr. 坡岗、清水河等地

（五）石豆兰属 *Bulbophyllum* Thouars 2

1．芳香石豆兰 *B. ambrosia* (Hance) Schltr. 小湾，海拔 800～1 300m，邓朝义 51142；金效华 111

2．梳帽卷瓣兰 *B. andersonii* J. J. Smith 拱桥、绒窝、小湾、坡岗，海拔 900～1 100m，邓朝义，卢永成 50628；邓朝义 0154

3．广东石豆兰 *B. kwangtungense* Schltr. 清水河，安明态，黄郎 2018-PG-0115

4．密花石豆兰 *B. odoratissimum* Lindl. 小湾，海拔 800～1 300m，邓朝义 51561，3924

5．伞花卷瓣兰 *B. umbellatum* Lindl. 小湾 1200m，金效华 264

6．等萼卷瓣兰 *B. violaceolabellum* Seidenf. 小湾，清水河边，2000-06-17，邓朝义 3787。贵州省首次记录

（六）虾脊兰属 *Calanthe* R. Br. 2

1．剑叶虾脊兰 *C. davidii* Franch.坡岗，坡岗考察队 077

2．银带虾脊兰 *C. argenteo-striata* C. Z. Tang et S. J. Cheng 则戎，邓朝义 51110，51143；坡岗，金效华 97

3．叉唇虾脊兰 *C. hancockii* Rolfe 洋坪 1 200m，邓朝义 2419

4．香花虾脊兰 *C. odora* Griff. 坡岗 1000m，张志松，张永田 5871

（七）叉柱兰属 *Cheirostylis* Bl. 6

1．云南叉柱兰 *Ch. yunnanensis* Rolfe 洋坪，邓朝义 96168

（八）隔距兰属 *Cleisostoma* Bl. 5

1．长序隔距兰 *C. fuerstenbergianum* Kraenzl 洋坪 800～1 300m，邓朝义 51214

2．长帽隔距兰 *C. longioperculatum* Z. H. Tsi 坡岗，石灰岩山地 1 000～1 200m，2000-07-02，邓朝义 3807

3．南贡隔距兰 *C. nangongense* Z. H. Tsi 小湾、马岭河 1 100m 石山山顶林下岩石上或树上附生，2000-6-17，邓朝义 3784；海拔 1300m；金效华 102；翁布，邓朝义 0424

4．大序隔距兰 *C. paniculatum* (Ker.-Gawl.) Garay 小湾，海拔 800～1 300m，邓朝义 51214；金效华 60，61

（九）贝母兰属 *Coelogyne* Lindl. 7

1．流苏贝母兰 *C. fimbriata* Lindl. 小湾，海拔 750～1 100m，邓朝义 51487

2．栗鳞贝母兰 *C. flaccida* Lindl. 小湾，金效华 107；洋坪 800～1 200m，邓朝义 51549

（十）兰属 *Cymbidium* Sw. 5

1．硬叶兰 *C. mannii* Rchb. f. 小湾、洋坪，邓朝义 0114

2．莎叶兰 *C. cyperifolium* Wall. ex Lindl.小湾、绒窝 800～1 100m，邓朝义 51484

3．多花兰 *C. floribundum* Lindl. 箐口、小湾 1 200～1 300m，邓朝义 51438

4．蕙兰 *C. faberi* Rolfe 坡岗

5．送春 *C. cyperifolium* var. *szechuanicum* (Y. S. Wu et S. C. Chen) S. C. Chen et Z. J. Liu 坡岗 1 000～1 350m，邓朝义 51464

6．春兰 *C. goeringii* (Rchb.f.) Rchb. f. 绒窝、小湾，邓朝义 0347，036

7．线叶春兰 *C. goeringii* (Rchb.f.) Rchb. f. *serratum* (Schltr) Y. S. Wu et S. C. Chen 坡岗 700～1 200m，邓朝义 2772，51545

8．虎头兰 *C. hookerianum* Rchb. f. 岩峰村长湾，海拔 1 240m，安明态，黄郎 2018-PG-0049

9．兔耳兰 *C. lancifolium* Hook. f. 洋坪、绒窝、小湾、拱桥、箐口、坡岗，邓朝义 0335、0355；张华海，安明态 0417

10．丘北冬蕙兰 *C. qiubeiense* K. M. Feng et H. Li 小湾、绒窝 1 300m，邓朝义 0314；下坡岗 1350m，张华海，安明态 0409

11．果香兰 *C. suavissimum* Sander ex C. Curtis 箐口、拱桥 700～1 100m，邓朝义 51191，2728

12．春剑 *C. tortisepalum* Fukuyama var. *longibracteatum* (Y. S. Wu et S. C. Chen) S. C. Chen et Z. J. Liu 拱桥、箐口

13．西藏虎头兰 *C. tracyanum* L. Castle 拱桥、小湾

（十一）石斛属 *Dendrobium* Sw. 7

1．钩状石斛 *D. aduncum* Wall. et Lindl. 海子、硐山、洋坪、箐口，陈家明、李朝斗 201

2．兜唇石斛 *D. aphyllum* (Roxb) C. E. Fischer 坡岗、小湾、拱桥

3．线叶石斛 *D. aurantiacum* Rchb. f. 拱桥、洋坪、箐口，黔西南州林科所引种保存。贵州省首次记录

4．叠鞘石斛 *D. aurantiacum* var. *denneanum* (Kerr) Z. H. Tsi 洋坪、拱桥

5．束花石斛 *D. chrysanthum* Wall. et Lindl. 小湾、则戎、洋坪、绒窝 800～1 000m，邓朝义 51489

6．玫瑰石斛 *D. crepidatum* Lindl. et Paxt. 洋坪、箐口，陈家明 197

7．齿瓣石斛 *D. devonianum* Paxt 洋坪、坡岗，陈家明，李明斗 651

8．流苏石斛（马鞭石斛）*D. fimbriatum* Hook. 海子、绒窝、小湾、洋坪、拱桥、箐口、硐山，海拔 1 200～1 350m，邓朝义 86052，88062

9．盘江石斛 *D. guangxiense* S. J. Cheng et C. Z. Tang 小湾、绒窝、拱桥，海拔 1 350m，邓朝义，吉占和 983629（Fl.），邓朝义 3770（Fl.）

10．细叶石斛（紫竹兰）*D. hancockii* Rolfe 绒窝、小湾，邓朝义 1 号

11．疏花石斛 *D. henryi* Schltr. 洋坪、箐口

12．重唇石斛 *D. hercoglossum* Rchb. f. 洋坪、小湾、拱桥，海拔 700～1 200m，邓朝义 51462，51564

13．美花石斛（环草石斛、小黄草）*D. loddigesii* Rolfe 民族、坡岗、绒窝、小湾、拱桥、洋坪、箐口、海子，分布于海拔 700～1 350m，邓朝义 0414，3805

14．罗河石斛 *D. lohohense* Tang et Wang 绒窝、小湾、洋坪、拱桥

15．勐海石斛 *D. minutiflorum* S. C. Chen et Z. H. Tsi 小湾 1 000～1 300m，金效华 3783（XIN）

16．石斛（金钗石斛）*D. nobile* Lindl. 据有关资料记载述保护区内有产，但经查阅多家标本馆的标本及进行野外调查，均未发现该种植物，是否已经在此区域内灭绝或鉴定上的误定，有待进一步的考证

17．铁皮石斛（黑节草）*D. officinale* Kimura et Migo 洋坪、箐口、小湾、绒窝、拱桥 800～1 200m，邓朝义 51450，3782，4137

18．紫瓣石斛 *D. parishii* Rchb. f. 有资料述坡岗保护区产，但笔者未见到标本，有待深入调查研究

19．梳唇石斛 *D. strongylanthum* Rchb. f. 坡岗 1 200m，金效华 566（PE）

（十二）厚唇兰属 *Epigeneium* Gagnep. 7

1．宽叶厚唇兰 *E. amplum* (Lindl.) Summerb 小湾、拱桥

2．双叶厚唇兰 *E. rotundatum* (Lindl.) Summerb 洋坪、小湾 750～1 100m，邓朝义 51488

（十三）毛兰属 *Eria* Lindl. 5

1．匍茎毛兰 *E. clausa* King et Pantl 小湾，邓朝义 3920

2．半柱毛兰 *E. corneri* Rchb. f. 小湾，邓朝义 0007

3．足茎毛兰 *E. coronaria* (Lindl.) Rchb. f. 洋坪、箐口、小湾、绒窝 800～1 200m，邓朝义 51492，2771；金效华 113

4．厚叶毛兰 *E. crassifolia* Z. H. Tsi et S. C. Chen 坡岗 1 080m，金效华 95，87

5．长苞毛兰 *E. obvia* W. W. Smith 小湾

6．菱唇毛兰 *E. rhomboidalis* T. Tang et F. T. Wang 则戎 900～1 300m，邓朝义 4107

7．密花毛兰 *E. spicata* (D.Don) Hand.-Mazz. 小湾、拱桥 700～1 200m，邓朝义 2726、2717；金效华 51，62

8．黄绒毛兰 *E. tomentosa* (K. D. Koen) Hook. f. 小湾

（十四）金石斛属 *Flickingeria* Hawkes 7

1．三脊金石斛 *F. tricarinata* Z. H. Tsi et S. C. Chen 硐山，海拔 1 200m，2000-6-18，邓朝义 3806；金效华 84

（十五）斑叶兰属 *Goodyera* R. Br. 7

1．莲座叶斑叶兰 *G. brachystegia* Hand.-Mazz.洋坪、坡岗、小湾 1 300m

2．光萼斑叶兰 *G. henryi* Rolfe 小湾、绒窝，金效华 104（PE）

（十六）舌喙兰属 *Hemipilia* Lindl. 14

1．短距舌喙兰 *H. limprichtii* Schltr. ex Limpr. 清水河，生于河谷内阴湿地，邓朝义 993718

（十七）羊耳蒜属 *Liparis* Rich. 1

1．扁茎羊耳蒜 *L. assamica* King et Pantl 洋坪、小湾 800～1 100m，邓朝义 2718，51470

2．保亭羊耳蒜 *L. bautingensis* T. Tang. et. F. T. Wang 小湾、洋坪、坡岗，金效华 110

3．镰翅羊耳蒜 *L. bootanensis* Griff. 洋坪 800～1 200m，邓朝义 51150

4．羊耳蒜 *L. campylostalix* Rchb. f. 万峰湖镇下箐村上岜坱赵家湾，海拔 1 240m，安明态，胡国雄 2017-PG-0258

5．平卧羊耳蒜 *L. chapaensis* Gagnep. 绒窝、小湾、拱桥、洋坪，邓朝义 0332；金效华 57，66

6．大花羊耳蒜（云南羊耳蒜）*L. distans* C. B. Clarke 拱桥，邓朝义 0432；小湾，金效华 106

7．长苞羊耳蒜 *L. inaperta* Finet 小湾、洋坪，邓朝义 973206

8．见血清 *L. nervosa* (Thunb.) Lindl. 小湾、洋坪、绒窝 1 100～1 250m，邓朝义 51236

9．紫花羊耳蒜 *L. nigra* Seidenf. 小湾，洋坪 700～1 200m，邓朝义 51563

10．长茎羊耳蒜（绿花羊耳蒜）*L. viridiflora*（Bl.）Lindl. 小湾、拱桥、洋坪、坡岗 800～1 300m 石山阔叶林下，邓朝义 51157，51180，0105，0140

（十八）钗子股属 *Luisia* Gaud. 7

1．钗子股 *L. morsei* Rolfe 坡岗，金效华 96

2．叉唇钗子股 *L. teres*（Thunb.et A.Murray）Bl. 绒窝、洋坪、坡岗、小湾 700～1 200m，邓朝义 0348，51500，51342

（十九）短瓣兰属 *Monomeria* Lindl. 7

1．短瓣兰 *M. barbata* Lindl. 坡岗 1 200m，金效华 365

（二十）芋兰属 *Nervilia* Comm. ex Gaud. 4

1．七角叶芋兰 *N. mackinnonii* (Duthie) Schltr. 小湾，林下枯叶层中，海拔 1 000～1 300m

（二十一）鸢尾兰属 *Oberonia* Lindl. 4

1．剑叶鸢尾兰 *O. ensiformis* (J. E. Smith) Lindl. 坡岗，海子，海拔700～1 300m，邓朝义51503，4077，金效华92

2．棒叶鸢尾兰 *O. myosurus* (Forster) Lindl. ex Wall. 坡岗，小湾村700～1 300m，金效华90

（二十二）曲唇兰属 *Panisea* (Lindl.) Lindl. 14sh

1．平卧曲唇兰 *P. cavalerei* Schltr. 小湾800～1 200m，邓朝义51498；金效华116，89

（二十三）兜兰属 *Paphiopedilum* Pfitz. 7

1．巨瓣兜兰 *P. bellatulum* (Rchb.f.) Stein 小湾、绒窝、洋坪700～1 220m，邓朝义51152，51210，3781

2．同色兜兰 *P. concolor* (Bateman) Pfitz. 洋坪700～1 200m

3．长瓣兜兰 *P. dianthum* Tang et Wang 小湾、拱桥，海拔800～1 200m，邓朝义2727，51338

4．带叶兜兰 *P. hirsutissimum* (Lindl. ex Hook.) Stein 小湾、洋坪800～1 200m，邓朝义51153，51209；金效华91；郑屯湾子1300m沟谷，张华海，安明态0198

5．麻栗坡兜兰 *P. malipoense* S. C. Chen et Z. H. Tsi 洋坪700～1 200m，邓朝义3463，51550

6．硬叶兜兰（小花兜兰）*P. micranthum* Tang et Wang 拱桥，箐口700～1 200m，邓朝义2732，2743

（二十四）鹤顶兰属 *Phaius* Lour. 4

1．仙笔鹤顶兰 *Ph. columnaris* C. Z. Tang et S. J. Cheng 小湾，邓朝义4060

（二十五）蝶兰属 *Phalaenopsis* Bl. 5

1．华西蝴蝶兰 *Ph. wilsonii* Rolfe 洋坪、小湾、绒窝800～1 200m，邓朝义51449，1673，51557，51154

（二十六）石仙桃属 *Pholidota* Lindl. et Hook. 5

1．节茎石仙桃 *Ph. articulata* Lindl. 小湾、清水河1050～1 100m，邓朝义3785

2．细叶石仙桃 *Ph. cantonensis* Rolfe 小湾，绒窝800～1 100m，邓朝义2734

3．长足石仙桃 *Ph. longipes* S. C. Chen et Z. H. Tsi 小湾，金效华115

4．尖叶石仙桃 *Ph. missionariorum* Gagnep. 小湾，金效华112

5．云南石仙桃 *Ph. yunnanensis* Rolfe 洋坪、小湾900～1 300m，邓朝义4443，3927

（二十七）绶草属 *Spiranthes* L. C. Rich. 8

1．绶草 *S. sinensis* (Pers) Ames 大海子1 100m山坡林缘草丛，张华海，安明态0489

（二十八）万代兰属 *Vanda* R. Br. 7

1．琴唇万代兰 *V. concolor* Bl. 小湾、洋坪800～1 200m，邓朝义51112，51548，2782

（二十九）香荚兰属 *Vanilla* Mill. 2

1．越南香荚兰 *V. annamica* Gagnep. 小湾、洋坪，海拔800～1 200m，邓朝义51155

一百五十、灯芯草科 Juncaceae

（一）灯芯草属 *Juncus* L. 1

1．野灯芯草 *J. setchuensis* Buchen.

一百五十一、莎草科 Cyperaceae

（一）薹草属 *Carex* L. 1

1．浆果薹草 *C. baccans* Nees 苦竹林，安明态，胡国雄 2017-0152；张家湾，安明态，胡国雄 2017-0219；郑屯镇大箐村（健康村）沟里头（绒布组），海拔 1 270m，安明态，胡国雄 2017-PG-0143；郑屯镇绒窝村鲜家湾，海拔 1 160m，安明态，胡国雄 2017-PG-0564

2．栗果薹草 *C. brunnea* Thunb. 坡岗，邓朝义 973266；小湾，邓朝义 0060，0044

3．丝叶薹草 *C. capilliformis* Franch. 大箐村，安明态，胡国雄 2017-0090；孔达坡，安明态，胡国雄 2017-0432

4．十字薹草 *C. cruciata* Wahlenb. 小湾，邓朝义 0048；区内广布

5．蕨状薹草 *C. filicina* Nees 大海子 1 000m 草坡，张华海，安明态 0490

6．弯喙薹草 *C. laticeps* C. B. Clarke 贵州：兴义坡岗 1 200m 石灰岩山地林下、岩石上，1998-5-12，邓朝义，吉占和 983611（XIN）。贵州省新记录种

7．密花薹草 *C. maubertiana* Boott 坡岗，邓朝义 973268

8．柄果薹草 *C. stipitinux* C. B. Clarke ex Franch. 坡岗，邓朝义 973194，973267

（二）莎草属 *Cyperus* L. 1

1．砖子苗 *C. cyperoides* (L.) Kuntze 张家湾，安明态，胡国雄 2017-0209；郑屯镇大箐村（健康村）沟里头（绒布组），海拔 1 270m，安明态，胡国雄 2017-PG-0234

2．扁穗莎草 *C. compressus* L. 郑屯镇绒窝村鲜家湾组查耳岩，安明态，胡国雄 2017-PG-0531

（三）羊胡子草属 *Eriophorum* L. 8-4

1．丛毛羊胡子草 *E. comosum* Nees 王家凼，安明态，胡国雄 2017-0323；郑屯镇绒窝村王家凼组倒锅凼，海拔 1 130m，安明态，胡国雄 2017-PG-0636

（四）飘拂草属 *Fimbristylis* Vahl 2

1．两歧飘拂草 *F. dichotoma* (L.) Vahl 郑屯小学后山 1 300m，张华海，安明态 0197

2．畦畔飘拂草 *F. squarrosa* Vahl 孔达坡，安明态，胡国雄 2017-0443

（五）扁莎属 *Pycreus* P.Beauv. 2

1．球穗扁莎 *P. flavidus* (Retz.) T. Koyama 安龙万峰湖镇白岩村冲水洞（清水塘），海拔 1 250m，安明态，胡国雄 2017-PG-0337

2．红鳞扁莎 *P. sanguinolentus* (Vahl) Nees 民族村间歇泉，安明态，胡国雄 2017-0032；孔达坡，安明态，胡国雄 2017-0442

一百五十二、禾本科 Gramineae

（一）悬竹属 *Ampelocalamus* S. L. Chen et al. 15

1．安龙悬竹 *A. anlongensis* sp. nov. 坡岗 1 340m，邓朝义，吉占和 983607；邓朝义 973231，邓朝义 983646

2．马岭峡谷悬竹 *A. luodianensis* var. *malingxiaguensis* var. nov. 马岭河峡谷 900～1 000m，邓朝义 2629，983683

（二）水蔗草属 *Apluda* L. 4

1．水蔗草 *A. mutica* L. 民族村间歇泉，安明态，胡国雄 2017-0051；大箐村，安明态，胡国雄 2017-0075；露阴塘，安明态，胡国雄 2017-0386；郑屯镇大箐村（健康村）沟里头（绒布组），海拔 1 270m，安明态

（三）荩草属 *Arthraxon* Beauv. 6

1．荩草 *A. hispidus* (Thunb.) Makino 郑屯湾子 1 250m，张华海，安明态 0021；区内广布
2．矛叶荩草 *A. lanceolatus* (Roxb.) Hochst 坡岗，邓朝义 973264；小湾，邓朝义 0187，0190；拱桥，邓朝义 0178；区内广布

（四）青篱竹属 *Arundinaria* Michaux 3

1．斑苦竹 *A. maculatus* (McCL.) C. D. Chu et C. S. Chao 马岭河，邓朝义 983685

（五）芦竹属 *Arundo* L. 2

1．芦竹 *A. donax* L. 苦竹林，安明态，胡国雄 2017-0162；枫柯贝，安明态，胡国雄 2017-0193；安龙县万峰湖镇白岩村老木凼大木绒，海拔 1 250m，安明态，胡国雄 2017-PG-0354；兴义市则戎乡歇气堡村魏家凼子（万峰湖边），海拔 707m，安明态，胡国雄 2017-PG-0647

（六）刺竹属 *Bambusa* Schreb. 2-2

1．料慈竹 *B. distegia* (Keng et Keng f.) Chia et H. L. Fung 坡岗、民族、楼纳、拱桥，邓朝义 983684
2．慈竹 *B. emeiensis* Chia et H. L. Fung 大海子 950m，0484

（七）孔颖草属 *Bothriochloa* Kuntze 2

1．白羊草 *B. ischaemum* (L.) Keng 田湾，安明态，胡国雄 2017-0372

（八）臂形草属 *Brachiaria* Griseb. 2

1．毛臂形草 *B. villosa* (Lam) A. Camus 大箐村，安明态，胡国雄 2017-0071；孔达坡，安明态，胡国雄 2017-0451

（九）短柄草属 *Brachypodium* Beauv. 8

1．短柄草 *B. sylvaticum* (Huds.) Beauv. 大箐村，安明态，胡国雄 2017-0080；毛凼子村石猪槽，海拔 1 230m，安明态，胡国雄 2017-PG-0884

（十）拂子茅属 *Calamagrostis* Adans. 8

1．拂子茅 *C. epigeios* (L.) Roth 大海子 1 000m 沟谷

（十一）细柄草属 *Capillipedium* Stapf 4

1．硬秆子草 *C. assimile* (Steud.) A. Camus 枫柯贝，安明态，胡国雄 2017-0192；王家凼，安明态，胡国雄 2017-0331；郑屯镇大箐村（健康村）沟里头（绒布组），海拔 1 270m，安明态，胡国雄 2017-PG-0149；兴义市则戎乡歇气堡村魏家凼子（万峰湖边），海拔 707m，安明态，胡国雄 2017-PG-0657
2．细柄草 *C. parviflorum* (R. Br.) Stapf 民族村间歇泉，安明态，胡国雄 2017-0039；大箐村，安明态，胡国雄 2017-0074；安龙县万峰湖镇下箐村上岜垬赵家湾，海拔 1 340m，安明态，胡国雄 2017-PG-0325

（十二）香茅属 *Cymbopogon* Spreng. 6

1．橘草 *C. goeringii* (Steud.) A. Camus 大箐村，安明态，胡国雄 2017-0070；纳找，安明态，胡国雄 2017-0461；郑屯镇绒窝村王家凼组倒锅凼，海拔 1 130m，安明态，胡国雄 2017-PG-0637；郑屯镇绒窝村王

（十三）狗牙根属 *Cynodon* 2

1．狗牙根 *C. dactylon* (L.) Pers. 兴义市则戎乡渔子村吊井湾组贺家湾，海拔 1 030m，安明态，胡国雄 2017-PG-0721

（十四）牡竹属 *Dendrocalamus* Nees 6

1．麻竹 *D. latiflorus* Munro 坡岗、绒窝、小湾、拱桥、海子、洋坪等地，张华海，安明态 0378
2．花吊丝竹（花竹）*D. minor* var. *amoenus* (Q. H. Dai et C. F. Huang) Hsueh et D. Z. Li 绒窝，楼纳等
3．粉麻竹 *D. pulverulentus* Chia et But. 马岭河，邓朝义 51263
4．兴义粉麻竹 *D. pulverulentus* var. *xingyiensis* D. Z. Li et C. Y. Deng 马岭河，邓朝义 983684，2630

（十五）野青茅属 *Deyeuxia* Clarion 8

1．野青茅 *D. arundinacea* (L.) Beauv. 苦竹林，安明态，胡国雄 2017-0157

（十六）马唐属 *Digitaria* Hall. 1

1．升马唐 *D. ciliaris* (Retz.) Koel. 郑屯镇大箐村（健康村）沟里头（绒布组），海拔 1 270m，安明态，胡国雄 2017-PG-0214；郑屯镇绒窝村鲜家湾组查耳岩，安明态，胡国雄 2017-PG-0535
2．止血马唐 *D. ischaemum* (Schreb.) Schreb. ex Muhl. 兴义市郑屯镇岩峰村苦竹凼，海拔 1 300m，安明态，黄郎 2018-PG-0009
3．马唐 *D. sanguinalis* (L.) Scop. 孔达坡，安明态，胡国雄 2017-0452；郑屯镇大箐村（健康村）沟里头（绒布组），海拔 1 270m，安明态，胡国雄 2017-PG-0209
4．紫马唐 *D. violascens* Link. 翁布 950m，张华海，安明态 0226

（十七）稗属 *Echinochloa* Beauv. 8

1．稗 *E. crusgalli* (L.) Beauv. 孔达坡，安明态，胡国雄 2017-0447

（十八）油芒属 *Eccoilopus* Anderss. 14

1．油芒 *E. cotulifer* (Thunb.) Hack. 绒软，安明态，胡国雄 2017-0285

（十九）穇属 *Eleusine* Gaertn. 2

1．李氏禾 *E. hexandra* Sw. 安龙县万峰湖镇白岩村冲水洞（清水塘），海拔 1 250m，安明态，胡国雄 2017-PG-0345
2．牛筋草 *E. indica* (L.) Gaertn. 郑屯 1 250m，张华海，安明态 0111

（二十）画眉草属 *Eragrostis* Wolf 8

1．知风草 *E. ferruginea* (Thunb.) Beauv. 大箐村，安明态，胡国雄 2017-0084；郑屯镇大箐村（健康村）沟里头（绒布组），海拔 1 270m，安明态，胡国雄 2017-PG-0242
2．黑穗画眉草 *E. nigra* Nees ex Steud. 安龙县万峰湖镇下箐村上岜垬赵家湾，海拔 1 340m，安明态，胡国雄 2017-PG-0322

（二十一）旱茅属 *Eremopogon* Stapf 12

1．旱茅 *E. delavayi* (Hack.) A. Camus 大箐村，安明态，胡国雄 2017-0097；东山，安明态，胡国雄 2017-0358；兴义市则戎乡渔子村吊井湾组贺家湾，海拔 1 030m，安明态，胡国雄 2017-PG-0732

（二十二）蔗茅属 *Erianthus* 2-2

1．蔗茅 *E. rufipilus* (Steud.) Griseb. 兴义市则戎乡歇气堡村魏家凼子（万峰湖边），海拔 707m，安明态，胡国雄 2017-PG-0674

（二十三）拟金茅属 *Eulaliopsis* Honda 4

1．龙须草（拟金茅）*E. binata* (Retz.) C. E. Hubb. 坡岗、小湾，邓朝义 51258

（二十四）羊茅属 *Festuca* L. 8

1．日本羊茅 *F. japonica* Makino 马岭河，邓朝义 973632

（二十五）球穗草属 *Hackelochloa* Kuntze 2

1．球穗草 *H. granularis* (L.) Kuntze 花地湾，安明态，胡国雄 2017-0290；郑屯镇绒窝村花地湾，海拔 1 040m，安明态，胡国雄 2017-PG-0423

（二十六）牛鞭草属 *Hemarthria* R. Br. 2

1．扁穗牛鞭草 *H. compressa* (L. f.) R. Br. 民族村间歇泉，安明态，胡国雄 2017-0031

（二十七）黄茅属 *Heteropogon* Pers. 2

1．黄茅 *H. contortus* (L.) Beauv. 民族村间歇泉，安明态，胡国雄 2017-0052；郑屯镇岩峰村巴古雷组，海拔 1 320m，安明态，胡国雄 2017-PG-0107；安龙县万峰湖镇白岩村老木凼大木绒，海拔 1 250m，安明态，胡国雄 2017-PG-0369；郑屯镇绒窝村花地湾，海拔 1 040m，安明态，胡国雄 2017-PG-0426；郑屯镇岩峰村

（二十八）白茅属 *Imperata* Cyrillo. 2

1．白茅 *I. cylindrica* var. *major* (Nees) C. E. Hubb. 小湾、马岭河、坡岗等，区内广布

（二十九）箬竹属 *Indocalamus* Nakai 7

1．箬竹（粽粑竹）*I. longiauritus* Hand.-Mazz. 则绒 1 000m，张华海，安明态 0299-1

（三十）大节竹属 *Indosasa* McCl. 7-4

1．大节竹 *I.* sp. 拱桥道角

（三十一）柳叶箬属 *Isachne* R. Br. 2

1．白花柳叶箬 *I. albens* Trin. 清水河，安明态，胡国雄 2017-0303
2．柳叶箬 *I. globosa* (Thunb.) O. Kuntze 清水河边，海拔 700m，安明态，胡国雄 2017-PG-0473

（三十二）鸭嘴草属 *Ischaemum* L. 2

1．有芒鸭嘴草 *I. aristatum* L.小湾，邓朝义 0186

（三十三）淡竹叶属 *Lophatherum* Brongn. 5

1．淡竹叶 *L. gracile* Brongn. 郑屯湾子 1 250m，张华海，安明态 0213

（三十四）莠竹属 *Microstegium* Nees 6

1．刚莠竹 *M. ciliatum* (Trin.) A. Camus. 拱桥，邓朝义 0177

2. 柔枝莠竹 *M. vimineum* (Trin.) A. Camus 大箐村，安明态，胡国雄 2017-0093

（三十五）芒属 *Miscanthus* Anderss. 6

1．五节芒 *M. floridulus* (Labill.) Warb. ex Schu. 安龙县万峰湖镇白岩村老木凼大木绒，海拔 1 250m，安明态，胡国雄 2017-PG-0356

2．芒 *M. sinensis* Anderss. 则绒拱桥 1 000m，张华海，安明态 0209

（三十六）类芦属 *Neyraudia* Hook.f. 6

1．类芦 *N. reynaudiana* (Kunth) Keng 民族村间歇泉，安明态，胡国雄 2017-0050；枫柯贝，安明态，胡国雄 2017-0194；龙潭，安明态，胡国雄 2017-0351；安龙县万峰湖镇下箐村上岜坝赵家湾，海拔 1 340m，安明态，胡国雄 2017-PG-0328

（三十七）求米草属 *Oplismenus* Beauv. 2

1．竹叶草 *O. compositus* (L.) Beauv. 坡岗，97 规划组 7-1-3

2．求米草 *O. undulatifolius* (Ard.) Beauv. 郑屯湾子 1 300m，张华海，安明态 0117

（三十八）雀稗属 *Paspalum* L. 2

1．毛花雀稗 *P. dilatatum* Poir. 区内 1 000m 沟谷湿地习见

2．双穗雀稗 *P. distichum* L. 民族村间歇泉，安明态，胡国雄 2017-0041；花地湾，安明态，胡国雄 2017-0289

（三十九）狼尾草属 *Pennisetum* Rich 2

1．狼尾草 *P. alopecuroides* (L.) Spreng 坡岗，邓朝义 973195

2．白草 *P. flaccidum* Griseb. 大箐村，安明态，胡国雄 2017-0072；孔达坡，安明态，胡国雄 2017-0425；毛凼子村石猪槽，海拔 1 230m，安明态，胡国雄 2017-PG-0887

3．象草 *P. purpureum* Schum. 安龙县万峰湖镇下箐村上岜坝赵家湾，海拔 1 340m，安明态，胡国雄 2017-PG-0332

（四十）显子草属 *Phaenosperma* Munro ex Benth. et Hook. f. 14sj

1．显子草 *Ph. globosa* Munro ex Benth. 苦竹林，安明态，胡国雄 2017-0144

（四十一）芦苇属 *Phragmites* Adans. 1

1．芦苇 *Ph. australis* (Cav.) Trin. ex Steud. 纳找，安明态，胡国雄 2017-0457

（四十二）刚竹属 *Phyllostachys* Sieb.et Zucc. 14

1．水竹 *Ph. heteroclada* Oliver 安龙县万峰湖镇下箐村上岜坝赵家湾，海拔 1 340m，安明态，胡国雄 2017-PG-0320；岩峰村长湾，海拔 1 240m，安明态，黄郎 2018-PG-0043

2．紫竹 *Ph. nigra* (Lodd.ex Lindl.) Munro. 马岭河

3．毛金竹 *Ph. nigra* var. *henonis* (Mitf.) Stapf ex Rendl. 全区广布：坡岗、民族、健康、大箐等

（四十三）金发草属 *Pogonatherum* Beauv. 14

1．金发草 *P. paniceum* (Lamk.) Hack. 坡岗、小湾等广布

（四十四）筒轴茅属 Rottboellia L. f. 6

1．筒轴茅 *R. cochinchinensis* (Lour.) Clayton 岩枫村，安明态，胡国雄 2017-0283；魏家凼子，安明态，

胡国雄 2017-0343；兴义市则戎乡歇气堡村魏家凼子（万峰湖边），海拔 890m，安明态，胡国雄 2017-PG-0681

（四十五）甘蔗属 *Saccharum* L. 2

1．斑茅 *S. arundinaceum* Retz. 赵家湾，安明态，胡国雄 2017-0339；孔达坡，安明态，胡国雄 2017-0441；郑屯镇绒窝村王家凼组倒锅凼，海拔 1 130m，安明态，胡国雄 2017-PG-0642

2．甜根子草 *S. spontaneum* L. 纳找，安明态，胡国雄 2017-0456

（四十六）裂稃草属 *Schizachyrium* Nees 2

1．裂稃草 *S. brevifolium* (Swartz.) Nees 郑屯下坡岗 1 200m

（四十七）狗尾草属 *Seteria* P. Beauv. 2

1．西南莩草 *S. forbesiana* (Nees) Hook. f. 坡岗，邓朝义 973196

2．金色狗尾草 *S. glauca* (L.) Beauv. 毛凼子村石猪槽，海拔 1 230m，安明态，胡国雄 2017-PG-0888

3．皱叶狗尾草 *S. plicata* (Lamk.) T. Cooke 郑屯镇大箐村（健康村）沟里头（绒布组），海拔 1 270m，安明态，胡国雄 2017-PG-0228；安龙县万峰湖镇白岩村老木凼大木绒，海拔 1 250m，安明态，胡国雄 2017-PG-0355

4．狗尾草 *S. viridis* (L.) P. Beauv. 大海子 1 100m 等地都有分布，张华海，安明态 0389

（四十八）大油芒属 *Spodiopogon* Trin. 11

1．大油芒 *S. sibiricus* Trin. 魏家凼子，安明态，胡国雄 2017-0346

（四十九）鼠尾粟属 *Sporobolus* R. Br. 2

1．鼠尾粟 *S. fertilis* (Steud.) W. D. Clayt. 民族村间歇泉，安明态，胡国雄 2017-0036；郑屯镇岩峰村巴古雷组，海拔 1 320m，安明态 2017-PG-0094；兴义市则戎乡拱桥村盯眯至大洋坪公路边，海拔 925m，安明态，胡国雄 2017-PG-0774；郑屯镇岩峰村四绒，海拔 1 250m，安明态，黄郎 2018-PG-0030

（五十）菅属 *Themeda* Forssk. 6

1．黄背草 *T. japonica* (Willd.) Tanaka 魏家凼子，安明态，胡国雄 2017-0348；弯子，安明态，胡国雄 2017-0400

（五十一）粽叶芦属 *Thysanolaena* Nees 7

1．粽叶芦 *T. maxima* (Roxb.) Kuntze 坡洋，安明态，胡国雄 2017-0367；则戎乡长冲村洞饶至新房子公路边，海拔 1 040m，安明态，胡国雄 2017-PG-0749

（五十二）草沙蚕属 *Tripogon* Roem. et Schult. 6

1．线叶草沙蚕 *T. filiformis* Nees 坡岗，邓朝义 973269

（五十三）穗三毛草属 *Trisetum* Pers. 8-4

1．三毛草 *T. bifidum* (Thunb.) Ohwi 兴义市郑屯镇岩峰村苦竹凼，海拔 1 300m，安明态，黄郎 2018-PG-0008

（五十四）尾稃草属 *Urochloa* Beauv. 6

1．尾稃草 *U. reptans* (L.) Stapf 花地湾，安明态，胡国雄 2017-0288

附录 2　贵州兴义坡岗自然保护区石松类和蕨类植物名录（2013 年 FOC 系统）

石松类 Lycophytes

一、卷柏科 Selaginellaceae

（一）卷柏属 *Selaginella* P. Beauvois

1．毛边卷柏 *S. chaetoloma* Alston 岩峰村，1 305m，PG-051
2．蔓出卷柏 *S. davidii* Franch. 大箐村，1 421m，PG-034；龙广镇烂滩村孔家坝，1 264m，PG-079
3．薄叶卷柏 *S. delicatula* (Desv.) Alston 间歇泉，1 255m，PG-014
4．疏松卷柏 *S. effusa* Alston 大箐村，1 515m，PG-032
5．异穗卷柏 *S. heterostachys* Baker 间歇泉，1 255m，PG-019
6．兖州卷柏 *S. involvens* (Sw.) Spring
7．贵州卷柏 *S. kouytcheensis* H. Lév. 纳来村马达坟组，1 067m，PG-064
8．膜叶卷柏 *S. leptophylla* Baker 龙广镇烂滩村村委会附近，1 205m，PG-081
9．狭叶卷柏 *S. mairei* H. Lév. 岩峰村，1 296m，PG-053
10．江南卷柏 *S. moellendorffii* Hieron. 间歇泉，1 255m，PG-018；韦家凼，1 135m，PG-084
11．红枝卷柏 *S. sanguinolenta* (L.) Spring
12．剑叶卷柏 *S. xipholepis* Baker 楼纳上寨村，1 362m，PG-025；大箐村，1 501m，PG-048；韦家凼，1 135m，PG-085

蕨类 Ferns

一、木贼科 Equisetaceae

（一）木贼属 *Equisetum* Linnaeus

1．披散问荆 *E. diffusum* D. Don 纳来村马大坟组，1 067m，PG-070；海尾，1 189m，PG-083
2．节节草 *E. ramosissimum* Desf. 间歇泉，1 255m，PG-016

二、膜蕨科 Hymenophyllaceae

（二）假脉蕨属 *Crepidomanes* C. Presl

3．翅柄假脉蕨 *C. latealatum* (Bosch) Copel.

三、里白科 Gleicheniaceae

（三）芒萁属 *Dicranopteris* Bernhardi

4．芒萁 *D. dichotoma* (Thunb.) Berhn. 纳来村马达坟组，1 206m，PG-056

四、海金沙科 Lygodiaceae

（四）海金沙属 *Lygodium* Swartz

5．海金沙 *L. japonicum* (Thunb.) Sw. 岩峰村，1 301m，PG-054

五、鳞始蕨科 Lindsaeaceae

（五）乌蕨属 *Odontosoria* Fee

6．乌蕨 *O. chinensis* J. Sm. 纳来村马达坟组，1 195m，PG-059

六、凤尾蕨科 Pteridaceae

（六）铁线蕨属 *Adiantum* L.

7．团羽铁线蕨 *A. capillus-junonis* Rupr. 清水河，934m，PG-074
8．铁线蕨 *A. capillus-veneris* L.
9．条裂铁线蕨 *A. capillus-veneris* L. f. *dissectum*（Mart. et Galeot.）Ching 间歇泉，1 912m，PG-001；大箐村，1 421m，PG-040
10．白垩铁线蕨 *A. gravesii* Hance
11．假鞭叶铁线蕨 *A. malesianum* Ghatak 间歇泉，1 238m，PG-020
12．小铁线蕨 *A. mariesii* Bak.
13．半月形铁线蕨 *A. philippense* L. 纳来村马达坟组，1 067m，PG-062

（七）粉背蕨属 *Aleuritopteris* Fée

14．粉背蕨 *A. anceps* (Blanf.) Panigrahi 清水河，934m，PG-075
15．银粉背蕨 *A. argentea* (S. G. Gmel.) Fée 大箐村，1 430m，PG-043
16．裸叶粉背蕨 *A. duclouxii* (Christ) Ching 楼纳上寨村，1 318m，PG-021
17．黑柄粉背蕨 *A. ebenipes* X. C. Zhang
18．棕毛粉背蕨 *A. rufa* (D. Don) Ching 大箐村，1 352m，PG-047

（八）碎米蕨属 *Cheilanthes* Swartz

19．舟山碎米蕨 *C. chusana* Hook. 清水河，934m，PG-077
20．旱蕨 *C. nitidula* Wall. ex Hook. 纳来村马达坟组，934m，PG-071

（九）金粉蕨属 *Onychium* Kaulf.

21．野雉尾金粉蕨 *O. japonicum* (Thunb.) Kunze 纳来村马达坟组，1 067m，PG-061
22．蚀盖金粉蕨 *O. tenuifrons* Ching

（十）凤尾蕨属 *Pteris* Linnaeus

23．欧洲凤尾蕨 *P. cretica* L. 间歇泉 1259m PG-004 间歇泉，1 259m，PG-007
24．多羽凤尾蕨 *P. decrescens* Christ 清水河，934m，PG-076
25．岩凤尾蕨 *P. deltodon* Baker
26．剑叶凤尾蕨 *P. ensiformis* Burm. f. 纳来村马达坟组，1 067m，PG-065
27．鸡爪凤尾蕨 *P. gallinopes* Ching 楼纳上寨村，1 330m，PG-023
28．狭叶凤尾蕨 *P. henryi* Christ 间歇泉，1 255m，PG-015
29．井栏边草 *P. multifida* Poir.
30．斜羽凤尾蕨 *P. oshimensis* Hieron. 纳来村马达坟组，1 206m，PG-058

31．蜈蚣草 *P. vittata* L. 间歇泉，1 255m，PG-017

七、碗蕨科 Dennstaedtiaceae

（十一）鳞盖蕨属 *Microlepia* C. Presl

32．边缘鳞盖蕨 *M. marginata* (Houtt.) C. Chr. 纳来村马达坟组，1 067m，PG-067

33．中华鳞盖蕨 *M. sinostrigosa* Ching 间歇泉，1 255m，PG-008

（十二）蕨属 *Pteridium* Gleditsch ex. Scopoli

34．蕨 *P. aquilinum* (L.) Kuhn var. *latiusculum* (Desv.) Underw. ex A. Heller 纳来村马达坟组，1 067m，PG-060

35．毛轴蕨 *P. revolutum* (Blume) Nakai 楼纳上寨村，1 330m，PG-024

八、铁角蕨科 Aspleniaceae

（十三）铁角蕨属 *Asplenium* L.

36．狭翅巢蕨 *A. antrophyoides* Christ 小红塘，1 314m，PG-087

37．线裂铁角蕨 *A. coenobiale* Hance 间歇泉村纳拉寨，1 229m，PG-055

38．云南铁角蕨 *A. exiguum* Bedd. 大箐村，1 421m，PG-039

39．虎尾铁角蕨 *A. incisum* Thunb. 清水河，934m，PG-072

40．贵阳铁角蕨 *A. interjectum* Christ 清水河，934m，PG-073；大箐村，1 363m，PG-026

41．巢蕨 *A. nidus* L.

42．北京铁角蕨 *A. pekinense* Hance 韦家凼，1 135m，PG-086

43．华中铁角蕨 *A. sarelii* Hook. 间歇泉，1 229m，PG-002

44．石生铁角蕨 *A. saxicola* Rosenst.

45．变异铁角蕨 *A. varians* Wall. ex Hook. et Grev. 纳来村马达坟组，1 206m，PG-057

（十四）膜叶铁角蕨属 Hymenasplenium Hayata

46．半边铁角蕨 *A. unilaterale* (Lam.) Hayata 大箐村，1 515m，PG-031

（十五）轴果蕨属 *Rhachidosorus* Ching

47．云贵轴果蕨 *Rh. truncatus* Ching 大箐村，1 363m，PG-029

九、金星蕨科 Thelypteridaceae

（十六）毛蕨属 *Cyclosorus* Link

48．渐尖毛蕨 *C. acuminatus* (Houtt.) Nakai 间歇泉，1 255m，PG-009

（十七）钩毛蕨属 *Cyclogramma* Tagawa

49．小叶钩毛蕨 *C. flexilis* (Christ) Tagawa

（十八）针毛蕨属 *Macrothelypteris* (H. Itô) Ching

50．普通针毛蕨 *M. torresiana* (Gaudich.) Ching 龙广镇烂滩村孔家坝，1 264m，PG-080

（十九）金星蕨属 *Parathelypteris* (H.Ito) Ching

51．金星蕨 *P. glanduligera* (Kunze) Ching 纳来村马达坟组，1 067m，PG-068

（二十）新月蕨属 *Pronephrium* C. Presl

52．披针新月蕨 *P. penangianum* (Hook.) Holtt. 大箐村，1 421m，PG-041

（二十一）假毛蕨属 *Pseudocyclosorus* Ching

53．西南假毛蕨 *P. esquirolii* (Christ.) Ching 间歇泉，1 255m，PG-012

十、蹄盖蕨科 Athyriaceae

（二十二）安蕨属 *Anisocampium* C. Presl

54．拟鳞毛蕨 *A. cuspidatum* (Bedd.) Yea C. Liu

（二十三）对囊蕨属 *Deparia* Hook et Greville

55．华中介蕨 *D. okuboana* (Makino) M. Kato 大箐村，1 363m，PG-028

（二十四）双盖蕨属 *Diplazium* Sw.

56．毛轴菜蕨 *D. esculentum* (Retz.) Sw. var. *pubescens* (Link) Tardieu et C. Chr.

57．双生短肠蕨 *D. prolixum* Rosenst. 大箐村，1 386m，PG-046

十一、乌毛蕨科 Blechnaceae

（二十五）狗脊属 *Woodwardia* J. E. Smith

58．单芽狗脊 *W. unigemmata* (Makino) Nakai 大箐村，1 421m，PG-038

十二、肿足蕨科 Hypodematiaceae

（二十六）肿足蕨属 *Hypodematium* Kunze

59．肿足蕨 *H. crenatum* (Forssk.) Kuhn et Decken 大箐村，1 430m，PG-044；间歇泉，1 238m，PG-049

十三、鳞毛蕨科 Dryopteridaceae

（二十七）复叶耳蕨属 *Arachniodes* Blume

60．细裂复叶耳蕨 *A. coniifolia* (T. Moore) Ching

（二十八）肋毛蕨属 *Ctenitis* (C. Chr.) C. Chr.

61．直鳞肋毛蕨 *C. eatonii* (Baker) Ching

62．膜叶肋毛蕨 *C. subplandulosa* (Hance) Ching 大箐村，1 421m，PG-036

（二十九）柳叶蕨属 *Cyrtogonellum* Ching

63．离脉柳叶蕨 *C. caducum* Ching

（三十）贯众属 *Cyrtomium* Presl

64．刺齿贯众 *C. caryotideum* (Wall. ex Hook. et Grev.) C. Presl 大箐村，1 363m，PG-027

65．贯众 *C. fortunei* J. Sm. 间歇泉，1 259m，PG-006

66．贯众宽羽变型 *C. fortunei* J. Sm. f. *latipinnum* Ching

（三十一）鳞毛蕨属 *Dryopteris* Adanson

67．二型鳞毛蕨 *D. cochleata* (Buch.-Ham. ex D. Don) C. Chr. 纳来村马达坟组，1 067m，PG-063
68．变异鳞毛蕨 *D. varia* (L.) O. Kuntze
69．鳞毛蕨一种 *D.* sp. 纳来村马达坟组，1 067m，PG-069

（三十二）耳蕨属 *Polystichum* Roth

70．尖齿耳蕨 *P. acutidens* Christ 龙广镇烂滩村孔家坝，1 264m，PG-078
71．钝齿对生耳蕨 *P. deltodon* (Hook.) Diels var. *henryi* Christ
72．鞭叶耳蕨 *P. lepidocaulon* (Hook.) J. Sm.
73．对马耳蕨 *P. tsus-simense* (Hook.) J. Sm. 大箐村，1 421m，PG-037

十四、肾蕨科 Nephrolepidaceae

（三十三）肾蕨属 *Nephrolepis* Schott

74．肾蕨 *N. auriculata* (L.) Trimen 间歇泉，1 259m，PG-005

十五、三叉蕨科 Tectariaceae

（三十四）三叉蕨属 *Tectaria* Cav.

75．大齿三叉蕨 *T. coadunata* (Wall. ex Hook. et Grev.) C. Chr.
76．毛叶轴脉蕨 *T. devexa* (Kunze ex Mett.) Copel.
77．掌状三叉蕨 *T. morsei* (Barker.) P. J. Edwards ex S. Y. Dong 纳来村马达坟组，1 067m，PG-066
78．燕尾三叉蕨 *T. simonsii* (Baker) Ching

十六、水龙骨科 Polypodiaceae

（三十五）槲蕨属 *Drynaria* (Bory) J. Smith

79．石莲姜槲蕨 *D. propinqua* (Wall. ex Mett.) J. Sm.
80．槲蕨 *D. roosii* Nakaike 岩峰村，1 305m，PG-052

（三十六）伏石蕨属 *Lemmaphyllum* C. Presl

81．抱石莲 *L. drymoglossoides* (Baker) Ching 间歇泉，1 259m，PG-003

（三十七）鳞果星蕨属 *Lepidomicrosorum* Ching et K. H. Shing

82．鳞果星蕨 *L. buergerianum* (Miq.) Ching et K. H. Shing

（三十八）瓦韦属 *Lepisorus* (J. Sm.) Ching

83．大瓦韦 *L. macrosphaerus* (Baker) Ching 大箐村，1 430m，PG-042
84．鳞瓦韦 *L. oligolepidus* (Baker) Ching 大箐村，1 515m，PG-030

（三十九）薄唇蕨属 *Leptochilus* Kaulf.

85．似薄唇蕨 *L. decurrens* Blume 间歇泉，1 255m，PG-011
86．矩圆线蕨 *L. henryi* (Baker) X. C. Zhang

（四十）星蕨属 *Microsorum* Link

87．广叶星蕨 *M. steerei* (Harr.) Ching

（四十一）扇蕨属 *Neocheiropteris* Christ

88．扇蕨 *N. palmatopedata* (Baker) Christ 大箐村，1 386m，PG-045

（四十二）盾蕨属 *Neolepisorus* Ching

89．江南星蕨 *N. fortunei* (T. Moore) C. M. Kuo 间歇泉，1 255m，PG-010；大箐村，1 515m，PG-033
90．盾蕨 *N. ovatus* (Wall. ex Bedd.) Ching

（四十三）瘤蕨属 *Phymatosorus* Pic. Serm.

91．光亮瘤蕨 *Ph. cuspidatus* (D. Don) Pic. Serm. 间歇泉，1 255m，PG-013

（四十四）石韦属 *Pyrrosia* Mirb.

92. 光石韦 *P. calvata* (Baker) Ching 楼纳上寨村，1 318m，PG-022；龙广镇烂滩村村委会附近，1 205m，PG-082
93．有柄石韦 *P. petiolosa* (Christ) Ching 岩峰村，1 305m，PG-050
94．柔软石韦 *P. porosa* (C. Presl)Hovenkamp 大箐村，1 421m，PG-035
95．绒毛石韦 *P. subfurfuracea* (Hook.) Ching

附录 3 贵州兴义坡岗自然保护区苔藓植物名录

灰藓目 Hypnales

一、湿原藓科 Calliergonaceae Vanderpoorten

（一）湿原藓属 *Calliergon*(Sull.) Kindb.

1．湿原藓 *C. cordifolium*(Hedw.) Kindb.
采集信息：140；168。

二、葫芦藓科 Funariaceae Schwägr.

（二）葫芦藓属 *Funaria* Hedw.

2．葫芦藓 *F. hygrometrica* Hedw.
采集信息：PG20171016013，石生，1 425m。

（三）立碗藓属 *Physcomitrium* (Brid.) Brid.

3．匍生立碗藓 *Ph. repandum* (Griff.) Mitt.
采集信息：PG20171019033a，土生，900m；PG20171019035a，土生，900m。

三、缩叶藓科 Ptychomitriaceae Schimp.

（四）缩叶藓属 *Ptychomitrium* Fürnr.

4．多枝缩叶藓 *P. gardneri* Lesq.
采集信息：PG20171017086，石生，1 355m；PG20171015078，石生，1 250m；PG20171017094，石生，1 265m；PG20171016074，石生，1 340m；PG20171019054，石生，930m；PG20171016103，土生，1 245m；248；136。

5．狭叶缩叶藓 *P. linearifolium* Reimers et Sakurai
采集信息：250。

四、大帽藓科 Encalyptaceae Schimp.

（五）大帽藓属 *Encalypta* Hedw.

6．钝叶大帽藓 *E. vulgaris* Hedw.
采集信息：246；271。

五、树生藓科 Erpodiaceae Broth.

（六）树生藓属 *Erpodium* (Brid.) Brid.

7．芒果树生藓 *E. mangiferae* C. Muell.
采集信息：PG20171019087d，树生，946m；PG201019056，树生，960m；PG201019003，石生，1 500m；PG201020044，树生，890m；PG201019069，树生，988m；PG201019079，石生，750m；PG20171020002，

树生，1 035m；PG20171020008b，树生，902m；PG20171019046，树生，952m。

（七）细鳞藓属 *Solmsiella* Müll. Hal.

8．细鳞藓 *S. biseriata* (Austin) Steere

采集信息：PG20171016061，树生，1 250m；PG20171016010，树生，1 250m；PG20171016057，树生，1 216m；PG20171016135，树生，1 250m；PG20171019099，石生，750m；PG20171016042，树生，1 250m；PG20171016066，树生，1 216m；111。

（八）钟帽藓属 *Venturiella* Müll. Hal.

9．钟帽藓 *V. sinensis* (Vent.) Müll. Hal.

采集信息：PG20171017066，树生，1 313m。

六、凤尾藓科 Fissidentaceae Schimp.

（九）凤尾藓属 *Fissidens* Hedw.

10．异形凤尾藓 *F. anomalus* Mont.

采集信息：043。

11．黄叶凤尾藓（黄色凤尾藓）*F. crispulus*

采集信息：PG20171019012，土生，750m；PG20171019018，石生，750m；PG20171015048，土生，1 235m；PG20171019017，土生，750m；PG20171021056，石生，1 250m；185。

12．暖地凤尾藓 *F. flaccidus* Mitt.

采集信息：PG20171019064，土生，1 000m；PG20171019034a，腐木生，900m；PG20171019033b，土生，900m；PG20171019036，土生，900m；PG20171019035b，土生，900m；PG20171019038，土生，900m；PG20171019041b，土生，900m。

13．卷叶凤尾藓 *F. dubius* P. Beauv.

采集信息：PG20171017005，石生，1 300m；PG20171017097，石生，1 370m；PG20171017003，石生，1 300m；PG20171017009，石生，1 200m；PG20171021030b，石生，1 314m；PG20171017032，石生，1 200m；PG20171019051c，土生，1 010m；161；155；061。

14．小凤尾藓原变种 *F. bryoides* var. *Bryoides* Hedw.

采集信息：PG20171017098，土生，1 400m；PG20171019027b，石生，750m；PG20171015064，土生，1 260m；PG20171017101，土生，1 320m；229。

15．小凤尾藓厄氏变种 *F. bryoides* var. *esquirolii* (Thér.) Z. Iwats. et T. Suzuki

采集信息：221。

16．拟粗肋凤尾藓 *F. ganguleei* Nork. ex Gangulee

采集信息：201。

17．短肋凤尾藓 *F. gardneri* Mitt.

采集信息：222。

18．裸萼凤尾藓 *F. gymnogynus* Besch.

采集信息：PG20171016035，石生，1 250m；PG20171020012，石生，1 000m；PG20171020012，石生，1 000m；PG20171016105a，土生，1 256m；096。

19．大凤尾藓（日本凤尾藓）*F. nobilis* Griff.

采集信息：PG20171020018，土生，901m；PG20171021026，石生，1 314m；PG20171021009，石生，1 320m。

20．欧洲凤尾藓 *F. osmunoides* Hedw.

采集信息：082。

21．拟狭叶凤尾藓 *F. kinabaluensis* Z. Iwats.

采集信息：220。

22．鳞叶凤尾藓（尖叶凤尾藓）*F. taxifolius* Hedw.

采集信息：PG20171015056b，土生，1 260m；PG20171019022，石生，770m；PG20171017092，土生，1 313m；PG20171017099，石生，1 290m；PG20171019024，土生，750m；PG20171017040，石生，1 188m；PG20171017081a，石生，1 400m；PG20171020040，土生，1 000m；PG20171015061，土生，1 260m；038；012。

23．南京凤尾藓 *F. teysmannianus* Dozy et Molk.

采集信息：PG20171021017，石生，750m；PG20171019014，石生，750m；PG20171017009，石生，1 330m；PG20171019002，石生，750m；022；172。

24．小凤尾藓 *F. bryoides* Hedw.

采集信息：PG20171016029，石生，1 250m；PG20171018073，石生，1 180m；PG20171018068，石生，1 188m。

25．黄边凤尾藓 *F. geppii* M. Fleisch.

采集信息：PG20171019005，石生，750m。

26．内卷凤尾藓（羽叶凤尾藓）*F. involutus* Wilson ex Mitt.

采集信息：PG20171019066，土生，1 000m；047。

27．拟小凤尾藓 *F. tosaensis* Broth.

采集信息：PG20171017084b，土生，1 320m。

七、丛藓科 Pottiaceae Schimp.

（十）丛本藓属 *Anoectangium* Schwägr

28．卷叶丛本藓（台湾丛本藓）*A. thomsonii* Mitt

采集信息：PG20171017081b，石生，1 400m；PG20171017033，石生，1 200m；PG20171021093，石生，1 211m；PG20171021095，石生，1 211m；PG20171021094，石生，1 211m；PG20171015030，石生，1 000m；PG20171018069，石生，1 188m；PG20171015101，石生，1 211m；PG20171015057，石生，1 240m；PG20171015007，石生，1 305m。

（十一）仰叶藓属 *Reimersia* P. C. Chen

29．仰叶藓（芮氏鲜）*R. inconspicua* (Griff.) P. C. Chen

采集信息：PG20171021021，石生，1 320m。

（十二）大丛藓属 *Molendoa* Lindb.

30．大丛藓（毛氏藓）*M. hornschuchiana* (Hook.) Lindb. ex Limpr.

采集信息：PG20171015062，土生，1 260m。

（十三）扭口藓属 *Barbula* Hedw.

31．大叶扭口藓（大叶石灰藓）*B. majuscula* Müll. Hal.

采集信息：PG20171018095，水生，1 144m。

32．云南扭口藓（新拟）*B. yunnanensis* Copp.

采集信息：PG20171017012，石生，1 260m；PG20171021041，石生，1 211m。

33．钝叶扭口藓 *B. chenia* Redf. et B. C. Tan

采集信息：PG20171015004a，土生，1 460m。

34．爪哇扭口藓 *B. javanica* Dozy et Molk.
采集信息：PG20171015056a，土生，1 260m。
35．拟扭口藓 *B. pseudo-ehrenbergii* M. Fleisch.
采集信息：213。

（十四）净口藓属 *Gymnstomum* Nees et Hornsch.

36．厚壁净口藓 *G. laxirete* (Broth.) P. C. Chen
采集信息：PG20171021061，石生，1 120m。

（十五）立膜藓属 *Hymenostylium* Brid.

37．立膜藓橙色变种（橙色净口藓）*H. recurvirostrum* var. *cylindricum* (E. B. Bartram) R. H. Zander
采集信息：PG20171018090，石生，1 270m；PG20171018091，石生，1 270m；PG20171016093，石生，1 360m。
38．立膜藓硬叶变种 *H. recurvirostrum* var. *insigne* (Dixon) E. B. Bartram
采集信息：PG20171017096，石生，1 333m。

（十六）反纽藓属 *Timmiella* (De Not.) Limpr.

39．反纽藓 *T. anomala* (Bruch et Schimp.) Limpr.
采集信息：PG20171016105b，土生，1 256m；PG20171017088，石生，1 330m。

（十七）对齿藓属 *Didymodon* Hedw.

40．尖叶对齿藓 *D. constrictus* (Mitt.) Saito
采集信息：PG20171015055，石生，1 235m；PG20171018058c，石生，1 100m；PG20171016097b，石生，1 216m；PG20171018055a，石生，1 100m；PG20171017038，石生，1 300m；PG20171020003，石生，1 237m；PG20171021040，石生，1 211m。
41．反叶对齿藓 *D. ferrugineus* (Schimp. ex Besch.) Hill
采集信息：PG20171017043，石生，1 352m。
42．日本对齿藓 *D. japonicus* (Broth.) Saito
采集信息：PG20171021046，石生，1 211m。
43．剑叶对齿藓（剑叶扭口藓）*D. rufidulus* (Müll. Hal.) Broth.
采集信息：PG20171015094，石生，1 300m。
44．北地对齿藓 *D. fallax* (Hedw.) R. H. Zander
采集信息：PG20171017060，石生，1 333m；PG20171015074a，石生，1 335m；PG20171017102，石生，1 332m；PG20171017004，石生，1 290m。
45．硬叶对齿藓 *D. rigidulus* Hedw.
采集信息：PG20171015082，土生，1 330m。
46．长尖对齿藓 *D. ditrichoides* (Broth.) X. J. Li et S. He
采集信息：PG20171015034，石生，1 550m；PG20171016044b，石生，1 216m；PG20171015020，石生，1 237m；PG20171021060，石生，1 211m。
47．黑对齿藓（黑扭口藓）*D. nigrescens* (Mitt.) Saito
采集信息：PG20171018052，石生，1 100m。

（十八）湿地藓属 *Hyophila* Brid.

48．卷叶湿地藓（欧洲湿地醉）*H. involuta* (Hook.) A. Jaeger
采集信息：PG20171016041，石生，1 216m；PG20171015026b，石生，1 405m；PG20171019023，石生，770m；PG20171017100，石生，1 290m；143；173a。

49．芽胞湿地藓 *H. propagulifera* Broth.

采集信息：PG20171016094，石生，1 213m；PG20171016055，石生，1 360m；PG20171017007，石生，1 290m；PG20171019050，石生，750m；PG20171019016，土生，750m。

50．四川湿地藓 *H. setschwanica* (Broth.) Hilp. ex P. C. Chen

采集信息：PG20171018055c，石生，1 100m；PG20171015031，石生，1 550m。

51．匙叶湿地藓 *H. spathulata* (Harv.) A. Jaeger

采集信息：PG20171017054，石生，1 332m；274。

52．花状湿地藓 *H. nymaniana* (M. Fleisch.) Menzel

采集信息：PG20171017042，石生，1 300m；PG20171016089，石生，1 360m；PG20171021053，石生，1 200m；PG20171017059，石生，1 100m；PG20171019039，石生，950m。

53．湿地藓（爪哇湿地藓）*H. javanica* (Nees et Blume) Brid.

采集信息：PG20171017058b，土生，1 295m；PG20171019053a，石生，930m。

（十九）拟合睫藓属 *Pseudosymblepharis* Broth.

54．狭叶拟合睫藓 *P. angustata* (Mitt.) Hilp

采集信息：PG20171017006，土生，1 200m；PG20171021016，石生，1 314m；PG20171017058a，土生，1 295m；PG20171016120，石生，1 360m；PG20171017059，石生，1 333m；PG20171017027，石生，1 200m；PG20171016083，石生，1 360m；PG20171015073，石生，1 330m；PG20171017024，土生，1 200m；PG20171017018b，石生，1 333m；PG20171020009，石生，1 081m；PG20171015021，石生，1 300m；124；011；153。

（二十）纽藓属 *Tortella* (Lindb.) Limpr.

55．折叶纽藓 *T. fragilis* (Hook.et Wilson) Limpr.

采集信息：PG20171015095，石生，1 250m；PG20171018058b，石生，1 100m。

56．纽藓（丛叶纽藓）*T. humilis* (Hedw.) Jenn.

采集信息：PG20171017001，石生，1 300m。

（二十一）墙藓属 *Tortula* Hedw.

57．平叶墙藓 *T. planifolia* X. J. Li

采集信息：PG20171020015，树生，1 000m。

58．泛生墙藓 *T. laureri* (Schultz) Lindb.

采集信息：180。

（二十二）小石藓属 *Weissia* Hedw.

59．小口小石藓（膜口藓）*W. brachycarpa* (Nees et Hornsch.) Jur.

采集信息：094。

60．东亚小石藓 *W. exserta* (Broth.) P. C. Chen

采集信息：PG20171016011，石生，1 425m；145；269a。

61．小石藓 *W. controversa* Hedw.

采集信息：PG20171015096，石生，1 260m；XY0211；309。

（二十三）毛口藓属 *Trichostomum* Bruch

62．卷叶毛口藓 *T. hattorianum* B. C. Tan et Z. Iwats.

采集信息：PG20171017022，土生，1 260m。

63．芒尖毛口藓 *T. zanderi* Redf. et B. C. Tan

采集信息：PG20171015045，土生，1 235m；PG20171017035，石生，1 260m；PG20171016053，石生，

1 246m。

64．毛口藓 *T. brachydontium* Bruch in F. A. Müll.

采集信息：PG20171015035，石生，1 237m；PG20171016043，石生，1 216m；PG20171016044a，石生，1 216m；PG20171016097a，石生，1 216m；PG20171015074b，石生，1 335m；PG20171015043，土生，1 237m；114。

65．波边毛口藓（小酸土藓）*T. tenuirostre* (Hook. f. et Taylor) Lindb.

采集信息：PG20171015053，石生，1 237m；PG20171016072，石生，1 366m；PG20171015097，石生，1 245m；PG20171019010，石生，750m；099；299b。

66．平叶毛口藓（阔叶小石藓）*T. planifolium* (Dixon) R. H. Zander

采集信息：PG20171020013，树生，1 000m。

67．缺齿小石藓（短叶小石藓、拟阔叶小石藓）*T. weissiaedentula* Mitt.

采集信息：PG20171021045，流水石生，1 210m。

68．舌叶毛口藓 *T. sinochenii* Redf.

采集信息：PG20171015051，石生，1 237m；PG20171018055b，石生，1 100m；PG20171017085，石生，1 355m；PG20171019032，石生，950m；PG20171018056，石生，1 100m。

八、珠藓科 Bartramiaceae Schwägr.

（二十四）泽藓属 *Philonotis* Brid.

69．柔叶泽藓 *P. mollis* (Dozy et Molk.) Mitt.

采集信息：PG20171017006，土生，1 300m；PG20171017010，石生，1 312m。

70．偏叶泽藓 *P. falcata* (Hook.) Mitt.

采集信息：008。

71．东亚泽藓 *P. turneriana* (Schwägr.) Mitt.

采集信息：119b；182；279。

九、真藓科 Bryaceae Schwägr.

（二十五）银藓属 *Anomobryum* Schimp.

72．芽胞银藓 *A. gemmigerum* Broth.

采集信息：PG20171016016，石生，1 360m；PG20171016001，石生，1 360m；PG20171016030，水生，1 216m；PG20171017057，石生，1 335m；PG20171021042，石生，1 120m；PG20171015086，土生，1 260m；PG20171015090，石生，1 260m；PG20171017015，石生，1 333m；PG20171016049，石生，1 450m；182c；198c。

（二十六）短月藓属 *Brachymenium* Schwägr.

73．饰边短月藓 *B. longidens* Renauld et Cardot

采集信息：PG20171017068，土生，1 330m。

74．宽叶短月藓 *B. capitulatum* (Mitt.) Kindb.

采集信息：PG20171017008，树生，1 283m；169b。

75．短月藓 *B. nepalense* Hook. in Schwägr.

采集信息：PG20171015039，土生，1 330m；PG20171021051，树生，1 075m；265；276。

（二十七）丝瓜藓属 *Pohlia* Hedw.

76．大坪丝瓜藓 *P. tapintzensis* (Besch.) Redf.

采集信息：PG20171019037，土生，900m；PG20171019041a，土生，900m。

77．天命丝瓜藓（一年生丝瓜藓）*P. annotina* (Hedw.) Lindb.

采集信息：PG20171019004，石生，750m；PG20171019045，石生，750m；PG20171019028，石生，750m；PG20171019070，石生，750m。

78．林地丝瓜藓 *P. drummondii* (Müll. Hal.) A. L. Andrews in Grout

采集信息：PG20171019011，土生，900m。

79．南亚丝瓜藓 *P. gedeana* (Bosch. et Sande Lac.) Gangulee

采集信息：PG20171016081，石生，1 413m。

（二十八）真藓属 *Bryum* Hedw.

80．卵蒴真藓 *B. blindii* Bruch et Schimp.

采集信息：184b。

81．柔叶真藓 *B. cellulare* Hook. in Schwägr.

采集信息：182b。

82．垂蒴真藓 *B. uliginosum* (Brid.) Bruch et Schimp.

采集信息：PG20171015089，石生，1 310m；PG20171015026a，石生，1 405m。

83．双色真藓（多色真藓）*B. dichotomum* Hedw.

采集信息：PG20171015063b，石生，1 260m；PG20171018066，土生，1 237m；PG20171015049，土生，1 235m。

84．黄色真藓（西藏真藓）*B. pallescens* Schleich. ex Schwägr.

采集信息：PG20171018072，石生，1 080m；PG20171017032，树生，1 310m；PG20171015032，石生，1 330m；PG20171019029，石生，950m；PG20171019006，石生，750m。

85．喀什真藓 *B. kashmirense* Broth.

采集信息：PG20171015041，石生，1 237m；PG20171017014，石生，1 314m；PG20171017028，石生，1 310m。

86．拟纤枝真藓 *B. petelotii* Thér. et Henry

采集信息：PG20171018070，土生，1 188m；PG20171019053b，石生，930m；PG20171021043，石生，1 211m；PG20171017003，石生，1 333m；PG20171021044，石生，1 211m；PG20171018051，石生，1 100m；PG20171021050，石生，1 350m；PG20171019088d，树生，1 018m。

87．拟大叶真藓 *B. salakense* Cardot

采集信息：PG20171017049，石生，1 330m；PG20171020019b，树生，1 000m；G20171017039，石生，1 300m；PG20171017029a，树生，1 310m；PG20171016085b，石生，1 360m；PG20171017095，石生，1 320m；PG20171020010，石生，1 080m；067。

88．蕊形真藓 *B. coronatum* Schwägr.

采集信息：PG20171015013，土生，1 300m；PG20171019072，石生，780m；PG20171019078，石生，770m；185。

89．真藓（银叶真藓）*B. argenteum* Hedw.

采集信息：PG20171016124，石生，1 425m；PG20171018060，石生，1 100m；PG20171019048，石生，900m；PG20171019015，石生，750m；PG20171016085a，石生，1 360m。

90．丛生真藓 *B. caespiticium* Hedw.

采集信息：PG20171018076，树生，1 188m；PG20171019025，石生，750m；PG20171017083，石生，1 316m；PG20171016096，石生，1 360m。

91．刺叶真藓 *B. lonchocaulon* Müll. Hal.

采集信息：PG20171016003，石生，1 425m；PG20171019001，土生，785m；PG20171016082，石生，1 216m。

92．比拉真藓（球形真藓、截叶真藓）*B. billarderi* Schwägr.

采集信息：PG20171017090，石生，1 330m；PG20171017007，土生，1 200m；295；269b。

93．细叶真藓 *B. capillare* Hedw.

采集信息：PG20171019042，石生，750m；PG20171019030，石生，750m；PG20171019049，石生，793m；021；149。

94．近高山真藓 *B. paradoxum* Schwägr.

采集信息：PG20171016071，石生，1 245m。

95．拟三列真藓（大叶真藓）*B. pseudotriquetrum*（Hedw.）Gaertn.

采集信息：PG20171016092，石生，1 360m；PG20171021002c，石生，1 320m；107。

96．云南真藓 *B. yuennanense* Broth.

采集信息：277。

十、提灯藓科 Mniaceae Schwägr.

（二十九）立灯藓属 *Orthomnion* Wilson

97．裸帽立灯藓（多蒴立灯藓）*O. nudum* E. B. Bartram

采集信息：183b。

（三十）匐灯藓属 *Plagiomnium* T. J. Kop.

98．匐灯藓 *P. cuspidatum* (Hedw.) T. J. Kop.

采集信息：PG20171015017，石生，1 280m；PG20171015081，石生，1 330m。

99．尖叶匐灯藓（湿地匐灯藓、缘边走灯藓）*P. acutum* (Lindb.) T. J. Kop.

采集信息：PG20171017025，石生，1 260m；PG20171015038，石生，1 330m；016；120；051。

100．无边匐灯藓 *P. elimbatum* (M. Fleisch.) T. J. Kop.

采集信息：PG20171015022a，石生，1 330m。

101．全缘匐灯藓（全缘提灯藓）*P. integrum* (Bosch et Sande Lac.) T. J. Kop.

采集信息：PG20171016051，石生，1 250m；PG20171019047，石生，980m；PG20171015023a，石生，1 237m；PG20171020019a，树生，1 000m；013；305。

102．侧枝匐灯藓（侧枝提灯藓，侧枝走灯藓）*P. maximoviczii* (Lindb.) T. J. Kop.

采集信息：PG20171017030，土生，1 200m；088；267。

103．大叶匐灯藓（大叶提灯藓、大叶走灯藓）*P. succulentum* (Mitt.) T. J. Kop.

采集信息：PG20171021030a，石生，1 314m；PG20171019059，土生，1 005m；092；230。

104．圆叶匐灯藓（圆叶提灯藓、圆叶走灯藓）*P. vesicatum* (Besch.) T. J. Kop.

采集信息：PG20171017082，石生，1 335m；PG20171016106，土生，1 256m。

十一、木灵藓科 Orthotrichaceae Arn.

（三十一）蓑藓属 *Macromitrium* Brid.

105．钝叶蓑藓 *M. japonicum* Dozy et Molk.

采集信息：PG20171020005，树生，1 081m；312。

106．长柄蓑藓 *M. microstomum* (Hook. et Grev.) Schwägr.

采集信息：PG20171020011，树生，1 081m。

107．扭叶蓑藓 *M. moorcroftii* Schwaegr.

采集信息：249。

108．缺齿蓑藓 *M. gymnostomum* Sull. et Lesq.

采集信息：001；296。

109．福氏蓑藓 *M. ferriei* Cardot et Thér.
采集信息：108；263。

（三十二）木灵藓属 *Orthotrichum* Hedw.

110．毛帽木灵藓 *O. dasymitrium* Lewinsky
采集信息：PG20171021059，树生，1 375m。
111．日本木灵藓（东亚木灵藓）*O. ibukiense* Toyama
采集信息：PG20171017045，石生，1 310m。

十二、卷柏藓科 Racopilaceae Kindb.

（三十三）卷柏藓属 *Racopilum* P. Beauv.

112．薄壁卷柏藓（毛尖卷柏藓）*R. cuspidigerum* (Schwägr.) Ångström
采集信息：PG20171016088，石生，1 216m；PG20171019031，土生，1 000m；PG20171015088，石生，1 330m；PG20171017029，土生，1 200m；PG20171019008，石生，750m；014；106；286b。

十三、孔雀藓科 Hypopterygiaceae Mitt.

（三十四）孔雀藓属 *Hypopterygium* Brid.

113．黄边孔雀藓（毛尖孔雀藓）*H. flavolimbatum* Müll. Hal.
采集信息：PG20171017012，石生，1 300m；012；017；036。

十四、柳叶藓科 Amblystegiaceae G. Roth

（三十五）柳叶藓属 *Amblystegium* Schimp.

114．柳叶藓 *A. serpens* Serpens
采集信息：PG20171017063c，石生，1 313m。

（三十六）拟细湿藓属 *Campyliadelphus* (Kindb.) R. S. Chopra.

115．阔叶拟细湿藓 *C. polygamum* (Bruch et Schimp.) Kanda
采集信息：141；168。

（三十七）水灰藓属 *Hygrohypnum* Lindb.

116．水灰藓 *H. luridum* (Hedw.) Jenn.
采集信息：PG20171018104，水生，1 144m；PG20171018102，水生，1 144m。
117．扭叶水灰藓 *H. eugyrium* (Bruch et Schimp.) Broth.
采集信息：123；129。
118．钝叶水灰藓 *H. smithii* (Sw.) Broth.
采集信息：183。

（三十八）镰刀藓属 *Drepanocladus* (Müll. Hal.) G. Roth

119．镰刀藓原变种 *D. aduncus* var. *aduncus* (Hedw.) Warnst.
采集信息：PG20171015042，树生，1 083m。
120．镰刀藓直叶变种 *D. aduncus* var. *kneiffii* (Bruch et Schimp.) Mönk.
采集信息：PG20171021008a，石生，1 320m；PG20171018078，水生，1 144m；PG20171016059，水生，1 216m；PG20171016121，水生，1 250m。

（三十九）沼地藓属 *Palustriella* Ochyra

121．沼地藓 *P. commutata* (Hedw.) Ochyra
采集信息：PG20171017061，石生，1 335m；178。

十五、薄罗藓科 Leskeaceae Schimp.

（四十）叉羽藓属 *Leptopterigynandrum* Müll. Hal.

122．叉羽藓 *L. austro-alpinum* Müll. Hal.
采集信息：PG20171017046，石生，1 280m。

（四十一）细枝藓属 *Lindbergia* Kindb.

123．细枝藓 *L. brachyptera* (Mitt.) Kindb.
采集信息：PG20171017034，土生，1 144m。
124．中华细枝藓 *L. sinensis* (Müll. Hal.) Broth.
采集信息：PG20171016037，树生，1 216m；PG20171021049，土生，1 350m。

（四十二）附干藓属 *Schwetschkea* Müll. Hal.

125．缺齿附干藓 *S. gymnostoma* Thér.
采集信息：PG20171016058，树生，1 216m。

十六、碎米藓科 Fabroniaceae Schimp.

（四十三）碎米藓属 *Fabronia* Raddi

126．毛尖碎米藓 *F. rostrata* Broth.
采集信息：PG20171017055，树生，1 310m；PG20171017093，石生，1 360m；PG20171016115b，树生，1 250m。
127．东亚碎米藓 *F. matsumurae* Besch.
采集信息：PG20171019088c，树生，1 018m。

十七、羽藓科 Thuidiaceae Schimp.

（四十四）小羽藓属 *Haplocladium* (Müll. Hal.) Müll. Hal.

128．狭叶小羽藓 *H. angustifolium* (Hampe et Müll. Hal.) Broth.
采集信息：PG20171019057，石生，950m；100；308。
129．东亚小羽藓 *H. strictulum* (Cardot) Reimers
采集信息：PG20171018087，树生，1 180m。
130．细叶小羽藓 *H. microphyllum* (Hedw.) Broth.
采集信息：187b。

（四十五）鹤嘴藓属 *Pelekium* Mitt.

131．尖毛鹤嘴藓（尖毛细羽藓）*P. fuscatum* (Besch.) A. Touw
采集信息：PG20171020018，石生，1 000m。
132．美丽鹤嘴藓（美丽细羽藓）*P. contortulum* (Mitt.) A. Touw
采集信息：PG20171016028，石生，1 250m；PG20171017020，石生，1 300m；PG20171015077，石生，1 332m；PG20171016112，树生，1 250m。

133．红毛鹤嘴藓 *P. versicolor* (Hornsch. ex Müll. Hal.) A. Touw

采集信息：PG20171016019，腐木生，1 216m。

134．多疣鹤嘴藓（多疣细羽藓）*P. pygmaeum* (Schimp.) A. Touw *Cyrto-hypnum pygmaeum*（Schimp.）Buck et Crum.

采集信息：PG20171016069，腐木生，1 216m。

（四十六）羽藓属 *Thuidium* Bruch et Schimp.

135．大羽藓 *T. cymbifolium* (Dozy et Molk.) Dozy et Molk.

采集信息：PG20171015069，石生，1 245m；PG20171019084d，土生，1 000m；173。

136．拟灰羽藓 *T. glaucinoides* Broth.

采集信息：098。

137．短肋羽藓 *T. kanedae* Sakurai

采集信息：PG20171016046，石生，1 215m；PG20171017011，石生，1 333m；PG20171017019，石生，1 265m；PG20171015083，石生，1 300m；PG20171017103，石生，1 300m；052；255。

138．短枝羽藓 *T. submicropteris* Cardot

采集信息：PG20171015085，石生，1 280m。

十八、假细罗藓科 Pseudoleskeellaceae Ignatov et Ignatova

（四十七）假细罗藓属 *Pseudoleskeella* Kindb.

139．假细罗藓 *P. catenulata* (Brid. ex Schrad.) Kindb.

采集信息：PG20171015054，石生，1 235m；PG20171015015，石生，1 335m；PG20171017033，树生，1 310m；PG20171017030，树生，1 310m。

十九、异齿藓科 Regmatodontaceae Broth.

（四十八）异齿藓属 *Regmatodon* Brid.

140．多蒴异齿藓 *R. orthostegius* Mont.

采集信息：PG20171021055，石生，1 366m；PG20171015018，石生，1 237m；PG20171017050，树生，1 330m；PG20171017037，树生，1 300m。

二十、青藓科 Brachytheciaceae Schimp.

（四十九）青藓属 *Brachythecium* Bruch et Schimp.

141．灰白青藓（青藓）*B. albicans* (Hedw.) Bruch et Schimp. in B. S. G.

采集信息：PG20171016068，树生，1 216m。

142．密枝青藓 *B. amnicola* Müll. Hal.

采集信息：PG20171015050，石生，1 235m。

143．多褶青藓（细枝青藓、齿边青藓、布氏青藓、波氏青藓）*B. buchananii* (Hook.) A. Jaeger

采集信息：074a；189。

144．尖叶青藓 *B. coreanum* Cardot

采集信息：PG20171016091，石生，1 360m；PG20171021007，石生，1 320m。

145．平枝青藓（粗枝青藓）*B. helminthocladum* Broth. et Paris

采集信息：PG20171016100，石生，1 216m。

146．柔叶青藓 *B. moriense* Besch.

采集信息：PG20171015033，土生，1 330m。

（五十）燕尾藓属 *Bryhnia* Kaurin

147．燕尾藓 *B. novae-angliae* (Sull. et Lesq.) Grout
采集信息：PG20171016101，石生，1 216m。
148．密枝燕尾藓 *B. serricuspis* (Müll. Hal.) Y. F. Wang et R. L. Hu
采集信息：PG20171021027a，土生，1 332m。

（五十一）美喙藓属 *Eurhynchium* Bruch et Schimp.

149．小叶美喙藓 *E. filiforme* (Müll. Hal.) Y. F. Wang et R. L. Hu
采集信息：PG20171018080，树生，1 188m。
150．羽枝美喙藓 *E. longirameum* (Müll. Hal.) Y. F. Wang et R. L. Hu
采集信息：PG20171015100，石生，1 200m；PG20171015065，石生，1 305m。
151．宽叶美喙藓 *E. hians* (Hedw.) Sande Lac.
采集信息：PG20171021030c，石生，1 314m；PG20171021019，石生，1 300m；PG20171021015，石生，1 287m；PG20171021037a，石生，1 314m；PG20171021035，土生，1 328m。
152．疏网美喙藓 *E. laxirete* Broth. in Cardot
采集信息：PG20171016087，水生，1 216m；PG20171016060，土生，1 250m；PG20171017023，石生，1 265m；PG20171015099，石生，1 350m；PG20171015098，石生，1 350m；PG20171016018，石生，1 360m；163a；231。
153．糙叶美喙藓 *E. squarrifolium* Broth. ex Ihsiba
采集信息：PG20171017016，石生，1 200m。
154．密叶美喙藓 *E. savatieri* Schimp
采集信息：115b；223。

（五十二）同蒴藓属 *Homalothecium* Bruch et Schimp.

155．白色同蒴藓 *H. leucodonticaule* (Müll. Hal.) Broth.
采集信息：PG20171016123，石生，1 216m；PG20171016023，石生，1 250m；PG20171019062，石生，950m；PG20171015058a，石生，1 245m；PG20171018053，石生，1 100m；PG20171019055，石生，946m。

（五十三）斜蒴藓属 *Camptothecium* Schimp.

156．斜蒴藓（黄斜蒴藓）*C. lutescens* (Hedw.) Schimp.
采集信息：132。

（五十四）褶叶藓属 *Palamocladium* Müll. Hal.

157．褶叶藓 *P. leskeoides* (Hook.) E. Britton
采集信息：PG20171015079，石生，1 250m；054。
158．深绿褶叶藓 *P. euchloron* (Müll. Hal.) Wijk et Margad.
采集信息：PG20171017051，石生，1 295m；PG20171016052，石生，1 246m；PG20171021002b，石生，1 320m；PG20171016077，石生，1 440m；PG20171017013，石生，1 200m；130；181；289a。

（五十五）细喙藓属 *Rhynchostegiella* (Schimp.) Limpr.

159．光柄细喙藓 *R. laeviseta* Broth.
采集信息：PG20171017025，石生，1 300m。

（五十六）长喙藓属 *Rhynchostegium* Bruch et Schimp.

160．狭叶长喙藓 *Rh. fauriei* Cardot
采集信息：PG201017044，石生，1 300m。
161．卵叶长喙藓 *Rh. ovalifolium* S. Okamura
采集信息：PG20171021014，石生，1 300m。
162．水生长喙藓（圆叶美缘藓）*Rh. riparioides* (Hedw.) Cardot in Tourret
采集信息：PG20171016050，水边石生，1 256m；PG20171018098，水生，1 144m；PG20171021008b，石生，1 320m；PG20171018096，水生，1 144m。
163．匐枝长喙藓 *Rh. serpenticaule* (Müll. Hal.) Broth. in Levier
采集信息：PG20171019082b，叶附生，1 000m；PG20171017011，石生，1 300m。

二十一、蔓藓科 Meteoriaceae Kindb.

（五十七）毛扭藓属 *Aerobryidium* M. Fleisch.

164．毛扭藓 *A. filamentosum* (Hook.) M. Fleisch. in Broth.
采集信息：PG20171017023，石生，1 300m；PG20171021006，石生，1 320m。

（五十八）垂藓属 *Chrysocladium* M. Fleisch.

165．垂藓 *Ch. retrorsum* (Mitt.) M. Fleisch.
采集信息：251；264。

（五十九）粗蔓藓属 *Meteoriopsis* Broth.

166．反叶粗蔓藓（陕西粗蔓藓、台湾粗蔓藓）*M. reclinata* (Müll. Hal.) M. Fleisch. in Broth.
采集信息：PG20171018093，树生，1 258m；PG20171016122，石生，1 386m；046；110。
167．粗蔓藓 *M. squarrosa* (Hook. ex Harv.) M. Fleisch. in Broth.
采集信息：039；299a。

（六十）蔓藓属 *Meteorium* Dozy et Molk.

168．蔓藓（尖叶蔓藓）*M. polytrichum* Dozy et Molk.
采集信息：PG20171016007，石生，1 216m；105；290。
169．东亚蔓藓 *M. atrovariegatum* Cardot et Thér.
采集信息：PG20171017053b，石生，1 333m；PG20171018062，石生，1 105m；PG20171019061，石生，950m；PG20171017013，石生，1 333m；PG20171017001，石生，1 300m；PG20171017089，石生，1 320m；PG20171020052，石生，1 000m。
170．细枝蔓藓 *M. papillarioides* Nog.
采集信息：PG20171015046，石生，1 235m；PG20171018046b，石生，1 100m；019。
171．粗枝蔓藓（台湾蔓藓，毛叶蔓藓）*M. subpolytrichum* (Besch.) Broth.
采集信息：PG20171020006a，树生，1 081m；PG20171017002，石生，1 332m；PG20171021018，石生，1 320m；177；300。
172．川滇蔓藓（布氏蔓藓）*M. buchananii* (Brid.) Broth.
采集信息：PG20171015002，石生，1 385m；PG20171015075，石生，1 257m。

（六十一）灰气藓属 *Aerobryopsis* M. Fleisch.

173．大灰气藓长尖亚种（长尖灰气藓）*A. subdivergens* subsp. *scariosa* (E. B. Bartram) Nog.
采集信息：PG20171016095a，石生，1 216m；PG20171015091，石生，1 300m；228。

（六十二）隐松萝藓属 *Cryptopapillaria* M. Menzel

174．扭尖隐松萝藓（扭尖松萝藓）*C. feae* (M. Fleisch.) Menzel
采集信息：PG20171017021，石生，1 300m。

（六十三）绿锯藓属 *Duthiella* Müll. Hal. ex Broth.

175．软枝绿锯藓 *D. flaccida* (Cardot) Broth.
采集信息：PG20171021037b，石生，1 314m。

（六十四）丝带藓属 *Floribundaria* M. Fleisch.

176．四川丝带藓 *F. setschwanica* Broth.
采集信息：PG20171021031，石生，1 314m；PG20171021013，石生，1 287m；PG20171019058c，树生，1 000m。
177．假丝带藓 *F. pseudofloribunda* M. Fleisch.
采集信息：PG20171021032，石生，1 300m；PG20171021034，石生，1 314m；PG20171021003，石生，1 300m。
178．疏叶丝带藓 *F. walkeri* (Renauld et Cardot) Broth.
采集信息：PG20171016125，树生，1 250m；148；007；306。

（六十五）新丝藓属 *Neodicladiella* W. R. Buck

179．新丝藓（多疣悬藓）*N. pendula* (Sull.) W. R. Buck
采集信息：PG20171017016，树生，1 333m；306。

（六十六）扭叶藓属 *Trachypus* Reinw. et Hornsch.

180．扭叶藓 *T. bicolor* Reinw. et Hornsch.
采集信息：302。
181．小扭叶藓原变种 *T. humilis* var. *humilis* Lindb.
采集信息：PG20171018063，石生，1 100m；PG20171017014，石生，1 200m；PG20171015011，石生，1 400m；PG20171018045，石生，1 100m；112a。
182．小扭叶藓细叶变种 *T. humilis* var. *tenerrimus* (Herzog) Zanten
采集信息：PG20171017018，石生，1 200m；PG20171016078，石生，1 440m；PG20171019019c，石生，1 000m；PG20171019060b，石生，1 007m；PG20171021001，石生，1 320m。

（六十七）反叶藓属 *Toloxis* W. R. Buck

183．扭叶反叶藓（扭叶松萝藓）*T. semitorta* (Müll. Hal.) W. R. Buck
采集信息：062a；72a。

二十二、蕨藓科 Pterobryaceae Kindb.

（六十八）耳平藓属 *Calyptothecium* Mitt.

184．耳平藓 *C. urvilleanum* (Müll. Hal.) Broth.
采集信息：PG20171018041，石生，1 300m。

（六十九）拟蕨藓属 *Pterobryopsis* M. Fleisch.

185．尖叶拟蕨藓 *P. acuminata* (Hook.) M. Fleisch.
采集信息：PG20171021036，石生，1 314m；PG20171021038，石生，1 314m；PG20171021057a，石

生，1 370m；PG20171021023，石生，1 314m；PG20171019067，石生，1 000m；PG20171019020b，树生，1 000m；PG20171021011，石生，1 320m；042。

二十三、灰藓科 Hypnaceae Schimp.

（七十）粗枝藓属 *Gollania* Broth.

186．多变粗枝藓 *G. varians* (Mitt.) Broth.
采集信息：PG20171017052，石生，1 295m；PG20171021012，石生，1 320m。
187．陕西粗枝藓 *G. schensiana* Dixon ex Higuchi
采集信息：PG20171016004，石生，1 360m。
188．皱叶粗枝藓 *G. ruginosa* (Mitt.) Broth.
采集信息：PG20171016006，石生，1 216m；282。

（七十一）灰藓属 *Hypnum* Hedw.

189．灰藓（柏状灰藓、欧灰藓）*H. cupressiforme* Hedw.
采集信息：PG20171015059，石生，1 245m。
190．美灰藓 *H. leptothallum* (Müll. Hal.) Paris
采集信息：PG20171015023b，石生，1 237m；PG20171017029b，树生，1 310m；PG20171015028，石生，1 237m；PG20171015001，树生，1 330m；PG20171015063a，石生，1 260m；PG20171015009，石生，1 235m；PG20171016073，石生，1 360m；PG20171021052，石生，1 350m；PG20171017056，石生，1 294m；PG20171015044，石生，1 235m；PG20171015058b，石生，1 245m；PG20171015076，石生，1 237m；PG20171015093，树生，1 310m；PG20171015087，石生，1 245m；PG20171016090，石生，1 360m；PG20171017020，石生，1 290m；PG20171015047，腐木生，1 235m；PG20171016099，石生，1 256m；PG20171015071，石生，1 245m；PG20171016022，石生，1 250m。

（七十二）拟鳞叶藓属 *Pseudotaxiphyllum* Z. Iwats.

191．东亚拟鳞叶藓（东亚同叶藓）*P. pohliaecarpum* (Sull. et Lesq.) Z. Iwats.
采集信息：045。

（七十三）鳞叶藓属 *Taxiphyllum* M. Fleisch.

192．细尖鳞叶藓 *T. aomoriense* (Besch.) Z. Iwats.
采集信息：PG20171017074，土生，1 188m。
193．陕西鳞叶藓 *T. giraldii* (Müll. Hal.) M. Fleisch.
采集信息：140；275。
194．鳞叶藓 *T. taxirameum* (Mitt.) M. Fleisch.
采集信息：PG20171021057c，石生，1 370m；PG2010117063b，石生，1 313m；093c；216。

（七十四）明叶藓属 *Vesicularia* (Müll. Hal.) Müll. Hal.

195．暖地明叶藓 *V. ferriei* (Cardot et Thér.) Broth.
采集信息：186a。
196．长尖明叶藓 *V. reticulata* (Dozy et Molk.) Broth.
采集信息：145a。

二十四、金灰藓科 Pylaisiaceae Schimp.

（七十五）大湿原藓属 *Calliergonella* Loeske

197．大湿原藓 *C. cuspidata* (Hedw.) Loeske
采集信息：160。

（七十六）金灰藓属 *Pylaisia* Schimp.

198．大金灰藓 *P. cristata* Cardot
采集信息：PG20171017040，石生，1 300m。
199．弯枝金灰藓 *P. curviramea* Dixon
采集信息：PG20171021091，石生，1 367m；PG20171016076，石生，1 425m；PG20171016005，石生，1 360m；PG20171021020，石生，1 314m；PG20171015024a，石生，1 300m；PG20171015067，石生，1 325m；PG20171017039，树生，1 176m；PG20171015060，石生，1 250m。
200．金灰藓 *P. polyantha* (Hedw.) Bruch et Schimp.
采集信息：PG20171015004，石生，1 330m。

二十五、毛锦藓科 Pylaisiadelphaceae Goffinet et W. R. Buck

（七十七）小锦藓属 *Brotherella* M. Fleisch.

201．曲叶小锦藓 *B. curvirostris* (Schwägr.) M. Fleisch.
采集信息：260。
202．赤茎小锦藓 *B. erythrocaulis* (Mitt.) M. Fleisch.
采集信息：PG20171017031，树生，1 200m；PG20171017010，土生，1 200m。
203．南方小锦藓原变种 *B. henonii* (Duby) M. Fleisch. var. *henonii*
采集信息：PG20171020007a，石生，1 087m；PG20171020014，树生，1 000m。

（七十八）同叶藓属 *Isopterygium* Mitt.

204．柔叶同叶藓 *I. tenerum* (Sw.) Mitt.
采集信息：PG20171021085b，石生，1 293m。
205．纤枝同叶藓 *I. minutirameum* (Müll. Hal.) A. Jaeger
采集信息：115；117a。

（七十九）刺枝藓属 *Wijkia* H. A. Crum

206．毛尖刺枝藓 *W. tanytricha* (Mont.) H. A. Crum
采集信息：248。

（八十）毛锦藓属 *Pylaisiadelpha* Cardot

207．暗绿毛锦藓 *P. tristoviridis* (Broth.) O. M. Afonina
采集信息：040；164。

二十六、锦藓科 Sematophyllaceae Broth.

（八十一）锦藓属 *Sematophyllum* Mitt.

208．锦藓（羽叶锦藓）*S. subpinnatum* (Brid.) E. Britton
采集信息：PG20171020007b，石生，1 087m；PG20171020008a，树生，902m。

二十七、绢藓科 Entodontaceae Kindb.

（八十二）绢藓属 *Entodon* Müll. Hal.

209．柱蒴绢藓（密叶绢藓）*E. challengeri* (Paris) Cardot
采集信息：PG20171016048，石生，1 216m。
210．高原绢藓（新拟）*E. chloropus* Renauld et Cardot
采集信息：158。
211．绢藓 *E. cladorrhizans* (Hedw.) Müll. Hal.
采集信息：097a。
212．深绿绢藓 *E. luridus* (Griff.) A. Jaeger
采集信息：138。
213．娇美绢藓 *E. pulchellus* (Griff.) A. Jaeger
采集信息：PG20171017041，石生，1 300m。
214．中华绢藓 *E. smaragdinus* Paris et Broth.
采集信息：PG20171015010，土生，1 240m。
215．云南绢藓 *E. yunnanensis* Thér.
采集信息：PG20171016045，石生，1 250m；PG20171016080，树生，1 216m。
216．长柄绢藓 *E. macropodus* (Hedw.) Müll. Hal.
采集信息：PG20171016065，树基生，1 250m；PG20171019111a，石生，1 012m；PG20171015022b，石生，1 330m；PG20171018043，石生，1 300m；PG20171019013，石生，750m；020；127。
217．宝岛绢藓 *E. taiwanensis* C. K.Wang et S. H. Lin
采集信息：PG20171016104，石生，1 216m；PG20171015019，石生，1 237m；PG20171017024，石生，1 267m；PG20171020008a，树生，902m；PG20171021047，石生，1 100m；PG20171021063，石生，1 370m；PG20171017005，石生，1 290m；PG20171019007，石生，750m。
218．绿叶绢藓 *E. viridulus* Cardot
采集信息：130b。

二十八、白齿藓科 Leucodontaceae Schimp.

（八十三）白齿藓属 *Leucodon* Schwägr.

219．朝鲜白齿藓 *L. corensis* Cardot
采集信息：PG20171021048，石生，1 350m。

（八十四）拟白齿藓属 *Pterogoniadelphus* M. Fleisch.

220．拟白齿藓（阔叶白齿藓、卵叶白齿藓、卵叶白齿藓宽叶变种）*P. esquirolii* (Thér.) Ochyra et Zijlstra
采集信息：PG20171018054，石生，1 100m；PG201017087，石生，1 310m；PG20171017070，石生，1 360m；047a。

二十九、平藓科 Neckeraceae Schimp.

（八十五）树平藓属 *Homaliodendron* M. Fleisch.

221．小树平藓 *H. exiguum* (Bosch et Sande Lac.) M. Fleisch.
采集信息：PG20171019019a，石生，1 000m；PG20171021027b，土生，1 332m；PG20171021022，石生，1 332m。
222．钝叶树平藓 *H. microdendron* (Mont.) M. Fleisch.
采集信息：PG20171021030d，石生，1 314m；PG20171021024，石生，1 314m；PG20171021039，石

生，1 314m；PG20171021027d，土生，1 332m；033。

（八十六）平藓属 *Neckera* Hedw.

223．延叶平藓 *N. decurrens* Broth.

采集信息：PG20171018058a，石生，1 100m；PG20171017047，石生，1 310m；PG20171017053a，石生，1 333m；PG20171017021，石生，1 333m；PG20171021010，石生，1 320m；PG20171016020，石生，1 425m；PG20171020009，石生，1 050m；PG20171017034a，石生，1 265m；PG20171021027e，土生，1 332m；PG20171015040，石生，1 330m；PG20171017018a，石生，1 333m；PG20171021004，石生，1 320m。

224．曲枝平藓 *N. flexiramea* Cardot

采集信息：PG20171017026，石生，1 320m；PG20171017017，石生，1 200m。

（八十七）拟平藓属 *Neckeropsis* Reichardt

225．疏枝拟平藓 *N. boniana* (Besch.) A. Touw et Ochyra

采集信息：PG20171019058b，石生，1 000m。

226．东亚拟平藓 *N. calcicola* Nog.

采集信息：PG20171017002，石生，1 300m。

227．截叶拟平藓 *N. lepineana* (Mont.) M. Fleisch.

采集信息：PG20171016014，石生，1 440m；PG201710190269a，石生，750m；PG20171015036，石生，1 330m；PG20171021027c，石生，1 332m；PG20171019060a，石生，1 007m；014；215a。

（八十八）羽枝藓属 *Pinnatella* M. Fleisch.

228．异苞羽枝藓 *P. alopecuroides* (Hook.) M. Fleisch.

采集信息：270。

229．小羽枝藓 *P. ambigua* (Bosch et Sande Lac.) M. Fleisch

采集信息：PG20171019051a，土生，1 010m。

230．东亚羽枝藓 *P. makinoi* (Broth.) Broth.

采集信息：PG20171017004，石生，1 300m；PG20171020051，石生，1 081m；012；163；211。

（八十九）木藓属 *Thamnobryum* Nieuwl.

231．褶叶木藓 *T. plicatulum* (Sande Lac.) Z. Iwats.

采集信息：PG20171019051b，土生，1 010m；PG20171019058a，石生，1 000m。

（九十）拟扁枝藓属 *Homaliadelphus* Dixon et P. de la Varde

232．拟扁枝藓 *H. targionianus* (Mitt.) Dixon et P. de la Varde

采集信息：PG20171016047，石生，1 216m；PG20171021033b，石生，1 314m；PG20171021025，石生，1 344m；PG20171016064，石生，1 250m；PG20171020041a，树生，1 081m；PG20171015027，石生，1 400m；003；174。

三十、牛舌藓科 Anomodontaceae Kindb.

（九十一）牛舌藓属 *Anomodon* Hook. et Taylor

233．齿缘牛舌藓 *A. dentatus* C. Gao

采集信息：097。

234．碎叶牛舌藓（钝叶牛舌藓）*A. thraustus* Müll. Hal.

采集信息：PG20171016033，石生，1 250m；PG20171017048，土生，1 280m；PG20171015072，石生，

1 235m。

235．带叶牛舌藓 *A. perlingulatus* Broth. ex P. C. Wu et Y. Jia

采集信息：PG20171016015，石生，1 360m；PG20171016102，石生，1 255m；PG20171020001，石生，1 000m；PG20171017017，石生，1 332m；PG20171019063，石生，950m；PG20171021058，石生，1 378m；PG20171019040，石生，1 000m；PG20171018065，石生，1 100m；PG20171015016，石生，1 339m；PG20171015053，石生，1 235m；PG20171018097，石生，1 144m；PG20171015066，石生，1 305m；PG20171017036，石生，1 260m。

236．皱叶牛舌藓 *A. rugelii* (Müll. Hal.) Keissl.

采集信息：PG20171016075，石生，1 360m；PG20171021033a，石生，1 314m；PG20171015092，石生，1 280m；PG20171018099，石生，1 144m；PG20171015070，石生，1 245m；PG20171017034b，石生，1 265m。

237．小牛舌藓 *A. minor* (Hedw.) Lindb.

采集信息：PG20171016098，石生，1 467m；PG20171016086，石生，1 360m；PG20171019044，石生，750m；PG20171019026b，石生，750m；PG20171017031，石生，1 310m；PG20171020049，石生，1 000m；PG20171018057，石生，1 100m；PG20171015024b，石生，1 300m；211。

238．牛舌藓 *A. viticulosus* (Hedw.) Hook. et Taylor

采集信息：047；111a。

（九十二）羊角藓属 *Herpetineuron* (Müll. Hal.) Cardot

239．羊角藓 *H. toccoae* (Sull. et Lesq.) Cardot

采集信息：PG20171015037，土生，1 330m；PG20171015025a，石生，1 339m；PG20171017063a，石生，1 313m；PG20171016118，树生，1 250m；67b；202a。

（九十三）多枝藓属 *Haplohymenium* Dozy et Molk.

240．暗绿多枝藓（台湾多枝藓）*H. triste* (Ces.) Kindb.

采集信息：PG20171016032，树生，1 250m；PG20171017027，树生，1 310m；PG20171020007b，树生，1 081m；PG20171021062，树生，1 370m；PG20171017036，树生，1 176m；PG20171015006，石生，1 440m；PG20171020016，树生，1 000m；PG20171016026，树生，1 250m；PG20171017075，树生，1 313m；PG20171016002，树生，1 365m；262a。

241．拟多枝藓 *H. pseudo-triste* (Müll. Hal.) Broth.

采集信息：PG20171016063，树生，1 250m；PG20171019009，石生，750m；PG20171016084，石生，1 360m；PG20171021054，石生，1 370m；011；262b。

地钱目 Marchantiales

一、疣冠苔科 Aytoniaceae Cavers

（一）石地钱属 *Reboulia* Raddi

1．石地钱 *R. hemisphaerica* (L.) Raddi

采集信息：PG20171021093，土生，1 300m；PG201018088，石生，1 144m；138。

（二）紫背苔属 *Plagiochasma* Lehm. et Lindenb.

2．钝鳞紫背苔 *P. appendiculatum* Lehm. et Lindenb.

采集信息：PG201019076b，土生，770m；PG201019071，石生，950m；PG201017062，土生，1 320m；

PG201018100，土生，1 144m。

3．紫背苔 *P. cordatum* Lehm. et Lindenb.

采集信息：PG201019075，土生，770m；PG201019104，土生，770m；PG201019101，土生，770m；PG201019103，土生，750m；PG201019077，石生，780m；PG201016134，土生，1 386m；PG201015012，石生，1 235m；PG201019095，石生，750m；PG201016133，石生，1 246m；PG201019104，土生，770m；PG20171016017，石生，1 360m；PG20171017118，土生，1 300m；PG20171017074，石生，1 360m；PG20171021079，石生，1 300m；PG20171020023，石生，1 000m；PG20171015003，石生，1 390m；PG20171019108，石生，1 000m；PG20171019097，土生，950m；PG20171019105，土生，770m。

（三）花萼苔属 *Asterella* P. Beauv.

4．东亚花萼苔 *A. yoshinagana* (Horik.) Horik.

采集信息：PG20171015068，土生，1 260m。

5．多托花萼苔 *A. multiflora* (Steph.) Pandé

采集信息：PG20171021071，石生，1 314m；PG20171019101a，土生，770m；PG20171019076a，土生，770m；PG20171015004b，土生，1 460m。

6．狭叶花萼苔 *A. angusta* (Steph.) Pandé

采集信息：PG20171017091，石生，1 400m；PG20171016110，石生，1 360m；218；320。

二、护蒴苔科 Calypogeiaceae Arnell

（四）护蒴苔属 *Calypogeia* Raddi

7．刺叶护蒴苔 *C. arguta* Nees et Mont. ex Nees

采集信息：013。

三、蛇苔科 Conocephalaceae Müll. Frib. ex Grolle

（五）蛇苔属 *Conocephalum* F. H. Wigg

8．蛇苔 *C. conicum* (L.) Dumort.

采集信息：PG20171019084a，土生，1 000m；139。

9．小蛇苔 *C. japonicum* (Thunb.) Grolle

采集信息：PG20171021089，土生，1 300m；190。

四、光苔科 Cyathodiaceae (Grolle) Stotler et Crand.-Stotl.

（六）光苔属 *Cyathodium* Kunze

10．芽胞光苔 *C. tuberosum* Kash.

采集信息：PG20171017072，土生，1 320m；PG20171017106，土生，1 320m；PG20171017078 土生，1 320m。

11．黄光苔 *C. aureo-nitens* (Griff.) Schiffn.

采集信息：PG20171019073，石生，750m；PG20171020028，土生，908m；PG20171019068，土生，950m；PG20171019074，土生，775m；PG20171017069，土生，1 400m；PG20171020050，石生，1 050m；PG20171019102，石生，750m；PG20171018067，土生，1 188m；PG20171019100，石生，750m；PG20171019080，石生，1 000m；PG20171019084e，土生，1 000m；PG20171019090，土生，1 000m。

12．光苔 *C. cavernarum* Kunze

采集信息：117；205。

五、地钱科 Marchantiaceae Lindl.

（七）地钱属 *Marchantia* L.

13．楔瓣地钱 *M. emarginata* Reinw. Blume et Nees
采集信息：PG20171018085，石生，1 144m；PG20171016116，石生，1 256m；203。
14．粗裂地钱原亚种 *M. paleacea* subsp. *paleacea* Bertol.
采集信息：PG20171016107，石生，1 425m；PG20171018094，土生，1 180m；PG20171017028，土生，1 200m；232。
15．粗裂地钱风兜亚种 *M. paleacea* subsp. *diptera* (Nees et Mont.) Inoue
采集信息：PG20171021070，土生，1 314m；PG20171021080，石生，1 300m；PG20171016111，石生，1 360m。
16．地钱 *M. polymorpha* L.
采集信息：PG20171015080，石生，1 330m；189。

（八）背托苔属 *Preissia* Corda

17．背托苔 *P. quadrata* (Scop.) Nees
采集信息：186。

六、毛地钱科 Dumortieraceae D. G. Long

（九）毛地钱属 *Dumortiera* Nees

18．毛地钱 *D. hirsuta* (Sw.) Nees
采集信息：PG20171019065，土生，1 000m；PG20171019089a，土生，1 000m；PG20171016113，石生，1 250m。

七、溪苔科 Pelliaceae H. Klinggr.

（十）溪苔属 *Pellia* Raddi

19．溪苔 *P. epiphylla* (L.) Corda
采集信息：PG20171020033，土生，1 000m；PG20171019034b，腐木生，900m；PG20171019033c，土生，900m；PG20171016031，水边石生，1 250m；PG20171019098，土生，900m；PG20171018101，土生，1 144m。
20．花叶溪苔 *P. endiviifolia* (Dicks.) Dumort
采集信息：318。

八、斜裂苔科 Mesoptychiaceae

（十一）斜裂苔属 *Mesoptychia* (Lindb. et Arnell) Ev.

21．中华斜裂苔 *M. chinensis* Bakalin, Vilnet et Xiong sp. nov.
采集信息：PG20171019089b，土生，1 000m。

九、羽苔科 Plagiochilaceae Müll. Frib.

（十二）羽苔属 *Plagiochila* (Dumort.) Dumort.

22．中华羽苔 *P. chinensis* Steph.
采集信息：152。
23．上海羽苔 *P. shanghaica* Steph.
采集信息：PG20171019083，石生，1 005m。

24．尼泊尔羽苔 *P. nepalensis* Lindenb.

采集信息：PG20171016034，树生，1 250m；PG20171017067a，树生，1 355m。

25．福氏羽苔 *P. fordiana* Steph.

采集信息：PG20171021075，树生，1 314m。

26．容氏羽苔 *P. junghuhniana* Sande Lac. in Dozy (ed.)

采集信息：PG20171021073，石生，1 314m。

27．圆头羽苔 *P. parvifolia* Lindenb.

采集信息：PG20171016126，树生，1 250m。

28．刺叶羽苔 *P. sciophila* Nees ex Lindenb.

采集信息：PG20171021084；石生；1 300m；PG20171021074；石生；1 314m；PG20171019084c，土生，1 000m。

十、齿萼苔科 Lophocoleaceae Vanden Berghen

（十三）异萼苔属 *Heteroscyphus* Schiffn.

29．双齿异萼苔 *H. coalitus* (Hook.) Schiffn.

采集信息：PG20171019084b，土生，1 000m。

30．平叶异萼苔 *H. planus* (Mitt.) Schiffn.

采集信息：PG20171018105，土生，1 144m。

31．南亚异萼苔 *H. zollingeri* (Gottsche) Schiffn.

采集信息：PG20171010037，石生，1 050m。

十一、光萼苔科 Porellaceae Cavers

（十四）光萼苔属 *Porella* L.

32．尾尖光萼苔 *P. handelii* S. Hatt.

采集信息：PG20171021078，石生，1 320m；PG20171019107，石生，750m；PG20171020047b，石生，930m。

33．小瓣光萼苔 *P. plumosa* (Mitt.) Inoue

采集信息：PG20171021067，石生，1 370m；PG20171021057b，石生，1 370m。

34．密叶光萼苔原亚种 *P. densifolia* subsp. *densifolia* (Steph.)S. Hatt

采集信息：PG20171017015，石生，1 200m；PG20171018045，石生，1 100m；PG20171021077，石生，1 320m；PG20171018042，石生，1 300m；PG20171015025b，石生，1 339m；PG20171021088，石生，1 320m；PG20171019093，石生，979m。

35．密叶光萼苔长叶亚种 *P. densifolia* subsp. *appendiculata* (Steph.) S. Hatt.

采集信息：PG20171021089，石生，1 320m。

36．细光萼苔 *P. gracillima* Mitt.

采集信息：PG20171018050，石生，1 000m。

37．宽叶光萼苔 *P. latifolia* J. X. Lou et Q. Li

采集信息：145a。

38．亮叶光萼苔 *P. nitens* (Steph.) S. Hatt. in Hara (ed.)

采集信息：021。

39．高山光萼苔 *P. oblongifolia* S. Hatt.

采集信息：273。

40．钝叶光萼苔（钝叶光萼苔鳞叶变种）*P. obtusata* (Taylor) Trevis.

采集信息：PG20171016079，石生，1 405m；PG20171021085a，石生，1 293m。

41．毛边光萼苔 *P. perrottetiana* (Mont.) Trevis.

采集信息：PG20171017012，石生，1 440m；PG20171021002a，石生，1 320m。

42．卷叶光萼苔陕西变种 *P. revoluta* var. *propingua* (C. Massal.) S. Hatt.

采集信息：PG20171018046a，石生，1 100m。

十二、扁萼苔科 Radulaceae (Dumort.) K. Müller

（十五）扁萼苔属 *Radula* Dumort.

43．尖叶扁萼苔 *R. kojana* Steph.

采集信息：PG20171021072，石生，1 314m。

十三、耳叶苔科 Frullaniaceae Lorch

（十六）耳叶苔属 *Frullania* Raddi

44．喙尖耳叶苔 *F. acutiloba* Mitt.

采集信息：PG20171016119，树生，1 250m；PG20171017022，石生，1 300m。

45．皱叶耳叶苔 *F. ericoides* (Nees ex Mart.) Mont.

采集信息：PG20171020042，树生，1 081m；PG20171020034，树生，1 000m；PG20171020026，树生，1 000m；PG20171020024，树生，1 000m；PG20171020038，树生，1 000m；PG20171020039，树生，1 083m；PG20171016027，树生，1 250m；PG20171016025b，树生，1 250m；PG20171017119，树生，1 310m；PG20171018047，树生，1 100m；PG20171016024，树生，1 250m；PG20171016038，石生，1 216m；PG20171016040，石生，1 216m；PG20171021069，树生，1 351m；PG20171017071，树生，1 285m；PG20171019088b，树生，1 018m；PG20171020048，树生，1 037m；PG20171018092，树生，1 260m；PG20171017038，树生，1 170m；PG20171017079，树生，1 330m；PG20171017077，石生，1 350m；PG20171017037，树生，1 176m；PG20171017080，土生，1 370m；PG20171017115，树生，1 310m；PG20171017113，树生，1 310m。

46．暗绿耳叶苔 *F. fuscovirens* Steph

采集信息：PG20171017117，树生，1 283m。

47．微齿耳叶苔 *F. rhytidantha* S. Hatt.

采集信息：PG20171021068，树生，1 378m；PG20171017065a，树生，1 313m。

48．石生耳叶苔 *F. inflata* Gottsche

采集信息：PG20171019027a，石生，750m；PG20171019021，土生，750m；PG20171020027b，石生，905m；PG20171020025，树生，1 000m；PG20171019106，石生，750m；PG20171019087b，树生，946m；PG20171019111b，石生，1 012m。

49．灰绿耳叶苔（淡色耳叶苔）*F. pallide-virens* Steph.

采集信息：105b。

50．盔瓣耳叶苔 *F. muscicola* Steph.

采集信息：PG20171019096，树生，1 000m；PG20171016062，树生，1 250m；PG20171019092，石生，988m；PG20171019109，树生，1 060m；PG20171016056，树生，1 216m；PG20171019091，树生，988m；PG20171016130，树生，1 256m；PG20171017008，树生，1 200m；PG20171016040，石生，1 216m；PG20171018103，石生，1 144m；PG20171020031c，树生，902m；PG20171019094a，树生，952m；PG20171019087a，树生，946m；PG20171020008c，树生，902m；PG20171017105，树生，1 313m；PG20171016128，树生，1 256m。

51．钟瓣耳叶苔 *F. parvistipula* Steph.

采集信息：PG20171020041b，树生，1 081m；PG20171020043，树生，1 081m；PG20171020007c，石生，1 087m；PG20171019088e，树生，1 018m；PG20171019094b，树生，952m；PG20171019087c，树生，

946m；PG20171017114，树生，1 310m。

52．中华耳叶苔 *F. sinensis* Steph. in Levier

采集信息：PG20171017116，树生，1 310m。

十四、细鳞苔科 Lejeuneaceae Casares-Gil.

（十七）疣鳞苔属 *Cololejeunea* (Spruce) Schiffn.

53．粗齿疣鳞苔 *C. planissima* (Mitt.) Abeyw.

采集信息：PG20171016131，石生，1 246m。

54．阔瓣疣鳞苔 *C. latilobula* (Herzog) Tixier

采集信息：PG20171020032，树生，1 000m；PG20171020029，土生，910m；PG20171020045a，树生，1 000m；PG20171020031a，树生，902m；PG20171020046，石生，912m；PG20171016067，树生，1 216m。

55．粗疣疣鳞苔 *C. grossepapillosa* (Horik.) N. Kitag

采集信息：PG20171020045c，树生，1 000m；PG20171018071，树生，1 180m。

56．拟疣鳞苔 *C. raduliloba* Steph.

采集信息：PG20171016054，树生，1 216m。

（十八）细鳞苔属 *Lejeunea* Lib.

57．狭瓣细鳞苔 *L. anisophylla* Mont.

采集信息：PG2017101529，石生，1 330m；PG20171020035，石生，1 050m；PG20171016021，树生，1 250m；PG20171016039，石生，1 213m；PG20171019020c，树生，1 000m；PG20171019082a，叶附生，1 000m；PG20171016117，石生，1 245m；PG20171017110，树生，1 313m；PG20171018086，石生，1 144m。

58．中华细鳞苔 *L. chinensis* (Herzog) R. L. Zhu et M. L. So

采集信息：015。

59．柴山细鳞苔 *L. chaishanensis* S. H. Lin

采集信息：PG20171020020，树生，1 000m；PG20171020045b，树生，1 000m；PG20171017064，树生，1 313m；PG20171018089，树生，1 270m；PG20171017065b，树生，1 313m；PG20171016115a，树生，1 250m；PG20171016129，树生，1 246m；PG20171016070，树生，1 216m。

60．黄色细鳞苔 *L. flava* (Sw.) Nees

采集信息：PG20171017076，树生，1 350m。

61．有芽细鳞苔 *L. infestans* (Steph.) Mizut.

采集信息：PG2017102004，树生，1 037m。

62．小叶细鳞苔 *L. parva* (S. Hatt.) Mizut.

采集信息：PG20171017107，树生，1 313m；PG20171016132，树生，1 256m；PG20171017111，树生，1 312m；021a；128a。

63．神山细鳞苔 *L. eifrigii* Mizut.

采集信息：PG20171020027a，石生，905m。

64．瓣叶细鳞苔（芽条细鳞苔）*L. cocoes* Mitt.

采集信息：PG20171020045d，树生，1 000m；PG20171020030，树生，910m；PG20171020031b，树生，902m；PG20171016108，树生，1 250m。

65．弯叶细鳞苔 *L. curviloba* Steph.

采集信息：PG20171021087，石生，1 320m；PG20171021090，石生，1 320m；PG20171016109，石生，1 360m；044；090。

66．暗绿细鳞苔 *L. obscura* Mitt.

采集信息：PG20171017112，树生，1 313m；PG20171017067b，树生，1 355m；PG20171016008，树

生，1 216m；046a；105a。

67．角齿细鳞苔 *L. otiana* S. Hatt.

采集信息：PG20171017109，树生，1 313m；PG20171021066，树生，1 370m；PG20171021064，树生，1 378m；PG20171016036，树生，1 250m；PG20171021076，树生，1 375m。

68．魏氏细鳞苔 *L. wightii* Lindenb.

采集信息：PG20171017065c，树生，1 313m。

（十九）瓦鳞苔属 *Trocholejeunea* Schiffner

69．南亚瓦鳞苔 *T. sandvicensis* (Gottsche) Steph.

采集信息：PG20171020036，树生，1 000m；PG20171020022，石生，1 000m；PG20171016025a，树生，1 250m；PG20171017073，树生，1 352m；PG20171019088a，树生，1 018m；PG20171017035，树生，1 176m；PG20171017108，树生，1 313m。

（二十）异鳞苔属 *Tuzibeanthus* S. Hatt.

70．异鳞苔 *T. chinensis* (Steph.) Mizut.

采集信息：PG20171018048，石生，1 100m；PG20171018049，石生，1 100m；PG20171018064，石生，1 100m；PG20171019081，土生，1 007m；PG20171020047a，石生，930m；PG20171018061，石生，1 100m。

十五、叉苔科 Metzgeriaceae H. Klinggr.

（二十一）叉苔属 *Metzgeria* Raddi

71．平叉苔 *M. conjugata* Lindb.

采集信息：PG20171016114，树生，1 250m。

十六、钱苔科 Ricciaceae Rchb.

（二十二）钱苔属 *Riccia* L.

72．叉钱苔 *R. fluitans* L.

采集信息：188。

十七、褐角苔科 Foliocerotaceae Hässel

（二十三）褐角苔属 *Folioceros* D. C. Bharadw.

73．褐角苔 *F. fuciformis* (Mont.) Bhardwaj

采集信息：PG20171021082，土生，1 314m。

附录4　贵州兴义坡岗自然保护区地衣名录

一、微孢衣科 Acarosporaceae

（一）网盘衣属 *Sarcogyne* Flot.

采集地：纳赖村，1 036m，石头。

二、斑衣科 Arthoniaceae Rchb.

（二）斑衣属 *Arthonia* Ach.

1．朱砂斑衣 *A. cinnabarina* (DC.) Wallr.
采集地：万峰湖附近，1 130m，树皮。
2．散斑衣 *A. dispersa* (Schrad.) Nyl.
采集地：苦竹林，1 440m，树皮。
3．花面斑衣 *A. leioplacella* Zahlbr.
采集地：大箐村，1 430m，树皮。

三、粉衣科 Caliciaceae

（三）黑囊基衣属 *Dirinaria* (Tuck.) Clem.

4．扁平黑囊基衣 *D. applanata* (Fée) D. D. Awasthi
采集地：万峰湖，1 130m，树皮。

（四）黑瘤衣属 *Buellia* De Not.

采集地：岩峰弯子，1 330～1 400m，石头。

四、黄茶渍科 Candelariaceae

（五）黄烛衣属 *Candelaria* A. Massal.

采集地：苦竹林，1 430m，树枝；大箐村，1 250m，石头；楼纳上寨，1 100m，树皮。

五、石蕊科 Cladoniaceae Zenker.

（六）石蕊属 *Cladonia* P. Brown

采集地：纳赖村，1 154m，石头、土层；岩峰弯子，1 330m，石头；苦竹林，1 400m，石头；楼纳上寨，1 273m，树枝；荣强，1 262m，石头、苔藓。
5．裂杯石蕊 *C. rei* Schaer.
采集地：大箐村，1 430m，石头苔藓；苦竹林，1 440m，石头苔藓。

（七）俯蕊属 *Cladia* Nyl.

6．聚俯蕊 *C. aggregate* (SW.) Nyl.
采集地：纳赖村，1 154m，土层。

六、珊瑚菌科 Clavulinaceae

（八）棒瑚菌属 *Multiclavula* R.H. Petersen

7．中华地衣棒瑚菌 *M. sinensis* Petersen
采集地：纳赖村，1 036m，土层。

七、胶衣科 Collemataceae

（九）胶衣属 *Collema* C. A. Browne

采集地：间歇泉，1 100m，树皮；楼纳上寨，1 273m，石头；大箐村，1 250m，石头；岩峰湾子，1 330m，石头。

（十）猫耳衣属 *Leptogium* (Ach.) Gray

8．*L. phyllocarpum* (Pers.) Mont.
采集地：岩峰湾子，1 330m，树皮。

八、文字衣科 Graphidaceae

（十一）刻痕衣属 *Glyphis* Ach.

采集地：烂滩，1 171m，树皮；岩峰湾子，1 330m，树皮。

（十二）文字衣属 *Graphis* Adans.

9．环带文字衣 *G. cincta* (Pers.) Aptroot
采集地：间歇泉，1 240m，树皮；楼纳上寨，1 320m，树皮；大箐村，1 320m，树皮；铜鼓广场，1 130m，树皮；马岭河大峡谷，995m，树皮。
10．汉氏文字衣 *G. handelii* Zahlbr.
采集地：大箐村，1 430m，树皮；铜鼓广场，1 130m，树皮。
11．线文字衣 *G. lineola* Ach.
采集地：间歇泉，1 240m，树皮；楼纳上寨，1 320m，树皮；马岭河大峡谷，987m，树皮。
12．矮小文字衣 *G. nanodes* Vain.
采集地：楼纳上寨，1 320m，树皮；苦竹林，1 440m，树皮。
13．根生文字衣 *G. rhizicola* (Fée) Lücking et Chaves
采集地：楼纳上寨，1 320m，树皮。
14．皱沟文字衣 *G. striatula* (Ach.) Spreng.
采集地：铜鼓广场，1 130m，树皮。

九、凹盘衣科 Gyalectaceae

（十三）凹盘衣属 *Gyalecta* Ach.

采集地：间歇泉，1 240m，石头。

十、茶渍科 Lecanoraceae

（十四）茶渍衣属 *Lecanora* Ach.

采集地：楼纳上寨，1 273m，树皮；苦竹林 1 500m，树皮。

十一、网衣科 Lecideaceae

（十五）网衣属 *Lecidea* Ach.

采集地：纳赖村，1 000m，树皮。

十二、巨孢衣科 Megasporaceae

（十六）平茶渍属 *Aspicilia* A. Massal.

采集地：岩峰弯子，1 330m，石头。

十三、梅衣科 Parmeliaceae

（十七）皱衣属 *Flavoparmelia* Hale

15．皱衣 *F. caperata* (L.) Hale
采集地：纳赖村，900m，棕榈树皮；纳赖村，1 000m，树皮。
16．裂芽皱衣 *F. baltimorensis* (Gyeln. et Foriss) Hale
采集地：韦家凼，1 135m，树皮；纳赖村，1 154m，树皮。
17．无芽皱衣 *F. rutidota* (Hook. f. et Taylor.) Hale
采集地：大箐村，1 250m，树皮。

（十八）袋衣属 *Hypogymnia* (Nyl.) Nyl.

采集地：岩峰湾子，1 400m，石头。
18．黄髓叶属 *Myelochroa* (Asahina) Elix et Hale
采集地：纳赖村，1 154m，石头。

（十九）宽叶衣属 *Parmelinella* Elix et Hale

采集地：岩峰湾子，1 400m，树皮。

（二十）狭叶衣属 *Parmelinopsis* Elix et Hale

19．头粉狭叶衣 *P. cryptochlora* (Vain.) Elixet Hale
采集地：岩峰湾子，1 400m，苔藓。
20．疱体粉芽狭叶衣 *P. subfatiscens* (Kruok.) Elix et Hale
采集地：烂滩，1 172m，树皮。

（二十一）大叶梅属 *Parmotrama* A. Massal.

21．大叶梅 *P. tinctorum* (Dilese et Nyl.) Hale
采集地：苦竹林，1 440m，树皮。
22．*P. clavuliferum* (Räsänen) Streimann
采集地：苦竹林，1 440m，树皮。

（二十二）星叶衣属 *Punctelia* Krong

23．星叶衣 *P. borreri* (Sm.) Krog
采集地：万峰湖，1 130m，树皮。
24．粗星叶衣 *P. rudecta* (Ach.) Krog
采集地：纳赖村，1 100m，树皮；苦竹林，1 500m，树皮。

（二十三）松萝属 *Usnea* Dill.ex Adans.

采集地：苦竹林，1 400m、1 438m，树皮；楼纳上寨，1 273m，树皮；大箐村，1 250m，树皮。

十四、地卷科 Peltigeraceae

（二十四）地卷属 *Peltigera* Willd.

25．软地卷 *P. malacea* (Ach.) Funck
采集地：苦竹林，1 400m，苔藓层。
26．白脉地卷 *P. ponojensis* Gyeln.
采集地：岩峰湾子，1 330m、1 400m，石头藓层；苦竹林，1 400m，石头藓层。

十五、蜈蚣衣科 Physciaceae

（二十五）哑铃孢衣属 *Heterodermia* Trevis.

27．白腹哑铃孢 *H. hypoleuca* (Muhl.) Trevis
采集地：楼纳上寨，1 273m，树皮。
28．暗哑铃孢 *H. obscurata* (Nyl.) Trevisan
采集地：楼纳上寨，1 273m，树皮。

（二十六）双歧根属 *Hypotrachyna* (Vain.) Hale

29．台湾双歧根 *H. osseoalba* (Vain.) Y. S. Park et Hale
采集地：烂滩，1 170m，树皮。

（二十七）黑蜈蚣衣属 *Phaeophyscia* Moberg

30．粉芽黑蜈蚣衣 *P. adiastola* (Essl.) Essl.
采集地：岩峰湾子，1 330m，石头藓层；苦竹林，1 400m，石头。
31．睫毛黑蜈蚣衣 *P. ciliate* (Hoffm.) Moberg
采集地：岩峰湾子，1 330m，石头土层。
32．裂芽黑蜈蚣衣 *P. exornatula* (Zahlbr.) Kashiw
33．粗根黑蜈蚣衣 *P. hirsute* (Meresch.) Essl.
采集地：岩峰湾子，1 330m，石头。
34．拟白刺毛黑蜈蚣衣 *P. hirtella* Essl.
采集地：间歇泉，1 240m，树皮。
35．圆叶黑蜈蚣衣 *P. orbicularis* (Neck.) Moberg
采集地：间歇泉，1 240m，树皮。

（二十八）蜈蚣衣属 *Physcia* (Schreb.) Michx.

36．疑蜈蚣衣 *P. dubia* (Hoffm.) Lett.
采集地：岩峰湾子，1 330m，石头藓层。
37．黑蜈蚣衣 *P. nigricans* (Flk.) Moberg
采集地：岩峰湾子，1 400m，石头。
38．糙蜈蚣衣 *P. tribacia* (Ach.) Nyl.
采集地：苦竹林，1 400m，石头。

十六、假网衣科 Porpidiaceae

（二十九）假网衣属 *Porpidia* Körb.

采集地：纳赖村，1 036m，石头。

（三十）拟杆衣属 *Mycobilimbia* Rehm

39．砂地拟杆衣 *M. sabuletorum* (Schreb.) Hafellner
采集地：大箐村，1 320m，苔藓。

十七、小核衣科 Pyrenuladeae

（三十一）小核衣属 *Pyrenula* Ach.

采集地：间歇泉，1 240m，树皮。

十八、树花科 Ramalinaceae

（三十二）树花属 *Ramalina* Ach.

40．环树花 *R. calicaris* (L.) Röhl.
采集地：苦竹林，1 440m，树皮。

十九、珊瑚枝科 Stereocaulaceae

（三十三）癞屑衣属 *Lepraria* Ach.

采集地：岩峰弯子，1 330m，石头；间歇泉，1 100m，树皮。

二十、黄枝衣科 Teloschistaceae

（三十四）双缘衣属 *Diploschistes* Norman

41．大环双缘衣 *D. cinereocaesius* (Sw.) Vain.
采集地：荣强，1 262m，土层。

（三十五）橙衣属 *Caloplaca* Th. Fr.

采集地：岩峰弯子，1 330m，石头；苦竹林，1 400m，树皮；大箐村，1 250m，石头。

（三十六）石黄衣属 *Xanthoria* (Fr.) Th. Fr.

采集地：苦竹林，1 350m，树皮；岩峰湾子，1 330m，石头。

二十一、乳嘴衣科 Trypetheliaceae

（三十七）乳嘴衣属 *Trypethelium* Spreng.

42．热带乳嘴衣 *T. tropicum* (Ach.) Müll. Arg.
采集地：间歇泉，1 240m，树皮。

二十二、瓶口衣科 Verrucariaceae

（三十八）皮果衣属 *Dermatocarpon* Eschw.

43．皮果衣 *D. miniatum* (L.) W. Mann

采集地：大箐村，1 320m，石生。

（三十九）瓶口衣属 *Verrucaria* Ach.

采集地：楼纳上寨，1 273m，石头；岩峰湾子，1 500m，石头。

（四十）矮疣衣属 *Staurothele* Norman

采集地：纳赖村，1 030m，石头。

附录5 贵州兴义坡岗自然保护区大型真菌名录

子囊菌门 Ascomycotina

核菌纲 Pyrenomycetes

麦角菌目 Clavicipitales

一、麦角菌科 Clavicipitaceae

1．椿象虫草 *Cordyceps nutans* Pat.

锤舌菌目 Leotiales

二、锤舌菌科 Leotiaceae

2．橘色小双孢盘菌 *Bisporella citrina* (Batsch) Korf et S. E. Carp

炭角菌目 Xylariales

三、炭角菌科 Xylariaceae

3．炭球菌 *Daldinia concentrica* (Bolt. : Fr.) Ces. et dr Not.
4．果生炭角菌 *Xylaria carpophila* (Pers.) Fr.
5．黑柄炭角菌 *Xylaria nigripes* (K lotzsch) Sacc.
6．炭角菌一种 *Xylaria* sp.
7．多形炭角菌 *Xylaria polymorpha* (Pers.) Grev., Fl. Edin

盘菌纲 Discomyceles

盘菌目 Pezizales

四、火丝菌科 Pyronemataceae

8．红毛盾盘菌 *Scutellinia scutellata* (L.) Lambotte

蜡钉菌目 Helotiales

五、蜡钉菌科 Helotiaceae

9．橘色蜡钉菌 *Helotium serotinum* (Pers.) Fr.
10．乳黄蜡钉菌 *Helotium friesii* (Weinm.) Sacc.

担子菌亚门 Basidiomycotina

异隔担子菌纲 Heterobasidiomy cetes

有隔担子菌纲 Phragmobasidiomycetidac

银耳目 Tremellales

六、银耳科 Tremellaceae

11．橙黄银耳 *Tremella lutescens* Pers.:Fr.

七、木耳科 Aueiculariaceae

12．毛木耳 *Auricularia polytricha* (Mont.) Sacc

八、花耳科 Dacrymycetaceae

13．桂花耳 *Guepinia spathularia* (Schw.) Mart.

非褶菌目 Aphyllophorales

九、鸡油菌科 Cantharellaceae

14．白鸡油菌 *Cantharellus subalbidus* Smith et Morse

十、锁瑚菌科 Clavulinaceae

15．地衣珊瑚菌 *Multiclavula clara* (Berk et M. A. Curtis) R. H. Petersen

十一、韧革菌科 Stereaceae

16．轮纹韧革菌 *Stereum fasciatum* Schw.
17．丛片韧革菌 *Stereum frustulosum* (Pers.) Fr.

十二、刺革菌科 Hymenochaetaceae

18．口孔环褶孔菌 *Cyclomyces setiporus* (Berk.) Pat.

十三、显毛菌科 Phanerochaetaceae

19．环带小薄孔菌 *Antrodiella zonata* (Berk.) Ryvarden

十四、杯珊瑚菌科 Clavicoronaceae

20．小杯珊瑚菌 *Clavicorona colensoi* (Berk.) Corner
21．杯珊瑚菌 *Clavicorona pyxidata* (Pers. : Fr.) Doty

十五、枝瑚菌科 Ramariaceae

22．黄枝瑚菌 *Ramaria flava* (Schaeff. :Fr.) Quel.

十六、锁瑚菌科 Clavulinaceae

23．冠锁瑚菌 *Clavulina cristata* (Holmsk. : Fr.) Schroet

十七、珊瑚菌科 Clavariaceae

24．怡人拟锁湖菌 *Clavulinopsis amoena* (Zoll.et Mor.) Corner
25．银朱拟锁瑚菌 *Clavulinopsis miniatus* (Berk.) Corner
26．白色拟枝瑚菌 *Ramariopsis kunzei* (Fr.) Corner

十八、齿耳菌科 Steccherinaceae

27．赭黄齿耳菌 *Steccherinum ochraceum* (Pers. : Fr.) Gray.

十九、小齿菌科 Clinacodontaceae

28．艾类小齿菌 *Mycoleptodonoi desaitchisonii* (Berk.) Maas

二十、齿菌科 Hydnaceae

29．悬垂箭皮菌 *Oxydontia copeladii* (Pat.) S.Ito

二十一、灵芝科 Ganodermataceae

30．灵芝 *Ganoderma lucidum* (Curtis:Fr.) P. Karst.
31．灵芝一种 *Ganoderma* sp.
32．无柄紫灵芝 *Ganoderma mastporum* (Levl.) Pat
33．紫芝 *Ganoderma sinense* Zhao, Xu et Zhang
34．树舌灵芝 *Ganoderma applanatum* (Pers.) Pat
35．南方树舌 *Ganoderma australe* (Fr.) Pat

二十二、多孔菌科 Polyporaceae

36．烟色烟管菌 *Bjerkandera fumosa* (Pers. : Fr.) Karst.
37．一色齿毛菌 *Cerrena unicolor* (Bull.:Fr) Marst.
38．云芝 *Coriolus versicolor* (L. :Fr.) Quel
39．丝光钹孔菌 *Coltricia cinnamomea* (Jacq.:Fr) Murr
40．木蹄层孔菌 *Fomes fomentarius* (L.:Fr.)
41．药用拟层孔菌 *Fomitopsis officinalis* (Vill.) Bondartsev et Singer
42．树舍灵芝 *Ganoderma applanatum* (Pers.) Pat
43．蜂窝孔菌 *Hexagonia tenuis* (Hook) Fr.

44．桦褶孔菌 *Lenzites betulina* (L.) Fr.
45．鲑贝耙齿菌 *Irpex consors* Berk.
46．褐扇小孔菌 *Microporus vernicipes* (Berk.) O. Kunt.
47．盏芝小孔菌 *Microporus xanthopus* (Fr.) Kunt.
48．扇形小孔菌 *Microporus flabelliformis* (Fr.) Kunt.
49．黄柄小孔菌 *Microporus xanthopus* (Fr.) Kuntze
50．红孔菌 *Pycnoporus cinnabarinus* (Jacq.:Fr) Karst.
51．漏斗多孔菌 *Polyporus arcularius* Batsch.:Fr.
52．波缘多孔菌 *Polyporus confluens* (Alb. et Schw.) Fr.
53．大白栓菌 *Trametes lactinea* Berk.
54．绒毛栓菌 *Trametes pubescens* (Schum.:Fr.) Pilat
55．雅致栓孔菌 *Trametes elegans* (Spreng.) Fr.
56．冷杉附毛菌 *Trichaptum abietinum* (Dicks.:Fr.) Ryv.

二十三、革菌科 Thelephoraceae

57．帚状革菌 *Thelephora penicillata* (Pers.) Fr.

二十四、皱孔菌科 Meruliaceae

58．白囊耙齿菌 *lrpex lacteus* (Fr.) Fr.
59．灰尺脉菌 *Lopharia cinerascens* (Schw.) G. H. Cunn.

二十五、针孔菌科 Mucronoporaceae

60．淡黄木层孔菌 *Polyporus gilvus* Schw. : Fr.

层菌纲 Hymenomycetes

同隔胆子菌亚纲 Holobasibasidiomycetidae

伞菌目 Agaricales

二十六、侧耳科 Pleurotaceae

61．白斗香菇 *Lentinus squarrosulus* Mont.
62．革耳 *Panus rudis* Fr.
63．贝形侧耳 *Pleurocybella porrigens* (Pers.:Fr.) Sing.
64．鳞皮扇菇 *Panellus stypticus* (Bull.) P. Karst.

二十七、小脆柄菇科 Psathyrellaceae

65．假小鬼伞 *Coprinellus disseminatus* (Pers.) J. E. Lange

二十八、裂褶菌科 Schizophyllaceae

66．裂褶菌 *Schizophyllum commune* Franch.

二十九、蜡伞科 Hygrophoraceae

67．橙黄蜡伞 *Hygrocybe conicus* (Fr.) Fr.

68．变黑蜡伞 *Hygrocybe conicus* (Fr.) Fr.
69．深黄蜡伞 *Hygrophorus craceus* (Bull.) Bres.
70．秃顶红湿伞 *Hygrocybe cuspidata* (Peck) Murrill

三十、口蘑科 Tricholomataceae

71．脉褶菌 *Campanella junghuhnii* (Mont.) Sing.
72．堆金钱菌 *Collybia acervata* (Fr.) Kummer
73．栎金钱菌 *Collybia dryophila* (Bull.:Fr.) Quél
74．小橙伞 *Cyptorama aspratum* (Berk.) Redhead et Ginss
75．紫晶蜡蘑 *Laccaria amethystea* (Bull.:Gray) Murr.
76．红蜡蘑 *Laccaria laccata* (Scop. : Fr.) Berk. et Br.
77．绒柄小皮伞 *Marasmius confluens* (Pers.:Fr.) Karst.
78．大盖小皮伞 *Marasmius maximus* Hongo
79．褐柄微皮伞 *Marasmius* spp.
80．白微皮伞 *Marasmiellus candidus* (Bolt.) Sing.
81．枝生微皮伞 *Marasmiellus ramealis* (Bull.:Fr.) Sing.
82．白小菇 *Mycena lactea* (Pers.:Fr.) Kummer
83．黏小奥德蘑 *Oudemansiella mucida* (Schrad.:Fr.) Hohn
84．长根奥德蘑 *Oudemansiella radicata* (Relhan.: Fr.) Singer
85．钟形脐菇 *Omphalia campanella* (Batsch et Fr.) Quel
86．小白脐菇 *Omphalia gracillima* (Weinm.) Quel.
87．鸡㙡*Termitornyces albuminosus* (Berk) Heim
88．小果鸡㙡*Termitornyces microcarpus* (Berk.et Br.) Heim
89．棕灰口蘑 *Tricholoma terreum* (Schaeff: Fr.) Quel.
90．钟形干脐菇 *Xeromphalina campanella* (Batsch.:Fr.) Kuhn. et Maire

三十一、蘑菇科 Agaricaceae

91．天鹅色环柄菇 *Lepiota cygnea* J. Lange

三十二、鹅膏科 Amanitaceae

92．块鳞青鹅膏菌 *Amanita excelsa* (Fr.) Quél.
93．豹斑毒鹅膏菌 *Amanita pantherina* (DC. : Fr.) Schrmm.
94．角鳞灰鹅膏菌 *Amanita spissacea* Imai
95．小托柄鹅膏菌 *Amanita farinosa* Schw

三十三、鬼伞科 Psathyrellaceae

96．墨汁鬼伞 *Coprinopsis atramentarius* (Bull.) Fr.
97．绒白鬼伞 *Coprinus lagopus* Fr.
98．褶纹鬼伞 *Coprinus plicatilis* (Curt: Fr.) Fr.
99．薄花边伞 *Hypholoma appendiculatum* (Bull.:Fr.) Quel.
100．粪生花褶伞 *Panaeolus fimicola* Fr.
101．钟形花褶伞 *Panaeolus campanulatus* (L.) Fr.
102．白假鬼伞 *Pseudocoprinus disseminatus* (Pers.:Fr.) Kuhner.

三十四、粪锈伞科 Bolbitiaceae

103．粪锈伞 *Bolbitius vitellinus* (Pers.) Fr.

三十五、球盖菇科 Strophariaceae

104．簇生韧黑伞 *Naematoloma fasciculare* (Huds.:Fr.) Karst.

三十六、丝膜菌科 Cortinariaceae

105．美孢丝盖伞 *Inocybe calospoea* Quel.
106．红褐丝盖伞 *Inocybe friesii* Heim
107．黄丝盖伞 *Inocybe fastigiata* (Schaeff.) Fr.

三十七、锈耳科 Crepidotaceae

108．褐黄鳞锈耳 *Crepidotus badiofloccosus* Imai
109．黏靴耳 *Crepidotus mollis* (Schaeff.:Fr.) Gray

三十八、赤褶菌科 Rhodophyllaceae

110．黄色赤褶菇 *Rhodophyllus murraii* (Berk.et Curt.) Singer

三十九、牛肝菌科 Boletaceae

111．网纹牛肝菌 *Boletus reticulatus* Schaeff.
112．红黄褶孔牛肝菌 *Phylloporus rhodoxanthus* (Schw.) Bres.
113．黄疸粉末牛肝菌 *Pulveroboletus icterinus* (Pat. et Bak.) Watl.
114．乳牛肝菌 *Suillus bovinus* (L.:Fr.) Kuntze
115．红绒盖牛肝菌 *Xerocomus chrysenteron* (Bull. : Fr.) Quél.
116．褐绒盖牛肝菌 *Xerocomus badius* (Fr.) Kuhner
117．褐金孢牛肝菌 *Xanthoconlum affine* (Peck) Sing.
118．苦粉孢牛肝菌 *Tylopilus felleus* (Bull. : Fr.) Karst.
119．藏南牛肝菌 *Ausreoboletus thibetanus* (Pat.) Hongo et Nagasawa

四十、乳牛肝菌科 Suillaceae

120．褐环乳牛肝菌 *Suillus luteus* (L.) Roussel

四十一、松塔牛肝菌科 Strobilomycetaceae

121．松塔牛肝菌 *strobilomyces strobilaceus* (Scop.:Fr.)Berk.

四十二、红菇科 Russulaceae

122．绒白乳菇 *Lactarius vellereus* Fr.
123．白乳菇 *Lactarius piperatus* (L.) Pers.
124．浅黄褐乳菇 *Lactarius flavidulus* Imai
125．尖顶辣乳菇 *Lactarius imperceptus* Beardslee et Burlingham
126．红菇 *Russula vinosa* Lindblad
127．革质红菇 *Russula alutacea* (Pers.) Fr.
128．拟臭黄菇 *Russula laurocerasi* Melzer
129．黄斑红菇 *Russula crustosa* Peck
130．臭黄菇 *Russula fotens* (Pers.) : Fr.

腹菌亚纲 Gasteromycetidae

马勃目 Lycoperdales

四十三、马勃科 Lycoperdaceae

131．小马勃 *Lycoperdon pusillum* Batsch: Pers.

硬皮马勃目 Sclerodermatales

四十四、地星科 Geastraceae

132．毛嘴地形 *Geastrum fimbriatum* (Fr.) Fisch

133．尖顶地星 *Geastrum triplex* (Jungh.) Fisch

四十五、硬皮地星科 Astraceae

134．硬皮地星 *Astraeus hygrometricus* (Pers.) Morg.

四十六、硬皮马勃科 Sclerodermataceae

135．多根硬皮马勃 *Scleroderma polyrhizum* Pers.

136．奇异硬皮马勃 *Scleroderma paradoxum* G.W. Beaton

鬼笔目 Phallales

四十七、鬼笔科 Phallaceae

137．深红鬼笔 *Phallus rubicundus* (Bosc.) Fr.

灰包目 Lycoperdales

四十八、灰包科 Lycoperdaceae

138．网纹灰包 *Lycoperdon perlatum* Pers.

139．小灰包 *Lycoperdon pusillum* Batsch ex Pers.

鸟巢菌目 Nidulariales

四十九、鸟巢菌科 Nidulariaceae

140．隆纹黑蛋巢 *Cyathus striatus* Willd.: Pers.

141．乳白蛋巢菌 *Crucibulum laeve* (Bull.ex Dc.) Kambl

冬孢菌纲 Teliomrcetes

黑粉菌目 Ustilaginales

五十、黑粉菌科 Ustilaginaceae

142．玉米黑粉菌 *Ustilago maydis* (DC.) Corda

附录 6　贵州兴义坡岗自然保护区藻类植物名录

蓝藻门 Cyanophyta

蓝藻纲 Cyanophyceae

色球藻目 Chroococcales

一、聚球藻科 Synechococcaceae

（一）隐杆藻属 *Aphanothece* Nägeli

1．胶质隐杆藻 *A. gelatinosa* Gardner

样点：111 郑屯岩缝村，积水石坑中底栖。

2．静水隐杆藻 *A. stagnina* (Spreng.) A. Br.

样点：051 顶效麻柳林，泥性水塘中附着于黑藻、眼子菜体表。

3．微小隐杆藻 *A. microscopica* Näg.

样点：109 郑屯岩缝村，池塘中漂浮。

（二）粘杆藻属 *Glocothece* Nägeli

4．岩生粘杆藻原变种 *G. rupestris* var. *rupestris* (Lyngb.) Born.

样点：035 顶效楼纳村上寨，林下潮湿石壁上与苔藓混生；058 郑屯大庆村苦竹林，潮湿岩壁表；060 郑屯大庆村苦竹林，石表气生，红色；086 郑屯大庆村大箐，附着于渗水石壁表。

5．岩生粘杆藻大型变种 *G. rupestris* var. *maxima* W. West

样点：028 郑屯白毡帽，渗水岩壁表。

6．沙生粘杆藻 *G. tophacea* Skuja

样点：031 郑屯白毡帽，渗水岩壁表；041 顶效麻柳林，泉眼口石表固着；073 郑屯大庆村苦竹林，阴暗处潮湿石壁上。

7．萨麻亚粘杆藻 *G. samoensis* Will 样点：073 郑屯大庆村苦竹林，阴暗处潮湿石壁上，紫红色；135 万峰湖镇纳赖村，平房顶水中附着于漂浮植物残体上；153 郑屯新店村，渗水岩壁表。

8．线形粘杆藻 *G. linearis* Näg.

样点：175 龙广镇烂滩村，滴水岩壁表，浅蓝色。

（三）棒胶藻属（拟指球藻属 *Dactylococcopsis* Hansgirg.）*Rhabdogloea* Schröder

9．史氏棒胶藻（针晶拟指球藻）*R. smithii* (R. et F. Choda) Komarek

样点：070 郑屯大庆村苦竹林，水塘中漂浮。

二、平裂藻科 Merismopediaceae

（四）集胞藻属 *Synechocystis* Sauv.

10．佩瓦集胞藻 *S. pevalikii* Erceg.

样点：088 郑屯岩缝村，平房顶水中。

11．水生集胞藻 *S. aquatilis* Sauv.

样点：122 郑屯岩缝村坡岗，人工水池中浮游。

12．极小集胞藻 *S. minuscula* Woron.

样点：076 郑屯大庆村大箐，井口前水坑中石表附着于；079 郑屯大庆村大箐，浅水坑中浮游；097 郑屯岩缝村，岩缝处积水坑中底栖。

13．大型集胞藻 *S. crassa* Woron.

样点：105 郑屯岩缝村，泥性水塘中浮游。

（五）隐球藻属 *Aphanocapsa* Nägeli

14．微小隐球藻 *A. delicatissima* W. et G. S. West

样点：109 郑屯岩缝村，池塘中漂浮。

15．细小隐球藻原变种 *A. elachista* var. *elachista* W. et G. S. West

样点：063 郑屯大庆村苦竹林，水潭中浮游。

16．细小隐球藻密集变种 *A. elachista* var. *conferta* W. et G. S. West

样点：117 郑屯岩缝村，岩缝处积水坑中底栖。

（六）平裂藻属（裂面藻属）*Merismopedia* Meyen

17．细小平裂藻 *M. minima* G. Beck

样点：045 顶效麻柳林，泉眼前水沟中浮游；063 郑屯大庆村苦竹林，水潭中浮游；064 郑屯大庆村苦竹林，生长于长有轮藻的水潭中；070 郑屯大庆村苦竹林，水塘中浮游；097 郑屯岩缝村，岩缝处积水坑中底栖；103 郑屯岩缝村，泥性水坑中附生于生长轮藻体表；105 郑屯岩缝村，泥性水塘中浮游；109 郑屯岩缝村，池塘中漂浮；122 郑屯岩缝村坡岗，人工水池中浮游；130 万峰湖镇纳赖村，水田中底栖；155 龙广镇烂滩村，水田中底栖；169 龙广镇烂滩村，水渠中底栖及沉积物；177 龙广镇烂滩村，水塘中浮游，水体轻污染。

18．微小平裂藻 *M. tenuissima* Lemm. 样点：067 郑屯大庆村苦竹林，水潭中漂浮；080 郑屯大庆村大箐，生长轮藻的浅水坑中；112 郑屯岩缝村，积水石坑中底栖；116 郑屯岩缝村，岩缝处积水坑中浮游；128 万峰湖镇纳赖村，附着于水坑中石上丝状体表；131 万峰湖镇纳赖村，水田中附植；151 郑屯新店村清水河，河水中浮游；162 龙广镇烂滩村，泉眼前水塘中漂浮；165 龙广镇烂滩村，水田中底栖。

19．点形平裂藻 *M. punctata* Meyen Wiegm

样点：022 郑屯坡岗村间歇泉，积水石坑中底栖；052 顶效麻柳林，泥性水坑中底栖；079 郑屯大庆村大箐，浅水坑中浮游；131 万峰湖镇纳赖村，水田中附植。

20．马氏平裂藻 *M. marssonii* Lemm.

样点：133 万峰湖镇纳赖村，水田中漂浮丝状体；134 万峰湖镇纳赖村，水田中浮游。

（七）腔球藻属 *Coelosphaerium* Nägeli

21．不定腔球藻 *C. dubium* Grun.

样点：122 郑屯岩缝村坡岗，人工水池中浮游；151 郑屯新店村清水河，河水中浮游；161 龙广镇烂滩村，渗水石壁表。

22．居氏腔球藻 *C. kuetzingianum* Näg.

样点：117 郑屯岩缝村，岩缝处积水坑中底栖。

三、微囊藻科 Microcystaceae

（八）微囊藻属 *Microcystis* Kütz.

23．不定微囊藻 *M. incerta* Lemm.

样点：113 郑屯岩缝村，池塘中水面浮游；117 郑屯岩缝村，岩缝处积水坑中底栖；151 郑屯新店村清水河，河水中浮游。

（九）粘球藻属 *Gloeacapsa* (Krüz.) Elenkin

24．滴岩粘球藻 *G. stegophila* Rabenhorst

样点：148 郑屯新店村清水河，渗水石壁表。

25．山地粘球藻 *G. montana* Kütz.

样点：060 郑屯大庆村苦竹林，石表气生；073 郑屯大庆村苦竹林，阴暗处潮湿石壁上。

26．黑色粘球藻 *G. atrata* (Turpin) Kütz.

样点：060 郑屯大庆村苦竹林，石表气生；071 郑屯大庆村苦竹林，阴暗处潮湿石壁上。

27．黑紫粘球藻 *G. nigrescens* Nag.

样点：028 郑屯白毡帽，渗水岩壁表；029 郑屯白毡帽，渗水岩壁表；033 顶效楼纳村上寨，林下潮湿石壁表；073 郑屯大庆村苦竹林，阴暗处潮湿石壁上；147 郑屯新店村清水河，渗水石壁表。

28．居氏粘球藻 *G. kützingiana* Näg.

样点：028 郑屯白毡帽，渗水岩壁表；033 顶效楼纳村上寨，林下潮湿石壁表；058 郑屯大庆村苦竹林，潮湿岩壁表；060 郑屯大庆村苦竹林，石表气生，红色；071 郑屯大庆村苦竹林，阴暗处潮湿石壁上；073 郑屯大庆村苦竹林，阴暗处潮湿石壁上，紫红色。

29．拉氏粘球藻 *G. ralfsiana* (Harv.) Kütz.

样点：060 郑屯大庆村苦竹林，石表气生，红色。

30．石生粘球藻 *G. rupestris* Kütz.

样点：148 郑屯新店村清水河，渗水石壁表。

四、色球藻科 Chroococcaceae

（十）星球藻属 *Asterocapsa* Chu

31．球纹星球藻 *A. trochischoides* (Jao) Chu

样点：028 郑屯白毡帽，渗水岩壁表；029 郑屯白毡帽，035 顶效楼纳村上寨，林下潮湿石壁上与苔藓混生；渗水岩壁表；073 郑屯大庆村苦竹林，阴暗处潮湿石壁上，紫红色；086 郑屯大庆村大箐，渗水石壁表附着。

32．粘杆星球藻 *A. gloeotheceformis* Chu

样点：029 郑屯白毡帽，渗水岩壁表。

（十一）色球藻属 *Chroococcus* (Näg.) Elenkin

33．惠氏色球藻 *C. westii* (W. West) Boye -Peters.

样点：029 郑屯白毡帽，渗水岩壁表；051 顶效麻柳林，泥性水塘中黑藻、眼子菜表面附着；058 郑屯大庆村苦竹林，潮湿岩壁表；061 郑屯大庆村苦竹林，石坑中底栖；080 郑屯大庆村大箐，轮藻生长的浅水坑；098 郑屯岩缝村，积水平房顶水中漂浮物；099 郑屯岩缝村，积水平房顶水中沉积物；109 郑屯岩缝村，池塘中漂浮；112 郑屯岩缝村，积水石坑中底栖；117 郑屯岩缝村，岩缝处积水坑中底栖；161 龙广镇烂滩村，渗水石壁表；171 龙广镇烂滩村，水沟边湿石壁；173 龙广镇烂滩村，滴水岩壁上华钙表面。

34．膨胀色球藻 *C. turgidus* (Kütz.) Näg.

样点：025 郑屯健康村，水田中底栖；028 郑屯白毡帽，渗水岩壁表；029 郑屯白毡帽，渗水岩壁表；

035 顶效楼纳村上寨，林下潮湿石壁上与苔藓混生；071 郑屯大庆村苦竹林，阴暗处潮湿石壁上附着；073 郑屯大庆村苦竹林，阴暗处潮湿石壁上，紫红色；078 郑屯大庆村大箐，浅水坑中底栖；080 郑屯大庆村大箐，轮藻生长的浅水坑中；145 万峰湖镇，积水石坑中漂浮；151 郑屯新店村清水河，河水中浮游。

35．石栖色球藻 *C. lithophilus* Erceg.

样点：026 郑屯白毡帽，渗水岩壁表；029 郑屯白毡帽，渗水岩壁表。

36．光辉色球藻 *C. splendidus* Jao

样点：035 顶效楼纳村上寨，林下潮湿石壁上与苔藓混生；161 龙广镇烂滩村，渗水石壁表。

37．苍白色球藻 *C. pallidus* Näg.

样点：086 郑屯大庆村大箐，渗水石壁表附着；109 郑屯岩缝村，池塘中漂浮。

38．粘连色球藻 *C. cohaerens* (Breb.) Näg.

样点：040 顶效麻柳林，渗水石壁表；086 郑屯大庆村大箐，渗水石壁表附着。

39．厚膜色球藻 *C. turicensis* (Näg.) Hensg.

样点：050 顶效麻柳林，泥性水坑中浮游；060 郑屯大庆村苦竹林，石表气生；063 郑屯大庆村苦竹林，水潭中浮游；064 郑屯大庆村苦竹林，水潭中附生于轮藻上；086 郑屯大庆村大箐，渗水石壁表附着；105 郑屯岩缝村，泥性水塘中浮游；173 龙广镇烂滩村，滴水岩壁上华钙表面。

（十二）肾胞藻属 *Nephrococcus* Y. Y. Li

40．密集肾胞藻 *N. confertus* Y. Y. Li

样点：028 郑屯白毡帽，渗水岩壁表。

颤藻目 Osillatoriales

五、裂须藻科 Schizotrichaceae

（十三）裂须藻属 *Schizothrix* Kützing

41．染色裂须藻 *S. tinctoria* Gom.

样点：071 郑屯大庆村苦竹林，阴暗处潮湿石壁上；093 郑屯岩缝村，岩壁上丛生，下部黑色上部白色。

六、席藻科 Phormidiaceae

（十四）席藻属 *Phormidium* Kützing.

42．粗状席藻 *Ph. valderianum* (Delp) Gom.

样点：085 郑屯大庆村大箐，渗水石壁表固着。

43．钩状席藻 *Ph. uncinatum* (Ag.) Gom.

样点：085 郑屯大庆村大箐，渗水石壁表固着。

44．坑形席藻 *Ph. foveolarum* (Mont.) Gom.

样点：008 郑屯坡岗村间歇泉，水潭边水湿石壁，蓝绿色；016 郑屯坡岗村间歇泉，水潭底部石表；019 郑屯坡岗村间歇泉，流水中石表；020 郑屯坡岗村间歇泉，溅水石表上，蓝绿色；027 郑屯白毡帽，渗水岩壁表；051 顶效麻柳林，泥性水塘中黑藻、眼子菜表面附着；059 郑屯大庆村苦竹林，平房顶积水中漂浮物；063 郑屯大庆村苦竹林，水潭中浮游；070 郑屯大庆村苦竹林，水塘中漂浮；082 郑屯大庆村大箐，浅水坑中石表固着，黄色；088 郑屯岩缝村，积水平房顶水中漂浮物；099 郑屯岩缝村，积水平房顶水中沉积物。

45．皮状席藻 *Ph. corium* Gom.

样点：039 顶效楼纳村上寨，石上毛状丛生。

（十五）微鞘藻属 *Microcoleus* Desm.

46．沼地微鞘藻 *M. paludosus* (Kütz.) Gom.

样点：088 郑屯岩缝村，积水平房顶水中漂浮物；159 龙广镇烂滩村，积水土表，蓝黑色。

七、颤藻科 Oscillatoriaceae

（十六）鞘丝藻属 *Lyngbya* Ag.

47．阿氏鞘丝藻 *L. allorgei* Fremy

样点：072 郑屯大庆村苦竹林，阴暗处潮湿石壁上，黑色，与苔藓混生。

48．湖泊鞘丝藻 *L. limnetica* Lemm.

样点：001 郑屯坡岗村间歇泉，水潭中菹草、黑藻叶表；098 郑屯岩缝村，积水平房顶水中漂浮物；103 郑屯岩缝村，泥性水坑中附生于生长轮藻表；109 郑屯岩缝村，池塘中漂浮；112 郑屯岩缝村，积水石坑中底栖；135 万峰湖镇纳赖村，积水平房顶水中漂浮。

49．巨大鞘丝藻 *L. majuscule* Harvey

样点：002 郑屯坡岗村间歇泉，水潭中漂浮；006 郑屯坡岗村间歇泉，水潭中漂浮；137 万峰湖镇纳赖村，水沟流水石表黑色。

50．马氏鞘丝藻 *L. martensiana* Menagh.

样点：011 郑屯坡岗村间歇泉，沼地中水表漂浮；020 郑屯坡岗村间歇泉，溅水石表上，蓝绿色；077 郑屯大庆村大箐，井口前水坑中丝状体；089 郑屯岩缝村，水沟中底栖；090 郑屯岩缝村，泉眼旁阴暗湿润石上；090 郑屯岩缝村，泉眼旁阴暗湿润石上；125 郑屯岩缝村坡岗，积水坑中底栖。

51．顾氏鞘丝藻 *L. kuetzingii* Schmidle

样点：006 郑屯坡岗村间歇泉，水潭中附植；122 郑屯岩缝村坡岗，人工水池中浮游；136 万峰湖镇纳赖村，水沟流水石表；146 郑屯新店村，积水石坑中石表面；148 郑屯新店村清水河，渗水石壁表。

52．渐细鞘丝藻 *L. attenuata* F. E. Fritsch

样点：021 郑屯坡岗村间歇泉，积水石坑中底栖。

53．栏鞘丝藻 *L. putealis* Mont.

样点：061 郑屯大庆村苦竹林，石坑中底栖。

54．加德纳鞘丝藻 *L. gardneri* (Setch et Gardn.) Geitl.

样点：131 万峰湖镇纳赖村，水田中附植。

55．环离鞘丝藻 *L. circumcreta* G. S. Weest

样点：080 郑屯大庆村大箐，附着于浅水坑中轮藻表面；151 郑屯新店村清水河，河水中浮游；171 龙广镇烂滩村，水沟边湿石壁。

56．纤细鞘丝藻 *L. gracilis* (Menegh.) Rabenh

样点：156 龙广镇烂滩村，水田中底栖。

（十七）颤藻属 *Oscillatoria* Vauch.

57．奥克尼颤藻 *O. okeni* Ag.

样点：129 万峰湖镇纳赖村，积水坑中浮游。

58．博恩颤藻 *O. borneti* Zukal

样点：063 郑屯大庆村苦竹林，水潭中浮游；066 郑屯大庆村苦竹林，水潭中漂浮。

59．巨颤藻 *O. princeps* Vauch.

样点：010 郑屯坡岗村间歇泉，沼地中黑色漂浮丝状；014 郑屯坡岗村间歇泉，水潭中底栖；015 郑屯坡岗村间歇泉，水潭中浮游；021 郑屯坡岗村间歇泉，积水石坑中底栖；024 郑屯健康村，水田中漂浮，深绿色；025 郑屯健康村，水田中底栖。

60．阿氏颤藻 *O. agardhii* Gom.

样点：083 郑屯大庆村大箐，房前污水沟黑色；144 万峰湖镇，积水石坑中浮游。

61．关节颤藻 *O. articulata* Gard.

样点：041 顶效麻柳林，泉眼口石表固着；064 郑屯大庆村苦竹林，水潭中附着于轮藻上；070 郑屯大庆村苦竹林，水塘中漂浮。

62．尖细颤藻 *O. acuminata* Gom.

样点：079 郑屯大庆村大箐，浅水坑中浮游；151 郑屯新店村清水河，河水中浮游；155 龙广镇烂滩村，水田中底栖黄黑色。

63．泥泞颤藻 *O. limosa* Ag.

样点：079 郑屯大庆村大箐，浅水坑中浮游；177 龙广镇烂滩村，水塘中浮游，水体轻污染；178 龙广镇烂滩村，岩壁下积水坑浮游，水体重污染。

64．蛇形颤藻 *O. anguina* (Bory) Gom.

样点：084 郑屯大庆村大箐，水田中底栖。

65．小颤藻 *O. tenuis* Ag.

样点：006 郑屯坡岗村间歇泉，水潭中附植；123 郑屯岩缝村坡岗，泉眼处水中石壁，蓝黑色；125 郑屯岩缝村坡岗，积水坑中底栖；144 万峰湖镇，积水石坑中浮游。

66．悦目颤藻 *O. amoena* (Kütz.) Gom.

样点：006 郑屯坡岗村间歇泉，水潭中附植。

67．鲜明颤藻 *O. splendida* Grev.

样点：079 郑屯大庆村大箐，浅水坑中浮游；080 郑屯大庆村大箐，漂浮于轮藻生长的浅水坑中；123 郑屯岩缝村坡岗，泉眼处水中石壁，蓝黑色。

68．头冠颤藻 *O. sancta* (Kütz.) Gom.

样点：015 郑屯坡岗村间歇泉，水潭中浮游；080 郑屯大庆村大箐，漂浮于轮藻生长的浅水坑中。

69．歪头颤藻 *O. curviceps* Ag. ex Goment

样点：022 郑屯坡岗村间歇泉，积水石坑中底栖。

（十八）螺旋藻属 *Spirulina* Thur.

70．宽松螺旋藻 *S. laxissima* G. S. West

样点：041 顶效麻柳林，泉眼口石表固着；177 龙广镇烂滩村，轻污染的水塘中浮游。

（十九）节旋藻属 *Arthrospira* Stizenberger.

71．极大节旋藻 *A. maxima* Setch.

样点：151 郑屯新店村清水河，河水中浮游。

念珠藻目 Nostocales

八、伪枝藻科 Scytonemataceae

（二十）伪枝藻属 *Scytonema* C. Agardh

72．粗厚伪枝藻 *S. crassum* Naegeli ex Born. et Flah.

样点：081 郑屯大庆村大箐，浅水泉眼前水坑水中石表固着；085 郑屯大庆村大箐，渗水石壁表固着。

73．卷曲伪枝藻 *S. crispum* (Ag.) Born.

样点：029 郑屯白毡帽，渗水岩壁表；030 郑屯白毡帽，渗水岩壁表；033 顶效楼纳村上寨，林下潮湿石壁表；161 龙广镇烂滩村，渗水石壁表。

74. 奇异伪枝藻 *S. mirabile* (Dillw.) Born.
样点：146 郑屯新店村，积水石坑中石表面。
75. 朱氏伪枝藻 *S. julianum* (Kütz.) Menegh.
样点：102 郑屯岩缝村，石墙表。
76. 绳色伪枝藻 *S. myochrous* (Dillw.) Ag.
样点：071 郑屯大庆村苦竹林，阴暗处潮湿石壁上；091 郑屯岩缝村，裸岩上积水石坑中底栖；094 郑屯岩缝村，岩壁表，粉红色。

（二十一）翅线藻属 *Petalonema* Berk.

77. 美丽翅线藻 *P. pulchrum* (Fremy) Geitler
样点：094 郑屯岩缝村，岩壁表，红色。
78. 螺卷翅线藻 *P. velutinum* (Rabenh.) Mig.
样点：032 郑屯白毡帽，渗水岩壁表；173 龙广镇烂滩村，滴水岩壁上华钙表面；175 龙广镇烂滩村，滴水岩壁表，浅蓝色。

九、微毛藻科 Microchaetaceae

（二十二）单歧藻属 *Tolypothrix* Kütz.

79. 立氏单歧藻 *T. rechingeri* (Wille) Geitler
样点：037 顶效楼纳村上寨，石上黑色壳状；038 顶效楼纳村上寨，石上毛状丛生。
80. 石生单歧藻 *T. epilithica* (Erceg.) Geitler
样点：147 郑屯新店村清水河，渗水石壁表。

十、胶须藻科 Rivulariaceae

（二十三）胶须藻属 *Rivularia* Ag.

81. 北方胶须藻 *R. borealis* P. Richter
样点：076 郑屯大庆村大箐，井口前水坑中石表固着。

（二十四）眉藻属 *Calothrix* C. Ag.

82. 附生眉藻 *C. epiphytica* W. et G. S. West
样点：059 郑屯大庆村苦竹林，平房顶积水中漂浮物。
83. 开展眉藻 *C. evoluta* Y. T. Li
样点：164 龙广镇烂滩村，泉眼前水塘中底栖。
84. 勃氏眉藻 *C. braunii* Born. et Flah.
样点：091 郑屯岩缝村，裸岩上积水石坑中底栖。
85. 棕色眉藻 *C. fusca* (Kütz.) Born. et Flah.
样点：033 顶效楼纳村上寨，林下潮湿石壁表。
86. 墙壁眉藻 *C. parietina* Thuret
样点：058 郑屯大庆村苦竹林，潮湿岩壁表；060 郑屯大庆村苦竹林，石表气生。

（二十五）双须藻属 *Dichothrix* Zanard.

87. 威氏双须藻 *D. willei* Gardner
样点：020 郑屯坡岗村间歇泉，溅水石表上，蓝绿色。

十一、念珠藻科 Nostocaceae

（二十六）鱼腥藻属 *Anabaena* Bory

88．稻田鱼腥藻 *A. oryzae* Fritsch.

样点：025 郑屯健康村，水田中底栖；052 顶效麻柳林，泥性水坑中底栖；154 龙广镇烂滩村，水田中漂浮丝状体；156 龙广镇烂滩村，水田中底栖。

89．固氮鱼腥藻 *A. azotica* Ley

样点：103 郑屯岩缝村，泥性水坑中附生于生长轮藻表。

90．满江红鱼腥藻 *A. azollae* Strasburger.

样点：024 郑屯健康村，水田中漂浮，深绿色；170 龙广镇烂滩村，田间水沟中浮游。

（二十七）念珠藻属 *Nostoc* Vauch.

91．普通念珠藻 *N. commune* Vauch.

样点：069 郑屯大庆村苦竹林，裸岩上附着；096 郑屯岩缝村，耕地周边。

92．点形念珠藻 *N. punctiforme* (Kütz.) Hariot

样点：061 郑屯大庆村苦竹林，石坑中底栖；062 郑屯大庆村苦竹林，石坑中底栖；103 郑屯岩缝村，泥性水坑中附生于生长轮藻表；105 郑屯岩缝村，泥性水塘中浮游；176 龙广镇烂滩村，滴水岩壁表，圆球体直径 2～4mm。

93．海绵状念珠藻 *N. spongiaeforme* Ag.

样点：107 郑屯岩缝村，泥性水塘中黄褐色瘤状体。

94．肉色念珠藻 *N. carneum* Ag.

样点：174 龙广镇烂滩村，滴水岩壁表，暗红色。

95．微小念珠藻 *N. microscopicum* Carm.

样点：027 郑屯白毡帽，渗水岩壁表；033 顶效楼纳村上寨，林下潮湿石壁表；058 郑屯大庆村苦竹林，潮湿岩壁表；071 郑屯大庆村苦竹林，阴暗处潮湿石壁上，丛状下部黑色上部白色；073 郑屯大庆村苦竹林，阴暗处潮湿石壁上，紫红色；092 郑屯岩缝村，阴湿石缝中与苔藓混生。

96．林氏念珠藻 *N. linckia* (Roth.) Born. et Flah.

样点：064 郑屯大庆村苦竹林，水潭中附着于轮藻上。

97．灰念珠藻 *N. muscorum* Ag. ex Born. et Flah

样点：161 龙广镇烂滩村，渗水石壁表。

真枝藻目 Stigonematales

十二、真枝藻科 Stigonemataceae

（二十八）真枝藻属 *Stigonema* Ag.

98．小真枝藻 *S. minutum* (Ag.) Hass.

样点：060 郑屯大庆村苦竹林，石表气生，红色；073 郑屯大庆村苦竹林，阴暗处潮湿石壁表，呈紫红色。

金藻门 Chrysophyta

金藻纲 Chrysophyceae

色金藻目 Chromulinales

十三、锥囊藻科 Dinobryonaceae

（二十九）锥囊藻属 *Dinobryon* Ehr.

99．群聚锥囊藻 *D. sociale* Ehr.
样点：144 万峰湖镇，积水石坑中浮游。

黄群藻纲 Synurophyceae

黄群藻目 Synurales

十四、鱼鳞藻科 Mallomonadaceae

（三十）鱼鳞藻属 *Mallomonas* Perty

100．具尾鱼鳞藻 *M. caudate* Ivanov
样点：025 郑屯健康村，水田中底栖。

黄藻门 Xanthophyta

黄藻纲 Xanthophyceae

柄球藻目 Mischococcales

十五、胶葡萄藻科 Gloeobotrydaceae

（三十一）胶葡萄藻属 *Gloeobotrys* Pasch.

101．湖生胶葡萄藻 *G. limneticus* (G. M. Smith) Pasch.
样点：084 郑屯大庆村大箐，水田中底栖。

十六、葡萄藻科 Botryococcaceae

（三十二）葡萄藻属 *Botryococcus* Kütz.

102．葡萄藻 *B. braunii* Kütz.
样点：063 郑屯大庆村苦竹林，水潭中浮游；064 郑屯大庆村苦竹林，水潭中附着于轮藻上；070 郑屯大庆村苦竹林，水塘中漂浮；088 郑屯岩缝村，积水平房顶水中漂浮物；098 郑屯岩缝村，积水平房顶水中漂浮物。

黄丝藻目 Tribonematales

十七、黄丝藻科 Tribonemataceae

（三十三）黄丝藻属 *Tribonema* Derbes et Solier

103．近缘黄丝藻 *T. affine* G. S. West

样点：012 郑屯坡岗村间歇泉，水潭中底栖；022 郑屯坡岗村间歇泉，积水石坑中底栖。

104．绿色黄丝藻 *T. viride* Pasch.

样点：002 郑屯坡岗村间歇泉，水潭中漂浮；004 郑屯坡岗村间歇泉，水潭中底栖；007 郑屯坡岗村间歇泉，水潭中漂浮；021 郑屯坡岗村间歇泉，积水石坑中底栖。

105．小型黄丝藻 *T. minus* (Will.) Haz.

样点：167 龙广镇烂滩村，水池中浮游。

无隔藻目 Vaucheriales

十八、无隔藻科 Vaucheriaceae

（三十四）无隔藻属 *Vaucheria* De Cand.

106．无柄无隔藻 *V. sessilis* De Cand.

样点：003 郑屯坡岗村间歇泉，水潭中漂浮；010 郑屯坡岗村间歇泉，沼地中黑色漂浮丝状；104 郑屯岩缝村，泥性水塘中漂浮，蓝绿色丝状体；126 郑屯岩缝村坡岗，流水沟石表；131 万峰湖镇纳赖村，水田中附植；133 万峰湖镇纳赖村，水田中漂浮丝状体；166 龙广镇烂滩村，水田中漂浮。

硅藻门 Bacillariophyta

中心纲 Centricae

圆筛藻目 Coscinodiscates

十九、圆筛藻科 Coscinodiscaceae

（三十五）直链藻属 *Melosira* Agardh

107．变异直链藻 *M. varians* Agardh

样点：002 郑屯坡岗村间歇泉，水潭中漂浮；004 郑屯坡岗村间歇泉，水潭中底栖；010 郑屯坡岗村间歇泉，沼地中漂浮黑色丝状体；015 郑屯坡岗村间歇泉，水潭中浮游；021 郑屯坡岗村间歇泉，积水石坑中底栖；022 郑屯坡岗村间歇泉，积水石坑中底栖；045 顶效麻柳林，泉眼前水沟中浮游；046 顶效麻柳林，泉眼前水沟中底栖；123 郑屯岩缝村坡岗，泉眼处水中石壁，蓝黑色；124 郑屯岩缝村坡岗，积水坑中，附生于藓类表面；125 郑屯岩缝村坡岗，积水坑中底栖；126 郑屯岩缝村坡岗，流水沟石表；127 万峰湖镇纳赖村，渗水石壁表；151 郑屯新店村清水河，河水中浮游；158 龙广镇烂滩村，水田中浮游。

108．罗兹直链藻 *M. roeseana* Rabenh.

样点：068 郑屯大庆村苦竹林，水潭中附植。

（三十六）小环藻属 *Cyclotella* Kützing

109．梅尼小环藻 *C. meneghiniana* Kütz.

样点：009 郑屯坡岗村间歇泉，沼地中水表浮游；012 郑屯坡岗村间歇泉，水潭中底栖；014 郑屯坡岗村间歇泉，水潭中底栖；045 顶效麻柳林，泉眼前水沟中浮游；151 郑屯新店村清水河，河水中浮游。

110．星肋小环藻 *C. asterocostata* Xie

样点：162 龙广镇烂滩村，泉眼前水塘中浮游；163 龙广镇烂滩村，泉眼前水塘中底栖；167 龙广镇烂滩村，水池中浮游。

根管藻目 Rhizosoleniales

二十、管形藻科 Solenicaceae

（三十七）根管藻属 *Rhizosolenia* Ehrenberg

111．长刺根管藻 *R. longiseta* Zacharias

样点：167 龙广镇烂滩村，水池中浮。

羽纹纲 Pennatae

无壳缝目 Araphidiales

二十一、脆杆藻科 Fragilariaceae

（三十八）等片藻属 *Diatoma* De Candolle

112．中型等片藻 *D. mesodon* (Fhr.) Kütz.

样点：125 郑屯岩缝村坡岗，积水坑中底栖；170 龙广镇烂滩村，田间水沟中浮游。

（三十九）具隙藻属 *Opephora* Petit

113．马特具缝藻 *O. martyi* Héribaud.

样点：109 郑屯岩缝村，池塘中漂浮。

（四十）脆杆藻属 *Fragilaria* Lyngbye

114．钝脆杆藻原变种 *F. capucina* var. *capucina* Desmazieres

样点：002 郑屯坡岗村间歇泉，水潭中漂浮；124 郑屯岩缝村坡岗，积水坑中，附生于藓类表面；125 郑屯岩缝村坡岗，积水坑中底栖；141 万峰湖镇纳赖村，水沟中石表。

115．钝脆杆藻披针形变种 *F. capucina* var. *lanceolata* Grun.

样点：130 万峰湖镇纳赖村，水田中底栖。

116．克罗顿脆杆藻原变种 *F. crotonensis* var. *crotonensis* Kitt

样点：045 顶效麻柳林，泉眼前水沟中浮游；052 顶效麻柳林，泥性水坑中底栖；154 龙广镇烂滩村，水田中漂浮丝状体；156 龙广镇烂滩村，水田中底栖；167 龙广镇烂滩村，水池中浮游。

117．克罗顿脆杆藻俄勒岗变种 *F. crotonensis* var. *oregona* Sovereign.

样点：006 郑屯坡岗村间歇泉，水潭中附植；007 郑屯坡岗村间歇泉，水潭中漂浮；012 郑屯坡岗村间歇泉，水潭中底栖；014 郑屯坡岗村间歇泉，水潭中底栖；022 郑屯坡岗村间歇泉，积水石坑中底栖；151

郑屯新店村清水河，河水中浮游；162 龙广镇烂滩村，泉眼前水塘中，附着于刚毛藻体表。

118．狭辐节脆杆藻 *F. leptostauron* (Ehr.) Hust.

样点：162 龙广镇烂滩村，泉眼前水塘中，附着于刚毛藻体表。

119．羽纹脆杆藻原变种 *F. pinnata* var. *pinnata* Ehr.

样点：007 郑屯坡岗村间歇泉，水潭中漂浮。

120．羽纹脆杆藻矛形变种 *F. pinnata* var. *lancettula* (Schumann) Hust.

样点：162 龙广镇烂滩村，泉眼前水塘中，附着于刚毛藻体表。

121．海地脆杆藻 *F. heidenii* Oestrup

样点：022 郑屯坡岗村间歇泉，积水石坑中底栖。

122．短线脆杆藻 *F. brevistriate* Grun.

样点：123 郑屯岩缝村坡岗，泉眼处水中石壁，蓝黑色；125 郑屯岩缝村坡岗，积水坑中底栖；162 龙广镇烂滩村，泉眼前水塘中，附着于刚毛藻体表。

123．变绿脆杆藻 *F. virescens* Ralfs

样点：042 顶效麻柳林，水沟中漂浮。

124．类脆杆藻型脆杆藻 *F. fragilarioides* (Grun.) Cholnoky

样点：122 郑屯岩缝村坡岗，人工水池中浮游。

125．连接脆杆藻原变种 *F. construens* var. *construens* (Ehr.) Grun.

样点：160 龙广镇烂滩村，水沟中石表。

126．连接脆杆藻二结变种 *F. construens* var. *binodis* (Ehr.) Grun.

样点：012 郑屯坡岗村间歇泉，水潭中底栖；064 郑屯大庆村苦竹林，水潭中附着于轮藻上。

（四十一）针杆藻属 *Synedra* Ehrenberg

127．覆被针杆藻 *S. investiens* W. Smith

样点：014 郑屯坡岗村间歇泉，水潭中底栖。

128．肘状针杆藻原变种 *S. ulna* var. *ulna* (Nitzsch) Ehr.

样点：012 郑屯坡岗村间歇泉，水潭中底栖；014 郑屯坡岗村间歇泉，水潭中底栖；022 郑屯坡岗村间歇泉，积水石坑中底栖；045 顶效麻柳林，泉眼前水沟中浮游；124 郑屯岩缝村坡岗，积水坑中，附生于藓类表面；125 郑屯岩缝村坡岗，积水坑中底栖；126 郑屯岩缝村坡岗，流水沟石表；127 万峰湖镇纳赖村，渗水石壁表；130 万峰湖镇纳赖村，水田中底栖；131 万峰湖镇纳赖村，水田中附植；133 万峰湖镇纳赖村，水田中漂浮丝状体；144 万峰湖镇，积水石坑中浮游；151 郑屯新店村清水河，河水中浮游。

129．肘状针杆藻丹麦变种 *S. ulna* var. *danica* (Kütz.) Grun.

样点：012 郑屯坡岗村间歇泉，水潭中底栖；024 郑屯健康村，水田中漂浮。

130．肘状针杆藻尖喙变种 *S. ulna* var. *oxyrhynchus* (Kuetz.) Van Heurck

样点：045 顶效麻柳林，泉眼前水沟中浮游；117 郑屯岩缝村，岩缝处积水坑中底栖；151 郑屯新店村清水河，河水中浮游；163 龙广镇烂滩村，泉眼前水塘中底栖；171 龙广镇烂滩村，水沟边湿石壁。

131．肘状针杆藻两头变种 *S. ulna* var. *biceps* (Kuetz.) Schönfeldt

样点：001 郑屯坡岗村间歇泉，水潭中菹草、黑藻叶表。

132．两头针杆藻 *S. amphicephala* Kütz.

样点：154 龙广镇烂滩村，水田中漂浮丝状体；156 龙广镇烂滩村，水田中底栖。

133．尖针杆藻原变种 *S. acus* var. *acus* Kütz.

样点：006 郑屯坡岗村间歇泉，水潭中附植；007 郑屯坡岗村间歇泉，水潭中漂浮；019 郑屯坡岗村间歇泉，流水中石表；022 郑屯坡岗村间歇泉，积水石坑中底栖；045 顶效麻柳林，泉眼前水沟中浮游；046 顶效麻柳林，泉眼前水沟中底栖；125 郑屯岩缝村坡岗，积水坑中底栖；142 万峰湖，湖水中浮游；167 龙广镇烂滩村，水池中浮游。

134．尖针杆藻放射变种 *S. acus* var. *radians* (Kütz.) Hustedt

样点：009 郑屯坡岗村间歇泉，沼地中水表浮游；122 郑屯岩缝村坡岗，人工水池中浮游；142 万峰湖，湖水中浮游；144 万峰湖镇，积水石坑中浮游；151 郑屯新店村清水河，河水中浮游；155 龙广镇烂滩村，水田中底栖。

135．尖针杆藻极狭变种 *S. acus* var. *angustissima* Grun.

样点：023 郑屯健康村，水田中浮游；142 万峰湖，湖水中浮游；144 万峰湖镇，积水石坑中浮游。

136．平片针杆藻原变种 *S. tabulata* var. *tabulate* (Ag.) Kuetz.

样点：046 顶效麻柳林，泉眼前水沟中底栖；048 顶效麻柳林，水沟中石表固着；110 郑屯岩缝村，积水石坑中浮游；156 龙广镇烂滩村，水田中底栖。

137．平片针杆藻簇生变种 *S. tabulata* var. *fasciculate* (Lyngb.) Hust.

样点：012 郑屯坡岗村间歇泉，水潭中底栖；019 郑屯坡岗村间歇泉，流水中石表附着；022 郑屯坡岗村间歇泉，积水石坑中底栖；044 顶效麻柳林，泉眼前水沟丝状体石上固着；052 顶效麻柳林，泥性水坑中底栖；125 郑屯岩缝村坡岗，积水坑中底栖；162 龙广镇烂滩村，泉眼前水塘中漂浮。

拟壳缝目 Raphidionales

二十二、短缝藻科 Eunotiaceae

（四十二）短缝藻属 *Eunotia* Ehrenberg

138．篦形短缝藻 *E. pectinalis* (Kuetz.) Rabenh.

样点：130 万峰湖镇纳赖村，水田中底栖；131 万峰湖镇纳赖村，水田中附植；134 万峰湖镇纳赖村，水田中浮游；155 龙广镇烂滩村，水田中底栖；158 龙广镇烂滩村，水田中浮游。

139．纳格短缝藻 *E. naegelii* Migula

样点：128 万峰湖镇纳赖村，水坑中石表附着。

140．月形短缝藻 *E. lunaris* (Her.) Bréb.

样点：151 郑屯新店村清水河，河水中浮游。

双壳缝目 Biraphidinales

二十三、舟形藻科 Naviculaceae

（四十三）胸隔藻属 *Mastogloia* Thwait.

141．施密斯胸隔藻两头变种 *M. smithii* var. *amphicephala* Grun.

样点：156 龙广镇烂滩村，水田中底栖；157 龙广镇烂滩村，水田中附植。

（四十四）双肋藻属 *Amphipleura* Kuetz.

142．明晰双肋藻 *A. pellucida* Kuetz.

样点：050 顶效麻柳林，泥性水坑中浮游。

（四十五）肋缝藻属 *Frustulia* Agardh

143．普通肋缝藻 *F. vulgaris* (Thwaites) De Toni

样点：124 郑屯岩缝村坡岗，积水坑中，附生于藓类表面。

144．类菱形肋缝藻萨克森变种波缘变型 *F. rhomboids* var. *saxonica* f. *undulate* Hustedt

样点：025 郑屯健康村，水田中底栖。

145．类菱形肋缝藻萨克森变种头端变型 *F. rhomboids* var. *saxonica* f. *capitata* (Mayer) Hustedt
样点：117 郑屯岩缝村，岩缝处积水坑中底栖。

（四十六）布纹藻属 *Gyrosigma* Hassall

146．锉刀状布纹藻 *G. scalproides* (Rab.) Cl.
样点：001 郑屯坡岗村间歇泉，水潭中菹草、黑藻叶表；007 郑屯坡岗村间歇泉，水潭中漂浮；045 顶效麻柳林，泉眼前水沟中浮游；052 顶效麻柳林，泥性水坑中底栖；075 郑屯大庆村大箐，井口前水坑中底栖；080 郑屯大庆村大箐，附着于浅水坑中轮藻表面；084 郑屯大庆村大箐，水田中底栖；130 万峰湖镇纳赖村，水田中底栖；141 万峰湖镇纳赖村，水沟中石表；151 郑屯新店村清水河，河水中浮游；154 龙广镇烂滩村，水田中漂浮丝状体；155 龙广镇烂滩村，水田中底栖。

147．尖布纹藻原变种 *G. acuminatum* var. *acuminatum* (Kütz.) Rabenh.
样点：025 郑屯健康村，水田中底栖；079 郑屯大庆村大箐，浅水坑中浮游；103 郑屯岩缝村，泥性水坑中附生于生长轮藻表；105 郑屯岩缝村，泥性水塘中浮游；139 万峰湖镇纳赖村，水沟中浮游；169 龙广镇烂滩村，水渠中底栖及沉积物。

148．尖布纹藻虫瘿变种 *G. acuminatum* var. *gallica* (Grun.) Cl.
样点：103 郑屯岩缝村，泥性水坑中附生于生长轮藻表；112 郑屯岩缝村，积水石坑中底栖；169 龙广镇烂滩村，水渠中底栖及沉积物。

149．库津布纹藻 *G. kuetzingii* (Grun.) Cl.
样点：151 郑屯新店村清水河，河水中浮游。

（四十七）美壁藻属 *Caloneis* Cleve

150．短角美壁藻原变种 *C. silicula* var. *silicula* (Ehr.) Cl.
样点：130 万峰湖镇纳赖村，水田中底栖；149 郑屯新店村清水河，水坑中沉积物；162 龙广镇烂滩村，泉眼前水塘中，附着于刚毛藻体表。

151．短角美壁藻泥生变种 *C. silicula* var. *limosa* (Kuetz.) Van Landingham
样点：169 龙广镇烂滩村，水渠中底栖及沉积物。

（四十八）杯状藻属 *Craticula* Grunow

152．尖头杯状藻 *C. cuspidate* (Kütz.) Mann.
样点：130 万峰湖镇纳赖村，水田中底栖。

（四十九）长篦藻属 *Neidium* Pfitzer

153．不定长篦藻 *N. dubium* (Ehr.) Cl.
样点：158 龙广镇烂滩村，水田中浮游。

154．虹彩长篦藻增大变种 *N. iridis* var. *ampliatum* (Ehr.) Cl.
样点：025 郑屯健康村，水田中底栖。

155．科兹洛夫长篦藻椭圆变种 *N. kozlowii* var. *elliptica* Mer.
样点：025 郑屯健康村，水田中底栖；155 龙广镇烂滩村，水田中底栖。

156．伸长长篦藻较小变种 *N. productum* var. *minor* Cl.-Euler
样点：025 郑屯健康村，水田中底栖；169 龙广镇烂滩村，水渠中底栖及沉积物。

157．细纹长篦藻两喙变种 *N. affine* var. *amphirhynchus* (Ehr.) Cl.
样点：156 龙广镇烂滩村，水田中底栖。

（五十）辐节藻属 *Stauroneis* Ehrenberg

158．克里格辐节藻原变种 *S. kriegeri* var. *kriegeri* Patrick
样点：106 郑屯岩缝村，泥性水塘中，附生于丝状藻体上。

159．克里格辐节藻波缘变型 *S. kriegeri* f. *undulata* Hustedt
样点：084 郑屯大庆村大箐，水田中底栖。
160．双头辐节藻原变种 *S. anceps* var. *anceps* Ehr.
样点：080 郑屯大庆村大箐，生长轮藻的浅水坑中附植；084 郑屯大庆村大箐，水田中底栖；131 万峰湖镇纳赖村，水田中附植；145 万峰湖镇，积水石坑中漂浮。
161．双头辐节藻爪哇变种 *S. anceps* var. *javanica* Hust.
样点：165 龙广镇烂滩村，附着于水田中丝状藻体表。
162．施密斯辐节藻 *S. smithii* Grun.
样点：139 万峰湖镇纳赖村，水沟中浮游。
163．威兹罗克辐节藻 *S. wislouchii* Poretzky et Anissimova
样点：124 郑屯岩缝村坡岗，积水坑中，附生于藓类表面。

（五十一）蚕形藻属 *Amphiprora* Ehrenberg

164．膜蚕形藻 *A. alata* (Her.) Kuet.
样点：151 郑屯新店村清水河，河水中浮游。

（五十二）舟形藻属 *Navicula* Bory

165．贝格舟形藻 *N. begeri* Krasske
样点：001 郑屯坡岗村间歇泉，水潭中菹草、黑藻叶表；005 郑屯坡岗村间歇泉，水潭中浮游。
166．扁圆舟形藻 *N. placentula* (Ehr.) Kütz.
样点：025 郑屯健康村，水田中底栖。
167．船形舟形藻 *N. cymbula* Donkin
样点：154 龙广镇烂滩村，水田中漂浮丝状体。
168．短小舟形藻 *N. exigua* (Greg.) O. Müll.
样点：151 郑屯新店村清水河，河水中浮游。
169．短喙舟形藻 *N. rostellata* Kuetz.
样点：124 郑屯岩缝村坡岗，积水坑中，附生于藓类表面。
170．卡里舟形藻 *N. cari* Ehr.
样点：012 郑屯坡岗村间歇泉，水潭中底栖。
171．淡绿舟形藻帕米尔变种 *N. viridula* var. *pamirensis* Hust.
样点：014 郑屯坡岗村间歇泉，水潭中底栖；139 万峰湖镇纳赖村，水沟中浮游。
172．淡绿舟形藻头端变型 *N. viridula* f. *capitata* (Mayer) Hust.
样点：006 郑屯坡岗村间歇泉，水潭中附植；150 郑屯新店村清水河，边积水石坑。
173．多维舟形藻 *N. vitabunda* Hust.
样点：130 万峰湖镇纳赖村，水田中底栖。
174．腹面舟形藻简单变种 *N. ventralis* var. *simplex* Hust.
样点：130 万峰湖镇纳赖村，水田中底栖；160 龙广镇烂滩村，水沟中石表。
175．戈塔舟形藻 *N. gothlandica* Grun.
样点：022 郑屯坡岗村间歇泉，积水石坑中底栖。
176．近半裸舟形藻 *N. subseminulum* Hust.
样点：025 郑屯健康村，水田中底栖。
177．类嗜盐舟形藻 *N. halophilioides* Hust.
样点：042 顶效麻柳林，水沟中漂浮。
178．类半裸舟形藻 *N. seminuloides* Hust.
样点：125 郑屯岩缝村坡岗，积水坑中底栖。

179．珍珠舟形藻 *N. margaritacea* Hust.

样点：006 郑屯坡岗村间歇泉，水潭中附植；046 顶效麻柳林，泉眼前水沟中底栖。

180．小皮舟形藻 *N. pelliculosa* Hilse

样点：012 郑屯坡岗村间歇泉，水潭中底栖。

181．盐生舟形藻中型变种 *N. salinarum* var. *intermedia* (Grun.) Cl.

样点：012 郑屯坡岗村间歇泉，水潭中底栖；024 郑屯健康村，水田中漂浮；045 顶效麻柳林，泉眼前水沟中浮游；046 顶效麻柳林，泉眼前水沟中底栖；061 郑屯大庆村苦竹林，石坑中底栖；112 郑屯岩缝村，积水石坑中底栖；150 郑屯新店村清水河，边积水石坑；166 龙广镇烂滩村，水田中漂浮。

182．英吉利舟形藻 *N. anglica* Ralfs

样点：025 郑屯健康村，水田中底栖。

183．里德舟形藻 *N. riediana* Lange-Bertalot et Rumrich

样点：150 郑屯新店村清水河，边积水石坑。

184．法兰西舟形藻 *N. falaisiensis* Grun.

样点：025 郑屯健康村，水田中底栖；151 郑屯新店村清水河，河水中浮游。

185．喙头舟形藻 *N. rhynchocephala* Kuetz.

样点：103 郑屯岩缝村，泥性水坑中附生于生长轮藻表；105 郑屯岩缝村，泥性水塘中浮游；110 郑屯岩缝村，积水石坑中浮游；136 万峰湖镇纳赖村，水沟流水石表。

186．戟形舟形藻 *N. hasta* Pantocsek

样点：025 郑屯健康村，水田中底栖；064 郑屯大庆村苦竹林，水潭中附着于轮藻上；118 郑屯岩缝村，岩缝处积水坑中底栖；131 万峰湖镇纳赖村，水田中附植。

187．群生舟形藻 *N. gregaris* Donkin

样点：006 郑屯坡岗村间歇泉，水潭中附植；007 郑屯坡岗村间歇泉，水潭中漂浮。

188．弯月形舟形藻 *N. menisculus* Schum.

样点：004 郑屯坡岗村间歇泉，水潭中底栖；046 顶效麻柳林，泉眼前水沟中底栖；075 郑屯大庆村大箐，井口前水坑中底栖；124 郑屯岩缝村坡岗，积水坑中，附生于藓类表面；131 万峰湖镇纳赖村，水田中附植；154 龙广镇烂滩村，附生于水田中漂浮丝状藻体表；155 龙广镇烂滩村，水田中底栖。

189．显喙舟形藻 *N. perrostrata* Hust.

样点：022 郑屯坡岗村间歇泉，积水石坑中底栖。

190．披针形舟形藻 *N. lanceolata* (Ag.) Kütz.

样点：067 郑屯大庆村苦竹林，水潭中漂浮；111 郑屯岩缝村，积水石坑中底栖；124 郑屯岩缝村坡岗，积水坑中，附生于藓类表面；130 万峰湖镇纳赖村，水田中底栖；150 郑屯新店村清水河，边积水石坑；162 龙广镇烂滩村，泉眼前水塘中，附着于刚毛藻体表。

191．尖头舟形藻原变种 *N. cuspidata* var. *cuspidata* (Kütz.) Kütz.

样点：052 顶效麻柳林，泥性水坑中底栖；079 郑屯大庆村大箐，浅水坑中浮游。

192．尖头舟形藻赫里保变种 *N. cuspidata* var. *heribaudii* M. Peragallo

样点：019 郑屯坡岗村间歇泉，流水中石表；022 郑屯坡岗村间歇泉，积水石坑中底栖；025 郑屯健康村，水田中底栖；154 龙广镇烂滩村，水田中漂浮丝状体。

193．尖头舟形藻含糊变种 *N. cuspidata* var. *ambigua* (Ehr.) Cl.

样点：045 顶效麻柳林，泉眼前水沟中浮游；046 顶效麻柳林，泉眼前水沟中底栖；050 顶效麻柳林，泥性水坑中浮游；130 万峰湖镇纳赖村，水田中底栖。

194．放射舟形藻原变种 *N. radiosa* var. *radiosa* Kütz.

样点：077 郑屯大庆村大箐，井口前水坑中丝状体；169 龙广镇烂滩村，水渠中底栖及沉积物；171 龙广镇烂滩村，水沟边湿石壁。

195．放射舟形藻柔弱变种 *N. radiosa* var. *tenella* (Bréb. ex Kütz.) Grun.

样点：001 郑屯坡岗村间歇泉，水潭中菹草、黑藻叶表；006 郑屯坡岗村间歇泉，水潭中附植；077 郑屯大庆村大箐，井口前水坑中丝状体；080 郑屯大庆村大箐，附着于浅水坑中轮藻表面；084 郑屯大庆村大箐，水田中底栖；103 郑屯岩缝村，泥性水坑中附生于生长轮藻表；105 郑屯岩缝村，泥性水塘中浮游；106 郑屯岩缝村，泥性水塘中，附生于丝状藻体上；123 郑屯岩缝村坡岗，泉眼处水中石壁；124 郑屯岩缝村坡岗，积水坑中，附生于藓类表面；125 郑屯岩缝村坡岗，积水坑中底栖；128 万峰湖镇纳赖村，水坑中石表固着丝状体；141 万峰湖镇纳赖村，水沟中石表；160 龙广镇烂滩村，水沟中石表；162 龙广镇烂滩村，泉眼前水塘中，附着于刚毛藻体表。

196．隐头舟形藻蓝色变种 *N. cryptocephala* var. *vereta* (Kütz.) Rabenh.

样点：077 郑屯大庆村大箐，井口前水坑中丝状体。

197．隐头舟形藻中型变种 *N. cryptocephala* var. *intermedia* Grun.

样点：130 万峰湖镇纳赖村，水田中底栖。

198．简单舟形藻 *N. simplex* Krasske

样点：006 郑屯坡岗村间歇泉，水潭中附植；007 郑屯坡岗村间歇泉，水潭中漂浮；042 顶效麻柳林，水沟中漂浮；076 郑屯大庆村大箐，井口前水坑中石表固着；080 郑屯大庆村大箐，附着于浅水坑中轮藻表面；083 郑屯大庆村大箐，房前污水沟；084 郑屯大庆村大箐，水田中底栖；128 万峰湖镇纳赖村，水坑中石表固着丝状体。

199．细长舟形藻 *N. gracilis* Van Heurck

样点：064 郑屯大庆村苦竹林，水潭中附着于轮藻上。

200．微细舟形藻 *N. parva* (Men. ex Kuetz.) Cl. -Eul.

样点：022 郑屯坡岗村间歇泉，积水石坑中底栖。

201．系带舟形藻原变种 *N. cincta* var. *cincta* (Ehr.) Van Heurck

样点：021 郑屯坡岗村间歇泉，积水石坑中底栖；084 郑屯大庆村大箐，水田中底栖。

202．系带舟形藻细头变种 *N. cincta* var. *leptocephala* Bréb.

样点：063 郑屯大庆村苦竹林，水潭中浮游。

203．双头舟形藻波缘变种 *N. dicephala* var. *neglecta* (Krassk.) Hustedt

样点：025 郑屯健康村，水田中底栖；130 万峰湖镇纳赖村，水田中底栖。

204．钝舟形藻原变种 *N. mutica* var. *mutica* Kütz.

样点：025 郑屯健康村，水田中底栖；053 顶效麻柳林，泥性水坑中漂浮。

205．钝舟形藻披针形变种 *N. mutica* var. *lanceolata* Freng.

样点：161 龙广镇烂滩村，渗水石壁表。

206．佩罗特舟形藻 *N. perrotettii* (Grun.) Cl.

样点：049 顶效麻柳林，泥性水坑中底栖；051 顶效麻柳林，泥性水塘中黑藻、眼子菜表面附着；052 顶效麻柳林，泥性水坑中底栖；125 郑屯岩缝村坡岗，积水坑中底栖；155 龙广镇烂滩村，水田中底栖。

207．凸出舟形藻椭圆变种 *N. protracta* var. *elliptica* Gallik

样点：124 郑屯岩缝村坡岗，积水坑中，附生于藓类表面。

208．威特罗克舟形藻 *N. wittrock* (Lag.) Temp.

样点：130 万峰湖镇纳赖村，水田中底栖。

（五十三）羽纹藻属 *Pinnularia* Ehrenberg

209．布朗羽纹藻两头变种 *P. brunii* var. *amphicephala* (Mayer) Hustedt

样点：025 郑屯健康村，水田中底栖；045 顶效麻柳林，泉眼前水沟中浮游；130 万峰湖镇纳赖村，水田中底栖。

210．大羽纹藻 *P. major* (Kütz.) Rabenharst

样点：130 万峰湖镇纳赖村，水田中底栖；139 万峰湖镇纳赖村，水沟中浮游。

211．北方羽纹藻 *P. borealis* Ehr.

样点：161 龙广镇烂滩村，渗水石壁表。

212．豆荚羽纹藻 *P. legumen* Ehr.

样点：130 万峰湖镇纳赖村，水田中底栖；171 龙广镇烂滩村，水沟边湿石壁。

213．卷边羽纹藻具尾变种 *P. viridis* var. *caudata* Boyer

样点：123 郑屯岩缝村坡岗，泉眼处水中石壁；124 郑屯岩缝村坡岗，积水坑中，附生于藓类表面；125 郑屯岩缝村坡岗，积水坑中底栖。

214．细条羽纹藻 *P. microstauron* Ehr.

样点：131 万峰湖镇纳赖村，水田中附植。

215．楔形羽纹藻 *P. cuneata* Östrup Cl.-Euler

样点：130 万峰湖镇纳赖村，水田中底栖。

二十四、桥弯藻科 Cymbellaceae

（五十四）双眉藻属 *Amphora* Ehrenberg ex Kützing

216．卵形双眉藻 *A. ovalis* Kütz.

样点：130 万峰湖镇纳赖村，水田中底栖。

217．利比亚双眉藻 *A. libyca* Ehr.

样点：024 郑屯健康村，水田中漂浮。

（五十五）内丝藻属 *Encyonema* Kützing

218．簇生内丝藻 *E. cespitosum* Kütz.

样点：005 郑屯坡岗村间歇泉，水潭中浮游；021 郑屯坡岗村间歇泉，积水石坑中底栖。

219．盖乌马内丝藻 *E. gaeumannii* (Meister) Krammer.

样点：019 郑屯坡岗村间歇泉，流水中石表；161 龙广镇烂滩村，渗水石壁表。

220．布雷姆内丝藻 *E. brehmii* (Hustedt) Mann

样点：125 郑屯岩缝村坡岗，积水坑中底栖。

221．赫布里底内丝藻 *E. hebridicum* Grun.

样点：022 郑屯坡岗村间歇泉，积水石坑中底栖。

222．微小内丝藻 *E. minutum* (Hilse) Mann

样点：012 郑屯坡岗村间歇泉，水潭中底栖；109 郑屯岩缝村，池塘中漂浮；125 郑屯岩缝村坡岗，积水坑中底栖。

223．普通内丝藻 *E. vulgare* Krammer

样点：149 郑屯新店村清水河，水坑中沉积物。

224．高山内丝藻 *E. alpinum* (Grun.) Mannb

样点：150 郑屯新店村清水河，边积水石坑。

225．西里西亚内丝藻 *E. silesiacum* (Bleisch) Mann

样点：012 郑屯坡岗村间歇泉，水潭中底栖；014 郑屯坡岗村间歇泉，水潭中底栖；160 龙广镇烂滩村，水沟中石表。

226．默利内丝藻 *E. muelleri* (Müller) Shi

样点：014 郑屯坡岗村间歇泉，水潭中底栖；021 郑屯坡岗村间歇泉，积水石坑中底栖；110 郑屯岩缝村，积水石坑中浮游；131 万峰湖镇纳赖村，水田中附植。

（五十六）优美藻属 *Delicata* Krammer

227．维里纳优美藻 *D. verena* Lange-Bertalot

样点：032 郑屯白毡帽，渗水岩壁表。

（五十七）弯肋藻属 *Cymbpoleura* (Kramme) Kramme

228．双头弯肋藻 *C. amphicephala* (Naegeli) Krammer

样点：124 郑屯岩缝村坡岗，积水坑中，附生于藓类表面。

229．拉普兰弯肋藻 *C. lapponica* (Grun.) Krammer

样点：078 郑屯大庆村大箐，浅水坑中底栖；080 郑屯大庆村大箐，生长轮藻的浅水坑附植；082 郑屯大庆村大箐，浅水坑中石表固着。

230．库尔伯斯弯肋藻 *C. kuelbsii* Krammer

样点：080 郑屯大庆村大箐，生长轮藻的浅水坑附植。

（五十八）桥弯藻属 *Cymbella* Agardh

231．膨胀桥弯藻 *C. tumida* (Bréb.) Van Heurck

样点：019 郑屯坡岗村间歇泉，流水中石表；151 郑屯新店村清水河，河水中浮游。

232．膨胀形桥弯藻 *C. turgiduliformis* Krammer

样点：022 郑屯坡岗村间歇泉，积水石坑中底栖；025 郑屯健康村，水田中底栖；117 郑屯岩缝村，岩缝处积水坑中底栖。

233．热带桥弯藻 *C. tropica* Krammer

样点：022 郑屯坡岗村间歇泉，积水石坑中底栖；117 郑屯岩缝村，岩缝处积水坑中底栖。

234．胀大桥弯藻 *C. turgidula* Grunow

样点：012 郑屯坡岗村间歇泉，水潭中底栖；125 郑屯岩缝村坡岗，积水坑中底栖。

235．近缘桥弯藻 *C. affinis* Kütz.

样点：021 郑屯坡岗村间歇泉，积水石坑中底栖；078 郑屯大庆村大箐，浅水坑中底栖；124 郑屯岩缝村坡岗，积水坑中，附生于藓类表面。

236．近平截桥弯藻 *C. subtruncata* Krammer

样点：075 郑屯大庆村大箐，井口前水坑中底栖。

237．近淡黄桥弯藻 *C. subhelvetica* Krammer

样点：052 顶效麻柳林，泥性水坑中底栖。

238．切断桥弯藻 *C. excisa* Kütz.

样点：006 郑屯坡岗村间歇泉，水潭中附植；007 郑屯坡岗村间歇泉，水潭中漂浮；011 郑屯坡岗村间歇泉，沼地中水表漂浮；012 郑屯坡岗村间歇泉，水潭中底栖；059 郑屯大庆村苦竹林，平房顶积水中漂浮物；078 郑屯大庆村大箐，浅水坑中底栖；080 郑屯大庆村大箐，生长轮藻的浅水坑中附植；103 郑屯岩缝村，泥性水坑中附生于轮藻表面；123 郑屯岩缝村坡岗，泉眼处水中石壁；150 郑屯新店村清水河，边积水石坑；160 龙广镇烂滩村，水沟中石表；170 龙广镇烂滩村，田间水沟中浮游。

239．披针形桥弯藻 *C. lanceolata* (Agardh) Agardh

样点：007 郑屯坡岗村间歇泉，水潭中漂浮。

240．平滑桥弯藻 *C. laevis* Naeg.

样点：007 郑屯坡岗村间歇泉，水潭中漂浮；075 郑屯大庆村大箐，井口前水坑中底栖；076 郑屯大庆村大箐，井口前水坑中石表固着。

241．细角桥弯藻 *C. leptoceros* (Ehr.) Kütz.

样点：106 郑屯岩缝村，泥性水塘中，附生于丝状藻体上；160 龙广镇烂滩村，水沟中石表；167 龙广镇烂滩村，水池中浮游。

242．新箱型桥弯藻 *C. neocistula* Krammer

样点：012 郑屯坡岗村间歇泉，水潭中底栖；050 顶效麻柳林，泥性水坑中浮游。

243．新月形桥弯藻 *C. cymbiformis* Agardh

样点：007 郑屯坡岗村间歇泉，水潭中漂浮；019 郑屯坡岗村间歇泉，流水中石表。

244．紧密桥弯藻 *C. compacta* Östrup

样点：006 郑屯坡岗村间歇泉，水潭中附植；014 郑屯坡岗村间歇泉，水潭中底栖；042 顶效麻柳林，水沟中漂浮；052 顶效麻柳林，泥性水坑中底栖。

245．中华桥弯藻 *C. sinensis* Metzeltin

样点：006 郑屯坡岗村间歇泉，水潭中附植。

246．欣顿桥弯藻 *C. cantonatii* Lange-Bertalot

样点：075 郑屯大庆村大箐，井口前水坑中底栖；080 郑屯大庆村大箐，泥性水坑中附生于轮藻表面。

二十五、异极藻科 Gomphonemaceae

（五十九）异极藻属 *Gomphonema* Agardh

247．标帜异极藻 *G. iinsigne* Gregory

样点：007 郑屯坡岗村间歇泉，水潭中漂浮；063 郑屯大庆村苦竹林，水潭中浮游；103 郑屯岩缝村，泥性水坑中附生于生长轮藻表；172 龙广镇烂滩村，滴水岩壁石表。

248．彼格勒异极藻 *G. berggrenii* Cleve

样点：160 龙广镇烂滩村，水沟中石表。

249．披针形异极藻 *G. lanceolatum* Agardh

样点：171 龙广镇烂滩村，水沟边湿石壁。

250．窄异极藻原变种 *G. angustatum* var. *angustatum* (Kütz.) Rabenh.

样点：012 郑屯坡岗村间歇泉，水潭中底栖；042 顶效麻柳林，水沟中漂浮；079 郑屯大庆村大箐，浅水坑中浮游；105 郑屯岩缝村，泥性水塘中浮游；106 郑屯岩缝村，泥性水塘中附着于丝状藻体上；112 郑屯岩缝村，积水石坑中底栖；125 郑屯岩缝村坡岗，积水坑中底栖；128 万峰湖镇纳赖村，水坑中石表固着丝状体；130 万峰湖镇纳赖村，水田中底栖；131 万峰湖镇纳赖村，水田中附植；136 万峰湖镇纳赖村，水沟流水石表；139 万峰湖镇纳赖村，水沟中浮游；141 万峰湖镇纳赖村，水沟中石表。

251．窄异极藻中型变种 *G. angustatum* var. *intermedium* Grun.

样点：019 郑屯坡岗村间歇泉，流水中石表。

252．窄异极藻延长变种 *G. angustatum* var. *productum* Grun.

样点：045 顶效麻柳林，泉眼前水沟中浮游；046 顶效麻柳林，泉眼前水沟中底栖；154 龙广镇烂滩村，水田中漂浮丝状体；163 龙广镇烂滩村，泉眼前水塘中底栖；169 龙广镇烂滩村，水渠中底栖及沉积物。

253．缢缩异极藻原变种 *G. constrictum* var. *constrictum* Her.

样点：171 龙广镇烂滩村，水沟边湿石壁。

254．缢缩异极藻头状变种 *G. constrictum* var. *capitatum* (Her.) Grun.

样点：019 郑屯坡岗村间歇泉，流水中石表；042 顶效麻柳林，水沟中漂浮；124 郑屯岩缝村坡岗，积水坑中，附生于藓类表面。

255．纤细异极藻 *G. gracile* Ehr.

样点：006 郑屯坡岗村间歇泉，水潭中附植；007 郑屯坡岗村间歇泉，水潭中漂浮；012 郑屯坡岗村间歇泉，水潭中底栖；019 郑屯坡岗村间歇泉，流水中石表；022 郑屯坡岗村间歇泉，积水石坑中底栖；045 顶效麻柳林，泉眼前水沟中浮游；063 郑屯大庆村苦竹林，水潭中浮游；064 郑屯大庆村苦竹林，水潭中附着于轮藻上；070 郑屯大庆村苦竹林，水塘中漂浮；077 郑屯大庆村大箐，井口前水坑中附生于丝状藻体上；080 郑屯大庆村大箐，附着于浅水坑中轮藻表面；103 郑屯岩缝村，泥性水坑中附生于生长轮藻表；105 郑屯岩缝村，泥性水塘中浮游；110 郑屯岩缝村，积水石坑中浮游；112 郑屯岩缝村，积水石坑中底栖；128 万峰湖镇纳赖村，水坑中石表固着丝状体；130 万峰湖镇纳赖村，水田中底栖；131 万峰湖镇纳赖村，水田中附植；154 龙广镇烂滩村，水田中漂浮丝状体；162 龙广镇烂滩村，泉眼前水塘中，附着于刚毛藻体表；164 龙广镇烂滩村，泉眼前水塘中底栖；170 龙广镇烂滩村，田间水沟中浮游。

256．缠结异极藻原变种 *G. intricatum* var. *intricatum* Kütz.

样点：019 郑屯坡岗村间歇泉，流水中石表；048 顶效麻柳林，水沟中石表固着；063 郑屯大庆村苦竹林，水潭中浮游；064 郑屯大庆村苦竹林，水潭中附着于轮藻上；103 郑屯岩缝村，泥性水坑中附生于生长轮藻表；106 郑屯岩缝村，泥性水塘中，附生于丝状藻体上；151 郑屯新店村清水河，河水中浮游；155 龙广镇烂滩村，水田中底栖。

257．缠结异极藻矮小变种 *G. intricatum* var. *pumilum* Grun.

样点：007 郑屯坡岗村间歇泉，水潭中漂浮；012 郑屯坡岗村间歇泉，水潭中底栖；019 郑屯坡岗村间歇泉，流水中石表；177 龙广镇烂滩村，轻污染的水塘中附植；178 龙广镇烂滩村，岩壁下重污染积水坑附植。

258．缠结异极藻小变种 *G. intricatum* var. *pusillum* Mayer

样点：022 郑屯坡岗村间歇泉，积水石坑中底栖。

259．橄榄绿异极藻原变种 *G. olivaceum* var. *olivaceum* (Lyngbye) Kütz.

样点：012 郑屯坡岗村间歇泉，水潭中底栖；022 郑屯坡岗村间歇泉，积水石坑中底栖。

260．橄榄绿异极藻石灰质变种 *G. olivaceum* var. *calcareum* (Cl.) Cl.

样点：052 顶效麻柳林，泥性水坑中底栖。

261．赫迪异极藻 *G. hedinii* Hustedt

样点：151 郑屯新店村清水河，河水中浮游。

262．尖异极藻原变种 *G. acuminatum* var. *acuminatum* Ehr.

样点：006 郑屯坡岗村间歇泉，水潭中附植；007 郑屯坡岗村间歇泉，水潭中漂浮；012 郑屯坡岗村间歇泉，水潭中底栖；022 郑屯坡岗村间歇泉，积水石坑中底栖。

263．近棒形异极藻 *G. subclavatum* (Grun.) Grun.

样点：177 龙广镇烂滩村，轻污染的水塘中附植。

264．塔形异极藻 *G. turris* Ehr.

样点：019 郑屯坡岗村间歇泉，流水中石表；022 郑屯坡岗村间歇泉，积水石坑中底栖。

265．小形异极藻原变种 *G. parvulum* var. *parvulum* (Kütz.) Kütz.

样点：009 郑屯坡岗村间歇泉，沼地中水表浮游；019 郑屯坡岗村间歇泉，流水中石表。

266．小形异极藻具领变种 *G. parvulum* var. *lagenula (*Kütz.) Frenguelli

样点：007 郑屯坡岗村间歇泉，水潭中漂浮；044 顶效麻柳林，泉眼前水沟丝状体石上固着；052 顶效麻柳林，泥性水坑中底栖。

267．小形异极藻近椭圆变种 *G. parvulum* var. *subellipticum* Cl.

样点：022 郑屯坡岗村间歇泉，积水石坑中底栖；160 龙广镇烂滩村，水沟中石表；166 龙广镇烂滩村，水田中漂浮。

单壳缝目 Monoraphidales

二十六、曲壳藻科 Achnanthaceae

（六十）卵形藻属 *Cocconeis* Ehrenberg

268．扁圆卵形藻原变种 *C. placentula* var. *placentula* Ehenb.

样点：001 郑屯坡岗村间歇泉，水潭中菹草、黑藻叶表；004 郑屯坡岗村间歇泉，水潭中底栖；007 郑屯坡岗村间歇泉，水潭中漂浮；014 郑屯坡岗村间歇泉，水潭中底栖；017 郑屯坡岗村间歇泉，水沟中石表；019 郑屯坡岗村间歇泉，流水中石表；042 顶效麻柳林，水沟中漂浮；044 顶效麻柳林，泉眼前水沟丝状体石上固着；045 顶效麻柳林，泉眼前水沟中浮游；046 顶效麻柳林，泉眼前水沟中底栖；076 郑屯大庆村大箐，井口前水坑中石表固着；077 郑屯大庆村大箐，井口前水坑中丝状体；080 郑屯大庆村大箐，附着于浅水坑中轮藻表面；131 万峰湖镇纳赖村，水田中附植；136 万峰湖镇纳赖村，水沟流水石表；157 龙广镇烂滩村，水田中附植；163 龙广镇烂滩村，泉眼前水塘中底栖。

269．扁圆卵形藻多孔变种 *C. placentula* var. *euglypta* (Her.) Cl.

样点：022 郑屯坡岗村间歇泉，积水石坑中底栖；130 万峰湖镇纳赖村，水田中底栖；163 龙广镇烂滩村，泉眼前水塘中底栖；167 龙广镇烂滩村，水池中浮游。

（六十一）真卵形藻属 *Eucocconeis* Cleve

270．弯曲真卵形藻 *E. flexella* (Kütz.) Hust.

样点：022 郑屯坡岗村间歇泉，积水石坑中底栖；046 顶效麻柳林，泉眼前水沟中底栖。

271．普拉兰真卵形藻 *E. lopponica* Hust.

样点：130 万峰湖镇纳赖村，水田中底栖。

（六十二）曲壳藻属 *Achnanthes* Bory

272．膨大曲壳藻 *A. inflata* (Kütz.) Grun.

样点：004 郑屯坡岗村间歇泉，水潭中底栖；009 郑屯坡岗村间歇泉，沼地中水表浮游；012 郑屯坡岗村间歇泉，水潭中底栖；123 郑屯岩缝村坡岗，泉眼处水中石壁；124 郑屯岩缝村坡岗，积水坑中，附生于藓类表面；125 郑屯岩缝村坡岗，积水坑中底栖；127 万峰湖镇纳赖村，渗水石壁表。

273．近缘曲壳藻 *A. affinis* Grun.

样点：052 顶效麻柳林，泥性水坑中底栖；109 郑屯岩缝村，池塘中漂浮；170 龙广镇烂滩村，田间水沟中浮游。

274．披针形曲壳藻椭圆变种 *A. lanceolata* var. *elliptica* Cl.

样点：012 郑屯坡岗村间歇泉，水潭中底栖。

（六十三）曲丝藻属 *Achnanthidium* Kützing

275．极小曲丝藻 *A. minutissimum* (Kütz.) Czarnecki

样点：068 郑屯大庆村苦竹林，水潭中附植、072 郑屯大庆村苦竹林，阴暗处潮湿石壁上，黑色，与苔藓混生。

276．链状曲丝藻 *A. catenatum* (Bily et Marvan) Lange-Bertalot

样点：088 郑屯岩缝村，积水平房顶水中漂浮物；110 郑屯岩缝村，积水石坑中浮游；142 万峰湖，湖水中浮游；150 郑屯新店村清水河边积水石坑。

管壳缝目 Aulonoraphidinales

二十七、菱形藻科 Nitzschiaceae

（六十四）菱板藻属 *Hantzschia* Grun.

277．双尖菱板藻原变种 *H. amphioxys* var. *amphioxys* Grun.

样点：087 郑屯岩缝村，水田中漂浮物；103 郑屯岩缝村，泥性水坑中附生于生长轮藻表；160 龙广镇烂滩村，水沟中石表；169 龙广镇烂滩村，水渠中底栖及沉积物。

278．双尖菱板藻细头变种 *H. amphioxys* var. *leptocephala* Östrup

样点：090 郑屯岩缝村，泉眼旁阴暗湿润石上。

279．双尖菱板藻相等变种 *H. amphioxys* var. *aequalis* Cl. -Eul.

样点：084 郑屯大庆村大箐，水田中底栖。

280．双尖菱板藻小头端变型 *H. amphioxys* f. *capitata* O. Müell.

样点：068 郑屯大庆村苦竹林，水潭中附植；072 郑屯大庆村苦竹林，阴暗处潮湿石壁上，与苔藓混生；105 郑屯岩缝村，泥性水塘中浮游。

（六十五）菱形藻属 *Nitzschia* Hassall

281．池生菱形藻 *N. stagnorum* Rabh.
样点：130 万峰湖镇纳赖村，水田中底栖；177 龙广镇烂滩村，轻污染的水塘中浮游。
282．罗曼菱形藻 *N. romana* Grun.
样点：124 郑屯岩缝村坡岗，积水坑中，附生于藓类表面；160 龙广镇烂滩村，水沟中石表。
283．线形菱形藻 *N. linearis* W. Smith
样点：080 郑屯大庆村大箐，附着于浅水坑中轮藻表面；125 郑屯岩缝村坡岗，积水坑中底栖。
284．碎片菱形藻原变种 *N. frustulum* var. *frustulum* (Kütz.) Grun.
样点：045 顶效麻柳林，泉眼前水沟中浮游；084 郑屯大庆村大箐，水田中底栖；125 郑屯岩缝村坡岗，积水坑中底栖；151 郑屯新店村清水河，河水中浮游；154 龙广镇烂滩村，水田中漂浮丝状体；157 龙广镇烂滩村，水田中附植；160 龙广镇烂滩村，水沟中石表。
285．碎片菱形藻细变种 *N. frustulum* var. *gracialis* Grun.
样点：041 顶效麻柳林，泉眼口石表固着；042 顶效麻柳林，水沟中漂浮；046 顶效麻柳林，泉眼前水沟中底栖。
286．尖端菱形藻 *N. acula* Hant. ex Cl. et Grun.
样点：046 顶效麻柳林，泉眼前水沟中底栖；077 郑屯大庆村大箐，井口前水坑中丝状体；079 郑屯大庆村大箐，浅水坑中浮游；103 郑屯岩缝村，泥性水坑中附生于生长轮藻表。
287．汉茨菱形藻 *N. hantzschiana* Rabh
样点：051 顶效麻柳林，泥性水塘中黑藻、眼子菜表面附着。
288．泉生菱形藻 *N. fonticola* Grun.
样点：012 郑屯坡岗村间歇泉，水潭中底栖；014 郑屯坡岗村间歇泉，水潭中底栖；019 郑屯坡岗村间歇泉，流水中石表；022 郑屯坡岗村间歇泉，积水石坑中底栖。
289．谷皮菱形藻 *N. palea* (Kuetz.) Wm. Smith
样点：006 郑屯坡岗村间歇泉，水潭中附植；046 顶效麻柳林，泉眼前水沟中底栖；049 顶效麻柳林，泥性水坑中底栖；075 郑屯大庆村大箐，井口前水坑中底栖；109 郑屯岩缝村，池塘中漂浮；171 龙广镇烂滩村，水沟边湿石壁。
290．小头端菱形藻 *N. capitellata* Hust.
样点：051 顶效麻柳林，泥性水塘中黑藻、眼子菜表面附着。
291．温泉菱形藻 *N. thermalis* Kuetz.
样点：163 龙广镇烂滩村，泉眼前水塘中底栖。
292．窄菱形藻尖变种 *N. angustata* var. *acuta* Grun.
样点：045 顶效麻柳林，泉眼前水沟中浮游。
293．小片菱形藻细变种 *N. frustulum* var. *gracialis* Grun.
样点：044 顶效麻柳林，泉眼前水沟丝状体石上固着；130 万峰湖镇纳赖村，水田中底栖。

（六十六）盘杆藻属 *Tryblionella* Smith

294．盐生盘杆藻 *T. salinarum* (Grun.) Pelletan.
样点：130 万峰湖镇纳赖村，水田中底栖。

二十八、双菱藻科 Surirellaceae

（六十七）波缘藻属 *Cymatopleura* W. Smith

295．草鞋波缘藻近缢缩变种 *C. solea* var. *subconstricta* O. Müll.
样点：124 郑屯岩缝村坡岗，积水坑中，附生于藓类表面；125 郑屯岩缝村坡岗，积水坑中底栖。

（六十八）双菱藻属 *Surirella* Turpin

296．端毛双菱藻 *S. capronii* Bréb.

样点：025 郑屯健康村，水田中底栖；130 万峰湖镇纳赖村，水田中底栖。

297．粗状双菱藻 *S. robusta* Ehr.

样点：050 顶效麻柳林，泥性水坑中浮游。

298．小双菱藻 *S. minuta* Bréb.

样点：124 郑屯岩缝村坡岗，积水坑中，附生于藓类表面；125 郑屯岩缝村坡岗，积水坑中底栖；156 龙广镇烂滩村，水田中底栖；163 龙广镇烂滩村，泉眼前水塘中底栖；169 龙广镇烂滩村，水渠中底栖及沉积物。

299．线形双菱藻淡黄变种 *S. linearis* var. *helvetica* (Brun) Meister

样点：004 郑屯坡岗村间歇泉，水潭中底栖；006 郑屯坡岗村间歇泉，水潭中附植；007 郑屯坡岗村间歇泉，水潭中漂浮。

隐藻门 Cryptophyta

隐藻纲 Cryptophyceae

隐藻目 Cryptomonadales

二十九、隐鞭藻科 Cryptomonadaceae

（六十九）隐藻属 *Cryptomonas* Ehrenberg

300．卵形隐藻 *C. ovata* Her.

样点：022 郑屯坡岗村间歇泉，积水石坑中底栖；063 郑屯大庆村苦竹林，水潭中浮游；066 郑屯大庆村苦竹林，水潭中漂浮；105 郑屯岩缝村，泥性水塘中浮游；145 万峰湖镇，积水石坑中浮游；151 郑屯新店村清水河，河水中浮游；156 龙广镇烂滩村，水田中底栖；167 龙广镇烂滩村，水池中浮游 177 龙广镇烂滩村，轻污染的水塘中浮游。

甲藻门 Dinophyta

甲藻纲 Dinophyceae

多甲藻目 Peridiniales

三十、裸甲藻科 Gymnodiniaceae

（七十）裸甲藻属 *Gymnodinium* Stein.

301．裸甲藻 *G. aeruginasum* Stein.

样点：157 龙广镇烂滩村，水田中附植。

（七十一）薄甲藻属 *Glenodinium* (Her.) Stein.

302．薄甲藻 *G. pulvisculus* (Her.) Stein.
样点：167 龙广镇烂滩村，水池中浮游。

三十一、多甲藻科 Peridiniaeeae

（七十二）多甲藻属 *Peridinium* Ehrenberg

303．楯形多甲藻 *P. umbonatum* Stein
样点：063 郑屯大庆村苦竹林，水潭中浮游。
304．微小多甲藻 *P. pusillum* (Pen.) Lemm.
样点：017 郑屯坡岗村间歇泉，水沟中石表；155 龙广镇烂滩村，水田中底栖；167 龙广镇烂滩村，水池中浮游。

（七十三）拟多甲藻属 *Peridiniopsis* Lemmermann

305．佩纳形拟多甲藻 *P. willei* Huilfeld -Kaas
样点：151 郑屯新店村清水河，河水中浮游。
306．坎宁顿拟多甲藻 *P. cunninggtonii* Lemm.
样点：051 顶效麻柳林，泥性水塘中黑藻、眼子菜表面附着；088 郑屯岩缝村，积水平房顶水中漂浮物；098 郑屯岩缝村，积水平房顶水中漂浮物；099 郑屯岩缝村，积水平房顶水中沉积物；151 郑屯新店村清水河，河水中浮游。
307．挨尔拟多甲藻 *P. elpatiewskyi* (Ostenf.) Bourrelly
样点：088 郑屯岩缝村，积水平房顶水中漂浮物；122 郑屯岩缝村坡岗，人工水池中浮游；144 万峰湖镇，积水石坑中浮游；151 郑屯新店村清水河，河水中浮游。

三十二、角甲藻科 Ceratiaceae

（七十四）角甲藻属 *Ceratium* Schrank

308．拟二叉角藻 *C. furcoides* (Levander) Langhans
样点：122 郑屯岩缝村坡岗，人工水池中浮游。

裸藻门 Euglenophyta

裸藻纲 Euglenophyceae

裸藻目 Euglenales

三十三、袋鞭藻科 Peranemaceae

（七十五）袋鞭藻属 *Peranema* Dujardin

309．叉状袋鞭藻 *P. furcatum* Skv.
样点：133 万峰湖镇纳赖村，水田中漂浮丝状体；177 龙广镇烂滩村，轻污染的水塘中浮游。
310．弯曲袋鞭藻 *P. deflexum* Skuja.
样点：163 龙广镇烂滩村，泉眼前水塘中底栖。

311．楔形袋鞭藻 *P. cuneatum* Playf.

样点：170 龙广镇烂滩村，田间水沟中浮游。

（七十六）壶藻属 *Urceolus* Mereschkowski

312．光滑壶藻 *U. gobii* Skv.

样点：022 郑屯坡岗村间歇泉，积水石坑中底栖；098 郑屯岩缝村，积水平房顶水中漂浮物。

三十四、瓣胞藻科 *Petalomonas* Stein

（七十七）异鞭藻属 *Anisonema* Dujardin em. Stein

313．葡萄异鞭藻 *A. acinus* Dujardin

样点：009 郑屯坡岗村间歇泉，沼地中水表浮游；052 顶效麻柳林，泥性水坑中底栖。

（七十八）瓣胞藻属 *Petalomonadaceae* Stein

314．翼状瓣胞藻 *P. aliformis* Shi

样点：007 郑屯坡岗村间歇泉，水潭中漂浮。

三十五、双鞭藻科 Euglenaceae

（七十九）多形藻属 *Distigma* Ehrenberg

315．尖细多形藻 *D. acutum* Shi

样点：070 郑屯大庆村苦竹林，水塘中漂浮；077 郑屯大庆村大箐，井口前水坑中漂浮。

三十六、裸藻科 Euglenaceae

（八十）裸藻属 *Euglena* Ehrenberg

316．绿色裸藻 *E. viridis* Ehr.

样点：007 郑屯坡岗村间歇泉，水潭中浮游；009 郑屯坡岗村间歇泉，沼地中水表浮游；053 顶效麻柳林，泥性水坑中浮游；112 郑屯岩缝村，积水石坑中浮游。

317．光明裸藻 *E. lucens* Günther

样点：118 郑屯岩缝村，岩缝处积水坑中。

318．齿形裸藻 *E. laciniata* Pringsheim

样点：169 龙广镇烂滩村，水渠中浮游。

319．变异裸藻 *E. variabilis* Klebs

样点：007 郑屯坡岗村间歇泉，水潭中浮游；009 郑屯坡岗村间歇泉，沼地中水表浮游；011 郑屯坡岗村间歇泉，沼地中水浮游；014 郑屯坡岗村间歇泉，水潭中浮游；019 郑屯坡岗村间歇泉，流水石表；022 郑屯坡岗村间歇泉，积水石坑中浮游；042 顶效麻柳林，水沟中浮游；052 顶效麻柳林，泥性水坑中浮游。

320．旋纹裸藻 *E. spirogyra* Ehr.

样点：052 顶效麻柳林，泥性水坑中浮游。

321．拟尖尾裸藻 *E. oxyuropsis* Shi.

样点：156 龙广镇烂滩村，水田中浮游。

322．普通裸藻 *E. communis* Gojdics

样点：012 郑屯坡岗村间歇泉，水潭中浮游；051 顶效麻柳林，生长黑藻、眼子菜的泥性水塘中；052 顶效麻柳林，泥性水坑中浮游；084 郑屯大庆村大箐，水田中浮游。

323．纤细裸藻 *E. agracilis* Klebs

样点：158 龙广镇烂滩村，水田中浮游；169 龙广镇烂滩村，水渠中浮游及沉积物。

324．血红裸藻 *E. sanguinea* Ehr.

样点：178 龙广镇烂滩村，岩壁下重污染积水坑浮游。

325．鱼形裸藻 *E. pisciformis* Klebs

样点：130 万峰湖镇纳赖村，水田中浮游。

326．带形裸藻 *E. ehrenbergii* Klebs

样点：025 郑屯健康村，水田中浮游；145 万峰湖镇，积水石坑中浮游；169 龙广镇烂滩村，水渠中浮游及沉积物；178 龙广镇烂滩村，岩壁下重污染积水坑浮游。

327．近轴裸藻 *E. proxima* Dang.

样点：009 郑屯坡岗村间歇泉，沼地中水表浮游；050 顶效麻柳林，泥性水坑中浮游；080 郑屯大庆村大箐，生长轮藻的浅水坑；130 万峰湖镇纳赖村，水田中浮游。

328．中型裸藻 *E. intermedia* (Klebs) Schmitz

样点：025 郑屯健康村，水田中浮游。

329．乡村裸藻 *E. rustica* Schiller

样点：011 郑屯坡岗村间歇泉，沼地中水表浮游；063 郑屯大庆村苦竹林，水潭中浮游；064 郑屯大庆村苦竹林，生长轮藻的水潭中浮游；079 郑屯大庆村大箐，浅水坑中浮游；080 郑屯大庆村大箐，生长轮藻的浅水坑；131 万峰湖镇纳赖村，水田中附植。

330．尖裸藻 *E. acutata* Shi

样点：167 龙广镇烂滩村，水池中浮游。

331．尖尾裸藻 *E. oxyuris* Schmarda

样点：009 郑屯坡岗村间歇泉，沼地中水表浮游；050 顶效麻柳林，泥性水坑中浮游；052 顶效麻柳林，泥性水坑中浮游；154 龙广镇烂滩村，水田中浮游；157 龙广镇烂滩村，水田中附植。

332．尾裸藻 *E. caudata* Huebner

样点：063 郑屯大庆村苦竹林，水潭中浮游；067 郑屯大庆村苦竹林，水潭浮游；079 郑屯大庆村大箐，浅水坑中浮游；113 郑屯岩缝村，池塘中水面浮游；155 龙广镇烂滩村，水田中浮游；156 龙广镇烂滩村，水田中浮游。

（八十一）囊裸藻属 *Trachelomonas* Ehrenberg

333．糙纹囊裸藻 *T. scabra* Playfair

样点：158 龙广镇烂滩村，水田中浮游。

334．齿领囊裸藻 *T. lefevrei* Deflandre

样点：100 郑屯岩缝村，池塘中浮游；113 郑屯岩缝村，池塘中水面浮游；116 郑屯岩缝村，岩缝处积水坑中浮游。

335．葱头囊裸藻 *T. allia* Drezepolski

样点：155 龙广镇烂滩村，水田中底栖；158 龙广镇烂滩村，水田中浮游。

336．华丽裸囊藻原变种 *T. superba* var. *superba* Swir. em. Defl.

样点：025 郑屯健康村，水田中底栖。

337．华丽裸囊藻乳突变种 *T. superba* var. *papillata* Shi

样点：157 龙广镇烂滩村，水田中附植。

338．华丽囊裸藻尾刺变种 *T. superba* var. *spinsa* Prescott

样点：067 郑屯大庆村苦竹林，水潭漂浮。

339．棘刺囊裸藻原变种 *T. hispida* var. *hispida* (Perty) Stein

样点：067 郑屯大庆村苦竹林，水潭漂浮。

340．棘刺囊裸藻具冠变种 *T. hispida* var. *coronata* Lemm.

样点：121 郑屯坡岗，水沟中浮游；122 郑屯岩缝村坡岗，人工水池中浮游。

341．矩圆囊裸藻原变种 *T. oblonga* var. *oblonga* Lemm.

样点：088 郑屯岩缝村，积水平房顶水中漂浮物；131 万峰湖镇纳赖村，水田中附植；151 郑屯新店村清水河，河水中浮游。

342．矩圆囊裸藻平截变种 *T. oblonga* var. *truncata* Lemm.

样点：156 龙广镇烂滩村，水田中底栖。

343．旋转囊裸藻 *T. volvocina* Her.

样点：020 郑屯坡岗村间歇泉，溅水石表上；025 郑屯健康村，水田中底栖；144 万峰湖镇，积水石坑中浮游。

344．中型囊裸藻原变种 *T. intermedia* var. *intermedia* Dangeard

样点：063 郑屯大庆村苦竹林，水潭中浮游；067 郑屯大庆村苦竹林，水潭漂浮；139 万峰湖镇纳赖村，水沟中浮游；151 郑屯新店村清水河，河水中浮游。

345．中型囊裸藻乳突变种 *T. intermedia* var. *papillifera* Popova

样点：144 万峰湖镇，积水石坑中浮游；151 郑屯新店村清水河，河水中浮游。

346．湖生裸囊藻椭圆变种 *T. lacustris* var. *ovalis* Drez.

样点：025 郑屯健康村，水田中底栖。

347．奇异囊裸藻肥壮变种 *T. mirabilis* var. *obesa* (Messik.) Conrad

样点：158 龙广镇烂滩村，水田中浮游。

348．细粒裸囊藻 *T. granulosa* Playfair

样点：053 顶效麻柳林，泥性水坑中漂浮，黄绿色；117 郑屯岩缝村，岩缝处积水坑中底栖。

349．斯托克斯囊裸藻近球变型 *T. stokesii* f. *subglobsa* (Skvortzow) Shi

样点：155 龙广镇烂滩村，水田中底栖。

（八十二）陀螺藻属 *Strombomonas* Deflandre

350．博里斯陀螺藻 *S. borystheniensis* (Roll) Popova

样点：020 郑屯坡岗村间歇泉，溅水石表上。

（八十三）鳞孔藻属 *Lepocinclis* Perty

351．纺锤鳞孔藻 *L. fusiformis* (Cart.) Lemm. em. Conr.

样点：022 郑屯坡岗村间歇泉，积水石坑中底栖；022 郑屯坡岗村间歇泉，积水石坑中底栖；051 顶效麻柳林，泥性水塘中黑藻、眼子菜表面附着；067 郑屯大庆村苦竹林，水潭漂浮；110 郑屯岩缝村，积水石坑中浮游；121 郑屯坡岗，水沟中浮游；142 万峰湖，湖水中浮游；156 龙广镇烂滩村，水田中底栖。

352．编织鳞孔藻原变种 *L. texta* var. *texta* (Dujardin) Lemm.

样点：052 顶效麻柳林，泥性水坑中底栖；084 郑屯大庆村大箐，水田中底栖；116 郑屯岩缝村，岩缝处积水坑中浮游；122 郑屯岩缝村坡岗，人工水池中浮游。

353．编织鳞孔藻具尾变种 *L. texta* var. *richiana* (Conrad) Huber-Pestal.

样点：009 郑屯坡岗村间歇泉，沼地中水表浮游。

354．盐生鳞孔藻 *L. salina* Fritsch

样点：049 顶效麻柳林，泥性水坑中底栖；100 郑屯岩缝村，池塘中浮游；112 郑屯岩缝村，积水石坑中底栖；113 郑屯岩缝村，池塘中水面浮游；116 郑屯岩缝村，岩缝处积水坑中浮游；133 万峰湖镇纳赖村，水田中漂浮；142 万峰湖，湖水中浮游；151 郑屯新店村清水河，河水中浮游；167 龙广镇烂滩村，水池中浮游；177 龙广镇烂滩村，轻污染的水塘中浮游；178 龙广镇烂滩村，岩壁下重污染积水坑浮游。

355．卵形鳞孔藻 *L. ovum* (Ehr.) Lemm.

样点：063 郑屯大庆村苦竹林，水潭中浮游；133 万峰湖镇纳赖村，水田中漂浮。

356．舟形鳞孔藻 *L. cymbiformis* Playfair

样点：177 龙广镇烂滩村，轻污染的水塘中浮游。

357. 椭圆鳞孔藻 *L. steinii* Lemm. em. Conr.

样点：025 郑屯健康村，水田中底栖；050 顶效麻柳林，泥性水坑中浮游；051 顶效麻柳林，泥性水塘中黑藻、眼子菜表面附着；063 郑屯大庆村苦竹林，水潭中浮游；079 郑屯大庆村大箐，浅水坑中浮游；088 郑屯岩缝村，积水平房顶水中漂浮物；100 郑屯岩缝村，池塘中浮游；157 龙广镇烂滩村，水田中附植；177 龙广镇烂滩村，轻污染的水塘中浮游；178 龙广镇烂滩村，岩壁下重污染积水坑浮游。

358. 光滑鳞孔藻乳突变种 *L. glabra* var. *papillata* Shi

样点：156 龙广镇烂滩村，水田中底栖。

（八十四）扁裸藻属 *Phacus* Dujardin

359. 波形扁裸藻 *P. undulates* (Skv.) Pochm.

样点：063 郑屯大庆村苦竹林，水潭中浮游；178 龙广镇烂滩村，岩壁下重污染积水坑浮游。

360. 爪形扁裸藻 *P. onyx* Pochmann

样点：157 龙广镇烂滩村，水田中附植。

361. 短刺扁裸藻 *P. brachykentron* Pochmann

样点：045 顶效麻柳林，泉眼前水沟中浮游。

362. 多养扁裸藻 *P. polytrophos* Pochmann

样点：178 龙广镇烂滩村，岩壁下重污染积水坑中浮游。

363. 近圆扁裸藻 *P. circulatus* Pochmann

样点：009 郑屯坡岗村间歇泉，沼地中水表浮游；111 郑屯岩缝村，积水石坑中底栖；155 龙广镇烂滩村，水田中底栖。

364. 米尔斯扁裸藻 *P. myersii* Skvortzow

样点：113 郑屯岩缝村，池塘中水面浮游；116 郑屯岩缝村，岩缝处积水坑中浮游。

365. 敏捷扁裸藻倒垂变种 *P. agilis* var. *inversus* Bourrelly

样点：025 郑屯健康村，水田中底栖；050 顶效麻柳林，泥性水坑中浮游。

366. 模糊扁裸藻 *P. aenigmaticus* Drezepolski

样点：052 顶效麻柳林，泥性水坑中底栖。

367. 梨形扁裸藻 *P. pyrum* (Ehr.) Duj.

样点：049 顶效麻柳林，泥性水坑中底栖；052 顶效麻柳林，泥性水坑中底栖；053 顶效麻柳林，泥性水坑中漂浮；155 龙广镇烂滩村，水田中底栖。

368. 奇形扁裸藻 *P. anomalus* Fritsch et Rich.

样点：052 顶效麻柳林，泥性水坑中底栖；156 龙广镇烂滩村，水田中底栖。

369. 三棱扁裸藻原变种 *P. triqueter* var. *triqueter* (Ehr.) Dujardin

样点：160 龙广镇烂滩村，水沟中石表。

370. 三棱扁裸藻矩圆变种 *P. triqueter* var. *oblongus* Shi

样点：012 郑屯坡岗村间歇泉，水潭中底栖；177 龙广镇烂滩村，轻污染水塘中浮游；178 龙广镇烂滩村，岩壁下重污染积水坑中浮游。

三十七、杆胞藻科 Rhabdomonadaceae

（八十五）弦月藻属 *Menoidium* Perty

371. 弦月藻 *M. pellucidium* Perty

样点：070 郑屯大庆村苦竹林，水塘中漂浮；079 郑屯大庆村大箐，浅水坑中浮游；080 郑屯大庆村大箐，生长轮藻的浅水坑中。

绿藻门 Chlorophyta

葱绿藻纲 Prasinophyceae

多毛藻目 Polyblepharidales

三十八、平藻科 Pedinomonadaceae

（八十六）喙绿藻属 *Myochloris* Beicher et Swale

372．喙绿藻 *M. collorynohus* Belcher et Swale

样点：025 郑屯健康村，水田中底栖；045 顶效麻柳林，泉眼前水沟中浮游；098 郑屯岩缝村，积水平房顶水中漂浮物；125 郑屯岩缝村坡岗，积水坑中底栖。

绿藻纲 Chlorophyceae

团藻目 Volvocales

三十九、衣藻科 Chlamydomonadaceae

（八十七）衣藻属 *Chlamydomonas* Ehrenberg

373．德巴衣藻 *C. debaryana* Bull.

样点：160 龙广镇烂滩村，水沟中石表。

374．柏普衣藻 *C. perpusilla* Gerloff

样点：001 郑屯坡岗村间歇泉，浮游于生长菹草、黑藻的水潭中；141 万峰湖镇纳赖村，水沟中石表。

375．顶角衣藻 *C. apiangulata* H. J. Hu

样点：001 郑屯坡岗村间歇泉，浮游于生长菹草、黑藻的水潭中。

376．黑污衣藻 *C. sordida* Ettl

样点：155 龙广镇烂滩村，水田中底栖。

377．简单衣藻 *C. simplex* Pasch.

样点：112 郑屯岩缝村，积水石坑中底栖；120 郑屯岩缝村，水槽中浮游；131 万峰湖镇纳赖村，水田中附植。

378．宽纺衣藻 *C. ovata* Dang.

样点：021 郑屯坡岗村间歇泉，积水石坑中底栖。

379．荔波衣藻 *C. libonica* H. J. Hu et L. M. Luo

样点：005 郑屯坡岗村间歇泉，水潭中浮游；170 龙广镇烂滩村，田间水沟中浮游。

380．球衣藻 *C. globosa* Snow

样点：005 郑屯坡岗村间歇泉，水潭中浮游；009 郑屯坡岗村间歇泉，沼地中水表浮游；012 郑屯坡岗村间歇泉，水潭中底栖；025 郑屯健康村，水田中底栖；049 顶效麻柳林，泥性水坑中底栖；087 郑屯岩缝村，水田中漂浮物；100 郑屯岩缝村，池塘中浮游；142 万峰湖，湖水中浮游。

381．斯诺衣藻 *C. snowiae* Printz

样点：006 郑屯坡岗村间歇泉，水潭中附植；021 郑屯坡岗村间歇泉，积水石坑中底栖。

382．伸长衣藻 *C. protracta* Pasch. et Jahoda
样点：041 顶效麻柳林，泉眼口石表固着；049 顶效麻柳林，泥性水坑中底栖。
383．平纹衣藻 *C. leiostraca* (Strehlow) Ettl
样点：155 龙广镇烂滩村，水田中底栖。
384．似月形衣藻 *C. pseudolunata* Ettl
样点：012 郑屯坡岗村间歇泉，水潭中底栖。
385．突变衣藻 *C. mutabilis* Gerloff
样点：088 郑屯岩缝村，积水平房顶水中漂浮物。

四十、团藻科 Volvocaceae

（八十八）盘藻属 *Gonium* O. F. Müller

386．盘藻 *G. pectorale* O. F. Müller
样点：151 郑屯新店村清水河，河水中浮游。

（八十九）实球藻属 *Pandorina* Bory de Vincent

387．实球藻 *P. morum* (Müell.) Bory
样点：023 郑屯健康村，水田中浮游；052 顶效麻柳林，泥性水坑中底栖；053 顶效麻柳林，泥性水坑中漂浮；151 郑屯新店村清水河，河水中浮游；155 龙广镇烂滩村，水田中底栖。

（九十）空球藻属 *Eudorina* Ehrenberg

388．空球藻 *E. elegans* Ehr.
样点：142 万峰湖，湖水中浮游；151 郑屯新店村清水河，河水中浮游；167 龙广镇烂滩村，水池中浮游。

绿球藻目 Chlorococcales

四十一、绿球藻科 Chlorococcaceae

（九十一）绿球藻属 *Chlorococcum* Meneghini

389．土生绿球藻 *C. humicola* (Näg.) Rabenh.
样点：018 郑屯坡岗村间歇泉，石墙表面气生；032 郑屯白毡帽，渗水岩壁表；102 郑屯岩缝村，石墙表；108 郑屯岩缝村，阴处岩壁表，黄绿色；140 万峰湖镇纳赖村，树干表，黄绿色；143 万峰湖镇，路边石表气生；153 郑屯新店村，渗水岩壁表。
390．水溪绿球藻 *C. infusionum* (Schrank) Menegh
样点：009 郑屯坡岗村间歇泉，沼地中水表浮游；016 郑屯坡岗村间歇泉，水潭底部石表；017 郑屯坡岗村间歇泉，水沟中石表；028 郑屯白毡帽，渗水岩壁表；047 顶效麻柳林，水沟中石表固着；076 郑屯大庆村大箐，井口前水坑中石表固着；142 万峰湖，湖水中浮游；160 龙广镇烂滩村，水沟中石表。

（九十二）微芒藻属 *Micractinium* Fresenius

391．微芒藻 *M. pusillum* Fresenius
样点：142 万峰湖，湖水中浮游；151 郑屯新店村清水河，河水中浮游。
392．扁球微芒藻 *M. depressum* Jao et Ling
样点：151 郑屯新店村清水河，河水中浮游。

393．粗刺微芒藻 *M. crassisetum* Hortobagyi
样点：151 郑屯新店村清水河，河水中浮游。

（九十三）多芒藻属 *Golenkinia* Chodat

394．疏刺多芒藻 *G. paucispina* W. et G. S. West
样点：105 郑屯岩缝村，泥性水塘中浮游；109 郑屯岩缝村，池塘中漂浮；122 郑屯岩缝村坡岗，人工水池中浮游；142 万峰湖，湖水中浮游；151 郑屯新店村清水河，河水中浮游。

（九十四）粗刺藻属 *Acanthosphaera* Lemm.

395．粗刺藻 *A. zachariasi* Lemm.
样点：015 郑屯坡岗村间歇泉，水潭中浮游。

四十二、小桩藻科 Characiaceae

（九十五）小桩藻属 *Characium* A. Braun

396．喙状小桩藻 *C. rostractum* Reinsch ex Printz
样点：131 万峰湖镇纳赖村，水田中附植。
397．狭形小桩藻 *C. angustum* A. Braun.
样点：077 郑屯大庆村大箐，附生于井口前水坑中丝状藻体上。
398．直立小桩藻 *C. strictum* A. Braun
样点：019 郑屯坡岗村间歇泉，流水中石表；080 郑屯大庆村大箐，附着于浅水坑中轮藻表面；114 郑屯岩缝村，积水坑中漂浮；157 龙广镇烂滩村，水田中附植。
399．西康小桩藻 *C. sikangense* Jao
样点：061 郑屯大庆村苦竹林，石坑中底栖；077 郑屯大庆村大箐，井口前水坑中丝状体；155 龙广镇烂滩村，水田中底栖；162 龙广镇烂滩村，泉眼前水塘中，固着于刚毛藻体表。

四十三、小球藻科 Chlorellaceae

（九十六）小球藻属 *Chlorella* Beijierinck

400．小球藻 *C. vulgaris* Beij.
样点：044 顶效麻柳林，泉眼前水沟丝状体石上固着；045 顶效麻柳林，泉眼前水沟中浮游；046 顶效麻柳林，泉眼前水沟中底栖；051 顶效麻柳林，泥性水塘中黑藻、眼子菜表面附着；067 郑屯大庆村苦竹林，水潭漂浮；079 郑屯大庆村大箐，浅水坑中浮游；086 郑屯大庆村大箐，渗水石壁表附着；109 郑屯岩缝村，池塘中漂浮；113 郑屯岩缝村，池塘中水面浮游；122 郑屯岩缝村坡岗，人工水池中浮游；129 万峰湖镇纳赖村，积水坑中浮游；142 万峰湖，湖水中浮游；144 万峰湖镇，积水石坑中浮游；157 龙广镇烂滩村，水田中附植；162 龙广镇烂滩村，泉眼前水塘中漂浮；170 龙广镇烂滩村，田间水沟中浮游。
401．椭圆小球藻 *C. ellipsoidea* Gerneck
样点：080 郑屯大庆村大箐，附着于浅水坑中轮藻表面；086 郑屯大庆村大箐，渗水石壁表附着；151 郑屯新店村清水河，河水中浮游。

（九十七）顶棘藻属 *Chodatella* Lemmermann

402．盐生顶棘藻 *C. subsalsa* Lemm.
样点：109 郑屯岩缝村，池塘中漂浮。

（九十八）四角藻属 *Tetraëdron* Kützing

403．微小四角藻原变种 *T. minimum* var. *minimum* (A. Braun) Hansg.
样点：012 郑屯坡岗村间歇泉，水潭中底栖；021 郑屯坡岗村间歇泉，积水石坑中底栖；046 顶效麻柳林，泉眼前水沟中底栖；109 郑屯岩缝村，池塘中漂浮；130 万峰湖镇纳赖村，水田中底栖；142 万峰湖，湖水中浮游。

404．微小四角藻微孔变种 *T. minimum* var. *scrobiculatum* Lagerh.

样点：110 郑屯岩缝村，积水石坑中浮游；142 万峰湖，湖水中浮游。

（九十九）单针藻属 *Monoraphidium* Komarkova -Legnerova

405．不规则单针藻 *M. irregulare* (G. M. Smith) Kom.-Legn.

样点：044 顶效麻柳林，泉眼前水沟中，附着于泉眼前水塘中漂浮胶质体表。

406．戴伯单针藻 *M. dybowskii* (Woloszynska) Hind. et Kom.

样点：044 顶效麻柳林，附着于泉眼前水塘中漂浮胶质体表。

407．极小单针藻 *M. pusillum* (Printz) Kom.

样点：109 郑屯岩缝村，池塘中漂浮。

408．加勒比单针藻 *M. caribeum* Hind.

样点：045 顶效麻柳林，泉眼前水沟中浮游。

409．弓形单针藻 *M. arcuatum* (Kom.) Hind.

样点：131 万峰湖镇纳赖村，水田中附植。

410．科马克单针藻 *M. komarkovae* Nygoard

样点：045 顶效麻柳林，泉眼前水沟中浮游。

411．格里佛单针藻 *M. griffithii* (Berk.) Kom. -Legn.

样点：045 顶效麻柳林，泉眼前水沟中浮游；050 顶效麻柳林，泥性水坑中浮游；109 郑屯岩缝村，池塘中漂浮；112 郑屯岩缝村，积水石坑中底栖；162 龙广镇烂滩村，泉眼前水塘中，附着于刚毛藻体表。

412．钝顶单针藻 *M. obtusum* (Korschikoff) Kom. -Legn.

样点：013 郑屯坡岗村间歇泉，水潭中浮游；041 顶效麻柳林，泉眼口石表固着。

413．奇异单针藻 *M. mirabile* (W. et G. S. West) Pankow

样点：045 顶效麻柳林，泉眼前水沟中浮游；046 顶效麻柳林，泉眼前水沟中底栖；112 郑屯岩缝村，积水石坑中底栖；156 龙广镇烂滩村，水田中底栖；167 龙广镇烂滩村，水池中浮游。

（一百）月牙藻属 *Selenastrum* Reinsch

414．纤细月牙藻 *S. gracile* Reinsch

样点：050 顶效麻柳林，泥性水坑中浮游。

415．端尖月牙藻 *S. westii* Smith

样点：049 顶效麻柳林，泥性水坑中底栖。

（一百零一）纤维藻属 *Ankistrodesmus* Corda

416．纺锤纤维藻 *A. fusiformis* Corda

样点：156 龙广镇烂滩村，水田中底栖。

417．针形纤维藻 *A. acicularis* (A. Braun) Korsch.

样点：122 郑屯岩缝村坡岗，人工水池中浮游。

418．粗壮纤维藻 *A. bibraianus* (Reinsch) Korsch.

样点：151 郑屯新店村清水河，河水中浮游。

419．伯纳德氏纤维藻 *A. bernardii* Konarek

样点：157 龙广镇烂滩村，水田中附植。

420．镰形纤维藻原变种 *A. falcatus* var. *falcatus* (Chodat) Ralfs.

样点：105 郑屯岩缝村，泥性水塘中浮游。

421．镰形纤维藻放射变种 *A. falcatus* var. *radiatus* (Chodat) Lemm.

样点：009 郑屯坡岗村间歇泉，沼地中水表浮游；063 郑屯大庆村苦竹林，水潭中浮游；109 郑屯岩缝村，池塘中漂浮；145 万峰湖镇，积水石坑中漂浮；157 龙广镇烂滩村，水田中附植。

422．螺旋纤维藻 *A. spiralis* (Turner) Lemm.

样点：111 郑屯岩缝村，积水石坑中底栖；112 郑屯岩缝村，积水石坑中底栖。

四十四、卵囊藻科 Oocystaceae

（一百零二）浮球藻属 *Planktosphaeria* G. M. Smith

423．胶状浮球藻 *P. gelatinosa* G. M. Smith

样点：009 郑屯坡岗村间歇泉，沼地中水表浮游；011 郑屯坡岗村间歇泉，沼地中水表漂浮；012 郑屯坡岗村间歇泉，水潭中底栖；023 郑屯健康村，水田中浮游；046 顶效麻柳林，泉眼前水沟中底栖；050 顶效麻柳林，泥性水坑中浮游；052 顶效麻柳林，泥性水坑中底栖；059 郑屯大庆村苦竹林，平房顶积水中漂浮物；063 郑屯大庆村苦竹林，水潭中浮游。

（一百零三）卵囊藻属 *Oocystis* Nägeli

424．卵囊藻 *O. naegelii* A. Braun

样点：051 顶效麻柳林，泥性水塘中黑藻、眼子菜表面附着；053 顶效麻柳林，泥性水坑中漂浮；063 郑屯大庆村苦竹林，水潭中浮游；075 郑屯大庆村大箐，井口前水坑中底栖；076 郑屯大庆村大箐，井口前水坑中石表固着；088 郑屯岩缝村，积水平房顶水中漂浮物；098 郑屯岩缝村，积水平房顶水中漂浮物；130 万峰湖镇纳赖村，水田中底栖；135 万峰湖镇纳赖村，积水平房顶水中漂浮；142 万峰湖，湖水中浮游。

425．波吉卵囊藻 *O. borgei* Snow

样点：051 顶效麻柳林，泥性水塘中黑藻、眼子菜表面附着；099 郑屯岩缝村，积水平房顶水中沉积物；151 郑屯新店村清水河，河水中浮游；169 龙广镇烂滩村，水渠中底栖及沉积物。

426．菱形卵囊藻 *O. rhomboidea* Fott

样点：122 郑屯岩缝村坡岗，人工水池中浮游。

427．水生卵囊藻 *O. submarina* Lagerh.

样点：050 顶效麻柳林，泥性水坑中浮游；078 郑屯大庆村大箐，浅水坑中底栖；105 郑屯岩缝村，泥性水塘中浮游；110 郑屯岩缝村，积水石坑中浮游；111 郑屯岩缝村，积水石坑中底栖；112 郑屯岩缝村，积水石坑中底栖；157 龙广镇烂滩村，水田中附植。

四十五、网球藻科 Dictyosphaeraceae

（一百零四）胶囊藻属 *Gloeocystis* Nägeli

428．卵形胶囊藻 *G. ampla* (Kütz.) Lagerh.

样点：052 顶效麻柳林，泥性水坑中底栖；142 万峰湖，湖水中浮游。

429．泡状胶囊藻 *G. vesiculosa* Naeg.

样点：151 郑屯新店村清水河，河水中浮游；167 龙广镇烂滩村，水池中浮游。

430．巨型胶囊藻 *G. gigas* (Kuetz.) Lagerh.

样点：051 顶效麻柳林，泥性水塘中黑藻、眼子菜表面附着；063 郑屯大庆村苦竹林，水潭中浮游；142 万峰湖，湖水中浮游；151 郑屯新店村清水河，河水中浮游。

（一百零五）网球藻属 *Dictyosphaeria* Decaisne

431．网球藻 *D. cavernosa* (Forssk.) Boerg.

样点：157 龙广镇烂滩村，水田中附植；163 龙广镇烂滩村，泉眼前水塘中底栖。

432．美丽网球藻 *D. pulchellum* Wood

样点：045 顶效麻柳林，泉眼前水沟中浮游；100 郑屯岩缝村，池塘中浮游；109 郑屯岩缝村，池塘中漂浮；111 郑屯岩缝村，积水石坑中底栖；112 郑屯岩缝村，积水石坑中底栖；122 郑屯岩缝村坡岗，人工水池中浮游；142 万峰湖，湖水中浮游；167 龙广镇烂滩村，水池中浮游。

四十六、水网藻科 Hydrodictyaceae

（一百零六）水网藻属 *Hydrodictyon* Roth

433．水网藻 *H. reticulatum* (Linn.) Lagerh.

样点：002 郑屯坡岗村间歇泉，水潭中漂浮；052 顶效麻柳林，泥性水坑中沉水生；063 郑屯大庆村苦竹林，水潭中浮游；130 万峰湖镇纳赖村，水田中沉水生；133 万峰湖镇纳赖村，水田中漂浮；168 龙广镇烂滩村，水沟中漂浮。

四十七、盘星藻科 Pediastraceae

（一百零七）盘星藻属 *Pediastrum* Meyen

434．具孔盘星藻 *P. clathratum* (Schroetor) Lemm.

样点：142 万峰湖，湖水中浮游。

435．四角盘星藻离体变种 *P. tetras* var. *excisum* (Rabenh.) Hansg.

样点：045 顶效麻柳林，泉眼前水沟中浮游。

436．四角盘星藻四齿变种 *P. tetras* var. *tetraodon* (Corda) Hansg.

样点：097 郑屯岩缝村，岩缝处积水坑中底栖；120 郑屯岩缝村，水槽中浮游。

437．四角盘星藻尖头变种 *P. tetras* var. *apiculatum* Fritsch

样点：046 顶效麻柳林，泉眼前水沟中底栖；049 顶效麻柳林，泥性水坑中底栖。

438．二角盘星藻原变种 *P. duplex* var. *duplex* Meyen

样点：151 郑屯新店村清水河，河水中浮游。

439．二角盘星藻纤细变种 *P. duplex* var. *gracillimum* W. et G. S. West

样点：025 郑屯健康村，水田中底栖；142 万峰湖，湖水中浮游。

440．二角盘星藻点纹变种 *P. duplex* var. *punctatum* (Krieger) Parra

样点：151 郑屯新店村清水河，河水中浮游。

441．二角盘星藻网状变种 *P. duplex* var. *reticulatum* Lagerh.

样点：045 顶效麻柳林，泉眼前水沟中浮游；151 郑屯新店村清水河，河水中浮游。

442．单角盘星藻对突变种 *P. simplex* var. *biwaeuse* (Neg.) Fukush.

样点：142 万峰湖，湖水中浮游。

443．单角盘星藻斯氏变种 *P. simplex* var. *sturmii* (Reinsch) Wolle

样点：098 郑屯岩缝村，积水平房顶水中漂浮物。

444．单角盘星藻粒刺变种 *P. simplex* var. *echinulatum* Witt.

样点：151 郑屯新店村清水河，河水中浮游。

445．短棘盘星藻长角变种 *P. boryanum* var. *logicorne* Reinsch

样点：005 郑屯坡岗村间歇泉，水潭中浮游；011 郑屯坡岗村间歇泉，沼地中水表漂浮；013 郑屯坡岗村间歇泉，水潭中浮游；021 郑屯坡岗村间歇泉，积水石坑中底栖；022 郑屯坡岗村间歇泉，积水石坑中底栖；169 龙广镇烂滩村，水渠中底栖及沉积物。

446．短棘盘星藻穿孔变种 *P. boryanum* var. *perforatum* (Racib.) Nitardy

样点：013 郑屯坡岗村间歇泉，水潭中浮游。

447．短棘盘星藻镊尖变种 *P. boryanum* var. *forcipatum* Racib.

样点：013 郑屯坡岗村间歇泉，水潭中浮游；015 郑屯坡岗村间歇泉，水潭中浮游；022 郑屯坡岗村间歇泉，积水石坑中底栖；097 郑屯岩缝村，岩缝处积水坑中底栖；098 郑屯岩缝村，积水平房顶水中漂浮物；130 万峰湖镇纳赖村，水田中底栖；157 龙广镇烂滩村，水田中附植；169 龙广镇烂滩村，水渠中底栖及沉积物。

448．短棘盘星藻短角变种 *P. boryanum* var. *brevicorne* Braun

样点：051 顶效麻柳林，泥性水塘中黑藻、眼子菜表面附着；052 顶效麻柳林，泥性水坑中底栖；098 郑屯岩缝村，积水平房顶水中漂浮物。

449．短棘盘星藻颗粒变种 *P. boryanum* var. *granulatum* (Kütz.) Braun

样点：169 龙广镇烂滩村，水渠中底栖及沉积物。

450．双射盘星藻 *P. biradiatum* Meyen

样点：142 万峰湖，湖水中浮游。

四十八、栅藻科 Scenedesmaceae

（一百零八）栅藻属 *Scenedesmus* Meyen

451．光滑栅藻 *S. ecornis* (Ehr.) Chodat

样点：044 顶效麻柳林，泉眼前水沟丝状体石上固着；131 万峰湖镇纳赖村，水田中附植；142 万峰湖，湖水中浮游。

452．阿库栅藻 *S. acunae* Comas

样点：063 郑屯大庆村苦竹林，水潭中浮游；118 郑屯岩缝村，岩缝处积水坑中底栖；164 龙广镇烂滩村，泉眼前水塘中底栖。

453．四尾栅藻原变种 *S. quadricauda* var. *quadricauda* (Turp.) Bréb.

样点：130 万峰湖镇纳赖村，水田中底栖；150 郑屯新店村清水河，边积水石坑；155 龙广镇烂滩村，水田中底栖；167 龙广镇烂滩村，水池中浮游；169 龙广镇烂滩村，水渠中底栖及沉积物。

454．四尾栅藻大形变种 *S. quadricauda* var. *maximus* W. et G. S. West

样点：025 郑屯健康村，水田中底栖；046 顶效麻柳林，泉眼前水沟中底栖；170 龙广镇烂滩村，田间水沟中浮游。

455．四尾栅藻小形变种 *S. quadricauda* var. *parvus* Smith

样点：025 郑屯健康村，水田中底栖。

456．二形栅藻 *S. dimorphus* (Turp.) Kütz.

样点：151 郑屯新店村清水河，河水中浮游。

457．巴西栅藻 *S. brasiliensis* Bohl.

样点：109 郑屯岩缝村，池塘中漂浮；110 郑屯岩缝村，积水石坑中浮游；118 郑屯岩缝村，岩缝处积水坑中底栖；157 龙广镇烂滩村，水田中附植。

458．斜生栅藻 *S. obliquus* (Turp.) Kütz.

样点：012 郑屯坡岗村间歇泉，水潭中底栖；021 郑屯坡岗村间歇泉，积水石坑中底栖；045 顶效麻柳林，泉眼前水沟中浮游；046 顶效麻柳林，泉眼前水沟中底栖；048 顶效麻柳林，水沟中石表固着；112 郑屯岩缝村，积水石坑中底栖；130 万峰湖镇纳赖村，水田中底栖；155 龙广镇烂滩村，水田中底栖；160 龙广镇烂滩村，水沟中石表；169 龙广镇烂滩村，水渠中底栖及沉积物；170 龙广镇烂滩村，田间水沟中浮游。

459．钝形栅藻交错变种 *S. obtusus* var. *alternans* (Reinsch) Borge

样点：045 顶效麻柳林，泉眼前水沟中浮游。

460．双尾栅藻 *S. bicaudatus* Dedusenko

样点：014 郑屯坡岗村间歇泉，水潭中底栖；025 郑屯健康村，水田中底栖。

461．隆顶栅藻原变种 *S. protuberans* var. *protuberans* Fritsch

样点：022 郑屯坡岗村间歇泉，积水石坑中底栖；150 郑屯新店村清水河，边积水石坑；155 龙广镇烂滩村，水田中底栖。

462．隆顶栅藻微小变型 *S. protuberans* f. *minor* Ley

样点：052 顶效麻柳林，泥性水坑中底栖；151 郑屯新店村清水河，河水中浮游；156 龙广镇烂滩村，水田中底栖。

463．尖细栅藻原变种 *S. acuminatus* var. *acuminatus* (Lagerh.) Chodat

样点：013 郑屯坡岗村间歇泉，水潭中浮游；122 郑屯岩缝村坡岗，人工水池中浮游。

464．尖细栅藻小形变种 *S. acuminatus* var. *minor* Smith

样点：021 郑屯坡岗村间歇泉，积水石坑中底栖；109 郑屯岩缝村，池塘中漂浮；112 郑屯岩缝村，积水石坑中底栖；155 龙广镇烂滩村，水田中底栖；157 龙广镇烂滩村，水田中附植；162 龙广镇烂滩村，泉眼前水塘中，附着于刚毛藻体表。

465．尖锐栅藻 *S. acutus* Meyen

样点：045 顶效麻柳林，泉眼前水沟中浮游；112 郑屯岩缝村，积水石坑中底栖；130 万峰湖镇纳赖村，水田中底栖；163 龙广镇烂滩村，泉眼前水塘中底栖。

466．尖形栅藻 *S. acutiformis* Schröder

样点：013 郑屯坡岗村间歇泉，水潭中浮游；112 郑屯岩缝村，积水石坑中底栖。

467．多棘栅藻 *S. spinosus* Chodat

样点：012 郑屯坡岗村间歇泉，水潭中底栖；014 郑屯坡岗村间歇泉，水潭中底栖。

468．顶棘栅藻 *S. aculeolatus* Reinsch

样点：007 郑屯坡岗村间歇泉，水潭中漂浮；097 郑屯岩缝村，岩缝处积水坑中底栖；130 万峰湖镇纳赖村，水田中底栖；139 万峰湖镇纳赖村，水沟中浮游。

469．不对称栅藻 *S. asymmetricus* (Schröder) Chodat

样点：112 郑屯岩缝村，积水石坑中底栖；149 郑屯新店村清水河，水坑中沉积物；156 龙广镇烂滩村，水田中底栖；160 龙广镇烂滩村，水沟中石表。

470．不等栅藻 *S. dispar* Breb.

样点：130 万峰湖镇纳赖村，水田中底栖。

471．奥波莱栅藻 *S. opoliensis* Richter

样点：013 郑屯坡岗村间歇泉，水潭中浮游；122 郑屯岩缝村坡岗，人工水池中浮游；151 郑屯新店村清水河，河水中浮游；162 龙广镇烂滩村，泉眼前水塘中，附着于刚毛藻体表。

472．盘状栅藻 *S. disciformis* (Chodat) Fott et Komarek.

样点：013 郑屯坡岗村间歇泉，水潭中浮游；045 顶效麻柳林，泉眼前水沟中浮游；046 顶效麻柳林，泉眼前水沟中底栖；050 顶效麻柳林，泥性水坑中浮游；052 顶效麻柳林，泥性水坑中底栖；142 万峰湖，湖水中浮游。

473．短棘栅藻 *S. brevispina* (Smith) Chod.

样点：021 郑屯坡岗村间歇泉，积水石坑中底栖。

474．新月栅藻 *S. lunatus* (W. et G. S. West) Chod.

样点：025 郑屯健康村，水田中底栖。

475．卵形栅藻 *S. ovalternus* Chod.

样点：045 顶效麻柳林，泉眼前水沟中浮游；052 顶效麻柳林，泥性水坑中底栖。

476．角柱栅藻 *S. prismaticus* Bruhl et Biswas

样点：045 顶效麻柳林，泉眼前水沟中浮游；046 顶效麻柳林，泉眼前水沟中底栖；052 顶效麻柳林，泥性水坑中底栖；118 郑屯岩缝村，岩缝处积水坑中底栖；130 万峰湖镇纳赖村，水田中底栖；131 万峰湖镇纳赖村，水田中附植。

477．刺瘤栅藻 *S. aculeato-granulatus* Hort.

样点：122 郑屯岩缝村坡岗，人工水池中浮游。

478．瘤脊栅藻 *S. circumfusus* Hort.

样点：130 万峰湖镇纳赖村，水田中底栖；131 万峰湖镇纳赖村，水田中附植。

479．湖生栅藻 *S. lacustris* Jao et Hu
样点：142 万峰湖，湖水中浮游。
480．单面栅藻 *S. praetervisus* Chodat
样点：151 郑屯新店村清水河，河水中浮游。
481．厚顶栅藻 *S. incrassatulus* Bohlin
样点：001 郑屯坡岗村间歇泉，水潭中菹草、黑藻叶表；145 万峰湖镇，积水石坑中漂浮。

（一百零九）韦丝藻属 *Westella* Wildemann

482．丛球韦斯藻 *W. bortyoides* (West) Wild.
样点：044 顶效麻柳林，泉眼前水沟丝状体石上固着。

（一百一十）四链藻属 *Tetradesmus* G. M. Smith

483．月形四链藻 *T. lunatus* Korsh.
样点：013 郑屯坡岗村间歇泉，水潭中浮游。
484．威斯康星四链藻 *T. wisconsinensis* Smith
样点：013 郑屯坡岗村间歇泉，水潭中浮游。

（一百一十一）十字藻属 *Crucigenia* Morren

485．四足十字藻 *C. quadrata* Morren
样点：142 万峰湖，湖水中浮游。

（一百一十二）集星藻属 *Actinastrum* Lagerheim

486．小形集星藻 *A. gracillimum* Smith
样点：151 郑屯新店村清水河，河水中浮游。

（一百一十三）空星藻属 *Coelastrum* Nägeli

487．钝空星藻 *C. morus* W. et. G. S. West
样点：013 郑屯坡岗村间歇泉，水潭中浮游；050 顶效麻柳林，泥性水坑中浮游；063 郑屯大庆村苦竹林，水潭中浮游；088 郑屯岩缝村，积水平房顶水中漂浮物；109 郑屯岩缝村，池塘中漂浮；112 郑屯岩缝村，积水石坑中底栖；135 万峰湖镇纳赖村，积水平房顶水中漂浮；142 万峰湖，湖水中浮游。
488．小空星藻 *C. microporum* Näg.
样点：052 顶效麻柳林，泥性水坑中底栖；109 郑屯岩缝村，池塘中漂浮；133 万峰湖镇纳赖村，水田中漂浮丝状体；162 龙广镇烂滩村，泉眼前水塘中漂浮；167 龙广镇烂滩村，水池中浮游。
489．星状空星藻 *C. astroideum* Notaris
样点：013 郑屯坡岗村间歇泉，水潭中浮游；045 顶效麻柳林，泉眼前水沟中浮游；046 顶效麻柳林，泉眼前水沟中底栖；151 郑屯新店村清水河，河水中浮游；157 龙广镇烂滩村，水田中附植；167 龙广镇烂滩村，水池中浮游。
490．网状空星藻 *C. reticulatum* (Dang.) Senn.
样点：045 顶效麻柳林，泉眼前水沟中浮游；046 顶效麻柳林，泉眼前水沟中底栖；109 郑屯岩缝村，池塘中漂浮；112 郑屯岩缝村，积水石坑中底栖；117 郑屯岩缝村，岩缝处积水坑中底栖；132 万峰湖镇纳赖村，房前滴水坑中底栖；151 郑屯新店村清水河，河水中浮游。
491．具角空星藻 *C. cornutum* Lamaire
样点：013 郑屯坡岗村间歇泉，水潭中浮游；022 郑屯坡岗村间歇泉，积水石坑中底栖。
492．球形空星藻 *C. sphaericum* Näg.
样点：142 万峰湖，湖水中浮游。

丝藻目 Ulotrichales

四十九、丝藻科 Ulotrichaceae

（一百一十四）丝藻属 *Ulothrix* Kuetz.

493．串珠丝藻 *U. moniliformis* Kuetz.

样点：019 郑屯坡岗村间歇泉，流水中石表，与刚毛藻混生。

494．细丝藻 *U. tenerrima* Kuetz.

样点：006 郑屯坡岗村间歇泉，水潭中附生于粗鞘藻。

495．柱状丝藻 *U. cylindricum* Prescott

样点：076 郑屯大庆村大箐，井口前水坑中石表固着。

496．近微细丝藻 *U. subtilissima* Rab.

样点：160 龙广镇烂滩村，水沟中石表。

497．多形丝藻 *U. variabilis* Kütz.

样点：045 顶效麻柳林，泉眼前水沟中浮游；157 龙广镇烂滩村，水田中附植。

498．颤丝藻 *U. oscillatoria* Kütz.

样点：050 顶效麻柳林，泥性水坑中浮游。

（一百一十五）尾丝藻属 *Uronema* Lagerh.

499．尾丝藻 *U. confervicolum* Lagerh.

样点：097 郑屯岩缝村，岩缝处积水坑中底栖；125 郑屯岩缝村坡岗，积水坑中底栖；155 龙广镇烂滩村，水田中底栖黄黑色。

500．非洲尾丝藻 *U. africanum* Borge

样点：053 顶效麻柳林，着生于漂浮物上。

501．极大尾丝藻 *U. gigas* Vischer

样点：097 郑屯岩缝村，岩缝处积水坑中底，着生于植物残体上；129 万峰湖镇纳赖村，积水坑中，着生于漂浮物上。

五十、微孢藻科 Microsporaceae

（一百一十六）微孢藻属 *Microspora* Thure

502．丛毛微胞藻 *M. floccosa* (Vauch.) Thuret

样点：114 郑屯岩缝村，积水坑中漂浮。

503．方形微胞藻 *M. quadrara* Kuetz.

样点：127 万峰湖镇纳赖村，渗水石壁表。

504．池生微胞藻 *M. stagnorum* (Kuetz.) Lagerh.

样点：043 顶效麻柳林，泉眼前水沟中浮游；114 郑屯岩缝村，积水坑中漂浮。

505．不规则微胞藻 *M. irregularis* (W. et G. S. West) Wichmann

样点：011 郑屯坡岗村间歇泉，沼地中水表漂浮；022 郑屯坡岗村间歇泉，积水石坑中底栖。

胶毛藻目 Chaetophorales

五十一、胶毛藻科 Chaetophoraceae

（一百一十七）毛枝藻属 *Stigeoclonium* Kützing

506．多形毛枝藻 *S. variabilis* Naeg.

样点：128 万峰湖镇纳赖村，水坑中石表固着丝状体。

五十二、隐毛藻科 Aphanochaetaceae

（一百一十八）隐毛藻属 *Aphanochaete* A. Braun

507．隐毛藻 *A. repens* A. Braun

样点：019 郑屯坡岗村间歇泉，流水中附生于刚毛藻上；131 万峰湖镇纳赖村，水田中附植；157 龙广镇烂滩村，水田中附植；162 龙广镇烂滩村，泉眼前水塘中，固着于刚毛藻体表。

橘色藻目 Trentepohliales

五十三、橘色藻科 Trentepohliaceae

（一百一十九）橘色藻属 *Trentepohlia* Martius

508．冷杉橘色藻 *T. abietina* (Flotow) Hansg.

样点：026 郑屯白毡帽，渗水岩壁表；055 郑屯大庆村苦竹林，潮湿岩壁表；074 郑屯大庆村苦竹林，阴暗处潮湿石壁上，黄色橘红色；101 郑屯岩缝村，树皮表；115 郑屯岩缝村，树干表，紫红色；119 郑屯岩缝村，杉木树干表；152 郑屯新店村，树干表。

509．约利橘色藻 *T. jolithus* (L.) Wallroth

样点：061 郑屯大庆村苦竹林，石坑中底栖。

鞘藻目 Oedogoniales

五十四、鞘藻科 Oedogoniaceae

（一百二十）鞘藻属 *Oedogonium* Link

510．粗鞘藻 *O. crassum* (Hass.) Wittr.

样点：001 郑屯坡岗村间歇泉，水潭中菹草、黑藻叶表；006 郑屯坡岗村间歇泉，水潭中附植；017 郑屯坡岗村间歇泉，水沟中石表；023 郑屯健康村，水田中浮游；051 顶效麻柳林，泥性水塘中黑藻、眼子菜表面附着；052 顶效麻柳林，泥性水坑中底栖；064 郑屯大庆村苦竹林，水潭中固着于轮藻上；087 郑屯岩缝村，水田中漂浮物；131 万峰湖镇纳赖村，水田中附植；164 龙广镇烂滩村，泉眼前水塘中底栖；169 龙广镇烂滩村，水渠中底栖及沉积物。

511．中型鞘藻 *O. intermedium* Wittr. et Nordst

样点：091 郑屯岩缝村，裸岩上积水石坑中底栖；098 郑屯岩缝村，积水平房顶水中漂浮物；128 万峰湖镇纳赖村，水坑中石表固着丝状体。

512．微细鞘藻 *O. pusillum* Kirchn.

样点：006 郑屯坡岗村间歇泉，水潭中附植；009 郑屯坡岗村间歇泉，沼地中水表浮游；050 顶效麻柳林，泥性水坑中浮游；052 顶效麻柳林，泥性水坑中底栖。

513．普林鞘藻 *O. pringsheimii* Gram.

样点：097 郑屯岩缝村，岩缝处积水坑中底栖；099 郑屯岩缝村，积水平房顶水中沉积物；103 郑屯岩缝村，泥性水坑中附生于生长轮藻表；105 郑屯岩缝村，泥性水塘中浮游；134 万峰湖镇纳赖村，水田中浮游；144 万峰湖镇，积水石坑中浮游；146 郑屯新店村，积水石坑中石表面。

刚毛藻目 Cladophorales

五十五、刚毛藻科 Cladophoraceae

（一百二十一）刚毛藻属 *Cladophora* Kützing

514．团集刚毛藻 *Cl. glomerata* (Roth.) Kütz.

样点：044 顶效麻柳林，泉眼前水沟丝状体石上固着；121 郑屯坡岗，水沟中浮游；160 龙广镇烂滩村，水沟中石表；166 龙广镇烂滩村，水田中漂浮；171 龙广镇烂滩村，水沟边湿石壁。

515．厚壁刚毛藻 *Cl. pachydermum* (Kjell.) Brand

样点：048 顶效麻柳林，水沟中石表固着；077 郑屯大庆村大箐，井口前水坑中丝状体；130 万峰湖镇纳赖村，水田中底栖；133 万峰湖镇纳赖村，水田中漂浮丝状体；138 万峰湖镇纳赖村，流水沟石表绿色；155 龙广镇烂滩村，水田中底栖，黄黑色；162 龙广镇烂滩村，泉眼前水塘中石表固着；165 龙广镇烂滩村，水田中底栖，黄色。

双星藻纲 Zygnematophyceae

双星藻目 Zygnematales

五十六、中带鼓藻科 Mesotaniaceae

（一百二十二）中带鼓藻属 *Mesotaenium* Nägeli

516．中带鼓藻 *M. endlicherianum* Näg.

样点：125 郑屯岩缝村坡岗，积水坑中底栖。

（一百二十三）螺带鼓藻属 *Spirotaenia* Brébisson

517．螺带鼓藻 *S. condensata* Bréb.

样点：131 万峰湖镇纳赖村，水田中附植。

（一百二十四）柱胞鼓藻属 *Cylindrocystis* Meneghini

518．柱胞鼓藻 *C. brebissonii* Men.

样点：171 龙广镇烂滩村，水沟边湿石壁。

五十七、双星藻科 Zygnemataceae

（一百二十五）双星藻属 *Zygnema* Agardh

519．扁孢双星藻 *Z. lenticulare* Jao et Hu
样点：078 郑屯大庆村大箐，浅水坑中底栖。

（一百二十六）水绵属 *Spirogyra* Link

520．大型水绵 *S. majuscula* Kütz.
样点：002 郑屯坡岗村间歇泉，水潭中漂浮；158 龙广镇烂滩村，水田中浮游。
521．泰国水绵 *S. siamensis* Transeau
样点：053 顶效麻柳林，泥性水坑中漂浮，黄绿色。
522．韦伯水绵 *S. weberi* Kütz.
样点：009 郑屯坡岗村间歇泉，沼地中水表浮游；015 郑屯坡岗村间歇泉，水潭中浮游；053 顶效麻柳林，泥性水坑中漂浮，黄绿色。

鼓藻目 Desmidiales

五十八、鼓藻科 Desmidiaceae

（一百二十七）棒形鼓藻属 *Gonatozygon* De Bary

523．基纳汉棒形鼓藻 *G. kinahani* (Arch.) Rab.
样点：125 郑屯岩缝村坡岗，积水坑中底栖；156 龙广镇烂滩村，水田中底栖。

（一百二十八）新月藻属 *Closterium* Nitzsch

524．极长新月藻 *C. praelongum* Bréb.
样点：155 龙广镇烂滩村，水田中底栖。
525．埃伦新月藻马林变种 *C. ehrenbergii* var. *malinvernianum* (De Notaris) Rabenh.
样点：009 郑屯坡岗村间歇泉，沼地中水表浮游；075 郑屯大庆村大箐，井口前水坑中底栖；087 郑屯岩缝村，水田中漂浮物；154 龙广镇烂滩村，水田中漂浮丝状体；155 龙广镇烂滩村，水田中底栖；169 龙广镇烂滩村，水渠中底栖及沉积物。
526．埃伦新月藻豆形变种 *C. ehrenbergii* var. *pseudopodolicum* Hughes
样点：117 郑屯岩缝村，岩缝处积水坑中底栖。
527．锐新月藻原变种 *C. acerosum* var. *acerosum* (Schrank) Ehr.
样点：050 顶效麻柳林，泥性水坑中浮游；052 顶效麻柳林，泥性水坑中底栖；059 郑屯大庆村苦竹林，平房顶积水中漂浮物；063 郑屯大庆村苦竹林，水潭中浮游；065 郑屯大庆村苦竹林，水潭中底栖；118 郑屯岩缝村，岩缝处积水坑中底栖；130 万峰湖镇纳赖村，水田中底栖；144 万峰湖镇，积水石坑中浮游。
528．锐新月藻安哥拉变种 *C. acerosum* var. *angolense* West et West
样点：063 郑屯大庆村苦竹林，水潭中浮游；177 龙广镇烂滩村，轻污染的水塘中浮游。
529．莱布新月藻 *C. leibleinii* Kütz.
样点：063 郑屯大庆村苦竹林，水潭中浮游；103 郑屯岩缝村，泥性水坑中附生于生长轮藻表；157 龙广镇烂滩村，水田中附植。
530．普里新月藻 *C. pritchardianum* Archer
样点：097 郑屯岩缝村，岩缝处积水坑中底栖；105 郑屯岩缝村，泥性水塘中浮游。

531．象牙形新月藻 *C. eboracense* (Ehr.) Turner

样点：155 龙广镇烂滩村，水田中底栖。

532．锥形新月藻 *C. subulatum* (Kütz.) Bréb.

样点：063 郑屯大庆村苦竹林，水潭中浮游；075 郑屯大庆村大箐，井口前水坑中底栖；078 郑屯大庆村大箐，浅水坑中底栖；080 郑屯大庆村大箐，附着于浅水坑中轮藻表面。

533．微小新月藻 *C. parvulum* Näg.

样点：064 郑屯大庆村苦竹林，水潭中附着于轮藻上；088 郑屯岩缝村，积水平房顶水中漂浮物。

534．新月形新月藻新月形变种小变型 *C. lunula* var. *lunula* f. *minus* West et West

样点：125 郑屯岩缝村坡岗，积水坑中底栖。

（一百二十九）宽带鼓藻属 *Pleurotaenium* Näg.

535．埃伦宽带鼓藻 *Pl. ehrenbergii* (Bréb.) De Bary.

样点：144 万峰湖镇，积水石坑中浮游。

536．真世系宽带鼓藻波形变种 *Pl. eugeneum* var. *undulatum* (Borge) Krieger

样点：130 万峰湖镇纳赖村，水田中底栖；149 郑屯新店村清水河，水坑中沉积物。

（一百三十）凹顶鼓藻属 *Euastrum* Ehrenberg ex Ralfs

537．海岛凹顶鼓藻 *E. insulare* (Witt.) Roy

样点：080 郑屯大庆村大箐，生长轮藻的浅水坑中。

538．小刺凹顶鼓藻无刺变种 *E. spinulosum* var. *inermius* Nord.

样点：052 顶效麻柳林，泥性水坑中底栖；064 郑屯大庆村苦竹林，水潭中附着于轮藻上；066 郑屯大庆村苦竹林，水潭中漂浮；116 郑屯岩缝村，岩缝处积水坑中浮游；130 万峰湖镇纳赖村，水田中底栖。

539．近伸长凹顶鼓藻 *E. subporrectum* Jao

样点：155 龙广镇烂滩村，水田中底栖。

（一百三十一）辐射鼓藻属 *Actinotaenium* (Näg.) Teiling

540．湖南辐射鼓藻 *E. hunanense* (Jao) Eei

样点：142 万峰湖，湖水中浮游。

541．宽大辐射鼓藻 *E. capax* (Joshua) Teiling

样点：171 龙广镇烂滩村，水沟边湿石壁。

（一百三十二）鼓藻属 *Cosmarium* Corda ex Ralfs

542．圆鼓藻 *C. rotundum* Turner

样点：087 郑屯岩缝村，水田中漂浮物。

543．隐晦鼓藻 *C. adoxum* West et West

样点：117 郑屯岩缝村，岩缝处积水坑中底栖。

544．前亮孔鼓藻 *C. protomphalum* Skuja

样点：124 郑屯岩缝村坡岗，积水坑中，附生于藓类表面。

545．克莱鼓藻 *C. clepsydra* Nordstedt

样点：142 万峰湖，湖水中浮游。

546．双粒鼓藻 *C. bipunctatum* Börgesen

样点：078 郑屯大庆村大箐，浅水坑中底栖；169 龙广镇烂滩村，水渠中底栖及沉积物。

547．双齿鼓藻 *C. binum* Nordst.

样点：131 万峰湖镇纳赖村，水田中附植；157 龙广镇烂滩村，水田中附植。

548．钝鼓藻 *C. obtusatum* Schmidle

样点：105 郑屯岩缝村，泥性水塘中浮游。

549．葡萄鼓藻平滑变种 *C. botrytis* var. *mediolaeve* West

样点：125 郑屯岩缝村坡岗，积水坑中底栖。

550．六角形鼓藻小形变种 *C. sexangulare* var. *minus* Roy et Bissett

样点：052 顶效麻柳林，泥性水坑中底栖；149 郑屯新店村清水河，水坑中沉积物。

551．波形鼓藻西康变种 *C. cymatopleurum* var. *sikangense* Jao

样点：157 龙广镇烂滩村，水田中附植。

552．波缘鼓藻圆齿变种 *C. undulatum* var. *crenulatum* (Näg.) Witt.

样点：009 郑屯坡岗村间歇泉，沼地中水表浮游；012 郑屯坡岗村间歇泉，水潭中底栖；022 郑屯坡岗村间歇泉，积水石坑中底栖；131 万峰湖镇纳赖村，水田中附植。

553．波缘鼓藻阿拉斯加变种 *C. undulatum* var. *alaskanum* Croasdale

样点：171 龙广镇烂滩村，水沟边湿石壁。

554．痘斑鼓藻 *C. variolatum* Lund.

样点：022 郑屯坡岗村间歇泉，积水石坑中底栖；023 郑屯健康村，水田中浮游；088 郑屯岩缝村，积水平房顶水中漂浮物。

555．厚皮鼓藻 *C. pachydermun* Lund.

样点：009 郑屯坡岗村间歇泉，沼地中水表浮游；050 顶效麻柳林，泥性水坑中浮游；052 顶效麻柳林，泥性水坑中底栖；088 郑屯岩缝村，积水平房顶水中漂浮物；157 龙广镇烂滩村，水田中附植；169 龙广镇烂滩村，水渠中底栖及沉积物。

556．近华美鼓藻强壮变种 *C. subspeciosum* var. *validius* Nord.

样点：130 万峰湖镇纳赖村，水田中底栖。

557．近华美鼓藻简单变种 *C. subspeciosum* var. *simplicius* Jao

样点：053 顶效麻柳林，泥性水坑中漂浮；097 郑屯岩缝村，岩缝处积水坑中底栖。

558．方鼓藻 *C. quadrum* Lund.

样点：045 顶效麻柳林，泉眼前水沟中浮游；050 顶效麻柳林，泥性水坑中浮游；116 郑屯岩缝村，岩缝处积水坑中浮游。

559．光滑鼓藻原变种 *C. laeve* var. *laeve* Rab.

样点：020 郑屯坡岗村间歇泉，溅水石表上；051 顶效麻柳林，泥性水塘中黑藻、眼子菜表面附着；088 郑屯岩缝村，积水平房顶水中漂浮物；098 郑屯岩缝村，积水平房顶水中漂浮物；132 万峰湖镇纳赖村，房前滴水坑中底栖；135 万峰湖镇纳赖村，积水平房顶水中漂浮；142 万峰湖，湖水中浮游；160 龙广镇烂滩村，水沟中石表；162 龙广镇烂滩村，泉眼前水塘中漂浮。

560．光滑鼓藻韦斯特变种 *C. laeve* var. *westii* Krieger et Gerloff

样点：050 顶效麻柳林，泥性水坑中浮游；052 顶效麻柳林，泥性水坑中底栖；130 万峰湖镇纳赖村，水田中底栖；160 龙广镇烂滩村，水沟中石表。

561．光滑鼓藻八角形变种 *C. laeve* var. *octangulare* (Wille) West et West

样点：130 万峰湖镇纳赖村，水田中底栖；155 龙广镇烂滩村，水田中底栖。

562．斑点鼓藻近斑点变种 *C. punctulatum* var. *subpunctulatum* (Nordstedt) Börgesen

样点：149 郑屯新店村清水河，水坑中沉积物。

563．凹凸鼓藻 *C. impressulum* Elfv.

样点：045 顶效麻柳林，泉眼前水沟中浮游。

564．霍姆鼓藻中型变种 *C. holmiense* var. *intermedium* Gutwinski

样点：075 郑屯大庆村大箐，井口前水坑中底栖。

565．颗粒鼓藻原变种 *C. granatum* var. *granatum* Ralfs

样点：063 郑屯大庆村苦竹林，水潭中浮游。

566．颗粒鼓藻眼纹变种 *C. granatum* var. *ocellatum* West et West

样点：099 郑屯岩缝村，积水平房顶水中沉积物；131 万峰湖镇纳赖村，水田中附植；157 龙广镇烂滩村，水田中附植。

567．颗粒鼓藻近哈默变种 *C. granatum* var. *subhammenii* Jao

样点：049 顶效麻柳林，泥性水坑中底栖。

568．近颗粒鼓藻博格变种 *C. subgranatum* var. *borgei* Krieger

样点：105 郑屯岩缝村，泥性水塘中浮游。

569．孔穴鼓藻平变种 *C. umbilicatum* var. *glabrum* Jao

样点：009 郑屯坡岗村间歇泉，沼地中水表浮游。

570．雷尼鼓藻 *C. regnellii* Wille

样点：009 郑屯坡岗村间歇泉，沼地中水表浮游。

571．亚脊鼓藻 *C. subcostatum* Nordst.

样点：007 郑屯坡岗村间歇泉，水潭中漂浮；046 顶效麻柳林，泉眼前水沟中底栖。

572．珍珠鼓藻 *C. margaritatum* (Lund.) Roy et Biss.

样点：117 郑屯岩缝村，岩缝处积水坑中底栖。

573．具角鼓藻 *C. angulosum* Breb.

样点：023 郑屯健康村，水田中浮游；133 万峰湖镇纳赖村，水田中漂浮丝状体。

574．含钙鼓藻 *C. calcareum* Witt.

样点：050 顶效麻柳林，泥性水坑中浮游；087 郑屯岩缝村，水田中漂浮物；160 龙广镇烂滩村，水沟中石表。

575．伦德尔鼓藻可疑变种 *C. lundellii* var. *corruptum* (Turner) West etWest

样点：087 郑屯岩缝村，水田中漂浮物。

（一百三十三）角星鼓藻属 *Staurastrum* Meyen

576．钝齿角星鼓藻 *S. crenulatum* (Näg.) Delponte

样点：088 郑屯岩缝村，积水平房顶水中漂浮物；098 郑屯岩缝村，积水平房顶水中漂浮物。

577．锯齿状角星鼓藻 *S. prionotum* Scott et Prescott

样点：142 万峰湖，湖水中浮游。

578．三角状角星鼓藻 *S. trihedrale* Wolle

样点：050 顶效麻柳林，泥性水坑中浮游；052 顶效麻柳林，泥性水坑中底栖；059 郑屯大庆村苦竹林，平房顶积水中漂浮物；131 万峰湖镇纳赖村，水田中附植。

579．珍珠角星鼓藻 *S. margaritaceum* (Ehr.) Ralfs

样点：059 郑屯大庆村苦竹林，平房顶积水中漂浮物；099 郑屯岩缝村，积水平房顶水中沉积物。

580．四角角星鼓藻 *S. tetracerum* Ralfs

样点：151 郑屯新店村清水河，河水中浮游。

581．曼弗角星鼓藻 *S. manfeldtii* Delp.

样点：059 郑屯大庆村苦竹林，平房顶积水中漂浮物；088 郑屯岩缝村，积水平房顶水中漂浮物。

582．颗粒角星鼓藻 *S. punctulatum* Ralfs

样点：011 郑屯坡岗村间歇泉，沼地中水表漂浮；012 郑屯坡岗村间歇泉，水潭中底栖；064 郑屯大庆村苦竹林，水潭中附着于轮藻上。

583．圆形角星鼓藻 *S. orbiculare* Ralfs

样点：142 万峰湖，湖水中浮游。

584．全波缘角星鼓藻尖齿变种 *S. perundulatum* var. *dentatum* Scott et Prescott

样点：100 郑屯岩缝村，池塘中浮游；122 郑屯岩缝村坡岗，人工水池中浮游。

585．拉波角星鼓藻 *S. lapponicum* (Schmidle) Grönblad

样点：087 郑屯岩缝村，水田中漂浮物。

586．膨大角星鼓藻 *S. turgescens* De Notaris

样点：131 万峰湖镇纳赖村，水田中附植。

587．纤细角星鼓藻极瘦变种 *S. gracile* var. *teunissima* West et West

样点：142 万峰湖，湖水中浮游。

轮藻纲 Charophyceae

轮藻目 Charales

五十九、轮藻科 Characeae

（一百三十四）轮藻属 *Chara* Vaill. ex L. emend. Ag.

588．普生轮藻 *C. vulgaris* L.

样点：064 郑屯大庆村苦竹林，水潭中固着；080 郑屯大庆村大箐，浅水坑；103 郑屯岩缝村，泥性水坑。

附录 7　贵州兴义坡岗自然保护区兽类物种名录

目	科	种	分布型	区系	红色名录	CITES 附录	保护级别	数据来源
一、劳亚食虫目 Eulipotyphla	（一）鼩鼱科 Soricidae	1. 臭鼩 *Suncus murinus*	东洋型	东	LC			ST
二、攀鼩目 Scandentua	（二）树鼩科 Tupaiidae	2. 北树鼩 *Tupaia belangeri*	东洋型	东	LC			ST
三、翼手目 Chiroptera	（三）蹄蝠科 Hipposideridae	3. 大蹄蝠 *Hipposideros armiger*	东洋型	东	LC			ST
		4. 三叶蹄蝠 *Aselliscus wheeleri*	南中国型	东	NT			ST
		5. 果树蹄蝠 *Hipposideros pomona*	东洋型	东	LC			ST
	（四）菊头蝠科 Rhinolophidae	6. 皮氏菊头蝠 *Rhinolophus pcarsoni*	东洋型	东	LC			ST
		7. 云南菊头蝠 *Rhinolophus yunanensis*	喜马拉雅-横断山区型	东	VU			ST
		8. 贵州菊头蝠 *Rhinolophus rex*	云贵高原型	东	NT			ST
四、灵长目 Primates	（五）猴科 Cercopithecidae	9. 猕猴 *Macaca mulatta*	东洋型	广	LC	II	二	ST
		10. 黑叶猴 *Trachypithecus francoisi**	东洋型	东	EN	II	一	FW
五、鳞甲目 Pholidota	（六）鲮鲤科 Manidae	11. 穿山甲 *Manis pentadactyla**	东洋型	东	CR	II	二	FW
六、食肉目 Carnivora	（七）鼬科 Mustellidae	12. 黄鼬 *Mustela sibirica*	古北型	古	LC			HW+FW+WX
		13. 黄腹鼬 *Musyela kathiah*	南中国型	东	NT			HW+FW+WX
		14. 鼬獾 *Melogale moschata*	南中国型	东	NT			HW+FW+WX
		15. 猪獾 *Arctonyx collaris*	东洋型	广	NT			HW+FW+WX
		16. 狗獾 *Meles meles*	古北型	古	NT			HW+FW+WX
	（八）灵猫科 Viverridae	17. 小灵猫 *Viverricula indica*	东洋型	东	VU		二	FW+WX
		18. 花面狸 *Paguma larvata*	东洋型	广	NT			HW+FW+WX
	（九）猫科 Felidae	19. 豹猫 *Felis bengalensis*	东洋型	广	VU			HW+FW+WX
七、偶蹄目 Artiodactyla	（十）猪科 Suidae	20. 野猪 *Sus scrofa*	古北型	古	LC			HW+FW+WX
	（十一）鹿科 Cervidae	21. 小麂 *Muntiacus reevesi*	南中国型	东	VU			HW+FW+WX
		22. 毛冠鹿 *Elaphodus cephalophus*	南中国型	东	VU			FW+WX
八、啮齿目 Rodentia	（十二）竹鼠科	23. 中华竹鼠 *Rhizomys sinensis*	东洋型	东	LC			FW+WX
	（十三）鼠科 Muridae	24. 小家鼠 *Mus musculus*	古北型	古	LC			WX
		25. 褐家鼠 *Rattus norvegicus*	古北型	古	LC			WX
		26. 社鼠 *Niviventer confucianus*	东洋型	广	LC			WX
		27. 黄胸鼠 *Rattus flavipectus*	东洋型	广	LC			WX
		28. 黑线姬鼠 *Apodemus agrarius*	古北型	古	LC			WX
		29. 大足鼠 *Rattus nitidus*	东洋型	广	LC			WX

续表

目	科	种	分布型	区系	红色名录	CITES附录	保护级别	数据来源
八、啮齿目 Rodentia	（十三）鼠科 Muridae	30．黑尾鼠 *Rattus cremoriventer*	东洋型	东	LC			WX
		31．灰腹鼠 *Rattus eha*	喜马拉雅-横断山区型	东	LC			WX
		32．锡金小家鼠 *Mus pahari*	东洋型	东	LC			WX
		33．大板齿鼠 *Bandicoti indica*	东洋型	东	LC			WX
	（十四）豪猪科 Hystricidae	34．普通豪猪 *Hystrix hodgsoni*	东洋型	广	LC			FW+WX
		35．帚尾豪猪 *Atherurus macrourus*	东洋型	东	LC			FW+WX
	（十五）松鼠科 Sciuridae	36．赤腹松鼠 *Callosciurus erythraeus*	东洋型	东	LC			HW+FW+WX
		37．珀氏长吻松鼠 *Dremomys pernyi*	南中国型	东	LC			HW+FW+WX
		38．隐纹花松鼠 *Tamiops swinhoei*	东洋型	广	LC			HW+FW+WX
		39．红腿长吻松鼠 *Dremomys pyrrhomerus*	南中国型	东	LC			
九、兔形目 Lagomorpha	（十六）兔科 Leporidae	40．华南兔 *Lepus sinensis*	南中国型	东	LC			FW+WX

注：区系：古—古北种，东—东洋界，广—广布种；红色名录：CR—极危，LC—无危，NT—近危，VU—易危，EN—濒危；CITES：濒危野生动植物种国家贸易公约附录Ⅰ、Ⅱ；国家重点保护野生动物名录：一—国家一级重点保护野生动物，二—国家二级重点保护野生动物；*—调查中被访谈人谈及数十年以前存有的物种，目前对此有争议；数据来源：ST：实体（通过样线法、网捕法、铗日法调查到的实物），HW—红外相机监测数据，FW—访问数据，WX—文献查阅。

附录8　贵州兴义坡岗自然保护区鸟类名录

目	科	动物名称	拉丁学名	居留型	分布	区系	保护级别	CITES附录	三有名录	保护区新记录	数据来源
鸡形目	一、雉科	1. 白腹锦鸡*	*Chrysolophus amherstiae*	留鸟	H	东	二				Δ
鸡形目	一、雉科	2. 棕胸竹鸡	*Bambusicola fytchii*	留鸟	W	东			是		Δ
鸡形目	一、雉科	3. 白鹇	*Lophura nycthemera*	留鸟	S	东	二			#	Δ
鸡形目	一、雉科	4. 中华鹧鸪	*Francolinus pintadeanus*	留鸟	W	东			是		√
鸡形目	一、雉科	5. 雉鸡	*Phasianus colchicus*	留鸟	O	广			是		√
雁形目	二、鸭科	6. 赤麻鸭	*Tadorna ferruginea*	冬候鸟	U	广			是	#	⊕
雁形目	二、鸭科	7. 绿翅鸭	*Anas crecca*	冬候鸟	C	古			是		√
鸽形目	三、鸠鸽科	8. 山斑鸠	*Streptopelia orientalis*	留鸟	E	广			是		⊕/Δ
鸽形目	三、鸠鸽科	9. 珠颈斑鸠	*Streptopelia chinensis*	留鸟	W	广			是		⊕/Δ
夜鹰目	四、雨燕科	10. 白喉针尾雨燕	*Hirundapus caudacutus*	旅鸟	W	广			是		√
鹃形目	五、杜鹃科	11. 噪鹃	*Eudynamys scolopaceus*	夏候鸟	W	东			是		⊕
鹃形目	五、杜鹃科	12. 四声杜鹃	*Cuculus micropterus*	夏候鸟	W	广			是		⊕
鹃形目	五、杜鹃科	13. 红翅凤头鹃	*Clamator coromandus*	夏候鸟	W	广			是	#	⊕
鹃形目	五、杜鹃科	14. 大杜鹃	*Cuculus canorus*	夏候鸟	O	广			是		⊕
鹃形目	五、杜鹃科	15. 翠金鹃	*Chrysococcyx maculatus*	夏候鸟	W	东			是		√
鹃形目	五、杜鹃科	16. 褐翅鸦鹃	*Centropus sinensis*	留鸟	W	东	二				√
鹃形目	五、杜鹃科	17. 小鸦鹃	*Centropus bengalensis*	留鸟	W	东	二				√
鸻形目	六、鸻科	18. 灰头麦鸡	*Vanellus cinereus*	冬候鸟	M	古			是	#	⊕
鸻形目	六、鸻科	19. 剑鸻	*Charadrius hiaticula*	冬候鸟	C	广			是		√
鸻形目	七、鹬科	20. 白腰草鹬	*Tringa ochropus*	冬候鸟	U	古			是		⊕
鸻形目	七、鹬科	21. 矶鹬	*Actitis hypoleucos*	冬候鸟	C	古			是		√
鸻形目	七、鹬科	22. 丘鹬	*Scolopax rusticola*	冬候鸟	U	古			是		√
鲣鸟目	八、鸬鹚科	23. 普通鸬鹚	*Phalacrocorax carbo*	冬候鸟	O	古			是		√
鹈形目	九、鹭科	24. 牛背鹭	*Bubulcus ibis*	留鸟	W	东			是	#	⊕
鹈形目	九、鹭科	25. 苍鹭	*Ardea cinerea*	留鸟	U	广			是	#	⊕
鹈形目	九、鹭科	26. 白鹭	*Egretta garzetta*	留鸟	W	东			是		√
鹈形目	九、鹭科	27. 池鹭	*Ardeola bacchus*	留鸟	W	广			是	#	⊕
鹰形目	十、鹰科	28. 黑鸢	*Milvus migrans*	留鸟	U	广	二	II			√
鹰形目	十、鹰科	29. 普通鵟	*Buteo buteo*	冬候鸟	U	古	二	II			√
鹰形目	十、鹰科	30. 苍鹰	*Accipiter gentilis*	冬候鸟	C	广	二	II			√
鹰形目	十、鹰科	31. 凤头鹰	*Accipiter trivirgatus*	留鸟	W	东	二	II			√
鹰形目	十、鹰科	32. 雀鹰	*Accipiter nisus*	冬候鸟	U	广	二	II			√
鹰形目	十、鹰科	33. 鹊鹞	*Circus melanoleucos*	冬候鸟	M	古	二	II			√
鸮形目	十一、鸱鸮科	34. 灰林鸮	*Strix aluco*	留鸟	O	广	二	II			√
鸮形目	十一、鸱鸮科	35. 褐林鸮	*Strix leptogrammica*	留鸟	W	东	二	II			√
佛法僧目	十二、翠鸟科	36. 普通翠鸟	*Alcedo atthis*	留鸟	O	广			是		√
佛法僧目	十二、翠鸟科	37. 白胸翡翠	*Halcyon smyrnensis*	留鸟	O	东					√
啄木鸟目	十三、拟啄木鸟科	38. 蓝喉拟啄木鸟	*Psilopogon asiatica*	留鸟	W	东			是		√
啄木鸟目	十四、啄木鸟科	39. 蚁䴕	*Jynx torquilla*	冬候鸟	U	古			是		√
啄木鸟目	十四、啄木鸟科	40. 灰头绿啄木鸟	*Picus canus*	留鸟	U	广					√
啄木鸟目	十四、啄木鸟科	41. 大斑啄木鸟	*Dendrocopos major*	留鸟	U	广					√

续表

目	科	动物名称	拉丁学名	居留型	分布	区系	保护级别	CITES 附录	三有名录	保护区新记录	数据来源
啄木鸟目	十四、啄木鸟科	42. 棕腹啄木鸟	*Dendrocopos hyperythrus*	冬候鸟	H	东			是		√
啄木鸟目	十四、啄木鸟科	43. 星头啄木鸟	*Dendrocopos canicapillus*	留鸟	W	广			是		√
隼形目	十五、隼科	44. 红隼	*Falco tinnunculus*	留鸟	O	广	二	II			⊕
隼形目	十五、隼科	45. 白腿小隼	*Microhierax melanoleucus*	夏候鸟	W	东	二	II			√
雀形目	十六、山椒鸟科	46. 短嘴山椒鸟	*Pericrocotus brevirostris*	夏候鸟	H	东				#	⊕
雀形目	十六、山椒鸟科	47. 大鹃䴗	*Coracina macei*	留鸟	W	东			是		√
雀形目	十六、山椒鸟科	48. 长尾山椒鸟	*Pericrocotus ethologus*	留鸟	H	广			是		√
雀形目	十七、莺雀科	49. 红翅䴗鹛	*Pteruthius aeralatus*	留鸟	W	东					√
雀形目	十八、钩嘴䴗科	50. 钩嘴林䴗	*Tephrodornis virgatus*	留鸟	W	东					√
雀形目	十九、卷尾科	51. 黑卷尾	*Dicrurus macrocercus*	夏候鸟	W	东			是		⊕
雀形目	十九、卷尾科	52. 灰卷尾	*Dicrurus leucophaeus*	夏候鸟	W	广			是		√
雀形目	二十、伯劳科	53. 棕背伯劳	*Lanius schach*	留鸟	W	东			是		⊕
雀形目	二十、伯劳科	54. 虎纹伯劳	*Lanius tigrinus*	夏候鸟	X	广			是		√
雀形目	二十一、鸦科	55. 红嘴蓝鹊	*Urocissa erythrorhyncha*	留鸟	W	广			是		⊕/Δ
雀形目	二十一、鸦科	56. 喜鹊	*Pica pica*	留鸟	C	广			是		⊕
雀形目	二十一、鸦科	57. 大嘴乌鸦	*Corvus macrorhynchos*	留鸟	E	广					⊕
雀形目	二十一、鸦科	58. 松鸦	*Garrulux glandarius*	留鸟	U	广					√
雀形目	二十二、玉鹟科	59. 方尾鹟	*Culicicapa ceylonensis*	夏候鸟	W	东					√
雀形目	二十三、山雀科	60. 大山雀	*Parus major*	留鸟	O	广			是		⊕
雀形目	二十三、山雀科	61. 绿背山雀	*Parus monticolus*	留鸟	W	东			是	#	⊕/Δ
雀形目	二十四、百灵鸟科	62. 小云雀	*Alauda gulgula*	留鸟	W	东			是		√
雀形目	二十五、扇尾莺科	63. 纯色山鹪莺	*Prinia inornata*	留鸟	W	东					√
雀形目	二十五、扇尾莺科	64. 山鹪莺	*Prinia crinigera*	留鸟	W	东				#	⊕
雀形目	二十五、扇尾莺科	65. 暗冕山鹪莺	*Prinia rufescens*	留鸟	W	东				#	⊕
雀形目	二十五、扇尾莺科	66. 灰胸山鹪莺	*Prinia hodgsonii*	留鸟	W	东				#	⊕
雀形目	二十五、扇尾莺科	67. 黄腹山鹪莺	*Prinia flaviventris*	留鸟	W	东				#	⊕
雀形目	二十五、莺科	68. 长尾缝叶莺	*Orthotomus sutorius*	留鸟	W	东					⊕
雀形目	二十六、燕科	69. 金腰燕	*Cecropis daurica*	夏候鸟	U	广			是		⊕
雀形目	二十六、燕科	70. 家燕	*Hirundo rustica*	旅鸟	C	广			是		√
雀形目	二十七、鹎科	71. 领雀嘴鹎	*Spizixos semitorques*	留鸟	W	东			是		⊕
雀形目	二十七、鹎科	72. 红耳鹎	*Pycnonotus jocosus*	留鸟	W	东			是		⊕
雀形目	二十七、鹎科	73. 黄臀鹎	*Pycnonotus xanthorrhous*	留鸟	W	广			是		⊕
雀形目	二十七、鹎科	74. 白喉红臀鹎	*Pycnonotus aurigaster*	留鸟	W	东			是		⊕
雀形目	二十七、鹎科	75. 黑短脚鹎	*Hypsipetes leucocephalus*	留鸟	W	东			是		⊕
雀形目	二十七、鹎科	76. 绿翅短脚鹎	*Ixos mcclellandii*	留鸟	W	东					√
雀形目	二十八、柳莺科	77. 冠纹柳莺	*Phylloscopus claudiae*	夏候鸟	W	东			是	#	Δ
雀形目	二十八、柳莺科	78. 黄腰柳莺	*Phylloscopus proregulus*	冬候鸟	U	广			是		√
雀形目	二十八、柳莺科	79. 金眶鹟莺	*Seicercus burkii*	冬候鸟	S	东					√
雀形目	二十八、柳莺科	80. 黄眉柳莺	*Phylloscopus inornatus*	冬候鸟	U	广			是		⊕
雀形目	二十八、柳莺科	81. 棕腹柳莺	*Phylloscopus subaffinis*	冬候鸟	S	东			是		⊕
雀形目	二十九、树莺科	82. 棕脸鹟莺	*Abroscopus albogularis*	留鸟	S	东				#	⊕
雀形目	三十、长尾山雀科	83. 红头长尾山雀	*Aegithalos concinnus*	留鸟	W	东			是	#	⊕
雀形目	三十一、莺鹛科	84. 点胸鸦雀	*Paradoxornis guttaticollis*	留鸟	S	广			是		⊕/√
雀形目	三十一、莺鹛科	85. 棕头鸦雀	*Paradoxornis webbianus*	留鸟	S	广					⊕
雀形目	三十一、莺鹛科	86. 灰喉鸦雀	*Paradoxornis alphonsianus*	留鸟	S	广				#	⊕
雀形目	三十二、绣眼鸟科	87. 栗耳凤鹛	*Yuhina castaniceps*	留鸟	W	东				#	⊕
雀形目	三十二、绣眼鸟科	88. 红胁绣眼鸟	*Zosterops erythropleurus*	旅鸟	M	古			是	#	⊕

续表

目	科	动物名称	拉丁学名	居留型	分布	区系	保护级别	CITES 附录	三有名录	保护区新记录	数据来源
雀形目	三十二、绣眼鸟科	89．暗绿绣眼鸟	*Zosterops japonicus*	夏候鸟	S	东			是		⊕
雀形目	三十二、绣眼鸟科	90．灰腹绣眼鸟	*Zosterops palpebrosus*	留鸟	W	东			是		√
雀形目	三十三、林鹛科	91．斑胸钩嘴鹛	*Pomatorhinus erythrocnemis*	留鸟	S	东					Δ
雀形目	三十三、林鹛科	92．棕颈钩嘴鹛	*Pomatorhinus ruficollis*	留鸟	W	东					Δ
雀形目	三十三、林鹛科	93．红头穗鹛	*Cyanoderma ruficeps*	留鸟	S	东					Δ
雀形目	三十四、幽鹛科	94．灰眶雀鹛	*Alcippe morrisonia*	留鸟	W	东				#	Δ
雀形目	三十四、幽鹛科	95．褐胁雀鹛	*Schoeniparus dubius*	留鸟	W	东					Δ
雀形目	三十五、噪鹛科	96．白颊噪鹛	*Garrulax sannio*	留鸟	S	东			是		⊕/Δ
雀形目	三十五、噪鹛科	97．矛纹草鹛	*Babax lanceolatus*	留鸟	S	东			是	#	⊕
雀形目	三十五、噪鹛科	98．蓝翅希鹛	*Minla cyanouroptera*	留鸟	W	东					Δ
雀形目	三十五、噪鹛科	99．画眉	*Garrulax canorus*	留鸟	S	东		II	是		Δ
雀形目	三十五、噪鹛科	100．灰翅噪鹛	*Garrulax cineraceus*	留鸟	S	广			是	#	Δ
雀形目	三十五、噪鹛科	101．红嘴相思鸟	*Leiothrix lutea*	留鸟	W	东			是		Δ/√
雀形目	三十六、椋鸟科	102．八哥	*Acridotheres cristatellus*	留鸟	W	东			是		⊕
雀形目	三十六、椋鸟科	103．灰头椋鸟	*Sturnia malabarica*	留鸟	W	东			是		√
雀形目	三十七、鸫科	104．鹊鸲	*Copsychus saularis*	留鸟	W	东			是		⊕
雀形目	三十七、鸫科	105．虎斑地鸫	*Zoothera dauma*	夏候鸟	U	广			是	#	Δ
雀形目	三十七、鸫科	106．黑胸鸫	*Turdus dissimilis*	留鸟	H	东			是	#	Δ
雀形目	三十七、鸫科	107．灰翅鸫	*Turdus boulboul*	旅鸟	H	东				#	⊕
雀形目	三十七、鸫科	108．乌鸫*	*Turdus merula*	留鸟	O	广					⊕/Δ
雀形目	三十七、鸫科	109．灰背鸫	*Turdus hortulorum*	冬候鸟	M	古			是	#	Δ
雀形目	三十七、鸫科	110．宝兴歌鸫*	*Turdus mupinensis*	留鸟	H	广			是	#	Δ
雀形目	三十七、鸫科	111．白腹鸫	*Turdus pallidus*	旅鸟	M	广			是		√
雀形目	三十八、鹟科	112．北红尾鸲	*Phoenicurus auroreus*	留鸟	M	广			是	#	⊕/Δ
雀形目	三十八、鹟科	113．白额燕尾	*Enicurus leschenaulti*	留鸟	W	东					⊕
雀形目	三十八、鹟科	114．黑喉石䳭	*Saxicola torquata*	留鸟	O	广			是		⊕
雀形目	三十八、鹟科	115．灰林䳭	*Saxicola ferreus*	留鸟	W	东					⊕/Δ
雀形目	三十八、鹟科	116．蓝矶鸫	*Monticola solitarius*	留鸟	U	广					⊕/Δ
雀形目	三十八、鹟科	117．紫啸鸫	*Myophonus caeruleus*	冬候鸟	W	广					⊕/Δ
雀形目	三十八、鹟科	118．白尾蓝地鸲	*Myiomela leucurum*	留鸟	H	东				#	Δ
雀形目	三十八、鹟科	119．铜蓝鹟	*Eumyias thalassinus*	夏候鸟	W	广					⊕
雀形目	三十八、鹟科	120．白腹蓝姬鹟	*Cyanoptila cyanomelana*	旅鸟	K	广				#	⊕
雀形目	三十八、鹟科	121．栗背短翅鸫	*Heteroxenicus stellatus*	留鸟	H	东			是	#	⊕
雀形目	三十八、鹟科	122．海南蓝仙鹟	*Cyornis hainanus*	夏候鸟	S	东				#	Δ
雀形目	三十八、鹟科	123．山蓝仙鹟	*Cyornis banyumas*	夏候鸟	W	东				#	Δ
雀形目	三十八、鹟科	124．棕胸蓝姬鹟	*Ficedula hyperythra*	夏候鸟	W	东				#	Δ
雀形目	三十八、鹟科	125．红胁蓝尾鸲	*Tarsiger cyanurus*	冬候鸟	M	广			是	#	⊕
雀形目	三十八、鹟科	126．蓝歌鸲	*Larvivora cyane*	旅鸟	M	古			是	#	Δ
雀形目	三十八、鹟科	127．红喉歌鸲	*Calliope calliope*	夏候鸟	U	广			是	#	Δ
雀形目	三十八、鹟科	128．红尾水鸲	*Rhyacornis fuliginosa*	留鸟	W	广					√
雀形目	三十八、鹟科	129．白顶溪鸲	*Chaimarrornis leucocephalus*	留鸟	H	广					√
雀形目	三十九、啄花鸟科	130．纯色啄花鸟	*Dicaeum concolor*	留鸟	W	东					√
雀形目	四十、花蜜鸟科	131．纹背捕蛛鸟	*Arachnothera magna*	留鸟	H	东			是	#	⊕
雀形目	四十、花蜜鸟科	132．黑胸太阳鸟	*Aethopyga saturata*	留鸟	W	东			是		Δ
雀形目	四十、花蜜鸟科	133．蓝喉太阳鸟	*Aethopyga gouldiae*	留鸟	S	东			是		√
雀形目	四十一、梅花雀科	134．白腰文鸟	*Lonchura striata*	留鸟	W	东				#	⊕
雀形目	四十一、梅花雀科	135．斑文鸟	*Lonchura punctulata*	留鸟	W	东					⊕

续表

目	科	动物名称	拉丁学名	居留型	分布	区系	保护级别	CITES附录	三有名录	保护区新记录	数据来源
雀形目	四十二、雀科	136. 山麻雀	*Passer cinnamomeus*	留鸟	S	广			是		⊕
雀形目	四十二、雀科	137. 麻雀	*Passer montanus*	留鸟	U	广			是		⊕
雀形目	四十三、鹡鸰科	138. 白鹡鸰	*Motacilla alba*	留鸟	U	广			是		⊕
雀形目	四十三、鹡鸰科	139. 树鹨	*Anthus hodgsoni*	冬候鸟	M	广			是		⊕
雀形目	四十三、鹡鸰科	140. 粉红胸鹨	*Anthus roseatus*	留鸟	P	广			是		⊕
雀形目	四十三、鹡鸰科	141. 田鹨	*Anthus richardi*	冬候鸟	M	广			是		⊕
雀形目	四十三、鹡鸰科	142. 灰鹡鸰	*Motacilla cinerea*	留鸟	O	广			是		⊕
雀形目	四十三、鹡鸰科	143. 山鹨	*Anthus sylvanus*	留鸟	S	东			是		√
雀形目	四十四、燕雀科	144. 黑头金翅雀	*Chloris ambigua*	留鸟	H	东					√
雀形目	四十四、燕雀科	145. 金翅雀	*Carduelis sinica*	留鸟	M	广			是		⊕
雀形目	四十五、鹀科	146. 凤头鹀	*Melophus lathami*	留鸟	W	东			是		⊕
雀形目	四十五、鹀科	147. 小鹀	*Emberiza pusilla*	冬候鸟	U	广			是	#	⊕
雀形目	四十五、鹀科	148. 三道眉草鹀	*Emberiza cioides*	留鸟	M	广			是	#	⊕
雀形目	四十五、鹀科	149. 灰眉岩鹀	*Emberiza godlewskii*	留鸟	O	广			是		⊕
雀形目	四十五、鹀科	150. 灰头鹀	*Emberiza spodocephala*	留鸟	M	广			是		√
雀形目	四十五、鹀科	151. 栗耳鹀	*Emberiza fucata*	夏候鸟	M	广					√

注：*—中国特有种，⊕—样线调查，Δ—红外相机，√—文献资料。广—广布种，东—东洋界，古—古北界。W—东洋型，U—古北型，S—南中国型，H—喜马拉雅-横断山区型，M—东北型（我国东北地区或附近地区），O—不易归类的分布，C—全北型，E—季风区型，X—东北—华北型，P—高地型，K—东北型（东部为主）。

附录9　贵州兴义坡岗自然保护区两栖爬行物种名录

纲	目	科	属	物种名	区系	受胁等级	生态类型	收录来源
两栖纲 Amphibia	无尾目 Anura	一、蟾蜍科 Bufonidae	（一）蟾蜍属 *Bufo*	1．中华蟾蜍指名亚种 *Bufo gargarizans gargarizans*	古北界及东洋界广布种	LC	TQ	S
				2．中华蟾蜍华西亚种 *Bufo gargarizans andrewsi*	西南区种	LC	TQ	S
			（二）头棱蟾属 *Duttaphrynus*	3．黑眶蟾蜍 *Duttaphrynus melanostictus*	华中区种	LC	A	S
		二、雨蛙科 Halidae	（三）雨蛙属 *Hyla*	4．华西雨蛙景东亚种 *Hyla gongshanensis jingdongensis*	东洋界华中华南及西南区共有种	LC	A	S
		三、蛙科 Ranidae	（四）滇蛙属 *Dianrana*	5．滇蛙 *Dianrana pleuraden*	西南区种		TQ	S
			（五）林蛙属 *Rana*	6．昭觉林蛙 *Rana chaochiaoensis*	西南区种		TQ	L
			（六）沼蛙属 *Boulengerana*	7．沼蛙 *Boulengerana guentheri*	东洋界华中西南区物种			L
			（七）臭蛙属 *Odorrana*	8．筠连臭蛙 *Odorrana junlianensis*	西南区种		TR	L
				9．无指盘臭蛙 *Odorrana grahami*	西南区种		TR	L
				10．绿臭蛙 *Odorrana margaretae*	东洋界华中西南区物种	LC	TR	L
				11．大绿臭蛙 *Odorrana graminea*	华中华南区种		TR	S
		四、叉舌蛙科 Dicroglossidae	（八）陆蛙属 *Fejervarya*	12．泽陆蛙 *Fejervarya multistriata*	古北界及东洋界广布种	LC	TQ	S
			（九）虎纹蛙属 *Hoplobatrachus*	13．虎纹蛙 *Hoplobatrachus chinensis*	华中华南区种		TQ	S
			（十）双团棘蛙属 *Gynandropaa*	14．双团棘胸蛙 *Gynandropaa yunnanensis*	西南区种	VU	TR	L
			（十一）棘胸蛙属 *Quasipaa*	15．棘胸蛙 *Quasipaa spinosa*	东洋界华中与华南区共有种	VU	TR	L
				16．棘腹蛙 *Quasipaa boulengeri*	古北界及东洋界广布种	VU	TR	S
		五、树蛙科 Rhacophoridae	（十二）泛树蛙属 *Polypedates*	17．斑腿泛树蛙 *Polypedates megacephalus*	东洋界华中华南及西南区共有种	LC	A	S
				18．无声囊泛树蛙 *Polypedates mutus*	东洋界华中与华南区共有种	LC	A	S
		六、姬蛙科 Microhylidae	（十三）小狭口蛙属 *Calluella*	19．云南小狭口蛙 *Calluella yunnanensis*	西南区种		TQ	L
			（十四）姬蛙属 *Microhyla*	20．饰纹姬蛙 *Microhyla ornata*	东洋界华中华南及西南区共有种	LC	TQ	S
				21．花姬蛙 *Microhyla pulchra*	华中区种	LC	TQ	
				22．小弧斑姬蛙 *Microhyla heymonsi*	华南区种	LC	TQ	S
			（十五）狭口蛙属 *Kaloula*	23．多疣狭口蛙 *Kaloula verrucosa*	东洋界华中华南及西南区共有种		TQ	L

续表

纲	目	科	属	物种名	区系	受胁等级	生态类型	收录来源
爬行纲 Reptilia	龟鳖目 Testudoformes	一、平胸龟科 Platysternidae	（一）平胸龟属 *Platysternon*	1. 平胸龟 *Platysternon megacephalum*	华中区种	CR	Aq	L
		二、鳖科 Trionychidae	（二）山瑞鳖属 *Palea*	2. 山瑞鳖 *Palea steindachneri*	华南区种	EN	Aq	L
			（三）鳖属 *Pelodiscus*	3. 中华鳖 *Pelodiscus sinensis*	古北界及东洋界广布种	EN	Aq	L
	有鳞目 Squamata	三、鬣蜥科 Agamidae	（四）攀蜥属 *Japalura*	4. 昆明攀蜥 *Japalura varcoae*	西南区种		Aq	L
		四、壁虎科 Gekkonidae	（五）半叶趾虎属 *Hemiphyllodactylus*	5. 云南半叶趾虎 *Hemiphyllodactylus yunnanensis*	西南区种		Te	S
		五、蜥蜴科 Lacertidae	（六）草蜥属 *Takydromus*	6. 南草蜥 *Takydromus sexlineatus*	华南区种		Te	L
				7. 古氏草蜥 *Takydromus kuehnei*	华南区种		Te	L
				8. 峨眉草蜥 *Takydromus intermedius*	华南区种		Te	L
		六、石龙子科 Scincidae	（七）蜓蜥属 *Sphenomorphus*	9. 铜蜓蜥 *Sphenomorphus indicus*	华中华南区种	LC	Te	S
		七、盲蛇科 Typhlopidae	（八）印度盲蛇属 *Indotyphlops*	10. 钩盲蛇 *Indotyphlops braminus*	华南区种		Te	L
		八、游蛇科 Colubridae	（九）脊蛇属 *Achalinus*	11. 青脊蛇 *Achalinus ater*	华中区种	LC	Te	L
			（十）钝头蛇属 *Pareas*	12. 钝头蛇 *Pareas chinensis*	华中区种		Te	L
			（十一）腹链蛇属 *Amphiesma*	13. 草腹链蛇 *Amphiesma stolata*	西南区种		Te	L
			（十二）东亚腹链蛇属 *Hebius*	14. 锈链腹链蛇 *Hebius craspedogaster*	华中华南区种	LC	Te	S
				15. 八线腹链蛇 *Hebius octolineatum*	西南区种		Te	S
				16. 丽纹腹链蛇 *Hebius optatum*	西南区种		Te	L
			（十三）华游蛇属 *Sinonatrix*	17. 乌华游蛇 *Sinonatrix percarinata*	华中华南区种	VU	Se	S
				18. 环纹华游蛇 *Sinonatrix aequifasciata*	华中华南区种	VU	Se	L
			（十四）颈槽蛇属 *Rhabdophis*	19. 红脖颈槽蛇 *Rhabdophis subminiatus*	西南区种	LC	Te	L
				20. 颈槽蛇 *Rhabdophis nuchalis*	华中华南区种			
				21. 虎斑颈槽蛇 *Rhabdophis tigrinus*	古北界及东洋界广布种		Te	S
			（十五）小头蛇属 *Oligodon*	22. 中国小头蛇 *Oligodon chinensis*	华中华南区种	LC	Te	S
			（十六）翠青蛇属 *Cyclophiop*	23. 翠青蛇 *Cyclophiops major*	西南区种	LC	Te	S
			（十七）斜鳞蛇属 *Pseudoxenodon*	24. 大眼斜鳞蛇 *Pseudoxenodon macrops*	西南区种	LC	Te	S
			（十八）鼠蛇属 *Ptyas*	25. 灰鼠蛇 *Ptyas korros*	华中华南区种		Te	S
				26. 乌梢鼠蛇 *Ptyas dhumnades*	华中区种		Te	S
			（十九）剑蛇属 *Sibynophis*	27. 黑头剑蛇 *Sibynophis chinensis*	华中华南区种	LC	Te	S
			（二十）锦蛇属 *Elaphe*	28. 王锦蛇 *Elaphe carinata*	华中华南区种	EN	Te	S
			（二十一）瘦蛇属 *Ahaetulla*	29. 绿瘦蛇 *Ahaetulla prasina*	华中华南区种		Te	L
			（二十二）玉斑蛇属 *Euprepiophis*	30. 玉斑蛇 *Euprepiophis mandarina*	华中华南区种	VU	Te	S
			（二十三）紫灰蛇属 *Oreocryptophis*	31. 紫灰蛇 *Oreophis porphyracea*	西南区种	LC	Te	S
			（二十四）晨蛇属 *Orthriophis*	32. 黑眉锦蛇 *Elaphe taeniura*	古北界及东洋界广布种	EN	Te	S
			（二十五）三索蛇属 *Coelognathus*	33. 三索蛇 *Coelognathus radiatus*	华中华南区种	LC	Te	L
			（二十六）链蛇属 *Lycodon*	34. 双全链蛇 *Lycodon fasciatus*	西南区种		Te	L
			（二十七）林蛇属 *Boiga*	35. 繁花林蛇 *Boiga multomaculata*	华中华南区种		Aq	L

续表

纲	目	科	属	物种名	区系	受胁等级	生态类型	收录来源
爬行纲 Reptilia	有鳞目 Squamata	九、眼镜蛇科 Elapidae	（二十八）环蛇属 *Bungarus*	36．银环蛇 *Bungarus multicinctus*	华中华南区种	LC	Te	L
			（二十九）眼镜蛇属 *Naja*	37．舟山眼镜蛇 *Naja atra*	西南区种		Te	L
			（三十）眼镜王蛇属 *Ophiophagus*	38．眼镜王蛇 *Ophiophagus hannah*	西南区种	VU	Te	L
		十、蝰科 Viperidae	（三十一）白头蝰属 *Azemiops*	39．白头蝰 *Azemiops kharini*	西南区种		Te	L
			（三十二）尖吻蝮属 *Deinagkistrodon*	40．尖吻蝮 *Deinagkistrodon acutus*	华中华南区种	EN	Te	L
			（三十三）竹叶青属 *Trimeresurus*	41．白唇竹叶青 *Trimeresurus albolabris*	西南区种	LC	Te	L
			（三十四）绿蝮 *Viridovipera*	42．福建绿蝮 *Viridovipera stejnegeri*	华中华南区种	LC	Te	S
			（三十五）原矛头蝮属 *Protobothrops*	43．原矛头蝮 *Protobothrops mucrosquamatus*	西南区种	LC	Te	S
			（三十六）烙铁头蛇属 *Ovophis*	44．山烙铁头 *Ovophis monticola*	西南区种	NT	Te	L

注：受胁级别：LC—无危；NT—近危；VU—易危；EN—濒危；CR—极危。生态类型：Q—静水型；TQ—陆栖-静水型；R—流水型；TR—陆栖-流水型；A—树栖型；Aq—水栖型；Se—半水栖；Te—陆栖。收录来源：L—资料；S—调查。

附录 10　贵州兴义坡岗自然保护区鱼类名录

鲤形目 Cypriniformes

一、鲤科 Cyprinidae

a．鲤亚科 Cyprininae

（一）鲤属 *Cyprinus* Linnaeus

1．鲤 *Cyprinus carpio* Linnaeus*®
2．锦鲤 *Cyprinus carpio* Koi®Δ☆
3．镜鲤 *Cyprinus carpio* Linnaeus *mirror* ®Δ☆

（二）须鲫属 *Carassiodes* Oshima

1．须鲫 *Carassiodes cantonensis* (Heincke) ®☆

（三）鲫属 *Carassius*

1．鲫鱼 *Carassius auratus* (Linnaeus) *®
（1）银鲫 *Carassius auratus gibelio* (Bloch) ®Δ☆
（2）金鱼 *Carassius auratus* var. (goldfish) ®Δ☆

b．雅罗鱼亚科 Leuciscinae

（四）草鱼属 *Ctenopharyngodon* Steindachner

1．草鱼 *Ctenopharyngodon idellus* (Valenciennes) *®

（五）青鱼属 *Mylopharyngodon* Peters

1．青鱼 *Mylopharyngodon piceus* (Richardson) *®

c．鱼丹亚科 Danioninae

（六）鱲属 *Zacco* Jordan et Evermann

1．宽鳍鱲 *Zacco platypus* (Temminck et Schlegel) *

（七）马口鱼属 *Opsariichthys* Bleeker

1．马口鱼 *Opsariichthysbidens* Günther*®

d．鲢亚科 Hypophthalmichthyinae

（八）鳙属 *Aristichthys* Oshima

1．鳙鱼 *Aristichthys nobilis* (Richardson) *®

（九）鲢属 *Hypophthalmichthys* Bleeker

1．鲢鱼 *Hypophthalmichthys molitrix* (Cuvier et Valenciennes) *®

e．鮈亚科 Gobioninae

（十）麦穗鱼属 *Pseudorasbora*

1．麦穗鱼 *pseudorasbora parva* (Temminck et Schlegel) *®

（十一）棒花鱼属 *Abbottina* Jordan et Fowler

1．棒花鱼 *Abbottina rivularis* (Basilewsky) *

（十二）蛇鮈属 *Saurogobio* Bleeker

1．蛇鮈 *Saurogobio dabilis* Bleeker*

f．鱊亚科 Acheilognathinae

（十三）鳑鲏属 *Rhodeus* Agassiz

1．高体鳑鲏 *Rhodeus ocellatus* (Kner) *
2．中华鳑鲏 *Rhodeus sinensis* Günther*

（十四）鱊属 *Acheilognathus* Bleeker

1．须鱊 *Acheilognathus barbatus* Nichols*
2．越南鱊 *Acanthorhodeus tonkinensis* (Vaillant) *

g．鲃亚科 Barbinae

（十五）金线鲃属 *Sinocyclocheilus*

1．狭孔金线鲃 *Sinocyclocheilus angustiporus* Zheng et Xie*®
2．粗壮金线鲃 *Sinocyclocheilus robustus* Chen et Zhao*

（十六）倒刺鲃属 *Spinibarbus* Oshima

1．倒刺鲃 *Barbodes* (*Spinibarbus*) *denticulatus denticulatus* (Oshima) *

（十七）四须鲃属 *Barbodes*

1．宽头四须鲃 *Barbodes laticeps* Lin et Zhang*

（十八）二须鲃属 *Capoeta* Cuvier et Valenciennes

1．条纹二须鲃 *Capoeta semifasciolata* (Cunther) *

（十九）光唇鱼属 *Acrossocheilus* Oshima

1．云南光唇鱼 *Acrossocheilus yunnanensis* (Regan) *

（二十）白甲鱼属 *Onychostoma* Günther

1．盖氏白甲鱼（南方白甲鱼）*Onychostoma gerlachi* (Peters) *

（二十一）鲈鲤属 *Percocypris* Chu

1．鲈鲤 *Percocypris pingi pingi* (Tchang) *

（二十二）结鱼属 *Tor* Gray

1．瓣结鱼 *Tor (Folifer) brevifilis brevifilis* (Peters) *
2．叶结鱼 *Tor (Parator) zonatus* Lin.*

h．野鲮亚科 Labeoninae

（二十三）纹唇鱼属 *Osteochilus* Günther

1．纹唇鱼 *Osteochilus salsburyi* Nichols et Pope®☆

（二十四）华鲮属 *Sinilabeo* Rendahl

1．桂华鲮 *Sinilabeo decorus decorus* (Petees) *
2．伍氏华鲮 *Sinilabeo wui* Zheng et Chen*®
3．朱氏华鲮 *Sinilabeo zhui* Zheng et Chen*

（二十五）唇鲮属 *Semilabeo* Peters

1．唇鲮 *Semilabeo notabilis* Peters*

（二十六）盘鮈属 *Discogobio* Lin

1．云南盘鮈 *Discogobio yunnanensis* (Regan) *

i．裂腹鱼亚科 Schizothoracinae

（二十七）裂腹鱼属 *Schizothorax* Heckel

Ⅰ裂腹鱼亚属 *Schizothorax* Heckel
1．昆明裂腹鱼 *Schizothorax* (*Schizothorax*) *grahami* (Regan) *
2．光唇裂腹鱼 *Schizothorax* (*Schizothorax*) *lissolabiatus* Tsao*
Ⅱ裂尻鱼亚属 *Racoma* McClelland
1．灰裂腹鱼 *Schizothorax* (*Racoma*) *griseus* Pellegrin*

j．鲌亚科 Culterinae

（二十八）红鲌属 *Erythroculter* Berg

1．翘嘴鲌 *Erythroculter ilishaeformi* Bleeker®☆

（二十九）鲂属 *Megalobrama* Dybowsky

1．团头鲂 *Megalobrama amblycephala* Yih®Δ☆

（三十）飘鱼属 *Pseudolaubuca* Bleeker

1．飘鱼 *Pseudolaubuca sinensis* Bleeker®☆

（三十一）䱗属 *Hemicculter* Bleeker

1．䱗*Hemicculter leuciclus* (Basilewaky) *®

（三十二）拟𩾃属 *Pseudohemiculter* Nichols et Pope

1．南方拟𩾃 *Pseudohemiculter dispar* (Peters) *

（三十三）细鳊属 *Rasborinus* Oshima

1．细鳊 *Rasborinus lineatus* Pellegrin*

二、鳅科 Cobitidae

（三十四）泥鳅属 *Misgurnus* Lacépède

1．泥鳅 *Misgurnus anguillicaudatus* (Cantor) *®

三、爬鳅科 Balitoridae

（三十五）间吸鳅属 *Hemimyzon* Regan

1．大鳍间吸鳅 *Hemimyzon macroptera* Zheng*

（三十六）爬岩鳅属 *Beaufortia* Hora

1．秉氏爬岩鳅 *Beaufortia pingi* (Fang) *

四、条鳅科 Nemacheilinae

（三十七）南鳅属 *Schistura* Hasselt

1．横纹南鳅（横纹条鳅）*Schistura fasciolatus* (Nichols et Pope) *

（三十八）荷马条鳅属 *Homatula* Bleeker

1．红尾荷马条鳅（红尾副鳅）*Homatula variegatus* (Sauvage et Dabry) *

合鳃鱼目 Symbranchiformes

五、合鳃鱼科 Symbranchidae

（三十九）黄鳝属 *Monopterus* Lacépède

1．黄鳝 *Monopterus albus* (Zuiew) *®

六、刺鳅科 Mastacembelidae

（四十）刺鳅属 *Mastacembelus* Scopoli

1．大刺鳅 *Mastacembelus armatus* Lacépède*®

鲶形目 Siluriformes

七、鲿科 Bagridae

（四十一）黄颡鱼属 *Pelteobagrus* Bleeker

1．黄颡鱼 *Pelteobagrus fulvidraco* (Richardson) ®☆华东区

（四十二）拟鲿属(鮠属 *Leiocassis* Bleeker) *Pseudobagrus* Bleeker

1．长吻拟鲿 *Pseudobagrus longirostris*（长吻鮠*Leiocassis longirostris* Günther）®Δ☆
2．钝吻拟鲿 *Pseudobagrus crassirostris*（粗唇鮠*Leiocassis crassilabris* Günther）®☆
3．纵带拟鲿 *Pseudobagrus argentivittatus*［纵带鮠*Leiocassis argentivittatus* (Regan)］®☆

（四十三）鳠属 *Mystus* Scopoli

1．斑鳠 *Mystus guttatuss* (Lacépède) ®☆

八、长臀鮠科 Cranoglanididae

（四十四）长臀鮠属 *Cranoglanis* Peters

1．长臀鮠 *Cranoglanis bouderius bouderius* (Richardson) *

九、鲶科 Siluridae

（四十五）鲶属 *Silurus* Linnaeus

1．鲶 *silurus asotus* Linnaeus*®

（四十六）隐鳃鲶属 *Pterocryptis* Peters

1．越南隐鳍鲶［越鲶 *Parasilurus cochincinensis* (Guvier et Valenciennes)］ *Pterocryptis cochinchinensis* Valenciennes*

十、鮰科 Ictaluridae

（四十七）鮰属 *Xenocypris* Gunther

1．斑点叉尾鮰 *Letalurus* punetaus (Rafinesque) ®Δ☆

十一、鮡科 Sisoridae

（四十八）鮡属 *Pareuchiloglanis* Pellegrin

1．短鳍鮡 *Pareuchiloglanis feae* (Vinciguerra) *

鲈形目 Perciformes

十二、鳢科 Channidae

（四十九）鳢属 *Channa* Scopoli

1．斑鳢 *Channa maculata* (Lacépède) ®☆
2．月鳢 *Chanma asiatca* (Linnaeus) *®
3．缘鳢（宽额鳢或南鳢）*Channa gachua* (Hamilton) ®☆

十三、鰕虎鱼科 Gobiidae

（五十）栉鰕虎鱼属 *Ctenogobius* Gill

1．子陵吻鰕虎鱼［子陵栉鰕虎鱼 *Ctenogobius giurinus* (Rutter)］ *Rhinogobius giurinus*®☆
2．褐吻鰕虎鱼［褐栉鰕虎鱼 *Ctenogobius brunneus* (Temminck et Schlegel)］ *Rhinogobius brunneus*®☆

十四、鳜科 Sinipercidae

（五十一）鳜鱼属 *Siniperca* Gill

1．斑鳜 *Siniperca scherzeri* Steindachner®☆

十五、丽鱼科 Cichlidae

（五十二）罗非鱼属 *Tilapia* Smith

1．尼罗罗非鱼 *Tilapia niloticus* (Linnaeus) ®Δ☆
（1）齐氏罗非鱼 *Tilapia zillii* Gervais®Δ☆
2．奥利亚罗非鱼 *Tilapia aureus* (Steindachner) ®Δ☆

鳗鲡目 Salmoniformes

十六、鳗鲡科 Anguillidae

（五十三）鳗鲡属 *Anguilla* Schrank

1．日本鳗鲡 *Anguilla japonica* Temminck et Schlegel®☆

鲟形目 Acipenseriformes

十七、长吻鲟科 Polyodontidae

（五十四）长吻鲟属 *Polyodon* Lacépède

1．长吻鲟（匙吻鲟）*Polyodon spathula* (Walbaum) ®Δ☆

注：*为 2003 年文献记录物种；®为本次采集的标本（浸泡标本和现场拍照图片）；Δ 为引入养殖种类；☆为本次调查新记录（包括走访调查）。

附录 11　贵州兴义坡岗自然保护区昆虫名录区系分布

目	科	分类	世界动物地理区系						中国动物地理区系						
			东洋区	古北区	非洲区	澳洲区	新北区	新热带区	华中区	西南区	华南区	华北区	东北区	蒙新区	青藏区
蜻蜓目 Odonata	蜓科 Aeschnidae	碧伟蜓 *Anax parthenope* Julius	√	√					√	√	√	√			√
	蜻科 Libellulidae	红蜻 *Nannophya pygmaea* Rambur	√						√						
		红小蜻 *Crocothemis seruilia* Drury	√						√		√				
		白尾灰蜻 *Orthetrum albistyllum* Selys	√	√					√	√	√	√			
		鼎脉蜻蜓 *Orthetrum triangular* Selys	√						√						
		黄蜻 *Pantala flauescens* Fabricius	√	√					√	√	√	√	√	√	√
		大赤蜻 *Sympetrum brcca* Selys	√						√	√					
		小黄赤蜻 *Sympetrum runcreli* Selys	√	√					√			√			
		褐顶赤蜻 *Sympetrum infuscatum* Selys	√	√					√		√	√	√		
		大黄赤蜻 *Sympetrum uniforme* Selys	√						√			√			
		半黄赤蜻 *Sympetrum croceolum* Selys	√						√		√				
		中华斜痣蜻 *Tramea chinensis* De Geer	√						√						
		赤衣蜻蜓 *Truhemis aurora* Burmeister	√						√						
蜚蠊目 Blattaria	蜚蠊科 Blattidae	黑胸大蠊 *Periplaneta fuliginosa* Serv.	√	√	√	√	√	√	√	√	√				
		美洲大蠊 *Periplaneta americana* L.	√	√	√	√	√	√	√	√	√	√	√	√	√
		德国小蠊 *Blattella germanica* L.	√	√	√	√	√	√	√	√	√	√	√	√	√
		拟德国小蠊 *Blattella liturcollis* Walk	√						√		√				
等翅目 Blattaria	鼻白蚁科 Rhinotermitidae	赭黄乳螱 *Coptotermes ochraceus* Ping et Xu	√						√						
		台湾乳螱 *Coptotermes formosanus* Shiraki	√	√					√		√				
		兴义网螱 *Reticulitermes xingyiensis* Ping et Xu	√						√						
	白蚁科 Termitidae	中华钩扭螱 *Pseudocapritermes sinensis* Ping et Xu	√						√	√	√				
		五齿土螱 *Odontotermes quinquedentatus* Ping et Xu	√						√						
		黄翅大螱 *Macrotermes barneyi* Light	√	√					√	√	√	√			
		直颚大螱 *Macrotermes orthognathus* Ping et Xu	√						√						
直翅目 Orthoptera	蝗科 Acrididae	中华剑角蝗 *Acrida cinerea* Thunberg	√	√					√	√	√	√	√		
	蟋蟀科 Gryllidae	油葫芦 *Cryyllus testaceus* Walker	√	√					√	√	√	√			√
	蝼蛄科 Gryllotolpidae	东方蝼蛄 *Cryllotalpa africana polisotde* Beauvois	√	√					√	√		√			√
蛸目 Phasmida	蛸科	平利短角枝蛸 *Ramulus pingliense* (Chen et He)	√						√						
缨翅目 Thysanoptera	蓟马科 Thripidae	褐带蓟马 *Taeniothrips lefroyi* Bagnall	√						√						
半翅目 Hemiptera	盾蝽科 Scutelleridae	丽盾蝽 *Chrysocoris grandis* (Thunberg)	√						√	√	√	√			
		浊蝽 *Auriga chinensis* Fallac	√						√						
		角盾蝽 *Cantao ocellatus* (Thunberg)	√						√						
		油茶宽盾蝽 *Poecilocoris latus* Dallas	√						√	√	√				
	蝽科 Pentatomidae	方肩荔蝽 *Tessaratoma quadrata* Distant	√						√	√	√				
		荔蝽 *Tessaratoma papillosa* Drury	√						√	√	√				
		叉蝽 *Cressona valida* Dallas	√						√	√					
		赤条蝽 *Graphosoma rubrolineata* (Westwood)	√						√	√					

续表

目	科	分类	世界动物地理区系						中国动物地理区系						
			东洋区	古北区	非洲区	澳洲区	新北区	新热带区	华中区	西南区	华南区	华北区	东北区	蒙新区	青藏区
半翅目 Hemiptera	蝽科 Pentatomidae	大臭蝽 *Metonymia glandulosa* (Wolff)	√						√	√	√	√			
		臭蝽 *Udonga spinidens* Distant	√						√						
		蠋蝽 *Arma chinensis* Fallou	√	√					√	√		√	√	√	√
		茶翅蝽 *Halyomorpha picus* (Fabricius)	√	√					√	√	√	√	√		
		棱蝽 *Rhynchocoris humeralis* (Thunberg)	√						√	√	√				
		芸蝽 *Vitellus orientalis* Distant	√						√	√	√				
		麻皮蝽 *Erthesina fullo* Thunberg	√	√					√	√	√	√			
		稻黑蝽 *Scotinophara lurida* (Burmeister)	√	√					√	√	√	√			
		稻褐蝽 *Niphe elogata* Dallas	√						√						
		红玉蝽 *Hoplistodera pulchna* Yang	√						√	√	√				
		玉蝽 *Hoplistodera forgussoni* Distant	√						√						
		二星蝽 *Stollia guttiger* (Thunberg)	√	√					√	√	√	√			√
		广二星蝽 *Stullia ventralis* (Westwood)	√	√					√		√	√			
		中纹真蝽 *Pentatoma distincta* Hsiao et Cheng	√						√	√					
		岱蝽 *Dalpada oculata* Fabricicus	√						√	√	√				
		突蝽 *Udonga spinidens* Distant	√	√					√	√	√	√			
		横纹菜蝽 *Eurydema gebleri* Kolenati	√	√					√	√		√			√
		菜蝽 *Eurydema dominlus* (Scopoli)	√	√					√	√	√	√	√		√
		棘角辉蝽 *Carbula scutellata* Distant	√						√		√				
		珀蝽 *Plautia fimbriata* (Fabricius)	√	√	√				√	√	√	√	√		√
		稻绿蝽全绿型 *Nezara viridula* forma *typica* (Linnaeus)	√	√					√	√	√	√			
		稻绿蝽点斑型 *Nezara viridula* forma *aurantiaca* Costa	√	√					√	√	√	√			
		六刺素猎蝽 *Epidaus sexspinus* Hsiao	√						√						
	龟蝽科 Plataspidae	斑足平龟蝽 *Brachyplatys punctipes* Montandon	√						√						
		三角圆龟蝽 *Coptosoma triangula* Yang	√						√						
	缘蝽科 Coreidae	龟缘伊蝽 *Aenaria pinchir* Yang	√						√						
		黑须棘缘蝽 *Cletus punctulatus* Westwood	√	√					√	√	√	√			√
		合欢同缘蝽 *Homoeocerus* (*A.*) *walkeri* Rirby	√						√						
		曲胫米缘蝽 *Mictis tenebrosa* Fabricius	√						√						
		大竹缘蝽 *Notobitus excellens* Distant	√						√	√					
		山薯缘蝽 *Dchrochira monticola* Hsiao	√						√						
		小峰缘蝽 *Riptortus paruus* Hiiao	√						√						
		削瘤蝽 *Cazira bhoutanica* Schoutedtm	√						√						
		普洱瘤蝽 *Cazira flaua* Yang	√						√						
		瘤蝽 *Cazira cerrucosa* Westwood	√	√			√	√	√	√				√	
		壁蝽 *Piezodorus rubrofasciatus* Fabricius	√						√	√	√	√			
		棱蝽 *Rhynchocoris humeralis* (Thunberg)	√	√		√			√	√	√	√			
同翅目 Homoptera	蛾蜡蝉科 Flatidae	卷刺蛾蜡蝉 *Fltatida floccose* (Guerin-Meneville,1829)	√						√						
		青蛾蜡蝉 *Salurnis marginellus* (Guerin)	√						√						
		红斑彩蛾蜡蝉 *Cerynia maria* White	√						√						
	象蜡蝉科 Dictyopharidae	苹果象蜡蝉 *Dictyophara patruelis* Stal	√						√						
	菱蜡蝉科 Cixiidae	黑头禾菱蜡蝉 *Oliarus apicalis* Uhler	√						√						
	广翅蜡蝉科 Ricaniidae	可可广翅蜡蝉 *Ricania cacaonis* Chou et lu	√						√						
		八点广翅蜡蝉 *Ricania speculum* Walkey	√	√					√	√	√	√	√	√	√

续表

目	科	分类	世界动物地理区系						中国动物地理区系						
			东洋区	古北区	非洲区	澳洲区	新北区	新热带区	华中区	西南区	华南区	华北区	东北区	蒙新区	青藏区
同翅目 Homoptera	蜡蝉科 Fulgoridae	紫阳卡颖蜡蝉 *Caristianus ziyangensis* Zhou	√						√		√				
	角蝉科 Membracidae	白条屈角蝉 *Anchon lineatus* Funkhouser	√						√						
	沫蝉科 Cercopidae	黄斑安沫蝉 *Abidama sexmaculata* Lallemand	√						√						
		白带尖胸沫蝉 *Aphrophora intermedia* Uhler	√						√						
		赤斑禾沫蝉 *Callitettix versicolor* Fabricius	√						√						
		狮隆沫蝉 *Cosmoscarta Leonina* Distant	√						√						
	叶蝉科 Jassidae	红边片头叶蝉 *Petalocephala manchurica* Kato	√	√					√				√		
		褐脊匙头叶蝉 *Parabolocratus prasinus* Matsumura	√						√						
		尖凹大叶蝉 *Bothrogonia* (*O.*) *acuminata* Yang et Li	√	√					√	√	√	√			
		短凹大叶蝉 *Bothrogonia* (*O.*) *exigua* Yang et Li	√						√	√	√				
		桂凹大叶蝉 *Bothrogonia* (*O.*) *guiana* Yang et Li	√						√	√	√				
		红纹大叶蝉 *Tettigella melichari* (Distant)	√						√						
		横带大叶蝉 *Tettigella marpessa* (Distant)	√						√						
		横带条大叶蝉 *Atkinsoniella opponens* (Walker)	√						√						
		青大叶蝉 *Tettigella viridis*（L.）	√						√						
		红纹平大叶蝉 *Anagonalia melichari* (Distant)	√						√		√				
		白边拟大叶蝉 *Ishidaella allomar gfnata* Signoret	√						√						
		黑唇斑叶蝉 *Zygina maculifrons* (Motschulsky)	√						√		√				
		白翅叶蝉 *Thaia rubiginosa* Kuoh	√	√					√	√	√	√			
		小绿叶蝉 *Empoasca flavescens* (Fabricius)	√	√	√		√		√	√	√	√		√	
		棉叶蝉 *Empoasca biguttula* (Ishida)	√	√					√	√	√	√	√		
		假眼小绿叶蝉 *Empoasca* (*Empoasca*) *vitis* (Gothe)	√	√					√	√	√				
		桃一点小叶蝉 *Typhlocyba sudra* (Distant)	√						√						
		黄绿短头叶蝉 *Iassus chlorophana* (Melichar)	√						√						
		印度顶带叶蝉 *Exitianus indicus* Distant	√						√						
		二点叶蝉 *Macrosteles fasciifrons* (Stal)	√	√			√		√			√	√		
		电光叶蝉 *Ianzuma dorsalis* (Motschulsky)	√	√					√			√	√		
		稻长荚叶蝉 *Inemadara oryzae* (Matsumura)	√						√						
		黑尾叶蝉 *Nephotettix cincticeps* (Uhler)	√						√						
		二点黑尾叶蝉 *Nephotettix virescens* (Distant)	√						√						
		弯茎拟菱纹叶蝉 *Hishimonoides recurvatis* Li	√						√						
		白斑折缘叶蝉 *Neodartus acocephaloides* Melichar	√						√						
		褐脊铲头叶蝉 *Hecalus prasinus* (Matsumura)	√	√					√		√	√			
		黑疣叶蝉 *Hylica paradoxa* Stal	√						√						
		稻叶蝉 *Inemadara oryzae* (Matsumura)	√	√					√			√	√		
		黑胸斑叶蝉 *Zygina hirayamella* Matsumura	√	√					√			√			
		三角辜小叶蝉 *Aguriahana triangularis* (Mastsumura)	√	√					√			√			
		灵川零叶蝉 *Limassolla lingchuanensis* Chou et Zhang	√						√		√				
		离脉叶蝉 *Thagria* sp.	√						√						
	飞虱科 Delphacidae	二刺顶飞虱 *Tropidocephala brunnipennis* Signoret	√						√						
		白背飞虱 *Sogatella furcifera* (Horvath)	√	√		√			√						
		稗飞虱 *Sogatella longifurcifera* (Esaki et Ishihara)	√	√		√			√	√	√	√	√		
		黑边黄脊飞虱 *Toya propinqua neopropinqua* (Muir.)	√						√						
		灰飞虱 *Laodelphax striatella* (Fallen)	√	√					√	√	√	√	√	√	√
		褐飞虱 *Nilaparvata lugens* (Stal)	√						√						
		伪褐飞虱 *Nilaparvata muiri* China	√						√						

续表

目	科	分类	世界动物地理区系						中国动物地理区系						
			东洋区	古北区	非洲区	澳洲区	新北区	新热带区	华中区	西南区	华南区	华北区	东北区	蒙新区	青藏区
同翅目 Homoptera	粉虱科 Aleyrodidae	黑刺粉虱 *Aleurocanthus spiniferus* Quaitance	√						√						
	木虱科 Chermidae	柑橘木虱 *Diaphorina citri* Kuway	√						√	√	√				
	蚜科 Aphididae	麦长管蚜 *Macrosiphum avenae* (Fabricius)	√	√	√		√		√						
	硕蚧科 Margarodidae	桑芽蚧 *Drosicha contrahens* Walker	√						√						
		草履蚧 *Drosicha copulenta* Kuwana	√	√					√	√		√		√	√
		吹绵蚧 *Iceryapurchasi* Maskell	√	√					√	√	√	√	√	√	√
	蜡蚧科 Coccidae	日本卷毛蜡蚧 *Metaceronema japonica* (Mask.)	√						√						
		角蜡蚧 *Ceroplastes ceriferus* (Anderson)	√	√					√	√	√	√	√		
		红帽蜡蚧 *Ceroplastes centroroseus* Chen	√						√	√					
		红蜡蚧 *Ceroplastes rubens* Maskell	√	√					√	√	√	√	√	√	√
		龟网蜡蚧 *Euoalymatus tessellatus* (Signoret)	√						√						
	盾蚧科 Diaspididae	桑盾蚧 *Pseudaulacaspis pentagona* Targioni-Tozzetti	√	√					√	√	√	√	√	√	√
		矢坐盾蚧 *Unaspis yanonensis* Kuwana	√						√						
		茶牡蛎盾蚧 *Lepidosaphes tubulorum* Ferris	√						√						
		椰圆蚧 *Aspidiotus destructor* Signoret	√	√					√	√	√	√			
		常春藤蚧 *Aspidiotus hederae* Vallot	√						√						
		茶白囊蚧 *Phenacasipis* (*Chionaspis*) *cokerelli* Cooley	√						√						
		蛇目蚧 *Pseudaonidia duplex* (Cockerell)	√						√						
		矢尖蚧 *Unaspis yanonensis* (Kuw.)	√	√					√	√	√	√			
脉翅目 Neuroptera	草蛉科 Chrysopidae	亚非草蛉 *Chrysopa boninensis* Okomoto	√						√						
		普通草蛉 *Chrysopa carnea* (Stepnens)	√	√					√	√		√		√	
		中华草蛉 *Chrysopoa sinica* Tjeder	√	√					√	√	√	√	√		
		大草蛉 *Chrysopa septmpunetaca* Wesmael	√	√					√						
鞘翅目 Coleoptera	虎甲科 Cicindelidae	金斑虎甲 *Cicindela aurutenta* Fabricius	√						√			√			
	步甲科 Carabidae	黄边青步虫甲 *Chlaenius ciraumdactus* Brulle	√						√						
		双斑青步甲 *Chlaenius bioculatus* Motschulsky	√	√					√	√		√			
	黑蜣科 Passalidae	神农蜣螂 *Catharsius molossus* L.	√	√					√	√	√	√			√
		孔蜣螂 *Copris confucius* Harold	√						√						
	金龟科 Scarabaeidae	桐黑异丽金龟 *Anomala antiqua* Gyllenhal	√						√						
		大绿丽金龟 *Anomala chlorochelys* Arrow	√						√						
		深绿异丽金龟 *Anomala heydeni* Frivaldszky	√						√						
		红脚绿丽金龟 *Anomala cupripes* Hope	√						√						
		褐带漆丽金龟 *Anomala ebenina* Hope	√						√						
		毛翅异丽金龟 *Anomala hirsutula* Nonfried	√						√						
		黑框黄丽金龟 *Anomala siamensis* Nomfreid	√						√						
		并色丽金龟 *Anomala varicolor* Gyllenhal	√						√						
		曲带弧丽金龟 *Popillia pustulata* Fairmaire	√	√					√	√	√	√			
		亮绿彩丽金龟 *Mimela splendengs* Gyllenhal	√						√						
		黑棕阿鳃金龟 *Apogonia cribricollis* Burmeister	√						√						
		黑阿鳃金龟 *Apogonia cupreviridis* Kolbe	√						√						
		瑶山等鳃金龟 *Exolontha yaoshanna* Chang	√						√						
		暗黑鳃金龟 *Holotrichia paralleta* Motschulsky	√						√						
		宽褐齿爪鳃金龟 *Holotrichia lata* Brenske	√						√						
		凹额黄鳃金龟 *Metabolus turnidifrone* Fairmaire	√						√						
		宽云斑鳃金龟 *Polyphylla laticollis* Lewis	√						√						
		匀脊鳃金龟 *Pledina aequabilis* Bates	√						√						
		杂脊鳃金龟 *Pledina hybridida* Moser	√						√						
		大黑霉鳃金龟 *Microtrichia* sp.	√						√						

续表

目	科	分类	世界动物地理区系						中国动物地理区系						
			东洋区	古北区	非洲区	澳洲区	新北区	新热带区	华中区	西南区	华南区	华北区	东北区	蒙新区	青藏区
鞘翅目 Coleoptera	金龟科 Scarabaeidae	双叉犀金龟 *Allomyrina dichotomua* L.	√	√					√	√	√	√			
		橡胶犀金龟 *Dynastes gideon* (L.)	√						√						
		蒙瘤犀金龟 *Trichogomphus mongol* Arrow	√						√	√	√				
		突背蔗犀金龟 *Alissonotum impressicolle* Arrow	√						√						
		红尾银斑花金龟 *Glycyphana horsfieldi* Hope	√						√						
		小青花金龟 *Oxycetonia jucunda* Faldermann	√	√					√	√	√	√	√	√	√
		斑青花金龟 *Oxycetonia bealiae* Gory et Percheron	√	√					√	√	√	√			√
		波鹿角金龟 *Dicranocephalus bowringi* Pasc.	√						√						
	瓢甲科 Coccinellidae	湖北红点唇瓢虫 *Chilocorus hupehanus* Miyatake	√						√	√					
		黑缘红瓢虫 *Chilocorus rubidus* Hipe	√	√		√			√	√	√	√	√	√	√
		闪蓝唇瓢虫 *Chilocorus hauseri* Weise	√						√						
		七星瓢虫 *Coccinella septempunctata* L.	√	√					√	√	√	√	√	√	√
		狭臀瓢虫 *Cocciunla repanda* Thunberg	√	√					√	√	√				√
		华裸瓢虫 *Calvia chinensis* (Mulsant)	√						√	√	√				
		异色瓢虫 *Harmonia axyridis* Pallas	√	√					√	√	√	√	√	√	√
		八斑瓢虫 *Harmonia octomaculata* (Fabricius)	√						√						
		素鞘瓢虫 *Illeis cincta* (Fabricicus)	√	√					√	√	√	√			
		十斑大瓢虫 *Megalocariadilatata* (Fabricius)	√						√	√	√				
		黄斑盘瓢虫 *Lemnia (Lemnia) saucia* (Mulsant)	√	√					√	√	√	√			
		十斑盘瓢虫 *Lemnia (Spilocaria) bissellata* (Mulsant)	√						√						
		六斑月瓢虫 *Menochilus sexmaculata* (Fabricius)	√						√	√					
		四斑月瓢虫 *Menochilus quadriplagiata* (Swartz)	√	√					√	√	√	√			
		稻红瓢虫 *Micraspis discolor* Fabricius	√						√	√	√				
		粗网巧瓢虫 *Dehopa chinensis* Weise	√	√					√	√			√		
		黄缘巧瓢虫 *Dehopa sauzeti* Mulsant	√	√					√	√	√				√
		龟纹瓢虫 *Propylaea iaponica* Thunberg	√	√					√	√	√	√	√	√	
		方斑瓢虫 *Propylaea quatuoldecimpunctata* (L.)	√	√					√			√		√	
		大突肩瓢虫 *Synonycha grandis* Thunberg	√						√	√	√				
		十二斑菌瓢虫 *Vibidia duodecimguttata* Poda	√	√					√			√			
		肉兰唇瓢虫 *Chilocorus chalybeatus* Gorham	√						√						
		红点唇瓢虫 *Chilocorus ruwanae* Silvestri	√						√	√					
		黑方突毛瓢虫 *Pseudoscymnus kurohime* (Miyatake)	√						√						
		澳洲瓢虫 *Rodolia cardinalis* Mulsant	√			√			√						
		大红瓢虫 *Rodolia rufopilose* Mulsant	√						√						
		小红瓢虫 *Rodolia pumila* Weise	√						√	√	√	√			
		中华食植瓢虫 *Epilachna chinensis* Weirt	√						√						
		眼斑食植瓢虫 *Epilachna ocella maculata* Mader	√						√	√					
	天牛科 Cerambycidae	粒肩天牛 *Apriona germari* Hope	√	√					√	√		√			
		黑须天牛 *Grtonpsa asahinai* Mitono	√	√					√	√	√	√			
		灿绒闪光天牛 *Aeolesthes chrysothrix tibetanus* (Gressitt)	√						√						
		楝闪光天牛 *Aeolesthes induta* (Newman)	√						√						
		隆突天牛 *Agriomorpha ochreomaculata* Breuning	√						√						
		榕指角天牛 *Imantocera penicillata* Hope	√						√	√					
		素鞘天牛 *Moechotypa asiatuca* Pic	√						√						
		白网天牛 *Moechotypa alboartnulata* Pic	√						√						

续表

目	科	分类	世界动物地理区系						中国动物地理区系						
			东洋区	古北区	非洲区	澳洲区	新北区	新热带区	华中区	西南区	华南区	华北区	东北区	蒙新区	青藏区
鞘翅目 Coleoptera	天牛科 Cerambycidae	小灰长角天牛 *Acanthocinus griseus* (Fabricius)	√	√					√			√	√		
		皱绿柄天牛 *Aphrodisium gibbicolle* (White)	√						√						
		星天牛 *Anoplophora chinensis* (Forster)	√	√					√			√			
		光肩星天牛 *Anoplophora glabripennis* (Motschulsky)	√	√		√	√		√						
		贵州丽天牛 *Rosalia formasa pallens* Gressitt	√						√						
		密齿天牛 *Macrotoma fisheri* Waterhouse	√						√						
		桔狭胸天牛 *Philus antennatus* (Gyllenhal)	√						√						
		咖啡锦天牛 *Acalolepta cervina* (Hope)	√						√	√					
		栗灰锦天牛 *Acalolepta degener* (Bates)	√	√					√		√	√	√		
		长锦天牛 *Acalolepta elongata* Breuning	√						√						
		南方锦天牛 *Acalolepta speciosa* (Gahan)	√						√		√				
		桃褐天牛 *Nadezhdiella aurea* Gressitt	√						√	√	√				
		稀点侧沟天牛 *Obrium complanatum* Gressitt	√						√						
		台湾简天牛 *Oberea formosana* Pic	√						√						
		黑腹简天牛 *Oberea nigriventris* Bates	√						√						
		坦胸简天牛 *Oberea fusipennis m.holoxantha* (Fairmire)	√						√						
		瘦简天牛 *Oberea atropunctata toi* (Gressitt)	√						√						
		锚斑紫天牛 *Purpuricenus petasifer* Fairmaire	√						√						
		中华粒翅天牛 *Lamiomimus chinensis* Breuning	√						√						
		二斑象天牛 *Mesosa bipunctata* Chiang	√						√						
		丽景脊天牛 *Glenea pulchra* Aurivilliius	√						√						
		黑翅脊简天牛 *Nupserha infantula* Ganglbaner	√						√						
		黑缘瘤简天牛 *Linda apicalis* Pic	√						√						
		咖啡脊虎天牛 *Xylotrechuns grayii* White	√						√						
		红棉天牛 *Sophronica chinensis* Breuning	√						√						
		华南猛天牛 *Tetraglenes insignis sublineatus* Gressitt	√						√						
		灰翅粉天牛 *Olenecamptus griseipennis* (Pic)	√						√	√					
		白网污天牛 *Moechotypa alboannulata* Pic	√						√	√					
		素鞘污天牛 *Moechotypa asiatica* (Pic)	√						√						
		伪昏天牛 *Pseudanaesthetis langana* Pic	√						√						
		大牙土天牛 *Dorystenes paradoxus* (Faldermann)	√						√						
		油茶红天牛 *Erythrus blairi* Gressitt	√						√						
		红缝草天牛 *Eodorcadion chianganicum* Suvorv	√						√						
		黑缘肜天牛 *Eupromus nigiovittatus* Pic	√						√	√	√	√			
		樟肜天牛 *Eupromus ruber* (Dalman)	√						√						
		梨眼天牛 *Bacchisa fortunei* (Thomson)	√	√					√		√	√	√		
		红翅拟柄天牛 *Cataphrodisium rubripenne* (Hope)	√						√	√	√				
		细足长绿天牛 *Chlorodolum (Leotium) tenuipes* (Fairmaire)	√						√						
		斜尾虎天牛 *Clytus raddensis* Pic	√						√						
		弧纹绿虎天牛 *Chlorophorus miwai* Gressitt	√						√						
		裂纹绿虎天牛 *Chlorophorus separtus* Gressitt	√						√	√	√				
		白盾筛天牛 *Cribragapanthia scutellata* Pic	√						√						
		长棉天牛 *Acoloepta elongata* Breuniog	√						√						

续表

目	科	分类	世界动物地理区系						中国动物地理区系						
			东洋区	古北区	非洲区	澳洲区	新北区	新热带区	华中区	西南区	华南区	华北区	东北区	蒙新区	青藏区
鞘翅目 Coleoptera	象甲科 Curculionidae	桑象虫甲 *Baris deplonata* Rodogs	√						√						
		山茶象 *Curculio chinensis* Chevrolat	√						√	√	√				
		大圆角象 *Macrocorynus pittacinus* Redtenbacher	√	√					√						
		茶丽纹象甲 *Myllocoriaus aurolineatus* Voss	√						√	√	√				
		黑斑尖象甲 *Myllocorinus illitus* Reitter	√						√						
		泥翅象甲 *Piazomias lewisi* Roecofs	√						√						
		豌豆象 *Bruchus pisorum* (Linnaeus)	√	√					√			√			
		蚕豆象 *Bruchus rufimanus* Boheman	√	√					√	√	√	√		√	√
		绿豆象 *Callosobruchus chinensis* (Linnaeus)	√						√						
		梨虎 *Rhynchites foveipennis* Fairm	√						√						
		桃虎 *Rhynchites confragrossicollis* Voss.	√						√						
		米象 *Sitophilus oryzae* (L.)	√	√	√	√	√	√	√						
		玉米象 *Sitophilus zeamaiz* Motschulsky	√	√					√	√	√	√	√	√	√
		大肚象 *Xanthochelus faunus* (Olivier)	√						√						
		稻象 *Echinocnemus squameus* Billberg	√						√						
		大豆高隆象 *Ergania doriae yunnanus* Heller	√						√						
鳞翅目 Lepidoptera	蓑蛾科 Psychidae	白囊蓑蛾 *Chalioides kondonis* Matsumura	√	√					√	√	√	√			√
		褐蓑蛾 *Mahasena colona* Sonan	√						√						
	麦蛾科 Gelechiidae	甘薯麦蛾 *Brachmia triannuella* Herrich-Schaffer	√						√						
		麦蛾 *Silotroga cereatella* Olivier	√						√						
		烟潜叶蛾 *Gnorimoschema operculella*(Zeller)	√						√						
		烟蛀茎蛾 *Gnorimoschema heliopa* (Lower)	√						√						
		棉红铃虫 *Platydera gossypiella* (Saund)	√	√					√	√	√	√			
	织蛾科 Oecophoridae	茶蛾 *Cryptothelea minuscula* Butler	√						√						
		油菜蛀茎虫 *Casmara patrona* Meyrick	√						√						
	拟木蠹蛾科 Metarbelidae	相思拟木蠹蛾 *Arbela baibarana* Mats	√						√	√	√				
	斑蛾科 Zygaenidae	茶六斑褐棉斑蛾 *Seritapulchella sexpunctata* Walker	√						√						
		茶斑蛾 *Eterllsia oedea* L.	√	√					√	√	√	√			
	桔潜蛾科 Phyllocnistidae	橘潜叶蛾 *Phyllocnistis citrella* Stainton	√						√						
	刺蛾科 Limacodidae	白痣姹刺蛾 *Chalcocelis albiguttata* Snel	√						√						
		茶刺蛾 *Darna trima* Moore	√						√						
		褐边绿刺蛾 *Parasa consocia* Walker	√	√					√	√	√	√	√		
		丽绿刺蛾 *Parasa lepida* Cramer	√	√					√	√	√	√	√		
		两色绿刺蛾 *Parasa bicolor* (Walker)	√						√						
		绒刺蛾 *Phocoderma velutinim* Koll	√						√						
		扁刺蛾 *Thosea sinensis* Walker	√	√					√	√	√	√	√	√	√
	卷蛾科 Tortricidae	茶长卷叶蛾 *Homona coffearia* Nietner	√	√					√	√	√	√			
	螟蛾科 Pyralidae	二化螟 *Chilo suppressalis* (Walker)	√						√		√				
		三化螟 *Tryporyza incertulos* Walker	√	√					√	√	√	√			√
		夏橘草屡须野螟 *Eurrhyparodes hortulata* L.	√						√						
		茴香薄翅野螟 *Evergestis extimalis* Scopoli	√	√					√	√	√	√	√	√	
		赭翅长距野螟 *Hyalobathra coenostdalis* Snellen	√						√	√					
		网维额野螟 *Loxostege sticicalis* L.	√						√						

续表

目	科	分类	世界动物地理区系						中国动物地理区系						
			东洋区	古北区	非洲区	澳洲区	新北区	新热带区	华中区	西南区	华南区	华北区	东北区	蒙新区	青藏区
鳞翅目 Lepidoptera	螟蛾科 Pyralidae	大白斑野螟 *Polythlipta liguidalis* Leech	√	√					√	√	√	√			
		山茶叶螟 *Samaria ardentlla* Ragonot	√						√						
		棉卷叶野螟 *Sylepta derogata* Fabricius	√						√						
		稻纵卷叶野螟 *Cnaphalocrocis medinalis* (Guenee)	√	√					√	√	√	√	√	√	√
		玉米螟 *Ostrinia nubilalis* (Hubner)	√	√		√			√	√	√	√	√		
	尺蛾科 Geometridae	波形枝尺蛾 *Cleora charon* Butler	√						√						
		黑条大白姬尺蛾 *Problepsis viminota* Prout	√						√						
		白星尺蛾 *Naxa (Psilonaxa) sericea* Motschulsky	√						√						
		樟翠尺蛾 *Thalassodes quadraria* Guenee	√						√	√	√				
		红腰尺蛾 *Hemithea aestivaria* Hubner	√						√						
		肾纹绿尺蛾 *Comibaena procumbaria* Pryer	√						√		√				
		枯斑翠尺蛾 *Ochrognesia difficta* Walker	√	√					√	√		√	√	√	
		木橑尺蠖 *Culcula panternaria* Bremer et Grey	√	√					√	√	√	√			
		茶云纹枝尺蠖 *Junkowskia athleta* Oberthur	√						√						
		白带枝尺蠖 *Alcis admissaria* Guenee	√						√						
		艾枝尺蠖 *Ascolis selenaria* Schiffermuller	√						√						
		大鸢尺蛾 *Ectropis excellens* Butler	√						√						
		焦边尺蠖 *Bizia aexaria* (Walker)	√						√						
		油桐尺蠖 *Buzura suppressaria* Guenee	√	√					√		√	√			
		雪尾尺蠖 *Ourapteryx nivea* Butler	√						√						
		胡麻斑枝尺蠖 *Percnia albinigrata albinigrata* Warren	√						√						
		柿叶尺蠖 *Percnia giraffata* Guenee	√						√						
		槐尺蠖 *Semiathisa (Macoria) cinerearia* Bremer et Grey	√	√					√		√	√	√		
	天蛾科 Sphingidae	鬼脸天蛾 *Acherontia lachesis* Fabr	√	√					√	√	√				
		芝麻鬼脸天蛾 *Acherontia styx* Westnood	√						√	√	√				
		巨天蛾 *Clanis bilineata* Mell	√						√						
		堆沙蛀蛾 *Linodotis gonatisa* Meyrick	√						√						
	夜蛾科 Noctuidae	大地老虎 *Agrotis torionis* Butler	√						√						
		小地老虎 *Agrotis ypsilon* Rottemberg	√						√						
		黄地老虎 *Agrotis segetum* Schiffermuller	√	√					√				√	√	
		朽木夜蛾 *Axylia purtris* L.	√	√					√			√		√	
		白点粘夜蛾 *Aeucania loreyi* Durpomchel	√	√					√	√	√				
		中金弧夜蛾 *Diachrysia intermuxta* Warren	√	√					√	√	√	√	√	√	
		青安短夜蛾 *Anua tirhaca* Craner	√						√						
		肖毛翅夜蛾 *Dermaleipa juno* Draman	√	√					√	√		√	√		
		茶毛虫 *Euproctis pseudoconspersa* Strand	√						√						
		梨剑纹夜蛾 *Acronycta rumicis* (L.)	√	√					√	√	√		√	√	
		间纹德夜蛾 *Lepidodelta intermedia* Bremer	√	√	√				√	√		√	√		
		斜纹夜蛾 *Prodenia litura* (Fabricius)	√	√	√	√	√	√	√	√	√	√	√	√	√
		旋目夜蛾 *Speiredonia retorta* (L.)	√						√	√	√	√	√	√	
		肖毛翅夜蛾 *Dermaleipa juno* (Dalman)	√	√					√	√		√	√		
		桔毛翅夜蛾 *Lagoptera dotata* (Fabricius)	√	√					√						
		青安纽叶蛾 *Anua tirhaca* (Cramer)	√						√						
		玫瑰巾夜蛾 *Parallelia arctotaenia* (Guenee)	√	√					√	√		√			
		戟夜蛾 *Lacera alope* Cramer	√						√	√					
		鸟嘴壶夜蛾 *Oraesia excavata* Butler	√	√					√			√		√	

续表

目	科	分类	世界动物地理区系						中国动物地理区系						
			东洋区	古北区	非洲区	澳洲区	新北区	新热带区	华中区	西南区	华南区	华北区	东北区	蒙新区	青藏区
鳞翅目 Lepidoptera	鹿蛾科 Amatidae	茶鹿蛾 *Amata germana* Felder	√						√						
	粉蝶科 Pieridae	菜粉蝶 *Pieris rapae* L.	√	√	√	√	√	√	√	√	√	√	√	√	√
		梨花迁粉蝶 *Catopsilia pyranthe* L.	√						√	√					
	弄蝶科 Hesperiidae	棕榈弄蝶 *Erionota grandis* Leech	√						√						
		直纹稻弄蝶 *Parnara guttata* Bremer at Grey	√	√					√	√	√	√	√	√	√
		直纹稻弄蝶 *Pelopidas sinensis* Mabille	√						√						
	凤蝶科 Papilionidae	黑斑黄凤蝶 *Papilio antiphates* Cramer	√						√						
		柑橘凤蝶 *Papilio xuthus* L.	√	√					√	√	√	√	√	√	√
		黄凤蝶 *Papilio machaon* L.	√						√	√					
	蛱蝶科 Nymphalidae	美目蛱蝶 *Precis almana* L.	√						√						
		大红蛱蝶 *Vanessa indica* L.	√						√						
	蚬蝶科 Riodinidae	蚬蝶 *Dadona durga* Koll	√						√						
膜翅目 Hymenoptera	姬蜂科 Ichneumonidae	广黑点瘤姬蜂 *Xanthopimpla punctata* Fabricius	√	√					√	√	√	√			√
		螟蛉刺姬蜂 *Diatora* sp.	√						√	√	√				
		横带沟姬蜂 *Goryphus bosilaris* Holmgren	√	√					√	√	√	√			
		螟蛉悬茧姬蜂 *Charops bicolor* Szepligeti.	√	√					√	√	√	√	√		
		台湾瘦姬蜂 *Diadegma akoensis* (Shiraki)	√	√					√	√	√				
		食蚜蝇姬蜂 *Diplazon laetataorius* (Fabricius)	√						√	√	√				
		粘虫白星姬蜂 *Vulgichneumon leucaniae* Uchida	√	√					√	√	√	√	√		
		黑尾姬蜂 *Ischnojopps luteator* (Fabricicus)	√	√					√		√	√			
	赤眼蜂科 Trichogrammatidae	稻螟赤眼蜂 *Trichogramma japonicum* Ashmead	√	√					√	√	√	√			
	小蜂科 Chalalcididae	广大腿小蜂 *Brachymeria lasus* (Walker)	√	√					√	√	√	√			
		次生大腿小蜂 *Brachymeria secundaria* (Ruschka)	√	√					√	√	√	√			
		皱背腹柄姬小蜂 *Pediobius atamiensis* (Ashmead)	√	√					√	√		√			
		稻苞虫羽角姬小蜂 *Sympiesis* sp.	√	√					√	√	√	√			
		稻纵卷叶螟啮 *Tetrastichus* sp.	√						√		√				
		凤蝶金小蜂 *Pteromalus puparum* (L.)	√	√					√	√		√			
		舞毒蛾平腹小蜂 *Anastatus disparis* (Rusch)	√						√						
	分盾细蜂科 Ceraphronidae	菲岛黑蜂 *Ceraphron manilas* Ashmead	√	√					√	√	√	√			
	螯蜂科 Dryinidae	稻虱红螯蜂 *Haplogonatopus japonicus* Esaki et Hashimoto	√	√					√	√	√	√			

附录 12　贵州兴义坡岗自然保护区淡水和陆生软体动物名录

腹足纲 Gastropoda Cuvier，1795

新进腹足亚纲 Caenogastropoda Cox，1960

古纽舌目 Architaenioglossa Haller，1890

田螺总科 Viviparoidea Gray，1847

一、田螺科 Viviparidae Gray，1847

a．环棱螺亚科 Bellamyinae Rohrbach，1937

（一）圆田螺属 *Cipangopaludina* Hannibal，1912

1．中华圆田螺 *Cipangopaludina cathayensis*（Heude，1890），水生
2．中国圆田螺 *Cipangopaludina chinensis*（Gray，1834），水生

（二）石田螺属 *Sinotaia* Haas，1939

3．铜锈石田螺 *Sinotaia aeruginosa*（Reeve，1863），水生
4．绘石田螺 *Sinotaia limnophila*（Mabille，1886），水生

瓶螺总科 Ampullarioidea

二、瓶螺科 Ampullariidae

（一）苹果螺属 *Pomacea* Perry，1810

5．岛苹果螺 *Pomacea maculata* Perry，1810，水生，入侵种

前鳃亚纲 Prosobranchia

中腹足目 Mesogastropoda

柄眼类 Stylommatophora

蛹螺总科 Pupilloidea Turton，1831

一、瓦娄蜗牛科 Valloniidae Morse，1864

1．瓦娄蜗牛 *Vallonia* sp.，陆生

艾纳螺总科 Enoidea B. B. Woodward，1903

二、艾纳螺科 Enidae B. B. Woodward，1903

1．哈氏奇异螺 *Mirus hartmanni* C. M. F. Ancey，1888，陆生

曲尿道类 Sigmurethra

烟管螺总科 Clausilioidea Gray，1855

一、烟管螺科 Clausiliidae Gray，1855

1．昆明真管螺 *Euphaedusa kunmingensis* Chen et Zhang，1999，陆生

玛瑙螺总科 Achatinoidea Swainson，1840

二、玛瑙螺科 Achatinidae Swainson，1840

2．褐云玛瑙螺 *Lissachatina fulica*（Férussac，1821），陆生，潜在入侵种

蜗牛总科 Helicoidea Rafiesque，1815

三、巴蜗牛科 Bradybaenidae Pilsbry，1934

1．环肋螺 *Plectotropis* sp.，陆生

双壳纲 Bivalvia Linnaeus，1758

古异齿亚纲 Palaeoheterodonta Newell，1965

蚌目 Unionida Stoliczka，1871

蚌总科 Unionoidea Rafinesque，1820

一、蚌科 Unionidae Rafinesque，1820

a．无齿蚌亚科 Anodontinae Rainesque，1820

（一）华蚌属 *Sinanodonta* Modell，1945

1．伍氏华蚌 *Sinanodonta woodiana*（I. Lea，1834），水生

异齿亚纲 Heterodonta Newell，1965

真异齿下纲 Euheterodonta

不等齿总目 Imparidentia Bieler，P. M. Mikkelsen et Giribet，2014

帘形（蛤）目 Venerida Gray，1854

蚬总科 Cyrenoidea Gray，1840

一、蚬科 Cyrenidae Gray，1840

（一）蚬属 *Corbicula* Megerle，von Mühlfeld，1811

1．刻纹蚬 *Corbicula largillierti*（Philippi，1844），水生